张健教授（左）和吴时国研究员（右）
——梵净山野外考察留影

# 本书主创人员

吴时国研究员

张健教授

张汉羽

唐显春

高玲举

李午阳

马本俊

董淼

秦芹

谢杨冰

# 海洋地球物理探测

吴时国 张 健等 编著

本书出版得到了国家重点基础研究发展计划（973 计划）项目课题（2015CB251201）、国家自然科学基金重点项目（91228208）、中国科学院战略先导专项 (XDA1103010103、XDB06030400)、中国科学院知识创新工程领域前沿项目（SIDSSE-201403)、国家自然科学基金 (41476046、41574074、41174085)、国家自然科学基金——山东省联合基金项目 (U606401)、中国科学院创新团队项目 (KZZD-EW-TZ-19) 和海南省重点研发科技合作项目 (DYF2016215) 的资助

科学出版社

北 京

# 内 容 简 介

本书根据多年的教学实践和科研经验，综合近 5 年国内外海洋地球物理探测技术及其应用的最新进展，重点讲述海洋重、磁、电、震、热和放射性等探测方法的基本概念、基本原理，系统阐述海洋地球物理探测资料采集、数据处理、综合解释等方面的基本理论和领域前沿技术，如多波束测深技术、旁侧声呐技术、海底电磁仪技术、垂直缆和海底地震仪等，以及如何应用这些理论和技术去解决具体的海洋科学问题。同时，结合海底地质构造与岩性特点、海洋矿产与能源类型、科学研究热点与发展前景，介绍国内外海洋地球物理探测典型案例和最新进展，为广大读者提供借鉴。

本书可以作为科研院所、大专院校地球科学或海洋科学类专业的参考书，读者可以获得海洋地球物理探测基本理论、方法技术、前沿进展等内容，也可以通过课后习题得到基本训练和知识拓展。

**图书在版编目（CIP）数据**

海洋地球物理探测／吴时国等编著．—北京：科学出版社，2017.6
ISBN 978-7-03-052449-2

Ⅰ．①海…　Ⅱ．①吴…　Ⅲ．①海洋地球物理学–地球物理勘探–研究
Ⅳ．①P738②P631

中国版本图书馆 CIP 数据核字（2017）第 068771 号

责任编辑：周　杰／责任校对：张凤琴
责任印制：吴兆东／封面设计：铭轩堂

科　学　出　版　社 出版
北京东黄城根北街 16 号
邮政编码：100717
http://www.sciencep.com

**北京虎彩文化传播有限公司** 印刷
科学出版社发行　各地新华书店经销

＊

2017 年 6 月第　一　版　开本：787×1092　1/16
2024 年 1 月第六次印刷　印张：30
字数：750 000

**定价：158.00 元**
（如有印装质量问题，我社负责调换）

# 序

　　"海洋地球物理"是海洋科学中一门重要的分支学科，科学与技术高度结合，已成为探索海底深部地球圈层的重要手段。

　　我国的海洋地球物理学发展经历了一些重要阶段。早在 1958 年，刘光鼎先生等老一辈科学家组建了中国第一个海洋物探队，开展渤海、南黄海等海域的海洋地球物理探测实验。1974 年，上海海洋地质调查局在东海开展区域地球物理调查，发现了东海海底的"三隆两盆"构造格局，在西湖拗陷第三系地层中发现了工业油气流，实现了东海油气资源的突破。1978 年，中国科学院海洋研究所在金翔龙、秦蕴珊先生领导下，建立了"科学一号"船载地质地球物理实验室，引进当时先进的海洋地球物理探测仪器设备，使用地震、重力、地磁等手段，开始了科学意义上的海洋地球物理调查。20 世纪 90 年代以来，我国开展了大规模海洋地球物理调查，针对中国海海底地形地貌、重磁异常和地壳结构等进行了系统探测和研究，形成了中国海全海区的海洋地球物理基础图件，出版了《中国海区及邻域地质地球物理图集》（刘光鼎，1993）。2000 年以来，我国海洋地球物理调查进入了崭新的阶段——海底地球物理探测时代。我国成功研制了海底地震仪（OBS）并在南海和西南印度洋海区首先实施了有效探测，逐步组建了有国际竞争力的科技团队，目前正朝着研发海底电磁仪和重力仪等新装备的方向发展。2010 年以来，我国迎来了以"蛟龙号"载人潜器为代表的水下深潜器发展高潮，形成了 ROV、AUV 和 HOV 系统等组成的一系列水下探测体系，为高精度的海底地球物理探测提供了有效平台。

　　大规模的海洋地球物理探测推动了两轮 973 项目——中国边缘海的形成演化及重大资源的关键问题（2000～2005）、南海大陆边缘动力学及油气资源潜力（2007～2011）的启动，提高了人们对中国海地球物理场和海底构造演化规律的认识，为中国海洋地球物理学科发展奠定了扎实的基础。海洋地球物理探测对象的广泛性和解决实际问题的直接性，使其在研究、观察海底各圈层相互作用和影响方面发挥了不可或缺的作用。中国海洋地球物理学者经过近 60 年的努力，已在大陆架、深海盆地等多方面都取得了许多创新性的成果，且培养和锻炼出了大批专业人才。

　　呈现在读者面前的这本《海洋地球物理探测》，凝聚了中国科学院海洋地球物理学科两代人的研究结晶，它的出版也是中国科学院大学研究生培养工作的客观需求，意义重大。二十多年前，我和吴时国、张健一起在中国科学院研究生院攻读博士学位，又进行了中国边缘海两期 973 项目联合研究，见证了他们在海洋地球物理研究领域带领各自科研团队的发展。我十分乐意为该书作序，希望该书能够为中国海洋地球物理学科发展、研究生培养和社会经济建设谱写新篇章。

2016 年 12 月 5 日

# 前　言

目前，海洋地球物理探测已成为海洋科学领域最重要的研究技术。海洋地球物理探测是研究海洋过程及其资源、环境效应的重要方法技术，它在解决东亚大陆边缘演化与大洋中脊系统动力过程，地球深部结构、构造与动力学，海洋多圈层相互作用过程和成矿机理等方面发挥着重要作用。海底构造和地层信息的观测与提取、深海壳–幔结构和演化、海底成矿预测等研究需要不断改进海洋地球物理探测技术与方法。虽然海洋科学在一些重要方面仍处于探索阶段，一些前沿研究迄今尚无定论，但海洋地球物理在海洋科学研究中不断发展和突破，海洋地球物理的探测技术和手段也得以日新月异的发展。笔者基于海洋重、磁、电、震等探测方法的基本概念、基本原理和技术方法，结合近 5 年国内外海洋地球物理探测的最新进展，进行提炼总结并编纂成书，即呈现读者手中的这本《海洋地球物理探测》。

《海洋地球物理探测》用作中国科学院大学海洋地质、海洋地球物理、大气海洋等相关学科硕士研究生的通用教材，其主要内容是在《海底构造学导论》（吴时国和喻普之，2005）、《海底构造与地球物理学》（吴时国和张健，2014）等著作的基础上，结合最新的海洋地质研究进展、海洋地球物理探测实例，按照教科书体例编写完成。

本书的撰写以中国科学院大学专业核心课程"海洋地球物理探测"教学大纲为基础，根据近 5 年来的教学实践和教学经验，重点讲述海洋重、磁、电、震等探测方法的基本概念、基本原理，系统阐述了海洋地球物理探测资料采集、数据处理、综合解释等方面的基本知识以及利用海洋地球物理探测方法解决具体的海洋地质学问题。同时，结合海底地质构造与结构特点、海洋矿产资源与能源类型，介绍国内外海洋地球物理探测典型案例和最新进展，促使学生深入了解学科前沿与发展方向，培养其分析、解决实际问题的能力。

基于此，本书着重于基础知识、基本理论，按照少而精的原则精简和调整。本书共 8 章，第 1 章为基本知识和研究方法简介，第 2～7 章为海洋地球物理探测方法论述，第 8 章为应用实例与研究进展讲述。根据近年来的发展趋势，作者充实了新的研究成果，使这本书更具时代性。为了加深读者对本书内容的理解，巩固对基本理论和方法技术的记忆，在本书每章之后，均列有若干习题。本书主要由中国科学院深海科学与工程研究所深海地球物理与资源研究室和中国科学院大学地球科学学院海洋地球物理（地热与地球动力学）学科组若干同志共同完成。第 1 章，吴时国、秦芹编写；第 2 章，吴时国、谢杨冰编写；第 3 章，吴时国、张汉羽编写；第 4 章，张健、高玲举编写；第 5 章，张健、李午阳编写；第 6 章，张健、董淼编写；第 7 章，张健、唐显春编写；第 8 章，吴时国、马本俊编写。最终由吴时国、张健统稿、校稿。

在本书稿完成之际，特别感谢中国科学院深海科学与工程研究所和中国科学院大学的领导和同事的支持和关心，感谢海洋地球物理同仁的支持，本书吸纳了他们的研究成果。为完成本书，编写组多次开会商讨编写大纲，汇集意见。在编写过程中，李家彪院士提出了宝贵的意见和建议，王吉亮、陈传绪、高金尉、陈万利、谢欣彤、杨森、白宏新等为书稿文字校正、图片改绘付出了辛勤的劳动，在此一并致谢。

海洋地球物理学是一门不断发展的学科，书中介绍的方法、理论可能存在仍需完善之处，敬请读者不吝指正。

吴时国　张　健

2016 年 7 月 26 日

# 目　　录

# |第 1 章| 　绪　　论

　　海洋地球物理探测，简称"海洋物探"，是通过地球物理探测方法研究海洋地质过程与资源特性的科学。广义的海洋地球物理探测应用于海洋地质、海洋物理、海洋生物和海洋化学等学科研究。通常情况下，海洋地球物理探测主要用于海底科学研究和海底矿产勘探。海洋物探包括海洋重力、海洋磁测、海洋电磁、海底热流和海洋地震等方法。海洋物探的工作原理和陆地物探方法原理相同，但因作业场地在海上，增加了海水这一层介质，故对仪器装备和工作方法都有特殊的要求。船载地球物理探测需使用装有特制的船舷重力仪、海洋核子旋进磁力仪、海洋地震检波器等仪器进行工作，还装有各种无线电导航、卫星导航定位等装备。海底地球物理观测需要克服高压、供电、防腐等特定要求。

## 1.1　海洋地球物理探测的历史与现状

### 1.1.1　海洋地球物理探测历史

　　人类对海洋的探索，离不开地球物理技术的发展。近年来对海底探测的研究推动了海洋地球科学技术的发展，海洋地球物理探测在前沿科学中一直保持着重要的地位。高精度的导航定位技术、海洋重力测量系统，海洋地磁测量技术、海底地震探测等探测技术在当今海底资源勘查、海洋科学研究、海洋工程及海洋战场环境等方面发挥着不可取代的作用。众所周知，海洋蕴藏着丰富的资源，如石油、天然气水合物、多金属结核结壳、热液硫化物、深海稀土等矿产资源。因此，各国特别是发达国家对海洋资源的争夺日趋激烈，海洋地球物理调查是研究海洋地质学的一个非常重要手段，应密切关注它的发展趋势。

　　海洋地球物理探测发展至今已有一个半世纪之久，早在 20 世纪 50 年代初期，Ewing 等利用刚出现的精密回声探深仪进行连续水深探测，并绘制海底地形地貌图。Heezen 和 Tharp（1967）在广泛搜集详细的连续回声测深资料和图件基础上，编绘出世界海底地形图，揭示出海底的地貌形态有大陆架、大陆斜坡、深海平原、海沟、大洋中脊、洋中脊裂谷和转换断裂等。其中，作为全球系统的大洋中脊及在大洋中脊上分布的裂谷和转换断裂系统的发现，对于当代地球科学的发展具有重要意义。

　　在 20 世纪，海洋地球物理有着辉煌的成就，海洋地球物理的发展推动了地球科学的进展，地球物理探测方法在海底探测上的应用引发了地球科学的革命。20 世纪初，魏格纳根据大西洋岸线的形状及古地磁证据，提出了大陆漂移学说，挑战传统的洋陆格局固定论。但由于保守势力的阻挡，大陆漂移说遭到冷遇，最终被遗忘掉。然而在 50 年代中期质子旋进式磁力仪的出现，不仅使海洋磁力测量成为可能，而且提供了广泛进行连续测量的精密仪器。Mason（1958）在东北太平洋的磁测中发现了明显的条带状磁异常分布图案。随后，Vacquier（1963）、Mason 和 Raff 等（1962）分别证实了条带状磁异常在大洋地区广泛存在，对海底扩张假说给予了强有力的支持。60 年代广泛的国际合作使海洋地球物理调查与深海钻探相结合，对海底扩张假说进行了大量的验证。研究人员在世界各大洋地区开展了海洋磁测，进行地震面波、横波、纵波、海洋重力及海底热流的观测和研究。从而使魏格纳的大陆漂移学说得以认同，进而推动了整个地球科学的革命，显然这是海洋地球物理理论和应用发展的结果（Jones，1999）。第二次世界大战期间进行的军事性质海洋研究，也大大促进了海洋地球物理的发展。战争期间由于水中作战的需要，探测潜艇和其他水下目标的技术取得迅速发展。一些科学家根据声波探测和地磁场的变化，制造了一系列的海底地球物理军事仪器，如高精度的地磁仪、水下窃听器等。第二次世界大战之后，很多致力于这些仪器研究的科学家纷纷进入了大学、研究所和勘探公司工作，在开放的研究环境中大力促进了海洋地球物理的发展。

第二次世界大战之后随着工业的迅速发展，人类对石油和矿产资源的需求大大增加。为了满足能源和矿产的需求，各国的开采从陆地走向了海洋。20 世纪 40 年代初期，美国一些勘探公司就已经在墨西哥湾和加利福尼亚的浅水区域寻找油气资源（Sheriff and Geldart，1995）。20 世纪 50 年代末期，我国第一个海上地震队，由中国科学院、地质部及石油工业部组成，并在渤海湾进行了海上人工地震勘探方法的技术试验，1964 年我国在渤海建成了第一个海洋油气平台，并于 1967 年建成了第一个海上油田。为了推动海上勘探的发展，勘察队很快由浅水区扩展到了深水区，进而发展了在科考船上获取地震剖面的方法（吴时国和喻普之，2015）。海上勘探技术由原来的单一二维地震勘探发展到三维地震勘探，再到现在的重磁电震综合海洋地球物理勘探。目前海洋地球物理勘探技术已经相当成熟。

海洋地球物理探测分为三个阶段（表 1-1），即初创阶段、发展阶段和成熟阶段。

表 1-1　海洋地球物理学的发展阶段

| | |
|---|---|
| 初创阶段 | 16 世纪若奥·得卡斯特（Joao de Castro）在海上系统地调查了磁偏角 |
| | 1700 年埃德·蒙哈利（Edmond Halley）编制了最早的大西洋等偏线图 |
| | 1819 年汉斯廷（Hansteen）编写了第一张地磁水平分量和世界地磁总强度分布图；由于钢铁船有磁性，因此，又制造了木制船加利莱（Calilee）号（1905～1908 年）和卡内基（Carnegie）号（1909～1929 年）在全世界海洋中进行地磁观测工作 |
| | 1929 年，荷兰地球物理学家维宁·迈尼兹用他所改进的用于不稳定地面的摆式仪器（迈尼兹摆）装在潜艇上做海上重力测量 |
| | 1949 年，布拉德（Bullard）研究出在海上测量热流的设备和方法，1952 年首次在大西洋进行了海洋地热流测量 |
| | 20 世纪 50 年代初，美国哥伦比亚大学拉蒙特-多尔蒂地球观测所的所长尤因教授（M. Ewing）在研究墨西哥湾地质构造时，首先在海上做人工震源海上地震调查工作 |

| | |
|---|---|
| 发展阶段 | 1956 年，苏联的曙光（Zarya）号继续在海洋中开展磁测工作<br>1960 年开始了地磁计划，作为世界地磁测量的一部分，在全世界进行了地磁三要素的测量工作<br>1962 年，Magyne 首次在墨西哥湾用单船采集了共深度点地震反射资料，并进行了多次叠加处理，得到了信噪比高的地震反射剖面<br>20 世纪 60 年代，出现了格拉夫–阿斯卡尼亚弹簧式重力仪，整个测量部分装在以垂直陀螺仪为标准并能自动跟踪它的水平稳定台上。另一个使用普遍的重力仪是拉科斯特重力仪，测量重力的元件是零长弹簧<br>20 世纪 60 年代，美国海军开发了利用船底及两侧的声呐传感器测量海底呈带状分布的水深<br>20 世纪 70 年代，美国哥伦比亚大学拉蒙特–多尔蒂地球观测所科学家 Stoffa（1979）设计了双船地震方法，用两条地震船工作，将排列长度扩展到 8km，从而使勘探深度超过 30km |
| 成熟阶段 | 1985 年，计算机技术的进步，多波束测深系统有了很大改进。海上工作时，设计多波束测深系统的航线间的间隔满足扫描宽度之间有重叠，可得到海底的详细水深和地貌图<br>目前，美国 David T Sandwell 和 Walter H F Smith 两位教授在进行海洋磁力测量时将磁力探头装在电缆尾部，与调查船的距离大于船长的三倍，船舶磁场的影响可以忽略不计。这样就可以在海洋中连续测量<br>21 世纪初海洋地球物理探测技术已经发展非常成熟，海底多道地震探测技术、海底网络观测、海洋重磁技术、海洋电磁技术等都已走向成熟。载人潜水器、海底地震仪、海底重磁仪等海洋地球物理仪器层出不穷。海上科考船和钻探平台相继成熟 |

## 1.1.2　海洋地球物理探测方法

地球物理学是用物理学理论和方法研究地球内部结构、构造和动力过程，包括位场理论和波动理论。位场理论包含地球重力场、磁场、温度场、自然电场及直流电场，相应科学分支有重力测量、磁力测量、地热流测量和电法测量；波动理论包括声学理论、地震波理论和电磁波理论，相应的科学分支有水深测量、地震测量和电磁测量。水深测量包含单波束、多波束水深测量和旁侧声呐测量，地震测量则包含浅地层剖面测量、单道地震测量、多道地震测量、三维地震测量、四维地震测量和折射地震测量。

按照特定探测手段、设备和目的，通常分为：①船载地球物理探测，依托科学考察船（或搭乘载人潜水器、ROV）开展多种地球物理调查，如海洋地震探测方法（反射、折射）、海洋重磁测量方法、海洋地热测量方法、海洋水深测量方法（侧扫声呐技术、多波束）、海洋电磁测量方法，海洋深拖式 $\gamma$ 射线能谱仪等。②海底地球物理测量，如海底摄像、五分量海底大地电磁仪宽频带大动态三分量数字记录海底地震仪（OBS）等先进的海底探测仪器。把这些海底地球物理设备投放在洋底形成海底地球物理探测系统，其中海底摄像系统应用最为普遍，可以直接观测海底地形地貌和地物特征，具有广阔的应用前景。③井筒地球物理测井，如声波测井、放射性测井、电阻率测井、成像测井等。下面简单介绍以下 6 种常规的海洋地球物理探测方法。

**（1）海洋地震探测方法**

海洋地震探测是利用海洋与地下介质弹性和密度的差异，通过观测和分析海洋和大地对天然或人工激发地震波的响应，研究地震波的传播规律，推断地下岩石层性质、形态及海洋水团结构的一种探测方法。但是由于海洋这一特殊的勘探环境，海上地震探测与陆地上有所区别，主要表现在定位导航系统、震源激发和对地震波的接收排列方面。在海上地震勘探中，必须选择精确度较高的导航定位系统。目前来说，主要是采用卫星导航定位、激光定位和水下声呐定位等。现在在海上地震勘探的导航定位系统已经发展成一整套的专门技术，可随时确定震源和检波器的精确位置，极大地提高了海上地震采集的定位精度，改进了地震采集的质量。

海上地震勘探的特点是在水中激发、水中接收。由于海上环境的特殊性，震源多采用非炸药震源（包括空气枪震源、蒸汽枪震源、电火花震源等，其中空气枪震源占95%以上），接收采用压电地震检波器，一般采用一艘作业船拖着等浮电缆在海上航行，接收地震波的传感器按一定排列方式分布在拖缆中。目前，已经发展形成了一套完整的水下拖缆地震波数据采集系统。海上地震探测与陆上地震探测相比，还具有勘探效率高、勘探成本低和地震数据信噪比高等优点。

海洋地震探测是获取海底岩性和构造的主要手段。据单道地震剖面可绘制水深图、表层沉积物等厚度图和基底顶面等深线图。据多道地震剖面可绘制区域构造图和大面积岩相图（Mcquilin，1985）。在海洋油气资源勘探、海洋工程地质勘查和地质灾害预测等方面也得到了广泛应用。

**（2）海洋重磁测量方法**

海洋重磁测量在海洋调查中有着十分重要的位置，是海洋地球物理调查的常规地球物理手段之一。

海洋重力测量是将重力仪安放在调查船上或经过密封后放置于海底进行观测，以确定海底地壳各种岩层质量分布的不均匀性。由于海底存在不同密度的地层分界面，这种界面的起伏都会导致海面重力的变化。通过对各种重力异常的解释，包括对重力异常的分析与延拓，可以获取地球形状、地壳结构和沉积岩层中某些界面的界面异常资料，进而解决大地构造、区域地质方面的任务，为寻找金属矿藏提供依据。

海洋磁力测量是利用拖拽工作船后的质子旋进式铯光泵磁力仪或磁力梯度仪，对海洋地区开展地磁场强度数据采集，进行海洋磁力观测。将观测值减去正常磁场值并作地磁日变矫正，即得磁异常。通过分析海底岩石和矿石磁性差异所产生的磁异常场，探索区域地质特征，如结晶基底的起伏、沉积的厚度、大断裂的展布和火山岩体的范围等。利用海底地质填图可寻找磁性矿物。

**（3）海洋地球物理测井**

海洋地球物理测井是利用岩石和矿物物理学特征的不同，运用各种地球物理方法（声、光、电、磁、放射性测井等），使用特殊仪器，沿着钻井井筒（或地质剖面）测量岩石物性等各种地球物理场的特征，从而研究海底地层的性质，寻找油气及其他矿产资源。由于环境的特殊性，投资大，风险度高，海洋地球物理测井对测井仪器功能和性能要求特殊而复杂，具有技术高度密集和高难度的特点。海上测井平台大多分为丛式井或多分支井，表现为大斜度、大位移或水平井。裸眼测井方法主要是解释油气、水层，以及储层孔隙度、渗透率和含油饱和度，为完井和射孔提供资料，针对不同储层和地质要求，可提供不同测井技术。常用的有电阻率测井、声波测井、核磁测井等。

1）电阻率测井是以岩矿石电性为基础的一组测井方法，在钻孔中通过测量在不同部位的供电电极和测量电极来测定岩矿石电阻率。目前的新技术有电阻率成像、高分辨率阵列感应及三分量感应。

2）声波测井是利用岩矿石的声学性质来研究钻井的地质剖面，判断固井质量的一种测井方法。声波测井可以用来推断原始和次生孔隙度、渗透率、岩性、孔隙压力、各向异性、流体类型、应力与裂缝的方位等，评价薄储层、裂缝、气层、井周围附近的地质构造等，主要代表仪器有 DSI、Wave Sonic、Sonic Scanner 及 MAC（张向林等，2008）。

3）核磁测井是利用物质核磁共振特性在钻孔中研究岩石特性的方法。现代核磁测井仪则主要采用自旋回波法。由于氢原子核具有最大的磁旋比和最高的共振频率，是在钻孔条件下最容易研究的元素。氢元素是孔隙液体中的主要成分，因此核磁测井是研究孔隙流体含量和存在状态的有效方法，可以提供不同尺寸孔隙分布，包括自由流体孔隙度、毛细管孔隙度，以及束缚水饱和度、渗透率等重要参数，因此成为石油测井的重要方法。

**（4）海洋地热测量方法**

海洋地热测量是利用海底不同深度上沉积物的温度差，测量海底的地温梯度值，并测量沉积物的热传导率，来求得海底的地热流值，直接反映出地球内部的热状态的一种方法。海洋地热测量成果对提升地质地球调查资料综合研究成果至关重要。

地热测量的理论基础是热传导理论。热流是由温差引起的能量传递（Golmshtok et al.，2000）。能量传递的方式有三种：热对流、热传导和热辐射。其中海洋沉积物的热流以热传导为主。一维情况下，热传导公式为

$$q = k \mathrm{d}T/\mathrm{d}z \qquad\qquad (1-1)$$

式中，$k$ 为岩石（沉积物）的热导率；$\mathrm{d}T/\mathrm{d}z$ 为地温梯度；$\mathrm{d}T$ 为海底一定深度间距（垂直于地球等温面法线方向上的深度差）的温差；$\mathrm{d}z$ 为海底相应的深度间距，因此只要知道深度间距及它们之间的温差，就可以求出海底地温梯度。

热导率测量的理论基础是从瞬间热脉冲由无限长圆柱形金属探针进入无限大介质的传导理论上发展起来的（Herzen，1959；Lewis et al.，1993）。该理论认为，当探针温度、沉积物样品温度与环境温度达到平衡时，热脉冲使探针温度升高，从而高于环境温度，在热脉冲过后的一定时间内，探针内部温变过程 $T(t)$ 由下式给出

$$T(t) = Q/(4\pi k t) \qquad\qquad (1-2)$$

式中，$Q$ 为探针内部单位长度的总热量；$k$ 为沉积物样品的热导率；$t$ 为热脉冲过后的时间。在给定 $Q$ 和测量时间 $t$ 的情况下，通过对 $T(t)$ 的测定，最终导出热导率 $k$。

海洋地热流测量对海洋地质中岩石圈结构研究、海上油气能源勘探一直发挥着积极作用（姚伯初，1999）。与其他海洋地球物理手段相比，具有耗资少、方法简单、见效快、数据直观等优点。因此，海洋地热流测量以及相关的研究工作越来越被人们关注。

**（5）海洋水深测量方法**

海洋水深是用回声探测仪测量的。我们在研究海水深度和海底地形地貌时所用的探测技术为海底声波探测，有多波束测深、侧扫声呐和海底地层剖面测量技术（李家彪，

1999；金翔龙，2007）。这三种技术工作原理相似，但由于探测目标不同还是有许多区别，使用的声波频率和强度也有差异。由于低频的探测深度较深，高频的分辨率较高，一般低频用于探测深海水深和海底浅地层剖面，高频用于侧扫海底形态和浅海水深。

多波束测深技术在回声测深技术的基础上于 20 世纪 70 年代发展起来。多波束测深系统是由多个传感器组成的，不同于单束波，在测量过程中能够获得较高的测点密度和较宽的海底扫幅，因此它能精确快速地测出沿航线一定宽度水下目标的大小、形状和高低变化，从而比较可靠地描绘出海底地形地貌的精细特征（图1-1）。与单束波测深技术相比，多波束测深技术具有高精度、高效率、高密度和全覆盖的特点，在海底探测中发挥着重要的作用。

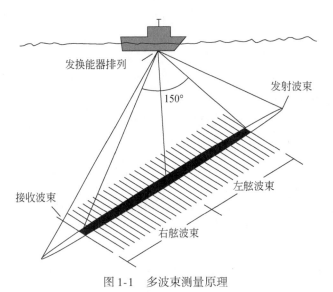

图 1-1　多波束测量原理

侧扫声呐技术源于 20 世纪 60 年代，是利用海底对入射波反向散射的原理来探测海底形态的一种新兴技术。通过发射声波信号，并接收海底反射的回波信号形成声学图像，以反映海底状况，包括目标物的位置、现状、高度等。与其他海底探测技术相比，侧扫声呐技术能够直观地提供海底形态的声成像，且其具有形象直观、分辨率高和覆盖范围大等优点，因此在绘制海底地形地貌、水下考古、目标物探测和海洋生物数据调查等领域都有广泛的应用。

海底地层剖面测量技术是基于水声学原理来探测海底沉积特征、海底浅层结构和海底表层矿产分布的重要手段，其工作原理与以上两种相似，区别在于浅层剖面系统的发射频率较低，产生声波的电脉冲能量较大，发射声波具有较强的穿透力，能够有效地穿透海底数十米至几百米的地层（Dybedal，2003）。实践表明，此方法适用于探测海底地层变化的界面信息和沉积结构。其应用范围包括海洋地质研究和水上工程勘察等诸多领域。

**（6）海洋电磁测量方法**

海洋电磁测量法是研究海洋特别是海底的重要手段之一，适用于地震方法不易分辨而电磁方法拥有优势的区域，如岩丘、海底永久冻土带、碳酸盐礁脉等。而且，海洋电磁测量方法适应性强，探测深度的范围大，可以应用于洋中脊的构造、海地扩张带的形成，以及石油、天然气和各种矿产等的调查。海洋电磁测量方法涉及的技术繁多，不同空间、不同波段和不同成因的人工电磁场，天然电磁场均可探测，海洋地壳和地幔的电导率结构模型已经从电磁场观测数据中获取（Zhdanov et al.，2014）。

目前常用的海洋电磁测量方法有天然电磁法（NSEM）、可控源电磁法（CSEM）、磁电阻率法（MMR）、海洋电化学方法、直流电阻率（DC）法。其中，可控源电磁法是当前和未来的一个研究热点。频率域的、时间域的、磁电阻率的等各种人工源电磁法，都包括在"可控源"涵义之内。天然源的电磁场起源于高空电离层和磁性层电流系统，由于海水对高频有衰减，到达海底的完全是低频的。低频穿透能力大，因此天然电磁法主要用来研究海底数十千米以下地球深部构造。可控源法直接把场源放到海底，探测深度从几十米到十几千米，正是各种矿产资源的主要存在区域。我国海域辽阔，而且浅海居多，所以正好适合发展可控源电磁法（何继善和鲍力知，1999）。

## 1.1.3　海洋地球物理探测现状

近年来，随着科技的发展，海洋地球物理探测技术取得了巨大的进步，探测精度不断提高，各种技术也逐渐成熟，在各个领域都有新的应用，并取得了成功。在 21 世纪，西方发达国家的海洋探测向深水领域推进，钻探水深从浅水、深水扩展到 3000m 深海区。为了满足深海海洋地球物理探测的需要和资料质量的高要求，海洋探测船、海洋地球物理探测技术及探测设备都得到了长足的发展。

**（1）海洋探测船和其他平台**

海洋探测船和其他平台的改进是促进海洋地球物理学的发展基础。海洋探测船是海底构造和地球物理研究的重要平台。以往浅海海洋调查船较小，自持力和抗风浪能力相对较差；当今深海勘探一般采用动力定位调查船，自持力和抗风浪能力强，有较大的甲板作业面积，可安放各种工具、ROV/AUV 设备和工程地质钻探设备。据统计，迄今为止世界上已有 49 个国家拥有自己的海洋科考船，总数有 500 多艘。目前国际上比较大型的海洋调查船有英国的"CHALLENGER"号、日本的"EARTH"号、俄罗斯的"AKADEMIKMSTISLAV KELDYSH"号、德国的"SONNE"号、美国的"ATLANTIS"号、中国的"科学"号、"探索一号"（图 1-2）等。

我国海上探测平台也有了很大进展。进入 21 世纪，随着世界各国进入深海勘探，我国也不甘落后，开始走向深海战略。2003 年至今，我国已经打造 10 余艘可在深海区域工作的先进海上装备，如"海洋石油 720"深水物探船是亚洲首艘最新一代三维地震物探船，是中国自主建造的第一艘大型深水物探船，是中国设计和建造的第一艘满足 PSPC 标准的海洋工程船，是一艘由电推进系统驱动、可航行于全球Ⅰ类无限航区的 12 缆双震源大型物探船，为物探船主流技术的代表（图 1-3）。"海洋石油 720"深水物探船、"海洋石油 708"深水地质勘察船、"海洋石油 981"深水半潜式钻井平台、"海洋石油 201"深水铺管起重船、两艘深水大马力三用工作船，组成我国深海油气开发的"联合舰队"。尤其

图 1-2　新一代科学考察船"探索一号"

"海洋石油 981"是 2010 年由中国自行建造的当今世界最先进的第六代水半潜式钻井平台，该船最大作业水深可达 3000m，钻井深度高达 10 000m，标志着我国海洋石油开发向深海发展的一大步，中国海洋探测进入万米时代（吴时国和张健，2014）。

图 1-3　"海洋石油 720"深水物探船

**（2）海洋地球物理探测技术**

海洋地球物理学的发展根本在于技术的创新。当今应用于海洋探测的地球物理方法众多，各有优势。例如，基于多波束测深技术海底浅层声探测技术在海底浅层探测中得到了广泛的应用；水面船舶导航定位和水下定位系统为代表的导航定位技术的研究，为海底高精度探测打下了坚实的基础；海底放射性测量技术、海洋地热流探测技术及海洋地球物理测井技术等在海洋探测中都得到了应用，取得了很好的探测成果。

在海洋油气勘探方面，海洋地震探测技术一直是最有成效的地球物理技术。近年来，一种新型的海底探测技术——海洋可控源电磁法得到了较快的发展，并在海洋油气检测中取得了巨大成功，成为三维地震勘探应用以来又一个具有商业价值的新技术。在海底矿产资源探测中，重磁勘探技术运用广泛。重力资料在圈定沉积盆地范围、推断含油气远景区及寻找局部构造方面具有独到的用处。以上表明，近年来，海洋观测由以往的单一地球物理技术探测向综合地球物理探测方面发展，形成海洋地球物理观测系统。

近年来发展较为成熟的海底地球物理监测技术有宽频带海底地震仪（N-OBS）、海洋高分辨率多道地震探测技术、海底观测网络等。N-OBS 工作原理是通过布设于海洋底部的地震仪观测天然或人工地震的体波和微震，探索底部的构造运动；根据纵横体波的传播速度和面波的频散曲线，探索地球的结构、地壳厚度和低速层的展布等。N-OBS 观测天然地震或人工地震目前已经被应用于以下几个方面：①研究大洋洋脊、海盆、海沟等地区的地震活动和构造活动的特点；②通过微震观测，监视大地震的发生，为地震预报和海底工程（如海底油田开发）服务；③调查大陆–大洋过渡带的地壳结构，揭示板块俯冲作用的机理；④在广阔的海洋中进行地震观测，有助于了解地球内部构造。海洋高分辨率多道地震探测技术是海洋油气开发和海洋工程建设地质环境评价中最为重要的手段之一。海洋多道地震探测技术是基于 CDP 多次覆盖技术而发展起来的，具有适用等特点，该方法在海域物探中应用前景很广。海底观测网络一般是由基站、互联网络、光纤光缆、各种传感器和各种功能观测设备等组成。海底观测网络能够长期、实时、连续地获取所观测海区的海洋环境信息，已经成为探测海洋的重要平台，为人类认识海洋变化规律，提高对海洋环境和气候变化的预测能力提供了技术支撑，在海洋减灾防灾、海洋生态系统保护、资源/能源可持续开发利用、海洋权益维护和国防安全等方面具有重大战略意义。21 世纪初，随着各海洋强国纷纷制定或调整海洋发展战略计划和科技政策，以确保在新一轮海洋竞争中占据先机，相应的海洋监测网络逐步实施，如日本的 ARENA、DONET 系统，美国和加拿大的 NEPTUNE 计划以及美国的 MARS、H2O、LEO-1 系统等。

**（3）海洋地球物理设备的进展**

海洋地球物理学的进步离不开仪器的革新。近年来一些海底地球物理仪器有了很大的进展。海底地震仪（ocean bottom seismograph，OBS），是在海底观测天然地震和人工地震的仪器。目前美国、日本、英国、德国等发达国家的海底地震仪的研制已经比较成熟，而且已借助于海底地震仪对天然气水合物底部的似地震反射界面开展了广角反射和层析成像研究工作，取得了很好的成果。我国 OBS 的研究起步较晚，20 世纪 90 年代主要通过国际合作展开应用。经过努力，2009 年我国中国科学院地质与地球物理研究所团队成功研发了 3 通道高频 OBS，随后两年中国科学院地质与地球物理研究所郝天珧课题组又在此基础上成功研制了宽频带 7 通道 OBS。2015 年 1 月 19 日，在西太平洋雅浦海山海域执行科考任务的"科学"号科考船在既定区域投放了 7 个海底地震仪。这是中国首次在该海域投放这种仪器，所有海底地震仪回馈显示状态正常。2016年12月，"探索一号"赴马里亚纳海沟投放60个海底地震仪，投放最深点超过9000m，采集测线2条。

海底电磁仪，顾名思义是在海洋中采集海底大地电磁场数据的仪器。由于海水层导电导致电磁波衰减，海洋大地电磁场源信号比陆地信号要弱得多。因此，海底电磁测量要求海底大地电磁仪器要比陆地具有更高的灵敏度。为了提高我国海底探测能力，近年来海底电磁探测技术研究已列入国家重要计划，中国科学院地质与地球物理研究所和中国地质大学（北京）已成功研制出五分量海底大地电磁仪。目前，该套仪器在我国东海、黄海、南海做过多次实验（邓明等，2004），实验结果验证了仪器的有效性和实用性，完全可以满足海底资源勘探的需求。

海洋磁力仪是测量地球磁力场强度的一款精度很高的测量设备。在国内外生产磁力仪比较著名的有美国的Geometrics公司、加拿大的Marine Magnetics Corporation公司，其产品研制技术一直居于领先地位，遍布世界各地。目前国外较为先进的海洋磁力仪以基于光泵式和质子旋进式两种原理为主。代表作有美国Geometrics公司的G880磁力仪，采用光泵原理，传感器方位可调，灵敏度小于0.001nT（1s的采样率下），绝对精度小于2nT，可用于深海磁测、近海测量等项目；加拿大Marine Magnetics Corporation公司的SeaSPY磁力仪，采用质子旋进原理，灵敏度为0.015nT，分辨率高达0.001nT，绝对精度为0.25nT，该设备适合各种调查船只。我国的海洋磁力测量工作相对起步较晚。目前国内一些科研机构也再加大力度研制海洋磁力仪，如北京大学曾于2000年与海洋地质调查局（广州）介绍了其研制的三垂向分量海洋磁力仪，在船上进行实地考察并取得了很好的效果。中国海洋大学海洋地球科学学院李予国教授团队自主研发的海底电磁采集站（OBEM）在我国南部海域成功完成4000m级海底大地电磁数据采集试验，标志着中国海洋大学海洋电磁探测技术与装备研制取得重大突破性进展，预示着我国海洋电磁装备研制达到国际先进水平，使我国成为继美国、德国和日本之后，第四个有能力在水深超过3000m的海域进行海洋电磁场测量和研究的国家。

海洋重力仪是安置在科考船上或深潜器中在船舶匀速直线航行条件下连续地进行重力测量。由于仪器安放在运动的船体上，受到垂直加速度和水平加速度以及基座倾斜的影响很大。过去的海洋重力仪均采用补偿法进行零点读数，误差较大进而影响测量精度。现今则使用高灵敏度的电容测量仪器，可直接读取平衡体的位移大小来获得相对重力值，大大提高了仪器的测量精度，如德国的KSS-32（M）海洋重力仪和美国的L&R S型海洋重力仪。在我国，海洋重力仪的研制已有很长的历史。20世纪70年代我国国家地震局武汉地震研究所闫志国成功研制出ZYZY海洋重力仪，得到了良好的应用成果。1999年中国科学院测量与地球物理研究所周旭华等对德国GSS-2型海洋重力仪做了改进，保留了稳定平台本体部分，舍去了电子控制单位，加载了双积分12位PCL-818L A/D转换数据采集卡，通过计算机按键虚拟控制来实现仪器的操作（周旭华等，1999）。

为了探索深海的奥秘，近年来海洋深潜器技术也取得了很大进步。深潜器分为载人潜器（human occupied vehicle，HOV）和无人潜器（automatic under vehicle，AUV）。目前，国内外有20余艘深潜器，如日本的"Shinkai 6500"号载人潜器，潜航能力为6500m；美国的代表作"阿尔文"号载人潜器，可下潜到4500m的深海；法国的"鹦鹉螺"号载人潜器，最大下潜深度可达6000m；俄罗斯的"Ⅰ"号和"Ⅱ"号载人潜器，都可下潜至6000m深海；中国的"蛟龙"号载人潜器，最大下潜深度超过7000m（图1-4）。另据报道，科学技术部启动了深海技术与装备专项，启动了万米载人深潜和无人深潜项目。中国万米级载人深渊器"彩虹鱼"项目业已启动，并计划2019年载人挑战马里亚纳海沟。无人潜器主要有遥控深潜器（remote operated vehicle，ROV）和智能深潜器（autonomous underwater vehicle，AUV）。目前全世界无人遥控潜水器已有1000多艘，其中潜深大于5000m的ROV不超过十套。"海马"号是我国目前下潜深度最大的ROV，下潜深度可达4500m（图1-4）。AUV比ROV的活动范围更大，智能程度更高。国际上现有设计工作深度6000m的AUV为数不多，如美国的AUSS、法国的PLA2、俄罗斯的MT-88，以及中国的GRO-1、GRO-2和"潜龙一"号。地球物理设备可以搭载载人潜器（或ROV），可以定点开展精细地球物理测量。

(a)"蛟龙"号　　　　　　　　　　　　(b)"海马"号

图1-4　海洋深潜器：载人潜器"蛟龙"号和无人潜器"海马"号

## 1.2　海洋地球物理探测的目的与任务

21世纪是海洋经济发展的世纪，海洋有取之不尽的宝藏，是人类用之不竭的资源。海洋勘探是海洋经济的重要组成部分，海洋经济的发展离不开海洋地球物理探测技术。海洋地球物理探测技术不仅是全球海洋经济发展的基础，也将成为人类进一步认识海洋，开发、利用和保护海洋的重要支撑。

在海洋范围内应用各种地球物理方法研究地质构造和寻找矿产资源和油气资源是海洋地球物理探测的主要目的。海洋地球物理探测技术是应用科学的探测理论，借助于现代测量仪器，通过物理学的测量手段，对海洋底部地球物理场性质进行测量的科学技术；其在海洋地质调查、保卫海洋安全、开发海洋资源、开发海洋工程技术、保护海洋环境等方面都广泛应用。本节主要介绍其在寻找海上油气及其他矿物资源、地质调查及水下军事活动上的应用。

## 1.2.1　矿产资源探测

由于工业革命的发展，人类对石油和其他矿产资源的需求增加，陆上石油已经满足不了工业发展的需求。早在 20 世纪 40 年代中期，国外专家就利用海洋地震勘探技术在墨西哥湾找到了油气资源。海上地震勘探提供的地震图像使我们发现了石油。随着海上地球物理技术的发展，海洋重力测量技术和海洋电磁测量技术在发现海上石油方面做了很大的贡献。海上测井技术是海上石油开采的必不可少的手段。钻井技术的出现大大提高了海上找油的准确度。现在已经形成重力资料和地震资料结合，在井数据的约束下，确保联合反演结果的准确度。天然水合物的勘探也离不开海洋地球物理识别技术。天然气水合物最著名的标志是地震似海底反射面（BSR）。目前利用海底地震探测技术，在世界上超过 220 片海域和冻土带直接或间接发现了天然气水合物。

非石油矿产资源的开发也需要高分辨地球物理技术。深海海底的矿物资源包括金属硫化物、铁锰结核，以及富含铁、锌、铜和金的热液堆积等。在大陆架，利用海洋地球物理方法对砂石料、热液矿床、磷矿，以及含石英、锡、金、铂、钛和锆矿物的砂矿等进行勘探调查的手段比较成熟。海洋地球物理方法在矿资源探测应用上取得了一定的成果，特别是在大洋多金属结核和结核矿产资源评价方面但深海固体矿产资源定量评价研究还处于探索阶段，缺少系统的定量评价方法。由此可见，海洋矿产资源的开采还有待对海洋地球物理探测技术进行改进。

## 1.2.2　海洋科学研究

海洋地质学的进步离不开海洋地球物理技术的推动，海洋地质研究需要海洋地球物理的验证。海洋地球物理新技术促使当今海洋地质学研究朝着"领域更广、程度更深"的方向发展。20 世纪 50 年代，我们对地球的演化史和组成主要来自于对大陆的研究。早在 20 世纪初，海洋地质学家还认为海洋是很年轻的。在第二次世界大战之后海洋地质学蓬勃发展。在全球规模的调查基础上，发现了海底平顶山、洋中脊和大洋裂谷等。大规模的海洋地球物理调查提供了大量资料。研究学者发现，洋底沉积层极薄，大洋地壳的结构和大陆截然不同。特别是对环绕全球大洋中脊体系与条带状磁异常的发现具有深远意义。1963年，马修斯和瓦因用海底扩张学说解释了海底条带磁异常的成因。60 年代末的"莫霍钻探计划"直接揭示了洋底的年龄，为"海底扩张"提供了证据。1967 ~ 1968 年，摩根、勒皮顺和麦肯齐等提出了板块构造理论，这是海洋地质研究的一大进步，被称为地质学的一场"革命"。

目前，国际性地球计划有 1985 ~ 2003 年的"大洋钻探计划"（Ocean Drilling Program，ODP），2003 ~ 2013 年的"综合大洋钻探计划"（Integrated Ocean Drilling Program，IODP）以及 2013 ~ 2023 年的"国际大洋发现计划"（International Ocean Drilling Program，IODP）。这一系列大洋钻探计划的开展，对研究洋底岩石学结构和构造、海洋起源和演化发展等均

有极重要的意义。在技术方法方面，除了深海钻探和取样技术外，潜艇观测、海底地球物理仪器探测，深海仪器拖运装置的发展也促进了海底地质学的研究，为其获得数据证据提供技术支持。

大洋钻探计划（ODP）始于1968年，该计划集结世界各国深海探测的顶尖技术，在几千米深海底下通过打钻取芯和观测试验，探索国际最前沿的科学问题，为地球科学中规模最大、历时最久的大型国际合作计划，其成果改变了整个地球科学发展的轨迹。ODP由美国国家科学基金会主持，全球研究地球结构和深化过程的科学家和研究机构参与，其中主要通过研究海底岩石和沉淀物所包含的大量地质和环境信息，获得地球的演化过程和变化趋势。中国于1998年以参与成员国身份加入该计划。

综合大洋钻探计划（IODP，2003~2013年）是以"地球系统科学"思想为指导，计划打穿大洋壳，揭示地震机理，查明深海海底的深部生物圈和天然气水合物，解读极端气候和快速气候变化的过程，为国际学术界构筑起新世纪地球系统科学研究的平台，同时为深海新资源勘探开发、环境预测和防震减灾等实际目标服务。它将为人类了解海底世界、研究地球变化、勘探各种资源（矿产资源、油气资源和生物资源等）开辟一条新途径。综合大洋钻探计划的一个主要特点是它将以多个钻探平台为主，除了类似于"决心"号这样的非立管钻探船以外，加盟IODP计划的钻探船将包括日本斥资5亿美元建造的五六万吨级的主管钻探船。一些能在海冰区和浅海区钻探的钻探平台也加入了IODP计划。此外，美国自然科学基金委员会正在考察建造一艘类似于"决心号"，但功能更完备的新的考察船。IODP航次将进入未探索的地区，如大陆架和极地海冰覆盖区。它的钻探深度由于采用主管钻探技术采用而大大提高，深达上千米，IODP将在古环境、海底资源（包括气体水合物）、地震机制、大洋岩石圈、海平面变化及深部生物圈等领域里发挥重要而独特的作用。

国际大洋发现计划（IODP，2013~2023年）。通过大洋钻探增进对地球系统科学的了解，推进多学科的国际合作，旨在从长期全球视野的角度促进解决当今最紧迫的环境问题。研究重点包括四个方面：①气候和海洋的过去、现在和未来演变。海底沉积物岩芯记录过去气候变化，可以帮助在时空尺度上更好地了解地球系统过程。海洋沉积物能够确定千年尺度气候变化的空间分布，并且能对陆地、湖体和冰核进行基础观测。通过整理海洋钻探数据和同化运用模型，可以预测未来的气候变化。②深部生物圈与生命过程、生物多样性及生态环境问题。生物有机体通过生态系统中竞争捕食，使个体和生态系统不断地随环境的变换而变化。众多生物由于自然选择而被淘汰，但其躯体却有可能保存在深海沉积物中，而深海钻探技术使研究生物多样性、生物圈及其进化成为可能。③地球连接，建立地球深部过程与表层环境之间的关联。地球表面的环境和生命由固体地球、海洋和大气的地球化学反应相互作用调节而形成。各个场所的物质和能量流动均随着地球结构、组成的变化而变化。洋壳、俯冲带、构造成因的沉积和火山地层则记录了深部地球动力过程，这一过程控制了地球表面的形态和环境。④运动的地球（Illuminating Earth's Past, Present, and Future）。地球的动态过程，如地震、山崩、飓风和碳在深海与火成岩地壳的循环造成海洋中热量、溶质和微生物的快速交换。这种活动过程对于很多地球作用至关重要。从

2014 年起，中国正式成为"新十年国际大洋发现计划"的"全额成员"，并在该计划科学咨询机构所有工作组享有代表权，在每个航次拥有两个航行科学家的名额。这将显著提高中国在大洋钻探领域的参与度，对中国深海资源勘探、深海科技能力建设及海洋强国战略的实现具有重大意义。

### 1.2.3　国家海洋安全

海洋地球物理在国家海洋安全方面的应用主要分为两方面，一是在国防海防上的应用，称为海洋军事地球物理；二是在国家海洋地质灾害预警方面的应用。包括两方面的研究内容：针对海洋的地球物理环境监控和以海洋为媒介的地球物理武器的检测。海洋地球物理技术的发展，有助于对海洋地球物理的监控，保障海洋安全。反之，对海洋安全的检测也促进了海洋地球物理技术的进步。

早在第二次世界大战期间，西方国家就已经进行了军事性质的海洋研究，在此期间海洋地球物理技术也得到了突飞猛进的发展。在恶劣的海洋环境中，海洋地球物理致力于探测潜艇和水下目标的研究。冷战期间海洋地球物理技术在军事活动上的应用更为突出，并提供了高额经费支持且投入大量研究调查船。目前科技发展迅速，海洋地球物理武器已发展到一定的高度。

无论科技发展如何迅速，海洋环境对海上军事活动影响巨大。海洋地球物理环境是海洋环境的重要组成部分。海洋地球物理技术的发展可以很好的预测海洋地球物理环境。海洋地球物理检测可以根据检测器的分布分为海底深部、海底、水层、海岸带及空间。每个层次的传感器不同，处理解释的方式也不同。主要是通过监测这些区域的地球物理环境特征来获得海防和地质灾害预警等国家安全领域需要的信息体系（刘光鼎和陈洁，2011）。

在当今和平年代，海洋安全工作也是必不可少的。为了保卫国土及海洋的安全，必须建设海洋强国。当今以美国为首的发达国家海洋地球物理技术非常成熟，从国家安全角度出发我国也要最大限度地发展海洋地球物理技术，立足于海洋强国。

## 1.3　海洋地球物理探测展望

近年来，海洋地球物理探测技术发展迅速，促进了海洋地质、地球物理学等学科的快速发展。与陆地地球物理勘探相似，海洋地球物理探测技术在应用过程中也存在着一些问题。但是，在应用过程中加以探索和修复，海洋地球物理探测技术仍是海洋研究的基本手段，使得海洋科学取得了重大的进展和突破。不管是在过去、现在还是未来，海洋地球物理探测技术都有广泛的应用。

### 1.3.1　海洋地球物理探测存在的问题

海洋地球物理学在海洋研究中不断发展和突破，存在以下几个基本问题：

1）海洋地球物理探测的深度范围同观测仪器的分辨率成反比，即所研究对象（场源体）的深度越大，在海面上观测到的场的分辨能力就越低。例如，在反射法地震勘探中，使用的频率范围高，将获得良好的纵向分辨率，但勘探深度极为有限。为了获得深部的数据，只有使用低频震源，如此势必降低分辨率。为此，要根据研究区域的具体情况，探讨应采用的观测技术。

2）海洋地球物理勘探方法的反演问题都具有多解性，尽管构成地球物理场的因素是明确的，对场的观测值的解释却可能是多样的。只有多种地球物理资料和地质资料综合反演，互相补充，互相验证，才能逼近唯一正确的解答。

3）海洋地球物理勘探方法，以海底岩层的某一种物理性质的差异为基础，从不同的角度去认识海底的结构和岩性。为了对勘探成果取得较全面的认识，应尽可能利用测区内的钻孔资料和地球物理测井资料，合理而准确地确定岩石的各种物性参数。由此进一步完善各种勘探仪器、设备和观测技术，继续加强对地质、地球物理资料的综合研究，才能不断提高海洋地球物理勘探解决实际问题的能力。

## 1.3.2 海洋地球物理探测技术未来的发展

海洋地球物理探测技术未来的发展有以下几个方面的趋势：

**（1）海底地球物理探测技术**

我国海洋地球物理探测技术研究开发取得了重要成果。一些技术已经非常成熟，比如高精度远距离差分 GPS 技术、海底地形地貌电子数字化成图技术、海底地形地貌人工智能解释技术、水下拖曳式多道伽玛能谱仪、海底大地电磁探测技术、地球化学快速探查技术等，应组织推广转向产品化；一些技术比较成熟，但需要进一步优化，如多波束全覆盖高精度探测技术、海底地震仪及其观测技术、综合地球物理快速探查技术、海上油气区域综合快速评价技术等，可进一步技术集成，提高它们的实用化程度。目前，国内急需而又无此项技术的有天然气水合物保压取芯技术、海底直视采样技术、海底多参量填图技术等，应适当引进，并组织力量研发。

深海技术随着多学科的综合运用，表现出空中、海面、海底"三位一体"的综合观测。海面有综合科考船和浮标技术，空中有飞机和卫星遥感技术，水下有深潜器和水声技术等。如美国正在计划发展的"综合海洋观测系统"就是一种先进的海洋立体探测系统。该系统由水上、空中和空间的不同探测平台组成，每种平台上传感器收集到的信息将通过海底光纤电缆和卫星传输到陆上进行集中处理，从而形成对全球海洋环境的观测网络，最终达到为海洋环境预报、海洋资源开发、海上交通运输以及国家安全服务的目的。深海观测系统也由单点的观测向网络化发展，表现为站—链—网络的建设。观测站的特点是区域针对性强，但可承担的任务有限，可观测的要素较少。在站与站之间，增加无线通讯的功能，就构成了观测链，观测链适用于深海区域的长期连续观测，可实现现场数据的"准"实时传输。网络是目前技术含量最高的海底观测系统，可集成多种海底观测装置，功能齐全，观测时间长。随着技术的不断进步，发达国家将建立覆盖地球全海域的立体海洋观测网络。

**（2） 基于深潜技术的海洋地球物理传感器**

深海金属矿产资源的开采由多金属结核单一资源开发技术，向多种资源开采公用技术扩展，是当前深海采矿技术研究的一个显著特点，并成为一些工业发达国家的研究热点。海底热液硫化物是当前金属矿产资源勘查的重点。保持深海领域技术优势，扩大海底资源占有量，积极勘查和研究全球海底其他战略性金属资源，是发达国家的海底矿产资源勘查开发技术的总体发展战略。因此改进基于深潜技术的海洋地球物理传感器在未来仍是重点。

目前拥有探测深度可达6000m以上的国家，只有美国、日本、俄罗斯、法国和中国。深潜器技术还有很大的发展前景，目前发达国家正在研制多功能和混合型的深潜器。深潜器技术向重量轻、长航程、多功能、高续航、混合型等方向发展。

**（3） 预测海洋地质灾害的地球物理监测技术**

近年来，海上钻井勘探引起的地质灾害频发，海洋地球物理探测技术在海洋地质灾害调查方面有着不可替代的作用，前期的地球物理调查可以探查施工海域存在的潜在地质灾害因素，为施工设计及施工进程提供地质依据，保证海上安全施工顺利开展。如何防治海洋地质灾害是对海洋地球物理探勘技术的又一挑战。加强海洋工程地质和海洋地质灾害的调查研究，在海底地质活动活跃区域进行常态海洋地球物理监测是地质灾害实时动态监测与防治的新手段。

**（4） 海洋信息大数据时代**

近年来互联网产业蓬勃发展，数据量猛增，云计算、大数据等信息技术在时刻影响着我们的工作。在这样的时代背景下，如何借鉴大数据浪潮带来的思维与技术，采取切实可行的措施，加快实现公益性海洋地质调查成果社会共享，挖掘海洋地质数据在未来国民经济和社会发展过程中的应用价值，满足社会各界对海洋地质信息日益增长的需求，是海洋地质信息化建设未来的发展趋势。海洋地质信息化建设应摆脱以"单纯数据量"论成效的价值观，重视数据的信息服务价值，创建数据有效增值模式，实现数据的再利用价值；同时，借鉴大数据思维，探索海洋地质大数据挖掘与可视化技术，提升信息价值洞察力，增强海洋地质信息化软实力，实现数据价值的最大化。

总之，在海洋科学研究和海洋经济发展中，海洋地球物理技术具有巨大的应用前景。随着国内外对海洋的大规模开发，海洋地球物理探测技术必将得到更广泛、更深入的应用。

# 1.4 习　　题

1） 海洋地球物理数据采集与陆地数据采集相比要克服哪些困难？如何克服这些困难？思考海洋地球物理数据处理和陆地地球物理数据处理方法上的区别。

2） 为什么说海洋地球物理仪器在海洋科学研究中有着重要的作用？举例说明国际上有哪些先进的海洋地球物理仪器。

3）我国的海洋地球物理传感器与国际海洋地球物理传感器有何差距？该如何推进中国创造？

4）近年来海洋地质灾害频繁，如何利用海洋地球物理技术来预测或预警海洋地质灾害的发生？

5）海底矿产资源类型有哪些？深海有哪些海底矿产值得我们去开采？

## 参 考 文 献

陈邦彦，王光宇，杨胜雄．2003．我国海洋地球物理勘察技术的发展．中国地球物理学会论文集．

邓明，侯胜利，王广福．2004．中国海底地球物理探测仪器的新进展．勘探地球物理进展，27（4）：241-246．

付永涛，贾真，孙建伟．2015．当今海洋重力磁力勘探发展趋势．山东地球物理六十年：130-136．

高金耀，刘保华，等．2014．中国近海海洋——海洋地球物理．北京：海洋出版社．

韩若飞，张金城，范启雄．2009．海洋地球物理探测技术应用研究．国家安全地球物理专题研讨会．

何继善，鲍力知．1999．海洋电磁法研究的现状和进展．地球物理学进展，14（1）：7-40．

黄国成．2008．海底天然气水合物资源勘探流程和评价方法．武汉：中国地质大学硕士学位论文．

江怀有，赵文智，裴怪楠，等．2007．世界海洋油气资源现状和勘探特点及方法．石油地质，12：27-34．

金翔龙．2004．海洋地球物理技术的发展．东华理工学报，27（1）：6-13．

金翔龙．2007．海洋地球物理研究与海底探测声学技术的发展．地球物理学进展，22（4）：1243-1249．

李家彪．1999．多波束勘测原理技术与方法．北京：海洋出版社．

李震，王佳红．2016．论我国深海工程装备的发展与海洋强国的崛起．海洋开发与管理，33（1）：78-82．

梁开龙，刘雁春，管铮，等．1996．海洋重力测量和磁力测量．北京：测绘出版社．

林立彬，李正宝，刘杰，等．2014．海底观测网络关键技术研究进展．山东科学，27（1）：1-9．

刘保华，丁继胜，裴彦良．2005．海洋地球物理探测技术及其在近海工程中的应用．海洋科学进展，23（3）：374-385．

刘光鼎，陈洁．2011．海洋地球物理在国家安全领域的应用．地球物理学进展，26（6）：1885-1896．

刘光鼎．1978．海洋地球物理勘探．北京：地质出版社．

刘新茹，张向林．2009．核磁共振测井仪探头参数设计．数据采集与处理，24（10）：266-268．

马建林，金菁，刘勤．2006．多波束与侧扫声呐海底目标探测的比较分析．海洋测绘，26（3）：10-12．

马灵．2012．海上地震数据多缆采集与记录系统设计研究．北京：中国科学院大学博士学位论文．

牛滨华，孙春岩，张中杰，等．2000．海洋深部地震勘探技术．地学前沿，7（3）：274-282．

裴彦良，刘保华，连艳红，等．2013．海洋高分辨率多道数字地震拖缆技术研究与应用．地球物理学进展．28（6）：3280-3286．

沈金松，陈小宏．2009．海洋油气勘探中可控源电磁探测法（CSEM）的发展与启示．石油地球物理勘探，44（1）：119-127．

陶智．2014．海底观测网络现状与发展分析．声学与电子工程，4：45-50．

王闰成，卫国兵．2003．多波束探测技术的应用．海洋测绘，23（5）：120-123．

吴能友，姚伯初．1999．南海——中国边缘海形成演化及其资源效应研究的关键区域．海洋地质，（4）：1-8．

吴时国，王大伟，姚根顺．2015．南海深水沉积与储层地球物理识别．北京：科学出版社．

吴时国，王秀娟，陈端新，等．2015．天然气水合物地质概论．北京：科学出版社．

吴时国, 喻普之. 2015. 海洋地球物理勘探的回顾与展望. 山东地球物理六十年: 103-112.

吴时国, 张健. 2014. 海底构造与地球物理学. 北京: 科学出版社.

徐行, 罗贤虎, 肖波. 2005. 海洋地热测量技术方法研究. 海洋科技, 24 (1): 77-82.

姚伯初, 曾维军, Heyea D E, 等. 1994. 中美合作调研南海地质专报. 武汉: 中国地质大学出版社.

张向林, 刘新茹, 张瑞. 2008. 海洋测井技术的发展方向. 国外测井技术, 23 (4): 7-12.

周华. 2009. 海洋地质学成就与发展前景. 地质学学科发展报告. 海洋科学, 25 (9): 18-20.

周旭华, 潘显章, 祁劲松. 1999. 海洋重力仪虚拟仪器终端研制及其应用. 中国地球物理学会年刊, 中国地球物理学会年会.

朱峰, 于宗泽. 2015. EM122 多波束测深系统在大洋多金属结核资源调查中的应用. 海洋地质前沿, 31 (9): 66-70.

Mcquillin R. 1985. 地震解释概论. 北京: 石油工业出版社.

Bouriak S, Vanneste M, Saoutkine A. 2000. Inferred gas hydrates and clay diapirs near the Storegga Slide on the southern edge of the Voring Plateau, offshore Norway. Marine Geology, 163 (1): 125-148.

Dick H J B, Lin J, Schouten H. 2003. An ultraslow-spreading class of ocean ridge. Nature, 426 (6965): 405-412.

Dybedal J. 2003. Training course TOPASPS 018 parametric sub-bottom profiler system. Kongsberg Defence, Aerospace AS.

Espinosa J U, Bandy W, Gutiérrez C M, et al. 2016. Multibeam bathymetric survey of the Ipala Submarine Canyon, Jalisco, Mexico (20° N): The southern boundary of the Banderas Forearc Block? Tectonophysics, 671: 249-263.

Golmshtok A Y, Duchkov A D, Hutchinson D R, et al. 2000. Heat flow and gas hydrates of the Baikal Rift Zone. International Journal of Earth Sciences, 2: 193-211.

Herzen R V, Maxwell A E. 1959. The measurement of thermal conductivity of deep-sea sediments by a needle-probe method. Journal of Geophysical Research, 64 (10): 1557-1563.

Jones E J W. 2009. Marine Geophysics. Hoboken: Wiley.

Jones P D, New M, Parker D E, et al. 1999. Human Rights: The Case for the Defence; the Conservative Party Launched a Campaign Yesterday to 'Curb the Rights Culture'. but Can All Their Charges Be Taken at Face Value? Reviews of Geophysics, 37 (2): 173-199.

Key K, Constable S, Liu L, et al. 2013. Electrical image of passive mantle upwelling beneath the northern East Pacific Rise. Nature, 495 (7442): 499-502.

Lewis T J, Villinger H, Davis E E. 1993. Thermal conductivity measurements of rock fragments using a pulsed needle probe. Canada Journal of Earth Science, 30: 480-485.

Lin J, Parmentier E M. 1989. Mechanisms of lithospheric extension at mid-ocean ridges. Geophysical Journal International, 96 (1): 1-22.

Lister C R B. 1979. The pulse-probe method of conductivity measurement. Geophysics Journal International, 57 (2): 451-461.

Mason R G, Raff A D. 1961. A magnetic survey off the west coast of North America, 32°N to 42°N. Bulletin of the Geological Society of America, 72 (8): 1250-1265.

Nagihara S, Brooks J S, Cole G, et al. 2002. Application of marine heat flow data important inoil, gas exploration. Oil & Gas Journal, July 8.

Nissen S S, Hayes D E, Yao Bochu, et al. 1995. Gravity, heat flow, and seismic constraints on the processes of crustal extension: Northern margin of the South China Sea. Journal of Geophysical Research, 100 (B11): 22447-22483.

Pfender M, Villinger H. 2002. Miniaturized data loggers for deep sea sediment temperature gradient measurements. Marine Geology, 186: 557-270.

Rr D, Mcquillin R, Donato J. 1985. Footwall uplift in the Inner Moray Firth basin, offshore Scotland. Journal of Structural Geology, 7 (2): 267-268.

Sheriff R E, Geldart L P. 1995. Exploration Seismology. Cambridge: Cambridge University Press.

Shyu C T, Hsu S K, Liu C S. 1998. Heat flows off southwest Taiwan: Measurements over mud diapers and estimated from bottom simulating reflectors. Terrestrial Atmospheric and Oceanic Sciences, 9 (4): 795-812.

Stoffa P L, Buhl P. 1979. Two-Ship Multichannel Seismic Experiments for deep crustal studies: Expanded spread and constant offset profiles. Journal of Geophysical Research Atmospheres, 84 (84): 7645-7660.

Telford W M, Geldart L P, Sheriff R E. 1990. Applied Geophysics (2nd Edition). Cambridge: Cambridge University Press.

Vacquier V. 1963. A machine method for computing the magnitude and direction of magnetization of a uniformly magnetized body from its shape and a magnetic survey. Proceedings of the Benedum Earth Magnetism Symposium 1962. Pittsburgh: University of Pittsburgh Press.

Vonherzen R, Maxwell A E. 1959. The Measurement of Thermal conductivity of Deep-Sea Sediments by a Needle-probe Method. Journal of geophysical Research, 61: 1557-1563.

Zhdanov M S, Endo M, Yoon D, et al. 2014. Anisotropic 3D inversion of towed-streamer electromagnetic data: Case study from the Troll West Oil Province. Interpretation, 2 (3): 97-113.

Zheleznyak L K, Mikhailov P S. 2012. Application of GPS data for tidal correction of marine gravity measurements. Physics of the Solid Earth, 48 (6): 547-549.

# 第 2 章 海底地形地貌探测

## 2.1 概　述

地貌是地球表面各种起伏形态的总称，如陆地上的山岳、平原、河谷、沙丘，海底的大陆架、大陆坡、深海平原、海底山脉等，是各种形态特征、分布格局、成因类型及其动力过程的综合。海底地貌是在地壳生成过程中，形成洋盆之后的平移、俯冲、褶皱、断裂、地震、火山活动等内营力作用下，通过潮流、海流、浊流和生物作用等外营力作用于局部地区形成的。根据海底地形的基本特征和所处位置，海底地貌的一般形态分为大陆边缘、大洋盆地、大洋中脊这三种地貌类型。根据海底地形规模的大小，可以将海底地貌按四级划分：一级地貌按板块构造环境来划分，属于巨型地貌单元；二级地貌按板块构造要素来划分，属于大型地貌单元；三级地貌属于中型构造地貌或地貌组合；四级地貌是各种内外营力形成的单一地貌形态（表 2-1）。海底地貌的形成主要受内外地质营力的控制，包括构造运动、岩浆活动、地壳性质、海洋动力环境、海平面升降和生物建隆等因素。

海底地形地貌探测是测量海底起伏形态的工作。据埋藏于古希腊底比斯城古墓中的船体模型，发现水深测量的原始技术——测深绳，早在公元前 2000 年前就已经在古埃及出现（Mayer，2006）。通过绳索测深，Buache 在 1737 年绘制了第一幅以等深线描绘的海底深度图——英吉利海峡及相邻的北海和大西洋边缘水深图；美国海军上尉 Moli 在 1845 年出版了第一幅北大西洋海盆水深图。1872～1976 年，英国"挑战者"号的环球航行也运用了大量的绳索测深，这一事件标志着现代海洋调查的开端。

随着第一次世界大战的爆发与 1912 年"泰坦尼克"号的沉没，声学方法在海洋中探测与测距的研究得到快速发展。加拿大的 Reginald Fessenden 于 1912 年设计了声呐的原型——Fessenden 振荡器，一种电声动圈式换能器，可以发射与接收 1kHz 左右的水声信号。1915 年，Reginald Fessenden 又发明出一种利用回声的声学测深设备——回声测深仪，这一设备的出现是海底地形地貌探测技术发展的一次巨大飞跃。1925～1927 年，德国"流星"号用回声测深仪在大西洋进行了第一次系统的海洋测深调查，得出了"海底地形起伏不亚于陆地"的结论（Dosso and Dettmer，2013）。1949～1958 年，苏联"勇士"号在考察中测深，发现了海底山脉、断裂带和海山等，并在马里亚纳海沟发现了世界最深的挑战者深渊。20 世纪 50 年代初期出现的关于海洋地质的专著都用大量篇幅论述了海底地形地貌，如 Shepard 的《海底地质学》、Kjiehoba 的《海洋地质学》、Kuenen 的《海洋地质学》（吴时国和张健，2014）。70 年代以来，随着数字测深仪、侧扫声呐、高分辨率多波束、高分辨率地震、卫星遥感与计算机等技术的快速发展，海底声学调查也取得了巨大的进展。海底地形地貌从类型划分、空间分布、内部结构、形成演化等方面进行了系统的研究，涌现出大量优秀研究成果（Blondel and Murton，1997；Laughton，1981；Mason，2014；李家彪，1999）。

表 2-1　海底地形地貌分类

| 板块构造单元 | | 一级地貌 | 二级地貌 | 三级地貌 | 四级地貌 |
|---|---|---|---|---|---|
| 板内 | 被动陆缘 | 大西洋型 | 大陆架<br>大陆坡<br>大陆隆 | 陆架平原<br>陆架坡折带<br>谷壁<br>谷底 | 古河道<br>古三角洲<br>潮流沙脊<br>水下三角洲<br>冲刷槽<br>海底峡谷<br>深水水道<br>海山<br>平顶山<br>碳酸盐台地<br>陡崖 |
| | 深海平原 | 大洋盆地 | 无震海岭<br>深海盆地<br>次生洋脊 | 深海平原<br>深海丘陵 | |
| 板缘 | 汇聚板块边缘 | 西太平洋型 | 大陆架<br>大陆坡<br>弧后盆地<br>岛弧<br>弧前盆地<br>增生楔<br>海沟<br>外隆 | 陆架平原<br>海槽<br>海台<br>深水阶地<br>海脊 | |
| | | 东太平洋型 | 大陆架<br>大陆坡<br>海沟 | | |
| | 转换边缘 | 转换型 | 转换型 | 谷壁<br>谷底<br>海脊<br>断层崖<br>断层谷 | |
| | 离散板块边缘 | 大洋中脊 | 中央裂谷<br>转换断层 | | |

我国虽然早在郑和下西洋时代（1405～1433 年）就已经开始运用麻绳铅锤测深，并且绘制了《郑和航海图》，但现代海底地形地貌探测及研究起步较晚。最早是马延英在1938 年进行的海底地形地貌相关研究。新中国成立后，先后开展了一系列涉及海底地形地貌方面的调查研究，广泛运用了单波束回声测深仪，获得了大量研究成果。秦蕴珊在 1958年全国首轮海洋普查中，较系统地研究了中国近海大陆架地形和沉积物分布。从 20 世纪90 年代开始，随着国际海底地形地貌探测技术的发展，我国引进了一系列海洋高新探测技术设备——多波测深系统，使我国海域的海底地形地貌调查进入了一个新的时代。我国近海和邻近海域先后开展了多次海底地形地貌调查，调查空间尺度大、持续时间长、精度

高，获得了一系列优秀的成果，使我国近海的海底地形地貌研究得到了全面提高（金翔龙，2007；吴时国和张健，2014）。

现代海底地形地貌探测广泛采用船载多波束系统。现代海洋科学综合考察船，具有高精度的海洋动力环境、地质环境、生态环境及深海极端环境等综合海洋环境观测、探测能力。更高精度的海底地形地貌探测可利用载人潜器或 ROV 携带测深系统在海底直接测量，如蛟龙号具备海底高精度地形测量、深海探矿、可疑物探测与捕获等功能。

# 2.2 声波测深基本原理

## 2.2.1 海水中声波传播的基本概念

陆地上的信息，可以通过现在比较成熟的电磁波、光波传递；而在海水中，电磁波、光波的吸收衰减非常大，即使在最清澈的海水中也只能穿透100m。但是，声波在海水中传播被吸收的只是电磁波、光波的1/1000，其作为在海水中传递信息的方式在海洋探测中已是屡见不鲜，如海豚利用回声定位可调整其啸叫声的频率以精准确定潜在猎物的大小、形状和位置；驼背鲸利用"歌声"向海盆范围内（上千千米）的其他同伴传递复杂的信息。虽然声波在海水中传播速度较电磁波、光波慢，携带的信息量较少，可声波是目前在海水中唯一能够远距离传播的能量辐射形式，是实现海水中信息传递、探测、识别、环境监测等目的的唯一有效载体。

### 2.2.1.1 海水中的声波传播速度

声波速度是衡量声波在海水媒质中传播快慢的基本物理参数。假设海水是理想流体媒质，则满足以下假设条件：①海水不存在黏滞性，声波在海水中传播时没有能量损耗；②没有声扰动时，海水在宏观上是静止的，即初速度为零，同时海水是均匀媒质，海水中的静态压强 $P_0$ 与静态密度 $\rho_0$ 都是常数；③声波传播时，海水中稠密和稀疏的过程是绝热的；④海水中传播的是小振幅声波，各声学变量都是一级微量，声压 $p << P_0$，质点速度 $v << c_0$（$c_0$ 为声速），质点位移 $\varepsilon << \lambda$（$\lambda$ 为声波波长），海水的密度增量 $\rho' << \rho_0$（杜功焕，2012）。在一维条件下，有声扰动时海水的运动方程为

$$\rho \frac{\mathrm{d}v}{\mathrm{d}t} = -\frac{\partial p}{\partial x} \tag{2-1}$$

描述了声场中声压 $p$ 与质点速度 $v$ 之间的关系。

声场中海水的连续性方程为

$$-\frac{\partial(\rho v)}{\partial x} = \frac{\partial \rho}{\partial t} \tag{2-2}$$

描述了海水质点速度 $v$ 与密度 $\rho$ 之间的关系。

海水中有声扰动时的物态方程为

$$c^2 = \left(\frac{\mathrm{d}P}{\mathrm{d}\rho}\right)_S = \frac{K_S}{\rho} \tag{2-3}$$

描述了声场中压强 $P$ 与密度 $\rho$ 微小变化之间的关系，式中下标 "$S$" 表示绝热过程，$K_S$ 为绝热体积弹性系数，$c$ 表示声波在海水中传播的速度，其在一般情况下并非常数。

通过上述理想流体媒质的三个基本方程，可得声波在海水中传播的一维波动方程为

$$\frac{\partial^2 p}{\partial x^2} = \frac{1}{c_0^2} \cdot \frac{\partial^2 p}{\partial t^2} \tag{2-4}$$

由于式（2-3）中密度 $\rho$ 及绝热体积弹性系数 $K_S$ 是温度、盐度、静压力的函数，因此海水声速随这些参量的变化而变化，这也是海水声速具有较明显深度分布的原因（图2-1）。温度、盐度和静压力对海水中声速影响不同：当温度增加时，$K_S$ 增大，密度变化不明显，声速增大；盐度增加时，$K_S$ 增大，$\rho$ 增大，但 $K_S$ 增大幅度要比 $\rho$ 表现更显著，导致声速增加；当静压力增加时，$K_S$ 也增大，声速也增大。

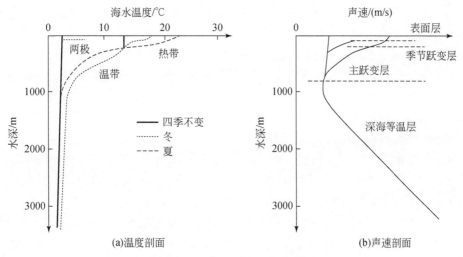

(a)温度剖面　　　　　　　　　　(b)声速剖面

图 2-1　海洋典型温度与声速剖面（据李家彪，1999）

在实际应用中，通常利用现场测得的温度、盐度和静压力来计算并确定海水声速值。海水声速作为温度 $T$、盐度 $S$、静压力 $P$（由深度 $z$ 代替计算）的函数，其常用经验公式为

$$c = 1449.2 + 4.6T - 0.055\,T^2 + 0.000\,029\,T^3 + (1.34 - 0.01T)(S - 35) + 0.016z \tag{2-5}$$

式中，$c$ 为声速，m/s；$T$ 为温度，℃；$S$ 为盐度，‰；$z$ 为深度，m（Medwin and Clay，1997）。

目前，公认较为准确的声速经验公式是威尔逊公式（Wilson，1960）：

$$c = 1449.14 + \Delta c_T + \Delta c_S + \Delta c_P + \Delta c_{STP} \tag{2-6}$$

其中，

$$\Delta c_T = 4.5721T - 4.4532 \times 10^{-2}\,T^2 - 2.6045 \times 10^{-4}\,T^3 + 7.9851 \times 10^{-6}\,T^4$$

$$\Delta c_S = 1.3980(S-35) + 1.6920 \times 10^{-3}(S-35)^2$$

$$\Delta c_P = 1.6027 \times 10^{-1}P + 1.0268 \times 10^{-5}P^2 + 3.5216 \times 10^{-9}P^3 - 3.3603 \times 10^{-12}P^4$$

$$\Delta c_{STP} = (S-35)(-1.1244 \times 10^{-2}T + 7.7711 \times 10^{-7}T^2 + 7.7016 \times 10^{-5}P$$
$$-1.2943 \times 10^{-7}P^2 + 3.1580 \times 10^{-8}PT + 1.5790 \times 10^{-9}PT^2)$$
$$+ P(-1.8607 \times 10^{-4}T + 7.4812 \times 10^{-6}T^2 + 4.5283 \times 10^{-8}T^3)$$
$$+ P^2(-2.5294 \times 10^{-7}T + 1.8563 \times 10^{-9}T^2) - 1.9646 \times 10^{-10}TP^3$$

式中，$c$ 为声速，m/s；$T$ 为温度，℃（$-4℃<T<30℃$）；$S$ 为盐度，‰（$0‰<S<37‰$）；$P$ 为静压力，kg/cm$^2$（$1\text{kg/cm}^2<P<1000\text{kg/cm}^2$）。

海水中的声速分布既有地区性变化，也有季节性变化和周、日变化。同时，由于决定海水声速的温度、盐度和压力在海水中随深度发生变化，所以海水中声速在深度上会发生明显变化，这种在深度上发生声速变化的情况称为声速剖面。在海洋表面，由于受阳光照射，海水温度较高，同时受到海洋风浪的搅拌作用，形成了海水表面层，一般水体厚度不大，表现为等温的混合层，声速基本保持不变。在海洋深部，海水温度较低且变化小，形成深海等温层，该层一直延伸到海底，温度几乎不变，表现为正声速梯度。在表面层和深海等温层之间分布着温跃层和主跃变层，温跃层处温度随深度急剧变化，表现为负温度梯度和负声速梯度。声速梯度随季节而异，所以该层也称为季节跃变层；主跃变层声速梯度为负值，声速变化较小，受季节变化的影响很微弱，又称渐变层。海水中压力随深度的增加而增加，所以声速随海水深度增加会呈现正梯度分布。由于海水在深度上温度的变化，导致海水中声速在表层混合层与深海等温层之间形成一个声速变化的过渡区域，在这一区域，声速随温度的下降呈现负梯度分布。

在实际海上声速测量中，一般采取两种方式：直接测量法与间接测量法。直接测量法通常利用收发换能器在固定的距离内测量声速，同时压力传感器及温度补偿装置测量水深，这种设备称为"声速仪"。间接测量法是通过水文仪器测量海水的温度、盐度和深度，将测量数据代入经验公式计算声速剖面。目前，直接测量法的测量精度可达 0.1m/s，但通常情况下无法达到间接测量法的精度，尤其是在开阔不冻的海洋环境中。

### 2.2.1.2 声波的反射和折射

声波从一种媒质进入另一种媒质时，会在两种媒质的平面分界面上产生反射和折射现象，一部分声波会反射回来，一部分声波会透射过去。假设密度和声速不同的相邻媒质阻抗分别为 $\rho_1 c_1$ 和 $\rho_2 c_2$，入射声压为 $p_i$，界面反射声压为 $p_r$，折射声压为 $p_t$，入射声波与法线之间的夹角 $\theta_i$ 称为入射角，入射声波与界面之间的夹角 $\varphi$ 称为掠射角（图 2-2），那么

$$\begin{cases} \theta_i = \theta_r \\ \dfrac{\sin\theta_i}{\sin\theta_t} = \dfrac{k_2}{k_1} = \dfrac{c_1}{c_2} \end{cases} \tag{2-7}$$

这就是斯奈尔声波反射与折射定律，从式（2-7）可以得出声波在分界面处反射角等于入射角，折射角的大小与两种媒质的声速之比有关，界面下部分媒质的声速越大，则折射波

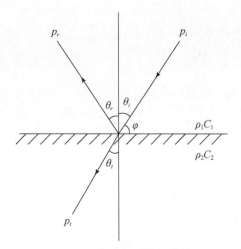

图 2-2　声波的反射与折射

偏离分界面法线的角度越大。

在法线入射条件下，入射角 $\theta_i = 0$，根据斯奈尔声波反射与折射定律，可得出界面的反射系数 $R$ 和透射系数 $T$

$$R = \frac{\rho_2 c_2 - \rho_1 c_1}{\rho_1 c_1 + \rho_2 c_2} \tag{2-8}$$

$$T = \frac{2 \rho_1 c_1}{\rho_1 c_1 + \rho_2 c_2} \tag{2-9}$$

在光滑界面上不存在剩余压力值，且界面上质点法向运动速度为零时，界面上入射声压、反射声压、折射声压之间的关系为

$$\begin{cases} p_i + p_r = p_t \\ \dfrac{p_i \cos \theta_i}{\rho_1 c_1} - \dfrac{p_r \cos \theta_i}{\rho_1 c_1} = \dfrac{p_t \cos \theta_t}{\rho_2 c_2} \end{cases} \tag{2-10}$$

引入 $m = \rho_2 / \rho_1$，表示两媒质之间的密度比，$n = k_2 / k_1 = c_1 / c_2$，表示式（2-7）中的折射率，则反射系数 $R$ 和透射系数 $T$ 为

$$R = \frac{m\cos \theta_i - n\cos \theta_t}{m\cos \theta_i + n\cos \theta_t} \tag{2-11}$$

$$T = \frac{2m\cos \theta_i}{m\cos \theta_i + n\cos \theta_t} \tag{2-12}$$

根据三角函数关系，引入掠射角 $\varphi$，则式（2-11）和式（2-12）可改写为

$$R = \frac{m\sin\varphi - \sqrt{n^2 - \cos^2\varphi}}{m\sin\varphi + \sqrt{n^2 - \cos^2\varphi}} \tag{2-13}$$

$$T = \frac{2m\sin\varphi}{m\sin\varphi + \sqrt{n^2 - \cos^2\varphi}} \tag{2-14}$$

通过式（2-13）与式（2-14）可见，海底表面的反射性能与折射率相关。对于声波传播

速度高的海底媒质（$n<1$），有全内反射现象，对于声波传播速度低的海底媒质（$n>1$），则无全内反射现象，但有一个全透射角。

### 2.2.1.3  海水中的声衰减

声波在均匀媒质中传播，造成的声衰减可分为黏滞性吸收、热传导吸收和分子弛豫吸收三部分（Rayleigh，1896；汪德昭，2013）。声波在海水中传播时，由于介质吸收、波阵面的几何扩散、边界损失和散射等原因，随着传播距离的增加，声强会不断地减弱。如果用 $I$ 表示距离 $r$ 处的声强，则有

$$I = \frac{I_0}{r^n} \cdot e^{-2\alpha r} \tag{2-15}$$

式中，$I_0$ 为决定于声源强度的常数；$n$ 为决定于海洋传播条件的指数；$2\alpha$ 为声强衰减系数。如果不存在海面与海底的影响，则衰减系数等于海水声吸收系数与海水体积散射系数之和。

海水作为非理想媒质，会产生黏滞吸收和热传导吸收，将声能转化为热能，造成声能衰减。实际情况中，热传导吸收远小于黏滞吸收，常常可以忽略。黏滞吸收分为切变黏滞效应和体积黏滞效应（图 2-3）。声波频率在 1MHz 以下，海水的声吸收系数等于海水中电解质的化学弛豫吸收与纯水的吸收系数之和。经典的切变黏滞吸收系数是瑞利推导出的吸收公式：

$$\alpha = \frac{16\,\pi^2\,\mu_s}{3\rho\,c^3} \cdot f^2 \tag{2-16}$$

式中，$\alpha$ 为声强吸收系数，$cm^{-1}$；$\mu_s$ 为切变黏滞性，$Pa \cdot s$（水约为 $0.001Pa \cdot s$）；$\rho$ 为密度，$g/cm^3$（水约为 $1g/cm^3$）；$c$ 为声速，$cm/s$（水约为 $1.5 \times 10^5 cm/s$）；$f$ 为频率，$Hz$。

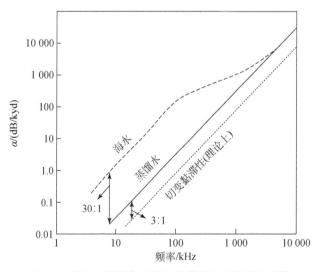

图 2-3  海水、蒸馏水及切变黏滞引起的声吸收系数

通过式（2-16）所计算获得的纯水吸收值 $\alpha = 6.7 \times 10^{-11} f^2 \mathrm{dB/kyd}$[①]，大约只是实际测量值的 1/3。蒸馏水、海水中切变黏滞性引起的理论吸收系数和实际测量得到的吸收系数如图 2-3 所示。这种明显的偏离，后来发现是来源于水分子的体积黏滞作用。在声波传播过程中，水分子在压缩期间受到压缩产生相对位移，进而产生水分子中原子配置的变化，造成分子结构破坏，这一过程滞后于压力。这种由分子结构比较松散变到比较紧密的过程需要一定的弛豫时间 $\tau$，引入这种导致声能损耗的弛豫过程吸收公式为（Mason，2014）

$$\alpha = \frac{16}{3\rho} \frac{\pi^2}{c^3}\left(\mu_s + \frac{3}{4}\mu_v\right) \tag{2-17}$$

式中，$\mu_v$ 为体积黏滞系数。

声波频率低于 100kHz 时，海水中的吸收主要来自于海水中 $MgSO_4$ 的离子弛豫，该离子弛豫是 $MgSO_4$ 分子在声压作用下离解或重新缔合的结果。Liebermann 从理论上证明了离子弛豫机制和黏滞性导致的声吸收系数与频率存在如下关系

$$\alpha = a\frac{f_T f^2}{f_T^2 + f^2} + b f^2 \tag{2-18}$$

式中，$a$、$b$ 为常数；$f_T$ 为弛豫频率。

Schulkin 和 Marsh（1962）通过大西洋等温层中 2 ~ 25kHz 频率，24kyd 传播距离的 30 000 次测量中，总结出了一个半经验公式

$$\alpha = \left(\frac{SAf_T f^2}{f_T^2 + f^2} + \frac{Bf^2}{f_T}\right) \cdot (1 - 6.54 \times 10^{-4} P)\ (\mathrm{Np/m}) \tag{2-19}$$

式中，$A$、$B$ 为常数，$A = 2.34 \times 10^{-6}$，$B = 3.38 \times 10^{-6}$；$S$ 为盐度，‰；$f$ 为声波频率，kHz；$T$ 为温度，℃；$P$ 为静压力；$f_T$ 是与温度有关的弛豫频率，kHz。

$$f_T = 21.9 \times 10^{\left(6 - \frac{1520}{T + 273}\right)} \tag{2-20}$$

式（2-20）给出了低频声衰减与盐度、温度、压力和频率的关系。第一项代表 $MgSO_4$ 分子的离子弛豫吸收，当 $f \ll f_T$ 时起主导作用；第二项代表水的黏滞吸收，是高频的主导项。然而低于 5kHz 频段内的声衰减系数并不适用该半经验公式，实际值要比该公式计算值大得多。Thorp 综合了多次低频衰减系数的测量结果发现，频率低于 1kHz 时，衰减系数比从高频段向下外推所预估值约大十倍。在低频段还有一个弛豫过程，弛豫频率约为 1kHz（Thorp，1967）。

$$\alpha = \frac{0.1 f^2}{1 + f^2} + \frac{40 f^2}{4100 + f^2} + 2.75 \times 10^{-4} f^2\ (\mathrm{dB/kyd}) \tag{2-21}$$

式中，$f$ 为声波频率，kHz；第一项和第二项表示 4℃ 左右时，两类弛豫过程的声衰减；第三项表示纯水的黏滞吸收。Yeager 等（1973）通过温跃法证明，此类逾量衰减是由海水中存在的 B（OH）$_3$ 弛豫过程所引起。

---

① 1yd = 0.9144m，1kyd = 0.9144 × 10$^3$m，码。

#### 2.2.1.4　海洋中的混响

在声波探测海底地形地貌过程中，其干扰因素主要有环境噪声、自噪声和混响。环境噪声是海洋环境中一些外界环境因素（如波浪、生物、雨水、水分子的运动）和人为因素影响产生的干扰声波（汪德昭，2013）。自噪声是指电子设备噪声引起的本机噪声和船航行过程中产生的本舰噪声。海洋混响是海洋环境产生的回声，是对目标探测的一种严重干扰。

海洋本身与其界面存在着许多不同类型的不均匀性，造成这种不均匀性的因素有使深海成为蓝色的微小粒子、海水中的鱼群及海底上的海山等。这些不均匀性造成介质物理性质上的不连续，从而阻挡照射到其上的一部分声能，并把这部分声能再辐射回去。这种声的再辐射称为散射，产生散射的不均匀性介质称为散射体。当声源发射声波以后，声波碰到这些不均匀性介质会产生不同于原来传播方向的各方向上的散射波，所有散射波的总和称为混响。混响与发射信号本身性质以及传播通道性质有关，其频谱特征和发射信号的频谱特征基本相同，混响强度随水平距离和发射信号强度的变化而变化。

根据产生混响的散射体不同，可以将海洋中的混响分为三类：①体积混响，由海洋生物、海洋无机物和海洋自身微细结构特征物质等散射体引起；②海面混响，由海面上或海面附近的散射体引起；③海底混响，由海底或海底附近的散射体引起（刘永伟，2011；汪德昭，2013；吴金荣等，2014）。海面混响和海底混响的散射体呈二维分布，也可以统称为界面混响，而海底混响的散射体属于三维分布。

散射强度是表征混响强度的一个基本量，它表示在参考单位距离处（1m），单位体积或面积散射声强度与入射平面波强度的比值，单位为 dB（图2-4）

$$S_{S,V} = 10\ \lg\left(\frac{I_{scat}}{I_{inc}}\right) \tag{2-22}$$

式中，$I_{scat}$ 为单位体积或面积内散射声强度；$I_{inc}$ 为入射平面波强度。

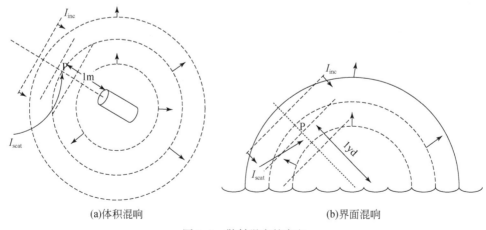

(a)体积混响　　　　　　　　　　　　(b)界面混响

图2-4　散射强度的定义

海洋中的混响伴随发射信号而产生，混响声场是各向异性的，RL 表示等效平面波的混响级

$$RL = 10 \lg \frac{I}{I_0} \tag{2-23}$$

式中，$I_0$ 为参考声强，即声压有效值为 $1\mu Pa$ 时平面波的声强。混响级 RL 是轴向入射平面波在水听器输出端的电压，这个电压应当与水听器接收混响时的输出端电压相同。混响是一个相当复杂的过程，受到多种因素的影响，在混响级 RL 的使用中常作以下假设：

1）直线传播，传输损失表现为球面衰减与体积吸收，其他衰减都可不计；

2）任一瞬间，位于某一体积内或面积上的散射体呈随机均匀分布；

3）在任一体元或面元上都有很多的散射体，散射体的密度很大；

4）脉冲持续时间足够短，以至于能够忽略体元或面元尺度范围内的声传播效应；

5）忽略多次散射，即混响次生的混响。

体积混响中，在频段 30kHz 以上的主要散射体是海洋浮游生物；在 2～10kHz 频段的主要散射体是带有气泡的各种鱼。Love（1975，1993）等通过测量挪威海和北大西洋 0.8～5kHz 频段的体积混响，发现体积混响主要是由带有相对较大的气泡鱼群引起的，有鱼群海水平均体积散射强度为

$$S_L = 10 \lg \sum_{i=1}^{n} \sigma_i(f) \times 10^{-4} \tag{2-24}$$

式中，$n$ 为层中鱼的数目；$\sigma$ 为给定频率 $(f)$ 上单条鱼的声散射横截面，$cm^2$。根据海水深度上生物分布的不同，可将海洋中体积混响分为三个特殊散射层：深水散射层、水平散射层和垂直散射层（吴金荣等，2014）。在深水散射层深度，体积散射强度经常显著增大，该层白天要比晚上深，在中纬度地区一般分布在 180～900m 深度，在北冰洋分布于冰层。水平散射层是深水散射层或海面下的气泡层，其引起的混响很容易被认为是边界混响。垂直散射层是指一些特定海域能被探测到的特殊现象，如浮游生物特定分布规律、海底泄露天然气或液体、海底山脉等。

海面混响通常在一个层里，由粗糙海面和气泡形成有效而复杂的散射体组成。海面混响数据采集工作通常使用能在各方向上均匀分布且无指向性声源发射阵和水听器接收阵，或者在某一方向上由指向性声呐来实现。Ogden 和 Erskine（1994）提出一种适用于掠射角 $\theta < 40°$，频率范围为 $50Hz < f < 1000Hz$，海面风速 $V < 20m/s$ 时的海面总散射强度 $S_{total}$ 计算公式，其表达式为

$$S_{total} = \alpha S_{CH} + (1 - \alpha) S_{pert} \tag{2-25}$$

$$S_{pert} = 10 \lg \left[ 1.61 \times 10^{-4} \tan^4\theta \exp\left( -\frac{1.01 \times 10^6}{f^2 V^2 \cos^2\theta} \right) \right] \tag{2-26}$$

$$\alpha = \frac{V - V_{pert}}{V_{CH} - V_{pert}} \tag{2-27}$$

式中，$S_{pert}$ 为海面扰动散射强度；$V_{pert}$ 为微扰散射理论适用的风速上限；$V_{CH}$ 为 Chapman 和 Harris（1962）经验公式适用的风速下限；$S_{CH}$ 为 Chapman 和 Harris 提出的海面散射强度经验公式

$$S_{CH} = 3.3\beta \lg \frac{\theta}{30} - 42.2\lg\beta + 2.6, \quad \beta = 158 \ (Vf^{1/3})^{-0.58} \tag{2-28}$$

海底是声波有效反射和散射体。海底混响相当复杂，海底散射会在声源、散射体和水听器的垂直平面发生，也会在垂直平面以外发生。海底沉积物成分影响着海底散射强度的大小。平坦淤泥海底相对于水体有较低的阻抗特性，而粗糙粗砂海底相对于水体有较高的阻抗特性。Lambert 散射定律考量了光在粗糙界面上散射能量与角度分布关系，可以很好地描述深海海底反向散射强度与掠射角 $\theta < 45°$ 时的关系

$$S_B = 10 \lg \mu + 10 \lg \sin^2\theta \tag{2-29}$$

式中，$S_B$ 为海底散射强度；$\mu$ 为海底散射常数。

## 2.2.2　利用声波确定海底地形地貌

海底地形地貌探测主要通过探测仪来实现。目前，声波是海水中唯一能够远距离进行信息传递、探测的有效载体。海底地形地貌探测设备一般都基于声波原理进行设计。声波在海水中传播，由于受到海洋环境温度、盐度、压力、噪声、混响、声能的传播损失等因素影响，回波强度的减弱。

从 20 世纪 70 年代至今，海底地形地貌探测取得了巨大的进展。标准回声探测仪通过单垂直波束向下直接入射海底，计算接收声波的回声时间可以获得水深数据；多波束声呐则通过对海底进行侧扫成图。根据不同的海洋环境特征和海底地形地貌形态采取有效的方法与声学探测手段，将有效提高海底地形地貌特征分辨率和覆盖广度。目前主要的海底地形地貌探测方法包括回声测深法、多波束测深法、旁侧声呐测深法、多换能器测深法以及具有旁侧声呐和多波束组合功能的多波束测深法等。

声呐是利用声波在水下传播进行探测、识别、定位、导航和通信的系统。声呐装置一般包括基阵、电子机柜和辅助设备三部分。基阵由水声换能器以一定的排列组成，有接收基阵、发射基阵、接发统一基阵。辅助设备包括电源设备、连接电缆、水下接线箱和增音机，以及与声呐基阵传动控制相配套的升降、回转、俯仰、收放、拖曳、吊放、投放等装置。电子机柜一般有发射、接收、显示和控制等分系统。声呐工作原理如图 2-5 所示。

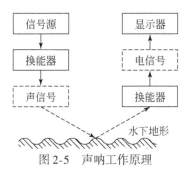

图 2-5　声呐工作原理

声呐的工作方式因有主动和被动的区别，所以分为主动声呐和被动声呐两种。主动声呐的原理是由声呐系统本身发射声波信号并检测水下目标回波信号。主动声呐工作的流程

为：声呐发射系统发射携带信息的声信号，在海水中传播遇到目标体时产生反射回波信号；回波信号由接收基阵接收并将其转化为电信号，经过处理器处理后由判决器进行判决并显示判决结果。被动声呐利用目标体自身产生的声波信号进行探测，其工作流程是通过接收被探测目标体产生的声波信号，来实现对目标体的探测。

主动、被动声呐装置主要包括声信号传播介质（海水）、被探测目标体和声呐装置，其工作流程如图 2-6 所示。

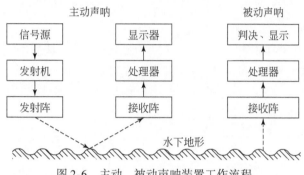

图 2-6　主动、被动声呐装置工作流程

声呐参数是影响声呐设备工作的主要因素，包括声源级 SL、发射指向性指数 $DI_T$、声功率 $P_a$、传播损失 TL、目标强度 TS、海洋环境噪声级 NL、等效平面波混响级 RL、接收指向性指数 DI 及检测阀 DT（赵建虎，2007）。

声源级 SL 描述的是主动声呐装置所发射声波信号的强弱，反映了发射器工作功率的大小。发射指向性 $DI_T$ 是为了提高主动声呐的作用距离和在相同距离上指向性发射器声轴上声级的分贝数。定义 $I_0$ 为参考声强（均方根声压为 $1\mu Pa$ 的平面波声强），则 $I_0 = 0.67 \times 10^{-18} W/m^2$；$I$ 为沿发射器声轴方向离声源中心 1m 处的声强，则

$$SL = 10\ lg\ \frac{I}{I_0}\bigg|_{r=1} \tag{2-30}$$

$$DI_{T} = 10\ lg\ \frac{I_D}{I_{ND}} \tag{2-31}$$

式中，$I_D$ 为指向性发射器在声轴上测得的声强度；$I_{ND}$ 为无指向性发射器辐射的声强度。$DI_T$ 越大，声能在声轴方向上的集中程度越高，声呐的作用距离越远。因为发射指向性 $DI_T$ 可以提高辐射信号的强度，从而提高回波信号的强度，增加接收信号的信噪比，最终增加声呐的作用距离。

若介质无声波吸收，声源为点声源，辐射功率为 $P_a(W)$，距声源中心 1m 处的声强为

$$I|_{r=1} = P_a/4\pi\ (W/m^2) \tag{2-32}$$

则可获得无指向性声源辐射声功率 $P_a$ 与声源级 SL 的关系

$$SL = 10\ lg\ P_a + 170.77 \tag{2-33}$$

与有指向性声源辐射声功率 $P_a$ 与声源级 SL 的关系

$$SL = 10 \lg P_a + 170.77 + DI_T \qquad (2-34)$$

因为海水介质本身存在着声吸收，声传播过程中波阵面会发生扩散和不均匀性散射等，所以声强度会逐渐减弱，由此产生的损失称为传播损失。传播损失用 TL 表示，其定量描述了声波传播一定距离后声强的衰减变化，表达式为

$$TL = 10 \lg \frac{I_1}{I_r} \qquad (2-35)$$

式中，$I_1$ 为离声源声中心 1m 处的声强；$I_r$ 为离声源声中心 $r$m 处的声强。

在相同入射声波的照射下，不同目标因为存在自身反射特性差异，会产生不一样的回波强度。回波强度不仅与入射声波的特性有关，还与目标的特性有关。定量描述目标自身反射能力大小的参数是目标强度 TS，表达式为

$$TS = 10 \lg \frac{I_r}{I_i} \bigg|_{r=1} \qquad (2-36)$$

式中，$I_i$ 为目标入射声波强度；$I_r$ 为离目标声中心 1m 处的回波强度。

海洋环境噪声会对声呐设备造成背景干扰，通过计算环境噪声级 NL 来度量环境噪声的强弱，表达式为

$$NL = 10 \lg \frac{I_N}{I_0} \qquad (2-37)$$

式中，$I_N$ 为测量宽带内（或 1Hz 频带内）的噪声强度。

接收换能器的接收指向性指数 DI 为

$$DI = 10 \lg \frac{R_N}{R_D} = 10 \lg \left( \frac{4\pi}{\int_{4\pi} b(\theta, \varphi) \, d\Omega} \right) \qquad (2-38)$$

式中，$R_N$ 为无指向性水听器产生的均方电压；$R_D$ 为指向性水听器产生的均方电压；$d\Omega$ 为元立体角；$b(\theta, \varphi)$ 为归一化的声束图函数；$\theta$，$\varphi$ 为空间方位角。指向性水听器的轴向灵敏度等于无指向性水听器的灵敏度，并且 DI 只对各向同性噪声场中的平面波信号（是完全相关信号）有意义，否则需要通过阵益来代替 DI。

声呐方程是综合反映水声现象和效应对声呐设备的设计和应用所产生影响的关系式，可以根据以上参数求出，通过这一方程可将海水介质、声呐目标和声呐设备的作用联系在一起。方程的基本原则是：信号级−背景干扰级=检测阈。

反射回波到达接收阵的声级，即回波信号级为 SL−2TL+TS；背景干扰级为 NL−DI；则处理器处电信号的信噪比为（SL−2TL+TS）−（NL−DI），所以主动声呐方程为

$$（SL-2TL+TS）-（NL-DI）= DT \qquad (2-39)$$

然而混响也是主动声呐的背景干扰，且非各向同性的。当混响成为主要的背景干扰时，应

使用等效平面波混响级 RL 来替代 NL–DI，则主动声呐方程为

$$SL-2TL+TS-RL=DT \tag{2-40}$$

被动声呐相比主动声呐较为简单，噪声源发出的辐射信号直接由噪声源传播至接收换能器并被接收。噪声源发出的噪声信号不经过目标体的反射，背景干扰只有环境噪声，故被动声呐方程为

$$(SL-TL)-(NL-DI)=DT \tag{2-41}$$

式中，SL 为噪声源辐射噪声的声源级。

## 2.3　常用方法与技术

### 2.3.1　回声测深法

回声测深是利用声波在水中的传播特性测量水体深度的一种探测技术。从海面平台（测量船）垂直向海底发出的信号或者脉冲，穿过海水到达海底，由海底反射又传播回来，到达同一海面平台并接收（图 2-7）。记录从声波发射到信号由水底返回的时间间隔，进行必要校正，考虑水中声速的变化，通过模拟或直接计算，测定水体的深度。回声测深的主要依据是声波在海水中的传播速度近似于定值（一般海水声速为 1500m/s），且近于直线传播并在遇到物体时能发生反射。

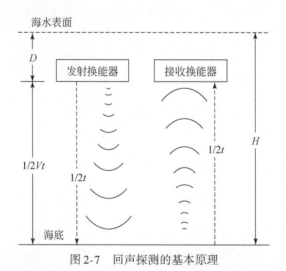

图 2-7　回声探测的基本原理

设声波在水体中的传播速度为 $V$，脉冲声波自发射的瞬时起，到接收换能器收到水底回波的时间为 $t$，换能器的吃水深度为 $D$，则有水深为

$$H = \frac{1}{2}Vt + D \qquad (2-42)$$

### 2.3.1.1 回声测深仪

回声测深仪的组成部分有发射器、接收放大器、发射换能器、接收换能器、显示设备、中央控制器和电源（图2-8）。发射器一般由振荡电路、脉冲产生电路、功放电路组成，在中央控制器的控制下，周期性产生一定频率、一定脉冲宽度、一定功率的电振荡脉冲，并通过发射换能器按一定周期向水中辐射。接收放大器将接收换能器接收的微弱回波信号进行检测并放大，经处理后送入中央控制器。发射换能器是一个电-声转换装置，将发射器产生的电振荡脉冲转换成机械振动，推动水介质以一定的波束角向水中辐射声波脉冲。接收换能器是一个声-电转换装置，将接收的声波回波信号转换成电信号，然后在接收放大器中进行信号放大和处理。显示设备可以直观地显示测深仪所测得的各点水深值和区域深度图像。中央控制器是回声测深仪的核心，对发射器、接收放大器、显示设备进行控制并进行回波数据处理与运算。回声测深仪的工作原理很简单，主要由装在测量船的船舷或船底发射、接收换能器向水下垂直发射超声波脉冲，测出超声波从发射到水底后反射回来所需要的时间，通过式（2-42）可求出水深。

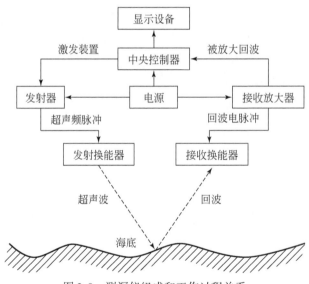

图2-8 测深仪组成和工作过程关系

回声测深仪通过压电换能器和磁致伸缩换能器输出脉冲信号，故换能器是其所必不可少并且极为重要的部分。换能器把电能转化成声能（发射器）制造声波，或者把声能转换成电能（接收器）记录，其性能直接决定了测深仪的性能。根据不同海洋环境的测量要求，换能器的工作频率也不尽相同。发射换能器一般都是工作在谐振基频上，这样可以获取最大的发射功率和效率，并获得测深仪最佳工作状态。接收换能器的工作频率是一个较宽的噪声频带，一般选取换能器自身的谐振基频要高于此噪声频带的最高频率，来保证换能器有平坦的接收特性。

回声测深仪根据发射超声波频率分为单频测深仪和多频测深仪。顾名思义,单频测深仪就是指发射单一频率的超声波探测水深,其体积小、安装方便、供电灵活和价格较低的优点使其适用于各类船只。多频测深仪相对于原来的单频高频测深仪增加了低频工作部分,其换能器同时发射低频和高频的超声波,且两个声学通道的发射、接收以及信号处理运算都各自独立且互不影响。低频声波发射功率要远大于高频声波,具有穿透海底硬质层的能力;高频声波可以获得水深。所以多频测深仪既可以获得水深,也可以获得沉积物淤泥的厚度。回声测深仪根据深度指示形式的不同,可分为数字显示式与模拟记录式。数字显示式体积小、较省电,具有深度直读、声光报警等功能,但是其水深值没有记录保存,所以一般只用于助航或小范围测量使用。模拟记录式相比于数字显示式具有回波记录直观、可长期保存备查等优点,现已被广泛使用。

目前,随着计算机技术和微处理器技术的不断发展与应用,水底自动门跟踪技术和脉宽选择技术的结合,回声测深仪的自动增益控制和时间增益控制得到进一步完善,实现了高质量的回波信号采集、传输和信号处理,使仪器不断向小型化、智能化和数字化发展。但是,由于回声测深仪设备简单,并不适用于港口航道等高精度、大比例尺调查,在应用中还存在着一定问题。回声测深仪向外传播声束是粗的圆锥体,这就造成当声束射达海底时,在海底覆盖了相当大的圆面积,导致最先反射回来的回波是从离船最近的一点反射回来的,如果存在水下海沟或山峰时,回波可能被海沟或山峰干扰而不是来自仪器正下方。所以回声测深仪探测海底时不容易精确地发现海底小地形的变化,也不能确定这个变化是否就在仪器的正下方。船舶在进行测量时通常以 10kn 或 12kn 速度航行,该水平比例尺通常以千英尺计算,而记录深度的垂直比例尺通常以百英尺为单位计算,一般比水平比例尺小,所以经常被放大,导致海底地形的细节很难被识别出来。海水中声速随着温度、盐度和压力的变化而变化,因此,要做非常精确的水深测量时,必须了解这些参量并进行校正。如要得到海底模型和深度图,通常需要海洋学调查船用回声设备在一个海区航行多次。

### 2.3.1.2 浅地层剖面仪

浅地层剖面仪是利用回声探测原理进行连续走航式海底浅地层沉积物探测的仪器。在探测过程中,通过发射低频声波,利用声波在海水和海底沉积物中的传播和反射特征,对海底沉积物的分层结构和构造进行连续探测,从而获得直观的浅地层剖面数据(李安龙等,2016)。浅地层剖面仪与回声测深仪工作原理相似,其发射换能器按一定时间间隔垂直向下发射声脉冲,声脉冲穿过海水触及海底以后,一部分声能反射返回接收换能器,另一部分声能继续向地层深层传播,同时在各层界面声能陆续反射返回接收换能器,直到声能完全损失耗尽。其不仅可以获得浅地层剖面仪到海底表面的水深,同时可以反映出海底一定深度的地层分层和沉积物特征。

浅地层剖面仪出现于 19 世纪 40 年代,主要经历了三个重要的阶段:早期的 CW(脉冲调制信号)技术,这一技术无法满足海底底质探测中大穿透深度和高分辨率的要求;随后发展的 Chirp 调频信号技术；20 世纪末出现的参量阵技术。浅地层剖面仪探测性能指标中分辨率与穿透深度是互相矛盾的。常规的浅地层剖面仪使用的是 CW 技术，这种技术使得探测的穿透深度浅，分辨率不高。主要是因为采用 CW 技术的声学系统，想要获得高的分辨率，就需要使用脉宽窄的发射声脉冲，但是脉宽窄的发射声脉冲能量有限，所以穿透深度浅，不能探测到深部地层；如果要获得较深部地层的情况，就需要增大发射声脉冲宽度来增加发射能量，但是增大了发射声脉冲宽度就降低了分辨率。目前，海底浅地层结构调查中广泛运用的是 Chirp 调频信号技术与参量阵技术（孙鹏，2015；万芃和牟泽霖，2015）。

Chirp 调频信号是指线性调频脉冲，声呐通过发射和接收一系列的宽频带线性调频脉冲，对水下目标进行探测，其具有较宽的频带宽度和较窄的脉冲宽度。由于声呐在发射和接收声波时，发射的是包含了从高频到低频的一系列声波，从而使探测的分辨率大大提高。理论表达式如下

$$S(t) = A\sin 2\pi\left(f_1 + \frac{f_2 - f_1}{2T}\right)t, \ 0 \leqslant t < T \tag{2-43}$$

式中，$A$ 为振幅；$f_1$ 为开始频率；$f_2$ 为结束频率；$T$ 为延迟时间；$t$ 为记录时间。Chirp 调频信号技术在保证穿透力的同时也提高了分辨率，但 Chirp 脉冲信号中太多频率成分在同一界面处的反射波会对分辨率产生影响。在实际应用中，为了在 Chirp 脉冲信号中提高某些主要频率成分，压制次要频率成分，Chirp 脉冲信号需要配合相关包络函数一起使用，如 SINC 函数。同时，由于采集的信号与发出的 Chirp 脉冲信号具有很好的相似性，而线性噪声一般不具备这一相似性，所以，通过对所采集的信号进行卷积处理，可以降低噪声的影响，提高信噪比。

参量阵技术是在高电压驱动下同时向海底发射两个频率接近的高频声学脉冲信号（F1，F2，F1>F2）作为主频，这两个主频声学脉冲信号在水体中传播时，会出现差频率效应，产生一系列的二次频率。生成的二次频率可以分别提取，根据不同需求进行相关探测，如 F1 高频用于水深探测，F1～F2 主要用于穿透海底沉积物，探测海底沉积物构造。参量阵技术相比于 Chirp 调频信号技术具有更高的分辨率，特别是针对于深水作业，参量阵浅地层剖面仪横向分辨率明显高于 Chirp 型浅地层剖面仪。

浅地层剖面仪探测过程中，通过换能器将控制信号转换为不同频率（100～10 000Hz）的声波脉冲向海底发射，声波在传播过程中因沉积层成分结构差异遇到声阻抗界面，经反射返回换能器并转换为模拟或数字信号后记录下来，最终输出为浅地层声学记录剖面，反映海底浅地层声学特征。海底浅层不同沉积物之间存在密度差异和速度差异，这种差异越大，在声学反射剖面上表现出来的波阻抗界面就越明显。所以，不同物质组成的相同地质年代岩层，因存在密度和声速差异，会形成多个反射界面；而某些岩层虽然地质年代不同，但可能物质组成相同、密度和声速差异不大，在反射剖面上却不存在明显的反射界面。因此，声学地层反射界面不能与地质界面或地层层面之间建立完全对应关系，但在大多数情况下，声学反射界面一般能够代表不同地质时代、不同沉积环境和沉积物质组成的真实地层界面，从而可用于浅层气、天然气水合物、冷泉等的勘探研究（Körber et al.,

2014；刘伯然等，2015；陈中轩等，2016；邢军辉等，2016）。

浅地层剖面仪获得的数据受多种因素影响。海底沉积物构造状况特别是海底沉积物类型及物性，在相同参数集情况下决定了仪器所能勘探的深度，如砂、岩石、珊瑚礁和贝壳等硬质海底严重制约了声波穿透深度，限制了浅地层剖面仪勘探的深度。处于系统频带范围内的外界噪声可能干扰信号图像，如环境噪声和船只发出的低频机械噪声，噪声在浅地层剖面上会或多或少地显示出来，从而降低勘测数据质量，甚至对解释剖面产生重大影响。船只在航行过程中摆动会造成拖鱼不能保持平稳状态，造成图像质量不佳。海气界面状况、船航行过程中的尾流、潮汐和仪器自身等都会对浅地层剖面仪获得的数据产生干扰，从而影响浅地层剖面图像质量。

### 2.3.1.3 GPS–RTK 联合测深仪技术

海底地形地貌探测中，不仅要有高精度的测深，还需要有高精度的定位信息才能获得可靠的高精度海底地形地貌信息数据。目前的海底地形地貌探测，主要通过光学仪器定位、无线电定位、水声定位、卫星定位和组合定位等水上定位手段，结合回声仪测深进行水下地形测量。但是海底地形地貌探测通常都在运动载体上完成，传统的定位手段并不能完全满足实时定位的要求，经常造成定位误差。近年发展起来的 GPS-RTK（Global Positioning System Real Time Kinematic）技术能够在动态环境下获得厘米级甚至毫米级的水平定位精度和厘米级的高程定位精度，通过与单波束回声测深仪结合，能有效提高海底地形测量精度，提升作业效率（万凌翔，2016）。

GPS-RTK 是一种新型定位技术，其特点是能够进行实时动态差分定位。GPS-RTK 基准站由 GPS 接收机、电台、无线数据发射天线与电源等组成，其流动站包括 GPS 接收机和天线两部分（赵瀛舟，2015）。GPS-RTK 定位技术基础是对空接收卫星信号，应用载波相位测量模式或者伪距离测量模式。在距流动站一定范围内架设基准站，从而可对卫星信号进行不间断实时接收，同时利用 GPRS 网络或者电台向流动站传输实时差分数据，在流动站内提高定位的精确度。因此为防止较大误差的产生，工作时应保证基准站与流动站之间距离不能过远。

现场测量过程中，GPS 测量数据通常采用 WGS-84 坐标系。在利用 RTK 技术进行 GPS 测量时，要先将坐标转换成地方独立坐标系。在转换坐标时，所选定的转换坐标基点要求精度高且均匀分布，测量区域的控制基点数量不能低于 3 个。因为求解坐标转换参数的控制基点精度、密度和分布状况对坐标转换参数的求解质量有着直接影响。测量时，首先要合理选择差分控制基点，并将基点三维数据输入系统，再通过系统实时求解流动站三维坐标。将回声测深仪与 RTK 流动站结合在一起，于船体附近绑定并换算高程后，流动站所采集到的高程数据即为海底高程数据。后期采用成图软件对数据进行处理，绘制海底地形地貌图。

GPS-RTK 联合测深仪将 RTK 数字天线的时位信息输入至回声测深仪的系统之中，提高了水下测量的定位精度，保证了作业效率，同时具有操作简易、获得数据较为精确的优势。为了在海洋特殊环境下提高海底地形地貌测量的精度，近年来，国内外广泛开展了应用无验潮 GPS-RTK 的测深研究。虽然该方法理论上可消除潮汐模型误差的影响，但没有考虑声速校正、回声测深仪信号延迟等因素影响，特别是在复杂海况环境下，这一方法难以取得满意的结果。无验潮 GPS-RTK 测深应充分考虑海洋环境影响、测深仪信号延迟与定位和测深不同步引起的平面位置误差以及测量船测量瞬间姿态引起的平面位置和测深误差。对测量结果进行误差实时校正，获取高精度定位与测深数据，绘制出可靠高分辨率的海底地形地貌图（刘文勇和郑晖，2015）。GPS-RTK 联合测深仪随着我国"北斗"导航系统的逐步完善和系统服务的提供，将会在海底地形测量中受到越来越广泛的应用。

## 2.3.2 旁侧声呐测深法

旁侧声呐技术始于 20 世纪 50 年代，是一种主动声呐。最早提出旁侧声呐原理的是英国海洋地质学家，他们在海上用两艘船只分别在船侧拖拽一个换能器，在船的对应一侧接收回波来探测海底地貌。其基础原理是利用超声波阵列向海底发射具有指向性的超声波，经工作站接收回波信号并处理成声图影像。旁侧声呐具有声图成像分辨率高、数据采集效率高、成本低等优点，其探测成果在海洋工程建设、海洋区域地质调查和海洋矿产资源调查等领域具有重要作用。

旁侧声呐系统主要由发射机、发射阵、接收阵、接收机、信号处理器和显示控制器 6 个部分组成（图 2-9）。其工作过程是信号处理器发射一个脉冲信号，驱动发射机产生大功率的发射脉冲，发射的脉冲声波以球面波方式向远方传播，声波碰到海底后反射波或反向散射波沿原路线返回到换能器。距设备较近的回波先回到换能器，距设备较远的回波后到达换能器。设备按一定的时间间隔不断进行发射和接收声波，并将每次接收到的回波数据显示出来，就得到二维海底地形声图（图 2-10）。

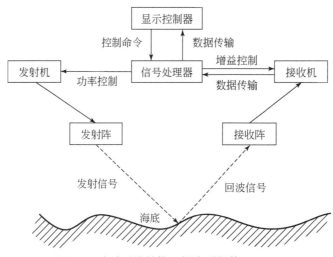

图 2-9　声呐系统结构（据李勇航等，2015）

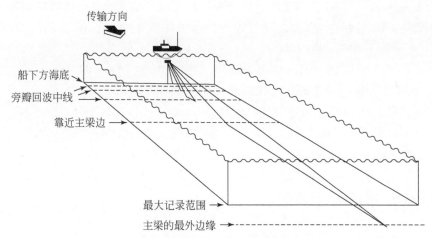

图 2-10　旁侧声呐换能器发射波束的框架（据 Delderson，1972）

换能器是旁侧声呐系统的核心部分，大多数旁侧声呐换能器采用压电陶瓷结构。压电陶瓷结构中，当一个电压加载到发射阵上时，发射换能器引起其物理形态发生变化，使发射机产生的振荡电场转换成了机械形变，并以这种形式传送到水中，在水中产生声脉冲；而接收阵上的换能器通过检测回波信号中的声压力变化，将其转换为电能记录下来（图 2-11）。

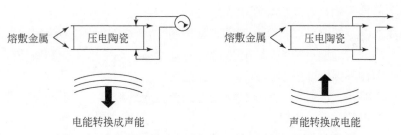

图 2-11　压电陶瓷声、电转换原理（据丁继胜等，1999）

换能器线阵列表面上的每一点都起着声波发射源的作用，假设每个无限小的点都发出一个声脉冲并向各个方向扩散出去，各个点所产生的压力波动将在距换能器某一距离碰到一起，相位声幅分别叠加，形成线阵列的波束形状。声压在波束轴线上得到增强，在其两侧则趋势相互抵消。据声学原理，可得换能器指向性函数为

$$D(\theta) = \left| \frac{\sin\left[\left(\pi L/\lambda\right)\sin\theta\right]}{\left(\pi L/\lambda\right)\sin\theta} \right| \tag{2-44}$$

式中，$\theta$ 为方向角；$L$ 为阵列长度；$\lambda$ 为发射脉冲频率。

旁侧声呐发射脉冲主要有 CW 脉冲和 Chirp 脉冲，目前大多数旁侧声呐系统采用的是 Chirp 脉冲。Chirp 脉冲具有可选择的时宽带乘积，并且在大时宽带乘积条件下，其相位谱具有平方律特性和近似于矩形的幅频特性。在接收阵接收回波信号时，因旁侧条带上海底各点与基阵的距离不同，造成回波信号损失不同，同时声波传播掠射角也不一样，使各点

反向散射强度不同，所以需要对这些额外的声波损失进行增益控制。主要增益控制方式有时间增益控制（TGC）、自动增益控制（AGC）和手动增益控制（MGC）。

时间增益控制补偿为

$$EL_r = 2TL_r - RL_r = 40\lg r + 2\alpha r / 10^3 - 10\lg(c\tau\theta_0 r/2) + S_B \qquad (2\text{-}45)$$

式中，$EL_r$ 为总衰减量（回波衰减），dB；$TL_r$ 为传播损失，dB；$RL_r$ 为混响级；$r$ 为距离，m；$\alpha$ 为衰减系数，dB/km；$\tau$ 为发射脉冲宽度，ms；$\theta_0$ 为换能器水平开角，弧度；$S_B$ 为反向散射强度，dB。实际计算衰减曲线，声图上只要求能反映海底回波的反向散射强度，而反向散射强度随角度和底质情况发生变化，所以假设海底平坦且介质均匀，通过自动增益来补偿换能器指向性造成的 $S_B$ 随角度变化影响。假设 $S_B$ 为常量，同时 $c$、$\tau$、$\theta_0$ 均为常数，所以时间增益控制补偿公式可化简为

$$GL_r = 40\lg r + 2\alpha r / 10^3 \qquad (2\text{-}46)$$

式中，$GL_r$ 为补偿量，dB。根据经验计算 TGC 从 1m 开始补偿，100kHz 的发射频率到最大作用距离 750m 需要补偿约 129.8dB，500kHz 的发射频率到最大作用距离 150m 需要补偿约 107.2dB，这在系统实现上是很困难且不必要的（蒋立军等，2002）。在实际工作中，旁侧声呐换能器距海底通常有一定高度，在一定范围内海底没有回波信号，所以为了减少进行这么大动态补偿，可采用分段补偿法，选取适当的参考深度，在此深度前进行固定补偿，在此深度后按相对于参考深度的衰减量进行 TGC 补偿。

自动增益控制是在时间增益控制之后，因旁侧声呐回波是连续的海底反向散射信号并受到换能器指向性影响，造成信号在一线之内或线与线之间存在较大起伏，因而需要把回波信号控制在一定范围内，以得到灰度均匀的声图。自动增益控制分为线内的自动增益控制和线与线之间的自动增益控制。进行线内的自动增益控制是由于受到底质变化、海底起伏、换能器指向性等因素的影响，回波信号经过时间增益控制后仍具有较大的动态起伏变化，造成信号限幅或幅值过小。根据包络信号的变化周期确定一个小的时间段并对其进行积分，积分后获得信号在这一时段内的能量，同时根据这一能量值确定下一时刻的自动增益控制量。进行线与线之间的自动增益控制是复杂的海上环境使线与线之间信号起伏很大，造成了声图沿航行方向上的不均匀性。在短时间内，可以假设海底是基本不变的，海底信号具有一定的相关性，然后对几条线信号的均值进行平滑平均来得到下一线信号的估计均值，根据这个估计值计算所需要的放大量。

经过时间增益控制与自动增益控制后，由于海底的复杂性，要进行必要的手动增益控制。在进行线与线之间的自动增益控制中，假设海底是基本不变的，但实际上海底底质是不断变化的，这会引起回波信号幅度很大的改变，这就需要手动增益控制进行补偿。同时，信号在一线内不做自动增益控制的情况下，时间增益控制曲线由于环境和测量条件的变化很难每次使信号远近均匀，这就需要通过对声图进行观察，采用几条折线，进行手动增益补偿，使远近回波信号一致。

旁侧声呐可以得到航线两侧的海底地形地貌二维图，主要应用于海底地貌测绘，可以很好地探测到海底礁石、沉船及其他一些水下障碍物。根据设备的安装位置和需求不同，旁侧声呐可分为船载型和拖体型两类。船载型旁侧声呐的声学换能器安装在船体的两侧，

工作频率一般较低，扫幅较宽。拖体型旁侧声呐的声学换能器安装在水下的拖体内，称为拖鱼，拖鱼用电缆连接到测量船上。拖鱼因距海底的高度不同又分为高位拖拽型和深拖型两种。高位拖拽型旁侧声呐系统的拖鱼在水下 100m 左右进行探测，航速较快；大多数拖鱼为距离海底仅有数十米的深拖型，位置较低，航速较慢，但获得的声图质量较高，可分辨出十几厘米的管线和体积很小的油桶。

### 2.3.2.1 浅水旁侧声呐

浅水旁侧声呐主要应用于大陆架调查，将换能器装在船壳上或者流线型拖曳体内，可有效扫描船的左右舷。浅水旁侧声呐的主声呐束在艏艉向是窄的（1°~2°），而横向是宽的（20°~40°），这样可以通过侧瓣记录船体附近水下区域的反射能量。浅水旁侧声呐的换能器由一组压电元件的线阵组成，工作频率一般为 9~500kHz，通常只发射低频率声波信号。发射器先发射一短脉冲，然后接收来自船正下方的海底回波信号和从海底到船侧的反向散射波及镜面反射波信号，脉冲长度根据所需的声学分辨力和测程可在几十毫秒到几百毫秒之间变化。

为了识别海底地形和沉积物颗粒大小，浅水旁侧声呐可以充分利用两种频率信号的反向散射声波信号进行响应。在一个充分混合的水层里，声呐测宽通过换能器距海底的高度和主射束孔径角共同决定。波束宽度一般较宽（20°~40°），当换能器于水深 200m 的海面附近拖曳时，其测宽一般为 0.35~0.75km。同时，换能器要尽量保持平稳地拖动，以有效避免信号失真及因入射回波未能落入主声呐束中而引起的振幅波动。当换能器于海面附近拖曳时，其测宽较大；而拖曳于距海底几米处时，则海底分辨率较高，能探测到微小的海底地形起伏。换能器离海底的距离通常是其测宽的 10% 左右。

浅水旁侧声呐测量时，其到达波至伸展的水平范围较大，需要通过时变增益对远处振幅损失进行补偿，所以在解释时要注意辨别伪声波。浅水旁侧声呐采集数据中的伪声波主要受海面回波、多次波、侧回波，以及由于换能器偏航和水柱热分层而引起的目标体发射信号畸变等因素影响。

### 2.3.2.2 深水旁侧声呐

深水旁侧声呐主要应用于大陆架边缘和深海地区的调查研究，还包括具有潜在经济前景且可供未来开采的深海石油区和其他矿产区。早期的深水旁侧声呐通过把换能器安装在深拖型拖鱼上进行工作，其换能器工作频率一般为 120kHz 或 240kHz，拖鱼被几千米长的传导电缆拖曳于距海底几米处。后来出现了远程拖曳式地质声呐（geological long rang inclined asdic，GLORIA），其具有双频扫描优势技术。

GLORIA-II 深水旁侧声呐船包含左、右舷两排换能器阵，每排均由 2×30 个压电式换能器组成，分为 6 组，每组有 2×5 个换能器串在一起，换能器相互间隔 0.1m，应用时仅用每排的三组换能器传送信号即可。换能器的输出信号为 Chirp 脉冲信号，频率为 100Hz。左、右舷载频信号分别采用不同的频率来避免换能器间的相互干扰或串音，频率分别为 6762.5Hz 和 6287.5Hz。当换能器拖曳于船尾之后 400m、海面以下 50m 时，船速一般为

10～20km/h。当船以18km/h行驶时，它每小时在大洋的覆盖面积可达到1100km²。对于30s间隔的声波脉冲发射率，横向分辨率可达到45m。在船速为15km/h时，对于船附近目标体的纵向分辨率可达到120m，最大测宽可达900m左右。在绘制成纵横比为1：1的海底地形地貌图前，必须先对斜距、船速变化及水层折射等的影响进行校正，然后对记录进行进一步的干扰剔除处理，对声谱记录进行统一"照明度"校正（Blondel and Murton，1997）光照射或阴影校正量可以从深海平原信号的光滑平均值或几小时内纵向电压的平均值中获得，这一校正考虑了随方向而改变的换能器响应误差影响。

### 2.3.2.3 测深旁侧声呐

测深旁侧声呐（bathymetric side scan sonar，BSSS）是在旁侧声呐的基础上，增加测深新技术来获取高质量海底地形地貌信息，由英国学者Denbigh在1977年首次提出。1982年，英国的Bath大学成功研制出发射频率为303kHz的测深旁侧声呐系统。紧接着，Bath大学于1986年成功开发出测深精度基本符合国际水文局标准的Bathyscan 300测深旁侧声呐系统，该系统的工作频率为300kHz，当水深小于80m时，覆盖扫描宽度可达200m。

近年来，随着测深旁侧声呐系统的不断研发，测深旁侧声呐也在不断改进。但就目前的技术水平，其测深精度尚不及多波束测深系统，而且与常规旁侧声呐一样正下方分辨率较差。不过，测深旁侧声呐的海底成像分辨率要优于具有成像功能的多波束测深声呐，特别是在垂直于航线上的分辨率。相对于其他测深技术，测深旁侧声呐具有结构简单、成本便宜、安装使用方便等优点。

测深旁侧声呐一般包括左舷和右舷两个声呐基阵，基阵是由若干条平行的条形阵元组成，阵元通常由一个个方形小陶瓷颗粒基元组成。一个基阵包括一个发射阵元、一个发射哑元、若干接收阵元、一个接收哑元（图2-12）。安装基阵时，一般会有一个合适的安装角来增大声呐基阵的侧扫范围，增强海底回波的强度。

图2-12 基阵总体结构（据杨玉春，2014）

测深旁侧声呐工作时，发射阵元间隔发射一个短促的声波脉冲信号，声波基本以球面波形式向外传播，波束在沿着航线方向上窄，在垂直航线方向上宽（图2-13）。声波到达海底后会产生反射和折射，其中反射回波会被接收基阵接收，但是海底各点所在位置离声呐基阵的距离并不相同，所以会造成回波在时间上出现一系列脉冲。以船的右舷为例，如图2-14所示，根据基阵发射的是高频声波，作用距离较近，所以假定声波在海水中是直线传播的。接收阵元接收到一系列幅度大小不同的脉冲串，脉冲包络的强度就反映了回波信号的强度，同时反映了海底地形地貌信息。位置1所在区域范围基本处于声呐正下方，这一区域海底反射回波强度强且比较集中，所以各点回波叠加后总幅度较大；位置 2 所在区域范围为陡峭的海底斜坡，垂直斜坡表面方向大概正对着声波传播方向，所以这一区域海底反射回波强度也很强，回波总幅度也较大；位置 3 所在区域范围是位置 2 的反面，声波传播被阻挡，形成了声影区，所以接收基阵接收不到这一区域的回波信号；位置 4 所在区域海底相对较平坦，距离声呐也比较适中，回波信号比较正常；位置 5 所在区域是海底凹陷地区，与位置 3 所在区域类似，声波传播被阻挡而无法到达，没有回波信号；位置 6 所在区域是海底凹陷边缘，声波传播反射回波与位置 2 所在区域类似，虽然距离更远，但回波强度也比较强，回波总幅度也相对较大；位置 7 所在区域海底地势较平坦，但距离较远且越来越远，回波信号随着距离加大会变弱，回波总幅度也会逐渐变小。

图 2-13　测深旁侧声呐扇形发射波束（据杨玉春，2014）

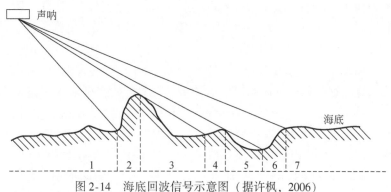

图 2-14　海底回波信号示意图（据许枫，2006）

常规的测深旁侧声呐存在两个问题：一是正下方附近测深误差大，二是不能区分从两个或两个以上不同方向同时到达的回波。假设产生回波的不只是一个面，而是海底薄层，则声呐阵时空相关函数的相位为

$$Z = kd\sin(\theta - \theta_m) + a \tag{2-47}$$

式中，第一项是声呐阵时空相关函数的相位 $h$ [ $h = kd\sin(\theta - \theta_m)$ ]；$k$ 为波数；$d$ 为声呐阵基元的间距；$\theta$ 为掠射角；$\theta_m$ 为声呐阵的法向与水平面的夹角，也就是安装角。实际上，声

呐阵时空相关函数的相位 $Z$ 包括由于声波对海底具有穿透深度引起的 $a$。$a$ 是 $\theta$ 与 $d$ 的函数，$a$ 只有当 $d < \lambda$（$\lambda$ 为声呐工作时中心频率对应的声波波长）时才可以忽略，否则 $a$ 对实际相位 $Z$ 有明显影响，特别是在声呐正下方附近，$a$ 可能会大于 $h$，造成较大误差。高分辨率测深旁侧声呐（HRBSSS）选用了多条平行、间距 $d = \lambda/2$ 的等距线阵，使声呐正下方附近的测深精度达到数字测深仪的精度（朱维庆等，2005）。同时，为了区分不同方向同时到达声呐阵的回波，高分辨率测深旁侧声呐把高分辨率的波达方向估计信号处理方法与测深旁侧原理结合起来，形成了整套的信号处理方法，并获得高精度的海底地形地貌图。

浅水高分辨率测深旁侧声呐（SRSSS）是在高分辨率测深旁侧声呐的基础上研制出的系统，可用于浅水区域复杂的声场环境中探测区域高分辨率海底地形地貌图（孙宇佳等，2009）。浅水高分辨率测深旁侧声呐的核心部件是由一条发射线阵和八条与发射线阵平行的接收线阵组成的浅水高分辨率测深旁侧声呐阵。声呐阵一般安装于载体的两侧，声呐阵的发射波束和接收波束在沿着航线方向上较窄，垂直于航线方向上较宽。声波发射器发射窄带信号时，该系统可以通过估算海底反射回波到达多条接收线阵的相位差来估计回波到达声呐阵的方向，通过回波到达声呐阵的时间来获得海底对于声呐阵的深度和位置，同时计算回波信号强度来获得最终的海底地貌数据。

## 2.3.3　多波束测深法

多波束测深是 20 世纪 70 年代在回声测深仪的基础上发展起来的，最初可追溯到 50～60 年代美国伍兹霍尔海洋研究所构想的项目。第一套原始的多波束系统——窄波束回声测深仪（NBES）是 1964 年由美国通用仪器公司的哈里斯反潜战部门设计和建造，实验证明其在分辨率和精度方面明显高于常规回声测深仪。随着数字化计算机处理及控制硬件技术应用到窄波束回声测深仪中，1976 年诞生了第一台多波束扫描测深系统，简称 SeaBeam 系统。70 年代中后期，美国通用仪器公司又设计研制了工作深度为 240m 的适用于近海浅水地区的博森（BOSUN）浅水多波束回声测深系统。80 年代中期至 90 年代初，许多公司开始进入多波束测深这一领域，研制出了多种不同型号的浅水和深水多波束测深系统，如 Krupp Atlas 公司的 Hydrosweep 系统、Holming 公司的 Ehcos XD 系统，以及 Simrad 公司的浅水 EM100、浅水 EM1000、EM3000、深水 EM12 型系统，Honeywell Elac 公司的 BottomChart 系统、Reson 公司以其高频系列的 SeaBat 系统、Atlas 公司的 Fansweep20 系统、ODOM 公司的 Echoscan Multbeam 系统等。我国中国科学院声学研究所及哈尔滨工程大学也研制了相应的多波束系统，并用在"实验 1"号、"实验 3"号等科考船上。

传统的单波束回声测深仪只能测量船正下方的水深，获取的数据量少，同时在分辨率方面已无法满足现代高精度海洋工程地形测量的要求。多波束测深系统采用条带式测量，能一次给出与航线方向垂直的平面内几十个甚至上百个海底被测点的水深值，或者一条一定宽度的全覆盖水深条带，对沿航线一定宽度内的水下目标的大小、形状和高低变化可精确并快速测出，得到比较可靠的海底地形地貌精细特征。多波束测深相对于传统的单波束测深，具有能对海底进行全覆盖无遗漏测量、工作效率高、数据采集点密集、兼有测深和侧扫声呐两种功能等优点。多波束测深的出现逐渐取代了单波束回声测深仪，实现了海底地形地貌的宽覆盖、高分辨率探测，促进了海底三维地形的测量效率，并且大幅度提高了海底遥测质量。

### 2.3.3.1 工作原理

多波束测深系统是由许多子系统构成，结构复杂，一般包括声学系统、数据采集系统、数据处理系统、辅助传感器系统和显示输出系统（图 2-15）。多波束测深声呐利用发射换能器基阵向海底发射宽覆盖扇区的声波，并由接收换能器基阵对海底回波进行窄波束接收（图 2-16）。有的发射和接收是分开的两组换能器基阵，有的发射和接收则是共用一组收发合置换能器基阵。主计算机控制多路发射信号，发射信号功率在发射机被放大，经过换能器基阵后转化为声信号并向外传播到海底。经过海底反向散射的回波信号被换能器基阵接收并转换为电信号，后经数据接收系统放大滤波处理，再传输到数据处理系统进行波束形成处理，同时结合辅助传感器系统来提供船体姿态信息、船体位置信息、声速信息等计算出所测点的深度值。也就是通过发射、接收波束相交在海底与航行方向垂直的条带区域形成数以百计的照射脚印，对这些脚印内的反向散射信号同时进行到达时间和到达角度的估计，然后进一步通过获得的声速剖面数据来计算该点的水深值。主控计算机利用获得的深度信息与 DGPS 所提供的位置信息合并绘制出等深线或海底地形地貌图，传输到显示系统实时显示并打印出图。

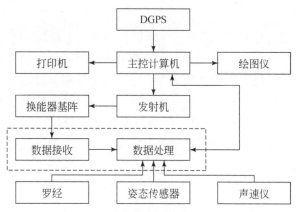

图 2-15　多波束测深系统组成单元

多波束系统和传统的单波束回声测深仪从原理上并没有本质区别，只是多波束系统的换能器配置有一个或多个换能器单元，这些换能器单元按一定的排列方式组成一个换能器基阵，每个单元都有导线连出并加以封装。每个独立的换能器单元都是由压电陶瓷块组成。换能器利用压电陶瓷的压电效应实现波束的发射和接收（图 2-11）。波束发射时，压电陶瓷根据预先分配在两极上的高频振荡电压产生压力，并将该压力转换为高频振荡声波发射出去；当外界高频振荡声波打击到压电陶瓷上时，压电陶瓷同样产生压力，并随着压力的变化产生相应的高频振荡电压。然而，计算机分配给各个基元的电压不能很高，且由

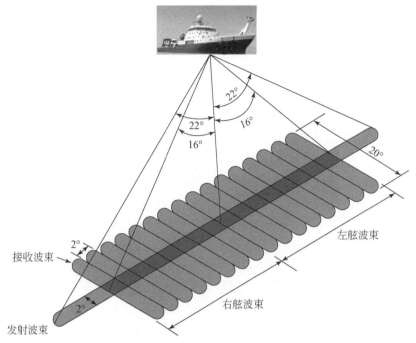

图 2-16　多波束测深仪工作原理示意图

海底反向散射到达压电陶瓷表面的声波强度并不是很高，所以实际波束发射与接收并非如此简单。

多波束测深系统同时发射多个波束，发射的波束对海底形成一个具有一定扇面开角的覆盖式条带，这一条带宽度由波束发射开角来决定，同时波束发射角由发射模式控制参数来决定。信号处理器同时接收船姿传感器感知的船姿信号和发射模式信号，并根据这些信息来计算发射脉冲信号和波束数据，之后将这些数据传输到多通道变换器，以形成多个波束发射信号。多通道前置放大器控制着收、发转换开关电路，多通道前置放大器将发射信号进行功率放大，使其形成多个声波发射脉冲信号，并分别送到相应换能器单元转换成声能量发射出去（图 2-17）。

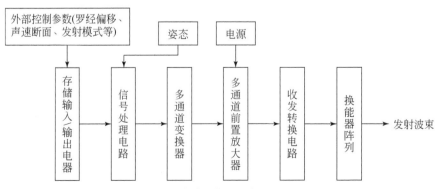

图 2-17　多波束信号发射原理框架

当声波信号反射回换能器时，返回的高频振荡波加在压电陶瓷两端产生一个对应声波变化的高频交变电压。多通道前置放大器将换能器接收的多路回波信号进行放大，放大后的模拟信号输送到数据采集电路转换成数字信号，回波信号放大过程受时间增益信号控制。为了得到可靠的数据信息，需要进行两次数据采集，两次的信号相位差为90°，输出信号相位相同或正相交。由于声波在水中的传播路径不但取决于入射角，还受控于声波波束在水中传播的速度，传播路径会发生变化，因而必须利用多通道信号处理电路的波束形成、控制电路单元进行声线校正，这也是多波束测深系统与单波束测深仪最显著的不同点（图2-18）。

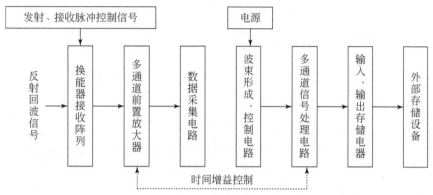

图 2-18　信号接收原理框架

多波束系统中的时间增益控制是为了消除回波信号随距离（或时间）变化产生的影响，使回波信号强弱真实反映出地形的起伏。因为每一次声波脉冲的发射，其回波信号的强弱不仅与海底地形起伏变化、海底底质有关，还与声波传播路径有关。通常边缘波束所传播的距离大于中间波束所传播的距离，所以，回波信号即使在平坦海底也是随着距离的增大而迅速减小（马金凤等，2015）。时间增益控制就是使接收机的放大量随回波信号的衰减而增强，从而补偿波束的水中传播衰减。同时，A/D转换输入信号电平、电源电平、数据采集增益大小、边缘波束范围、吸收率、折射率和换能器与前置放大器滤波增益等也控制着时间增益信号的强弱，使回波信号时间和强度真实反映出海底地形地貌。

多波束系统在实际应用过程中，换能器的发射和接收是按照一定模式进行的。通常，发射波束的宽度横向大于纵向，接收波束的宽度纵向大于横向。因此，多波束系统以固定频率发射一种平行航迹方向窄而垂直航迹方向宽的波束。接收波束横跨与船龙骨垂直的发射扇区，使接收波束垂直航迹方向窄。沿航迹方向的波束宽度取决于使用的纵摇稳定方法。对于波束为16，波束宽度为2°×2°的多波束系统而言，其发射波束横向为44°，纵向为2°；而对于每个接收波束，横向为2°，纵向为20°。将发射波束在海底的投影区同接收波束在海底的投影区相重叠，对于每个接收波束，在海底实际有效接收区为宽2°矩形区，即波束脚印。多波束的几何构成如图2-19所示。

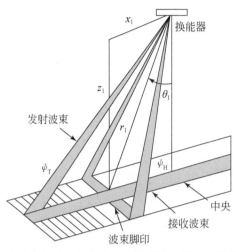

图 2-19　多波束发射、接收波束几何形状（据丁继胜等，1999）

　　波束形成是多波束测量的关键技术，其为了在波束扫描空间获得足够高的信噪比和高精度的目标分辨率。将固定几何形状排列的多元基性各阵元输出经过处理，形成空间指向性的方法，达到抑制噪声并提取有用信息的效果。多波束系统阵元输出信号都在同相条件下，叠加后可产生一个增强的信号输出；如果回波信号到达基阵各阵元时不同相，叠加输出信号将被减弱，阵元上的附加噪声产生不相干的叠加。寻找一个适当的引导向量来补偿各个阵元的传播延时，使信号到达基阵时在预定方向上是同相的，从而在这一方向产生一个最大输出，这就是波束形成的主要目的。

　　多波束系统的波束形成模块主要是利用发射、接收扇区指向性的正交排列来完成，其原理是换能器指向性。假设一个由 $N$ 个无方向性阵元组成的接收换能器阵，空间上的各阵元接收信号相加并输出形成基阵的自然指向性。这时，如果有一远场平面波入射到这一基阵上被接收，信号输出就会随平面入射角的变化而变化。如果信号源在不同方向，就造成了各阵接收信号与基准信号的相位差不同，使信号输出的幅度不同，阵的响应也就不同。根据这一假设可得

$$R(\theta) = \frac{\sin(N\varphi/2)}{N\sin(\varphi/2)} = \frac{\sin\left(\frac{N\pi d}{\lambda}\sin\theta\right)}{N\sin\left(\frac{\pi d}{\lambda}/\sin\theta\right)} \qquad (2\text{-}48)$$

式中，$R(\theta)$ 为阵的输出；$N$ 为换能器阵元数；$\varphi$ 为相邻阵元接收信号间的相位差；$d$ 为阵元间距；$\theta$ 为平面波入射方位角。可见，信号入射角的变化改变着一个多元阵输出幅度的大小。一般情况下，除了直线阵或空间平面阵可能在法线方向上形成同相叠加，得到阵的最大输出，其他任意阵型，无论声波从哪一个方向入射，都无法形成同相叠加。但是，只要这些任意阵型经过适当的处理，就可以在预定方向上形成同相叠加，获得最大输出。利用波束形成原理，就可以获得直线阵相移波束形成、直线阵时延波束形成、圆阵波束形成、弧形阵波束形成、频域波束形成的方法（余平等，2005）。

### 2.3.3.2 参数校正

在多波束测量过程中，如果参数有误，或者安装不够精密，会对测量结果造成较大的误差，而且大多数误差无法通过后期的处理来完全校正，所以必须严格进行各种内部影响因素校正，以消除其对测深数据造成的误差。主要参数校正方法有横摇偏差校正、电罗经偏差校正、导航延迟校正和纵摇偏差校正（李家彪等，2001）。

横摇偏差校正是针对多波束换能器在安装过程中可能存在的横向角度误差而实行的校正方法。在实际工作中，横摇角度偏差对测量精度的影响在多波束系统内部占主导地位，产生的误差值大小会直接影响勘测的效率和相邻测幅的有效拼接。对横摇偏差进行校正的一般处理方法是：先假定在一个绝对平坦的海底采集一条测线数据，分别统计载体两侧换能器同方向波束的测深数据，获得一条有各种到达方向波束平均深度值组成的连续测量海底，通过计算使该连续测量海底的坡度缩小为零。一般在实际校正过程中，因其他因素干扰而不能保证海底地形的绝对平坦，所以要多次重复进行，直到坡度达到 0.025° 为止，同时要考虑海底固有坡度和横摇偏差引起的“海底坡度”分离。分离的方法是通过采集往返测线的数据，海底固有坡度是换能器同舷波束在两个测线方向上计算坡度差值的 1/2，换能器安装偏差引起的海底畸变即为两个测线方向上坡度的均值，并以此坡度角进行横摇偏差校正。在平坦海底进行横摇偏差校正独立于其他校正，校正质量的好坏将直接影响测量的精度，所以最先进行（李家彪等，2001；张志伟等，2016）。

在多波束进行平坦海底深度测量时，电罗经偏差、导航延迟与纵摇偏差不会产生假的水深值，但测点会产生位移。所以，在对这些误差进行校正时要选择特殊的边界条件来进行区分，并按一定次序完成校正，如测区内可识别并孤立的目标体，利用这些目标体进行往返测量来确定位移量，在一定条件下尽可能区分出各种偏差并进行校正。

电罗经偏差校正是为了减少或消除电罗经偏差引起、以中央波束为原点的位置旋转位移所产生的误差。这种位移的显著特征是在中心波束处为零，在边缘波束处最大。根据这一位移的特点，首先要在测区选取一个线性目标，如管道线或线性陡坎，对目标进行往返测线测量。若存在电罗经偏差，则电罗经偏差角将使线性目标以中央波束为原点的旋转相同角度。

导航延迟校正是为了减少或消除导航延迟引起的测点沿航迹方向产生的前后位移误差，这与船只和航行速度有关。与电罗经偏差校正不同，进行导航延迟校正应选取测区内的凸起岩石、疏浚航道和尖角等作为目标体，同时测量区水深应较浅，以减小电罗经和纵倾偏差造成的影响，使导航延迟校正达到较高精度。在相同的测线上，用较小扇区开角对目标体进行多次往返测量，选择尽可能不变的最高船速。叠加测量后标出两个不同方向测线上测得的目标体，导航延迟存在的表现是两个方向测线上测得的同一目标体不重合，导航延迟为

$$N = L/2v \tag{2-49}$$

式中，$N$ 为导航延迟；$v$ 为船速；$N$ 为两个方向测线上同一目标体之间的距离。

纵摇偏差校正是针对换能器在安装过程中可能存在纵向角度偏差而实行的校正方法，

这一偏差会引起测点沿航迹前后发生位移。纵摇偏差校正使用的测量方法是以相同测线来回穿过水深尽可能大的测区内孤立目标体几次，选择尽可能低且保持不变的船速航行，以增加位置分辨率、角度分辨率和减小导航延迟效应。测量时，为减小电罗经偏差，测线应以中心波束穿越目标顶部，并选择 60° 扇区开角来增加数据密度。叠加测量后标出两个不同方向测线上测得的目标体，纵摇偏差的表现是两个方向测线上测得的同一孤立目标体发生分离，纵摇偏差为

$$P = \arctan(L/2D) \qquad (2\text{-}50)$$

式中，$P$ 为纵摇角偏差；$L$ 为同一目标体之间的距离；$D$ 为目标体的水深。

### 2.3.3.3　声速剖面校正

海水是一种高度流动的非均匀介质体，海水的盐度、温度和密度不仅受洋流和径流影响，还受气温、季节、流场等因素的作用，海水物理性质变化必然形成声速结构的时空变化。若声速剖面不同，则所产生的声场就有明显差异，声线发生弯曲将直接影响海底地形探测的精度，形成畸变的海底形态。多波束测量过程中，波束在水中的传播路径完全取决于海水的声速结构，发射角越大的波束在水中的旅行时间较长，测得的水深与定位精度受到声速剖面的影响就越大。声速剖面校正值小于实际值时，会出现两边向上翘的凹形地形；声速剖面校正值大于实际值时，会出现两边向下塌的凸形地形（董庆亮等，2007）。声速剖面校正可以消除声线弯曲带来的测量误差和图像变形，同时校正原始水深数据。

影响声速剖面校正精度的主要因素有：表层声速变化、跃层及其深度变化、换能器垂直升降运动（李家彪等，2000）。表层声速变化是整个声速剖面中最活跃的部分，并且表层声速变化在表层就改变了波束的射线路径，所以对多波束测量精度的影响最大，特别是边缘波束。对于表层声速变化的校正可利用其声速昼夜变化大的特点，查清表层声速变化厚度并统计昼夜声速变化规律，通过规律获得最佳表层声速数据来替代无效的声速剖面表层段。跃层声速结构是黑潮水和陆架混合变性水强烈作用形成温盐跃层所致。经过模型分析发现，跃层越浅，强度越大，声速校正的误差也更大。对此，可通过获取更加密集声速剖面数据，揭示其声速变化规律，并进行物理海洋相关统计研究来获得测量区域温盐跃层变化与分布规律。为了最大限度压制声速结构变化对声速校正精度的影响，测量时应该沿声速结构变化最小并平行于温盐跃层展布方向进行。换能器垂直升降运动发生在波浪、涌浪和吃水发生变化时，相对影响很微小。但其经常在河口处淡水区产生明显影响，其微小的变化也会带来较大误差。因为在这一区域，换能器可能正好处于强跃层之中。多波束测深可在区域水团性质均一的季节进行，或在清楚了解水团性质和浅跃层深度的情况下，将换能器吃水深度置于跃层之下。如果不能进行以上声速校正方法，也可将测量波束扇区开角调至小于 120° 来减小浅跃层效应的影响。

声速剖面对多波束测深除了以上三个主要因素外，还存在许多需要解决的问题（刘胜旋等，2008；周坚等，2014）。通过定性分析声速剖面误差对多波束测深的影响，并结合实例验证与模拟分析发现：①海水中某一声速节点增大时，会造成下层所有的入射角与折

射角均增大，水深测量值在某一层的折射角满足 $0 < \theta < \theta' < 45°$ 时偏深，满足 $45° < \theta < \theta' < 90°$ 时偏浅（$\theta$ 是波束点声切线与垂线之间的夹角；$\theta'$ 是声速剖面变化后的波束点声切线与垂线之间的夹角）；②条幅曲线经常在声速剖面出现局部误差时以 45° 波束角处的海底波束脚印为弯曲绕点，并且该处的波束测深精度误差最小；③中央波束的测深精度由于条幅围绕绕点向上或向下弯曲而比周围波束的精度低；④实际情况中，声速偏小时，边缘波束往下翘，通常都认为往上翘。

### 2.3.3.4 潮位校正与换能器吃水校正

海洋水文要素也会影响多波束测深数据的稳定，如波浪、海流和潮位。其中可以用滤波方法消除波浪的影响，海流的影响可通过区域海平面变化进行校正，但是潮位影响会使多波束测深数值等值线图呈锯齿状，严重影响多波束测深精度和效果，所以消除潮位影响是提高多波束测深质量的重要环节。多波束系统潮位校正主要是通过数学模型来进行，对两个已知验潮站 $A$、$B$ 的潮位数据在 $P$ 点处进行水位校正的数值模型计算公式为（刘雁春，2003；郑彤等，2009）

$$h_P(t) = \frac{\left[\dfrac{h_{AP}(t)}{R_{AP}} + \dfrac{h_{BP}(t)}{R_{AB} - R_{AP}}\right]}{\left(\dfrac{1}{R_{AP}} + \dfrac{1}{R_{AB} - R_{AP}}\right)} = \frac{[(R_{AB} - R_{AP})\,h_{AP}(t) + h_{BP}(t)]}{R_{AB}} \tag{2-51}$$

式中，$h_P(t)$ 为 $P$ 点水位校正值；$h_{AP}(t)$ 为根据 $A$ 站求得的 $P$ 点水位校正值；$h_{BP}(t)$ 为根据 $B$ 站求得的 $P$ 点水位校正值；$R_{AP}$ 为 $A$、$P$ 两点之间的距离；$R_{AB}$ 为 $A$、$B$ 两点之间的距离。式（2-51）在实际编程计算中，由于数据的离散化与函数差值及拟合起始点选取等原因，计算结果常与理论稍有差异，只能近似满足。如果不考虑点间潮差比和偏差值，只考虑潮时差，则式（2-51）可简化为（刘雁春，2003；郑彤等，2009）

$$\begin{aligned} h_P(t) &= \left(1 - \frac{R_{AP}}{R_{AB}}\right) h_A\left(t + \delta_{AB}\frac{R_{AP}}{R_{AB}}\right) + \frac{R_{AP}}{R_{AB}} h_B\left(t + \delta_{BA}\frac{R_{AB} - R_{AP}}{R_{AB}}\right) \\ &= h_A\left(t + \delta_{AB}\frac{R_{AP}}{R_{AB}}\right) + \left[h_B\left(t + \delta_{BA}\frac{R_{AB} - R_{AP}}{R_{AB}}\right) - h_A\left(t + \delta_{AB}\frac{R_{AP}}{R_{AB}}\right)\right]\frac{R_{AP}}{R_{AB}} \end{aligned} \tag{2-52}$$

式中，$\delta_{AB}$、$\delta_{BA}$ 为 $A$、$B$ 两点之间的潮时差。该公式是在时间归一化后，潮高差随距离均匀变化假设条件下的常用计算公式。三站水位校正的数值模型计算公式（刘雁春，2003；郑彤等，2009）为

$$h_P(t) = \left[\frac{h_{AP}(t)}{R_{AP}} + \frac{h_{BP}(t)}{R_{BP}} + \frac{h_{CP}(t)}{R_{CP}}\right] \Big/ \left[\frac{1}{R_{AP}} + \frac{1}{R_{BP}} + \frac{1}{R_{CP}}\right] \tag{2-53}$$

式中，$h_{CP}(t)$ 为根据 $C$ 站求得的 $P$ 点水位校正值；$R_{BP}$ 为 $B$、$P$ 两点之间的距离；$R_{CP}$ 为 $C$、$P$ 两点之间的距离。

换能器吃水是指换能器表面至海水表面之间的深度，其在多波束测量的整个航行过程中是不断变化的。由于不同船只的各项基本参数不尽相同（如吨位、吃水、续航等），所以不同船只的换能器吃水也不同。由于多波束系统在测量水深过程中，通过声波信号测得的是换能器下至海底的各波束水深值，换能器吃水深度会影响多波束测深的精度，所以要

进行换能器吃水校正，来获得更加精准、可靠的水深数据，提高测深精度。根据多波束系统工作时的船只状态，将换能器吃水状态分为换能器静吃水和动吃水。

换能器静吃水是船只在静止状态下换能器的吃水深度，一般可通过航前航后日均法、日量测法和排水量法进行测量（李家彪，1999）。固定式换能器静吃水校正通过均匀线性内插测定的船只启、返航换能器吃水深度值来完成。便携式换能器静吃水的校正一般可直接读取测定的启、返航换能器吃水分划，若没有预先进行换能器吃水分划，可直接测定固定换能器的支架或支杆上某一点至海平面的距离换算后作为换能器静吃水校正数。

换能器动吃水是指船只在航行时换能器的吃水深度，其受船只的负载、航速和海况等多种因素的影响。换能器动吃水实际上是在换能器静吃水的基础上船只航行时的吃水变化量。换能器动吃水实测法比较实用的是水准仪观测法，就是通过陆上一个合适的站位设置检验过的水准仪，再配合经纬仪或六分仪定位，观测竖立在多波束换能器正上方甲板上的水准尺来测定船体的动吃水；其他还有多波束或回声声呐测深法、杠杆法（李家彪，1999）。换能器动吃水的测量除了实测法，还可采用统计法、经验公式法。这些非实时连续观测的方法，其测量误差较大，实用性不强。当前比较具有优势的换能器动吃水测量方法是 GPS RTK（陆伟等，2011；王利锋等，2014），这一方法的使用可充分发挥其快速、连续的优势，并且可以准确反映出换能器动吃水随船只航速的变化情况，比传统方法操作更灵活，数据质量更可靠。

### 2.3.3.5 浅水多波束测深系统

浅水多波束测深系统深度量程一般为 3~400m，其接收和发射基阵采用收发合置的平面阵。常规浅水多波束工作时，常以单频脉冲作为探测信号，一般先从最边缘的波束角开始发射脉冲信号。发射脉冲信号经海底反射后的回波被接收基阵接收并进行处理，给出海底采样点的深度，这样的一次测量可以获得条带上一个采样点的深度。接着以相邻的波束角进行下一次信号发射并接收海底反射回波信号进行处理。为了避免相邻两次发射信号之间相互干扰，须等待最远目标区域的回波信号到达基阵后再进行下一次信号发射。不断重复发射与接收并处理脉冲信号，按照由外向内的波束角度顺序完成海底地形数据采集。

目前浅水多波束测深系统的研制多采用振幅和相位差监测相结合的方法。其工作频率一般为 200~300kHz 的高频段，部分采用 300~455kHz；最大覆盖范围可达到水深的 7~15 倍；深度上的分辨率达到厘米级；每秒发射的次数达到几十次至数十次；每次扫描所得的数据样品数可达几十个至几千个；波束的宽度一般为 2°×2°。并且多数浅水多波束测深系统同时具备测深和旁侧声呐两种功能，可实时进行声线校正。其探头体积小、重量轻、安装方便灵活、使用寿命较长，并具备高精度、高效率、全覆盖和无遗漏的测量优势，在海洋测绘和工程测量中逐步普及并有取代传统回声测深仪的趋势。

### 2.3.3.6 深水多波束测深系统

深水多波束测深系统探测海域最深可达 10~11 000m，工作频率一般为 12~30kHz，采用发射、接收指向性正交的两组换能器阵，向海底发射声波脉冲信号并接收反向散射回波信号，通过叠加接收指向性与发射指向性，获取一系列垂直于航向分布的窄波束，达到探测目标深度的目的。不断重复进行探测工作，累积水深剖面将构成具有一定覆盖范围的密布水深点数据集合，能完成全覆盖海底地形地貌成果图。

现今主流深水多波束测深系统都采用波束稳定技术，即根据当前船姿来确定波束形成方向并判别海底位置。由于水深较深，边缘回波距离较长，信噪比较低，经常在边缘采用线性调频信号来作为发射信号。通过加长线性调频信号的脉宽可增大发射信号的能量，同时对回波进行脉冲压缩运算来提高回波的信噪比和空间分辨率。今后深水多波束测深技术将从信号处理、水下声基阵、电子硬件和系统软件等方面不断改进完善，使仪器更加轻便、灵活，同时不断提高系统的测深精度与分辨率等。

### 2.3.4 具有旁侧声呐和多波束组合功能的多波束测深法

多波束测深系统以条带测量的方式，可以对海底进行 100% 全覆盖测量，并且每个条带的覆盖宽度可达水深的数倍，可以获得高精度的水深地形数据和类似旁侧声呐测量的海底声图，呈现出直观的海底形态。旁侧声呐测深可获得完整的海底声图，该声图可用于获取海底形态并对海底物质的纹理特征进行定性描述。利用旁侧声呐与多波束测深系统组合能够探测海底地形、地貌、障碍物等的特点，该测深法在大陆架测量、港口疏浚、渔业捕捞、水利、生态监测、海底电缆探测、油气管道布设路径地形测绘以及轮船锚泊海区检测等方面均得到了广泛的应用，且取得了明显的效果。

多波束测深系统与旁侧声呐都是实现海底全覆盖扫测的水声设备，都能够获得几倍于水深的覆盖范围。它们具有相似的工作原理，以一定的角度倾斜向海底发射声波脉冲，接收海底反向散射回波，从海底反向散射回波中提取所需要的海底地球物理信息。由于接收波束形式的不同以及对所接收回波信号处理方式的不同，多波束测深仪通过接收波束形成技术能够实现空间精确定向，利用回波信号的某些特征参量进行回波时延检测，以确定回波往返时间和斜距，获取精确的水深数据，绘制出海底地形图。旁侧声呐只是实现了波束空间的粗略定向，依照回波信号在海底反向散射时间的自然顺序检测并记录回波信号的幅度能量，仅显示海底目标的相对回波强度信息，从而获得海底地貌声图。

通过利用多波束测深系统进行全覆盖水深测量，获取精确的水深数据，根据水深变化判断目标体范围和大小以及海底地形的变化，获得目标体的精确位置信息，同时用软件分析出目标周围的海底底质情况。利用旁侧声呐进行扫测，获取海底、水体的目标和地形等声像图，通过声图判读确定目标的性质、大小、范围和地形的变化。综合利用多波束测量数据和旁侧声呐声像图进行海底目标的探测，可有效增强不同观测数据的互补性，大大提高工程质量（董庆亮等，2009）。

### 2.3.5 多换能器测深法

为了发挥回声测深仪在海底地形地貌探测方面更大的作用，20 世纪 60 年代中期，丹麦皇家水道测量局曾使用一种将几个回声测深仪换能器安装在拖曳浮标上进行水深测量的小型拖曳式并联测深装置，后经逐步改进，于 1975 年又研制出可供使用的一种用于沿海地区水深测量和扫测的大型拖曳式并联测深装置。这种新型并联测深装置称为多换能器扫测系统（MTSS），部分也称为四波束扫海测深仪。

测量船拖曳 4 个安装着回声测深仪换能器的浮标，以 8km/h 航行速度沿测线进行水深测量，拖曳的浮标利用海底展开器和定深器，随船向船两侧展开。连同安装在船底的换能器在内共有 5 个换能器，按一定间距同时测深，从而形成了 5 条平行测深线，大大提高了测量效率。这一技术尤其适用于宽阔海域的长距离水深测量。1977 年，加拿大水道测量局利用 3 台回声测深仪组装成一套单船多换能器扫测系统，并在几处港口水深测量中使用，使用效果良好。这种多换能器测深装置的使用，实质上完成了所有覆盖范围内的扫测工作。目前有关单位也有正在使用的四波束扫海测深仪，如日本的 MS-10型、PS-20R 型和 PS-600 型，这些四波束扫海测深仪由 4 个收发合置的换能器、同步控制器和图示记录器组成。4 个换能器在船上安装方式有舷挂式和悬臂式两种，在舷挂式安装时，其中两个换能器垂直安装，另外两个则倾斜一定角度安装，在悬臂式安装时，4 个换能器按一定的间距安装在测量船正横方向的支架上，来实现对海底的全覆盖探测（图 2-20）。

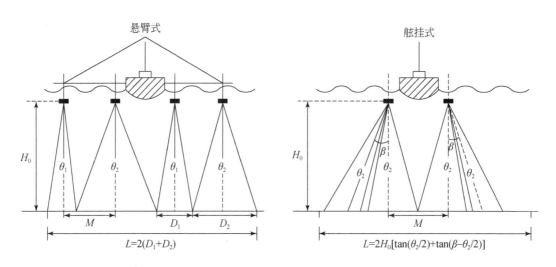

图 2-20　换能器安装方式（据王琪和刘雁春，1996；赵建虎，2007）

多换能器扫测仪的精度与单波束测深仪的精度类似。正常情况下，多换能器扫测仪必须配备船姿测量仪，对测深数据进行必要校正，不然其只能在海况较好的环境中工作。由于多换能器扫测仪的测量效率要低于多波束测深系统，而且其并不适用于水深较大的区域，现今主要是用在港口与航道区等通常要定期进行全覆盖扫测的水深测量中，以确保不遗漏海底浅点，保证航行安全。

# 2.4 应用实例

## 2.4.1 冲绳海槽中部热液区地形地貌

### 2.4.1.1 调查方法

2014 年 4 月，"科学"号考察船对冲绳海槽进行了热液区海洋科学的综合调查。调查采用 SeaBeam 3012 全海深多波束测深系统，工作主频 12kHz；工作水深范围为 50 ~ 11 000m，在深度大于 100m 海域获得的水深数据质量优于国际航道组织的要求。调查过程中使用高精度星站差分 GPS 进行精准定位导航。同时，"发现"号 ROV 通过下潜直接进行影像观察，"发现"号 ROV 具有自主动力推进器、功能液压机械手，搭载多种传感器等，其系统配置全面，工作水深可达 7000m 的 USBL（超短基线定位系统）保证了定位准确度。获得研究区精确的水深数据后，通过后处理软件 CARIS HIPS 进行了预处理、数据处理后，最终获得高精度地形地貌数据。精度分析达到要求后再进行网格化处理和图件绘制获得冲绳海槽中部热液活动区地形地貌图（郑翔等，2015）。

### 2.4.1.2 地形地貌特征

冲绳海槽中部热液活动区交错出现大量海山、海丘、裂谷、洼地等，起伏变化较大。最大水深为 1773m，最小水深为 637m，海丘分布集中，最深与最浅处相差近 1200m。热液活动区总体上呈 NE-SW 向延伸裂谷地势，水深范围 1500 ~ 1800m。裂谷轴部位于热液活动区偏南部，北部整体地势较高，地形上呈 W-NW 向 E-SE 倾斜，水深从 1200m 变化到 1400m，坡度由 0.2% 变化到 6.2%（图 2-21，图 2-22）。已探明三处主要的热液活动区是伊平屋北、伊平屋脊和夏岛-84（图 2-23）。其中伊平屋北位于西北角，处于最大的海山群内，山体顶部地形呈高低错落的小山包袱，平均水深 1100m，与海底相对高差约 500m；伊平屋脊位于深海洼地中央脊东北侧坡上，水深 1200 ~ 1300m，地形起伏小，倾斜平坦，热液活动区域面积大。

SeaBeam 3012 全海深多波束测深系统具有高精度全覆盖的优势，通过测量获得了冲绳海槽中部热液活动研究区的精确水深数据。通过加密多波束测线，可以获得更高密度的水深数据。因此，采用高精度星站差分 GPS 进行精准定位导航的多波束测深系统对海底热液活动区地形地貌调查效果显著，可通过多波束测量海底热液活动区地形地貌来研究相关热液活动区的分布、划分、大小与地貌特征。同时结合 ROV 直接观察影像，可进一步观察探讨热液活动的成因与活动方式，为热液活动区的下一步相关研究奠定基础。

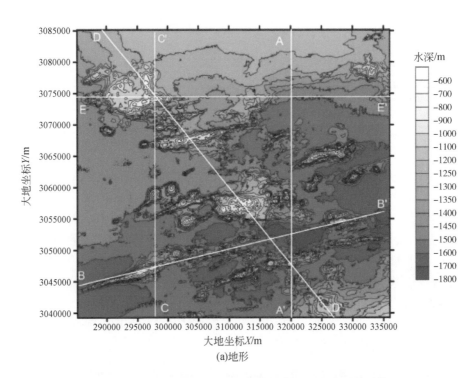

(a)地形

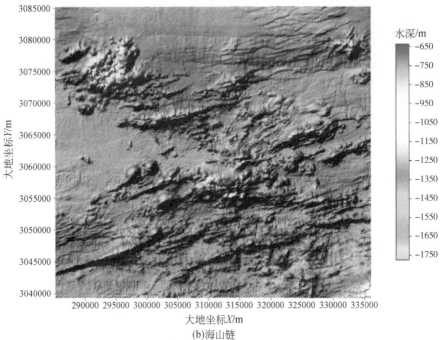

(b)海山链

图 2-21　冲绳海槽中部热液区地形图及线性海山链（据郑翔等，2015）

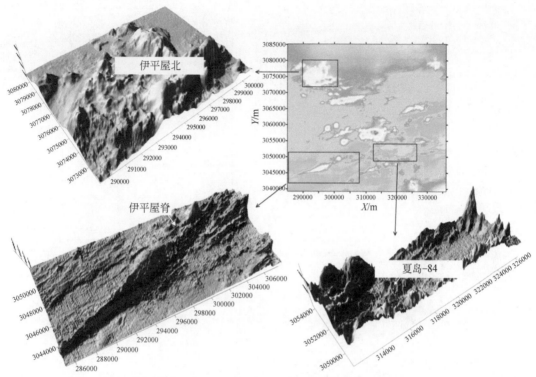

图 2-22 冲绳海槽中部热液区喷口三维地形图（据郑翔等，2015）

## 2.4.2 台湾浅滩海底沙波地形地貌

### 2.4.2.1 调查方法

2011 年采用了 R2 SONIC 2024 超高分辨率多波束系统对台湾浅滩进行了全区断面多波束水深调查。多波束系统换能器发射频率为 400kHz，每 Ping 发射波束为 256 个，测深误差小于测量深度的 1%。采用 Trimble DSM132 差分定位系统进行导航定位，精度为亚米级，并同步进行了潮位和船吃水观测。此次共测量了 10 条测线，主测线间距 15~20km，10 条测线总长度约 1000km。采用 CARIS HIP 7.1 软件对多波束水深数据进行处理校正，采用 WGS84 坐标系，应用 Global 三维可视化软件以及 Surfer 和 ArcGIS 软件进行分析和成图（余威等，2015）。

### 2.4.2.2 地形地貌特征

台湾浅滩海底发育着大规模的大型沙波。沙波波高 9~20m，平均波高达到 13.5m，约为水深的 2/3，沙波波峰处水深约 20.42m。沙波波长 300~1400m，大多数处于 500~700m，部分长达 3000m，比世界其他地方发现的沙波尺度要大。主要发育的沙波有摆线型

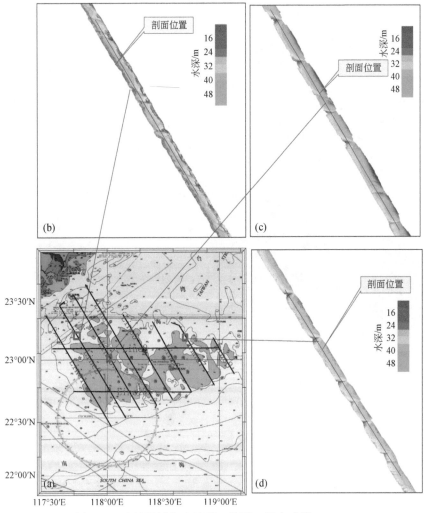

图 2-23　台湾浅滩海底地形三维图（据余威等，2015）

沙波、余弦型沙波和双峰型沙波。摆线型沙波在整个浅滩都有分布；余弦型沙波主要分布在浅滩中部，西部与东部也有少量分布；双峰型沙波主要分布在浅滩西部，尤其是靠近福建沿岸区域发育比较集中。

利用 R2 SONIC 2024 超高分辨率多波束系统结合 Trimble DSM132 差分定位系统获得了研究区高分辨率的海底沙波地形地貌。通过超高分辨率多波束测深系统结合高精度定位系统可有效获取海底沙波形态信息，包括沙波长度、高度、大小和走向等，从而对沙波形态、分布进行划分。利用测量获得的高分辨率海底沙波地形地貌特征结合背景资料，可对海底沙波形态的成因、沙波形成的影响因素与物源等进行分析，解释出沙波形成的水动力条件和海洋环境状态等。

## 2.4.3　西北太平洋琉球岛弧 Miyako-Sone 台地暗礁地形地貌

### 2.4.3.1　调查方法

2012 年 6 ~ 7 月，"Kishinmaru 3"号科考船搭载 ROV 对 Miyako-Sone 台地进行海底水深测量。测深系统采用的是 EM 3002S 浅水多波束回声探测仪，每 Ping 发射波束最多为254 个，发射频率为 300kHz。并且下潜了"LBV150"ROV 进行直接影像观察，ROV 工作水深可达 150m（Arai et al.，2016）。

### 2.4.3.2　地形地貌特征

Miyako-Sone 台地东南部发现一地形高地，向南北方向延伸超过 1000m，向东西方向延伸至少 500m，向北西方向平缓倾斜，由一个高大于 2m、顶部水深为 56m 的同轴边缘嵴与一个底部水深 58 ~ 59m 的洼地组成。洼地散布着大量高度为几十米到小于 2m 的海山。边缘嵴高约 100m，其外侧边缘散布着大量深 2m、宽几米到几十米的沟槽。这些沟槽长度可达 140m，在水深约 66m 处消失。在平行于主边缘嵴的边缘嵴斜坡处分布着一个顶部水深为 58m 的小边缘嵴（图 2-24）。

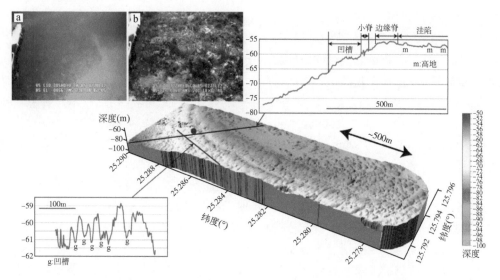

图 2-24　西北太平洋琉球岛弧 Miyako-Sone 台地暗礁三维视图

a，b 为 ROV 在绿点圆圈处所拍摄照片，红线与绿线交叉并显示剖面海底深度变化（据 Arai et al.，2016）

通过 EM 3002S 浅水多波束回声测深仪测量 Miyako-Sone 台地暗礁地形地貌，结果能很好地显示在图件上。通过对台地暗礁地形地貌特征观察计算，可获得台地暗礁的基本分布、大小、高度及周围地形环境状况，同时结合 ROV 对 Miyako-Sone 台地暗礁的细节观察，可精确获得台地暗礁的地貌特征。利用台地暗礁地形地貌特征结合研究区域背景可分析台地暗礁的形成时期、古环境和成因，为下一步精确的台地暗礁样品分析工作奠定基础。

## 2.4.4　墨西哥 Ipala 海底峡谷地形地貌

### 2.4.4.1　调查方法

2008 年 3 月，墨西哥国立自治大学科考船 B. O. El Puma 搭载 Kongsberg EM300 多波束测深系统与 Kongsberg TOPAS 浅地层剖面仪对墨西哥 Ipala 海底峡谷进行调查。调查船使用 GPS 导航系统，数据采集时航速为约 7kn，在陡峭沟槽内部边坡处航速有所降低。多波束水深数据与海底散射数据由墨西哥国立自治大学地球物理学院海洋地球物理实验室人员使用 CARAIBES 软件处理并成像。TOPAS 系统线性调频脉冲为 1.5 ~ 5.5kHz，扫描间隔 15ms，记录采样率 33μs，浅地层剖面仪数据用 Kongsberg TOPAS 处理软件进行处理，使用外触发器同步来避免 TOPAS 系统与 EM300 系统之间的相互干扰（Espinosa et al.，2016）。

### 2.4.4.2　地形地貌特征

Ipala 峡谷经大陆架、大陆坡，至海沟区域，由于峡谷分布和小规模侵蚀特性，大陆架与大陆坡变得很复杂。在海沟西北部因海山俯冲使上部板块抬升而加大了这一复杂性。Ipala 峡谷大陆架区域十分狭窄，宽 10 ~ 12km，大陆架内部海底平均倾斜坡度约 1°。大陆坡由陡峭的上陆坡、狭窄且平缓向海倾斜的中部陆坡和陡峭的下陆坡组成。水深为 500 ~ 1500m 的海底陆坡在峡谷北部相对南部较陡，然而在 1500m 等深线处没有明显区别，为隐伏断层地貌。Ipala 峡谷区域上陆坡的各个方向倾斜度都有明显区别，特别是在峡谷南部水深为 500 ~ 1000m 和 1000 ~ 1500m 上部边坡的倾斜度分别为 2.4° 和 6°，而峡谷北部水深为 500 ~ 1000m 和 1000 ~ 1500m 上部边坡的倾斜度分别为 7° 和 2.8°，这一趋势在峡谷两侧是相反的。

通过 Kongsberg EM300 多波束测深系统、Kongsberg TOPAS 浅地层剖面仪，结合 GPS 导航定位系统，对 Ipala 海底峡谷的调查，展现了该区高精度的地形地貌特征（图 2-25）。多波束测深系统可对海底峡谷进行高分辨率水深测深，浅地层剖面仪可探测海底峡谷的浅层沉积物分布，同时利用高精度定位系统进行定位，可获得整个海底峡谷区域的地形地貌精细特征、峡谷两侧坡度及峡谷时空变化等。通过调查获得资料对海底峡谷进行解释，可分析海底峡谷的成因、迁移、海洋环境和控制因素等。

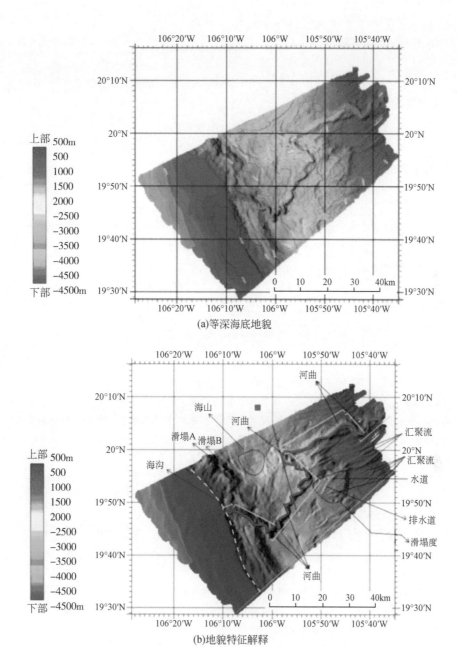

图 2-25　墨西哥 Ipala 峡谷等深海底地貌和地貌特征解释（据 Espinosa et al.，2016）

# 2.5 习　　题

1）海水水体声速变化及其控制因素？

2）在多波束水深探测中，什么是波速入射角、掠射角、波束角？

3）试给出多波束水深探测中换能器横摇、纵摇、电罗经、导航延迟等内部误差的校正方法，试给出多波束水深探测中潮位、换能器吃水深度、水体声速剖面等外部误差的校正方法。

4）海水中的声衰减方式主要分为几类？声波随着传播距离的增加，声强会不断减弱，试计算纯水的切变黏滞吸收系数 $\alpha$。

5）海洋混响的主要分类法，如何表示海洋混响的强度大小？

6）声波测深的基本原理及其影响因素？

7）试着解决旁侧声呐测深过程中的声影区问题。

# 参 考 文 献

陈中轩，来向华，廖林燕，等.2016.基于 MIP-CPT 技术的海底浅层气探测方法——以东海舟山海域为例. 石油学报，37（2）：207-213.

丁继胜，周兴华，刘忠臣，等.1999.多波束测深声呐系统的工作原理. 海洋测绘，（3）：15-22.

董庆亮，韩红旗，方兆宝，等.2007.声速剖面改正对多波束测深的影响. 海洋测绘，27（2）：56-58.

董庆亮，欧阳永忠，陈岳英，等.2009.侧扫声呐和多波束测深系统组合探测海底目标. 海洋测绘，29（5）：51-53.

杜功焕.2012.声学基础. 南京：南京大学出版社.

胡银丰，朱辉庆，夏铁坚.2008.现代深水多波束测深系统简介. 声学与电子工程，（1）：46-48.

蒋立军，杜文萍，许枫.2002.侧扫声纳回波信号的增益控制. 海洋测绘，22（3）：6-8.

金翔龙.2007.海洋地球物理研究与海底探测声学技术的发展. 地球物理学进展，22（4）：1243-1249.

李安龙，肖鹏，杨肖迪，等.2016.基于浅剖数据的三维海底地层模型构建. 中国海洋大学学报（自然科学版），46（3）：91-95.

李家彪，郑玉龙，陶春辉.2000.多波束声速改正的主要影响因素及其精度控制方法. 中国地球物理学会年刊——中国地球物理学会年会.

李家彪，郑玉龙，王小波，等.2001.多波束测深及影响精度的主要因素. 海洋测绘，（1）：26-32.

李家彪.1999.多波束勘测原理技术与方法. 北京：海洋出版社.

李勇航，牟泽霖，万芄.2015.海洋侧扫声呐探测技术的现状及发展. 通讯世界，（3）：213-214.

刘伯然，宋海斌，关永贤，等.2015.南海东北部陆坡冷泉系统的浅地层剖面特征与分析. 地球物理学报，58（1）：247-256.

刘伯盛，雷家煜.1997.水声学原理. 哈尔滨：哈尔滨工程大学出版社.

刘胜旋，屈小娟，高佩兰.2008.声速剖面对多波束测深影响的新认识. 海洋测绘，28（3）：31-34.

刘文勇，郑晖.2015.GPS-RTK 无验潮测深精度影响因素分析. 测绘科学，40（11）：7-12.

刘雁春.2003.海洋测深空间结构及其数据处理. 北京：测绘出版社.

刘永伟.2011.混浊海水声吸收与声散射特性研究. 哈尔滨：哈尔滨工程大学博士学位论文.

陆伟，刘杰，熊伟.2011.GPS RTK 在水深测量换能器吃水测定中的应用. 科技信息，（22）：655.

马金凤，罗伟东，刘胜旋，等.2015.深水多波束回波强度数据处理技术探讨. 地质学刊，39（4）：647-651.

孙鹏.2015.浅地层剖面仪在海底管线探测中的应用. 珠江水运，（13）：76-77.

孙宇佳，刘晓东，张方生，等.2009.浅水高分辨率测深侧扫声呐系统及其海上应用. 海洋工程，27（4）：96-102.

万凌翔. 2016. GPS-PPK 结合测深仪在水下地形测量中的应用. 水利技术监督, 24（1）: 93-95.

万芃, 牟泽霖. 2015. Chirp 型浅地层剖面仪和参量阵浅地层剖面仪的对比分析. 地质装备, (4): 24-28.

汪德昭. 2013. 水声学. 北京: 科学出版社.

王利锋, 蒋新华, 王冰, 等. 2014. 多波束测深系统在航道测量中的关键问题探讨. 海洋测绘, 34（5）: 55-58.

王琪, 刘雁春. 1996. PS-600 四波束测深仪在扫海深测中的应用. 测绘工程, (2): 54-58.

吴金荣, 彭大勇, 张建兰. 2014. 海洋混响特性研究. 物理, (11): 732-739.

吴时国, 张健. 2014. 海底构造与地球物理学. 北京: 科学出版社.

邢军辉, 姜效典, 李德勇. 2016. 海洋天然气水合物及相关浅层气藏的地球物理勘探技术应用进展——以黑海地区德国研究航次为例. 中国海洋大学学报（自然科学版）, 46（1）: 80-85.

许枫, 魏建江. 2006. 第七讲 侧扫声纳. 物理, 35（12）: 1034-1037.

杨玉春. 2014. 测深侧扫声呐关键技术研究. 北京: 中国舰船研究院硕士学位论文.

尤立克 R J, 洪申洋. 1990. 水声原理. 哈尔滨船舶, 1: 47-49.

余平, 刘方兰, 肖波. 2005. 多波束关键技术——波束形成原理. 南海地质研究, (1): 67-73.

余威, 吴自银, 周洁琼, 等. 2015. 台湾浅滩海底沙波精细特征、分类与分布规律. 海洋学报, (10): 11-25.

张正惕, 胡辉. 1998. 回声测深仪在水下地形测量中的应用. 海洋技术学报, (4): 39-43.

张志伟, 暴景阳, 肖付民. 2016. 多波束换能器安装偏差对海底地形测量的影响. 海洋测绘, 36（1）: 51-54.

赵建虎. 2007. 现代海洋测绘. 武汉: 武汉大学出版社.

赵瀛舟. 2015. 水下地形 GPS 测量实施办法. 地理空间信息, (4): 108-110.

郑彤, 周亦军, 边少锋. 2009. 多波束测深数据处理及成图. 海洋通报, 28（6）: 112-117.

郑翔, 阎军, 张鑫, 等. 2015. 冲绳海槽中部热液区及典型喷口区地形地貌特征. 海洋地质前沿, 31（3）: 14-21.

郑勇玲, 吴承强, 蔡锋, 等. 2012. 我国海底地貌研究进展及其在东海近海的新发现、新认识. 地球科学进展, 27（9）: 1026-1034.

周坚, 周青, 吕良, 等. 2014. 关于多波束声速剖面改正问题的探讨. 海洋测绘, 34（4）: 62-65.

朱维庆, 刘晓东, 张东升, 等. 2005. 高分辨率测深侧扫声呐. 海洋技术学报, 24（4）: 29-35.

Arai K, Matsuda H, Sasaki K, et al. 2016. A newly discovered submerged reef on the Miyako-Sone platform, Ryukyu Island Arc, Northwestern Pacific. Marine Geology, 373: 49-54.

Belderson R H, Kenyon N H, Stride A H, et al. 1972. Sonographs of the sea floor. A picture atlas. Elsevier, Holland: 1-500.

Belderson R. 1972. Sonographs of the sea floor. Journal of Geology, 83（4）: 773-774.

Blondel P, Murton B J. 1997. Handbook of seafloor sonar imagery. UK: Wiley Chichester.

Chapman R P, Harris J H. 1962. Surface Backscattering Strengths Measured with Explosive Sound Sources. Journal of the Acoustical Society of America, 34（10）: 1592.

Cho H, Yu S C. 2015. Real-time sonar image enhancement for AUV-based acoustic vision. Ocean Engineering, 104: 568-579.

Dosso S E, Dettmer J. 2013. Studying the sea with sound. Journal of the Acoustical Society of America, 133（5）: 85-94.

Dushaw B D, Worcester P F, Cornuelle B D, et al. 1993. On equations for the speed of sound in seawater. The

Journal of the Acoustical Society of America, 93 (1): 255-275.

Espinosa J U, Bandy W, Gutiérrez C M, et al. 2016. Multibeam bathymetric survey of the Ipala Submarine Canyon, Jalisco, Mexico (20° N): The southern boundary of the Banderas Forearc Block? Tectonophysics, 671: 249-263.

Ferreira F, Djapic V, Micheli M, et al. 2015. Forward looking sonar mosaicing for Mine Countermeasures. Annual Reviews in Control, 40: 212-226.

Flinders A F, Mayer L A, Calder B A, et al. 2014. Evaluation of arctic multibeam sonar data quality using nadir crossover error analysis and compilation of a full-resolution data product. Computers & Geosciences, 66: 228-236.

Haniotis S, Cervenka P, Negreira C, et al. 2015. Seafloor segmentation using angular backscatter responses obtained at sea with a forward-looking sonar system. Applied Acoustics, 89: 306-319.

Innangi S, Bonanno A, Tonielli R, et al. 2016. High resolution 3-D shapes of fish schools: A new method to use the water column backscatter from hydrographic MultiBeam Echo Sounders. Applied Acoustics, 111: 148-160.

Körber J H, Sahling H, Pape T, et al. 2014. Natural oil seepage at Kobuleti ridge, eastern Black Sea. Marine and Petroleum Geology, 50: 68-82.

Laughton A. 1981. The first decade of GLORIA. Journal of Geophysical Research: Solid Earth, 86 (B12): 11511-11534.

Liebermann L. 1948. The origin of sound absorption in water and in sea water. The Journal of the Acoustical Society of America, 20: 868-873.

Liebermann L. 1956. On the pressure dependence of sound absorption in liquids. The Journal of the Acoustical Society of America, 28: 1253-1255.

Love R H. 1975. Predictions of volume scattering strengths from biological trawl data. Journal of the Acoustical Society of America, 57 (2): 300-306.

Love R H. 1993. A comparison of volume scattering strength data with model calculations based on quasisynoptically collected fishery data. Journal of the Acoustical Society of America, 94 (4): 15.

Mackenzie K. 1961. Bottom Reverberation for 530-and 1030-cps Sound in Deep Water. The Journal of the Acoustical Society of America, 33 (11): 1498-1504.

Mayer L A. 2006. Frontiers in seafloor mapping and visualization. Marine Geophysical Researches, 27 (1): 7-17.

Medwin H, Clay C S. 1997. Fundamentals of Acoustical Oceanography. Academic Press.

Mishra P, Vajjramatti H, Rai A, et al. 2016. Computational architectures for sonar array processing in autonomous rovers. Microprocessors and Microsystems, 42: 49-69.

Norgren P, Skjetne R. 2015. Line-of-sight iceberg edge-following using an AUV equipped with multibeam sonar. IFAC-PapersOnLine, 48 (16): 81-88.

Ogden P M, Erskine F T. 1994. Surface scattering measurements using broadband explosive charges in the Critical Sea Test experiments. Journal of the Acoustical Society of America, 95 (2): 746-761.

Pantzartzis D, de Moustier C, Alexandrou D. 1993. Application of high-resolution beamforming to multibeam swath bathymetry//OCEANS'93. Engineering in Harmony with Ocean. Proceedings, IEEE, 72: 77-82.

Richards S D. 1998. The effect of temperature, pressure, and salinity on sound attenuation in turbid seawater. The Journal of the Acoustical Society of America, 103: 205-211.

Schimel A C G, Ierodiaconou D, Hulands L, et al. 2015. Accounting for uncertainty in volumes of seabed change measured with repeat multibeam sonar surveys. Continental Shelf Research, 111 (Part A): 52-68.

Schulkin M, Marsh H W. 1962. Sound Absorption in Sea Water. Acoustical Society of America Journal, 34 (6): 864-865.

Smith J, O'Brien P E, Stark J S, et al. 2015. Integrating multibeam sonar and underwater video data to map benthic habitats in an East Antarctic nearshore environment. Estuarine, Coastal and Shelf Science, 164: 520-536.

Thorp W H. 1967. Analytic description of the low-frequency attenuation coefficient. The Journal of the Acoustical Society of America, 42 (1): 270-270.

Vatnehol S, Totland A, Ona E. 2015. Two mechanical rigs for field calibration of multi- beam fishery sonars. Methods in Oceanography, (13-14): 1-12.

Wilson W D. 1960. Equation for the speed of sound in sea water. The Journal of the Acoustical Society of America, 32 (10): 1357-1357.

Yeager E, Fisher F H, Miceli J, et al. 1973. Origin of the low-frequency sound absorption in sea water. Journal of the Acoustical Society of America, 53 (6): 1705-1707.

Zhi H, Siwabessy J, Nichol S L, et al. 2014. Predictive mapping of seabed substrata using high-resolution multibeam sonar data: A case study from a shelf with complex geomorphology. Marine Geology, 357: 37-52.

# 第3章  海洋地震探测

## 3.1  概  述

海洋地震探测（marine seismic surveys，MSS）是利用海洋和地下介质弹性与密度的差异，通过观测和分析海洋和大地对天然或人工激发地震波的响应，研究地震波的传播规律，推断地下岩石层性质、形态及海洋水团结构的一种海洋地震测量方法。在海洋油气资源勘探、海底科学研究、海洋工程地质勘查和地质灾害预测等方面广泛应用。

海洋地震探测始于20世纪30年代，但当时的设备和方法几乎照搬于陆地地震勘探，探测能力十分有限。至50年代末期，伴随着非炸药震源、漂浮组合电缆、多次覆盖技术和数据可重复性处理技术的出现，海洋多道地震获得迅猛发展，探测效率和精度大幅度提升，但期间使用的地震仪仍为模拟地震仪。直到70年代中期，在计算机革新技术的推动下出现了数字地震仪，地震道数逐步由24道发展到96道，震源能量和激发效率提高。80年代以后，海洋多道地震朝着高采样率、立体组合震源、大偏移距、高覆盖次数、高分辨率探测、立体探测和时移地震等方向发展。

为了实现探测目标的清晰成像，海洋地震探测装备与观测方法得以日新月异地发展。目前世界最先进的海洋多道地震系统可同时拖曳20多条等浮电缆，每条缆长12km，带有4000多个检波器，可同时采集80 000道的地震数据。为了获得海底多波多分量信息、监测水中目标，还分别新生了海底地震仪（ocean bottom seismometers，OBS）、海底节点式地震（ocean bottom node，OBN）和垂直缆技术（VCS）。现今海洋地震观测方法主要有：①直线型常规观测，船舶直线型走航式施工，被拖曳的单条或多条电缆及震源浮于近海面，优点是施工方便、效率高；②上下缆观测，走航式施工时一对或多条电缆在垂向上具有不同沉放深度，并在室内将不同深度接收到的地震信号合并，充分利用不同深度鬼波陷频的差异，以达到拓宽频带的目的；③盘绕式观测，采用单船作业（一套震源、多条拖缆）或多船作业（多套震源、多条拖缆），船舶按照重叠环形或曲线路径采集作业，航迹覆盖整个工区，可实现全方位观测，并消除复杂地质体的照明阴影问题；④变深度缆观测，拖曳固体电缆以变深度的方式采集数据，充分利用不同沉放深度鬼波特征差异，获取低、高频信号，拓展原始数据频带；⑤海底电缆（ocean bottom cable，OBC），船舶拖曳震源走航式激发，地震电缆放置于海底接收信号，其能采集到横波信息，受海上障碍物影响小、背景噪声小，可改善原始数据的品质；⑥海底地震仪（OBS），将三分量检波器和水听器置于海底，接收来自海底及以下地层的纵波、横波、面波及转换波，具有背景噪声小、信噪比高的特点，能为海洋地球物理探测提供更为丰富的地震波场信息。

# 3.2 海洋地震探测方法与原理

## 3.2.1 地震波的传播

当存在应力梯度时,弹性体内相邻质点间应力变化而产生质点的相对位移,这种波动称为弹性波。弹性波必须在弹性介质中才能传播。地震波指的是从震源产生向四周辐射的弹性波。对于地壳岩层来说,岩、土介质可以近似于各向同性的弹性介质来研究(熊章强等,2010;陆基孟和王永刚,2011)。

### 3.2.1.1 地震波动的形成

在岩石中用炸药爆炸方法激发地震波的过程可近似描述为:①在炸药包附近,爆炸产生超强压力,超过岩石破裂强度,对岩石破坏并形成破坏圈;②随着离开距离的增大,压力迅速减小,但压力仍大于弹性限度,此时岩石不发生破碎,发生塑性形变,使岩石出现一系列裂缝的塑性及非线性形变;③在塑性带以外,随着距离进一步增大,压力处于弹性限度,但由于受到爆炸的瞬时脉冲力,岩石产生弹性形变,并向四周球面扩散,传递爆炸能量,形成地震波(陆基孟和王永刚,2011)(图3-1)。

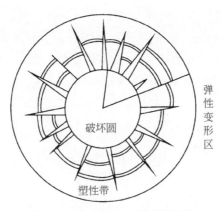

图 3-1　陆地人工地震波的形成

在海水中用人工方法激发地震波(指纵波,横波不能在液体中传播),主要基于"自由气泡震荡"理论,广泛采用空气枪迅速释放高压气体的方法,其过程可近似描述为:①空气枪将高压空气瞬间在水中释放,高压空气急剧膨胀,开始形成气泡,并推动气泡壁向外加速扩张,气泡半径变大,气泡克服海水表面张力、水静压及黏滞力等阻力对外做功;②随着高压空气的完全释放和气泡持续对外做功,气泡外部静水压持续增大,某一时刻将等于气泡内部压强,由于惯性作用,气泡将继续向外扩张,半径持续变大,但速度减慢;③当气泡向外扩张的速度减至零时,气泡外部静水压远大于内部压强,推动泡壁向相反方向运动,气泡开始收缩,此时气泡半径最大;④随着气泡的持续收缩,外部静水压对气泡做功，其内部压强持续增大，某一时刻将等于外部静水压，由于惯性作用，气泡将继续向内收缩，半径继续变小，但速度减慢；⑤当气泡向内收缩的速度减至零时，气泡内部压强远大于外部静水压，气泡又开始向外扩张，此时气泡半径最小。如此反复，直到气泡破碎，这一反复过程称为气泡脉动。当气泡半径较小，内部压力较大时，产生压力波，即纵波，也称压缩波。如图3-2所示的两个脉冲，分别表示第一次压力波和第二次压力波；当气泡半径较大，内部压强较小时，产生稀疏波。

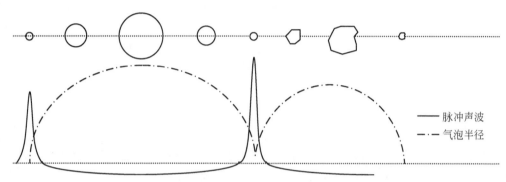

图 3-2　海上人工地震波的形成

### 3.2.1.2　地震波动的传播

地震波以体波和面波的形式在地球深部和表面传播。体波分为纵波（P 波）和横波（S 波），面波分为瑞雷波（Rayleigh wave）、勒夫波（Love wave）和斯通利波（Stoneley wave）。P 波是由胀缩力扰动，弹性介质发生体积应变引起的波动，其质点的运动方向与波传播方向平行［图3-3（b）］。在海洋探测中，P 波可以通过悬浮在水中的压力传感器（水听器）或者沉放在海底的位移检波器进行捕捉。P 波速度 $V_P$ 取决于体积弹性模量 $K$、剪切模量 $\mu$ 和介质密度 $\rho$

$$V_P = \left( \frac{K + \frac{4}{3}\mu}{\rho} \right)^{\frac{1}{2}} \tag{3-1}$$

S 波是由旋转力扰动，弹性介质发生剪切应变引起的波动，其质点的运动方向垂直于波的传播方向［图3-3（c）］。S 波传播速度 $V_S$ 小于 $V_P$，其表达式为

$$V_S = \left( \frac{\mu}{\rho} \right)^{\frac{1}{2}} \tag{3-2}$$

$V_P/V_S$ 与介质泊松比 $\sigma$ 的关系为

$$\frac{V_P}{V_S} = \left( \frac{1 - \sigma}{0.5 - \sigma} \right)^{\frac{1}{2}} \tag{3-3}$$

由于海水的泊松比 $\sigma$ 为 0.5，不能产生剪切应力，S 波的传播速度 $V_S$ 为 0，所以水中无法观测到 S 波，但可以利用在海底和钻孔内安插的地震波检波器来检测 S 波。S 波没有特定的偏振方向。地震波检波器一般只接收海底振动的水平偏振分量（SH）和垂直偏振

分量（SV）。

体波能存在于整个弹性空间，但面波只能分布于弹性界面附近。瑞雷波是一种椭圆极化波，能在自由表面下（非刚性）激发，传播时质点在与波传播方向平行的垂直面内作逆椭圆形运动［图3-3（d）］。瑞雷波振幅随深度指数衰减，具有低频、低速、强振幅的特性。

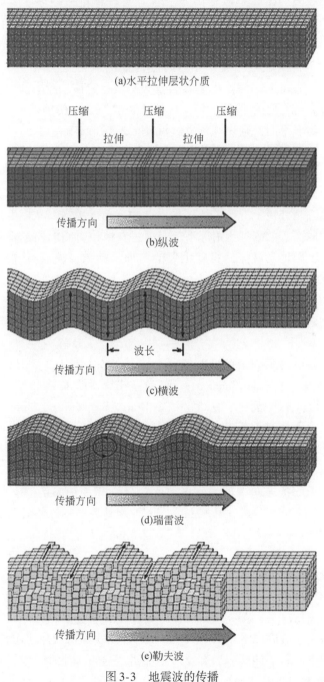

(a)水平拉伸层状介质

(b)纵波

(c)横波

(d)瑞雷波

(e)勒夫波

图 3-3　地震波的传播

当 S 波波速随深度增加，或者出现层状，上覆层的 S 波波速小于下伏层时，在顶、底界面上能产生一种平行于界面的波动，称为勒夫波（Love wave），其质点的振动方向与波传播路径垂直，是一种完全极化的剪切波。勒夫波的传播速度取决于 $V_S$，具有频散特性。在地表层，其短波长的相速度接近 $V_S$，在较深层，其长波长的相速度接近 $V_S$。

勒夫波在地表层的群速度一般高于瑞雷波。瑞雷波和勒夫波是由剪切应变引起的波动，因此在水体中不能直接观测到，但可以在海底进行观测（Jones，1999；吴时国和张健，2014）。

在液、固边界上传播的界面波，如沿海底传播的瑞雷波，称为斯科尔特波（scholte wave）。斯通利波（stoneley wave）也是界面波，其质点位移从海底和井壁朝水体和固体两个方向呈指数衰减。若界面为平面，那么它是非频散的，且传播速度低于 $V_S$，高于瑞雷波的速度；若界面为非平面，则出现频散（Sheriff and Geldart，1995；熊章强等，2010）。

地震波从震源向外传播时，由于波前扩散、弹性能量转换成热能及介质的不均匀性导致的反射、折射和衍射，使质点运动的振幅不断减小。球面体波穿过均匀弹性介质时，波振幅衰减与传播距离成反比。在普通地层中，P 波和 S 波的传播速度随深度的增加下行波扩散加剧，导致振幅衰减快于球形扩散。在质点的运动过程中，摩擦生热作用，使得弹性能量逐渐消散。在球面扩散的理想情况下，只考虑在单位时间内通过垂直于波传播方向上单位面积的能量流，则地震波振幅将随距离的增加呈指数规律衰减（Jones，1999）。设 $I$ 为距离震源 $r$ 的密度，那么

$$I = I_0 e^{\eta r} \tag{3-4}$$

式中，$I_0$ 为初始密度；$\eta$ 为吸收系数，$dB/\lambda$。对于水听器观测，波振幅与压强（单位面积上的压力）成正比。

在温度为 4°C，压力为一个标准大气压条件下，波频率为 3.5kHz 时，海水的吸收系数为 $8.5 \times 10^{-5} dB/\lambda$（Fisher and Simmons，1977）；相比于海水，沉积物和岩石的吸收系数 $\eta$ 会高出几个数量级，幅值范围为 $0.25 \sim 0.75 dB/\lambda$（Winkler and Murphy，1995）。P 波在海水中传播比海底之下传播具有更丰富的高频成分。岩石实验测量表明，$\eta\lambda$ 为常数时，吸收强度与频率呈正相关，即 $\eta$ 随着频率的增大，高频成分会随距离的增加而损失加剧。对于短距离和低频，其传播过程中损失的能量主要由扩散造成，吸收只占很小的比例。吸收随频率和传播距离的增大而增加，并逐渐成为高频和远距离情况下能量消散的主要机制。所以，通过人工方法在海洋或陆地上激发的地震脉冲信号，随着时空变化会不断地变宽、变弱，直至消失。

## 3.2.2　海洋反射地震探测

海洋反射地震（marine seismic reflection）是利用介质空间的弹性和密度差异，通过观测、处理和分析海水及海底以下地层对天然或人工激发地震波的反射响应，研究地震波的传播规律，推断地下岩石层性质、形态及海洋水团结构的一种海洋地震测量方法。在地层结构勘查精度和探测深度上，海洋反射地震探测方法优于其他海洋地球物理方法，探测深

度可从数十米到数十千米，具有走航式连续作业、高效生产等优点，被广泛应用于海洋石油勘探中，也是海洋地质调查最常用的方法。

海洋反射地震探测一般将震源和接收电缆按固定的偏移距拖曳于船尾，并以一定地时间间隔激发地震波（图3-4）。波在向下传播的过程中，一部分能量将被海水及海底之下的沉积地层或岩体边界、断裂面等反射回来，这些反射能量被放置在海底或海水中的检波器接收，形成近似双曲线的单炮记录（图3-5）。由于采集到的地震信号与震源特性、检波点位置、地震波经过的地下岩层性质和结构有关，通过一系列处理和解释方法，能获取该处反映地球内部结构的地震剖面，以推断目标区岩层的性质与形态。地震波在传播过程中，波的振幅、频率、波形等的变化称为波的动力学特征，而振动质点所在的空间范围和传播时间关系称为波的运动学特征。地震波的这些特征受地层的岩性、结构和厚薄的影响，是地震资料解释的依据。

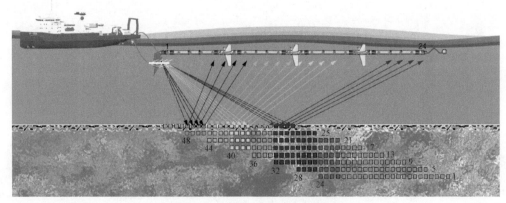

图 3-4 海洋反射地震探测原理

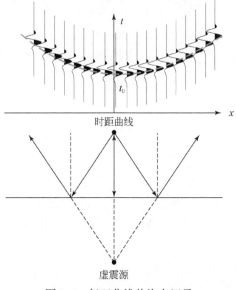

图 3-5 似双曲线共炮点记录

### 3.2.2.1 基本原理

#### （1）斯奈尔定律（Snell's Law）

当地震波穿过两层或多层各向同性水平层状介质的分界面时，波的传播方向发生改变，且一部分能量被反射，另一部分能量透过界面，若再次遇到分界面，会继续发生反射和透射，透射波继续向下传播，直至其能量完全损耗（图3-6）。设两种介质中的纵波速度分别为 $v_1$ 和 $v_2$，则入射角 $\alpha$、反射角 $\alpha'$ 和透射角 $\beta$ 遵从斯奈尔定律

$$\frac{\sin\alpha}{v_1} = \frac{\sin\alpha'}{v_1} = \frac{\sin\beta}{v_2} \tag{3-5}$$

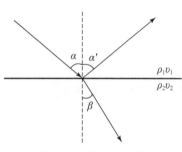

图3-6　斯奈尔定律

反射波和透射波的能量分配情况，与介质的波阻抗 $Z$ 直接相关。当波从上层介质垂直入射到下层介质时，反射波同入射波的振幅比称为反射系数 $r$，且有

$$r = \frac{Z_2 - Z_1}{Z_2 + Z_1} = \frac{\rho_2 v_2 - \rho_1 v_1}{\rho_2 v_2 + \rho_1 v_1} \tag{3-6}$$

式中，$\rho$ 为介质密度；$v$ 为波速。波阻抗 $Z$ 为介质密度与波速的乘积，反射系数 $r$ 的绝对值小于1，一般为10%左右，极少数情况下可达到50%。地下每个波阻抗变化的界面，如地层面、不整合面、断层面都能产生反射波。反射波的到达时间与反射面的深度有关，据此可以查明地层的埋藏深度及起伏。随着炮检距的增加，同一界面的反射波走时按双曲线关系变化，据此可以确定反射面以上介质的平均速度。反射波的振幅与反射系数有关，据此可以推算地层中波阻抗的变化，从而对地层的岩性做出推断。

反射波遇到自由表面和水体、地下反射界面会继续产生反射现象，因此地震剖面上可以记录到被多次反射的地震波形态（图3-7）。在海水层中，常见的多次反射波主要有两种：一是虚反射，又称为伴随波或鬼波；另一种是海水鸣震，又称为交混回响（陈金海等，2000）。虚反射是由于震源和水听器均放置在海面下方，发射射线和接收射线可以经过海面反射至水听器。海水鸣震是由于海水层中的短程多次反射互相叠加在一起，形成一种强振幅干扰波（宋海斌，2012）。鬼波、海水鸣震、多次波明显发育是海洋地震资料的显著特点（图3-8）。

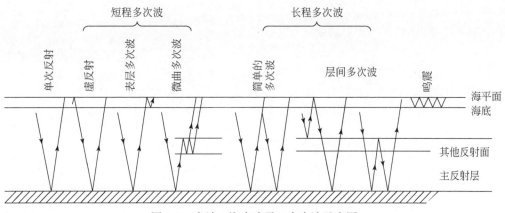

图 3-7　鬼波、海水鸣震、多次波示意图

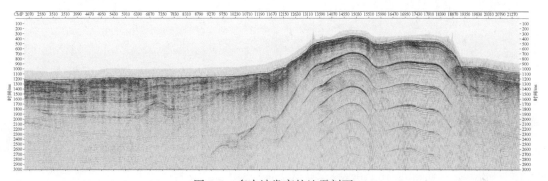

图 3-8　多次波发育的地震剖面

### （2）费马原理（Fermat）

波在任意介质中从一点传播至另一点的路径，满足旅行时间最短的条件，这就是费马原理。地震波是沿着射线路径传播的，因此地震波沿射线路径传播的时间最小。如图 3-9 所示，地震波需要从 $A$ 点经 $C$ 点传到另一 $E$ 点，若介质是两层均匀介质，由于其必须穿透两层介质，按照斯奈尔定律，地震波激发后沿着射线路径传播时间最短，因此实际射线路径只能是 $A$-$B$-$C$-$D$-$E$（绿、蓝实线）；如果模型是无限均匀介质，那么地震波将不会经过点 $C$，直接从点 $A$ 沿直线传播至点 $E$（橙色实线）；如果模型是单层均匀介质，那么地震波将沿直线从 $A$ 点传到 $C$ 点，然后在 $C$ 点发生反射，再从 $C$ 点沿着直线传播到达 $E$ 点（紫色虚线）；若模型是连续的非均匀介质，那么从 $A$ 经 $C$ 传到 $E$ 的射线路径将由直线变为曲线（黄色实线）。

### （3）惠更斯原理（Huygens Principle）

波在弹性介质中传播时，波前面上的每一个点都可视为独立的、新的子波源；每个子波源都向各方向发出新的波（子波），并以所在处的速度传播；最临近下一时刻的这些子波的包络面或包络线便是该时刻的波前，而把同一时刻刚停止振动的点连接成包络面或包

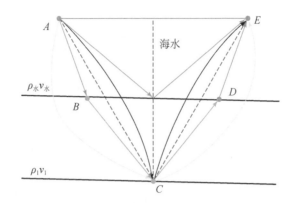

图 3-9　两层水平层状均匀介质模型

络线称为波后。波就这样从前一个波前面位置移到下一个波前面位置（图 3-10）。这就是惠更斯原理。可以简单地理解为"任意一点的波动都可作为一个新的点震源，新的点源能产生新的地震波动"。

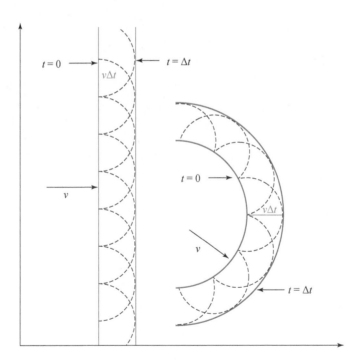

图 3-10　波前和波后示意图

　　如图 3-11 所示，在海平面以下激发点震源，产生的地震波沿着射线向下方传播，到达波阻抗界面，界面上的各个点分别产生新的波动，新的波动在介质空间内以球面波的形式向四面八方传播，遇到下方波阻抗分界面，这个界面上的每一个质点也会产生新的波动，继续以球面波的形式在整个空间内传播。

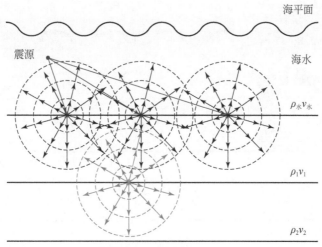

图 3-11　惠更斯原理

### （4）菲涅尔原理（Fresnel's Principle）

惠更斯原理只给出了波传播的空间几何位置，没有描述波到达该位置时的物理状态，因此对波传播描述是不完善的（熊章强等，2010）。假如在海平面以下某个深度激发地震波，那么通过接收仪器记录到的信息是否只有这个地震波？根据惠更斯原理，激发地震波后，整个介质空间内所有点都有可能成为新的震源点，进而产生新的波动，这些波动也会被记录下来；此外，在激发和接收这一时空内，也可能存在非震源激发的波动，它们也可能经过其他传播路径到达接收点，被仪器记录下来。因此，在观测点记录到的振动曲线是来自介质空间所有点的波场叠加总和效应。在同一波阵面上，各点所发出的子波经传播在空间相遇时，会相互叠加产生干涉，介质中任意一点波动都是来自各个方向的波动（二次扰动）叠加的总扰动，这就是菲涅尔原理。

如图 3-12 所示，在海水中激发地震波，经过海水传播到达海底及以下地层，反射波返回到水层中，被记录仪器接收，同时还接收到了其他振动（如天然地震波、鱼虾的游动等），最终形成了一条复杂的振动曲线。在海洋地震探测中，对探测有用的波称为有效波；对探测没有用的波称为干扰波。它们只是一个相对的概念。

斯奈尔定律和费马原理，只考虑地震波在介质空间中的传播路径、传播速度和所用时间（旅行时间），不考虑地震波的波场及能量等问题，类似于利用几何光学性质来描述地震波的传播过程，这是地震运动学的研究内容。而惠更斯原理和菲涅尔原理属于波动理论。地震波是一种在介质中不断传播的弹性波。弹性波本身就是一个波动，波动是振动在介质中的传播。它是一个不断变化、不断推移的运动过程，而不是任何固定的、僵化的过程。介质中有无数个质点，在波的传播过程中每个点都会或早或晚地受到牵连而振动起来。因此基于波动理论研究地震波的传播过程，更加贴合实际，这是地震波动力学的研究内容。

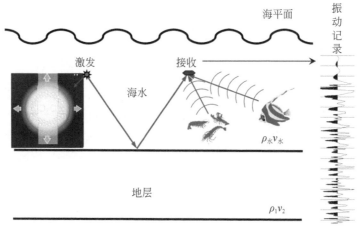

图 3-12    菲涅尔原理

### 3.2.2.2    基本概念

**(1) 信噪比**

什么样的记录能够很容易识别出有效波（信号）？是否干扰波（噪声）能量太强的记录就无法识别出有效波（信号）？这就牵扯到一个概念——信噪比（signal-noise ratio，S/N）。信噪比指的是信号和噪声的比值。这个比值只是一个相对值，可以是两者的振幅比，也可以是两者的能量比。信噪比只是用来衡量信号和噪声强弱的相对程度。高信噪比意味着信号能量强，噪声能量弱，容易识别出信号；低信噪比意味着信号能量弱，噪声能量强，难以识别出信号（图 3-13）。对于野外地震记录，信噪比大于 6 时，波形整齐，看不到干扰存在；信噪比约为 4 时，弱反射层的波形有了变化，这样的记录可应用于地震地层学；信噪比约为 2 时，强波振幅明显不均匀，这样的记录可用作一般的构造解释；信噪比约为 3/2 时，强波勉强还能对比，这样的记录也只能勉强用于构造解释；信噪比低于 3/2 时，强波也开始不能辨认，这样的记录不能用于解释；信噪比约为 2/3，开始看不到有

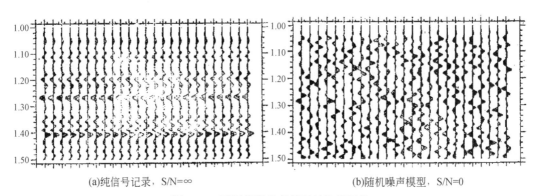

(a)纯信号记录，S/N=∞                    (b)随机噪声模型，S/N=0

图 3-13    不同信噪比条件下的地震记录

效波的影子，这是信噪比视觉印象的转折点（李庆忠，1994）。

**（2）分辨率**

分辨率是评估地震数据质量好坏的一个重要参数，用来衡量地震资料能够区分地质目标体最小尺寸的程度。但实际地震数据体中，既包含有效信号，又存在各种干扰噪声，使得分辨率的定义比较复杂，到现今为止，对此还存在着不少争议。Sheriff 和 Geldart（1995）给出了分辨率的三种定义：①分辨率是区分彼此非常靠近的两个特性的能力；②分辨率是确定通过某一窗口看到的一种事件的能力；③分辨率是使输出产生一种可检测变化的最小输入的变化（Zhou，2014）。第一种定义有助于定义薄层的厚度，使得其在地震学中广泛应用（Widess，1982）。如图 3-14 所示，两个波动的包络线被完全分开，因此这两个波动就能区分了。

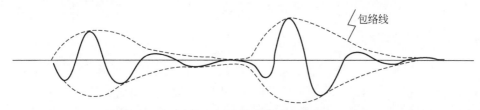

图 3-14　两个完全分开的波动

分辨率可分为垂向分辨率和横向分辨率。垂向分辨率是指垂直方向上能区分两个相邻地质体最小间隔的能力，通常以长度表示，但有时也以时间表示。它与时空采样率、源信号性质及地下地质体物性等都存在联系。因此根据实际应用的不同情况，垂向分辨率可以等价于时间分辨率、深度分辨率或一维分辨率。一般认为，反射波能分辨地下地层厚度的极限是 1/4 个波长。如图 3-15 所示，两个完全一样的波动曲线，错开 1/4 波长，叠加在一起后，出现两个明显的波峰，说明能区分出两个波动；错开 1/8 波长，叠加在一起后，只有一个波峰出现，难以区分出两个波动。

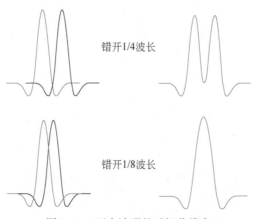

图 3-15　两个波形的时间分辨率

横向分辨率是指在水平方向上能够区分两个相邻地质体最小间距的能力，以长度为单位。它与水平方向上的接收装置、排列方式、源信号性质及探测目标物理性质等因素有关。其数值越小，横向分辨率越高。在未偏移之前，横向分辨率取决于第一菲涅尔带半径的大小。第一菲涅尔带半径 $r_f$ 表达式为

$$r_f = \frac{V}{2}\sqrt{\frac{t_0}{f^*}}\qquad(3\text{-}7)$$

式中，$V$ 为平均速度；$t_0$ 为双程反射时间；$f^*$ 为地震波的主频。但这个公式的实用价值不大，因为我们总是要作偏移的。偏移后的菲涅尔半径会大大缩小，但是缩小到什么程度取决于：①空间采样率；②偏移半径；③偏移速度的精度；④偏移方法本身的频散及差分近似公式的误差；⑤当测线不是沿着地层倾向布置时，二维假设不成立，也会造成 $r_f$ 偏大。因此，叠偏剖面上的横向分辨率是很难讨论清楚的（李庆忠，1994）。

### 3.2.2.3　观测方法

海上数据采集是整个海洋反射地震探测的基础，直接决定了地震资料质量和后期处理、解释的复杂程度。相比于陆地地震勘探法，用于海洋研究的反射地震方法在原理、资料处理和解释方法方面基本一样，但由于海洋自身的特点，海上数据采集一般使用船舶拖曳电缆的方式进行施工，海上反射地震观测的方式有许多不同之处，主要有以下三类。

**（1）单道连续剖面法**

单道连续剖面法也称连续海底反射地震剖面法，是一种高分辨率的反射波探测方法，主要用于调查海底地形、浅表层沉积物结构及基底情况。单道连续剖面法主要以测量船为工作平台，拖曳人工地震震源，在近海面附近布设接收电缆采集地震信号（图3-16）。其激发震源一般为电火花源，有时也采用电磁脉冲器或空气枪。接收系统一般同时使用低能高分辨率的浅层剖面系统和中能中分辨率的单道电火花系统。施工时，勘探船拖曳一道地震水听器，按照设计测线匀速航行，震源按等时间间隔或等间距激发，由接收段接收反射

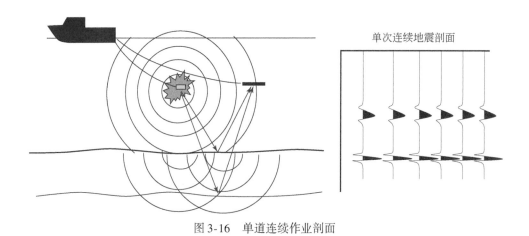

图3-16　单道连续作业剖面

地震波，通信电缆传输数据，存储系统及时存储数据并实时波形显示。这种测量能得到 200m 以内的浅地层结构的图像，并精确地揭示海底地形和海底以下探测范围内的地层结构、断裂、滑塌和浅层气等，分辨率高达 0.2m，具有经济、高效的特点（李守军等，2010；褚宏宪等，2012；Milkov，2004）。

**（2）多道连续剖面法**

多道地震主要用于区域地质调查，特别是近海油气资源调查。地震多道组合接收电缆拖曳于水中最佳接收深度，并处于中性等浮状态，组合空气枪或其他类型震源应从船尾一侧或两侧沉放于水中最佳激发深度上。观测船以 5 节左右的速度沿测线航行，每航行固定距离（或时间）震源激发一次，所产生的地震波穿透海底地层，并将地下界面信息反馈回海水层，被多道等浮接收装置接收，再由数字地震仪进行放大、采样、增益控制、模拟转换并记录于磁带或磁盘上，从而完成对海底反射界面的一次覆盖观测。多道连续剖面法要求地震震源等时或等距连续激发，以获取海底目标地层的多次覆盖地震资料（吴时国和张健，2014）。

**（3）共深度点反射**

在海洋反射地震探测工作中，为了提高反射波能量并压制地震观测场中的干扰波，提高地震剖面可靠性和精度，普遍采用多次覆盖技术，即共深度点反射，也称共深度点水平叠加。它要求在一次覆盖观测系统的基础上，缩短震源激发间距并增加激发次数，来实现海底反射界面的多次覆盖观测（宋海滨，2012）。数据采集后，对不同震源位置（S0，S1，S2，…）取不同接收段相同反射点的 CDP（common depth point）记录相加到一起，获取该反射点的多次覆盖资料，即多次叠加记录（图 3-17）。根据叠加原理，多次覆盖技术使具有共同反射点的信号得到加强，其他干扰则受到压制，从而提高了反射地震资料的质量。共深度点反射技术要求精确地掌握震源激发时的位置。因此，现代海洋地震勘探船都将导航定位系统与震源、地震仪连接起来，通过电子计算机来实现海上地震数据自动化采集、存储和实时显示。

近年来，在二维多道地震观测的基础上，三维地震数据采集应用日趋普遍，其特点是一次信号收发能取得整平面上的共深度点反射资料，且经过三维地震资料处理后，可获取地下目标体的三维空间立体展布。为了观测同一区块不同时期的油气储量变化，还出现了时移地震观测，其在不同油气藏开发阶段，通过对目标储层开展多次地震数据观测，综合分析比较成像结果，了解目标储层的动态变化趋势，检测油气藏特性在开发过程中的变化，以寻找潜在剩余油气，实现油气藏的动态开发管理（吴时国和张健，2014；宋海滨，2012）

### 3.2.2.4 模型时距曲线分析

地震运动学是研究地震波波前、空间位置与其传播时间相互关系的一门学科。运动学顾名思义是研究波的传播规律，如它的传播路径、传播速度、旅行时间等，主要用于地质构造形态方面的研究。为了能更好地理解反射地震波在海底以下介质中的传播规律，接下来以倾斜单一界面和水平层状介质为例，着重介绍地震波运动学的核心内容——时距曲线

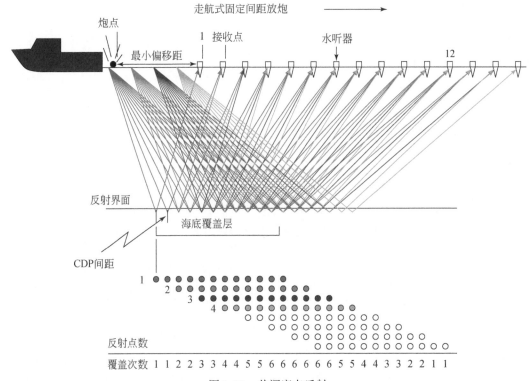

图 3-17 共深度点反射

方程。

### （1）倾斜单一界面的反射波时距曲线

设地下有一个倾斜单一界面 $R$，如图 3-18 所示，界面的倾角为 $\varphi$，激发点 $O$ 到界面的法线深度为 $h$，界面以上的介质是均匀介质，波速为 $V$，在坐标系的原点 $O$ 激发，沿测线 $x$ 进行观测，方向与界面的上倾方向一致。

根据虚震源原理

$$t = \frac{\overline{O^* S}}{V} \tag{3-8}$$

由 $O^*$ 引垂直于 $X$ 轴的辅助线 $O^* M$，则

$$\overline{O^* S} = \sqrt{\overline{O^* M}^2 + \overline{MS}^2} \tag{3-9}$$

为书写方便，把 $\overline{OM}$ 记作 $x_m$，有

$$\overline{MS} = \overline{OS} - \overline{OM} = x - x_m$$

$$\overline{O^* M} = \overline{O^* O} - \overline{OM} = 4h^2 - x_m^2$$

$$\therefore \overline{O^* S} = \sqrt{(x - x_m)^2 + 4h^2 - x_m^2} = \sqrt{x^2 - 2xx_m + 4h^2}$$

代入式 (3-8)，得

$$t = \frac{1}{V}\sqrt{x^2 - 2xx_m + 4h^2} \tag{3-10}$$

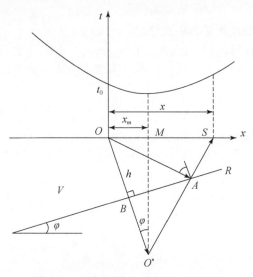

图 3-18　倾斜界面的反射波时距曲线

为了能在时距曲线方程中明确地表示出 $t$ 与 $x$ 和地质因素 $V$，$h$，$\varphi$ 之间的关系，对式 (3-10) 再作一些变换，令

$$\angle OO^*M = \varphi \tag{3-11}$$

$$\therefore x_m = 2h\sin\varphi \tag{3-12}$$

把式 (3-12) 代入式 (3-10)，整理得到

$$t = \frac{1}{V}\sqrt{x^2 + 4h^2 - 4xh\sin\varphi} \tag{3-13}$$

这就是倾斜单一界面反射波的时距曲线方程。式 (3-13) 为界面 $R$ 的上倾方向与 $x$ 轴的正方向一致的情况所得到的时距曲线方程。如果界面的上倾方向与 $x$ 轴的正方向相反，则 $x_m$ 为负值，即 $x_m = -2h\sin\varphi$，因而得

$$t = \frac{1}{V}\sqrt{x^2 + 4h^2 + 4xh\sin\varphi} \tag{3-14}$$

在应用式 (3-14) 和式 (3-13) 时，注意接收点 $x$ 坐标的正负号。如图 3-18 的情况适用于式 (3-13)。综合两式并写成双曲线形式可得

$$\frac{V^2t^2}{(2h\cos\varphi)^2} - \frac{(x \pm 2h\sin\varphi)^2}{(2h\cos\varphi)^2} = 1 \tag{3-15}$$

这表明倾斜层的反射波时距曲线为双曲线，但对称轴不是 $t$ 轴，而是在 ($x_m$，$t_m$) 处，且

$$\begin{cases} x_m = \pm 2h\sin\varphi \\ t_m = 2h\cos\varphi / V \end{cases} \tag{3-16}$$

由反射波的时距曲线方程可知，反射波的传播时间 $t$ 与接收点位置 $x$、反射界面深度 $h$、界面倾角 $\varphi$ 以及界面上部介质波速 $V$ 有关。理论上讲，如果通过观测，获得一个倾斜界面上反射波的时距曲线，就可以利用时距曲线方程求出界面深度 $h$、倾角 $\varphi$ 和波速 $V$。这是利用反射波研究地下地质构造的基本依据。

**（2）水平三层介质的反射波时距曲线**

实际的地下地层，特别是在沉积稳定、构造运动不太剧烈的沉积盆地中，常常是由不同性质的水平地层组成，称为水平层状介质。为了更好地说明水平层状介质的时距曲线方程，这里以水平三层介质为例。

如图 3-19 所示，从点 $O$ 发出射线，在测线 $Ox$ 上接收。因为 $R_2$ 界面上部有两层介质，利用虚震源原理来推导时距曲线方程已不再适用，但可以分别计算入射角 $\alpha$ 入射到第一个界面 $R_1$，再透射到 $R_2$ 界面并反射回自由界面的射线路径，以及这段路径地震波传播所用的总时间 $t$ 和对应接收点、激发点之间的距离 $x$。当计算出一系列 $(t, x)$ 值后，就可以具体画出 $R_2$ 界面反射波的时距曲线。

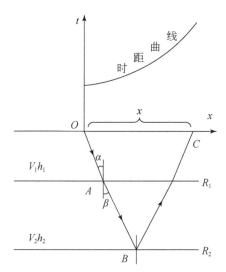

图 3-19 三层水平介质的反射波时距曲线

假设地震波从震源 $O$ 发出，在分界面 $R_1$ 上，满足透射定律，即

$$\frac{\sin\alpha}{V_1} = \frac{\sin\beta}{V_2} = P \tag{3-17}$$

式中，$\alpha$ 为波在 $R_1$ 界面上的入射角；$\beta$ 为波在 $R_2$ 界面上的入射角；$P$ 为射线参数。射线在 $B$ 点会发生反射，由于界面是水平的，反射路径与入射路径是对称的。接收点 $C$ 到激发点的距离为

$$x = 2(h_1\tan\alpha + h_2\tan\beta) \tag{3-18}$$

波的旅行时间为

$$t = 2\left(\frac{OA}{V_1} + \frac{AB}{V_2}\right) = 2\left(\frac{h_1}{\cos\alpha \cdot V_1} + \frac{h_2}{\cos\beta \cdot V_2}\right) \tag{3-19}$$

利用式（3-18）和式（3-19），就可推导出 $R_2$ 界面的反射波时距曲线。令第一条射线 $\alpha = \alpha_1$，计算出一组（$t_1$，$x_1$）；令第二条射线 $\alpha = \alpha_2$，计算出一组（$t_2$，$x_2$）。以此类推。把多组（$t$，$x$）值绘制出来，就能获得 $R_2$ 界面的反射波时距曲线。

理论上可以证明，在水平三层介质情况下，$R_2$ 界面反射波的时距曲线方程，只能用式（3-18）和式（3-19）联合表达，即 $t$ 与 $x$ 的隐函数关系式。

将式（3-17）~式（3-19）进一步整理，还可以表达成参数方程

$$
\begin{cases}
x = 2\left[ \dfrac{h_1 V_1 P}{\sqrt{1 - V_1^2 P^2}} + \dfrac{h_2 V_2 P}{\sqrt{1 - V_2^2 P^2}} \right] \\
t = 2\left[ \dfrac{h_1}{V_1\sqrt{1 - V_1^2 P^2}} + \dfrac{h_2}{V_2\sqrt{1 - V_2^2 P^2}} \right]
\end{cases}
\tag{3-20}
$$

但其不能进一步转换成某种标准的二次曲线方理。在这种情况下，正常时差、动校正不好计算，利用观测资料估算地下界面的埋藏深度也较困难，因此需要引入平均速度和均方根速度对其简化。

**(3) 水平 $n$ 层介质的反射波时距曲线**

讨论水平多层介质的基本思路是：把某个界面以上的介质用一个等效层来代替，并求取一个等效层的波速值，使这个界面以上介质和等效层的反射波传播时间十分接近。这样就可以把这个界面以上的介质简化为假想的均匀介质。

如图 3-20（a）所示的一组水平层状介质，在点 $O$ 激发，点 $S$ 接收，波沿着射线路径传播，波经过 $n$ 个界面反射到接收点 $S$ 的旅行时间为

$$
t = 2\sum_{i=1}^{n} \frac{l_i}{V_i} = 2\sum_{i=1}^{n} \frac{h_i}{V_i\cos\alpha_i}
\tag{3-21}
$$

式中，$l_i$ 为每一层的波传播路程长度；$V_i$ 为每一层的传播速度；$h_i$ 为每一层的厚度；$\alpha_i$ 为波在每一层中的入射角。由斯奈尔定律可知

$$
\frac{\sin\alpha_1}{V_1} = \frac{\sin\alpha_2}{V_2} = \cdots = \frac{\sin\alpha_i}{V_i} = P
\tag{3-22}
$$

$$
\therefore t = 2\sum_{i=1}^{n} \frac{h_i}{V_i\sqrt{1 - P^2 V_i^2}}
\tag{3-23}
$$

对式（3-23）的根号部分用二项式展开，并令波在各层中的单程垂直传播时间为 $t_i = h_i/V_i$，双程垂直时间为 $t_0 = 2\sum t_i$，并用泰勒（Taylor）公式展开得

$$
\begin{aligned}
t &= 2\sum_{i=1}^{n} t_i\left(1 + \frac{1}{2}P^2 V_i^2 + \frac{1}{2}\cdot\frac{3}{4}P^4 V_i^4 + \cdots\right) \\
&\approx 2\sum_{i=1}^{n} t_i\left(1 + \frac{1}{2}P^2 V_i^2\right) \quad (\text{当 } P^2 V_i^2 << 1) \\
&= t_0 + \sum_{i=1}^{n} t_i P^2 V_i^2
\end{aligned}
\tag{3-24}
$$

由图 3-20 可知，$S$ 点的横坐标 $x$（炮检距）为

$$x = 2\sum_{i=1}^{n} h_i \tan\alpha_i = 2\sum_{i=1}^{n} \frac{h_i V_i}{(1 - P^2 V_i^2)^{1/2}} \approx 2\sum_{i=1}^{n} t_i P^2 V_i^2 + \sum_{i=1}^{n} t_i P^4 V_i^4 \quad (3\text{-}25)$$

将 $t$、$x$ 表达式两边各自平方，略去高次项，消去参数 $P$，整理后得

$$t^2 = t_0^2 + \frac{x^2}{V_\sigma^2} \quad V_\sigma = \left[ \frac{\sum_{i=1}^{n} t_i V_i^2}{\sum_{i=1}^{n} t_i} \right]^{1/2} \quad (3\text{-}26)$$

式（3-26）就是水平 $n$ 层介质的反射波时距方程。$V_\sigma$ 为均方根速度（陆基孟和王永刚，2011），表示各层层速度的平方，被其对应层的垂直旅行时间加权平均后，再取其均方根。这说明，在多层介质情况下，当入射角 $\alpha_i$ 较小时，即当炮检距 $x$ 较小时，可把介质假想成为具有均方根速度的均匀介质，用均方根速度代替反射界面以上多层介质的速度值。若将水平多层介质当成水平两层介质看待，且用均方根速度替代界面以上介质的波速，则水平多层介质的时距曲线方程就可近似为双曲线方程（陆基孟和王永刚，2011）。

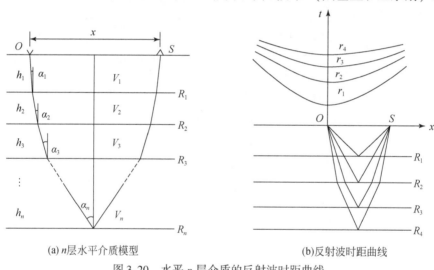

(a) $n$ 层水平介质模型　　　　　　(b)反射波时距曲线

图 3-20　水平 $n$ 层介质的反射波时距曲线

事实上，在 $n$ 层水平介质模型中（图 3-21），每一条射线的传播速度是不一致的，我们严格定义射线速度为：实际射线长度除以实际射线传播所用的旅行时间。因此，射线速度是精确的。它是波传播的真实速度，称为真速度。

由图 3-21 可知，射线速度的表达式为

$$V_r = \frac{\sum_{i=1}^{n} h_i / \cos\alpha_i}{\sum_{i=1}^{n} h_i / (V_i \cos\alpha_i)} \quad (3\text{-}27)$$

地震波垂直穿过地层的总厚度与所需总时间之比，称为平均速度。当波沿界面法向入射时，$\alpha_1 = \alpha_2 = \cdots = \alpha_n = 0$，式（3-27）中的射线速度 $V_r$ 也就变成了平均速度 $V_{av}$。

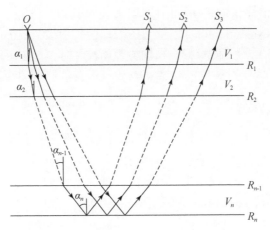

图 3-21　水平层状介质模型与射线路径

$$V_{av} = \frac{\sum\limits_{i=1}^{n} h_i}{\sum\limits_{i=1}^{n} h_i/V_i} = \frac{\sum\limits_{i=1}^{n} h_i}{\sum\limits_{i=1}^{n} t_i} = \frac{\sum\limits_{i=1}^{n} V_i t_i}{\sum\limits_{i=1}^{n} t_i} \qquad (3\text{-}28)$$

可见，平均速度是一个特殊的射线速度，只有当地震波垂直入射时，平均速度等效于射线速度。而当用均方根速度作为等效层速度时，炮检距越大，误差较大，炮检距越小，误差越小，甚至几乎可以忽略。显然，这种近似虽然在一定程度上便于进行解释，但存在一定的误差。通过实际计算表明，在炮检距不大时，可以把层状介质的反射波时距曲线近似地看成双曲线。因此，引用平均速度或均方根来简化多层介质，在一定精度要求下是可以的（陆基孟和王永刚，2011；熊章强等，2010）。

## 3.2.3　海底折射地震探测

折射地震学的主要目标之一是探测地震波速如何随海水及海底以下地层的变化而变化。海底折射地震探测方法通常以天然源、空气枪和炸药等作为场源，采用多分量海底地震仪接收，用来勘查地壳和岩石圈地幔的速度结构。采用电火花、气泡枪等小容量高主频震源，可以用于浅层工程地质和天然气水合物勘察。

### 3.2.3.1　基本原理

假设海底以下有一个水平的速度分界面，下层介质的波速 $V_2$ 大于上层介质的波速 $V_1$。地震波射线（实际为球面波，这里用平面波近似）以不同的入射角传播至该界面上，根据斯奈尔定律可知，入射角 $\alpha$ 增大，透射角 $\beta$ 也增大，透射波射线偏离法线向界面靠拢，当 $\alpha$ 增大到某一角度时，可使透射角 $\beta = 90°$，这时透射波以 $V_2$ 的速度沿界面滑行。此时的入射角 $\alpha$ 称为临界角，通常用 $i$ 表示。

当入射角 $\alpha \geqslant i$（临界角）时，透射波转化为滑行波。滑行波沿界面滑行时，界面上的每个质点都相当于新的扰动源（惠更斯原理），新扰动源又产生新的子波，传播至海底或海面被安置的检波器检测到，此时记录下的波即为折射波（refraction wave）。由于折射波是以下层介质的波速 $V_2$ 沿界面滑行，当炮检距比较大时，它很可能先于直达波到达水听器，所以有时反射波又叫锥形波（conical wave）或者首波（head wave）。

### 3.2.3.2 折射波的接收条件

折射波的波前是界面上各点源产生新振动向上层介质发出半圆形子波的包络线。如图 3-22 所示，滑行波从 $A$ 点以 $V_2$ 速度向前滑行了一段时间 $\Delta t$，波前到达 $B$ 点，则 $AB = V_2\Delta t$，同时 $A$ 点向上层介质发生半圆形子波，其半径为 $AC = V_1\Delta t$，从 $B$ 点作 $A$ 点发出子波波前圆弧的切线 $BC$，即为该时刻折射波的波前面，它与界面的夹角 $\angle ABC$ 为临界角，$\triangle ABC$ 为直角三角形，可得

$$\sin\angle ABC = \frac{AC}{AB} = \frac{V_1\Delta t}{V_2\Delta t} = \frac{V_1}{V_2} = \sin i \tag{3-29}$$

于是有 $\angle ABC = i$，波前与射线相垂直，所以折射波的射线是垂直于波前 $BC$ 的一簇平行线，它们与界面法线的夹角等于临界角。由此可见，射线 $AC$ 是折射波的第一条射线。$R$ 点为折射波的始点，自震源到 $R$ 点的范围内，不存在折射波。这个范围称为折射波盲区，盲区 $x_R$ 的表达式为

$$x_R = 2h\tan i = 2h\tan\left[\arcsin\left(\frac{V_1}{V_2}\right)\right] = 2h\frac{V_1}{\sqrt{V_2^2 - V_1^2}} \tag{3-30}$$

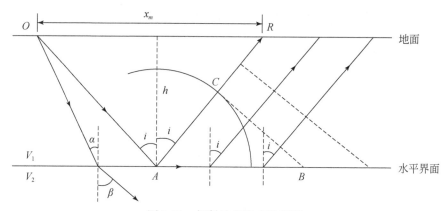

图 3-22　折射波的形成示意图

从式（3-30）看出，盲区 $x_R$ 的大小与折射界面深度和上层介质速度比值有关。影响折射波盲区大小的主要因素如下：

1）界面上、下介质的速度比，$V_1/V_2$ 越大，盲区越大；

2）折射面的埋深 $h$，$h$ 越大，盲区越大；

3）当折射面的倾角 $\varphi$ 为 $0<\varphi<90$，显然，$x_{m上}<x_{m下}$，即在折射面的上倾方向接收折射波比在折射面的下倾方向接收折射波的盲区范围要小，当折射面倾角 $\varphi$ 增大到 $90°-i$ 时，

$x_{m下} \rightarrow \infty$，即在下倾方向再也无法接收到折射波（图 3-23）。

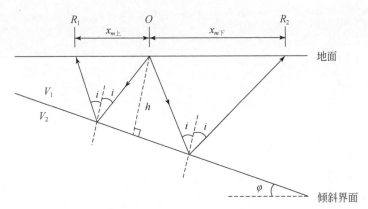

图 3-23　倾斜界面折射波的接收

从上面的讨论可以发现，折射波的形成和接收条件比反射波苛刻，不仅要求界面两侧的速度不等，而且必须满足下层介质的速度 $V_2$ 大于上层介质的速度 $V_1$。在实际的海洋沉积地层环境中，一般速度随深度递增，因而容易满足上述条件，可以形成多个折射界面，但上下层速度倒转的现象也经常发生，即海底以下介质中间层出现速度较低的地层，这些低速界面的顶面不能形成折射波。因此，在实际地震资料中，折射波同相轴会比反射波同相轴少。

### 3.2.3.3　速度梯度和波的传播

**（1）海水中的速度梯度**

一般震源和检波器置于海水表层或海底，由于海水中声速垂直变化明显，会使地震波射线发生弯曲现象。在应用直达波确定炮检距时，应该考虑到水层速度梯度变化对波射线产生折射的影响。图 3-24 显示，P 波在近海面产生折射现象，射线被严重弯曲，导致真正的"直达波"未能被观测到。如果声速随深度的增加而增大（图 3-24），那么在利用海底反射波旅行时间计算炮检距时，向下弯曲的射线就很有可能到达海底，应当周全考虑到这种现象。如果震源附近声速最小，那么大部分地震波能量将会在水层中被完全折射。这是因为阳光只能照射到海水表面，水温会随着深度的增加而降低；而海水中的压强会随着深度的增加而增大。在海水中浅部，温度较高，声速较快；海水深处，水压强很大，声速亦会很快；而水深在 $600 \sim 1200\text{m}$ 时，水温与压强不高不低，导致声音在这一深度范围的传播速度要比浅层和深部的速度低很多，因此这一水层像一个通道一样将声"困"在这一深度，产生波导效应，该区域称为 SOFAR 通道。由于能量与距离成反比，而不是球面传播情况下与距离的平方成反比，因而地震波能量损失低于均匀介质（Jones，1999；Urick，1983）。

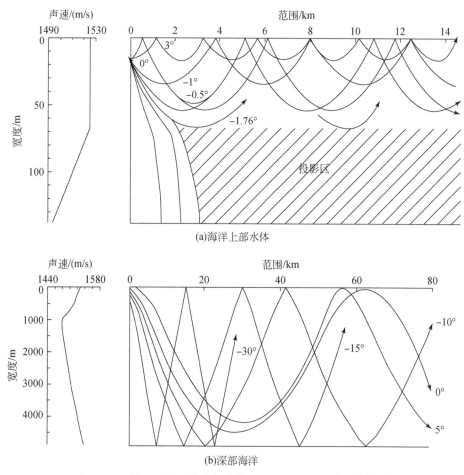

图 3-24　P 波折射在海洋上部水体（Urick，1983）和深部海洋

### （2）海底之下的速度梯度

海底及以下地层的 P 波和 S 波速度变化，源于不同的沉积充填模式、成岩作用过程及岩性变化特征。对于在浅部经过快速脱水和压实作用的非固结沉积层，沉积充填的影响十分显著；对于断裂的结晶基底，不断增加的上覆压力使得裂缝逐渐减小。大范围内的岩性变化可以导致小尺度的速度跳变，在整体上将使射线发生明显弯曲。

基于表面和井孔测量的速度–深度函数，可以求取射线最大穿透地层的深度。最简单的情况是假设 P 波速度向下线性增加时，如图 3-25（a）所示，速度 $V_z$ 与深度 $z$ 的关系为

$$V_z = V_0 + kz \tag{3-31}$$

式中，$V_0$ 为表面速度；$k$ 为速度梯度。射线路径是以表面以上 $V_0/k$ 为圆心的圆弧，称为潜水射线（diving rays）。将半空间分成许多厚度为 $\Delta z$ 的水平薄层，并将每层中的速度视为定值（设各层 P 波速度为 $V_0$，$V_1$，$\cdots$，$V_n$），将连续介质当成微小的薄层介质。然后，再运用微积分的基本思想，把水平薄层的厚度 $\Delta z$ 逐渐缩小，直至 $\Delta z$ 趋近于 0，薄层状介质拟合成了连续渐变介质。

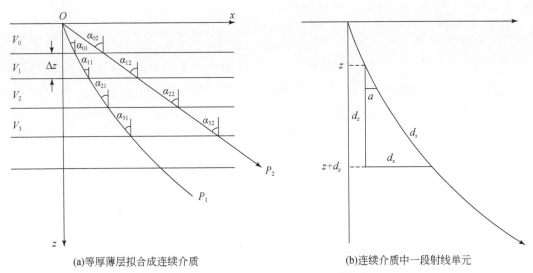

(a)等厚薄层拟合成连续介质　　　　　　(b)连续介质中一段射线单元

图 3-25　连续介质中地震波的传播

根据这一思想，把连续介质简化为许多厚度为 $\Delta z$ 的水平薄层。由于从震源 $O$ 出发的射线路程，满足折射定律。所以各薄层的入射角分别为 $\alpha_0$、$\alpha_1$、$\alpha_2$、$\cdots$、$\alpha_n$，则有

$$\frac{\sin\alpha_0}{V_0} = \frac{\sin\alpha_1}{V_1} = \frac{\sin\alpha_2}{V_2} = \cdots = \frac{\sin\alpha_n}{V_n} = P \tag{3-32}$$

运用微积分的基本思想，令水平薄层的数目无限增加，薄层厚度 $\Delta z$ 无限减少，则层状介质就过渡到连续介质。同时，射线的轨迹也就由折线过渡到曲线。这时，射线在每一深度的入射角都不同，即射线的入射角 $\alpha$ 变为深度 $z$ 的连续函数 $\alpha(z)$。射线参数 $P$ 的表达式为

$$P = \frac{\sin\alpha(z)}{V(z)} \tag{3-33}$$

从上面的讨论可见，当速度连续变化时，射线已不再是直线或折线，而是曲线。为了了解射线的形态，就需要进行射线旅行时间的方程式推导。在 $x$–$z$ 平面内，射线上各点的坐标应满足函数关系 $x = f(Z, P)$，且此函数必然与 $V(z)$ 有关。为了得出射线的方程，先在曲射线上取任意一段很短的单元进行研究，这一小段曲线可近似看成直线。如图 3-25 所示，令 $\mathrm{d}x = \mathrm{d}z\tan\alpha(z)$，$\mathrm{d}s = \mathrm{d}z/\cos\alpha(z)$，且将 $\mathrm{d}x$、$\mathrm{d}s$ 的表达式用射线参数 $P$ 来表示，则

$$\left.\begin{array}{l} \sin\alpha(z) = P \cdot V(z) \\ \cos\alpha(z) = \sqrt{1 - \sin^2\alpha(z)} = \sqrt{1 - P^2 \cdot V^2(z)} \end{array}\right\} \tag{3-34}$$

整理得

$$\left.\begin{array}{l} \mathrm{d}x = \mathrm{d}z\dfrac{\sin\alpha(z)}{\cos\alpha(z)} = \dfrac{P \cdot V(z)}{\sqrt{1 - P^2 \cdot V^2(z)}}\mathrm{d}z \\[4mm] \mathrm{d}s = \dfrac{\mathrm{d}z}{\sqrt{1 - P^2 \cdot V^2(z)}} \end{array}\right\} \tag{3-35}$$

对式 (3-35) 第一式进行积分, 可得到射线方程为

$$x = \int_0^z \frac{P \cdot V(z)}{\sqrt{1 - P^2 \cdot V^2(z)}} \mathrm{d}z \tag{3-36}$$

若已知 $V(z)$, 给定 $P$ 值, 就可得到计算这条射线的具体方程, 绘制出射线的形态。下面进行等时线方程的讨论。所谓的等时线就是一簇以时间 $t$ 为参数的曲线。在 $x$–$z$ 平面内, 以 $t$ 为参数的等时线, 应满足 $x = g (z, t)$ 的函数关系。为了求得等时线方程, 先求出波射线距离为 d$s$ 时的传播时间 d$t$, 显然

$$\mathrm{d}t = \frac{\mathrm{d}s}{V(z)} \tag{3-37}$$

式 (3-37) 揭示了 d$s$、$V(z)$ 和 $P$ 之间的关系, 将式 (3-35) 代入式 (3-37), 可得

$$\mathrm{d}t = \frac{\mathrm{d}z}{\sqrt{1 - P^2 \cdot V^2(z)}} \cdot \frac{1}{V(z)} \tag{3-38}$$

对式 (3-38) 进行积分, 得

$$t = \int_0^z \frac{\mathrm{d}z}{V(z) \cdot \sqrt{1 - P^2 \cdot V^2(z)}} \tag{3-39}$$

则最大穿透深度 $z_{\max}$ 的表达式为

$$z_{\max} = \frac{V_0}{k} \left\{ \left[ 1 + \left( \frac{kx}{2V_0} \right)^2 \right]^{1/2} - 1 \right\} \tag{3-40}$$

式中, $x$ 为半空间地震波入射点和出射点之间的距离。其旅行时间 $t$ 的表达式为

$$t = \frac{2}{k} \sinh^{-1} \left( \frac{kx}{2V_0} \right) \tag{3-41}$$

式 (3-41) 表明, 在 $x$-$t$ 坐标内, 地下连续介质的折射波时距曲线表现为下凹曲线。在距离 $x$ 处梯度的倒数是在该距离内最大穿透深度处的速度。

如图 3-26 所示, 在水体覆盖速度均匀的半空间情况下, 存在一个临界距离 $x_c$, 在此距离范围内, 地震波能量穿过水层, 穿透半空间, 并在表面被接收, 其射线路径为 $R_c$。当距离小于 $x_c$ 时, 只能观测到来自海底的反射波 ($R_1$)。在距离大于 $x_c$ 时, 能记录到两

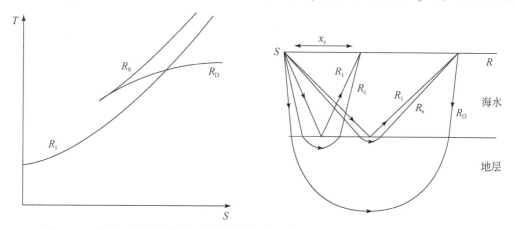

图 3-26  P波穿过有速度梯度地层时的射线路径和时距曲线 (据 Ewing et al. , 1963)

组波至：其中一组是传播层位浅于 $R_c$ 的 $R_S$，另外一组为穿透更深的 $R_D$，由于 $R_D$ 穿过高速层，故第一个到达表面。距离较大时，$R_D$ 的斜率接近 0，而 $R_S$ 将与 $R_1$ 相交。在某些地区，覆盖非固结沉积层的半空间最上部速度可能小于海水中速度，此时，$R_S$ 渐近于与 $R_1$ 平行，并在 $R_1$ 之上 (Jones, 1999)。

### 3.2.3.4 模型时距曲线分析

**(1) 倾斜单一界面的折射波时距曲线**

假设地下存在一个简单的两层倾斜结构介质模型，界面倾角为 $\alpha$，上下层内速度是均匀的各向同性介质，下层速度 $V_1$ 较大。WW 为直达波路径，$R_d$ 为临界折射波上行波的时距曲线，$R_u$ 为临界折射波的下行波时距曲线。

当地震波射线入射角为临界角 $i_c$ 时，则 $i_c = \sin^{-1}(V_0/V_1)$。在分界面上，地震波将会发生折射 [图 3-27 (a)]，也会发生反射。反射波的入射线并不平行，反射线也不平行，但折射波的射线却是平行的，且都和法线成角度 $i_c$。因而，在临界角以内对应在界面上的点，接收不到折射波，这个范围是折射"盲区"。当 P 波以速度 $V_1$ 沿海底滑行传播时，压缩波能量以速度 $V_0$ 的"首波"形式穿过水层向上传播。以临界角为入射角，从震源到检波器的折射波旅行时间为

$$t_{downdip} = \frac{x}{V_0}\sin(i_c + \alpha) + \frac{2z_d\,(V_1^2 - V_0^2)^{1/2}}{V_1 V_0} \tag{3-42}$$

式中，$z_d$ 为上覆层厚度，即震源到折射界面的垂直距离；地震能量从震源到检波器直接传播（直达波）的旅行时间，可以用于确定速度 $V_0$。在时距曲线图上，直达波线的斜率是 $1/V_0$，首波的视速度 $t_{downdip}$ 是穿过临界折射波初至点射线 [图 3-27 (b) 中的 Rd] 斜率的倒数，公式为

$$t_{downdip} = \frac{V_0}{\sin(i_c + \alpha)} \tag{3-43}$$

为了获得下伏层未知速度 $V_1$ 和折射界面倾角 $\alpha$，可将地震剖面反转为上行传播 [图 3-27 (b)]，其上行旅行时间为

$$t_{updip} = \frac{x}{V_0}\sin(i_c - \alpha) + \frac{2z_u\,(V_1^2 - V_0^2)^{1/2}}{V_1 V_0} \tag{3-44}$$

式中，$z_u$ 为上覆层厚度，即震源到倾斜界面的垂直距离。上行视速度为

$$t_{updip} = \frac{V_0}{\sin(i_c - \alpha)} \tag{3-45}$$

为了获得速度 $V_1$ 的临界角 $i_c$ 和倾角 $\alpha$，由式 (3-44) 和式 (3-45) 整理得

$$i_c = 0.5\left(\sin^{-1}\frac{V_0}{t_{downdip}} + \sin^{-1}\frac{V_0}{t_{updip}}\right) \tag{3-46}$$

$$\alpha = 0.5\left(\sin^{-1}\frac{V_0}{t_{downdip}} - \sin^{-1}\frac{V_0}{t_{updip}}\right) \tag{3-47}$$

在图 3-27（b）中的 $x\text{-}t$ 坐标平面内，上倾界面时距曲线斜率为：$m_u = 1/V_{updip}$，下倾界面时距曲线斜率为：$m_d = 1/V_{downdip}$。这种折射波时距曲线计算方法不适用于计算剖面的低速层厚度。当地震波射线遇到低速非固结层或含气砂岩等低速层时不会发生临界角折射。截距时间可以表示低速层以上介质的大致厚度。

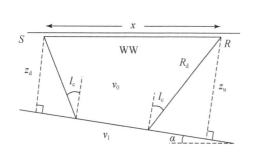 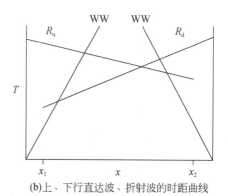

(a)直达波和临界折射波在折射界面<br>倾斜的两层结构中的射线路径

(b)上、下行直达波、折射波的时距曲线

图 3-27　倾斜单一界面模型及其折射波时距曲线

### （2）水平三层介质的折射波时距曲线

假设海面下有速度明显差异的水平三层均匀介质，且层速度 $V_1 < V_2 < V_3$，前两层介质的厚度用 $Z_1$、$Z_2$ 表示，界面用 $R_1$、$R_2$ 表示，如图 3-28 所示。显然，从原点 $O$ 激发地震波，在海面观测到的第一个界面 $R_1$ 折射波时距曲线表达式为

$$t = \frac{2Z_1 \cos(i_1)}{V_1} + \frac{x}{V_2} = t_{01} + \frac{x}{V_2} \tag{3-48}$$

式中，$x$ 为炮点到观测点的位移；$i_1$ 为第一层介质的临界角；$t_{01}$ 为交叉时间或截距时间，即为折射波时距曲线延伸到 $t$ 轴，与 $t$ 轴的交点所对应的时间。可以看出，第一个界面 $R_1$ 折射波时距曲线是以 $(0, t_{01})$ 为起点，以下层速度 $V_2$ 的倒数为斜率的直线。

对于第二个界面

$$t = \frac{OM' + P'G^5}{V_1} + \frac{M'M'' + P'P''}{V_2} + \frac{M''P''}{V_3}$$

$$= \frac{2Z_1}{V_1 \cos\alpha_1} + \frac{2Z_2}{V_2 \cos i_2} + \frac{x - 2Z_1 \tan\alpha_1 - 2Z_2 \tan i_2}{V_3} \tag{3-49}$$

式中，$x$ 为炮点到观测点的位移；$i_2$ 为第二层介质的临界角，根据斯奈尔定律，则式（3-49）可整理为

$$\frac{\sin\alpha_1}{V_1} = \frac{\sin i_2}{V_2} = \frac{1}{V_3}$$

$$t = \frac{2Z_1 \cos\alpha_1}{V_1} + \frac{2Z_2 \cos i_2}{V_2} + \frac{x}{V_3} = t_{02} + \frac{x}{V_3} \tag{3-50}$$

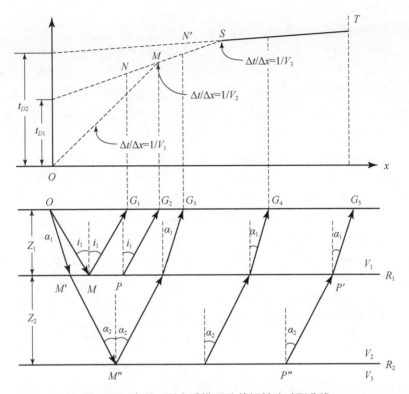

图 3-28  水平三层介质模型及其折射波时距曲线

可见，第二层界面的折射波时距曲线仍为直线，其斜率为 $1/V_3$。交叉时 $t_{02}$ 为

$$t_{02} = \frac{2Z_1\cos\alpha_1}{V_1} + \frac{2Z_2\cos i_2}{V_2} = 2Z_1\frac{\sqrt{V_3{}^2 - V_1{}^2}}{V_1 V_3} + 2Z_2\frac{\sqrt{V_3{}^2 - V_2{}^2}}{V_2 V_3} \qquad (3\text{-}51)$$

比较式（3-49）和式（3-50），能够发现第一层和第二层界面的折射波时距曲线具有相同的形式。依次类推，推广到 $n$ 层水平层状介质，折射波时距曲线方程为

$$t = \sum_{k=1}^{n-1} \frac{2Z_k\cos\alpha_k}{V_k} + \frac{x}{V_n} = t_{0k} + \frac{x}{V_n} \qquad (3\text{-}52)$$

式（3-52）为一条以（$0, t_{ok}$）为起点，以下层速度 $V_n$ 的倒数为斜率的直线。由此可见，水平多层介质的折射波时距曲线是多条斜率、交叉时间不同的相交直线，随着层数不断增大，直线斜率越来越小，当炮检距增大到一定值时，折射波将穿越直达波，成为最早到达的波。所以，为了更好地利用折射波，要采用远离炮点的大排列接收。在实际地震资料的处理分析中，由于折射界面的埋深和介质波速都是未知的，还可以利用各时距曲线的斜率是各相应层介质波速的倒数来计算介质的波速，利用各层折射波时距曲线的交叉时和波速计算出其埋深。

## 3.2.4 海洋多波多分量地震探测

多波多分量地震（multicomponent seismic），又称全波地震，是指用纵波、横波震源激发，利用三分量检波器记录地震纵波、横波（包括快、慢横波）及转换波，从而使野外记录的地震数据信息更为丰富，为地质构造的成像、裂隙和孔道的确定，以及储层岩性的解释等提供特定信息的一种新地震测量方法。它克服了纵波、横波等常规探测单一波场的缺陷，充分利用了纵波、横波（或转换波）等多种地震波场的信息。自 20 世纪 90 年代以来，多波多分量地震主要经历了横波探测、九分量地震探测、多波多分量探测、陆上三维三分量（3D-3C）等 5 个发展阶段，尤其是当海底电缆（ocean bottom cable，OBC）和海底地震仪（ocean bottom seismometer，OBS）出现后，海上诞生了三维三分量（3D-3C）和三维四分量（3D-4C）多波探测，并取得了飞速发展，其在海洋壳幔速度结构、板块俯冲带特征、洋盆演化动力学机制、海洋油气和天然气水合物等资源探测、地震活动性监测，以及地震、海啸预警研究等方面都有广泛的用途（Menun and Der Kiureghian，1998；邱学林等，2012；赵明辉等，2011；吕川川等，2011；刘丽华等，2012）。

### 3.2.4.1 基本概念

从地震动力学中已知，地震波在弹性介质中会产生两种体波，一种是在介质中质点振动方向与波的传播方向一致的 P 波，另一种是介质中质点振动方向与波传播方向相互垂直的 S 波，它们的传播速度分别为 $v_P = \sqrt{\lambda + 2\mu}/\sqrt{\rho}$ 、$v_S = \sqrt{\mu}/\sqrt{\rho}$ 。在介绍多波多分量地震探测原理之前，先了解一下 S 波的偏振波及其转换波的概念。

**（1）水平偏振 S 波**

水平偏振横波（SH 波）是指质点在水平面内振动的横波，即波在射线平面内传播，质点在垂直于射线平面的水平面内振动，水平检波器沿 Y 方向布置（图 3-29）。

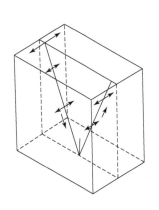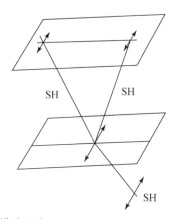

图 3-29　水平偏振横波示意图

### （2）垂直偏振 S 波

垂直偏振横波（SV 波）是指质点在传播射线铅垂面内振动的横波，即质点振动和波的传播射线都在通过测线的铅锤剖面，水平检波器沿 $X$ 方向布置（图 3-30）。

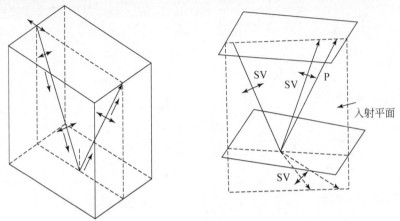

图 3-30　垂直偏振横波示意图

### （3）转换波

根据 Zoeppritz 方程，当存在一个半无限弹性介质的分界面（固体）时，有一定角度入射一个纵波会产生四种波，即反射纵波、透射纵波、反射横波和透射横波。这时的反射横波不是由横波震源产生，而是由纵波转换而来，称为转换波（图 3-31）。

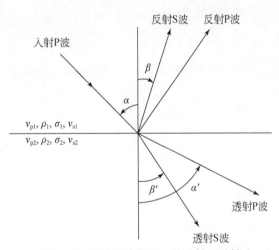

图 3-31　P 波在分界面上的反射和透射

当入射波为 P 波或 SV 波时，可以产生同类的反射波（P-P、SV-SV）和透射波，也可以产生不同类的反射波和透射波，即转换波（P-SV、SV-P）。P-SV 波和 SV-P 波的入射、反射路径不对称，速度也不同。当入射波为 SH 波时，只产生同类的反射波和透射波，而不发生波形的转换，又称为自生波（autonomous）。这是由于 SH 波的振动方向决定了无法线分量，只存在一个位移分量，一个应力分量。在水平分界面上，SH 波场的位移和应力是连续的，可以实现整个空间的波场传播。

多波多分量地震探测，无需采用横波震源，只需利用纵波震源就可激励出纵横波，采用三分量及以上检波器记录，就可以得到 P 波，转换 SH 波和 SV 波的波场信息（图 3-32），获得裂缝及与横波速度有关的各种岩性参数，解决许多无法用纵波探测完全处理的问题（姚姚，2005；黄绪德，2008）。

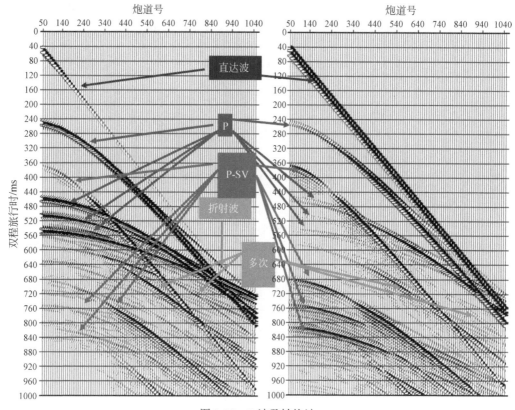

图 3-32　P 波及转换波

### 3.2.4.2　基本原理

#### （1）弹性界面上波能量的分配

多波多分量地震探测可以简单理解为体波加转换波探测。如图 3-33 所示，当一个平面纵波非垂直入射到弹性介质的分界面（固体）时，将产生反射纵波、透射纵波、转换反射横波和转换透射横波，那么这四个波的能量分配情况是怎样的呢？一般采用反射系数来衡量，但不再是简单地由界面上下介质的波阻抗关系求取，而需要考虑入射角度的大小。Zoeppritz 方程很好地描述了纵波在弹性介质分界面上反射和透射波的能量分配问题（Zoeppritz，1919；Shuey，1985；熊章强等，2010）。如图 3-34 所示，令纵波反射系数、横波反射系数、纵波透射系数和横波透射系数分别设为 $R_{PP}$、$R_{PS}$、$T_{PP}$ 和 $T_{PS}$，上覆介质纵横波速度分别为 $v_{P1}$、$v_{S1}$，下伏介质总横波速度分别为 $v_{P2}$、$v_{S2}$，上下介质密度分别为 $\rho_1$、

$\rho_2$，则其纵横波反射、透射系数的关系表示式为

$$
\begin{cases}
\sin\alpha R_{PP} + \cos\beta R_{PS} - \sin\alpha' T_{PP} + \cos\beta' T_{PS} = -\sin\alpha \\
\cos\alpha R_{PP} - \sin\beta R_{PS} + \cos\alpha' T_{PP} + \sin\beta' T_{PS} = \cos\alpha \\
\cos2\beta R_{PP} - \dfrac{v_{S1}}{v_{P1}}\sin2\beta R_{PS} - \dfrac{\rho_2 v_{P2}}{\rho_1 v_{P1}}\cos2\beta' T_{PP} - \dfrac{\rho_2 v_{S2}}{\rho_1 v_{P1}}\sin2\beta' T_{PS} = -\cos2\beta \\
\dfrac{v_{S1}^2}{v_{P1}}\sin2\alpha R_{PP} + v_{S1}\cos2\beta R_{PS} + \dfrac{\rho_2 v_{S2}^2}{\rho_1 v_{P2}}\sin2\alpha' T_{PP} - \dfrac{\rho_2 v_{S2}}{\rho_1}\cos2\beta' T_{PS} = \dfrac{v_{S1}^2}{v_{P1}}\sin2\alpha
\end{cases} \tag{3-53}
$$

将式（3-53）改写为矩阵形式有

$$
\begin{bmatrix}
\sin\alpha & \cos\beta & -\sin\alpha' & \cos\beta' \\
\cos\alpha & -\sin\beta & \cos\alpha' & \sin\beta' \\
\cos2\beta & -\dfrac{v_{S1}}{v_{P1}}\sin2\beta & -\dfrac{\rho_2 v_{P2}}{\rho_1 v_{P1}}\cos2\beta' & -\dfrac{\rho_2 v_{S2}^2}{\rho_1 v_{P2}}\sin2\beta' \\
\dfrac{v_{S1}^2}{v_{P1}}\sin2\alpha & v_{S1}\cos2\beta & \dfrac{\rho_2 v_{S2}^2}{\rho_1 v_{P2}}\sin2\alpha' & -\dfrac{\rho_2 v_{S2}}{\rho_1}\cos2\beta'
\end{bmatrix}
\times
\begin{bmatrix}
R_{PP} \\ R_{PS} \\ T_{PP} \\ T_{PS}
\end{bmatrix}
=
\begin{bmatrix}
-\sin\alpha \\ \cos\alpha \\ -\cos2\beta \\ \dfrac{v_{S1}^2}{v_{P1}}\sin2\alpha
\end{bmatrix}
$$

$$\tag{3-54}$$

将式（3-54）表示为 $C \times B = A$，则得到 $B = C^{-1} \times A$，便可根据已知的入射角和速度信息来求取 $R_{PP}$、$R_{PS}$、$T_{PP}$ 和 $T_{PS}$，从而确定各波之间的能量分配关系。

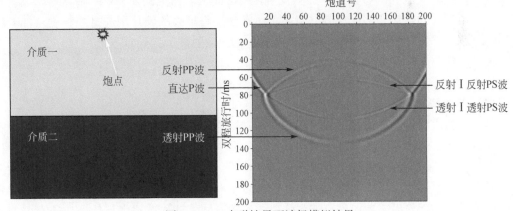

图 3-33　一个弹性界面波场模拟结果

如图 3-34 所示，在介质条件为 $v_{P2}/v_{P1} = 2.0$，$\rho_2/\rho_1 = 0.5$，$\sigma_1 = 0.30$，$\sigma_2 = 0.25$ 的情况下，根据 Zoeppritz 方程入射角随 $0° \sim 90°$ 变化时计算得到的 $R_{PP}$、$R_{PS}$、$T_{PP}$ 和 $T_{PS}$ 曲线。显然，模型上下介质条件：$v_{P2}\rho_2 = v_{P1}\rho_1$，即上下波阻抗相等，第一临界角为 $i_P = \arcsin v_{P2}/v_{P1}$，第二临界角为 $i_S = \arcsin v_{S2}/v_{S1}$。

当入射角 $\alpha \to 0$ 时，相当于近法线入射，此时 P 波 $R_P \to 0$，且 S 波 $R_S \to 0$ 和 $T_S \to 0$，说明法线入射时，不存在反射 P 波和 S 波；当入射角 $\alpha \to i_P$ 时，透射 P 波 $T_P \to 0$，而反射

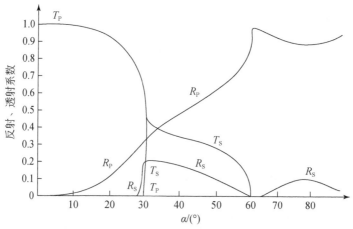

图 3-34　反射系数、透射系数与入射角的关系

P 波 $R_P$ 和 S 波 $R_S$、$T_S$ 都急剧增强，这种变化反映了波的能量转换，也就是在临界角附近将产生一种新的波动，即折射波；当 $\alpha > i_P$ 时，S 波的 $R_S$、$T_S$ 分别开始减弱，而 $R_P$ 继续增大；当 $\alpha = i_S$ 时，S 波的 $R_S$、$T_S$ 都减弱至 0，而 $R_P$ 也到达极大值。

从以上讨论可知，在第一临界角附近的反射 P 波和反射 S 波都很强，大于这个角度的反射称为广角反射。在实际地震反射记录上，可以记录到临界角以外的反射波，这种波称为广角反射波（反射波和转换波）或超临界角反射波。在深层勘探和高波阻抗差界面穿透能力方面，广角反射比一般地震方法要优越得多，是解决深层弱反射地层（特别是有强屏蔽层存在情况下）勘探的有效途径。产生强转换波的入射角范围处于第一临界角附近，为了发挥广角反射的优势，多波探测一般采用比常规地震更大的偏移距和排列长度，如 OBS 和 OBN 数据采集，但多波探测除了能得到反射波、折射波、广角反射波外，还能得到 PS 波或 SP 转换波等，地震波场的信息更加丰富，能解决更为复杂的问题（吴志强等，2006a，b，2013）。

**（2）各向异性介质中的多波理论**

多年来地震探测的理论都是建立在各向同性、均匀、完全弹性介质的假设基础上，各向同性介质是指假设介质的弹性参数与波的传播方向无关。实际地层的弹性参数与波传播方向有关，包括波传播的速度、振幅、偏振特性等，具有这种性质的介质称为各向异性介质。海底及以下的地层中广泛存在各向异性性质。在各向异性介质中，地震波沿着地层水平方向传播的速度与沿着地层垂直方向传播的速度不同，这种波速度与传播方向有关的现象称为速度各向异性。常见的各向异性介质存在两种：横向各向异性（transversely isotropy，TI 介质）和方向各向异性（extensive dilatancy anisotropy，EDA 介质）。

横向各向同性介质（TI）是具有柱对称轴的介质，根据其对称轴在空间方向是垂直还是水平，又分别有 VTI（transversely isotropy with a vertical axis of symmetry）介质和 HTI（transversely isotropy with a horizontal axis of symmetry）介质（图 3-35）。方向各向异性（EDA）主要是指彼此平行于垂直裂隙或定向空隙所引起的具有水平无限次旋转轴的介质（图 3-36）。

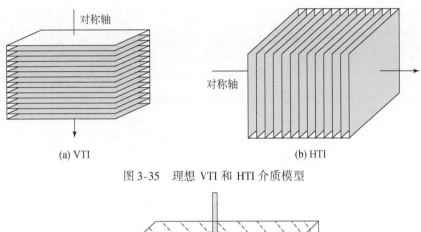

(a) VTI

(b) HTI

图 3-35 理想 VTI 和 HTI 介质模型

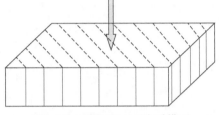

图 3-36 理想 EDA 型介质模型

利用牛顿定理、广义胡克定律和应变位移方程，可以导出各向异性介质的波动方程，利用波动方程可以研究各向异性介质中弹性波的传播规律。关于推导波动方程的著作和文章较多，这里不再讨论，如有兴趣建议拜读李庆忠院士主编的《多波地震勘探的原理与展望》、黄中玉主编的《多波多分量地震勘探》。在各向异性介质条件下，地震波场较为复杂，与各向同性介质相比主要有如下特征。

1）在均匀各向同性介质中，波传播的速度各方向都相同，所以激发 P 波在同一时刻的波场快照呈圆形或球状，但在 VTI 均匀介质中，由于波的传播速度在各方向都不同，同一时刻观测到的 P 波波前会呈椭圆形或椭球状（图 3-37）。

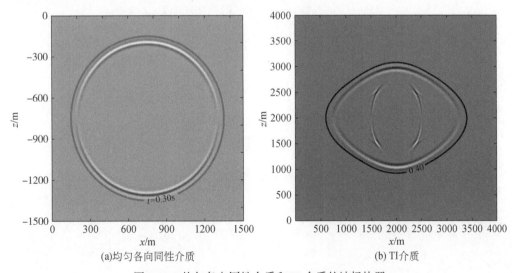

(a)均匀各向同性介质

(b) TI介质

图 3-37 均匀各向同性介质和 TI 介质的波场快照

2）由于各向异性介质，速度将随射线方向而变化，群角 $\theta$ 不再等于相角 $\varphi$，群速度 $v_g$ 不再等于相速度 $v$。如图 3-38 所示，矢量 $k$ 垂直波前面（$k$ 反映的是相位增加最快的方向），$k$ 与垂直方向的夹角 $\theta$ 称为相角，沿 $k$ 方向传播的速度称为相速度。沿射线方向的传播速度称为群速度，其方向与垂直方向的夹角 $\phi$ 称为群角，表示能量传播的方向。从图中明显看出，群速度不等于相速度，但可以用相速度表示群速度（Berryman，1979），其表达式为

$$v_g{}^2\left[\varphi(\theta)\right] = v^2(\theta) + \left[\frac{\mathrm{d}v(\theta)}{\mathrm{d}\theta}\right]^2 \tag{3-55}$$

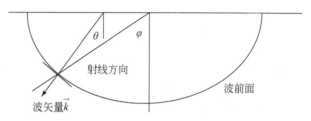

图 3-38　各向异性介质波的传播示意图

3）横波的质点振动方向垂直于波的传播方向，通过传播介质时，可以引起特定方向的偏振，横波对各向异性介质很敏感，在各向异性介质中，每一条射线可以分裂成两种不同速度的偏振波（图 3-39）。若偏振波继续穿透各向同性的介质，这种分裂波依然能保留下来。

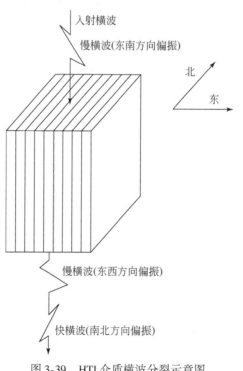

图 3-39　HTI 介质横波分裂示意图

根据入射方位与裂隙走向的相对关系不同，横波的分裂情况不同。垂直入射时只产生慢波，平行入射时只产生快波，其他方位上则可观测到快慢两种横波，两种横波的时差在入射方位与裂隙走向呈45°夹角时达到最大，在垂直与水平方向上变为零。当入射方位经过垂直或平行方向而变化时，横向分量发生极性反转（图3-40）。

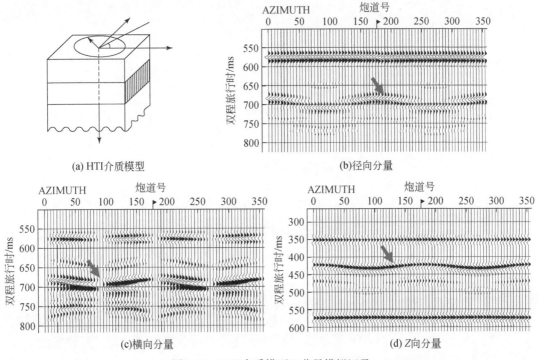

(a) HTI介质模型      (b)径向分量

(c)横向分量      (d) Z向分量

图3-40    HTI介质模型三分量模拟记录

横波的传播速度既是传播方向的函数，又是偏振方向的函数。当含裂隙介质的厚度固定时，快慢横波的时差代表了裂隙的发育程度，快波的偏振方位代表了裂隙的发育方位，所以可以根据其在各向异性介质中形成快慢横波的时差、波形、振幅衰减来研究裂隙的方位、密度及发育程度。当然，纵波穿过各向异性地层时也会出现速度的方位变化，但其能量与走时差异振幅均比横波弱，因此，横波及转换横波数据在裂隙探测方面更具有优势。

### 3.2.4.3   模型时距曲线分析

**（1）水平界面上转换波（P-SV波）的时距曲线**

在反射地震探测章节，已讨论了一个水平分界面上，从点 $S$ 激发纵波，在点 $R$ 接收反射波的时距曲线（图3-41），其表达式为 $t_p{}^2 = 4t_{OP}^2 + x^2/v_p^2$，且 $t_{OP} = h/v_p$，$t_{OP}$ 为纵波的单程垂直旅行时间，$h$ 为埋深；同理可得，水平界面上SH（或SV）横波反射的时距曲线为 $t_s^2 = 4t_{OS}^2 + x^2/v_s^2$，且 $t_{OS} = h/v_s$，$t_{OS}$ 为纵波的单程垂直旅行时间。分析图3-41可知，在水平界面上转换波（P-SV波）的传播路径等于反射纵波和反射横波单程路径的总和。所以，

转换波的时距方程为

$$x = x_p + x_s$$

$$t_{ps} = \sqrt{t_{OP}^2 + x_p^2/v_p^2} + \sqrt{t_{OS}^2 + x_s^2/v_s^2} \qquad (3\text{-}56)$$

由于 $t_{OS} = h/v_s = v_p/v_s t_{OP}$ ，$x_s = x - x_p$ ，式（3-56）可改写为

$$t_{PS} = \sqrt{t_{OP}^2 + x_p^2/v_p^2} + \sqrt{(v_p/v_s t_{OP})^2 + (x - x_p)^2/v_s^2} \qquad (3\text{-}57)$$

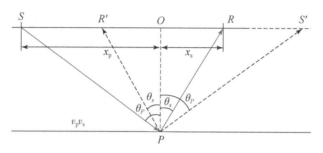

图 3-41　水平界面上转换波的射线路径

通过比较水平界面上反射 P 波和转换波 P-SV 的时距方程和曲线形态，可以发现：①当 $v_p > v_s$ 时，转换波 P-SV 旅行路径具有非对称性，且 $\theta_p > \theta_s$。②转换波 P-SV 旅行路径具有非可逆性。若将图 3-41 中的激发点和接收点互换位置，则反射 P 波的射线路径不变，但转换波 P-SV 的射线路径发生变化。③单个水平界面时，反射 P 波的时距曲线为双曲线，而转换波 P-SV 的时距曲线为非双曲线，在多层或斜层介质时，其形态更为复杂。④水平层状介质情况下，反射 P 波的反射点位于炮点中点，与速度无关，而转换波 P-SV 的转换点受多种因素制约，不能单纯由几何参数确定。一般认为转换点位置不是炮检中点，而向接收点方向移动；相同条件下，反射界面越浅，转换点位置越靠近接收点；随深度增加，转换点逐渐向某一位置逼近（渐近转换点）；纵横波速度比越大，转换点向接收点偏移的程度越大。

**（2）倾斜界面上转换波（P-SV 波）的时距曲线**

设界面的倾斜角度为 $\varphi$ ，炮点下方到倾斜界面的深度为 $h$ ，则在点 $R$ 接收反射波的时距曲线表达式为 $t_p^2 = 4t_{OP}^2 + x^2/(v_p/\cos\varphi)^2$ ，且 $t_{OP} = h/(v_p/\cos\varphi)$ ，$t_{OP}$ 为纵波的单程垂直旅行时间；同理，在一个倾斜界面上 SH（或 SV）横波反射的时距曲线为 $t_s^2 = 4t_{OS}^2 + x^2/(v_s/\cos\varphi)^2$ ，且 $t_{OS} = h/(v_s/\cos\varphi)$ ，$t_{OS}$ 为纵波的单程垂直旅行时间。

那么一个倾斜分界面情况时，从点 $S$ 激发纵波，在点 $R$ 接收转换波 P-SV 的时距方程，是否还可以用一个倾斜界面时反射纵波和反射横波的时距方程来等效呢？如图 3-42 所示，明显由于倾斜角的存在，反射点左右的入射和反射纵波、横波的路径不再相等，旅行时间也不等，所以不可以用反射纵波和反射横波的时距方程来等效。但可以通过几何方法，求得转换波（P-SV 波）的时距方程，写成参数方程的形式为

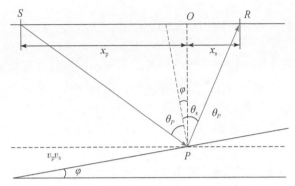

图 3-42 倾斜界面上转换波的射线路径

$$t_{PS} = \frac{h}{v_p\cos\theta_P} + \frac{h + x\sin\varphi}{v_s\cos\theta_S}$$

$$x = \frac{h(\tan\theta_P + \tan\theta_S)}{\cos\varphi - \sin\varphi\tan\theta_S} \tag{3-58}$$

利用斯奈尔定律，将 $p = \sin\theta_p/v_p = \sin\theta_S/v_S$ 代入式（3-58），则化为

$$t_{PS}^2 = t_{OPS}^2 + 2xt_{OPS} + \frac{\sin\varphi}{v_s} + \left[ \frac{(t_{OPS} + x\sin\varphi/v_s)\cos\varphi^2}{t_{OP}v_p^2 + t_{OS}v_s^2 + v_s x\sin\varphi} + \frac{\sin^2\varphi}{v_s^2} \right] x^2 \tag{3-59}$$

$$t_{OPS} = t_{OP} + t_{OS} = h/(v_p + v_s) \tag{3-60}$$

从式（3-60）可知，倾斜界面上转换波（P-SV 波）的时距曲线为二次曲线，形态更为复杂，计算较为麻烦。所以常用层复合速度来简化不对称问题，即将一个厚度为 $h$ 的地层，等分为两个 $h/2$ 厚的子层，波在第一层以 $v_p$ 的速度传播，波在第二层以 $v_s$ 的速度传播，这样就将不对称射线问题化为了两层介质射线对称问题。多波多分量地震虽然比常规地震要复杂得多，还存在很多不可回避的缺点，但是多波多分量地震具有常规地震方法所不具有的特殊优势，如提取构造和岩性的物性参数信息、区别真假亮点、确定储层特性、减少地球物理反问题的多解性、研究介质的各向异性等。所以，多波多分量地震勘探仍然是地震勘探的一个重要发展方向，具有广泛的应用前景（Wapenaar et al.，1990；Gaiser，1996；胡晓亚，2015）。

## 3.3　海洋地震数据采集与资料处理

地震探测是利用天然或人工激发的地震波在地下介质中时空旅行后，由仪器接收地下反馈回地表的地震信号，以研究分析所接收信号的特征来查明地质构造与岩性分布，从而为寻找油气储层或其他勘探目的服务的一种地球物理勘探方法。一般而言，地震探测技术可用于道路、桥梁、建筑施工前的路基检测，也可用于探测地下水、煤层和矿带等，不过其最常见的应用还是寻找油气。当今世界很多地方都在开展相关的勘探工作，包括陆地和海上两类。虽然两者基本原理相同，都包括数据采集、资料处理和资料解释 3 个环节，但具体操作的细节问题有较大差异（吴时国和张健，2014）。本节只关注海上地震探测。

## 3.3.1 数据采集

地震数据采集是海洋地震探测工程中的第一道工序，也是最为重要的工作，在这道工序里要用到两种装备，那就是激发人工地震波的震源系统和记录地震信号的接收系统。习惯上，把传感地震信号的装置称为地震检波器（水听器），把采集和记录地震信号的装置称为地震勘探仪器。地震检波器和地震勘探仪器总是要联合工作才能实现完整的地震数据采集功能，即在功能上，检波器和仪器是密不可分的整体，而实际上，当今的第六代全数字系统已经将检波器和勘探仪器融为一体。站在系统的角度，也为了满足发展的需要，本节把包括地震检波器和地震勘探仪器在内的地震信号传感和采集装置，统称为地震数据采集系统（简称采集系统）。

地震数据采集系统的综合性能一方面直接关系到所接收地震数据的品质，另一方面还限定了地震勘探采集方法的实施空间（如采样率、地震道数等），这就是采集系统与地震数据品质的内在联系（罗福龙，2007）。海上地震勘探数据采集技术是从陆地勘探演变而来，表3-1和图3-43给出了目前海上地震勘探的主要类型。其中利用海上拖缆进行2D、3D数据采集是最为常见的方法。60多年的发展历程中，工业界针对海洋的特点，在震源、接收记录和海上定位导航三大系统以及施工方法上都形成了自己特定的技术。包括广泛使用非炸药震源；比陆上勘探更早实现了野外记录数字化；使用等浮电缆；单船作业，震源和记录仪器在同一条船上，不需要重复插放电缆即可保证连续工作；采用多次覆盖技术，且覆盖次数较高；广泛使用卫星定位技术实施作业导航（Thomas，1992；Caldwell，1999；Lericolais et al.，1990；李旭宣和王建花，2014；陆基孟和王永刚，2011）。

表 3-1 海上地震勘探的主要类型

| 按观测系统分 | 海上拖缆 | 浅水区或过渡带 | 海底观测 | 水中垂直线阵（VCS） |
| --- | --- | --- | --- | --- |
| 按数据密度分 | 2D、3D、4D | 2D、3D、4D | 2D、3D、4D | 2D、3D、4D |
| 按检波器类型分 | — | 1C、2C | 1C、2C、4C | 1C、3C、4C |

注：D-Dimension，C-Component

### 3.3.1.1 震源系统

震源系统是海洋地震探测的重要组成部分，决定着海洋地震勘探的地层穿透深度和分辨率。海上震源若沿用陆上勘探分类，分为炸药震源和非炸药震源两类。最初的海洋地震勘探仍然使用炸药震源，但由于炸药震源的不安全性和不稳定性，20世纪50年代末期，爆炸源（即炸药震源）逐步被非炸药类型的新型震源系统取代。现阶段使用的激发震源主要是空气枪震源和电火花震源等，其中空气枪震源占到了95%以上。这些种类的震源由于工作原理不同，其震源特性有着较大区别，震源的选用对海洋地震勘探成果的质量有着重要影响（裴彦良等，2007；黄健，2015）。

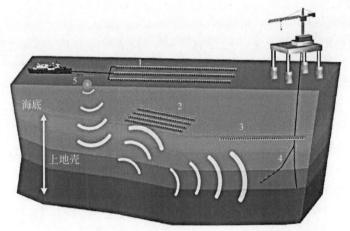

图 3-43　海上勘探方法均包括震源（S）和某种类型的接收阵列

注：1. 海上拖缆方式；2. 海底观测方式；3. 埋入海底的接收阵列（多波平行接收电缆）；4. VCS

### （1）空气枪

空气枪是使用最普遍的大型海洋地震探测震源，是一种在极高压力下将气体突然释放到水中，产生短促、高能地震脉冲的装置。各种枪具的结构各异，不同激发容量的同种枪具也存在结构差异（图 3-44），但工作原理都大致相同，即将空气压缩送入枪的室中并达到一定压力时，在水中瞬间释放被压缩的高压气体（空气），利用气体破裂时产生的气泡形成海洋地震探测中的激发震源。这种震源是典型的脉冲震源，类似于炸药震源产生的脉冲波。

| 150in³ | 250in³ | 380in³ | 520in³ |

图 3-44　不同容量气枪的枪具结构

气枪有多种类型，主要有 Sleeve 枪、Bolt 枪、G 枪和 GI 枪。其中，Sleeve 枪和 Bolt 枪结构类似（图 3-45），这两种枪的工作原理相近，枪体的梭阀两侧为一个主气室和一个起爆气室，气瓶中存储的高压气体在经过控制面板调压和分流后进入气枪的起爆气室和主气室，起爆气室内的高压气体压住梭阀的活塞从而使梭阀的另一端封住主气室的排气口。电磁阀点火后首先把起爆气室内的气体释放，这时由于两侧气压的不同梭阀开始向起爆气室一侧滑动，滑动的同时使主气室的排气口打开，高压气体迅速释放到水中，从而产生高压气泡。高压气泡在水中连续振荡形成压力波场并开始按照自由振荡规律传播。伴随气体的释放，气室内的压力减小，向上的作用力快速变小，梭阀重新变成等待激发的状态。电磁阀自动关闭，高压气体再次通过进气口进入起爆气室和主气室，主气室密封，等待下一次激发指令。

G 枪的起爆气室和主气室处于梭阀的同一侧 [图 3-45（c）]，且由梭阀和枪体将起爆气室和主气室分离开来。它的工作原理与 Sleeve 枪和 Bolt 枪近似，不同的是在电磁阀点火后，不是释放掉起爆气室内的高压气体，而是为起爆气室充高压气体。高压气体进入气枪后，充满主气室并压住梭阀活塞的小端，梭阀封住主气室的排气口。当电磁阀点火后，起爆气室开始充高压气体，高压气体挤压梭阀大端使其滑动，此时主气室排气口打开，高压气体迅速释放到水中，产生高压气泡。

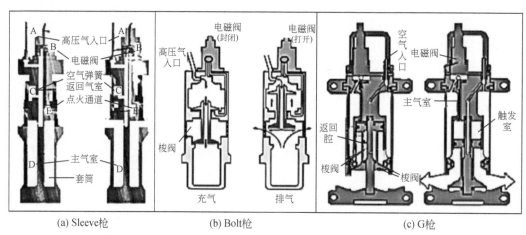

(a) Sleeve枪    (b) Bolt枪    (c) G枪

图 3-45    各种气枪结构和工作方式

GI 枪的工作原理是通过在气泡内部注入气体，自身可消除振荡气泡的影响。GI 枪的气室分为上下两部分，上气室气体用来产生气泡，形成压力波场，称为 G 室；下气室气体用来消除气泡振荡，称为 I 室。I 室容量为 G 室容量的 2.3 倍。气枪激发后，G 室首先打开，释放高压气体，产生压力脉冲；当气枪产生的气泡达到最大体积时，I 室打开，向气泡内注入气体，使气泡内部压力迅速增大，直至和周围静水压力相等。此时，水体和气泡不再具有动能，气泡不再产生振荡。由于 GI 枪只有小部分气体用来产生压力脉冲，大部分气体用来消除气泡振荡作用，因此，GI 枪主要用于浅层高分辨率地震勘探，GI 枪可以有效改善地震记录的品质，但在深层勘探中，GI 枪应用受到很大限制（Jones，1999；邢磊，2012）。

海洋地震勘探往往不采用单一气枪来进行激发，而是采用多个枪组合形成枪阵的形式进行激发。气枪阵列的组合一方面可以增大激发的能量，增大地震波穿透地层的能力；另一方面可以利用组合枪阵的相干和调谐作用，来实现压制虚反射和降低气泡效应影响的作用（图 3-46）。

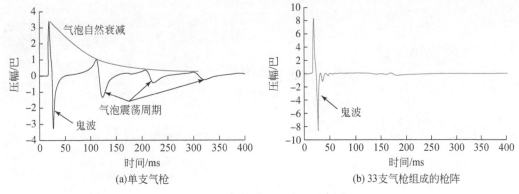

图 3-46　气枪产生的波形示意图

调谐枪阵。利用容量大小不等的组合空气枪产生具有不同振动周期的气泡体，相互叠加抑制气泡效应。该方法要求枪距较大（4~5 倍气泡半径）、枪阵较长。枪阵中有一个大容量气枪，其脉冲信号能量作为主导，其他小容量气枪则消除气泡效应的作用。为此，将不同容积的气枪按某种几何形状排列，并严格保持同时激发，时间误差控制在 1ms 以内。

相干枪阵。海上作业实践发现，单靠调谐枪阵想进一步提高能量和气泡比是很困难的，因此，相干枪阵的方法得到了推广，其原理在于利用相同容量的空气枪在枪距较小时，所产生的气泡效应影响刚好能相互抑制（李旭宣和王建花，2014）。

空气枪容量的大小是指下气室的容积，其决定激发瞬间喷入水中的高压空气的体积，大气枪产生的气泡比小气枪的大，因此产生的激发子波频率较低；高压空气的气压越大，产生的气泡越大，同样大的气枪产生的脉冲频率越低；气枪放置在水下越深，受到静水压力越大，产生的气泡越小，激发子波的频率越高。因此，我们应根据具体工作需要，选择合适的气枪类型、容量大小和激发条件。

**（2）电火花震源**

电火花震源是海洋地震探测中另一种常见的震源类型。国外继 Alpine Geophysica 研制出首套电火花震源后，目前 SIG、Georesource、Fairfield、EG&G 和 Aquatronics 等公司研制出许多新产品。我国也研制了陆用和海洋电火花震源，其激发子波主频可高达 600Hz，频带范围 6~1200Hz，能分辨海洋水体温盐跃层、黑潮、沉船和海底烟囱等。

电火花震源按照放电类型，主要分为基于脉冲电弧放电原理的和基于脉冲电晕放电原理的电火花震源。其中，使用阳极放电的电火花震源的电极消耗较快，使用阴极放电的电火花震源的电极消耗很慢，俗称"无损电极"。根据不同的结构样式，又分为平面电极、对电极、柱面电极和束状电极等形式（图 3-47）。

目前，较常使用的电火花震源主要基于脉冲电晕原理，它具有能耗低、安全性高、可重复性好等优点，但同时具有能量转化效率低等缺点。图 3-48 为单点电极脉冲电晕放电过程，可以用热模型和质子迁移理论来诠释，其过程分为 4 个阶段。

当 $0 \leqslant t < t_1$ 时，闭合通路脉冲瞬时高压达到电极尖端，由于电极尖端与海水接触产生

了电路负载，通路电流会使负载电阻产生焦耳热量，进而使尖端附近的水层升温汽化，形成气泡。在这期间，电极尖端水层温度上升，电导率变大，负载电阻变小。

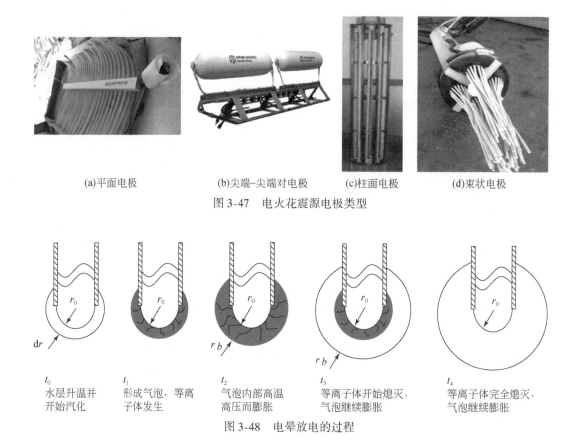

(a)平面电极　　　　　(b)尖端-尖端对电极　　　(c)柱面电极　　　　(d)束状电极

图 3-47　电火花震源电极类型

| $t_0$ | $t_1$ | $t_2$ | $t_3$ | $t_4$ |
|---|---|---|---|---|
| 水层升温并开始汽化 | 形成气泡，等离子体发生 | 气泡内部高温高压而膨胀 | 等离子体开始熄灭，气泡继续膨胀 | 等离子体完全熄灭，气泡继续膨胀 |

图 3-48　电晕放电的过程

当 $t_1 \leq t < t_2$ 时，气泡内部将发生电子雪崩现象，形成等离子体，等到高温高压等离子体排斥气泡时，气泡半径迅速膨胀，此时气泡膨胀相当于增大电极尖端半径，负载电阻将变小。

当 $t_2 \leq t < t_3$ 时，电容能量峰值瞬时释放后，电极尖端的电压场、电流场都较小，气泡内的等离子体开始减少，内部温度也就较快地降低了，而气泡壁旁将重新产生气态水分子，使电极尖端附近的海水电导率进一步降低，负载电阻增大。

当 $t \geq t_3$ 时，等离子体完全熄灭，气泡停止膨胀，气泡内的气层厚度增大，负载阻抗进一步增大，内部温度持续下降，气泡的体积开始收缩脉动。且在收缩过程中，内部压力又将升高，这一往复的过程称为气泡脉动。

当气泡半径小且静水压力远小于内部压力时，形成脉冲压力波；当半径较大而静水压力远大于内部压力时，形成稀疏波。气泡能量决定了气泡脉动次数，能量越大，克服阻力做功的能力越强，脉动振荡次数越多，气泡周期越长。如图 3-49 所示，在激发能量分别为 4kJ 和 8kJ 情况时激发的压力脉冲波时频域曲线，说明能量越大振荡次数越多，二次振荡越明显。

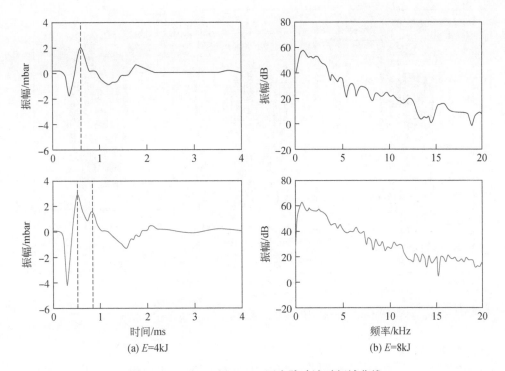

(a) $E$=4kJ　　　　　　　　　　　　　　(b) $E$=8kJ

图 3-49　$E$=4kJ 和 $E$=8kJ 压力脉冲波时频域曲线

电火花震源具有操作简单、携带方便、工作效率高、能量小、频带宽且主频高等特点，主要用于海洋地震安全性评价、近海海洋工程基础地质调查、海底稳定性及海底滑坡等地质灾害调查等，也可以用于浅层气、天然气水合物调查等能源勘查方面。

**(3) 水枪**

水枪的能量是通过压缩空气产生，但不是将空气射到水中，而是通过水中气穴体的突然崩塌转化声学能量。图 3-50 显示了水枪放炮循环的 3 个阶段。开始阶段压缩空气推动中心活塞向下，快速排出储存在圆筒中活塞前部的水。当活塞被标有"STOP"的凸缘卡出时，移动的水销子从活塞中分离形成气穴。随后气穴爆破产生脉冲输出，其能量与水销子动能成比例。当活塞到达底部，点火室内近乎真空，活塞受到静水压力推动，回到击发前位置，准备下一次放炮循环。因为没有气体产生，所以几乎没有气泡效应（Jones，1999）。

### 3.3.1.2　接收系统

海洋地震探测的接收系统主要包括海上（或海底）接收电缆、海洋地震检波器（水听器）两部分。地震检波器主要功能是将地震波的机械能转化为电信号，接收电缆主要功能是将电信号从检波器送至存储终端，并负责甲板单元和水下单元之间的通信控制及电力供应。

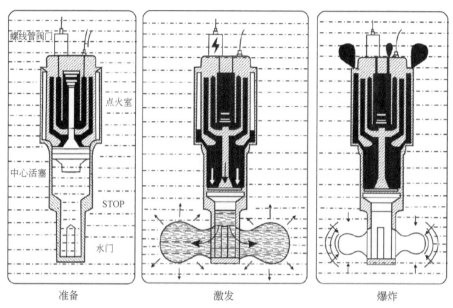

图 3-50　水枪放炮循环的 3 个阶段（据 Jones，1999）

**（1）接收电缆**

接收电缆具有数据传输、控制通信和电力供应的功能。根据电缆外护套里面所充填介质以及传感器类型的不同，接收电缆主要分为充油电缆、固体电缆和海底电缆三种（图 3-51）。

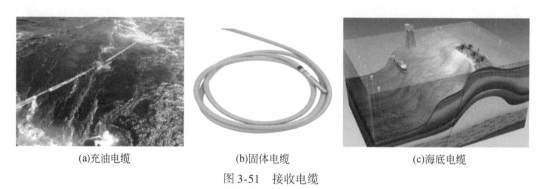

(a)充油电缆　　　　　　　　(b)固体电缆　　　　　　　　(c)海底电缆

图 3-51　接收电缆

充油电缆是海洋地震勘探的重要采集电缆。顾名思义，其内部充填的介质是油，为一种密度在 $0.8g/cm^3$ 左右的轻质蜡油，将这种轻质蜡油充填到电缆内部之后，若海水密度因为温度、盐度发生变化而改变，可通过增减缠在拖缆表面的薄铅片来调节拖缆密度，以保持合适的浮力，使得在加入数字包之后整缆的密度和海水大体相当，该类电缆也称为等浮电缆。它具有成本低、易于维修等优点，但也存在一旦出现破损溢出油将污染海洋、信噪比低等缺点。

但随着海洋地震探测工作 HSE 的要求，充油电缆的使用率也在变小。固体电缆采用低密度的聚乙烯或聚氨酯材料作为内部填充浮体材料,外皮为聚氨基甲酸乙酯弹性纤维材料,使固体电缆更加坚固。在同样环境条件下,固体电缆比液体电缆受到噪声的影响小。对于一个特定水平级别的海洋涌浪,勘探船拖带固体电缆时不会因电缆深度的变化而使噪声明显增加(李颖灿,2013)。固体缆采集信号的信噪比更高、性能更加稳定,但价格和维修要求也高,甚至一旦损坏就难以修复。尽管存在一些缺点,固体电缆仍是海洋地震勘探中未来的重要发展方向。

海底电缆技术于20世纪90年代开始应用,是在传统地震拖缆无法施工的浅海区和障碍物区(如海上钻井平台等),获得高品质地震资料的主要技术手段。它和目前常用的等浮电缆不同的地方在于它不仅是沉放在海底,而且使用了垂直速度检波器和压电检波器,其中垂直速度检波器是速度型的,而压电检波器是加速度型的。现在国外一些公司已经开始使用水下机器人(ROV)安置海底电缆,其仅需要将投放的位置信息输送给ROV,ROV自动将海底电缆的每个节点准确地放置到海底指定位置,具有更高的接收点空间位置精度。

接收电缆除内部填充了水听器、液体或固体介质和配重外,电缆上还配有磁罗经、罗经鸟、声学鸟、RGPS、压力传感器、姿态传感器等。

**(2)海洋地震检波器**

1)水听器。水听器是用于探测水中传播的地震信号,通常由压电材料,如钛酸钡、钛铅或铅偏铌酸盐制造。水中压力的变化在传感器电路中产生小电流,由传统的电缆、光纤连接或无线电经放大后传输到数据存储和显示装置。传感器形状各异,包括球体、尾部封盖的管子、金属板和细电线,灵敏度为$1 \sim 100 \text{mV/mbar}$,地震频率为$10 \sim 1000 \text{Hz}$。水听器通常设计为成对匹配,这样它们的输出会因压力的改变而增加,且消除因水平加速度产生电压。水听器的大小与地震波波长相比要小,所以它们本质上是全方位的。单独的水听器仍然用于声学研究,如在热液活动区,但在大多数海上地震工作中,水听器一般组成阵列,拥有重要的降噪特性,同时能对地震能量产生响应。在反射剖面测量中,水听器阵列或者接收电缆拖曳于船尾,成千上万个水听器可以同时工作。

2)地震检波器

地震传感器主要有压电传感器和数字检波器。其中压电传感器应用较为普遍。目前所应用的压电传感器又分为圆柱形压电陶瓷换能器、复合棒压电陶瓷换能器、金属压电陶瓷双叠片换能器和弯张换能器等类型。它的工作原理是根据压电效应,入射声压作用到压电材料上,导致材料发生伸缩形变,进而导致材料表面产生电荷,电荷量的大小与作用的应力成正比。通过检测这一过程产生的电荷属性就可以反映外界的作用力属性。地震检波器被广泛应用于自包容式海底设备、海底钻井孔以及需要做精细三维地震调查的障碍区和浅水域。通常的设计包括一个带圆形狭槽的柱状永久磁性体,其上包括一个挂在触发叶上的线圈。整个装置被安装在压力箱内。当海底发生垂向移动时,磁性体跟随地面运动,而线圈由于惯性而保持固定。根据线圈与磁性体发生相对运动的速度,线圈的末端产生相应的电动势。信号通过电缆或者无线电传送到记录仪上。具有水平线圈的数字检波器被设计来探测水平偏振剪切波(杨振武,2012;吴时国和张健,2014)。

### 3.3.1.3 采集方式

随着海洋地震探测逐步转向浅层精细构造、深部油气储层、高速屏蔽层下油气储层和复杂构造油气田等领域，为适应新勘探形势下地震资料精确成像的要求，海洋地震采集技术和工作方法得到了创新和发展（李旭宣和王建花，2014）。在激发方式上，从平面震源发展到多层震源、立体震源；在接收方式上，从水平电缆发展到上下缆和斜缆（变深度电缆），从单一的压力型检波器电缆发展到速度和压力组合的双检波器电缆；在海洋三维勘探中从直航线的窄方位角采集发展到环形宽方位角采集。这些新地震采集技术和工作方法的应用，有效地克服了常规海洋地震探测的不足，增加了地震原始信号的低频能量、拓宽了地震信号频带，提高了深部有效反射信号的信噪比和成像效果，在一定程度上满足了精细结构成像和复杂油气田勘探、开发的需求（常旭和王一博，2014；吴志强等，2013）。

**（1）水平拖缆**

水平拖缆采集是指在海洋上进行地震探测时，将激发震源和一条或多条平行的接收电缆（等浮电缆）以一定的偏移距和沉放深度拖曳于船尾后方，调查船匀速航行（理想情况），一边以固定距离或等时间间隔进行连续的激发地震波，一边以固定时间窗口捕获海水及海底以下地层反射回水听器地震信号的一种地震采集方法（图3-52）。

图 3-52 水平拖缆采集

以水平拖缆为接收系统，海上气枪阵列为震源系统，是使用最为普遍的传统海洋地震观测方式，具有经济、高效和环保的优势（吴志强等，2013）。但现今这种观测方式已不再是传统的单船、单缆、平行线性条带、单航向、窄方位（NAZ）二维地震观测，而是多船、多缆、高覆盖次数、多方位（MAZ）、宽方位（WAZ）、富方位（RAZ）的三维地震观测方式。目前世界最先进的海洋多道地震系统可同时拖曳 20 多条等浮电缆，每条缆长 12km，带有 4000 多个检波器，可同时采集 80 000 道的地震数据。

传统的海上二维勘探一般采用单船、单源、单缆方式进行，其震源激发后经过地下介质反射回接收点的地震波，通常被认为直接来自测线的正下方的二维地震剖面，为此，要求布设的测线尽量垂直于地质体走向。该方法本身不具有三维、四维地震勘探的复杂性，测网通常比较稀疏，作业面积很大。现今二维地震勘探常常作为三维和钻井等精细勘探之前的试探性工作，以了解工区地质概况，大致确定地质目标体方位。

二维地震勘探的局限在于测线之间距离太远，通常间隔为 1 ~ 2km，所以采集的数据量严重不足，这增加了解释的不确定性，并导致地层精细刻画变得困难重重。三维地震勘探能很好地解决这一问题，其要求测线间距、测线方向和测网边界等按固定的测线网格布置，具体采集参数包括震源能量、接收道距和记录时长等也需要一致。通常三维勘探并不要求测线垂直走向，因为众多二维测线构成了密布的测网，所以通常是要求覆盖靶区即可。三维地震勘探航线间距通常在 400 ~ 800m，这取决于拖缆的数量和间距。现在广泛使用的多缆观测方法，测线间距一般为 25 ~ 50m，可以由单艘勘探船来完成。如此高效的采集方法可以获得数倍于过去二维勘探单船单缆方式所得的数据量［图 3-53（c）］。三维地震勘探的规模一般用测网面积或航行里程来表示，一次小规模勘探通常能达到 $300km^2$，或 1000km 航程。大规模三维勘探测网覆盖面积可达 $1000 ~ 3000km^2$。

但海上拖缆方法进行地震观测时，由于普遍受风浪和海流影响，等浮电缆总是会偏离理论设计的测线方向，这两者之间的夹角称作"羽角"（feathering）［图 3-53（a）］。尽管在二维地震勘探中，电缆的这种横向位移通常不会产生太大的影响，但在三维地震勘探中却是致命的问题，所以需要尽可能减小羽角，以确保资料采集的精度。

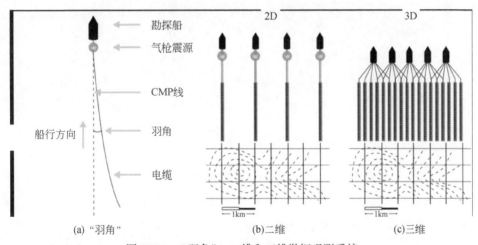

图 3-53　"羽角"、二维和三维勘探观测系统

## （2）上下缆、双检和变深度拖缆

常规海上地震拖缆采集的地震记录受海水面虚反射（鬼波）的影响，存在陷波特性，使其有效频带变窄，降低了地震剖面的分辨率，因此，要获得高分辨率的地震剖面，就必

须在地震采集或地震处理时设法消除虚反射的影响。近些年，WesternGeco 公司推出了海上上下缆采集技术（Moldoveanu and Egan，2006），通过上下缆合并处理成像，压制海水面引起的虚反射；CGGVeritas 公司推出了变深度拖缆采集（Soubaras，2010），通过镜像偏移处理技术压制虚反射；PGS 公司推出双传感器 GeoStreamer 地震拖缆采集系统，将压力和速度传感器整合在一起，该拖缆能够分离上行波场和下行波场信号，并去除虚反射，得到宽频带地震数据，改善中深层地震资料的成像品质，从而实现深部复杂构造的成像（刘春成等，2013）。

常规海上拖缆地震采集技术是采用单源激发、单缆接收地震波的二维方式或双源激发、多缆接收地震波的三维方式。海上上下缆采集在拖带方式上与常规地震采集有很大的不同，它是将两条或三条电缆根据采集目的需要按照不同深度沉放到同一个垂面上进行野外施工（图 3-54）。理论上，地震波在地层传播过程中，相比低频能量而言，高频能量易被大地吸收，并且地层越深，高频衰减越严重。在双电缆的采集过程中，电缆沉放越深，越有利于接收低频反射能量；电缆沉放越浅，越有利于高频反射能量接收。通过在不同深度上的上下缆对地震信号的接收，并且在处理阶段再对上下缆接收的数据进行合并处理，即对浅层电缆接收到的高频成分和深层电缆接收到的低频成分进行叠加，从而达到拓宽频带的效果。不同沉放深度的电缆接收的子波振幅谱是不同的，沉放深度越浅的电缆接收到的子波振幅谱频率越高，沉放深度越深的电缆接收到的子波振幅谱频率越低。各沉放深度对应的陷波频率段和能量也不同，因此，利用其不同深度振幅谱的特性，经合并处理，可达到拓宽频带和提高振幅能量的效果（余本善和孙乃达，2015；张振波等，2014）。

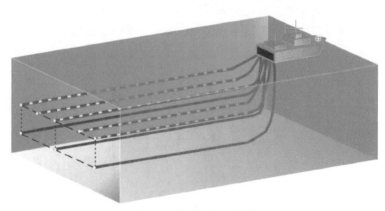

图 3-54　上下缆采集方式

由于上下缆沉放的深度不同，"鬼波"造成的电缆陷波频率也不同。如图 3-55 所示，图中蓝色曲线分别是对浅层（5m）沉放电缆与深层（17m、23m）电缆接收信号的振幅谱，红色曲线是上下缆振幅谱合并后的形态，很明显相对于任何单一沉放深度的电缆，其低频能量明显提高，高频部分能量得到增强，地震记录的频带得到拓宽（赵仁永等，2011；Xie，2012）。

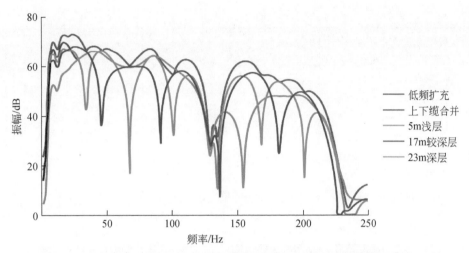

图 3-55　不同沉放深度电缆接收及合并后的振幅谱综合图（据赵仁永，2011）

　　海洋拖缆双检地震采集是将速度检波器和压力检波器集成在电缆的同一个位置，并采用与常规二维、三维地震采集相同的拖带方式进行作业。双检合成处理的数据是从水检压电检波器和陆检垂直速度检波器采集而来，所以，在双检采集之前，要先弄清纵波传播方向与压缩、膨胀和质点运动之间的关系。水检压电检波器响应是波场传播产生的压缩和膨胀；陆检垂直速度检波器响应是波场传播引起的质点运动。纵波传播方向与质点运动方向相同或相反。当纵波传播方向和质点运动方向一致时就会产生一个压缩波场；当纵波传播方向和质点运动方向相反时就会产生一个膨胀波场。如果波的传播方向始终从左向右，那么当波从左向右传播时，会产生一个从左向右传播的压缩波场，其质点运动方向也为从左至右；当波从右向左传播时，会产生一个从左向右传播的膨胀波场，其质点运动方向为从右至左。

　　纵波传播方式与质点运动、压缩和膨胀之间的关系是发展水、陆检速度检波器地震采集的缘由。水检压电检波器的响应是水中压力随着压缩和膨胀作用而变化且产生极性转换。当压缩或挤压水检压电检波器时，会产生负向脉冲，膨胀时水检压电检波器产生正向脉冲。陆检垂直速度检波器的响应是质点运动方向，它随着质点运动方向的变化而产生极性变化。当质点向上运动时，陆检垂直速度检波器表现负极性，当质点向下运动时，陆检垂直速度检波器表现正极性。由于空气与海水的波阻抗差很大，海面作为强反射界面，对上行波进行反射的同时，对产生的下行波有反转相位作用。在双检数据采集中，压力检波器是全方位的，其记录来自地层反射的上行波与经海面反射的下行波（即鬼波）的相位相反 [图 3-56（a）第一个负相位是上行波，后一个正相位是下行波]；速度检波器在水中需要一直保持垂向，记录垂向速度变化，其观测到的上行波与下行波的相位相同 [图 3-56（b）第一个正相位是上行波，最后一个正相位是下行波]。所以，在双检地震资料处理中，利用压力检波器与速度检波器分别接收到相位相反的上行波而下行波相位相同的特点，通过联合处理就可以有效压制电缆"鬼波" [图 3-56（c）]，获得高信噪比剖面（图 3-57）。

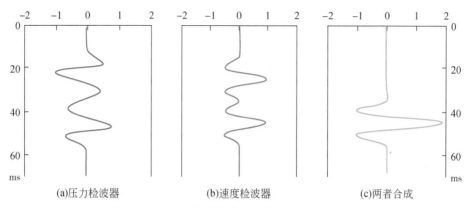

(a)压力检波器　　　　　　　(b)速度检波器　　　　　　　(c)两者合成

图 3-56　双检采集接收的上、下行波及两者合成

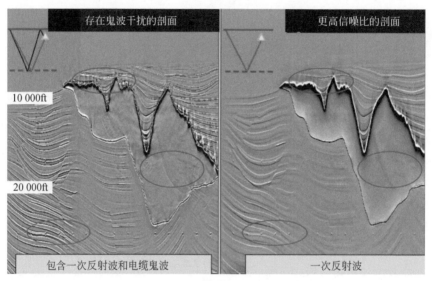

图 3-57　有无电缆鬼波的模型剖面对比

注：1ft=0.3048m

　　针对常规等浮电缆采集鬼波难以压制，虚反射严重，信号频带高低两端能量较弱，电缆沉放浅时中深层目标低频能量较弱，不利于深层构造目标的成像；电缆沉放深时高频能量损失中层储层频带范围比较窄，不利于地层岩性圈闭勘探中储层的刻画，以及上下缆采集要求上下缆在同一垂直剖面内，对电缆的定位精度要求很高，难度要远大于单缆采集，采集成本较高，且信号频谱不光滑，严重受电缆漂移等问题影响，CGGVeritas 公司推出倾斜电缆的采集方式，或称变深度缆采集（variable-depth streamer，VDS）。

　　变深度拖缆（斜缆）利用拖缆深度控制器（水鸟），将同一条拖缆上检波器深度随着偏移距的改变而改变，浅部接收到高频信息，深部接收到低频信息，体现了频率的多样性与丰富性，解决了常规拖缆采集过程中频率缺失的问题，较好地拓宽了频带，且随着拖缆深度的增加，拖曳噪声、膨胀波干扰和波浪噪声得到了很大程度上的弱化，信噪比更高

（图 3-58）。所以，这种方法又称"宽频带"方法。倾斜缆采集具有以下优势：电缆信号接收频带较宽，浅、中、深层均能获得较好成像；鬼波压制效果好，频宽大幅提高；电缆受海流影响漂移小，信噪比高；采集成本增加相对较小。同时，针对倾斜缆采集的地震资料推出了相应的各种处理方法，如利用镜像道集与联合反褶积处理技术可以非常有效压制鬼波（Hill et al.，2006；许自强等，2015；余本善和孙乃达，2015）。

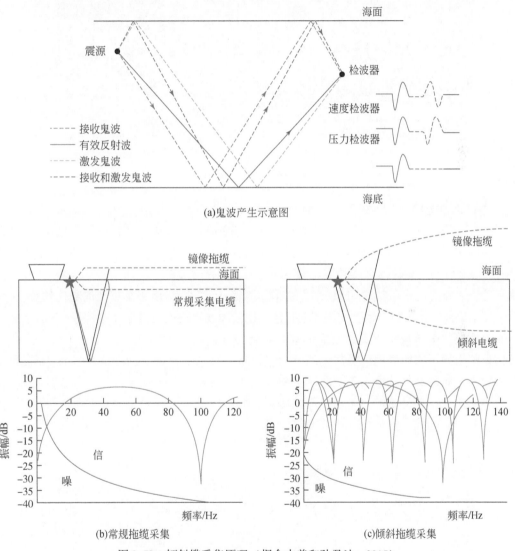

图 3-58　倾斜缆采集原理（据余本善和孙乃达，2015）

变深度缆采集技术已成功应用于墨西哥湾，如图 3-59 所示，从二维叠前时间偏移资料剖面上看出，变深度拖缆比常规水平拖缆主频更低，信噪比更高，频带更宽，深层分辨能力和穿透力更强。

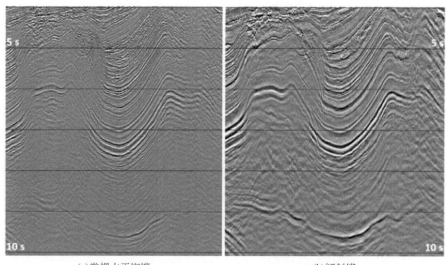

(a)常规水平拖缆　　　　　　　　　　　　　　　(b)倾斜缆

图3-59　墨西哥湾二维叠前时间偏移剖面

**（3）海底电缆**

海底电缆（ocean bottom cable，OBC）技术于20世纪90年代开始应用，是在传统拖缆地震无法施工的浅海区和障碍物区（如海上钻井平台等），获得高品质地震资料的主要手段。这种技术在浅海和极浅海区域勘探效果很好，采集的是多波多分量地震数据，显示出极大的优越性。它与常规等浮电缆不同的地方在于其不仅是沉放在海底采集更高信噪比的数据，而且引用了声波二次定位技术，使用了垂直速度检波器和压电检波器等（王哲等，2014）。

海底电缆采集技术将成百上千个检波器连接在海底电缆OBC上，由专门的放线船在定位仪的引导下将海底电缆沉放到海底。电缆布放可以是一条，也可以是多条，现今一般采用面积式布放实现三维采集。海底电缆的一端连接在固定的仪器船上，布放时勘探船需要后抛锚以保证船身不转向和船位不偏移，由另一条船（即震源船）在四周按设计测线放炮，完成海底电缆采集作业（图3-60）。

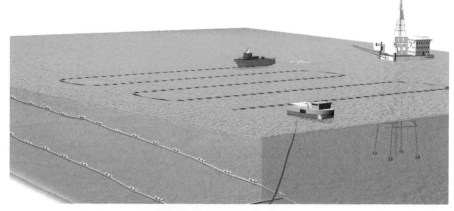

图3-60　海底电缆采集作业

OBC 电缆采用了垂直速度检波器和压电检波器（简称双检）技术，将高灵敏度磁电式检波器和海洋压电检波器合二为一，即把陆检检波器和水检检波器两种接收装置组合在一起，水检响应是波场传播产生的压缩和膨胀，陆检响应是波场传播引起的质点运动。由于海底电缆布设在海底，可以检测到地震 S 波分量，是一种多波多分量地震采集技术，其一般采集分量包括压力分量、垂直分量、X 方向水平分量和 Y 方向水平分量。垂直分量是由速度检波器接收到铅垂方向上的质点振动速度，压力分量是由压力检波器接收到由质点振动引起的水压变化。两者的结合大大提高了地震资料的采集优良品率，能较好地压制虚反射和海水鸣震，提高地震资料的成像精度，降低地质解释的难度。

在 OBC 数据采集中，把电缆放至海底的工作是通过机械或手动放缆方式进行的。由于受到海流、潮汐、船速及检波器沉降速度的影响，很难将检波器放到设计的位置。而导航提供的测量资料只是检波器离开放缆船时的位置，检波器在海底的实际位置与实时得到的导航数据存在一定的偏差。因此，必须通过一定的方法测定检波器在海底的实际位置。这种对已经下放到海底检波器或电缆位置再进行定位的方法，称为二次定位。当前的二次定位系统有声波定位系统和初至波定位系统。声波定位要附属一些声波发射和接收设备。而初至波定位则不需要附属设备，从地震资料中获取初至信息、进行分析计算，实现二次定位，使得成像点的精度更高。

海底电缆采集技术的应用实现了海上地震采集作业的"真"三维地震采集作业，常规的海上拖缆方法进行的三维地震采集作业获得的面元内共中心点分布不集中，炮检方位角范围有限，所以有人认为海上拖缆三维作业是加密的二维，即假三维作业。而海底电缆地震采集的方位角和偏移距分布广且均匀，面元内共中心点的分布也更集中，它克服了拖缆作业中存在的这些问题，使得海上实现了"真"三维地震采集作业（王哲等，2014）。多分量海底电缆（OBC）的出现也推动了海上多波勘探发生革命性变化，解决了许多用纵波勘探难以解决的问题（如硬海底、浅层气和气柱等），但 OBC 地震勘探一般限制在 150m 范围以内的浅水区域。虽然也有在 2000m 水深范围开展 OBC 勘探的报道，但在深水区采集多波多分量数据的实际成本和后勤保障等方面均存在很大的限制（吴志强，2006b）。

**（4）海底地震仪**

海底地震仪（ocean bottom seismometer，OBS）是一种可以自由释放于海底记录人工或天然地震的自包含数据采集系统，其可以依据惯性原理直接放置在海底，利用多个布设在海底的地震仪，长时间连续接收并记录天然地震和人工地震所产生的地震波，经层析成像或偏移成像，探测深部地壳结构及天然气水合物、油气资源等目标的一种地震观测设备。它克服了常规海上反射地震勘探对环境、缆绳等不利因素的困扰，采用了独特的布设方式，能够获取水听器分量、垂直分量和两个水平分量的波场信息，即能够获取丰富的纵波、转换横波等多种有效波的地震波信息，对反演天然气水合物的内部速度结构和提高地层分辨能力具有重要意义。OBS 是近些年发展迅速的一项新型海洋勘探技术，已经在深部地壳结构、海底构造成像、海洋油气和海域天然气水合物调查中得到了广泛应用（Aki et al.，1997；吕川川等，2011；支鹏遥，2012）。

目前世界各国生产的 OBS 类型多样，在外部结构、上浮系统、电源系统及数据读取方法方面均存在不同程度的差异，但是在设计原理、地震计、记录器等主要方面还是高度一致的。总的来说，OBS 主体部分包括三分量地震仪（1 个垂直分量、2 个水平分量）、深海水听器、数字化记录器、声学应答释放器、无线电发射器、闪光灯、压力表和罗经。辅助设备包括甲板释放单元和传感器、GPS 定位单元、沉藕架、电池和旗子等（图 3-61）。OBS 中的垂直分量用来记录地壳中的纵波（P 波）反射与折射信号，2 个水平分量用来记录来自地壳中的转换横波（S 波）信息；深海水听器（简称水听器）与地震拖缆的水听器功能基本一致，记录造成水压变化的地震信号，当 OBS 与海底耦合不良造成纵波信号品质低下甚至无法获得有效信号时，水听器记录的地震信号品质不受影响，其通过水压变化记录到地震信号可以作为纵波信号使用；另外，将只含 P 波信息的水听器信号与三分量地震仪记录的含 P 波和 S 波信号进行对比和数据联合处理，能够比较准确地提取 S 波信号，同时，将水听器记录的地震信号与垂直分量检波器记录的信号合并处理，可以有效地压制水体鸣震干扰，提高地震记录的信噪比，改善波组特征，这是常规地震拖缆所不具备的优势（郝天珧，2011；徐锡强，2014；孟祥君，2014b）。

(a) OBS内部结构　　　　　　　　　　　(b) 投放方式示意图

图 3-61　OBS 内部结构和投放方式示意图（据 WHOI，2001）

OBS 布放时，依靠惯性原理将仪器妥善安置于海底，核心元件为悬挂于弹簧上的一重物，处于两个磁性体之间，海底震动时，仪器及磁体随之震动，但重物保持静止，随后重物在磁场中振荡产生电信号被仪器记录下来。仪器本身是一个金属圆筒，内部包括数据记录仪和电池，还有用于仪器沉放的压舱物、一个遥控声学仪以及将 OBS 带回海面的气浮装置。

因为地震造成的地表震动有两种情况，一种是高频短周期微小位移震动；另一种则是低频长周期的大位移震动。微小震动需要高频记录仪器，数据量很大。大位移震动比较少见，因此，仪器记录频率较低，可节省一定内存空间和电池电量。故而 OBS 一般分短周期和长周期两种类型：

短周期 OBS 记录以小位移高频（几百赫兹）震动为特征的小型短周期地震，用来研究海底以下数十公里上地壳的结构；长周期 OBS 记录海底震动范围较大，频率从 10Hz 到每分钟 1~2 次。一般用于记录中等震级的地震和较远处勘探的地震信号。

OBS 的优势在于精确的校时方便了广布于海底的每个仪器记录数据进行对比分析。OBS 从海底回收后，研究人员可以通过拔掉数据电缆来卸载仪器的记录，避免了在颠簸的船上拆卸 OBS 保护壳可能会造成的损坏。另外，将 OBS 与岸边停泊的观测站连接保证了仪器记录的数据随时可用，这使得研究人员可以第一时间捕获地震信息。

OBS 的使用局限难以在投放过程中进行准确定位，因为常常要将其沉放到数千米深的海底。OBS 可能会停落在海底柔软沉积物上，而不是基岩。这影响了仪器的记录精度。短周期 OBS 电池寿命较短，所以 30 天左右就要完成一次大规模的投放回收作业。另外，OBS 的数据量较大，需要大容量磁盘（可达 27G）进行存储，这也增加了电池的负担。

OBS 既可以用于天然地震（被动源、长周期）的观测，也可用于人工地震（主动源、短周期）探测。被动源 OBS 探测，其主要工作频率通常为 50Hz~30s 或者 60s，主要地震传感器为摆，观测时间长达数十个月，主要用来探测洋脊、地壳、岩石圈或者更深部的地球圈层结构、监测和记录远震、区域性地震和俯冲带小震等天然地震发生时从地震震源中传播出来的地震波，又称为宽频带地震仪技术（阮爱国，2012；刘晨光，2014；黎珠博，2015）。主动源 OBS 探测要求放炮点与 OBS 站位之间有足够长的偏移距（超过 100km），地震波以超临界角入射，因此可以记录到广角反射波和折射波。主动源 OBS 地震探测是广角反射和折射兼备的广角反射/折射方法，既可以利用折射波获取大套地层层内速度和主要折射界面的构造形态，又可以利用广角反射得到比常规地震高很多的反射能量，获得深部反射层信息。因此该方法不仅可以用于深部壳幔结构研究，也可用于高速屏蔽层（玄武岩、火成岩）下成像研究（Mienert et al.，2005；Oshida et al.，2008；支鹏遥，2012）。

**（5）海底节点地震**

海底节点地震（ocean bottom nodes，OBN）就是将地震仪通过水下机器人直接布放在海底，地震仪自备电池供电，震源船单独承担震源激发任务（图 3-62）。当震源船完成所有震源点激发后，水下机器人回收海底地震仪，下载数据并进行处理与解释。

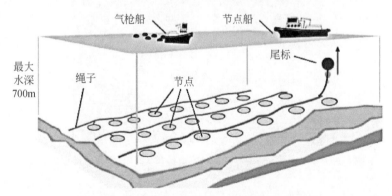

图 3-62 海底节点地震观测（据张松等，2011）

海底节点地震与海面拖缆地震观测相比，海面噪声对海底地震观测数据几乎没有影响，观测数据信噪比得到提高；采用水、陆双检波器，记录横波等 4 个分量的多波地震数据，能有效压制鬼波，提高成像质量，可直接用于识别油气储层；利用海底长期地震观测，保证观测应具有可重复性来监测地下流体运移；能获取全方位观测数据，提高地震成像质量在地下介质呈现出各向异性效应，地震波传播性质随传播方向发生改变，即通过不同炮检距和方位观测，将获得不同结果（Beaudoin and Ross，2008；耿建华等，2011）。

相比于海底电缆 OBC、海底地震系统 OBS 等，OBN 技术加入了更多的自动化成分，由于检波器或地震仪用水下机器人固定在海底，数据定位精度很高，更能适应海底观测系统的布设要求，具有较高的灵活性，系统布放与回收更加方便的特性，能够获得全方位保真数据，提高地震成像质量，提高勘探的可重复性，改善油藏监测结果（吴伟等，2014）。

海底节点地震数据采集已进行了大量应用，尤其在油藏监测领域应用效果显著。道达尔公司在安哥拉海上油田、雪佛龙公司在英国西设得兰群岛进行了海底节点勘探。但海底节点地震观测与海面拖缆地震观测相比不仅费用昂贵，而且由于海底地震仪自备电池供电，地震仪在海底放置时间不能太长，实现长期观测需要定期回收与布放海底地震仪，所以在 OBN 的基础上，又发展起来一种电缆式海底节点地震，其将多分量检波器长期布放到海底，通过电缆连接到海面支持船上，观测数据实时传递到船载地震仪上，震源船完成震源激发任务后，即可开展数据处理与解释（张松等，2011）。这种电缆式海底节点地震观测方式降低了数据采集成本（图 3-63）。

图 3-63 光纤电缆式永久型海底节点地震观测（据张松等，2011）

目前，多家公司在研发新型海底节点采集装备。Seabed Geology 公司正在研究开发海底节点自动化地震数据采集装备及技术方法，以提高采集精度、降低采集成本、减少作业时间为目标，预计这一研究成果对海底地震勘探技术进步和发展有着重要的影响。壳牌公司正在研发的 Flying Node 新一代海底节点地震装备，采用 Geoscience 公司专有的环形水下自动运载装备,将检波器布放到设计好的位置,采集完数据后回到船上进行数据回收,克服了采用水下机器人节点布设速度慢问题(Cantillo et al.,2010;Ronen et al.,2012;张松等,2011)。

**(6)垂直缆地震**

为了提高海洋地震成像质量和勘探效果,近年一些新的海上地震勘探技术得以引进和发展,垂直缆地震(vertical cable seismic,VCS)就是其中之一。垂直缆地震起源于海上走航式 VSP,起先用于美国海军反潜目的,1987 年开始应用于海上地震探测,经过数年的发展,已经在解决盐丘两侧岩性储层、海底硫化矿物成像等问题上得到较好的应用(Asakawa et al.,2015;何勇和张建中,2015)。

垂直缆采集系统的结构如图 3-64 所示,垂直接收缆上部分放置可调控浮标,使电缆具有上浮的拉力,底部用锚固定在海底,使电缆相对于海面保持竖直状态。垂直缆布设在海水中,调查船空气枪震源激发地震波,垂直缆上挂载着水听器接收地震波信息,数据传输可通过无线或有线传回至调查船,也可储存在水下单元内。

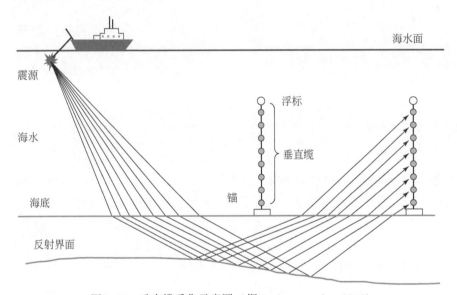

图 3-64　垂直缆采集示意图(据 Asakawa et al.,2015)

海上垂直缆的水听器安置于垂直海底面的电缆上,为了防止水流的影响,需要在电缆上安装整流罩。在重力、浮力和流体压力作用下,需要保证电缆和水听器在海水中保持垂直状态,底部用锚起到固定作用,且随着技术的不断进步,垂直固体缆也将开始应用于海洋地震勘探。在垂直缆观测系统中,电缆之间的距离和采样间隔是影响其分辨率的两个基本因素。当垂直缆数量和震源分布范围一定时,增加每条缆上的接收点数量或增加炮点密度,都可大大提高目标区的覆盖次数;反射点位置一般位于垂直缆和炮点之间,当炮点分布一定时,垂直缆越长,水听器越靠近海面,它对应的反射点离垂直缆位置越远,反射点分布范围就越大,而垂直缆越短,水听器越靠近海底,对应的反射点越集中分布在垂直缆周围;通过合理地布设垂直缆的缆间距和采样间隔,可以实现广角覆盖,对地层的成像分辨率有很大提高（何勇和张建中，2015）。

与常规海上三维地震勘探法相比，垂直缆在工作中相对静止，只有震源移动（图3-65）。首先，这种采集方式减少了背景噪声的干扰和海况变化对垂直缆作业的影响，降低了工作环境的限制，可以使垂直缆更靠近钻井平台等障碍物，减少了勘探盲区，且在海底具有较为均匀的覆盖次数；其次，垂直缆之间的相邻检波器有足够大的距离，易于分离上行波和下行波，并可以通过波场分离处理提高信噪比；再次，垂直电缆对所有的炮点来说都是固定的，可得到真实三维地震剖面。总的来说，垂直缆技术具有广角、宽频及多次波易于识别等优势，其不足在于成像区域有限，需要非常规处理成像（Krail，1997；何勇和张建中，2015）。

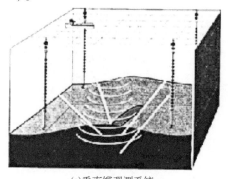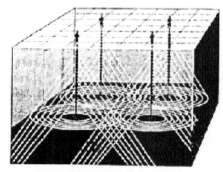

(a)垂直缆观测系统 　　　　　　　　　　　(b)目标层覆盖率

图3-65　垂直缆观测系统与目标层覆盖率（据 Krail，1997）

### 3.3.1.4　观测系统

虽然海洋地震探测技术得以日新月异的发展，但对于深水区大规模三维地震勘探，经济可行的方案还是采用地震拖缆采集观测系统。传统的海上拖缆观测系统是一个平行的线性条带、单航向、窄方位（NAZ）的采集方式，难以适应深水区复杂地质构造叠前偏移成像的要求。为满足对深水区油气资源的评价，改善该区域地震资料的品质，提高探井成功率的需要，国内外深水区地震采集逐渐出现了多方位（MAZ）、宽方位（WAZ）、富方位（RAZ）、全方位（FAZ）的地震拖缆观测方式，这些观测方式大大增加了地震资料的方位角信息，提高了地震成像的质量（Moldoveanu et al.，2008；刘依谋等，2014；李欣等，2014）。

**（1）窄方位（NAZ）采集观测**

海上三维地震勘探一般采用单船拖缆采集方式，这种观测系统的一个显著特点是排列片横纵比很小，同时纵向覆盖次数明显高于横向覆盖次数（大多数情况下横向覆盖只有1次）。按单船采集的最大拖缆数16条，拖缆间距100m，拖缆长度6km 计算（图3-66），单船观测系统排列片的最大横纵比一般只有0.125。按照常规宽、窄方位角观测系统的定义：横纵比大于0.5为宽方位观测系统，反之为窄方位观测系统。即常规单船拖缆观测系统一般属于窄方位观测系统（刘依谋等，2014）。

窄方位拖缆的炮线一般平行于接收线，也称为平行观测系统。走航施工时，为了将接

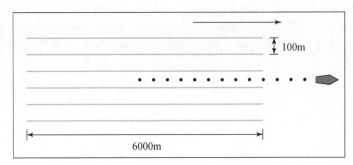

图 3-66　单船 NAZ 拖缆平行观测系统

收电缆拉直又保持施工效率，需要将工区分成两个区域［图 3-67（a）中的蓝线和红线区域］，即当地震船航行到蓝线工区的边界时，继续沿原来直线向前航行半个拖缆的距离，然后转一个大弯到另一个方向相反的红线工区上，其地震船航行轨迹如同沿着田径跑道航行。窄方位拖缆采集的野外生产比较容易实施也节省了地震采集费用，因此小规模的石油公司目前普遍都使用这种三维观测系统。这种窄方位观测系统的远偏移距方位角一般在地震船路径的上下 10° 范围内，而在近偏移距方位角范围也只是稍大一点［图 3-67（b）］。当遇到复杂地质构造和折射率较高的地层，地震波射线会发生弯曲，导致地震波无法达到深部构造区域，无法清晰成像（Howard，2007；Buia et al.，2008；李欣等，2014）。

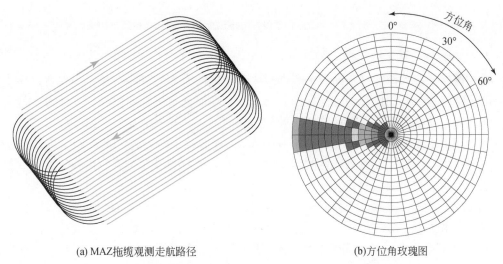

(a) MAZ拖缆观测走航路径　　　　　　(b)方位角玫瑰图

图 3-67　NAZ 拖缆观测走航路径和方位角玫瑰图

### （2）多方位（MAZ）采集观测

　　复杂地区的地层可能沿多个倾向展布，窄方位采集不能获取多个方位的反射波信息，若将窄方位采集的地震船沿多个航向进行多次数据采集。即在传统窄方位采集的基础上，一般增加额外 1 ~ 3 个方向航线［图 3-68（a）］，最终得到 2 ~ 4 个方向的采集数据并"加权叠加"到一起。这样在地下面元中就含有多个方位的信息［图 3-68（b）］。这种方法称为多方位地震采集，常见的有正交多方位采集、三方位采集和四方位采集等。

多方位采集相比窄方位采集能够改善地震成像质量，断层更加连续、清晰。来自水底的剩余绕射多次波得到了有效衰减。虽然某些窄方位采集数据不能完全显示的模糊区域减少了，但对复杂地下构造的成像来说，还是没有得到彻底解决（Christie et al.，2001；李欣等，2014）。

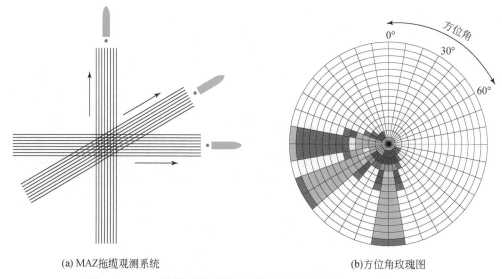

(a) MAZ拖缆观测系统　　　　　　　　　　　　　　　(b)方位角玫瑰图

图 3-68　MAZ 拖缆观测系统和方位角玫瑰图（据 Howard，2007）

### （3）宽方位（WAZ）采集观测

在有盐丘、侵入体或高陡断层的复杂地区，地震拖缆采集可能会接收到来自这些构造的侧面反射，这会影响偏移归位处理的效果。为了增加观测系统的横纵比，使得方位角信息足够丰富，克服侧面反射对偏移归位处理造成的影响，宽方位观测系统就应运而生。宽方位（WAZ）采集观测如图 3-69 所示，采用多条震源船，按一定的船间距沿横向依次排列，这样观测系统的横纵比就能达到 0.5 以上。近偏移距能得到全方位角的信息，远偏移距方位角也在 60°左右范围内。

目前常见宽方位观测系统有多种，主要包括双船"之字形"宽方位采集、三船排列拉开的宽方位采集、四船震源拉开的宽方位采集、四船双拖缆片的宽方位采集。

1）"之字形"宽方位采集。"之字形"宽方位采集方式用一条沿"之字形"航线前进的震源船和一条拖着 4 条拖缆，沿直线航行的拖缆船采集地震数据。缆船与震源船的航速比为 $\sqrt{2}$，两船以中间放炮的激发方式同时向前航行。当震源船走完一条炮线，按如图 3-70 所示的转弯路径进入下一条炮线继续航行采集地震数据。

"之字形"观测系统可以在 xline 方向获得更小的面元长度，有更高的道密度；遇到严重羽状漂移时，可以调整炮线来确保最优覆盖。这样施工的主要缺陷是需要震源船穿过地震拖缆，震源激发容易损坏检波器，并且直达波的能量很强，干扰覆盖了有效信号（Padhi and Holley，1997）。

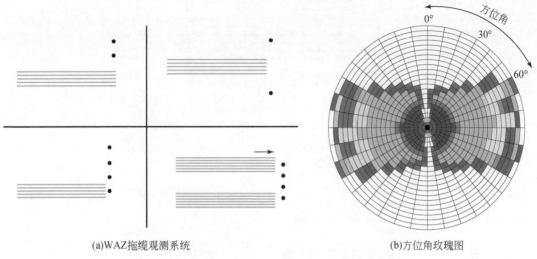

(a)WAZ拖缆观测系统        (b)方位角玫瑰图

图 3-69   WAZ 拖缆观测系统和方位角玫瑰图（据李欣等，2014）

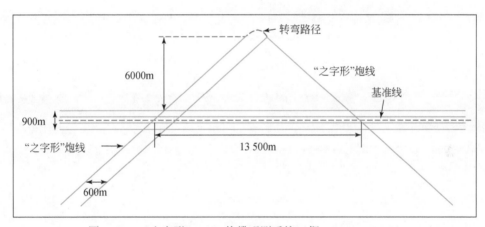

图 3-70   "之字形" WAZ 拖缆观测系统（据 Vermeer，2009）

2）三船排列拉开的宽方位采集。三船排列拉开的宽方位采集方式将炮线固定，接收排列逐渐拉开进行宽方位采集的方法，简称 BP 宽方位观测系统。如图 3-71（a）所示，这种宽方位采集方式配置了 1 条拖缆船和首尾两条双震源船。首尾两条震源船沿固定路线进行 6 次重复航行激发，拖缆船则按图 3-71（b）中的 6 个位置分别航行 6 次，从而完成一束线的宽方位采集。将两条震源船航行的炮线横向滚动 450m，然后以相同的方式进行第二束线的宽方位采集。以此类推，实现全工区的宽方位数据采集（Padhi and Holley，1997）。从图 3-71（c）可以看出，随着排列的逐渐拉开，观测系统的非纵距和方位角也逐渐增加，最终 6 个排列片在一束线上采集完成后，可以得到上、下 40°方位角分布的宽方位地震数据。

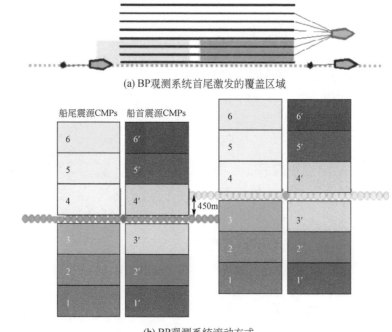

(a) BP观测系统首尾激发的覆盖区域

船尾震源CMPs　船首震源CMPs

450m

(b) BP观测系统滚动方式

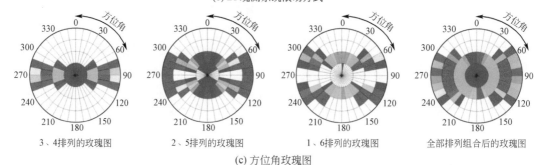

3、4排列的玫瑰图　　2、5排列的玫瑰图　　1、6排列的玫瑰图　　全部排列组合后的玫瑰图

(c) 方位角玫瑰图

图 3-71　BP 宽方位观测系统（据李欣等，2014）

3）四船震源拉开的宽方位采集。四船震源拉开的宽方位采集方式由 3 条单源船和 1 条含源拖缆船组成的宽方位排列片（也称为"1×4"排列片）。如图 3-72 所示，拖缆船拖动 10 条间隔为 120m 的拖缆，拖缆长度为 7000m。4 个炮点的间距为 1200m，其非纵距可达到 4140m，排列片的横纵比能够达到 0.59。若地震船按 5kn（2.5m/s）的速度航行，记录 15s 的数据，图中 A、B、C、D 炮点依次激发的间隔为 37.5m，相当于排列片在 inline 方向的移动间隔为 150.0m。

针对该问题 WesternGeco 公司提出了"同时激发"技术，即地震采集时震源 A、C 同时激发，然后移动 37.5m，震源 B、D 再同时激发，这样可以使得排列片在 inline 方向的间隔变为 75.0m，4 个震源激发的周期减为 30s。这极大地增加了纵向上的炮密度，缩短了相邻炮线之间的记录间隔，从而能够有效地提高多船宽方位地震采集的效率，使得覆盖次数加倍，信噪比增加，而同时激发即混叠采集数据在室内可以有效地分离出来。

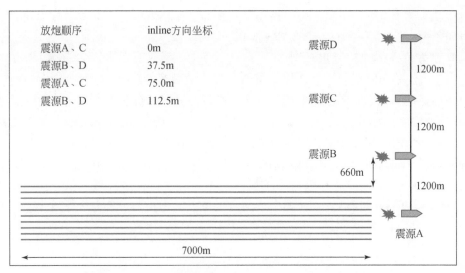

图 3-72 "1×4"排列片的宽方位观测（据 Sukup，2002）

4）四船双拖缆片的宽方位采集。四船双拖缆片的宽方位采集方式采用两条双震源船和两条含双源拖缆船，进行类似于螺旋结构的横向滚动观测系统，又称为"2×8"排列片的宽方位观测系统。排列片在 inline 方向航行过程中，8 个震源按 25m 的炮点距依次放炮，直到该 inline 方向采集完成。然后，将排列片在 xline 方向滚动 1000m，再进行第二个排列片的采集，如图 3-73 所示，第二个排列片的第一条船的位置是与第一个排列片的第二条船重叠的，以此类推排列片 2 的第二条船占据了排列片 1 的第三条船位置，排列片 2 的第三条船占据了排列片 1 的第四条船位置，而排列片 2 的第四条船则布置在了一个新的位置上。继续这样滚动，第一、二、三、四个排列片滚动时，地下覆盖区域不断地交互重叠，第四个排列片采集完成后，就可以得到一个横向均匀覆盖 7 次的宽方位地震记录。这种方

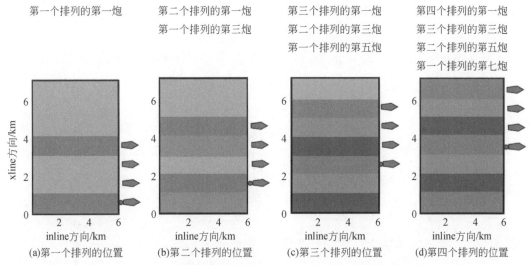

图 3-73 "2×8"排列片的宽方位采集方式（据 Sukup，2002）

法相对于其他海上宽方位采集来说，该观测系统的设计和操作更为简单，相对更经济，非生产时间更短（Sukup，2002；李欣等，2014）。

**（4）富方位（RAZ）采集观测**

宽方位地震采集对压制深水盐体遮蔽体的多次波效果很好，但对处理各向异性来说，富方位采集则是一个更经济且效果较好。海上富方位采集是将前面提到的多方位采集与多船宽方位采集方式结合起来使用。该技术最早由 Howard 等于 2004 年提出，并于 2006 年，WesternGeco 为 BHP Billiton 在墨西哥海湾的 Shenzi 油田进行了一次富方位地震采集。观测系统为 1 条有 10 条拖缆的含源船和 2 条震源船，拖缆长度 7000m。按宽方位排列的 3 条船（相互间隔 1200m）沿 3 个方向航行采集数据 [图 3-74（a）]，可以得到如图 3-74（b）所示的全方位地震数据。当然，玫瑰图中不同方位角上的炮检对分布也不完全均匀，3 个航行主方向上的炮检对个数还是相对较多（Howard and Moldoveanu，2006；李绪宣等，2013；刘依谋等，2014）。

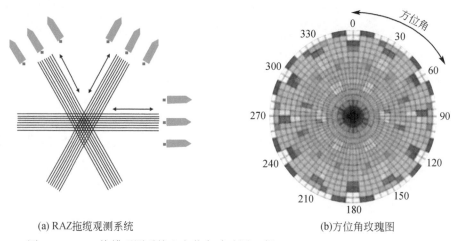

(a) RAZ拖缆观测系统　　　　　　　　　　　　　(b)方位角玫瑰图

图 3-74　RAZ 拖缆观测系统和方位角玫瑰图（据 Howard and Moldoveanu，2006）

**（5）全方位（FAZ）采集观测**

全方位采集观测指的是利用环形观测系统进行海上全方位角地震采集的方法。如图 3-75 所示，环形激发时，地震拖缆船在设计的一定半径的圆环上航行，并按一定的环间距进行

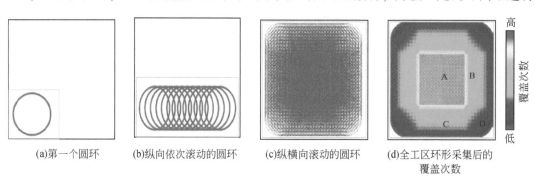

(a)第一个圆环　　　(b)纵向依次滚动的圆环　　　(c)纵横向滚动的圆环　　　(d)全工区环形采集后的覆盖次数

图 3-75　环形观测系统采集方式及覆盖次数分布（据 Moldoveanu et al.，2008）

纵横向滚动，从而完成一个工区的地震数据采集。一般情况下，其覆盖次数的分布都是不均匀的，但中心区域覆盖次数最高，向边缘地区逐步降低。同样，不同覆盖区域 [图3-75 (d)] 的方位角的分布（图3-76）也具有类似的特征。目前，环形地震采集方式主要有三种类型：大丽花形环形采集、螺旋形环形采集、多船双环形采集（图3-77）。

2008年，挪威海的 Heidrun 油田使用了大丽花形环形地震采集。围绕一个中心点设计了18条交叉的环线，使用单源10缆的地震船进行了4天的环形地震采集，其中每个环形的半径近似为5625m，缆长为4500m，缆间距为75m，震源间距为25m。25m×25m 的面元中心目标区域的覆盖次数达到了1000次，最终为处理解释人员提供了 2.625km×2.625km 的全方位角、高覆盖数据（Houbiers et al.，2009，2012）。

2008年，WesternGeco 在印度尼西亚近海的 Tulip 油田进行了第一次环形激发技术的商业采集项目。该区块设计了145个圆环，环半径6500m，每个圆环的环间距1000m。地震船拖有8条6000m长的缆，缆间距100m，呈螺旋形依次采集，最终采集了 563km² 的三维资料，将近 26 000 炮（Buia et al.，2008，2010）。

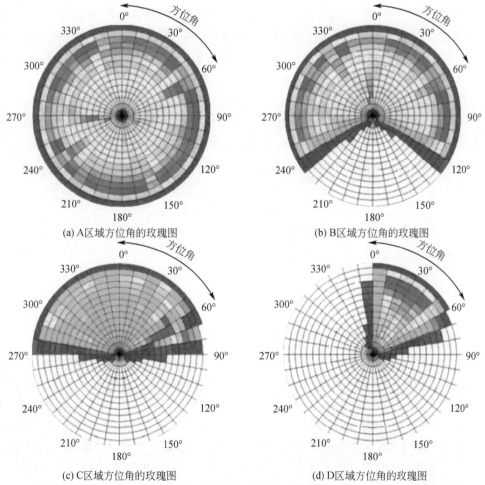

(a) A区域方位角的玫瑰图  (b) B区域方位角的玫瑰图

(c) C区域方位角的玫瑰图  (d) D区域方位角的玫瑰图

图3-76  图3-75 (d) 中4个不同覆盖区域的方位角分布（据 Buia et al.，2008）

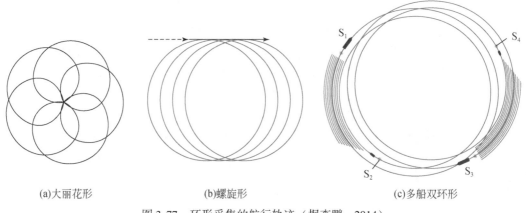

(a)大丽花形　　　　　　(b)螺旋形　　　　　　(c)多船双环形

图 3-77　环形采集的航行轨迹（据李鹏，2014）

为了使墨西哥湾深水盐丘下地层以及陡倾地层得到充分的照明，必须采集非常长的偏移距和全方位的地震资料。2010 年，WesternGeco 设计了如图 3-77（c）所示的四船双环形观测系统，其中两条记录船（$S_1$，$S_3$）有自己的震源，另两条是单独的震源船（$S_2$，$S_4$），以 12.5km 为直径沿相互连接的环形曲线航行，每条拖缆船带 10 缆，缆长 8km，缆间距 120.0m（李绪宣等，2013；李绪宣和王建花，2014；李欣等，2014）。

对深水、复杂海底、中深部高陡构造，以及特殊岩体的下伏储层来说，油气勘探还是希望能获得宽方位或全方位、高密度的地震数据。全方位环形地震采集一般需要涉及拖缆间隔控制、检波器准确定位、环形航行时洋流噪声影响以及非均匀覆盖数据的规则化处理等技术问题，而富方位采集则是以多船宽方位采集为基础。因此，在成熟技术的条件下，在采集成本允许的基础上，现阶段还是应该充分试验与研究多船多缆的宽方位地震采集方式。下一代的地震采集技术将会是同震源类型都有最优间距，低频震源最优间距最大、高频震源最优间距最小的自动化分布式震源组合（DSA），其用简单分布式窄带震源排列取代复杂局部宽带震源排列，具有单频或窄带震源（易于实现，且易轻便化）；宽频检波器；源、检的随机分布（采集非常方便）的特点，可极大提高生产效率（吴伟等，2014；李欣等，2014；邓勇等，2010）。

### 3.3.1.5　导航定位

高精度的导航定位技术是实现海洋高精度探测的基础。在任何海洋探测、井位测量等调查工作中，都离不开导航定位。海上作业时，导航定位包括指引勘探船航行方向，确定船位，测定震源和电缆上水听器的位置，并提供海底地形实时变化情况等一系列测量技术。用于海洋地震勘探的导航定位系统包括水上导航定位系统和水下导航定位系统。其中水上导航定位系统普遍使用以全球卫星定位技术为主的导航定位系统 GPS，水下导航定位系统包括深度控制器定位（水鸟定位）、OBS 二次定位和超短基线定位系统等。但受风浪、海流、电磁波等多种因素干扰，总会对定位测量造成很多不利影响，因此，海上导航定位要比陆上复杂、困难得多。

**（1）水上导航定位系统**

导航星测时与测距全球定位系统称为 GPS。GPS 系统由导航卫星、地面站、用户设备等构成。卫星导航具有全球、全天候、高精度、连续导航的特点。卫星导航系统利用卫星导航最显著的优点是不受离岸距离的限制，而且不分昼夜，具有较高的精度。但有效利用人造地球卫星导航定位，必须具有足够数量、轨道适当的导航卫星；必须对卫星的运行进行跟踪并及时向卫星精确地预报其轨道参数，以提高定位精度；必须采用专门的设备进行接收，校正多普勒频移（陆基孟和王永刚，2011）。

GPS 定位技术大致分为两种，即单点定位 GPS 和实时差分 DGPS。单点定位技术的定位精度低，实时差分 DGPS 精度更高。所以在海洋地震探测中，广泛采用实时差分 DGPS 进行定位导航。根据基准站发送的信息，差分 GPS 定位有位置差分、伪距差分和相位差分三类，它们都是由基准站发送校正数（校正考虑因素包括卫星轨道误差、时钟影响、大气影响等）。由用户站接收并对其测量结果进行校正，以获得精确的定位结果。

**（2）水下导航定位系统**

深部地震探测中通常会用到海底地震仪（OBS），将 OBS 测站在预定位置投放，通常采用自由下落的方式沉降到海底（赵会兵，2013）。由于潮汐、涌浪及海流等因素的影响，海底地震仪（OBS）会产生漂移现象。所以，OBS 资料处理时，需要在船定位的基础上进行二次定位（李丽青等，2013）。检波点的二次定位方法包括炮检互换波场外推方法、直达波二次定位技术、声波定位和初至波二次定位等。

炮检互换波场外推方法是利用炮检互换方法通过波场外推来实现检波点二次定位，但这种方法计算量大，比较耗时。

直达波二次定位技术是深水环境下一般使用直达波二次定位技术，直达波定位的传统方法是采用网格节点法计算直达波线性动校正（马德堂等，2013）。

声波定位系统是通过水下声波信号经不同路径传播产生的相位差或者时间差对水面或者水下目标进行定位的仪器系统（仇付鹏，2013）。水声定位系统中声接收换能器基阵的尺寸或者应答器之间的距离称为基线，水声定位系统可以根据基线的长度进行分类，主要可以分为长基线、短基线、超短基线水声定位系统。超短基线水声定位系统的基线长度一般在 50cm 之内。超短基线定位系统由声基阵、声标、主控系统和外部设备等组成。声基阵置于船底或船舷，声标装在水下探测系统上，测定声标与声基阵不同水听器之间的距离和声脉冲到达的相位差来确定声标相对于声基阵的位置。USBL 定位具有水听器基阵体积小、测距测向精度高、作用距离长、操作简单等特点，但该设备价格较高，系统安装后的校准需要非常精确（方守川等，2014a）。

初至波二次定位系统是由震源激发不经过地层界面反射而直接传播到检波器的波，称为初至波或直达波，根据波在海水中的传播速度及检波点接收到的初至波时间计算出炮检距。对实测数据进行线性动校正，根据初至波拉平效果确定检波点位置。初至波二次定位精度主要取决于初至波拾取精度（3～5m），同时受到震源中心定位系统误差的影响，使得定位精度低于声波二次定位，但此方法不要求专门的设备，投入很少，工作水深不受限制，比较适用于深水 OBS 勘探（刘怀山等，2004）。

## 3.3.2　资料处理

尽管从海上采集的地震记录含有地下结构和岩性信息，但直接利用野外地震记录很难进行地震解释，海洋地震数据处理的目的是使从海上采集的数据经过各种处理后提高信噪比、分辨率及保真度，建立起地震数据与地下构造更加明确的对应关系，简化地震资料解释工作，以便于后续的地下构造和岩性解释。地震数据处理依赖于野外采集数据的质量，而处理的结果直接影响解释的精确度和可靠性。目前海上常规地震资料已有一套明确的处理流程。可分为三个基本阶段，即预处理、常规处理和特殊处理。常规处理阶段三个主要的处理步骤反褶积、叠加和偏移，构成了常规处理的基础。如图 3-78 所示，反褶积在时间轴方向起作用，提高时间分辨率；叠加在偏移距方向压缩数据体并得到叠加剖面；偏移将倾斜同相轴移到它们地下的真实位置，使绕射收敛，提高横向分辨率（李振春，2004）。

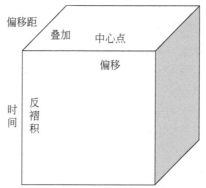

图 3-78　处理坐标中心点–偏移距–时间的地震数据体（据李振春，2004）

地震数据处理是基于地震波传播理论和数据处理方法，使用地震资料处理系统，将野外地震数据"转化"为地下映像，为地震资料解释提供高质量基础数据的过程。海上地震数据处理技术也遵循经典的地震运动学和动力学特征，如叠前噪声衰减技术、速度分析、偏移成像方面等都有相通之处。但海上地震采集方式及表层条件与陆地勘探有很大的不同，海上地震数据有其特殊性，如水层覆盖、风浪涌流等多种因素，多次波、交混回响和线性干扰严重发育等，因此形成了独特的海洋地震数据处理流程和技术方法（刘怀山等，2006）。

目前国内外较为著名的地震资料处理系统有 Omaga、Promax、CGG、Focus、Grisys 和 GeoEast 等。这些系统都有独具特色的处理模块，各有优势，处理人员须熟悉并明确地质任务和地质特征，分析野外地震资料，确定处理流程和处理参数，监控和调整处理过程，才能获得满足地质解释要求的成像剖面。

### 3.3.2.1　预处理

**（1）数据解编及道编辑**

海上地震数据存储文件主要包含 3 部分：文件头、道头和数据道。文件头包含了数据集的所有信息，包括勘察测量信息、先前处理流和数据参数；道头包含了数据道的特性，如采样点的数目、采样率；数据道是匹配道头参数的一串数值，主要是量化的地震波振幅。海上地震记录一般采用按时分道方式存储地震数据，即先记录所有道的第一个采样值，然后记录所有道的第二个采样值，以此类推，按放炮顺序存储全部炮的数据；室内处理时，地震数据需要按道分时方式记录，即先记录第一道的所有采样信号，然后再记录第二道的数据，以此类推，且数据存储在计算机或工作站的硬盘中。不过，野外数据记录的格式和数据处理中采用的格式多种多样，而各公司研发的地震数据处理系统中均拥有自身特色的格式，但不同系统间的数据可以交换和共享，一般通过公共的标准格式 SEG-Y 来相互转换。SEG-Y 是美国勘探地球物理学家协会推荐使用的标准通用格式，已在全球范围内广泛使用。所以，数据解编的主要目的是将按时分道方式记录的海上地震数据，转换成按道分时的室内方便处理的数据格式，并根据采用的室内地震数据处理系统，转换成其需要的内部格式，是地震资料流程化处理最为基础的工作。

道编辑就是将地震记录上明显的噪声道、带有瞬变噪声的道或单频信号道（坏道）剔除；若有极性反转道，则校正其极性；若有空白道，通过差值的方法弥补。若在记录上有不希望保留的成分，则进行充零处理，如初至切除、动校正拉伸切除等。目前一般的道编辑工作，可以在海上现场交互处理系统上完成。对于废炮、废道和高频尖脉冲等干扰，可用肉眼或系统自动进行识别，直接剔除或切除掉。

**（2）观测系统的建立**

为了了解地下构造和岩性的分布情况，需连续追踪各界面的地震波（即逐点取得来自地下界面的反射波、折射波和转换波信息），导致需要在测线上布置大量的激发点和接收点，以连续进行多次观测，而每次观测的激发点和接收点相对位置都保持一定的相对关系，地震测线上的这种相互关系称为观测系统。海上地震资料采集一般都按照预先设计的方案实施，包括测线长度、位置、方位，炮点坐标和炮间距，排列长度，检波点位置、方位、道间距，非纵距，横向、纵向覆盖次数，以及偏移距等。这些参数记录了地震数据的空间位置及记录道的相对关系。建立室内地震观测系统就是为了把所有道的炮点和接收点位置坐标等测量信息都储存于道头中，让存储在地震数据道头中的海上实际观测方式和观测数据形成一一对应的关系，以方便数据流的调用及处理参数的准确设置，为后续的精确处理、分析和共中心点道集正确叠加提供保证。

**（3）振幅校正**

振幅信息在地震处理和解释的各个阶段都起着非常重要的作用，它不仅能够反映地层界面的反射系数，而且还与地震波的激发、传播路径和接收等因素有关。这些因素包括地震波的激发条件、接收条件、波前扩散、吸收、散射、透射损失、入射角的变化、波干涉和噪声水平等。在地震资料处理时，需要对波前扩散、吸收、散射等导致的波能量进行恢复和校正。

1）球面扩散校正。球面扩散校正也称几何扩散校正，因为由点震源激发的球面波向地下传播过程中，随着波前面的扩大，能量守恒导致单位面积上地震波能量必然降低，随距离成反比衰减，即 $A_r = A_0/r$，故其振幅随距离成反比衰减，所以，在做球面扩散恢复时，根据时距关系，将地震记录乘以 $r$ 因子，以补偿球面扩散造成的振幅损失。

2）吸收衰减补偿。地下介质对地震波振幅的吸收衰减与地层的品质因子有关，一般地层对地震波吸收衰减特性表达式为

$$A\ (f,\ t) = A\ (t)\ \mathrm{e}^{\pi ft/Q} \tag{3-61}$$

式中，$f$ 为地震波频率；$Q$ 为地层品质因子。利用式（3-61），在理论上可对地震波振幅或能量在频率域进行补偿，但实际中，地下地层的品质 $Q$ 值往往是未知的，实际补偿困难。所以，人们在实验室研究了很多估算 $Q$ 值的方法，并在实际数据处理当中应用，但结果仍然有很多不确定性。现今普遍采用地质统计结合经验知识来进行补偿。

3）振幅控制。地震波能量由地表到深部衰减很快，地震记录在浅层和深层能量相差极大，以统计规律为基础的能量控制方法，通过振幅控制处理，使浅部和深部的地震能量能够大体接近，同时保留一定的反射能量相对强弱关系，但该处理往往使得地震振幅记录失真。通常在对相对能量关系要求不是很高的情况下使用。

4）振幅一致性处理。振幅一致性是指不同的共激发点道集和共接收点道集之间的振幅在时空上应相对一致。振幅一致性的目的是为了达到相对保幅，增加叠加的统计效应。由于地震波在地下传播过程中受地层吸收影响，加上激发接收因素的变化，导致地震波的振幅随时间及空间变化而强弱不同，降低了叠加的统计效应。针对炮与炮、道与道之间的振幅在时空上的振幅能量差异，需要采用振幅一致性校正来消除。在实际资料处理中，首先应进行不同激发点之间的能量差异补偿，消除激发点的能量差异，再进行接收的能量差异补偿。

### 3.3.2.2 反褶积

#### （1）反褶积基本原理

在信号处理领域，反褶积（deconvolution）是一种消除某种滤波作用的处理方法，又称反滤波（inverse filter）；在地震学领域，尖脉冲地震波经地层滤波作用后，将其滤成有时间延续的波形，这种波形的频带较窄，分辨率较低，反褶积就是消除这种滤波作用，以达到压缩地震子波，提取反射系数序列，提高地震记录分辨率的目的。

假设地震波以脉冲 $\delta\ (t)$ 形式激发，并向地下垂直入射，经过地层时假定无吸收、散射、多次反射等影响，但存在随机干扰 $n\ (t)$。如图 3-79 所示，令地震子波为 $w\ (t)$，地层反射系数为 $r\ (t)$，根据地震褶积模型，地震反射记录 $x\ (t)$ 可由 $w\ (t)$ 褶积 $r\ (t)$ 并加入噪声来模拟，其数学表达式为

$$x\ (t)\ = w\ (t)\ \times r\ (t)\ + n\ (t) \tag{3-62}$$

若地震子波 $w\ (t)$ 为尖脉冲函数 $\delta\ (t)$，那么褶积模型输出的就是地层反射系数本身，具有极高分辨率。但是由于穿透地层越深的地震波，地层滤波作用越强，地震子波频带越低，分辨能力越低，因此，实际情况不可能达到那种效果，加上地质界面上存在各类地震波和噪声的互相叠加、干涉，波形复杂，即式（3-62）中的地震子波 $w\ (t)$ 实际上由好几项因子褶积而成

$$w(t) = o(t) \times f_e(t) \times f_i(t) = o(t) \times [d(t) \times \tau(t)] \times [g(t) \times i(t)] \quad (3\text{-}63)$$

式中，最右端 5 项分别为震源子波、地层响应、透射响应、地面接收响应和仪器响应的影响因子。其中，$o(t)$ 为震源子波，具有尖脉冲函数的近似性质；$f_e(t)$、$f_i(t)$ 分别为大地滤波器和接收滤波器的影响因子。经过各项因素的滤波后，地震子波是一种具有延时性质的短脉冲，若延续时间较长，会引起相邻地层信号之间的相互干涉，特别是遇到互薄层时，常规地震记录很难分辨（李振春，2004）。

反褶积的基本原理是，根据地震记录的褶积形式，求取一个算子 $b(t)$ 是子波 $w(t)$ 的逆，即

$$b(t) = w^{-1}(t) \quad (3\text{-}64)$$

省略噪声部分，将算子 $b(t)$ 与 $x(t)$ 褶积，由式（3-62）可得

$$b(t) \times x(t) = w^{-1}(t) \times w(t) \times r(t) = \delta(t) \times r(t) = r(t) \quad (3\text{-}65)$$

利用子波的逆 $b(t)$ 与地震记录 $x(t)$ 相褶积就可以得到反射系数 $r(t)$，这个过程称为反褶积。在频率域，反射系数的振幅谱可以通过地震信号振幅谱除以子波振幅谱获得，而相位谱可通过后两者相位谱相减获得。

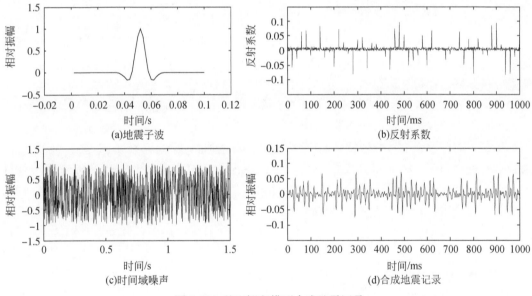

图 3-79　基于褶积模型合成地震记录

**（2）反褶积方法**

反褶积除了能消除子波效应提高分辨率外，还可以压制不同类型的干扰波，如鸣震、多次波等。利用高分辨率的地震资料可以更好地划分微小地质构造、识别薄层和储层预测等工作，因而近些年国内外学者对反褶积技术做了大量的研究，提出了很多有效的方法，主要有最小平方反褶积、预测反褶积、同态反褶积、最大/小熵反褶积、变模反褶积、最大似然反褶积、基于人工神经网络的反褶积方法、Curvelet 反褶积等方法（孟大江，2012）。

但在实际资料处理中，这些反褶积方法都有各自的优缺点及假设或限制条件，如最小

平方反褶积、预测反褶积需要假设子波是最小相位以及反射系数是白噪序列；LP 模反褶积和 L1 模反褶积不需要假设子波为最小相位，也不需要假设反射系数是白噪序列，但需要假设反射系数是稀疏序列，且反褶积时利用的单道信号使得地震剖面的连续性不好，受噪声的干扰较大。

**（3）盲反褶积理论**

20 世纪 80 年代，基于单输入单输出系统（single-input single-output system，SISO）、单输入多输出系统（single-input multi-output system，SIMO），人们提出了系统（褶积模型）盲识别理论，其目的是仅仅从系统的输出，估计未知输入和系统响应，相当于仅从地震记录出发，对未知的地震反射率函数和地震子波都进行广义的盲系统辨识，这个过程称为盲反褶积（刘喜武和刘洪，2003）。

除了假设子波或反射系数已知的确定性反褶积方法外，盲反褶积理论囊括几乎全部的反褶积方法。盲反褶积技术主要分为两类：一类是基于二阶统计学（SOS）方法，另一类是基于高阶统计学（HOS）方法。

基于 SOS 的方法需要多于一个输出的系统模型，当只有一个输出信号时，需要采用基于高阶统计学方法。基于 HOS 的方法有 HMM（hidden markov model）方法、多谱方法、BUSSGANG 方法。

对于多输入，问题变得更复杂，系统可以分为瞬时混合和褶积混合。瞬时混合是指系统函数为常数混合矩阵，瞬时混合的盲反褶积又称为盲源分离、盲排列处理、信号拷贝、独立分量分析、保持波形估计。这些技术，对于非高斯分布源信号属于高阶统计学方法（HOS），对于瞬时互相关的源信号属于二阶统计学（SOS）方法（刘喜武和刘洪，2003；杨培杰和印兴耀，2008；杨培杰等，2010）。

总之，随着数字信号处理领域的优化理论、非线性理论、盲系统辨识理论的发展，越来越多的理论和算法被应用到反褶积领域中，取得了一定效果，但对于实际地震资料处理，反褶积算法还存在一些不足，应该进一步深入研究，以提高反褶积的效果，为后续的处理方法和反演技术等打下坚实的基础。

### 3.3.2.3 共中心点叠加

**（1）静校正**

在陆地地震勘探中，地面往往是起伏不平，炮点和接收点一般不会严格处在一条直线上，且地下介质也是不均匀的，这将导致均一理想介质情况下的时距曲线也是畸变曲线，而非近似双曲线。为了使时距曲线能够正确反映地下介质的构造形态，将上井深校正、地形校正、低速带校正等产生的畸变矫正过来，使曲线恢复为双曲线形态的处理过程，称为静校正。静校正处理过程中校正量不随旅行时间变化，即每个地震道对应一个恒定的校正值。静校正一般分为野外（一次）静校正和剩余静校正。

野外（一次）静校正也称基准面校正，包括井深校正、地形校正、低速带校正等。海洋勘探中震源和水听器深度不同，需要进行海平面校正；海底地形崎岖不平时，要进行海底地形校正；仪器接收信号有时间延迟，也需要校正。

剩余静校正则是在野外静校正和动校正之后进行，一方面为消除低速带、地层厚度横向变化引起的野外静校正残差，另一方面为了消除动校正过程中，由于地表条件变化造成的动校正残差。剩余静校正一般分为短波长和长波长两个分量。长波长分量是地表参数在较大范围内变化所引起的时差。剩余静校正后往往需要重新进行速度分析，以便提高数据叠加质量。

对于海上纵波地震勘探，激发和接收都在海面上进行，地震地质条件相对简单，静校正问题不像陆上那么严重。然而，对于海上多波地震勘探，静校正问题却十分突出。由于 P-SV 转换波传播速度较慢，通常约为纵波速度的 1/2，在浅层低速度带只有纵波速度的 1/10，因此，浅层地层的速度和厚度在横向上的微小变化，都会引起较大的 P-SV 波传播时差（温书亮，2004）。为了解决 P-SV 转换波静校正问题，Peter 和 David（1993）提出利用 CRP 叠加道相关优化法解决短波长静校正问题，但这种方法仅适用于构造平缓、资料信噪比较高的情况。熊立志（1999）等提出在共炮点（CSP）道集上手工拾取同相轴，用统计的方法求取各检波点的静校正量。温书亮等（2004）提出了一种在 CRP 叠加剖面（X 分量）上人工拾取同相轴，并应相纵波资料作为判别准则的 P-SV 转换波静校正方法，该方法在莺歌海盆地多波地震资料处理中取得了较好的效果。

**（2）速度分析**

地震波在地下介质中的传播速度是地震数据处理和解释的重要参数。速度参数不仅关系到地震数据处理诸多环节的质量，其本身也提供了关于地下构造和岩性的重要信息。速度分析是地震数据处理过程中的重要环节，在速度场准确的情况下，地震数据通过叠加和偏移处理能够较好地反映地下构造特征。反之，可能产生假象，甚至错误的解释结果。准确可靠地进行速度分析是地震数据处理的基础。

一般来说，可以通过两种方法来求取叠加速度：一是速度谱，二是速度扫描。速度扫描法是选取一系列的常速度值在 CMP 道集上进行动校正，然后将所得结果进行并列显示，从显示图中选出同相轴校平程度最高的扫描速度，该速度就是符合要求的叠加速度。速度扫描的计算量比较大，处理方法也比较复杂，因此限制了它的广泛应用。而速度谱的运算方法相对来说比较简单，它是对一个 CMP 道集，沿着双曲线同相轴的轨迹取时窗，然后在时窗内选取合适范围内的不同速度重复对道集进行动校正和叠加，然后将每一个速度所对应得到的叠加结果显示在速度-双程零炮检距的时间剖面中，处理结果即为速度谱。速度谱的求取方法比较容易，运算起来也方便，因而是速度分析中广泛应用的叠加速度求取方法。

常规速度分析方法是基于地层各向同性假设，适用于地震时距曲线为双曲线的分析方法，主要有叠加能量法、速度扫描法、相似系数法和特征值法等（李振春，2004）。

1）叠加能量法。利用叠加能量法进行速度分析的原理是：固定零炮检距时间 $t_0$，选定一系列的速度以相同的速度扫描间隔在时窗内进行计算，当选用的扫描速度与均方根速度相等时，各道的波形没有相位差，叠加后的能量最大，这时对应的速度就是要提取的叠加速度。利用叠加能量法进行速度分析所用的判别准则有两个：平均振幅能量准则和平均振幅准则。

2）速度扫描法。应用一系列常速度值在 CMP 道集上进行动校正，并将结果并列显示，从中选取能使反射波同相轴拉平效果最好的速度作为 NMO 速度。

3）相似系数法。基于相似系数（semblance）计算的速度分析方法是将能量叠加升华至相似系数的计算，根据相似系数值的大小来判别叠加速度的值，相似系数的大小代表了速度分析效果的优劣。当所选取的扫描速度与动校正速度相等时，相似系数为 1，即相似系数达到最大值，此时的扫描速度即为要求取的叠加速度；其他情况下，相似系数小于 1。在实际资料处理中，相似系数也不可能为 1，所以一般挑选相关性最高的速度函数解释为叠加速度。

4）特征值法。特征值速度分析方法（eigenstructure method）是建立在求取数据协方差矩阵的基础上，认为检波器接收到的信号由有效信号和噪声组成，且假设两者不相关、均值都是零。根据协方差矩阵的特性，求取主特征值后，可将信号和噪声进行有效分解，估算出信噪比。若选取的扫描速度不合理，时窗内计算得到的信噪比估算值较小，扫描速度选取合适时，估算的信噪比大，表明该扫描速度即为要求取的叠加速度。这种方法能有效提高速度谱的时间分辨率和速度分辨率。

**（3）动校正**

地下地层反射界面的反射波时距曲线，一般为双曲线形状（图 3-80），且在激发点处，接收的反射波时间表示界面法线深度反射时间，所以将各个观测点的时间值都校正成其法线反射时间，则时距曲线与地下地层反射界面的形态一致，这一过程为动校正。动校正的目的是消除炮检距对反射波旅行时间的影响，校平共深度点反射波时距曲线的轨迹，增强利用叠加技术压制干扰的能力，减小叠加过程引起的反射波同相轴畸变。

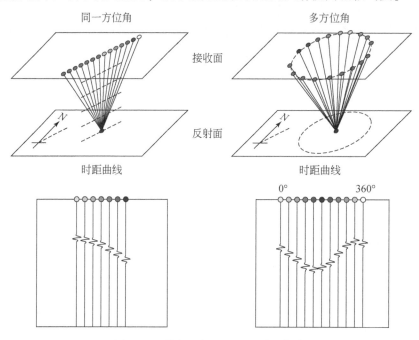

图 3-80　共中心点（CMP）时距曲线

正常时差随炮检距的增大而增大，而随着炮检距的减小而减小，因此随界面埋藏深度的增大而减小。正常时差在速度很高、埋藏深度很大时，影响程度降低。应用于正常时差校正的速度叫做动校正速度。在上覆均匀介质的平反射层，如果在动校正方程中应用了正确的动校正速度，反射波双曲线的同相轴将会被拉平。如果应用的速度比实际介质速度高，则双曲线就不会完全拉平，同相轴依然下弯，出现欠校正的情况，称为校正不足；如果速度低了，反射波动校正之后，变成向上弯曲的曲线形状，呈现过校正状态，称为校正过量。

按速度分析得出的最佳速度，对 CMP 道集做正常时差校正，往往出现动校正拉伸畸变。作为 NMO 校正的一种结果，剖面上会出现频率畸变，特别是在浅层同相轴和大偏移距时更明显，这叫做动校正拉伸。如图 3-81 所示，主周期为 $T$ 的波形，动校正以后，周期拉伸至 $T'$，比 $T$ 大。拉伸是一种频率畸变，同相轴向低频变化。考虑到浅层、远道动校正拉伸畸变严重，为防止浅层数据质量降低，在叠加前需将畸变带切除。

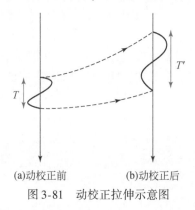

(a)动校正前　　　　　(b)动校正后

图 3-81　动校正拉伸示意图

对于单水平反射层的地层模型，动校正（NMO）速度等于反射界面以上介质的速度。对于单倾斜反射层地层模型，动校正速度等于介质速度除以倾角的余弦。从三维空间观测一个倾斜反射层，那么还需考虑方位角（倾斜方向与走向的夹角）的影响。

### （4）共中心点水平叠加

水平叠加是将在不同接收点、不同炮点条件下，记录的地下共中心点地震波，经动校正后叠加起来，以提高信噪比，压制不规则的干扰波，改善地震记录的质量。当反射面为水平、上覆介质为均匀介质或水平层状介质时，共中心点等价于共反射点。对于单层水平反射界面的情况，动校正（NMO）速度等于反射界面以上介质的速度；对于单倾斜反射层地层情况，动校正速度等于介质速度除以倾角的余弦；对于三维空间倾斜反射层，还需考虑方位角（倾斜方向与走向的夹角）的影响。然而，在实际地震资料处理中，经常忽略 NMO 速度和叠加速度的不同，认为叠加速度和 NMO 速度相等。

在速度分析和动校正之后，共中心点道集的反射波被校平，而噪声仍然随机分布在记录上，水平叠加能够增强有效反射波能量，压制随机噪声，从而提高地震记录的信噪比，这就是多次覆盖技术的本质，最终得到的叠加剖面能够比较直观地反映海底及地下地层构造情况。

### 3.3.2.4 偏移成像

在多次叠加理论中，假设地面是水平的，反射界面是水平、均匀的，然而实际生产中，地下反射界面往往是倾斜的，因而导致 CMP 叠加并不是真正的共反射点叠加。

偏移处理是将倾斜地层的反射波、断面的断面波归位到它们真正的地下位置，其本质是在一定的数学物理模型（声介质、弹性介质等）基础上，应用相应的地球物理理论，将地面观测到的多次覆盖数据消除地震波的传播效应反推地下介质真实情况的过程（李振春等，2014）。

地震偏移成像技术在 20 世纪 60 年代以前是用手工操作的一种制图技术，只是用于求取反射点的空间位置，而不考虑反射波的特点；至 60 ~ 70 年代，发展为早期计算机偏移成像技术，用于定性和概念性地对反射波运动学特征进行成像；自 70 年代以来，随着波动方程偏移技术的发展，地震偏移成像技术发展迅速，能够定量地对反射波运动学和动力学特征进行成像，并发展了各种偏移算法，在石油勘探领域得到了广泛的应用并取得了明显的成果。

偏移处理的方法有很多类，可根据不同的依据进行分类。根据不同的理论基础可将其分为基于射线理论的射线偏移和基于波动理论的波动方程偏移；根据不同的输入资料可将其分为叠前偏移和叠后偏移；根据偏移输出剖面可将其分为时间偏移和深度偏移。

叠后偏移和叠前偏移都是为了获得地下地质构造的准确图像。二者之间的差异是叠加的方式。叠后偏移是在共中心点叠加数据上进行零炮检距剖面偏移的，这种叠加以水平层状介质模型为基础，其速度模型也只能是层状介质型的。叠前偏移的叠加是共反射点反射波的叠加，依据的模型是任意的非水平层状介质的。因此，从理论上讲，叠前偏移的图像比叠后偏移的图像在空间位置上比较准确。

**（1）叠前偏移**

叠前偏移是在多次叠加前进行偏移处理，叠前偏移是共反射点反射波的叠加，地层模型是任意非水平层状介质。

叠前偏移是针对只经过反褶积等处理后的地震单炮记录或共偏移距炮集记录，使得其反射波正确归位到实际的反射界面上或者使绕射波收敛到产生它们的绕射点上。这样就得通过一定的处理技术来减弱地震波传播过程中介质对其产生的影响，如扩散和能量衰减。通过叠前偏移处理可以得到正确反映地下介质波阻抗界面与反射系数特点的剖面（杨龙伟，2014）。

叠前时间偏移可视为一种能适应各种倾斜地层的广义 NMO 叠加，其目的是使各种绕射能量聚焦，而不是把绕射能量归位到其相应的绕射点上。叠前时间偏移是成像和速度分析的重要手段，它能对陡倾角反射进行成像、提高横向分辨率、消除速度分析过程中不同倾角和位置的反射带来的影响、提高速度分析结果的精度和叠加剖面的质量。

1）Kirchhoff 叠前时间偏移。Kirchhoff 叠前时间偏移的理论基础是计算地下散射点的时距曲面。根据 Kirchhoff 绕射积分理论，时距曲面上的所有样点相加就得到该绕射点的偏移结果。Kirchhoff 叠前时间偏移大多假设震源 $S$ 到散射点和散射点到检波点 $R$ 的射线路径为直线（图 3-82），总旅行时间等于震源到散射点的旅行时间 $t_s$ 加上散射点到接收点的旅

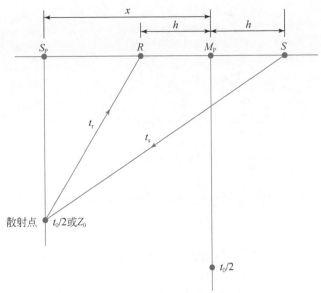

图 3-82　Kirchhoff 偏移原理

行时间 $t_r$，所以有 $t = t_s + t_r$。

　　若假设介质速度为常数，则有

$$t = \left[ \left( \frac{t_0}{2} \right)^2 + \frac{(x+h)^2}{v_{avg}} \right]^{1/2} + \left[ \left( \frac{t_0}{2} \right)^2 + \frac{(x-h)^2}{v_{avg}} \right]^{1/2} \tag{3-66}$$

式中，$t_0$ 为平均速度计算的零偏移距双程反射时间；$v_{avg}$ 为 $t_0$ 的均方根速度。

　　2）逆时偏移。逆时偏移，也就是所谓的双程波偏移，以地表接收到的地震记录为输入，利用逆时波场延拓重建地下波场，然后通过与震源波场的互相关而求取成像值（李振春等，2014）。

　　逆时偏移主要包括基于双程波方程的逆时波场外推和成像条件应用两个步骤。方法实现过程是首先利用双程波方程对震源波场进行正向外推，并保存外推波场然后利用逆时双程波方程对接收波场进行反向外推，每反向外推一步，应用成像条件进行求和，得到局部成像数据体，最后将所有炮集的逆时偏移结果进行叠加，得到最终的叠前深度偏移成像结果。三维逆时深度偏移的定解问题可描述为

$$\frac{\partial^2 u}{\partial x^2} + \frac{\partial^2 u}{\partial y^2} + \frac{\partial^2 u}{\partial z^2} = \frac{1}{v} \frac{\partial^2 u}{\partial t^2}$$

$$u(x, y, z, t) \mid_{t > T_{max}} = 0$$

$$u(x, y, z, t) \mid_{z=0} = \psi(x, y, t)$$

$$u(x, y, z, t)z = 0 = \psi(x, y, t)$$

$$v(x, y, z, t) \tag{3-67}$$

式中，$u(x, y, z, t)$ 为声波波场；$v(x, y, z, t)$ 为介质速度；$\psi(x, y, t)$ 为地表接收的三维地震记录。利用高阶有限差分求解方程，即可解决三维逆时深度偏移成像问题（图 3-83）。

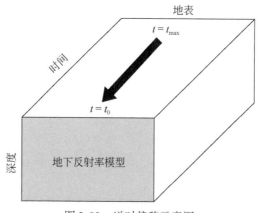

图 3-83　逆时偏移示意图

逆时偏移不存在射线类偏移的高频近似假设以及单程波偏移的传播角度限制，因而具有很高的成像精度。

**（2）叠后偏移**

叠后偏移是在水平叠加剖面的基础上进行的，针对水平叠加剖面上存在的倾斜反射层不能正确地归位和绕射波不能完全收敛的问题，采用爆炸反射面的概念解决上述问题，即把水平叠加后的自激自收剖面看作在反射界面上同时爆炸产生地震波，并以半速度向外传播，在地面上观测到的上行波剖面。

1）Kirchhoff 积分法。Kirchhoff 积分法偏移是采用数学的方法来表示出惠更斯原理，然后由数学表达式来求解空间位置上每一点的波场值，而求得的波场值正好可以满足波动方程，从而达到偏移处理的目的。Kirchhoff 积分先前是以数学角度叙述波场从一个波前传播到任意一点的传播结果而导出的数学公式，它所描述的是一个真实的物理过程。

2）频率–波数域的波动方程偏移。根据爆炸反射面成像原理，把水平叠加后的自激自收剖面当作在地下反射界面上同一时刻起爆发出的地震波在空间以半速度向外扩散，在地表进行接收记录到的上行波波场。该方法就是在频率—波束域计算激发点从地下反射界面处向上时空近拓的波场，以达到相比于时间域绕射波、断面波等更加快速收敛成像的一种偏移方法。

3）有限差分法波动方程偏移原理。有限差分法偏移就是在时间–空间域用有限差分法来求解上行波方程，然而直接求解上行波方程比较困难。

有限差分波动方程偏移的实质是由差分代微分，求微分方程的数值解的过程。为了将上行波方程表示为时间–空间域的表达式，需要将上行波方程表示为某种近似形式，然后在时间–空间域研究其差分方程及求解问题。

上行波方程在空间–时间域的表达式为

$$\frac{\partial p}{\partial z} = i\sqrt{\frac{\omega^2}{v^2} - k_x^2 p} \tag{3-68}$$

对上行波用迭代法展开得

$$\frac{\partial p}{\partial z} = i\frac{\omega}{v}\sqrt{1 - \frac{k_x^2 v^2}{\omega^2}}\, p = i\frac{\omega}{v}\left(1 - \frac{k_x^2 v^2/\omega^2}{1 + R_n}\right)p \qquad (3\text{-}69)$$

式中，$R_n = 1 - (k_x^2 v^2/\omega^2) / (1 + R_{n-1})$，$R_0 = 1$。由此可以推演上行波的各级近似方程。

以上几种方法各有优缺点，Kirchhoff 积分偏移建立在物理地震学的基础上，利用 Kirchhoff 绕射积分公式把分散在各地震道上来自同一绕射点的能量收敛在一起，置于地下响应的物理绕射点上，适用于任意倾角的反射界面，对剖分网格要求比较灵活。缺点是难于处理横向速度变化，偏移噪声大，"画弧"现象严重，确定偏移参数较困难，有效孔径的选择对偏移剖面的质量影响较大。有限差分法波动方程偏移是求解近似波动方程的一种数值解法。近似解能否收敛于真解与差分网格的划分和延拓步长的选择有很大关系。一般而言，网格剖分越细，精度越高，相应的计算量也越大。频率-波数域偏移不是在时间-空间域进行偏移，而是在频率-波数域进行偏移。它兼有差分法和积分法的优点，计算效率高，无倾角限制，无频散现象，归为效果好，计算稳定性好。缺点是不能很好地适应横向速度剧烈变化情况，对速度误差敏感。表 3-2 给出了不同类型的偏移方法和相应的使用条件，可根据地下界面地质特性，灵活选择偏移方法，获取优质成像剖面。关于更多有关地震偏移的论述，可参考其他资料。

表 3-2　偏移方法分类

| 类型 | 论述 |
| --- | --- |
| 叠加 | 适用于水平层状介质（对小倾角地层也可） |
| 法向射线深度转换 | 严格适用于没有构造倾角且速度只随深度变化的情况 |
| 时间偏移 | 适用于叠加剖面上有绕射波或构造有倾角及速度有垂向变化的情况；速度横向变化不大时也适用 |
| 深度偏移 | 适用于叠加剖面上有构造倾角和速度强横向变化的情况 |
| 叠前部分偏移 | 叠后偏移适用于叠加剖面与零炮检距面等价的情况，但不适用于具有不同叠加速度的地层倾角不一致或横向变速剧烈的地区，叠前部分偏移（倾角时差 DMO 校正）能够为叠后偏移提供更好的叠加剖面，但叠前部分偏移只解决具有不同叠加速度的地层倾角不一致的问题 |
| 叠前时间偏移 | 输出偏移剖面，不产生未经偏移的中间叠加剖面，所以不太受欢迎，因为解释人员普遍喜欢既有叠加剖面又有偏移剖面，但无论如何，这是解决倾角不一致地层问题的最佳方法，叠前部分偏移是该方法的一种简化 |
| 叠前深度偏移 | 用于速度横向变化严重的情况，这时已经无法做合适的叠加处理 |
| 三维叠后时间偏移 | 用于叠加剖面上出现来自射线平面以外的倾斜同相轴的情况，这是叠后最常用的一种三维偏移方法 |
| 三维叠后深度偏移 | 用于解决与三维地下复杂构造有关的速度横向变化剧烈的问题 |
| 三维叠前时间偏移 | 用于叠前部分偏移不适用以及叠加剖面上有横向倾斜层反射的情况 |
| 三维叠前深度偏移 | 用于叠后偏移和时间偏移不能正确成像且速度横向变化剧烈的三维复杂地区。对三维速度-深度模型的精度有较高的要求 |

资料来源：Yilmaz，1987。

### 3.3.2.5　地震反演

有了地球物理和地质资料的各种信息，利用地震数据处理分析中的反演手段就可以提取地下介质的有关物性参数,如速度、密度等,并对构造、岩性等地质现象做出合理的解释与推断。获取地下物性参数,有地震正演和反演两种途径,它们是弹性动力学研究的两个基本方面。如图3-84所示,正演是在给定震源和介质特性的基础上,研究地震波的传播规律,而反演则是根据各种地球物理观测数据,推测地球内部的结构、形态及物质成分,定量计算各种相关的地球物理参数。

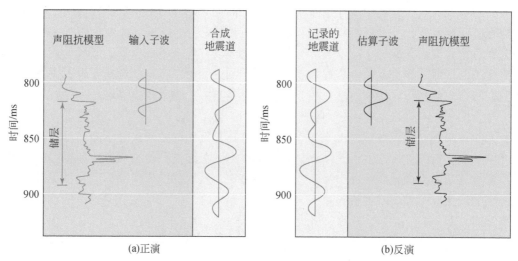

图3-84　地震正、反演过程（据撒利明等,2015）

地震反演研究包括反演理论、算法求解、解评价及应用等诸多方面。因此,地震反演方法的分类多而繁杂,可根据求解问题的不同、输入数据的不同、所用算法的不同,提出多种分类方法。如将地震反演分为基于旅行时间的反演方法和基于振幅的反演方法、叠后反演方法和叠前反演方法、非线性反演方法和线性化的迭代反演方法等。图3-85为地震反演技术在1967~2014年的发展情况。一般地震反演方法具有不同的技术特点及适用条件,如何针对研究区实际情况选择最合适的反演方法,除了需要对各种反演方法的基本原理、技术关键充分了解之外,还须经过实际应用,不断积累总结经验,才能恰当地通过它们来解决实际问题。目前常用的地震反演有基于地质模型的地震反演、约束稀疏脉冲反演、分频反演、地质统计反演和全波形反演（赵铭海,2004;隋淑玲等,2012;撒利明等,2015）。

**（1）基于地质模型的地震反演**

地质模型地震反演是以测井、地震资料为基础,具有较高的垂向分辨率和横向连续性,其先利用井资料中的波阻抗数据建立初始波阻抗模型,然后通过对其不断修改完善,寻找到一个与实际地震数据吻合程度最好的正演地震模型。地质模型地震反演过程需要注意:①初始波阻抗模型的建立及其在反演时所占比例。当其所占比例选取过大时,反演剖面就成了测井曲线的复制品,没有充分利用地震资料较好的横向连续性;取值过小,则相当于无井约束,没有充分利用测井资料较高的垂向分辨率。②建立初始波阻抗模型要与沉积相分析成果结合起来,同时要处理好断层、不整合等特定地质现象与层位的对应关系。

图 3-85 反演技术发展历程（据撒利明等，2015）

基于地质模型的地震反演方法比较适用于井资料丰富、横向非均质性较强、构造相对简单的河流相（扇）、三角洲等沉积类型。但对初始波阻抗模型存在依赖性。参数取值稍有不当，模型会产生多种结果。建立一个比较合适的初始波阻抗模型，要求地震资料具有较高的品质、较宽的频带、较低的噪声及相对振幅保持，较多的井资料作为约束条件，同时构造要相对简单，以便于迭代收敛（隋淑玲等，2012）。

**（2）约束稀疏脉冲反演**

约束稀疏脉冲反演的前提条件是：假设地下的强反射系数界面满足稀疏分布。然后在波阻抗趋势的约束下，用最少层的脉冲反射系数，合成模型地震记录，与地震道进行最佳匹配，得到相对波阻抗数据；然后再通过测井信息进行低频补偿，得到全频带波阻抗数据体。

在稀疏脉冲反演的过程中，井资料没有直接参与反演，只是起到约束和低频信息供给作用。这种反演算法要尽量考虑大的反射界面，细节部分的反射界面不能完全反映出来，导致反演分辨率只能达到地震资料最大分辨率。其优势是横向上比较完整地保留了地震反射的基本特征，能反映出岩性、岩相的空间变化。稀疏脉冲反演多用于井资料较少、储层较厚、横向非均质性较强的区块，主要针对河流相、三角洲、浊流沉积等沉积类型。适用于勘探、开发的各个阶段（杨立强，2003）。

**（3）分频反演**

分频反演是目前反演领域中一项比较新的技术，首先对地震数据进行分频，产生不同频带的数据体，计算出振幅与频率的关系，将频率作为独立信息引入反演，建立起测井波阻抗曲线与分频属性之间的映射关系，进而得到反演结果。其技术关键为地震分频属性提取及其与测井资料非线性映射关系的建立。提取地震分频属性的重点是要对地震资料进行频谱分析，掌握地震频带宽度、低频、主频及高截频等信息，为滤波参数设定提供依据。利用支持向量机进行多次学习来建立地震分频属性与测井资料非线性映射关系。

分频反演实际上是一种无子波提取、无初始模型的高分辨率线性反演，理论上可以达到较高的分辨率，可以更真实地反映地层接触关系。但是由于其算法的不稳定性，有时会产生较差的反演结果，在实际应用时应该多加注意。分频反演较多用于储层厚度较薄、横向非均质性较强的区块，适用于河流相、（扇）三角洲、滩坝等沉积类型。

**（4）地质统计学反演**

地质统计反演方法以测井、地震、地质资料为基础，将地质统计模拟与地震反演紧密结合，其原理和方法较为成熟。其技术关键是利用井点直方图及变差函数进行分析，剔除异常的井点数据，使得数据符合正态分布，从而得到研究区储层参数的概率分布特征。变差函数拟合时，要充分了解区块储层空间分布特征，选择合理的参数，以保证得到的变差函数能够准确代表储层参数的空间变化特征。

地质统计反演不仅仅局限于波阻抗反演，也可以得到多种储层物性参数分布特征。其反演结果可以与井达到最佳吻合，分辨能力能同时兼顾不同厚度储层。但这种反演方法也存在诸多不足之处：①只适用于三维工区，运算速度慢，实现的次数多，对多次获得的结果要进行综合分析；②研究区内要有适当数量的井位，而且分布要均匀；③储层参数统计特征要符合正态分布、对数正态分布或者通过转换形成满足上述分布的参数（杨锴等，2012）。

### （5）全波形反演

地震全波形反演（full waveform inversion）是一种利用地震全波场的运动学和动力学信息，不断拟合地层速度模型，精确刻画地层细节的反演方法，是近年来反演的研究热点。Tarantol（1984）首先提出了基于广义最小二乘法的时间域全波形反演方法，奠定了时间域全波形反演的理论基础，但这只是一种线性地震波形反演，只适用于地下地质构造不是很复杂或对背景速度场有较好的先验信息的情形；针对线性波形反演的不足，Gauthier等率先对时间域完全非线性波形反演进行了研究，证明在正常勘探条件下，采用完全非线性地震全波形反演方法，地震速度场的所有频率分量都是可观测的，并采用逆时偏移梯度下降法，对实测海洋地震资料进行了试算，得到了很好的反演结果，展示了时间域全波形反演方法的应用潜力（Vigh and Starr，2008）。

时间域全波形反演主要流程如图 3-86 所示，包括收敛条件、子波估计、初始速度模型、波场模拟和建立反演方程等（Shabelansky，2007）。目前时间域全波形反演在各个环节的主要问题，如波场正演模拟方法、震源子波处理方式、目标泛函建立方式、优化反演方法、梯度预处理方式都取得了较好进展。

在研究区块地质条件日趋复杂的情况下，单一的地震反演方法解决地质问题的能力是有局限性的，只有在熟悉工区地质资料的前提下，将优选出的地震反演方法与属性分析相结合，才能进一步提高储层描述的精度，达到解决复杂地质问题的目的。

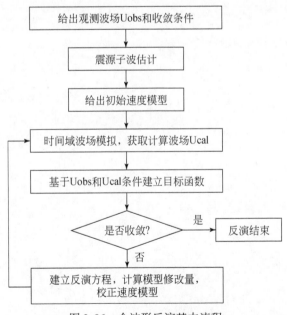

图 3-86　全波形反演基本流程

# 3.4　应用实例

## 3.4.1　海洋多道反射地震资料处理

### 3.4.1.1　概述

海洋地震勘探主要包括三大环节：海洋地震数据采集、海洋地震数据处理、海洋地震资料解释。海洋地震数据处理是一个承上启下的中间过程。在完成海上地震资料采集之后，就需要利用室内计算机对海洋地震数据进行处理，以得到高信噪比、高分辨率的地震剖面，为后续地震资料解释打下基础。

地震资料处理主要有 3 个基本阶段，按顺序有反褶积处理、叠加处理和偏移处理。反褶积处理起到提高纵向时间分辨率的作用；叠加处理起到在偏移距方向压缩数据体并获取叠加剖面的作用；偏移处理起到将倾斜同相轴归位到真实位置，使绕射收敛，提高横向分辨率的作用。

本节多道地震资料处理应用实例的数据，来源于编者研究团队搭乘中国科学院南海海洋研究所实验二号科考船，先后于 2010 年 8 月和 2011 年 8 月在南海北部海域采集施工而获得，测线共计 4 条，长度约 10 000km（图 3-87）。采集测线集中于珠江口盆地南部边

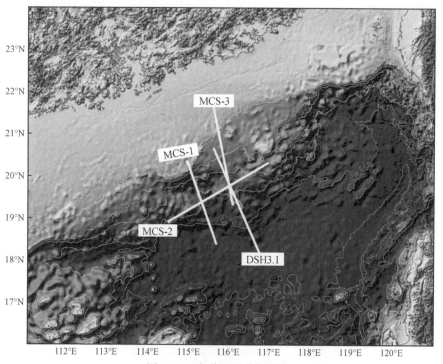

图 3-87　多道地震采集测线

缘，4 条测线均穿过了洋陆过渡带。据相关研究资料表明，该区域内有大量的火山侵入与喷出，观测数据可用以解决南海北部火山活动历史、大陆张裂与减薄、洋陆过渡带地壳性质演化等基础地质构造问题，为构建完善南海北部的构造历史有参考意义。

### 3.4.1.2 采集参数

海洋多道地震处理流程一般包括预处理、真振幅恢复、反褶积、速度分析、动校正、共中心点（CMP）水平叠加、叠后时间或深度偏移等。其中，预处理是地震数据处理过程中重要的基础工作。多次波压制是海上资料处理的难点和重点之一，除去不干净将严重影响速度分析、叠加、偏移等资料处理的结果，为后续的地质解释带来困难。

本应用实例激发震源采用的是空气枪阵列，接收系统的技术参数见表 3-3。由于采集资料的低频噪声、线性噪声干扰十分严重，在原始单炮记录上有效信息几乎全部被低频噪声掩盖，且坏道、线性干扰等干扰波大量存在，多次波也发育较多（图 3-88）。所以采用了去除线性干扰，压制多次波，以突出深层有效反射波，提高资料的信噪比的主要处理流程，如图 3-89 所示。

表 3-3 采集参数

| 类型 | 采集参数 | 类型 | 采集参数 |
| --- | --- | --- | --- |
| 炮间距/m | 50 | CMP 间距/m | 6.25 |
| 道间距/m | 12.5 | 覆盖次数 | 18 |
| 道数 | 144 | 采样间隔/ms | 2.0 |
| 最小偏移距/m | 25 | 最大记录时间/ms | 12 002 |
| 最大偏移距/m | 1 812.5 | 采样点数/道 | 6 001 |

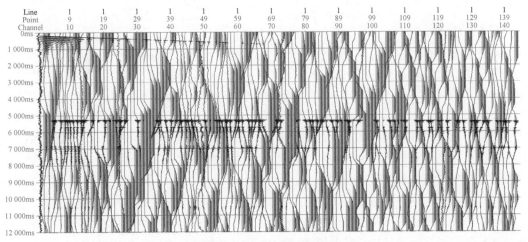

图 3-88 地震资料单炮记录

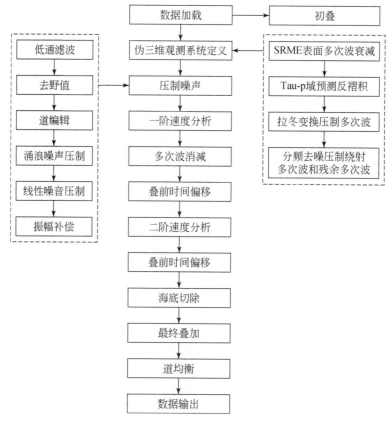

图 3-89　海上地震资料处理流程

### 3.4.1.3　基本处理流程

**(1) 预处理**

在预处理之前，需要对野外施工设计、采集班报、观测系统、海上导航数据、磁带记录标签等进行仔细地检查与核对，保证预处理的正确性。预处理主要包括原始数据解编、格式转换、道编辑、观测系统定义及噪声去除等几个环节。数据解编是指把原始采集的按时分道的数据记录方式变换成按道分时的数据记录方式，即炮点记录。道编辑是指对噪声道、带有瞬变噪声的道或单频信号道进行剔除，对极性反转道进行校正。定义观测系统是把所有道的炮点和接收点位置坐标等测量信息都存于道头中。噪声去除处理是根据记录中各种噪声与有效反射波特征差异对噪声进行压制。

海洋地震资料中不仅包含有效波信号，还混有各种类型的干扰噪声，如涌浪、勘探船、邻船、渔网、仪器本身等带来的随机噪声，这些噪声会影响地震勘探的分辨率和信噪比，不利于对海底及以下地层精细结构的成像，应当在预处理中根据有效波与干扰波的差异加以压制。例如，利用两者在频率特征的差异，通过数字滤波来压制干扰波，以突出有效波。从图 3-90 中可以看出，滤波前的记录中含有很多低频干扰，掩盖了部分有效波能量；通过高通滤波器进行滤波后，几乎所有的低频噪声得到压制，深部反射波能量突显出来了。

　　海洋人工地震数据采集一般权衡经济效益与采集质量，常采用多船、多缆、多套采集系统联合工作的方式，即多个船勘探船队在相邻工区独立作业，并且每个船队分别进行多源激发和接收，震源连续走行激发。这种采集方式使多道地震数据受到了邻船上的震源和邻船本身干扰，较大地影响了地震数据的质量。图 3-91 中所示的单炮地震记录，就是受海上地震震源连续激发影响，导致出现规则的线性干扰。其中，图 3-91（a）上呈线性特征的干扰波（红色箭头），由于是被二次震源引起，称为线性干扰波；图 3-91（b）为利用拉冬变换方法压制线性干扰后的单炮记录，可以看出线性干扰几乎被消除，压制效果非常明显，剖面的信噪比明显提高，有效波更容易分辨。

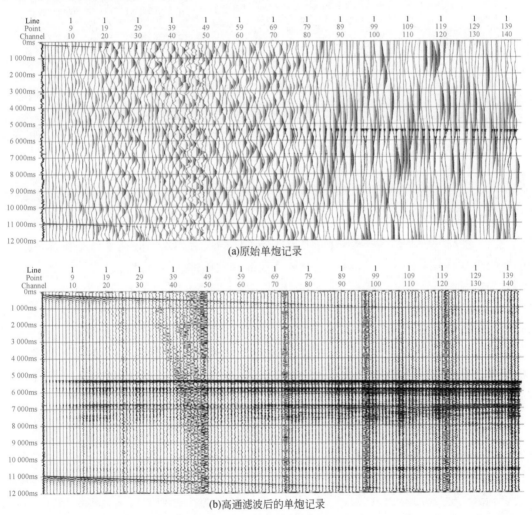

(a)原始单炮记录

(b)高通滤波后的单炮记录

图 3-90　地震资料单炮记录

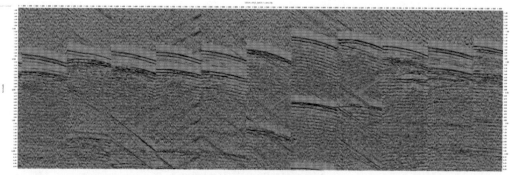

(a)线性干扰波压制前的原始剖面

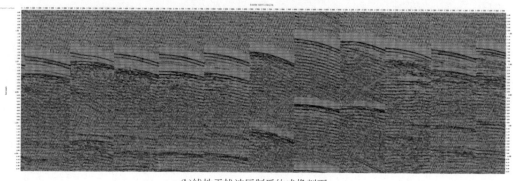

(b)线性干扰波压制后的成像剖面

图 3-91　线性干扰波去除前后效果对比

**（2）真振幅恢复**

野外记录采集的地震振幅不仅反映了地层界面的反射能量，而且也与地震波的激发、传播和接收等因素有关。这些因素包括地震波的激发条件、接收条件、波前扩散、吸收、散射、透射损失、多次波和噪声等。真振幅恢复的目的是尽量对地震波能量的衰减和畸变进行补偿和校正，主要包括波前扩散振幅补偿、地层吸收振幅补偿和地表一致性振幅补偿等。图 3-92 为真振幅恢复处理前后的地震记录对比图，最明显的效果是地震记录中深部地层的反射波振幅得到加强，校正了原始地震记录中地震波振幅的衰减和畸变，使深部无法识别的弱反射波在真振幅恢复之后变得明显，有利于后续处理中对深部地层构造的精确成像，但这种处理在补偿有效信号振幅的同时，也加强了干扰信号的噪声。

**（3）反褶积**

反褶积的基本作用是压缩地震记录中的地震子波长度，提高分辨率；同时，可以压制鸣震和多次波等规则干扰。反褶积处理可以用于叠前地震数据处理，也可以用于叠后数据处理。如图 3-93 所示，经过反褶积处理后，地震记录的分辨率得到提高，处理前较低频的反射波在反褶积之后子波长度被压缩，频率明显提高，有利于对地下地层精细构造的成像。

反褶积处理后，可进行频带拓宽处理。根据不同频带信噪比情况，在各自的频带内从频率-波数 ($f$-$k$) 域搜索噪声，再变换到各自的时间-空间域进行噪声压制，从而提高整个记录的信噪比。如图 3-94 所示，处理之后数据的信噪比得到提高，我们感兴趣的频段在整个记录中所占份额增多，再进行子波计算，既保证信噪比，又可提高分辨率。

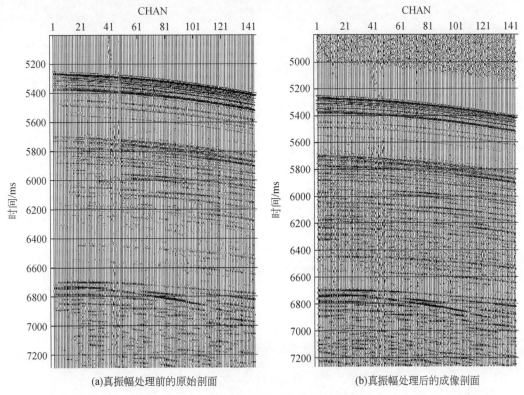

(a)真振幅处理前的原始剖面　　　　　　　(b)真振幅处理后的成像剖面

图 3-92　真振幅恢复处理前后效果对比

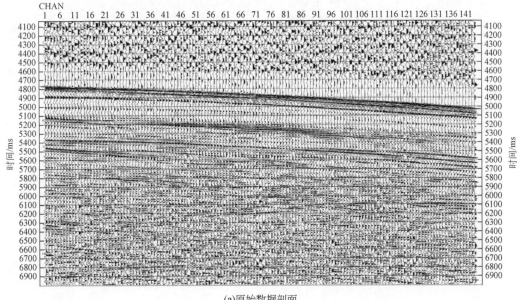

(a)原始数据剖面

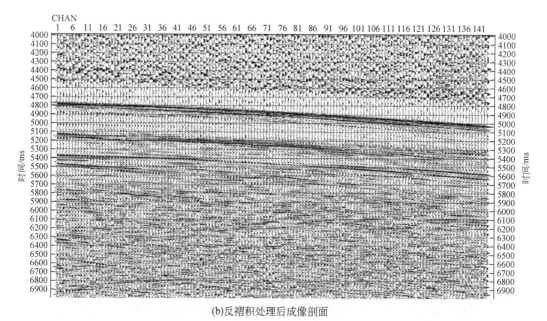

(b)反褶积处理后成像剖面

图 3-93　反褶积前后对比

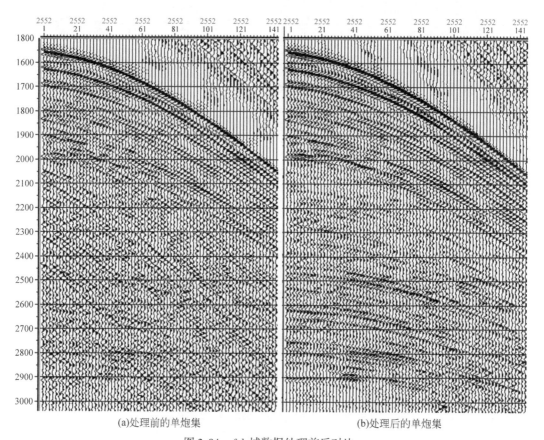

(a)处理前的单炮集　　　　　　　　(b)处理后的单炮集

图 3-94　$f\text{-}k$ 域数据处理前后对比

**（4）速度谱分析**

利用速度分析求取地震数据的速度谱。首先通过速度谱自动或人机交互拾取叠加速度，为动校正提供速度参数。然后固定时间 $t_0$ 值，沿不同速度定义的双曲线轨迹对共中心点道集进行叠加，得到该速度对应的叠加能量。这种将地震波沿不同速度叠加能量相对扫描速度的变化称为速度谱。

如图 3-95 为速度分析图，左图是速度谱，横坐标为速度，纵坐标为时间，颜色由蓝到红表示叠加能量的强弱，右图为共中心点道集记录，可以看到每一个反射同相轴都对应一个强能量团，将这些强能量团所揭示的叠加速度依次拾取出来，就得到了该共中心点的垂向叠加速度变化曲线，同样地，可以依次拾取出整条测线的叠加速度场，为动校正叠加提供速度（图 3-96）。

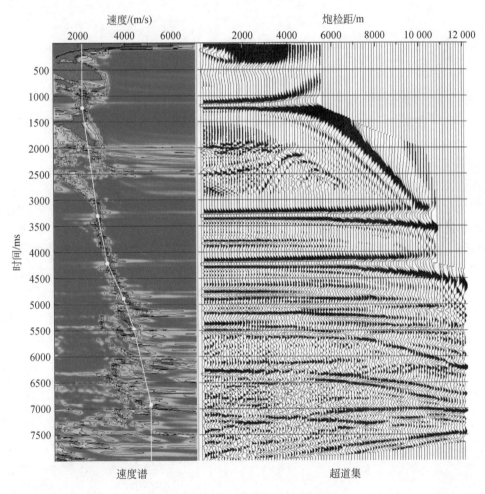

图 3-95　海上地震数据速度分析图

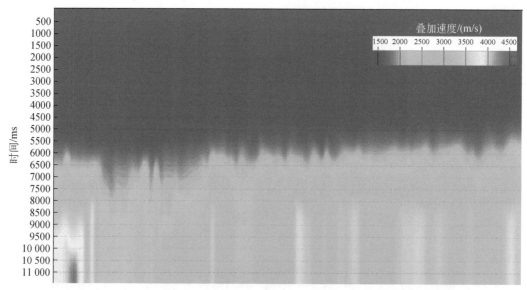

图 3-96　叠加速度场

**(5) 二次速度分析、动校正和水平叠加**

重新进行速度分析，精细拾取速度，然后按速度分析得出的最佳速度对 CMP 道集做正常时差校正，消除动校时差对旅行时间的影响。考虑到浅层远道动校拉伸畸变大，为防止浅层质量降低，在叠加前应先将畸变带切除。再对各偏移距数据求和就获取了 CMP 叠加剖面 ［图 3-97 （a）］。

海上地震资料需要根据实际资料的多次波特征，采用多方法、分阶段的衰减组合技术，在相对保持振幅特性的前提上，进行多次波衰减处理。一般针对近偏移距多次波，采用 SRME 方法，对原始数据进行褶积运算来预测及衰减多次波；针对中远偏移距多次波，采用高分辨率 Radon 变换，根据一次波与多次波速度差异在 Radon 域进行分离来衰减；针对绕射多次波，根据一次波与绕射多次波之间的能量和频率差异来衰减；针对残余多次被，则采用分频去燥技术、加权中值滤波方法来衰减。图 3-97 （b） 为在进行了 SRME 方法和 Radon 变换多次波衰减处理后所获得的叠加剖面，多次波能量被明显压制。图上白色

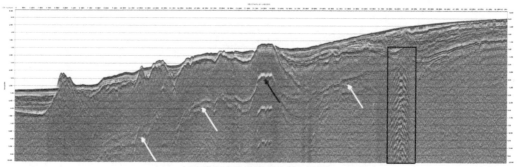

(a)未进行多次波衰减的叠加剖面

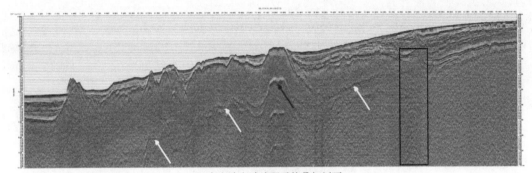

(b)多次波衰减处理后的叠加剖面

图 3-97　水平叠加剖面

箭头指示的是多次波压制效果较好的位置，而黑色箭头指示的是压制效果不佳的位置。值得注意的是，在进行多次波压制处理时，二次震源引起的强线性干扰也得到了很好的压制，如图 3-97 中黑框所示。

**（6）偏移成像**

从叠加剖面上，可以看到一些地层反射波的同相轴，但也出现了很多的断面波、绕射波，影响了地震剖面的解释精度。要解决这一问题，需要进行地震偏移处理。地震偏移可在叠前做，也可在叠后做。偏移可使倾斜地层面的反射波、断面的断面波归位到真实的地下位置；弯曲界面产生的回转波在叠加剖面上形成的"蝴蝶结"，在偏移剖面上可以被解开，变成了向斜；断点、尖灭点产生的绕射波收敛归位，进而得到地下反射面的真实位置和构造形态。对提高地震勘探的横向分辨率很有作用。

偏移处理包括两个步骤：延拓和成像。由实际电缆排列接收的地震记录推算出地下某深度地震记录的过程称为延拓（或外推），令其地震波传播时间为零，求得地下真实反射点位置的过程称为成像。图 3-98 为弯曲反射界面处偏移处理前后的成像特征。可以看出，

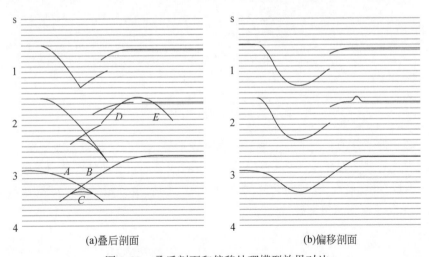

(a)叠后剖面　　　　　　　　　　　　(b)偏移剖面

图 3-98　叠后剖面和偏移处理模型效果对比

地震偏移处理使弯曲界面产生的反射波，归位到它们真实的地下位置，并使绕射波得到收敛，既提高了地震图像的空间分辨率，又更真实地反映了地下情况。

图 3-99 为海洋地震数据叠加剖面和叠后偏移剖面的对比图，偏移剖面相比于叠加剖面断面波、绕射波得到了收敛，地层之间的接触关系成像更加精细准确，通过偏移剖面可以很好地对海底及地下地层构造进行解释描述。

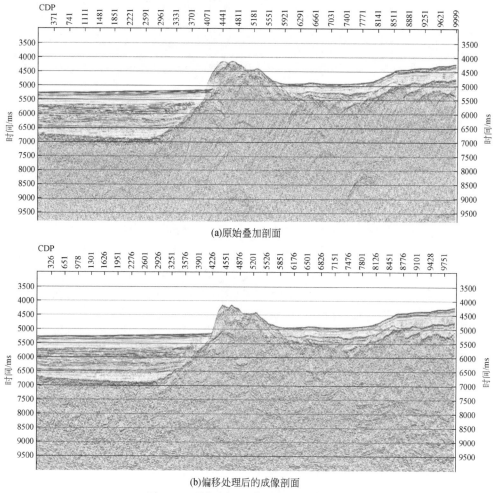

(a)原始叠加剖面

(b)偏移处理后的成像剖面

图 3-99　叠加剖面和偏移剖面效果对比

至此，我们概括性地介绍了海上地震资料处理的基本流程，但只涉及处理的主要环节。限于篇幅，其他处理步骤及方法没有详细论述，如针对不同目的的特殊处理手段、$\tau-p$ 变换、小波变换、叠前深度偏移、子波处理、属性分析、反演、多分量处理、四维地震等都没有涉及，请读者自行查阅相关文献。

## 3.4.2 OBS 数据处理

### 3.4.2.1 概述

海底地震仪（OBS）是一种将检波器直接放置在海底的地震观测系统，可以用于主动源地震探测，也可以用于天然地震观测，所获得的数据在海底地质构造，海洋壳、幔速度结构，板块俯冲带特征，洋盆演化动力学机制，海洋油气、天然气水合物等资源，地震活动性监测，以及地震、海啸预警研究等方面都有广泛的用途（邱学林，2011；夏常亮，2008）。其与常规海洋地震勘探相比，OBS 观测系统将海底检波器置于海底，直接降低了噪声干扰，而海底检波器不仅能接收到纵波，同时也能接收到海底地层中纵波反射产生的转换横波，因此可以为海洋地震勘探提供更为丰富的地震波信信息（鲁统祥，2013）。

利用 OBS 数据研究海区深部结构已成为最有效的地球物理方法之一，也是近年来国内外进行海底结构调查的最新发展方向（郝天珧等，2011）。一般 OBS 数据处理会采用常规地震数据处理中的滤波、反褶积、增益、傅里叶变换、频谱分析等方法，但又不像常规地震数据处理时使用共中心点叠加或共深度点叠加、偏移等方法，取而代之的是，沉浮式 OBS 数据处理通常会用到地震层析成像的一些处理手段，这主要是深水 OBS 地震数据的特点所致（刘丽华等，2012；龚旭东，2010）。

目前，OBS 数据处理一般需经过以下几步。

1）数据解编处理。由于不同厂家生产的 OBS，其数据记录格式各不相同，因此需要编译不同的解编程序，将 OBS 原始记录解编为各个分量的标准 SAC 格式数据，再根据探测目的选择 OBS 记录的某个或某几个分量进行后续处理。

2）数据的裁截处理，根据导航文件和炮时文件，按放炮时间将连续记录的 SAC 格式 OBS 地震数据裁截为按道存储的标准 SEG-Y 格式的共接收点道集的数据体。

3）数据的频谱分析、环境噪声分析，对 SAC 格式或者 SEG-Y 格式的 OBS 数据做快速傅里叶变换（FFT），分析 OBS 记录的频谱和环境噪声情况，确定有效信号的优势频带。

4）OBS 数据常规处理及成像处理，根据频谱分析、环境噪声分析和枪阵模拟情况，选择合适的带通滤波器的频率，对各 OBS 的 SEG-Y 格式数据做速度折合、自动增益、滤波、反褶积等常规处理，最后形成单台站共接收点地震剖面。

5）时间校正，消除放炮延迟，以及 OBS 控制时时钟因温度、压力的改变而产生的时间漂移对初至波走时的影响。

6）震相拾取，在经过时间校正后的单台站共接收点地震剖面上拾取各震相的双程走时及坐标。

7）反演处理、射线追踪及模型建立，利用地震波走时反演方法建立初始参数模型，进行射线追踪正演和最小二乘阻尼反演等研究，最终获取地球深部的速度结构。

总体来说，OBS 的数据处理技术，在尽量提高数据的信噪比，减小 OBS 记录震相的拾取误差，同时引入反射地震处理技术，增强反演结果的可靠性。这些处理技术在国外海底结构探测中取得了很好效果，但就国内而言，OBS 的数据处理技术还刚刚起步，虽然有学者引入了一些新方法，但大多是在常规共炮点反射地震数据处理以及天然地震数据处理方法的基础上，针对 OBS 数据的特点所作的一些特殊处理技术的改动，尚未形成具有自主知识产权的数据处理平台（刘丽华等，2012）。

### 3.4.2.2  OBS 数据特征

OBS 数据资料包括 4 个分量：1 个水听器分量、1 个垂直分量和 2 个水平分量。其中，垂直分量检波器记录的主要是 P 波；两个水平分量相互垂直，分别记录由 P 波反射得到的转换 P-SV 波和 P-SH 波；水听器分量记录的是 P 波信息。

1）OBS 资料中，由于受洋流等因素的影响，检波点位置记录并不准确。

2）受 OBS 仪器费用及海上采集条件等因素的影响，OBS 观测系统中接收点个数很少，炮点相对较多，覆盖次数均匀性差，甚至个别位置出现零覆盖的情况，这为后续处理增加了难度。

3）OBS 数据中除了水听器分量外，其他 3 个分量均同时包含纵横波，波场复杂，难以采用常规方法进行纵横波成像。

4）难以采用常规方法来解决 OBS 静校正问题。在深海勘探中，炮点与接收点的高程差大于接收点与目的层之间的高程差，这就使得常规的静校正方法无法解决 OBS 静校正问题。

5）转换波具有传播路径不对称性，纵波处理领域中常用的基于共中心点思路的处理技术和整体抽道方法不适用于转换波问题（鲁统祥，2013）。

### 3.4.2.3  主要处理环节分析

**（1）预处理**

OBS 数据处理预处理包括：地震数据解编处理、OBS 接收点重定位、水平分量旋转、垂直分量旋转、几何扩散校正和野外静校正等（图 3-100）。

1）地震数据解编处理主要是将野外记录的数据根据 OBS 数据记录格式解编为各个分量的标准格式（seismic analysis code）数据，再根据放炮时间等信息将其转换为标准 SEG-Y 格式的共接收点道集数据。

2）OBS 接收点重定位是对在投放过程中受到洋流等因素影响而偏离预定位置的海底检波器进行重新定位，目前常用的方法有声波定位法和初至波定位法，其基本原理都是根据圆圆定位原理，通过不共线的三个炮点位置及其到检波点的旅行时间来计算检波点位置。

3）水平分量旋转是通过将 $X$、$Y$ 分量旋转到炮检点连线方向及其垂向方向上来解决不同道之间的振幅能量属性不一致的问题，此时，$X$ 分量上只记录 SV 波，而 $Y$ 分量上只记录 SH 波。

4）几何扩散校正是由于 OBS 震源激发的地震波在海水的传播过程中，波前面越来越大，在相同面积上的地震波能量不断减小，表现为振幅变小，必须进行几何扩散校正。

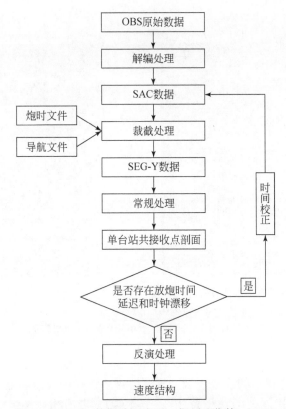

图 3-100　OBS 数据处理流程（据刘丽华等，2012）

5）野外静校正是由于 OBS 观测系统中炮点与检波点的布设不在同一基准面，需要对 OBS 资料进行静校正。

**（2）OBS 数据频谱分析**

通过对 OBS 数据的傅里叶变换，求得地震数据的频谱，进而对其频谱进行分析，可以获得气枪信号的优势频带，为后面对数据进行滤波处理，提高数据信噪比做好准备。同时，分析 OBS 数据的频谱还能判断 OBS 与海底的耦合情况以及了解研究区周边的环境噪声情况，从而对数据的质量做出评价。

将不同能量的两种枪阵在同一台站 OBS 的频谱进行对比，将其频谱以变密度形式显示，由图 3-101 可见，对于不同能量的枪阵，能量（包括气枪信号和噪声）主要集中在近偏移距处，由近及远，能量减弱；并且能量主要集中在频率为 3～15Hz，说明气枪信号的优势频带为 3～15Hz。

**（3）OBS 数据增益、滤波等常规处理**

由于 OBS 原始数据会受到环境噪声的影响，且气枪信号的能量较小，为了提高数据的信噪比，必须对 OBS 数据做增益、滤波、反褶积等常规处理，滤除多次波、面波、随机噪声等的影响，增强有效信号强度，而使用这些方法时所选择的参数则是成败的关键。增益处理参数选择主要是依据 OBS 的采样频率，目前主流 OBS 采样频率为 125～200Hz，通常

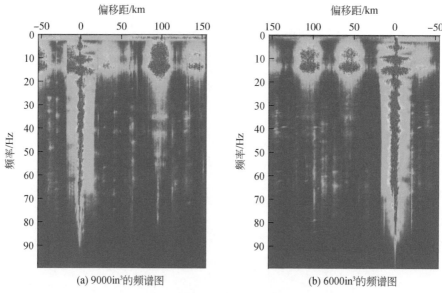

(a) 9000in³的频谱图　　　　　　(b) 6000in³的频谱图

图 3-101　OBS 数据频谱图（据刘丽华等，2012）

图件以变密度形式显示，红色代表能量强，蓝色代表能量弱

选择增益的时窗大小为 1s 左右。而滤波频率的选择一般是根据枪阵模拟、频谱分析和环境噪声分析，确定有效信号的优势频带，再有针对地选择带通滤波器及其频率参数，对数据进行滤波处理。这里滤波参数设置为 3−5−12−15 带通滤波，增益窗口选用 wagc = 3（图 3-102）。对比分析发现，使用滤波参数后，30km 偏移距内初至震相清晰，50～70km 深层震相也可清晰识别出来。

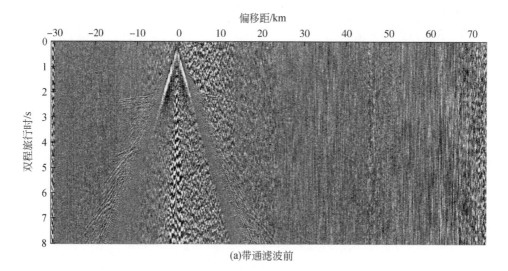

(a)带通滤波前

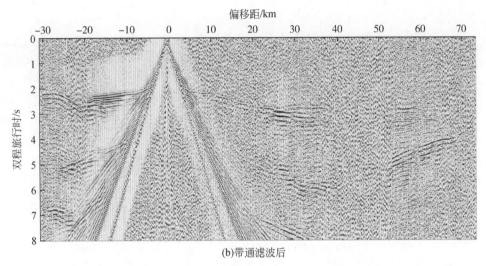

图 3-102　某站位带通滤波前后对比图（据支鹏遥，2012）

### （4）OBS 数据时间校正

OBS 投放到海底后就处于不可控制状态，海底水体流动、温度和压力等因素的变化会导致放炮时间延迟和仪器内部时钟的时间漂移，从而使震相拾取的时间与实际到时产生偏差。因此，必须要对这些台站的记录进行时间校正。对于浅水地区，OBS 时钟漂移较小，仅需做线性校正即可，而深水地区则应选择合适的校正方法对 OBS 数据进行时间校正和位置校正（图 3-103）。

### （5）OBS 数据震相拾取

OBS 中常见震相如图 3-104 所示，其中 Ps 为浅层沉积层的折射震相；P1 为来自沉积层底的反射震相；Pg 为地壳内的折射震相，通常又将上地壳的折射称作 Pg1，中、下地壳的折射称为 Pg2；P2 为上地壳底界面的反射震相；PcP 为康氏面反射震相；PmP 为来自 MOHO 的反射震相；Pn 为来自上地幔的折射震相。实际数据通常远远比理论模型复杂，且震相的拾取具有一定的不连续性和不确定性（图 3-105），需要在后期的正、反演中不断校正。

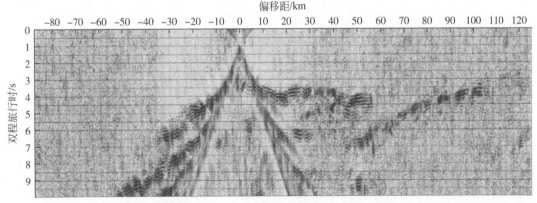

(a)时间延迟校正前

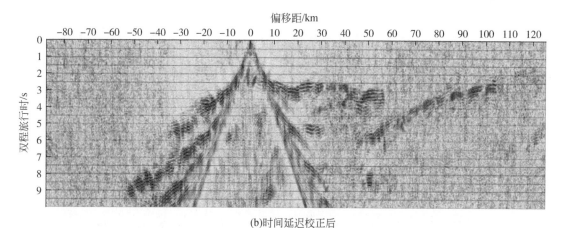

(b)时间延迟校正后

图 3-103　OBS 数据放炮时间延迟校正前后对比（据刘丽华等，2012）

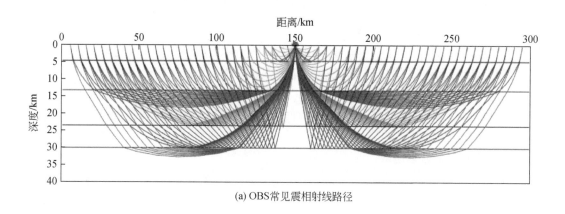

(a) OBS常见震相射线路径

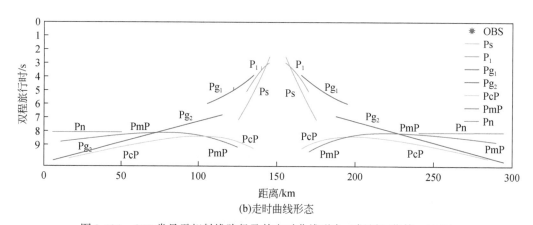

(b)走时曲线形态

图 3-104　OBS 常见震相射线路径及其走时曲线形态（据刘丽华等，2012）

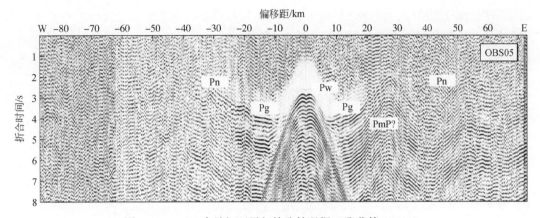

图 3-105　OBS 台站初至震相拾取情况据（张莉等，2013）

**（6）OBS 数据反演处理与速度模型的建立**

OBS 数据反演处理及速度模型的建立主要利用 Zelt 和 Smith（1992）提出的一种同时获得二维速度结构与速度不连续面深度的地震波走时"剥层法"反演方法，经过建立初始参数模型、正演射线追踪和阻尼最小二乘反演 3 个步骤由浅层逐渐推演到深层，最终获得深部速度结构（吕川川等，2011）。建立初始参数模型时应该参考已有的地质资料或多道地震的数据（MCS），以对浅层进行约束。图 3-106 为某测线的最终地壳速度结构示意图。

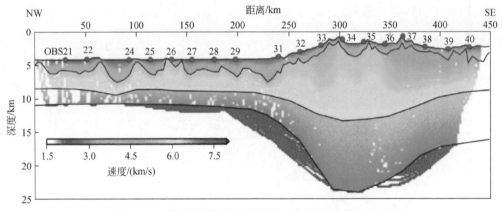

图 3-106　某测线模型和速度结构（据丘学林等，2011）

至此，本节简要地介绍了 OBS 数据处理的主要步骤和关键环节分析。关于更深入的 OBS 数据处理以及应用等请读者查阅相关文献。

## 3.4.3　热液硫化物矿区垂直缆探测技术

### 3.4.3.1　概述

垂直缆地震（vertical cable seismic，VCS）起源于海上军事目标监测，于 1987 年应用至海洋地震探测，其上部分放置可调控浮标，使电缆具有上浮的拉力，底部用锚固定在海底。通过布设在海水中，调查船上空气枪震源激发地震波，垂直缆上挂载着水听器接收地震波信息，数据传输可通过无线或有线传回调查船上。目前，VCS 已经在解决盐丘两侧岩性储层、海底硫化矿物成像等问题上得到应用（Asakawa et al.，2014，2015）。

### 3.4.3.2 采集参数

2013 年，Asakawa 等先后在冲绳海槽中段最具块状硫化物潜力的 Izena Cauldron 地区进行了块状硫化物沉积构造的三维垂直缆地震调查。靶区大小约 4km×4km，放炮间隔 25m，测线分布间隔 200m（图 3-107）。在调查区域中央，在原来 2011 年炮线测线分布中插入了 8 条测线，使测线间隔为 100m，如图 3-107 中绿色线条。调查过程中同时采用了海面和海底声源发射，部署了 3 条垂直缆。海面声源为高压电火花（AAE Delta-sparker），具体参数见表 3-4。海底声源子波类似于雷克子波，中心频率为 1kHz，由于能量较弱，在每个发射位置重复发射 100 次来获取更佳数据，其声源发射位置部署如图 3-108 所示。

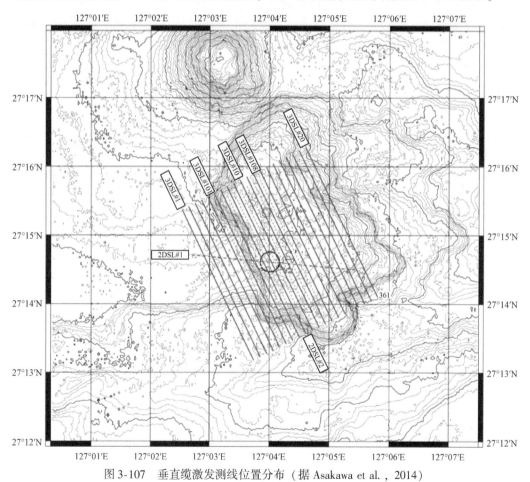

图 3-107　垂直缆激发测线位置分布（据 Asakawa et al.，2014）

表 3-4　垂直缆采集参数

| 采集参数 | 技术指标 |
| --- | --- |
| 声源 | AAE Delta-Sparker |
| 能量 | 12000J |
| 发射间隔 | 12.5m |
| 测线数 | 28 |
| 测线长度 | 4500m/4000m |
| 测线间隔 | 200m/100m |
| 垂直缆数 | 3 |
| 垂直缆间隔 | 约100m |

资料来源：Asakawa et al.，2014.

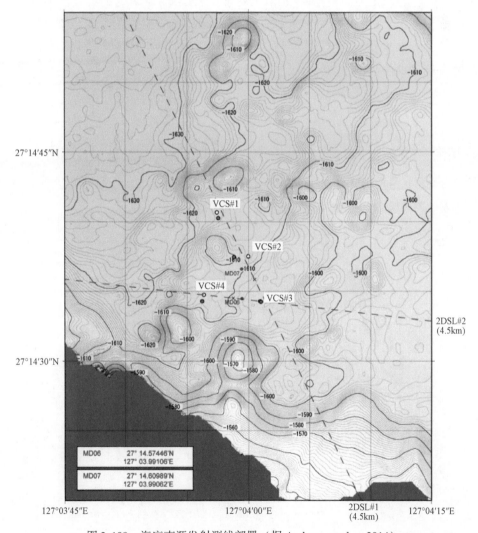

图 3-108　海底声源发射测线部署（据 Asakawa et al.，2014）

　　资料采集过程中垂直缆是垂直于海底的。对于海面声源，水听器位置利用斜距内插获得，电火花声源发射位置通过 GPS 定位获得。对于海底声源，是利用初至测量获取的定位信息来迭代转换发射点和接收点位置与旅行时间数据匹配，经过多次迭代后获得最可靠的定位信息，以用到数据资料处理当中。

### 3.4.3.3　VCS 数据分析

　　研究靶区电火花共接收点道集记录信号的主频高达 800Hz（图 3-109），可以清晰识别海底反射、侧面反射和浅地层反射等信息。如图 3-110 所示，VSC 数据处理应用了三维叠前深度偏移技术，获取了二维叠前深度偏移剖面和三维数据体，以及三维叠前时间偏移数据体（图 3-111）。地震资料的成像范围，在水平面上约为 2000m×1000m 的面积；在垂直方向上，能获取海底以下到约 1500m 的高分辨率图像。

　　沿着 3 条垂直缆从三维数据体中提取出一条二维测线来解释分析面（图 3-112），剖面中海底以下 30m 左右的强反射解释为被沉积物覆盖的硫化物矿床。根据日本国家石油天然气和金属公司（Japan Oil, Gas and Metals National Corporation）在研究区域的钻井岩芯证实在海底以下 30~40m 深沉积物下部存在硫化物矿物，这一证据与垂直缆地震调查结果一致。

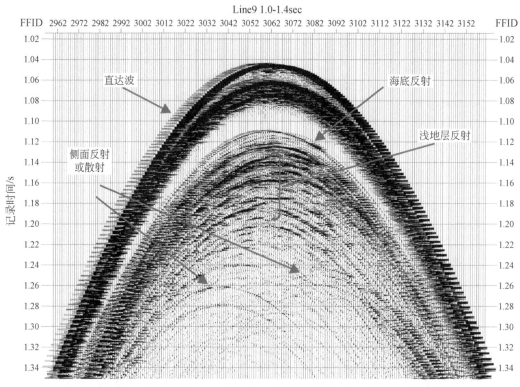

图 3-109　垂直缆地震 VC#1 第四条水听器接收共接收点道集数据剖面
（据 Asakawa et al., 2014）

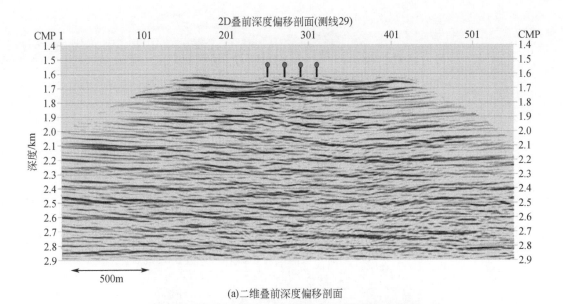

(a)二维叠前深度偏移剖面

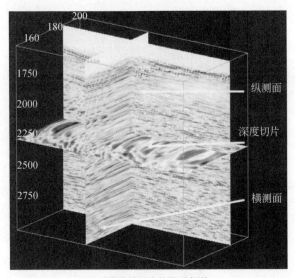

(b)三维叠前深度偏移数据体

图 3-110　垂直地震缆叠前深度偏移二维和三维数据体（据 Asakawa et al.，2014）

　　从海底声源测量的数据还可以直接识别出水体及海底以下地层的反射，但反射振幅相比海面声源测量结果更弱，细节分辨效果一般（Asakawa，2016；Asakawa et al.，2014）。

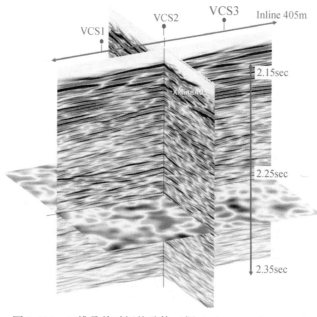

图 3-111　三维叠前时间偏移体（据 Asakawa et al.，2014）

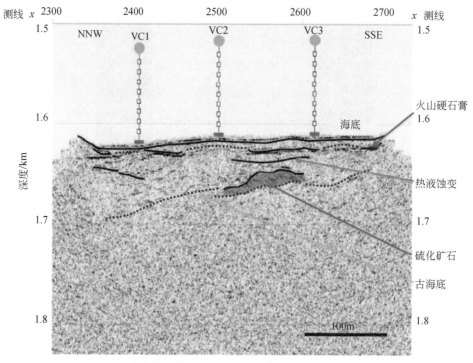

图 3-112　垂直缆二维地震解释剖面（据 Asakawa et al.，2014）

## 3.5 习　　题

1）如果给定 $V_s=2000\text{m/s}$，求下图中层介质的弹性参数。

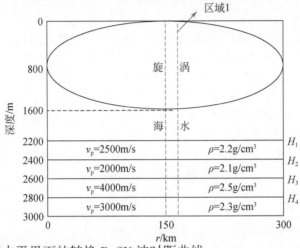

2）试推导三层水平界面的转换 P-SV 波时距曲线。

3）简要概括窄方位（NAZ）、多方位（MAZ）、宽方位（WAZ）、富方位（RAZ）和全方位（FAZ）特点及优势。

4）简要概括海上反射地震数据的常规处理流程、每个步骤的含义和目的。

5）叠加剖面与偏移剖面有何区别与联系？

6）简述海上反射地震、折射地震和多分量地震探测的特点及发展趋势。

### 参 考 文 献

曹文俊，李振春，王小六．2004．广角地震处理方法研究进展．地球物理学进展，19（2）：296-299.

常旭，王一搏．2014．深水油气地震成像研究与实践．北京：科学出版社．

陈金海，周国良，徐金祥．2000．虚反射和海水鸣震干扰的消除．海洋石油，（3）：34-42.

褚宏宪，杨源，张晓波，等．2012．高分辨率单道地震调查数据采集技术方法．海洋地质前沿，12：70-74.

邓勇，李列，柴继堂，等．2010．琼东南盆地深水区地震资料品质影响因素探析．中国海上油气，6：382-386.

方守川，秦学彬，任文静，等．2014a. 基于多换能器的声学短基线海底电缆定位方法．石油地球物理勘探，49（5）：825-828.

方守川，赵建虎，王振杰，等．2014b. 海上地震勘探中震源阵列的定位算法研究．海洋技术学报，33（5）：96-100.

方守川，赵建虎，易昌华，等．2014c. 海底电缆地震勘探综合导航系统设计与研制．科学技术与工程，14（28）：163-167.

耿建华，董良国，马在田．2011．海底节点长期地震观测：油气田开发与 $CO_2$ 地质封存过程监测．地球科学进展，26（6）：669-677.

龚旭东，陈继宗，庄祖银，等．2010．深水地震资料处理关键技术浅析．勘探地球物理进展，（05）：336-341，358，307．

郝天珧，游庆瑜．2011．国产海底地震仪研制现状及其在海底结构探测中的应用．地球物理学报，（12）：3352-3361．

何勇，张建中．2015．海洋地震垂直缆观测系统的射线照明分析．CT 理论与应用研究，24（5）：689-700．

胡朝勇，朱明，修中标．2009．多波多分量地震勘探的现状与发展趋势．科技信息，（26）：308-310．

胡晓亚．2016．多分量地震技术新进展——SEG2013 年会多分量地震技术论文分析与评述//中国科学院地质与地球物理研究所．中国科学院地质与地球物理研究所 2015 年度（第 15 届）学术论文汇编——固体矿产资源研究室．中国科学院地质与地球物理研究所．

黄健．2015．应用于海洋地震勘探的震源技术．内蒙古石油化工，21：115-116，131．

黄绪德．2008．转换波地震勘探．北京：石油工业出版社．

黎珠博，潘飞儒．2015．海底地震观测技术现状与展望．华北地震科学，33（3）：56-63．

李丽青，陈玺，伍宗良，等．2013．深水环境下 OBS 的二次定位技术．海洋地质前沿，29（11）：54-61．

李鹏．2014．海上全方位观测系统的采集设计方法技术研究．北京：中国地质大学（北京）博士学位论文．

李庆忠．1994．走向精确勘探的道路．北京：石油工业出版社．

李守军，初凤友，方银霞，等．2010．南海北部陆坡神狐海域浅地层与单道地震剖面联合解释——水合物区沉积地层特征．热带海洋学报，4：56-62．

李欣，尹成，葛子建，等．2014．海上地震采集观测系统研究现状与展望．西南石油大学学报（自然科学版），（5）：67-80．

李旭宣，王建花 2014．南海深水区地震采集技术研究与实践．北京：科学出版社．

李绪宣，王建花，张金淼，等．2013．南海深水区地震资料采集设计和处理关键技术及其野外试验效果．中国海上油气，6：8-14．

李颖灿．2012．海洋地震检波器深度控制锁故障检测器．物探装备，22（4）：239-240．

李颖灿．2013．Sentinel 固体电缆降噪原理．物探装备，23（1）：15-18．

李振春，郭振波，田坤．2014．黏声介质最小平方逆时偏移．地球物理学报，57（1）：214-228．

李振春．2004．地震数据处理方法．青岛：石油大学出版社．

李振春．2014．地震偏移成像技术研究现状与发展趋势．石油地球物理勘探，49（1）：1-21．

刘晨光，华清峰，裴彦良，等．2014．南海海底天然地震台阵观测实验及其数据质量分析．科学通报，（16）：1542-1552．

刘春成，刘志斌，顾汉明．2013．利用上/下缆合并算子确定海上上/下缆采集的最优沉放深度组合．石油物探，52（6）：623-629．

刘怀山，王克斌，童思友，等．2006．地震资料分析——地震资料处理、反演和解释（上册）．北京：石油工业出版社．

刘怀山，王兆国，童思友．2004．基准网平差初至波定位方法及应用．海洋地质与第四纪地质，4：135-139．

刘怀山，元刚．2013．地震勘探新技术推动了环渤海地区油气勘探的可持续发展．地球物理学进展，6：2919-2928．

刘丽华，吕川川，郝天珧，等．2012．海底地震仪数据处理方法及其在海洋油气资源探测中的发展趋势．地球物理学进展，27（6）：2673-2684．

刘喜武，刘洪．2003．地震盲反褶积综述．地球物理学进展，18（2）：203-209．

刘依谋，印兴耀，张三元，等．2014．宽方位地震勘探技术新进展．石油地球物理勘探，49（3）：596-610．

陆基孟，王永刚．2011．地震勘探原理（第三版）．北京：中国石油大学出版社．

吕川川，郝天珧，丘学林，等．2011．南海西南次海盆北缘海底地震仪测线深部地壳结构研究．地球物理学报，54（12）：3129-3138．

罗福龙．2005．地震勘探仪器技术发展综述．石油仪器，19（2）：1-5．

罗福龙．2007．地震数据采集系统综述和展望．中国石油勘探，12（2）：41-46．

罗福龙．2012．地震仪器技术新进展．石油仪器，26（1）：1-4．

马德堂，赵会兵，伍忠良．2013．基于直达波旅行时的OBS混合定位方法．石油地球物理勘探，48（5）：677-681．

马昭军，唐建明，康利，等．2010a．转换波各向异性校正方法与应用．大庆石油地质与开发，29（4）：171-174．

马昭军，唐建明，徐天吉．2010b．多波多分量地震勘探技术研究进展．勘探地球物理进展，4：247-253，227

毛宁波，褚荣英．2004．海洋石油地震勘探．武汉：湖北科学技术出版社．

孟大江，王德利，冯飞，等．2013．基于Curvelet变换的稀疏反褶积．石油学报，34（1）：107-114．

孟大江．2012．稀疏变换反褶积和高精度子波提取方法研究．长春：吉林大学博士学位论文．

孟祥君，张训华，韩波．2014a．冲绳海槽地球物理场特征．中国地球科学联合学术年会．

孟祥君，张训华，吴志强，等．2014b．OBS调查技术方法及其在南黄海的应用．海洋地质前沿，30（7）：60-65．

裴彦良，王揆洋，李官保，等．2007．海洋工程地震勘探震源及其应用研究．石油仪器，21（2）：20-23．

仇付鹏．2013．超短基线定位系统船载通信子系统的设计与实现．北京：北京化工大学博士学位论文．

丘学林，赵明辉，敖威，等．2011．南海西南次海盆与南沙地块的OBS探测和地壳结构．地球物理学报，（12）：3117-3128．

丘学林，赵明辉，徐辉龙，等．2012．南海深地震探测的重要科学进程：回顾和展望．热带海洋学报，（03）：1-9．

撒利明，杨午阳，姚逢昌，等．2015．地震反演技术回顾与展望．石油地球物理勘探，50（1）：184-202．

石玉梅，姚逢昌，曹宏．2003．多波多分量天然气勘探技术的进展．勘探地球物理进展，26（3）：172-177．

宋海斌，董崇志，陈林，等．2008．用反射地震方法研究物理海洋–地震海洋学简介．地球物理学进展，23（4）：1156-1164．

宋海斌．2012．地震海洋学导论．上海：上海科学技术出版社．

隋淑玲，唐军，蒋宇冰，等．2012．常用地震反演方法技术特点与适用条件．油气地质与采收率，19（4）：38-41．

唐进，杨凯，顾汉明，等．2015．海上变深度缆地震采集宽频机理分析．地球物理学进展，（5）：2386-2392．

王建花，李绪宣，张金淼，等．2015．南海深水复杂海底区地震物理模拟采集及效果分析．中国海上油气，27（3）：54-59．

王哲，杨志国，龚旭东，等．2014．海底电缆地震资料采集观测系统对比．中国石油勘探，19（4）：56-61．

温书亮，牛滨华，傅旦丹．2004．渤海三维多分量地震勘探水平分量方位校正．吉林大学学报：地球科学版，34（1）：142-145.

温书亮，牛滨华，傅旦丹．2004.渤海三维多分量地震勘探水平分量方位校正．吉林大学学报：地球科学版，34（1）：142-145.

温书亮，朱宏彰，沈丽丽．2004.海上多分量地震资料静校正．中国海上油气，16（5）：302-305.

渥·伊尔马滋（美）．2006.地震资料分析：地震资料处理、反演和解释（上册）．刘怀山译．北京：石油工业出版社．

吴时国，张健．2014.海底构造与地球物理学．北京：科学出版社．

吴伟，汪忠德，杨瑞娟，等．2014.地震采集技术发展动态与展望．石油科技论坛，33（5）：36-43.

吴志强，陈建文，龚建明，等 2006a.海域天然气水合物地球物理勘探进展．海洋地质动态，22（12）：9-13.

吴志强，童思友，闫桂京，等．2006b.广角地震勘探技术及在南黄海古近系油气勘探中的应用前景．海洋地质动态，22（4）：26-30.

吴志强，闫桂京，童思友，等．2013.海洋地震采集技术新进展及对我国海洋油气地震勘探的启示．地球物理学进展，28（6）：3056-3065.

夏常亮，刘学伟，夏密丽，等．2008.应用OBS探测海底天然气水合物．勘探地球物理进展，（04）：259-264，239.

邢磊．2012.海洋小多道地震高精度探测关键技术研究．青岛：中国海洋大学博士学位论文．

熊立志，姚姚．1999.人机联作转换波静校正的原理及其开发应用．中国海上油气，（05）：63-67.

熊章强，周竹生，张大洲．2010.地震勘探．长沙：中南大学出版社．

徐锡强，游庆瑜，张珃，等．2014.基于实时数据传输的宽频．海底地震仪．地球物理学进展，（03）：1445-1451.

许自强，方中于，顾汉明，等．2015a.海上变深度缆数据最优化压制鬼波方法及其应用．石油物探，54（4）：404-413.

许自强，李添才，王用军，等．2015b.倾斜电缆地震资料处理关键技术及其效果分析．中国海上油气，27（6）：10-18.

杨怀春，高生军．2004.海洋地震勘探中空气枪震源激发特性研究．石油物探，43（4）：323-326.

杨错，艾迪飞，耿建华．2012.测井、井间地震与地面地震数据联合约束下的地质统计学随机建模方法研究．地球物理学报，55（8）：2695-2704.

杨立强．2003.测井约束地震反演综述．地球物理学进展，18（3）：530-534.

杨龙伟．2014.二维叠后深度偏移方法研究．西安：长安大学博士学位论文．

杨培杰，潘勇，穆星，等．2010.子空间法单输入多输出系统混合相位地震子波提取．中国石油大学学报（自然科学版），34（1）：41-45.

杨培杰，印兴耀．2008.地震子波提取方法综述．石油地球物理勘探，43（1）：123-130.

杨振武．2012.海洋石油地震勘探．北京：石油工业出版社．

姚姚．2005.多波地震勘探的发展历程和趋势展望．勘探地球物理进展，28（3）：169-173.

余本善，孙乃达．2015.海上宽频地震采集技术新进展．石油科技论坛，（1）：41-45.

岳保静．2010.单道地震资料处理方法及应用．青岛：中国科学院研究生院海洋研究所博士学位论文．

张军华，王静，梁晓腾，等．2011.叠前去噪对角道集资料影响的定量评价研究．石油物探，50（5）：434-443.

张军华，朱焕，郑旭刚，等．2007.宽方位角地震勘探技术评述．石油地球物理勘探，（5）：603-609.

张莉，赵明辉，王建，等．2013.南海中央次海盆OBS位置校正及三维地震探测新进展．地球科学（中国地质大学学报），（01）：33-42.

张松，郭智慧，刘卫杰，等．2011. Z700深海节点地震采集系统简介．物探装备，21（5）：338-342.

张振波，李东方，轩义华，等．2014. 白云凹陷深水复杂构造区斜缆地震资料处理关键技术及应用．石油物探，53（6）：657-664.

张振波，许自强．2014. 深水区地震资料处理技术系列探讨——以荔湾3-1气田为例．地球物理学进展，29（5）：2320-2325.

张振波，轩义华，刘宾，等．2014. 双检与上下缆地震数据联合成像．石油地球物理勘探，49（5）：884-891.

赵会兵．2013. 海底地震（OBS）资料处理方法研究．西安：长安大学博士学位论文．

赵明辉，丘学林，徐辉龙，等．2011. 南海南部深地震探测及南北共轭陆缘对比．地球科学（中国地质大学学报），36（5）：823-830.

赵铭海．2004. 常用叠后波阻抗反演技术评析．油气地质与采收率，11（1）：36-38.

赵仁永，张振波，轩义华．2011. 上下源、上下缆地震采集技术在珠江口的应用．石油地球物理勘探，46（4）：517-521.

支鹏遥，刘保华，华清峰，等．2012. 渤海海底地震仪探测试验及初步成果．地球科学进展，27（7）：69-777.

支鹏遥．2012. 主动源OBS探测及地壳结构成像研究——以渤海2010测线为例．青岛：中国海洋大学博士学位论文．

Aki K, Christoffersson A, Husebye E. 1977. Determination of the there-dimensional seismic structure of the lithosphere. Journal of Geophysical Research Atmospheres，82（2）：277-296.

Asakawa E, Murakami F, Tsukahara H, et al. 2014. Vertical Cable Seismic (VCS) Survey for Seafloor Massive Sulphide (SMS) Exploration. 76th EAGE Conference and Exhibition 2014.

Asakawa H, Lee K H, Furukawa K, et al. 2015. Lowering the Reduction Potential of a Boron Compound by Means of the Substituent Effect of the Boryl Group: One-Electron Reduction of an Unsymmetrical Diborane (4). Chemistry-A European Journal, 21 (11): 4267-4271.

Beaudoin G, Ross A. 2008. The BP OBS node experience: deepening the reach of ocean bottom seismic//Society of Exploration Geophysists. 2008 SEG Annual Meeting.

Berryman J G. 1979. Long-wave elastic anisotropy in transversely isotropic media. Geophysics，44（5）：896-917.

Brice T, Buia M, Hill D, et al. 2013. Developments in full azimuth marine seismic imaging. Oilfield Review，25（1）：42-55.

Buia M, Flores P E, Hill D, et al. 2008. Shooting seismic surveys in circles. Oilfield Review, 20（3）：18-31.

Buia M, Vercesi R, Tham M, et al. 2010. 3D Coil Shooting on Tulip field: Data processing review and final imaging results. 80th Annual International Meeting, SEG, Ex-panded Abstracts: 71-75.

Caldwell J. 1999. Marine multicomponent seismology. The Leading Edge, 18（11）：1274-1282.

Cantillo J, Boelle J L, Lafram A, et al. 2010. Ocean bottom nodes (OBN) repeatability and 4D. 2010 SEG Annual Meeting. Society of Exploration Geophysicists.

Chen A T, Nakamura Y. 1998. Velocity structure beneath eastern offshore of southern Taiwan based on OBS data and its tectonic significance. TAO, 9（3）：409-424.

Christie P, Nichols D, Özbek A, et al. 2001. Raising the standards of seismic data quality. Oilfield Review，13（2）：16-31.

Cordsen A, Galbraith M, Peirce J. 2000. Planning land 3-D seismic surveys. Society of Exploration Geophysicists.

Ebrom D, Purnell G, Krail P, et al. 1997. Acquisition 3: Marine Acquisition and Processing. Society of Exploration Geophysicists.

Ewing W M, Jardetzky W S, Press F, et al. 1957. Elastic waves in layered media. Geologiska Föreningen I Stockholm Förhandlinger, 15 (4): 128-129.

Fisher F H, Simmons V P. 1977. Sound absorption in sea water. The Journal of the Acoustical Society of America, 62 (3): 558-564.

Gaiser J E. 1996. Multicomponent VP/VS correlation analysis. Geophysics, 61 (4): 1137-1149.

Hager E, Western G. 2010. Full Azimuth Seismic Acquisition with Coil Shooting. 8th Biennial International Conference & Exposition on Petroleum Geophysics.

Hill D, Combee C, Bacon J. 2006. Over/under acquisition and data processing: The next quantum leap in seismic technology? First Break, 24 (6): 81-96.

Houbiers M, Garten P, Thompson M, et al. 2009. Marine full-azimuth field trial at Heidrun. 2009 SEG Annual Meeting. Society of Exploration Geophysicists.

Houbiers M, Mispel J, Knudsen B E, et al. 2012. 3D full-waveform inversion at Mariner-a shallow North Sea reservoir. 2012 SEG Annual Meeting. Society of Exploration Geophysicists.

Howard M S, Moldoveanu N. 2006. Marine survey design for rich-azimuth seismic using surface streamers. 76th Annual International Meeting, SEG, Expanded Abstracts, 2915-2919.

Howard M. 2007. Marine seismic surveys with enhanced azimuth coverage: Lessons in survey design and acquisition. The Leading Edge, 26 (4): 480-493.

Jones E J W. 1999. Marine Geophysics. Cambridge: Cambridge University Press.

Krail P M. 1997. Vertical cable marine seismic acquisition. Offshore Technology Conference.

Lericolais G, Allenou J P, Berné S, et al. 1990. A new system for acquisition and processing of very high-resolution seismic reflection data. Geophysics, 55 (8): 1036-1046.

Ludwig W J, Nafe J E, Drake C L. 1970. Seismic refraction. The Sea, 4 (Part 1): 53-84.

Menun C, Der Kiureghian A. 1998. A replacement for the 30%, 40%, and SRSS rules for multicomponent seismic analysis. Earthquake Spectra, 14 (1): 153-163.

Mienert J, Bunz S, Guidard S, et al. 2005. Ocean bottom seismometer investigations in the Ormen Lange area offshore mid-Norway provide evidence for shallow gas layers in subsurface sediments. Marine and Petroleum Geology, 22 (1-2): 287-297.

Milkov A V. 2004. Global estimates of hydrate-bound gas in marine sediments: how much is really out there? Earth-Science Reviews, 66 (3): 183-197.

Moldoveanu N, Egan M S. 2006. From narrow-azimuth to wide- and rich-azimuth acquisition in the Gulf of Mexico. First Break, 24 (12): 69-76.

Moldoveanu N, Kapoor J, Egan M. 2008. Full-azimuth imaging using circular geometry acquisition. The Leading Edge, 27 (2): 908-913.

Oshida A, Kubotal R, Nishiyama E, et al. 2008. A new method for determining OBS positions for crustal structure studies, using airgun shots and precise bathymetric data. Exploration Geophysics, 39: 15-25.

Padhi T, Holley T K. 1997. Wide azimuths—why not? The Leading Edge, 16 (2): 175-177.

Ronen S, Rokkan A, Bouraly R, et al. 2012. Imaging shallow gas drilling hazards under three Forties oil field platforms using ocean-bottom nodes. The Leading Edge, 31 (4): 465-469.

Schoenberg M, ProtazioJ. 1990. "Zoeppritz" rationalized, and generalized to anisotropic media. The Journal of the Acoustical Society of America, 88 (S1): S46-S46.

Shabelansky A H. 2007. Full wave inversion. Israel: Tel-Aviv University Press.

Sheriff R E, Geldart L P. 1995. Exploration seismology. Cambridge: Cambridge University Press.

Shuey R T. 1985. A simplification of the Zoeppritz equations. Geophysics, 50 (4): 609-614.

Soubaras R, Dowle R. 2010. Variable-depth streamer-a broadband marine solution. First Break, 28 (12): 89-96.

SoubarasR. 2010. Deghosting by joint deconvolution of a migration and a mirror migration//Society of Exploration Geophysicists. 2010 SEG Annual Meeting.

Sukup D V. 2002. Wide-azimuth marine acquisition by the helix method. The Leading Edge, 21 (8): 791-794.

Thomas B J. 1992. Method for using seismic data acquisition technology for acquisition of ground penetrating radar data. U. S. Patent 5, 113 (192): 5-12.

Ting C O, Zhao W. 2009. A simulated wide azimuth simultaneous shooting experiment. 79th Annual International Meeting, SEG, Expanded Abstracts: 76-80.

Vermeer G J O. 2009. Wide-azimuth towed-streamer data acquisition and simultaneous sources. The Leading Edge, 28 (8): 950-958.

Vigh D, Starr E W. 2008. 3D prestack plane-wave, full-waveform inversion. Geophysics, 73 (5): 135-144.

Wapenaar C P A, Herrmann P, Verschuur D J, et al. 1990. Decomposition of multicomponent seismic data into primary P-and S-wave responses. Geophysical Prospecting, 38 (6): 633-661.

Wei Q, Qiu X L , Zhao M H, et al. 2016. Analysis and processing on abnormal OBS data in the South China Sea. Chinese Journal of Geophysics, 59 (3): 1102-1112.

Widess M B. 1982. Quantifying resolving power of seismic systems. Geophysics, 47 (8): 1160-1173.

Winkler K W, Murphy W F. 1995. Acoustic velocity and attenuation in porous rocks. Rock Physics & Phase Relations: A Handbook of Physical Constants.

Xie Y. 2012. Broadband marine seismic exploration in Qiongdongnan basin deepwater areas. Oil Geophysical Prospecting, 4 (3): 431-435.

Yilmaz. 1987. Yilmaz. Seismic Data Processing. Society of Exploration Geophysicists, 1-580.

Zelt C A, Smith R B. 1992. Seismic traveltime inversion for 2-D crustal velocity structure. Geophysical Journal International, 108 (1): 16-34.

Zhou H W. 2014. Practical Seismic Data Analysis. Cambridge: Permission of Cambridge University Press.

Zoeppritz K, VIIIB E. 1919. On the reflection and propagation of seismic waves. Gottinger Nachrichten, 1 (5): 66-84.

ZoeppritzK. 1919. Erdbebenwellen Ⅶ. Nachrichten von der Gesellschaft der Wissenschaften zu Göttingen, Mathematisch-Physikalische Klasse, 57-65.

# 第4章 海洋重磁测量

## 4.1 概 述

重力勘探是地球物理勘探重要的分支，在勘探领域中占有非常重要的地位（Nabighian et al.，2005）。牛顿万有引力定律是重力勘探法的物理基础。重力勘探主要是研究地下物质密度分布不均匀引起的重力变化（曾华霖等，2005）。重力勘探的应用领域非常广，除地面测量以外，还包括海洋重力测量、航空重力测量、卫星重力测量和地下重力测量。

磁法又称磁力勘探，是最早的地球物理勘探技术。磁力勘探主要是研究磁异常，磁异常主要是通过观测和分析由岩石、矿石等对象差异所引起的磁异常，从而研究矿产资源或者地质构造等分布规律的一种地球物理方法（管志宁，2005）。

地磁学主要研究地球磁场，是地球物理领域的一门主要学科。根据观测磁异常领域的不同，可以将磁力测量工作分为地面磁力测量、航空磁力测量、海洋磁力测量、卫星磁力测量和井中磁力测量。根据测量参量的不同可以分为垂直磁异常测量、水平磁异常测量、总强度磁异常测量及梯度磁异常测量等。

海洋磁测的主要目的是保证航海安全、寻找海底金属矿产和满足海洋科学探索的需要。海洋上的磁场是非常复杂的，尤其是直接对海底的观测是不容易的，海洋磁力测量也具有一些独特之处。

### 4.1.1 海洋重力测量发展历史

由于海洋环境的复杂性以及受到测量仪器等因素的影响与限制，海洋重力测量的真正起步始于20世纪20年代，也就是说，海洋重力测量至今只有100年左右的历史。在这100年左右的时间里，海洋重力仪的发展主要经历了以下四个阶段。

第一阶段，20世纪20~50年代，主要是使用摆式重力仪进行测量。1923年，荷兰科学家Vening Meinesz首次使用改进的摆式重力仪成功地在潜水艇上进行了一系列开创性的海洋重力观测工作。摆式重力仪是海洋重力仪发展的第一阶段，但是初期仪器的测量精度比较低。在1937年，Brown对海洋摆式重力仪进行了改进，消除了二阶水平加速度和垂直加速度的影响，使海洋摆式重力仪的测量精度提高到5~15mGal。由Vening Meinesz设计的三摆式重力仪到苏联科学院地球物理研究所研制的六摆式重力仪，都取得过许多宝贵的海洋重力测量资料（Nabighian et al.，2005）。摆式重力仪的测量从20世纪20年代一直延续到50年代末期。但由于摆式重力仪操作复杂、效率低、测量时间长、费用高等缺点，后来被船载走航式海洋重力仪取代。在我国，没有开展过由摆式重力仪进行的海洋重力测量工作（梁开龙等，1996）。

第二阶段，20 世纪 50 年代末，开始用船载海洋重力仪进行测量。在摆式重力仪发展的同时，也在发展由海底重力仪进行的定点静态海底重力测量，主要是为了适应浅海地区海洋重力测量的需要。为了能够在浅海地区得到较高精度的相对重力测量的结果，人们曾经采取了许多措施，如利用地面重力仪进行下海工作。最初是将地面重力仪放在三脚架上进行观测，但是地面重力仪工作水深仅限于几米的范围内，而且容易受到风浪的影响；地面重力仪的设备比较笨重，安全性比较差。再后来就采用潜水钟的方式将地面重力仪从海水上方移到水下进行海洋重力观测，但是这种方法也只能在浅海中进行，同样地，地面重力仪的设备比较笨重，安全性比较差。在 1940 年左右，才出现了海底重力仪的遥控观测设备。这种设备可以将地面重力仪及其平衡装置安放在一个密封的外壳内，然后把这个外壳沉放到海底，通过电缆在海上启动重力仪，并将测量的数据再送回船上。这种海底重力仪比使用潜水钟方便而且比较迅速，在水深不超过 50m 时，只要 0.5~1h 就可以完成一次观测，而且观测精度比较高。从 60 年代后期到 80 年代初，我国地矿和石油部门也使用了海底重力仪，在我国沿岸的浅海海区，进行了一系列有计划、全面的海底重力测量工作，基本上覆盖了我国整个沿海海区。

第三阶段，20 世纪 50 年代中期到 60 年代中期，摆杆型海洋重力仪的发展。摆杆型海洋重力仪是一历史性演变的仪器，主要是完成由水下到水面、由离散点测量到连续线测量，也是海洋重力仪发展的第三阶段。该类仪器中最具有代表性的要数德国 Graf-Askania 公司生产的 GSS-2 型（后改型为 KSS-5 型）重力仪和美国 LaCoste & Romberg 公司生产的 L&R 型重力仪。我国研制的 ZYZY 型（后改型为 DZY-2 型）重力仪也是属于此种类型的海洋重力仪。

摆杆型海洋重力仪的发展经历了由初步到完善这两个过程：20 世纪 50 年代中期到 60 年代中期是初步定型过程，在 1957 年，西德和美国的两家公司分别用增加仪器阻尼的办法改进了地面重力仪，并把这种重力仪安装在普通船的稳定平台或常平架上，就形成走航式的海洋重力仪。这种仪器受到船只引起的加速度影响较大，因此只能在近海海况较好的条件下工作。到了 60 年代中期，是摆杆型海洋重力仪的完善阶段。德国的 Askania 公司与美国的 LaCoste & Romberg 公司相继对摆杆型海洋重力仪的弹性系统在结构上进行了刚性强化，进一步增大阻尼，建立了反馈回路和滤波系统，从而完善了走航式摆杆型海洋重力仪。这两种型号的海洋重力仪都是安装在陀螺平台上进行工作，大大增加了对外界干扰能力的抵抗，因此可以在中级海况下进行工作，测量精度也提高到了 1mGal，平静的海况下测量精度可达到 0.7mGal。当时，我国的不少单位都进口了这种类型的海洋重力仪，并且完成了我国近海和部分太平洋海域的海洋重力测量任务。

对于摆杆型海洋重力仪来说，交叉耦合效应（水平干扰加速度和垂直干扰加速度的合并影响，又称 CC 效应）引起的误差可以达到 5~40mGal，因此在这类海洋重力仪中，通常都带有附加装置，可以测量出作用在重力仪传感器上扰动加速度的垂直分量和水平分量，并由专门的计算机可以计算出 CC 效应的校正值。即使如此，交叉耦合效应引起的误差仍是其主要的误差源，由此，就诞生了不受交叉耦合影响的轴对称型海洋重力仪。

第四阶段，轴对称海洋重力仪的发展。轴对称型海洋重力仪不受水平加速度的影响，从理论上讲，可以消除交叉耦合误差，在比较恶劣的海况下也可以较好地工作，这是海洋重力仪的又一大进步，此类仪器被认为是第三代海洋重力仪。目前，轴对称海洋重力仪因为高精度、高分辨率和可靠性等优势，正在逐步取代摆杆型重力仪，成为进一步探索海洋重力场的重要工具。现在国际上比较有代表性的轴对称海洋重力仪是德国生产的 KSS-30 型海洋重力仪和美国生产的 BGM-3 型海洋重力仪。如从 1981 年 KSS-30 型海洋重力仪投入使用以来，在垂直加速度小于 15Gal 的平静海况下，KSS-30 型海洋重力仪的工作精度可以达到 0.2 ~ 0.5mGal；在垂直加速度介于 15 ~ 80Gal 的恶劣海况下工作的精度为 0.4 ~ 1.0mGal；在垂直加速度介于 80 ~ 200Gal 的非常恶劣海况下工作的精度为 0.8 ~ 2.0mGal。轴对称海洋重力仪的另一个特点是配置的计算机可以直接进行厄特弗斯校正及正常重力、空间异常和布格异常的计算，而且还带有转弯补偿电路，使得测量船转向时重力仪仍可连续工作，这一点是摆杆型重力仪不能做到的。又如 BGM-3 型海洋重力仪也是在 1981 年开始投入使用，其传感器静态分辨率可达 10μGal，平静海况下工作的精度可以达到 0.38mGal，在远海测量中工作精度为 0.7mGal，可以分辨出 1 ~ 2km 波长的重力异常信息。这种重力仪也可自动地计算厄特弗斯校正值及正常重力、空间异常和布格异常，有实时处理功能，处理后的数据可以打印输出，也可由磁带机进行输出。实时处理后的重力资料仍然需要使用精确的导航资料和实际的零点漂移速率作进一步的后处理。该型重力仪在船只转向时也可以做到连续观测，对于船只近 180° 的转向，重力仪仅用 4min 就可以完全稳定。在 20 世纪 80 年代中期，中国科学院测量与地球物理研究所研制的 CHZ 型海洋重力仪也是轴对称，能在垂直加速度达 500Gal 及水平加速度 200Gal 的恶劣海况下工作。它采用的是零长弹簧、硅油阻尼、力平衡反馈、数字滤波等技术，与 KSS-30 型仪器对比的不符值均方差为 1.4mGl。除了以上所描述的摆杆型和轴对称型海洋重力仪外，还有一种是通过测量弦的谐振频率而得到重力变化的海洋重力仪，称为振弦型海洋重力仪。振弦型海洋重力仪的历史可以追溯到 1949 年，Gilbert 研制出了第一台在潜艇上使用的振弦型重力仪。从此以后，美国、日本和苏联都积极开始研制，这类仪器中最有代表性的是日本东京大学地球物理研究所研制的东京海面船载海洋重力仪（TSSG）、美国麻省理工学院研制的振弦海洋重力仪和苏联研制的 Magistr 系统。在 1975 年，中国北京地质仪器厂也生产 ZY-1 型振弦型海洋重力仪，但是该类型仪器在我国的应用很少。

　　总之，近几十年来，随着海洋开发事业的蓬勃发展，世界上各个国家都普遍加强了海洋重力测量工作，在发展仪器的同时，也完成了大量海区的测量工作。虽然我国在海洋上开展重力测量仅有 60 余年的历史，而且多数情况是在研究近海海区的地质构造和含油气情况。20 世纪 70 年代末由于配合空间技术的研究，才对海洋重力测量提出了新的要求。目前，在我国主要开展中、小比例尺的航海重力测量。小比例尺测量多用于大范围重力场的调查任务，以剖面测量为主；中比例尺测量多用于浅海大陆架地区，主要用于以石油为主的矿产资源的调查，以面积测量为主。地球形状研究和空间科学等任务对海洋重力测量的要求，也多以面积测量为主，并要求在测区内测量点要大致均匀分布。21 世纪以来，我国的海洋重力观测也得到了很大的发展。不再局限于浅海大陆架等地区，也准备向深海领域进军。

## 4.1.2　海洋磁力测量发展历史

　　地磁场的各种现象在航海中得到了广泛的实际应用。海洋磁力测量最初是由于航海的需要，而在海上进行地球磁场测定。海洋磁力测量的发展历史可以分为以下三阶段（Nabighian et al. , 2005）。

第一阶段，主要是对磁偏角的测量阶段。Columbus 发现磁偏角之后，在公元 1500 ~ 1700 年这 300 年，就开始了海洋上的磁测，但早期的海洋磁场调查关注的是磁偏角。17 世纪晚期 Edmond Halley 在大西洋进行了大量的海洋磁测工作，并编制了一张保证航海安全的磁偏角图。1757 年，Monton 和 Doddloose 利用在考察船和商船上得到观测的大量结果，编制了大西洋和印度洋按纬度和经度每隔 5°等距点上的磁偏角一览表，他们在表的序言里指出，一共利用了 5 万个点上的观测数据。在随后的 200 年，也就是 18 世纪和整个 19 世纪，磁偏角占据了海洋地磁场研究的前沿。同时也开始对磁倾角和水平分量进行观测，只是当时的观测精度不是很高。

第二阶段，磁通门仪器的发展。整个海洋上的大规模系统磁测工作开始于 1905 年，是由美国的卡纳奇研究所用专门装备的船只完成的，并且编制了世界地磁图。在 1940 年年末，Lamont 地质观测站，从美国地质调查局借了平衡架安装磁通门磁力仪，用它跨越了大西洋，并且提出了海底扩张的 Vine-Matthews-Morley 模型。在 1952 年，Scripps 海洋研究所也开始拖曳了一个类似的仪器，在 1955 年，对 California 南部的海岸进行了一个二维的海洋磁力测量，发现了海洋磁条带。

第三阶段，拖曳式磁力仪的出现。直到 20 世纪 50 年代，才出现了拖曳式磁力仪，改变了无磁性测量船的海洋磁测工作。

由于海洋磁测的特殊性，海洋磁测具有如下特点：一方面要在不断改变着自己空间位置（船本身在航行，洋流在流动等）的船上进行观测；另一方面船本身的固有磁场也在随船空间位置的改变而变化。因此，在制定观测方法时应同时考虑这两方面的因素。

目前，用于海洋磁力测量的仪器主要是质子旋进式磁力仪，该仪器是测量地磁场总强度的仪器，是一种高精度磁力测量仪。最早是由美国加利福尼亚州瓦里安协会研制成功的。

我国磁力测量工作是 20 世纪 30 年代在云南省开始的。我国的海洋磁力测量工作起步较晚，自从 70 年代核子磁力仪的应用，我国才普遍开展了海上磁力测量，主要的应用领域是海洋区域构造调查。目前国内一些科研机构、大专院校也正都在积极地加紧研制海洋磁力仪设备。北京地质仪器厂制成了 CHHK-1 海洋航空核子旋进式磁力仪，其精度可以达到国际同类仪器水平，目前被我国各作业部门广泛应用（王功祥等，2004）。

# 4.2 基 本 原 理

## 4.2.1 海洋重力测量的基本原理

### 4.2.1.1 海洋重力测量的理论基础

**(1) 地球的重力**
地球是一个具有一定质量、两极半径略小于赤道半径的旋转椭球体。在这个椭球体的表面或附近空间，一切静止的物体都要同时受到两种力的作用，一是地球全部质量对它所产生的引力；一是地球自转而引起的惯性离心力（简称离心力），这两种力同时作用在某一物体上的矢量和就称为重力，即

$$G = F + C \tag{4-1}$$

太阳、月亮等天体质量的吸引力很微小，暂忽略不计。

在重力的作用下，当物体自由下落时，将产生加速度，这个加速度，称为重力加速度。它与重力 $G$ 之间的关系为

$$G = mg \tag{4-2}$$

式中，$m$ 为物体的质量；$g$ 为重力加速度。以 $m$ 除该式两端，则得

$$\frac{G}{m} = g \tag{4-3}$$

由此可知，重力加速度在数值上等于单位质量所受的重力，其方向也与重力相同。由于重力 $G$ 与质量 $m$ 有关，不易反映客观的重力变化，因而，以后不特别注明时，凡提到重力都是指重力加速度或重力场强度。

在法定计量单位制中重力的单位是 N，重力加速度的单位是 $m/s^2$。规定 $10^{-6} m/s^2$ 为国际通用重力单位（Gravity Unit），简写成"g. u."，即 $1 m/s^{-2} = 10^6 g. u.$。

为了纪念第一位测定重力加速度的物理学家伽利略，重力加速度的 CGS 单位（克、厘米、秒单位制）称为"伽"，用"Gal"表示，即 $1 cm/s^2 = 1 Gal = 10^3 mGal = 10^6 \mu Gal$。

**（2）正常重力公式**

实际地球的形状比较复杂，不能直接计算地表上某点的重力，为此，引入一个与大地水准面形状十分接近的正常椭球体来代替实际地球。假定正常椭球体的表面是光滑的，内部的密度分布是均匀的，或者呈层分布且各层的密度是均匀的，各层界面都是共焦点的旋转椭球面，这样这个椭球体表面上各点的重力即可根据其形状、大小、质量、密度、自转角速度及各点所在位置计算出来。在这种条件下得到的重力就称为正常重力。

正常重力公式的基本形式如下

$$g_\varphi = g_e(1 + \beta \sin^2\varphi + \beta_1 \sin^2 2\varphi) \tag{4-4}$$

$$\beta = \frac{(g_p - g_e)}{g_e} \tag{4-5}$$

$$\beta_1 = \frac{1}{8}\varepsilon^2 + \frac{1}{4}\varepsilon\beta \tag{4-6}$$

式中，$g_\varphi$ 为计算点的地理纬度 $\varphi$ 处的正常重力值；$g_e$ 为赤道重力值；$g_p$ 为两极重力值；$\beta$ 称为地球的力学扁率；$\varepsilon$ 为地球扁率（1/298）。

如何确定式（4-4）中 $g_\varphi$、$\beta$、$\beta_1$ 三个参数的数值，是多年来世界上大地测量学家和地球物理学家关注的问题之一。不同的学者所采用的参数值不同，就得到不同的计算正常重力值公式。其中比较常用的有

1）1901～1909 年赫尔默特公式

$$g_\varphi = 9.780\,30(1 + 0.005\,302 \sin^2\varphi - 0.000\,007 \sin^2 2\varphi) \tag{4-7}$$

2）1930 年卡西尼国际正常重力公式

$$g_\varphi = 9.780\,49(1 + 0.005\,388\,4 \sin^2\varphi - 0.000\,005\,9 \sin^2 2\varphi) \tag{4-8}$$

3）1979 年国际地球物理及大地测量联合会推荐的正常重力公式

$$g_\varphi = 9.780\ 327(1 + 0.005\ 302\ 4\sin^2\varphi - 0.000\ 005\sin^2 2\varphi) \tag{4-9}$$

由以上正常重力公式表明：①正常重力值只与计算点的纬度有关，沿经度方向没有变化；②正常重力值在赤道处最好，在两极处数值最大，相差 $5\times10^3$ mGal。

重力场同样随高度变化，在地面处重力的垂直梯度称为自由空气梯度 $F$，受纬度和高程的影响变化

$$F = 0.308\ 768 - 0.000\ 440\sin^2\theta - 0.000\ 000\ 144\ 2h \tag{4-10}$$

式中，$F$ 的单位是 mGal/m，方向垂直向下；$h$ 为高度，m；$\theta$ 为纬度。

### 4.2.1.2　海洋重力仪

海洋重力仪是在航行的载体上工作，经常会受到海浪引起的垂直和水平加速度的扰动。由于海洋重力测量值为当地重力与重力基准点的相对重力变化，其变化幅度并不大，而海洋运动造成的垂直方向上加速度可能会非常大，这就造成扰动加速度的幅度远远大于所要测量的重力加速度变化值，因此，海洋重力仪传感器必须具有良好的抗扰动能力。

根据海洋重力测量面临的问题，海洋重力仪必须满足以下几点要求：

1）对采样质量的运动必须加以约束，使之只有一个运动的自由度。这是所有海洋重力仪都必须遵循的一条原则，否则，水平扰动加速度将导致采样质量偏离垂线，而无法在海上进行重力测量。

2）系统必须有高度的稳定性、重复性和一致性。具体地说，要求仪器的刻度因数（格值）稳定，零点漂移小并且要有规律。

3）系统要有足够的测量范围，尤其是要有足够的直接测量范围。从赤道到两极，正常重力增量约 6000mGal。系统应满足它本身使用时所需的测量范围。

4）重力仪配用陀螺稳定平台。目前各国都在研制专用的平台系统，将重力仪和平台作为一体来考虑，以更好地满足重力测量的特殊需要，提高仪器的测量精度。

5）海洋重力仪的精度。一般来说，精度就是测量某一物理量的准确度。重力仪的精度和用重力仪进行海上测量的精度不大相同。仪器的精度指的是读数装置最小刻度值的精确程度，观测精度是指海上某一测点单次观测所具有的精度。在海洋上进行重力观测时，影响仪器观测的因素除仪器自身因素（如材料的老化、零点漂移）外，还有陀螺平台和船只的因素（如 CC 效应等）以及厄特弗斯效应、导航定位系统精度、水深测量精度等纯外界的因素。在这众多的因素中，有一些对结果的影响远远超过仪器本身的测量精度。如果不考虑这些方面的影响，不在进行海洋重力测量时提供消除这些不利因素的条件，无法实现高精度的测量。在《海洋重力测量规范》中规定"测点的误差一般近海不大于+3mGal，远洋不大于+5mGal"。目前仪器本身的精度远高于测量精度，所以要提高海洋重力测量精度，与其说是提高仪器精度，还不如说是提高测量方法本身的精度。

海洋重力仪大多是标量重力仪及测量垂直方向的重力大小，根据重力仪的观测方式，主要分为 3 大类：走航式重力仪、海底重力仪和拖拽式海洋重力仪。

走航式重力仪是最常见的，是目前应用最广泛的海洋重力仪，如 Air-Sea S Ⅱ、GT-2M

和 KSS 系列海洋重力仪均是走航式重力仪，该类仪器安置在船上，跟随测量船进行连续测量，但是会受到测量船加速度的影响，需要对测量船的加速度进行校正。走航式重力仪的精度较低，一般为 1~5mGal，主要应用在区域地质调查、研究地壳深部结构及寻找油气藏等方面。走航式即海面重力仪，载体为船，将仪器安置在船只上进行连续测量。

走航式海洋重力仪根据稳定平台可以分为：①基于阻尼两轴平台的海洋重力仪，以Micro-g LaCoste 海洋和航空重力仪为代表；②基于三轴惯性平台的海洋重力仪，常见的为GT 海空重力仪和 Marine AIRGrav 海洋重力仪。

海底重力仪，即将地面重力仪进行改造即可，精度最高，但只能实施定点测量或时移测量，并且成本较大。

海底重力仪的结构与地面重力仪最为接近，本质上就是将地面重力仪进行改造，使之能够防水、承受高压和低温及自动调平，目前大多在浅海进行海底重力测量工作，只有少数仪器能够在 1000m 以下的深度进行测量。仪器的精度比走航式重力仪高，能够达到微伽级，并且由于是在海底进行测量，对近海底的异常体更加敏感。观测方式主要是定点静止测量及时移测量，时移测量就是每隔一段时间对同一测区同样的测点进行重复观测，能够测量重力场随时间的变化，从而监测地下物质的迁移，目前这种测量方式主要应用在井中及海底，监测油气开采过程中，油气水接触面的变化，判断油气储量。

拖拽式重力仪：定点精致测量需要考虑位置精度（通过构造模型，在 3~5 年周期内，重力改编为 0.06mGal）。拖拽式海洋重力仪分为 3 大类：船载走航式、海底重力仪、拖拽式（图 4-1、表 4-1）。

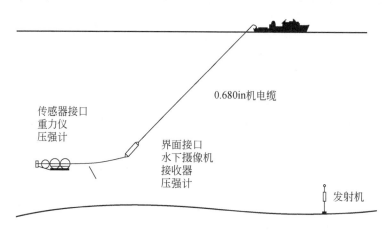

图 4-1　拖曳式重力仪工作示意图

表 4-1　海洋重力仪的分类

| 型号 | 传感器 | 测量方式 |
| --- | --- | --- |
| Air-Sea S II | 零长弹簧 | 走航式 |
| CHEKAN-AM | 双石英弹簧 | 走航式 |
| GT-2M | 惯性平台加速度计 | 走航式 |

| 型号 | 传感器 | 测量方式 |
| --- | --- | --- |
| KSS-30 | 悬挂弹簧 | 走航式 |
| Marine AIRGrav | 惯性平台加速度计 | 走航式 |
| CHZ | 悬挂弹簧 | 走航式 |
| INO | 零长弹簧 | 海底定点测量 |
| ROVDOG | 石英弹簧 | 海底定点测量 |

### （1）Air-Sea S II 海空重力仪

美国 LaCoste & Romberg 公司从 1939 年开始制造高精度的重力仪，1955 年首次用于海洋重力测量，1958 年美国空军测试用该重力仪进行航空测量的可能性，并于 1965 年生产出世界上第一台带动态稳定平台的 S 型海洋重力仪，首次在移动的船只或飞机上进行高精度重力测量，1990 年开始生产带 SEASYS 数字控制系统的 S 型海空重力仪，2002 年开始生产由计算机全自动控制的 Air-Sea S II 海空重力仪。直到现在，已经有超过 100 台 LaCoste & Romberg 的重力仪在船只或飞机上进行超过百万小时的测量工作。在 2005 年，LaCoste & Romberg 公司与 Micro-g Solutions 公司合并成立 Micro-g LaCoste，继续研发金属零长弹簧重力仪。

2002 年，LaCoste & Romberg 正式推出由计算机全自动控制的 Air-Sea S II 海空重力仪，作为 S 型海洋重力仪的升级版，经过 4 年的精心设计，结合 35 年来在海洋、航空重力仪方面的经验，Air-Sea S II 海空重力仪具有当前其他平台无法比拟的性能。光纤陀螺、固态加速度计及高度集成的数字化控制系统使系统的精度更好、可靠性更好（图 4-2）。

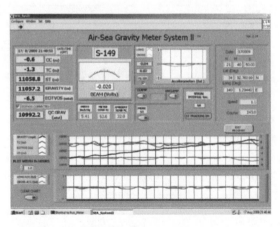

图 4-2　Air-Sea S II 海洋重力仪及软件主界面示意图

与 S 型海洋重力仪相比，S II 型海洋重力仪的主要特点是：结构一体化，体积小，重量轻；全自动电子控制，操作简单；动态测量精度和系统可靠性更高，工作稳定性更好（表 4-2）。S II 型海洋重力仪所做的主要改进有以下几个方面（王福民和叶宇星，2007；谢清陆等，2011）。

1）陀螺仪：采用固态光纤陀螺（FOGS），采用数字信号输出，可靠性更高、稳定性更好，寿命超过 50 000h，且不需要特殊加温和恒温就可进入最佳状态，而且具有较高的灵敏度，该系统同样兼容新型的机械陀螺。

2）数字控制系统：S 型海洋重力仪升级至 S II 型海洋重力仪的标志是数字控制系统的升级。数字控制系统包括硬件和软件两个方面，数字控制系统硬件由 S 型的较大型控制机柜（商用486DX 计算机、打印机、电源及重力仪专用板卡等构成），升级为小型控制模块盒（由 PC104 工业级计算机、重力仪专用控制板卡等部件高度集成）的。软件方面则是由 S 型的 DOS 平台人机交互式软件升级为基于 Windows 2000 平台操作界面友好的可视化软件。

3）数字信号处理平台控制：数字处理电路，具有较短的响应时间和较低的误差。

4）重复精度：实验表明动态重复精度优于 0.25mGal。

5）精度提高：采样率达 1000Hz，避免了假频现象。

6）可靠性：新型的 Air-Sea S II 海空重力仪采用工业级电子元件，具有较长的寿命，并且在恶劣的条件下同样具有较高的可靠性，操作简单。加入诊断功能，帮助操作者进行故障排除和修理。备用零件均为模块化插件，减少停工时间。

7）不间断电源（UPS）：S II 型海洋重力仪供电采用专用 UPS 不间断电源，避免了重力仪因电源电压过低或过高波动而导致重力仪的非正常运转，增强了 S II 型海洋重力仪工作的稳定性和可靠性。

8）弹簧拉力完全记录：弹簧拉力值存储在永久性存储器中。

9）GPS 接口：实时记录 GPS 数据计算厄特弗斯校正。

10）升级：升级适用于所有 LaCoste & Romberg Air-Sea 重力仪。

表 4-2　Air-Sea S II 海洋重力仪的主要技术指标

| 组件 | 项目 | 参数 |
| --- | --- | --- |
| 传感器 | 范围 | 20 000mGal（全球范围） |
| | 零点漂移 | 3mGal/月 |
| | 温度设定 | 46~55℃ |
| 稳定平台 | 平台纵摇 | ±22° |
| | 平台横摇 | ±25° |
| | 平台周期 | 4min |
| | 平台阻尼 | 临界 0.707 |
| 控制系统 | 记录频率 | 1Hz |
| | 串行输出 | RS-232 |
| 系统概况 | 分辨率 | 0.01mGal |
| | 静态重复精度 | 0.05mGal |
| | 动态重复精度 | 1.0mGal 或更好 |
| | 50 000mGal 水平加速度 | 0.25mGal |
| | 100 000mGal 水平加速度 | 0.50mGal |
| | 1 000 000mGal 垂直加速度 | 0.25mGal |
| | 在海洋测量精度 | 优于 1.00mGal |

| 组件 | 项目 | 参数 |
|------|------|------|
| 其他 | 工作温度 | 5~40℃ |
| | 硬盘温度 | −10~50℃ |
| | 电源 | 平均功率240W<br>最大功率450W<br>80~265V 交变电流 47~63Hz |
| | 尺寸 | 71cm×56cm×84cm<br>28in×22in×33in |
| | 质量 | 仪器：86kg；190lbs<br>UPS：30kg；65lbs |

### （2）CHEKAN-AM 海洋重力仪

CHEKAN-AM 海洋重力仪（图4-3）是俄罗斯 CSRI Elektropribor 公司的第四代海洋重力仪，该公司拥有超过 30 年生产该类仪器的经验。CHEKAN-AM 海洋重力仪适用于高精度海洋油气勘探，同样可用于区域航空重力测量，仪器能够测量测点的重力加速度相对于重力基点的变化，实时从卫星导航系统或惯性导航系统中获得导航数据，而且能够利用实时对数据进行处理。表 4-3 列出了 CHEKAN-AM 型海洋重力仪的主要性能指标。

CHEKAN-AM 海洋重力仪由重力传感器、陀螺平台和电路模块组成。其中重力传感器由三部分构成：一个双石英弹簧系统（double quartz elastic system，DQES），一个光电输出信号转换器，一个半导体恒温器。DQES 设计成两个单独的水平摆，由安置于水平面内互相成180°的两块扭转元件组成。这两个摆固定于共用基座上。每个摆包括一个带有石英扭丝的石英框架，以及焊在框架上的质量块。石英扭丝可以使摆接近于水平位置，扭角的变化反映了重力加速度的变化。两个摆置于同一个壳体内，壳体内充满液体硅，它具有阻尼、温度平衡和压力隔离的功能。这种采用参数高度一致并且方向各自独立的双套摆装置，可以消除测量过程中的 CC 效应。光电输出信号转换器用于测量摆的倾角变化，而恒温器采用耳帖效应制成，温度误差小于 0.1℃。陀螺平台由一个二自由度陀螺、一个无齿轮伺服机构和一个陀螺加速度控制器组成（Zheleznyak et al.，2010）。

图 4-3　CHEKAN-AM 海洋重力仪示意图

表 4-3  CHEKAN-AM 海洋重力仪的主要技术指标

| 项目 | 参数 |
| --- | --- |
| 测量范围 | 大于 15Gal |
| 分辨率 | 0.01mGal |
| 漂移速度 | 小于 3mGal/月 |
| 静态精度 | 0.5mGal |
| 动态精度 | 1mGal |
| 最大航行速度 | 10nmile/h |
| 工作温度 | 10～30℃ |
| 采样率 | 10Hz |
| 界面 | RS-232 |
| 电压 | 220V |
| 尺寸 | 直径 560mm，高 850mm |
| 质量 | 150kg |

### （3）KSS 系列海洋重力仪

KSS 系列海洋重力仪是由德国 Bodensee 公司研制的走航式海洋重力仪，KSS 系列海洋重力仪前身是 1957 年由西德的阿斯卡尼亚公司用其生产的陆地重力仪 GS-11 型和 GS-15 型，采用增加仪器阻尼的办法并安置在稳定平台上，第一代走航式海洋重力仪，受船只引起的加速度影响较大，只能在近海海况较好的条件下工作。1962 年，该公司的 Graf 和 Schulge 等对重力仪的弹性系统在结构上进行了刚性强化，进一步增大了阻尼，建立了反馈回路滤波系统，在仪器的读数系统中加入了一个伺服控制部分，将悬挂重力仪的平衡架改为陀螺仪稳定平台等。通过多方面的改进，制成了第二代走航式海洋重力仪 GSS-2 型。1976 年，海洋重力仪转由 Bodensee 公司生产。在传感器部分作了改进，命名为 GSS-20，它与陀螺平台设备（KT20/KE20）、传感器的控制装置 CE20、数据记录系统 DL20 等部件共同组成新的海洋重力仪系统，命名为 KSS-5 型。

KSS-5 型海洋重力仪基本结构是：弹簧的扭力矩将摆杆保持在近水平位置，借助微调测量弹簧将该系统保持在精确的水平位置（通过一个光电装置指示）。弹簧长度变化和重力的变化成比例。上测量弹簧的伸长量是用一个精度玻璃刻度盘和光学测微器来进行的；下测量弹簧的伸长量，是通过安装在伺服回路上的一个由电机带动的电位器来测量的。摆杆的运动使两个光敏电池光照改变，产生的差动电压正比于重力变化，此差动电压（零位偏差），通过伺服电机改变下测量弹簧伸长量，使摆杆回到精确的平衡位置。下测量弹簧的伸长量代表重力变化量。为了减少垂直附加加速度的影响，铝制摆杆制成片状，在强磁场中上下摆动时，由于铝片上产生涡电流而受到十分强烈的阻尼，以减少由波浪引起的附加加速度影响。为了消除摆杆平行旋转的水平附加加速度效应和限制摆杆在垂直平面内振荡，该摆杆由 8 根张丝固定住。

KSS-30 型海洋重力仪是 Bodensee 公司继 KSS-5 型海洋重力仪之后推出的新型海洋重

力仪，具有精度高、重量轻、抗风浪能力强、自动化程度高、体积小等优点。KSS-30 型海洋重力仪传感器的主弹簧和管状圆柱质块由 5 根细金属丝控制，使质块只能在垂直方向上作无摩擦的运动。质块重 30g，由于做成轴对称形状，所以不受交叉耦合效应的影响。重力加速度由主弹簧来补偿，重力的变化及各种附加的垂直加速度由电磁控制系统对弹簧的管状质块的微小运动进行测量、变换、放大和反馈。管状质块的上端为点–位移换能器。该换能器由两个定片和一个动片组成。中间的一片是动片，它与质块紧连在一起，是质块的一部分。当质块因重力变化和附加垂直加速度的作用而上下运动时，动片和两定片间上下位移时产生差动电容，并由锁相放大器进行相敏检波。此信号一方面送到力反馈部件之一的比例反馈线圈；另一方面经积分放大器送到另一反馈部件的积分线圈。这两个线圈位于质块下端，并放置于同一个恒磁磁钢之中，线圈在永久磁铁的磁场中运动。比例反馈电路利用反馈放大因子减小质块的位移；积分反馈电路进一步衰减垂直附加加速度的影响，使质块位移恢复到零。该系统也采用零位读数法，通过质块到零位时两个运动线圈产生的电流可以换算成重力值的变化，为了对 5～15s 这样比较短的船只垂直周期性附加加速度取平均，对线圈输出的信号进行了滤波。滤波后的信号送至中央控制单元，进行一系列校正和归算处理，得到重力变化值。整个测量系统被放置在抽成真空的两层恒温的圆筒内。外恒温筒的温度为（45±0.1）℃，内恒温筒的温度为（50±0.01）℃。恒温筒具有磁场屏蔽功能。重力传感器的电源部分包括一个密封的缓冲电池，它能在掉电时保持传感器恒温24h。传感器内有一个格值因子测试装置，它可以在实验室里或港口停泊时检验格值因子。其原理是将一个近似相应于 1000mGal 重力变化的重物（直径约 2mm 的小球）加到传感器的质块上，通过质块位置的变化测定格值因子（图 4-4）。

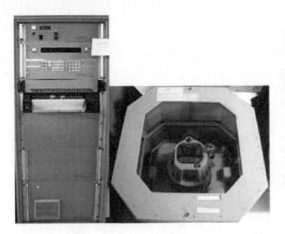

图 4-4　KSS 海洋重力仪示意图

该仪器的特点为：①高精度，采用直线型技术和最高精度的机械结构及软件控制电路，使重力数据不受交叉耦合误差影响，采用转弯操纵程序，使测线转弯后在较短恢复时间内获得最好测量精度；②易操作和易维护，通过键盘、PC 和互联网连接可自由编程，标准组件更换后无需调整，系统连续自检测并可打印输出状态，破损安全运行在逻辑上避免了破损情况下的系统毁坏；③如果能够给系统提供合适的导航数据，可联机预处理厄特弗斯校正、空间校正、布格校正等。

KSS-31M 和 KSS-32M 型海洋重力仪是在 KSS-30 型海洋重力仪的基础上改进的，2001年广州海洋地质调查所和2002年中国科学院海洋研究所分别从德国引进了 KSS-31M 型海洋重力仪，表4-4列出了 KSS-5、KSS-30 和 KSS-31 型海洋重力仪的主要性能指标。

表 4-4　KSS 系列海洋重力仪主要性能指标对比

| 比较项目 | | KSS-5 | KSS-30 | KSS-31M |
|---|---|---|---|---|
| 传感器 | 测程 | 7 000mGal | 10 000mGal | 10 000mGal |
| | 漂移 | <3mGal/月 | <2mGal | <3mGal/月 |
| 稳定平台 | 平台纵摇 | 23° | 36° | 40° |
| | 平台横摇 | 23° | 27° | 40° |
| | 动态精度 | 10 弧分 | 0.5 弧分 | |
| 系统系能 | 精度 | 0.7~2mGal | 0.2~0.8mGal | 0.5~2.0mGal |
| 其他 | 工作温度 | 10~40℃ | 10~40℃ | 15~30℃ |
| | 尺寸 | | 平台+传感器：90cm×43cm×52cm | 平台+传感器：52cm×52cm×69cm |
| | 质量 | 720kg | 平台+传感器：138kg | 平台+传感器：72kg |
| | 电源要求 | 220V，50Hz | 220V | 220V，50/60Hz |

### （4）ZLS 动态重力仪

为了提供高质量高精度的重力测量仪器，ZLS 公司发明了零长弹簧（zero-length spring），对 LaCoste & Romberg（L&R）S 型重力仪进行了改进。图 4-5 是 ZLS 海洋重力仪的示意图。

图 4-5　ZLS 海洋重力仪示意图

海洋重力仪的仪器特性如下（表4-5）：

1）新型的传感器可以消除老式摆杆型重力的交叉耦合效应；

2）不再需要进行周期性调整；

3）新型的传感器利用液体阻尼，避免了潮湿空气对传感器的震动干扰；

4）由于仪器工艺导致的系统误差要比传统摆杆型重力仪小3~5倍，并且误差随时间变化稳定，无需定期进行检测；

5）消除了摆杆型动态重力仪在读数时由于摆杆未水平造成的"倾斜读数误差"。

仪器使用 UltraSys 控制系统，是由公司共同创建者中的 Herbert Valliant 于1985年提出的控制系统，经过多年的研究，日趋成熟，实现了完全数字化。UltraSys 控制系统利用嵌入式处理器来实现平台和传感器控制功能，控制模块与主机用串行电缆连接，而嵌入式处理器通过串行接口与主机连接起来。控制系统将加速度计、陀螺和重力传感器中的原始数据，利用16字节的模数转换器和嵌入式处理器记录下来，采样率为200Hz，再通过16字节的数模转换器，用输出的模拟信号来控制马达和陀螺，每秒200次，最后以1Hz的频率将过滤后的数据传送到主机中。

主机将数据存储到硬盘，并同时输出到显示器、串行接口和打印机，数据的显示可以是数字或者图像。在高分辨率海洋和航空模式下，原始数据每秒记录一次，根据特定的用途进行滤波，在海洋模式下，数据已经进行正确的滤波处理，以10s为间隔记录数据。

表4-5 ZLS 动态重力仪的主要技术指标

| 组件 | 项目 | 参数 |
| --- | --- | --- |
| 传感器 | 类型 | 金属零长弹簧坚固的金属微动螺钉 |
| | 测量范围 | 标准：全球范围7000mGal 海洋 |
| | 温度范围 | −15 ~ +50℃ |
| | 零点漂移 | 3mGal 或更少每月 |
| | 静态重复精度 | <0.1mGal |
| 稳定平台 | 俯仰 | ±25° |
| | 翻滚 | ±25° |
| | 周期 | 标准4min 可选择 16min |
| | 阻尼 | 最大0.707 |
| 海洋测量精度 | ZLS Dynamic Meter 精度难以确定，取决于船的特性，海况，导航精度（一般为1mGal） | |
| 控制系统 | 电源 | 87~270V 交流电 47~63Hz |
| 尺寸和重量 | 稳定平台和传感器 | 27in[①]宽，22in 深 |

### （5）CHZ 型海洋重力仪

CHZ 型海洋重力仪是中国科学院测量与地球物理研究所研制的轴对称型海洋重力仪。

---

① 1in=2.54cm。

该仪器于 1985 年研制成功并进行对比试验。CHZ 型海洋重力仪包括三个部分：重力传感器、电子控制部分和数据采集部分。其结构和工作原理简述如下：

重力传感器安装在一个双层恒温的金属壳体壳内，采用了零长弹簧悬挂系统和硅油阻尼。传感器的质块弹簧系统由一个管状的质块和一根垂直悬挂的主弹簧组成。6 根拉丝和 2 根绷紧弹簧把质块连接在仪器的壳体上。这些拉丝分层次并从质块出发按互成 120° 的角度拉到壳体上，从而限制着质块只能沿着仪器的灵敏轴平动，并伴随着微小的转动。拉丝及绷簧的粗细和张力的分布均对称于垂直轴，也就是弹簧及管状质块的轴。使用零长弹簧既可以获得较高的位移灵敏度，还可以消除在水平加速度作用下弹簧弯曲所引起的误差。这种悬挂系统严格的轴对称，在水平和垂直加速度的作用下不产生交叉耦合效应。同时，这种系统不受水平加速度的影响，能在水平加速度 200Gal 时工作。这种系统工作时实际上是无摩擦的，质块被约束在垂直方向上作无摩擦运动。重力加速度常数 $g$ 由主金属弹簧补偿，重力的变化值由弹簧的微小变化所检测并由电磁反馈系统的电磁力补偿。

由 CHZ 仪器的弹性系统的运动方程可得

$$P = \frac{\omega_0^2}{2\lambda\omega_z} \tag{4-11}$$

式中，$P$ 为动力系数，即垂直附加加速度的缩小系数；$\omega_0$ 为系统的固有振动频率；$\lambda$ 为阻尼系数；$\omega_z$ 为附加垂直加速度的频率。如选定了 $P$，则 $\lambda$ 正比于 $\omega_0^2$。由于 CHZ 型重力仪弹性系统频率高，所以采用的液体阻尼系数要大。选用硅油是由于其黏度稳定，绝缘良好等优越性能，利用不同黏度的硅油能混合配置成所需的黏度。硅油的强阻尼可把各方向的非线性误差减至最小，对各种振动的灵敏度也可减小。

CHZ 型海洋重力仪的电子控制部分由精密电容测微器、比例积分器反馈及温度电子控制器组成。电子控制部分的主要作用是将重力传感器的微小位移量进行电量的变换放大，达到测量的目的。电子控制部分安装在无线电控制机框的机箱内。电容测微器由 3 个互相平行的金属片及锁相放大器组成。中间的一片是动片，它与检验质块固定在一起，称为检验质块的一部分，由此检测重力变化所引起的位移，将位移量转化为电量。由于 CHZ 型海洋重力仪是非助动重力仪，重力变化引起的质块位移很小。为了获得高精度的测量成果，使用高精度稳定性好的电容传感器来测定质块的位移，其灵敏度约 $10^{-4}$ μm，小于 0.01μGal，最大线性输出 10V。位移量转化为电量后送到锁相放大器中进行相敏检波，以鉴别变化的方向及大小。电容测微器的输出送到比例积分放大器及比例积分线圈以补偿重力的变化。积分反馈使质块维持在零位附近，故这类重力仪称为力平衡式重力仪。在积分线圈上的补偿电流即为重力变化的观测值，它的最大输出为 10V，相应于 10Gal 的测量范围，足够在全球海洋进行重力测量之用。

CHZ 型海洋重力仪有两层恒温，以保证弹性系统的工作稳定。外恒温筒的温度稳定在 (45±0.1)℃，内恒温筒的温度稳定在 (50±0.01)℃，并有温度补偿装置消除剩余温度对重力读数的影响。温度敏感单元是惠更斯电桥，有二线绕电阻器来敏感温度变化，控制其对角线电压。附在质块弹簧系统运动线圈上的温补绕组联至此对角线的两端，它是这样调整的：当重力仪内部温度稳定在 50℃ 时，没有电流通过绕组，当内部温度改变时，质块弹簧系统发生变化，它由绕组产生的电磁力给予补偿，使重力仪读数保持不变。

整个数据采集部分包括三块单片微处理器，由数字时钟控制，并可编程实现数字滤波、自动间隔打印、磁带存储、长图记录、格值系数的置入、掉格补偿处理等功能。CHZ型海洋重力仪的数据采集部分包括数字滤波器、程序控制线路、时钟、打印机、盒式磁带记录器、长图记录器。虽然质块弹簧系统有硅油强阻尼并且在积分电路上进行了处理，但是由积分线圈输出的信号仍然是上下波动，必须把船只加速度中 3 ~ 18s 的短周期垂直分量滤去，使用低通数据滤波器可以满足此要求。观测值通过 A/D 转换器转换成数字量后进行低通滤波器，经数字滤波后的重力值可进行自动打印。打印价格可在 1 ~ 100min 内任意选定。同时，每 10min 由磁带机记录一组数据，这组数据的间隔是 10s 一个重力值。为了监视重力的读数变化情况，数字滤波器的数字输出通过 D/A 转换器可以转换成不同量程的模拟量（分 1000mGal、100mGal、10mGal 三种量程）送长图记录仪连续记录。

CHZ 型海洋重力仪能在垂直附加加速度 500Gal 及水平加速度 200Gal 的恶劣海况下工作，在实验室内垂直附加加速度为 250Gal 的情况下，该仪器的非线性误差小于 ±1mGal。海上试验与德国 KSS-30 型海洋重力仪测量结果之间不符值的均方差为 ±1.4mGal。

### （6）GT-2M 海洋重力仪

Canadian Micro Gravity 是一家位于多伦多的从事地球物理研究的公司，专注于石油和矿产勘探的动态重力仪。该公司与莫斯科国立罗蒙诺索夫大学力学和数学系中从事重力数据处理的同行合作，研制了 GT 系列标量重力仪，可用于固定翼飞机和直升机，或者使用在航海器上（Bolotin and Yurist, 2011）。

GT 系列动态重力仪利用惯性导航系统（INS），垂直重力传感器和全球定位系统（GPS）测量与地下地质构造相关联的重力异常。如图 4-6 所示，惯性导航系统测量飞行器或船只的惯性加速度和由于地质体（重力异常）产生的重力加速度，然而 GPS 系统测量的飞行器或船只的惯性加速度，从惯性导航系统测量的加速度中减去由于飞行器或船只的加速度即可获得我们需要的重力加速度异常。表 4-6 是 GT-2M 海洋重力仪的主要技术指标。

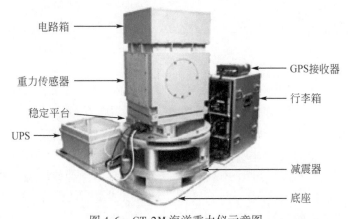

图 4-6　GT-2M 海洋重力仪示意图

GT 系列包括 GT-1A&GT-2A 航空和 GT-2M 海洋 GPS-INS 垂向标量重力仪，该系列仪器便于安装的操作，在恶劣环境中仍有相当不错的表现。这三个型号的仪器采用相同的技术，将单独的垂向重力传感器安装在 GPS-INS 三轴惯性平台（舒勒平台），其中重力传感器是专门定制的，安装在陀螺稳定平台上，稳定平台利用光纤陀螺、倾角计、角度传感器和双频 GPS 输出的信号，控制伺服马达使得重力传感器保持垂直，采用这种方式可以消除水平加速度的影响。上述整个平台安装在一个转台上，保持陀螺和加速度计的敏感轴始终与当地的地理坐标系重合。

重力数据的采样率为 18.75Hz，重采样率为 2Hz，利用双频 GPS 数据积分消除飞行器或船只的垂直加速度的影响和厄缶效应。最后利用非稳态适应 Kalman 滤波器消除垂直加速度和平台偏心误差，滤波器的长度根据分辨率的要求自行选择。

表 4-6  GT-2M 的主要技术指标

| 项目 | 参数 |
| --- | --- |
| 测量范围 | 10 000mGal |
| 动态范围 | ±1 000Gal |
| 灵敏度 | 0.1mGal |
| 分辨率 | 10μGal |
| 海洋测量精度 | 0.20mGal |
| 零点漂移速度 | 小于 3.0mGal/月 |
| 记录速度 | 0.1～2Hz |
| 4 种滤波器 | 300sec，450sec，600sec，900sec |
| 俯仰 | ±45° |
| 翻滚 | ±45° |
| 工作温度 | +10～+35℃ |
| 电源（工作） | 150W 27V 直流电 |
| 电源（待机） | 50W 27V 直流电 |
| 重量 | 153.5kg（含底座） |
| 尺寸 | 400mm×400mm×600mm |
| 寿命 | 30 000h |

### （7）Marine AIRGrav 海洋重力仪

Sander Geophysics 公司是一家从事地球物理勘探的公司，成立于 1956 年，主要从事高精度的航空物探工作，自 1990 年以来，已经测量超过 500 万 km 的测线，取得了大量高精度的航空物探数据。公司拥有自己的航空参考惯性重力仪 AIRGrav，专门为航空重力测量研制的重力仪，该仪器适用于任何移动平台，Sander Geophysics 将 AIRGrav 改造，研制了可用于海洋重力测量的重力仪 Marine AIRGrav，由于船只的振动和加速度要远比飞机的小，所以该仪器能获得比传统海洋重力仪更高精度的重力数据，而且该仪器可以与磁力测量和声波仪器共同工作，提高测量效率和收益（Sokolov, 2011）。

Marine AIRGrav 与 AIRGrav 结构一样，采用三轴惯性稳定平台，利用高分辨率的差分全球定位系统（Differential GPS），校正由于波浪、速度改变、转向和气流产生的船只加速度，采用陀螺惯性稳定平台使得重力传感器受到水平加速度的影响小于其他海洋重力测量系统。表4-7为Marine AIRGrav的主要技术指标。

表4-7 **Marine AIRGrav的主要技术指标**

| 项目 | 参数 |
| --- | --- |
| 重力仪灵敏度和采样率 | 0.1mGal和128Hz |
| 测量范围 | −1~2g |
| 精度和分辨率 | 0.12mGal和14.8km/h航速下分辨率为300m |
| 系统尺寸 | 90cm×120cm×150cm |
| 系统质量和电源 | 130kg和900W |

### （8）INO海底重力仪

成立于1967年的加拿大Scintrex（先达利）公司是地球物理仪器公司，生产仪器主要从事于油气勘探、矿产普查、学术研究、环境工程和考古领域，覆盖了激发极化、电阻率、重磁等地球物理方法。Scintrex公司从1999年开始，先后兼并了以生产绝对重力仪著称的Micro公司、以生产零长弹簧著称的LaCoste & Romberg公司，2003年三家公司合并成立为LaCoste & Romberg-Scintrex集团（LRS），产品包括相对重力仪、绝对重力仪、井中重力仪、航空重力仪、海洋重力仪等（Verdun and Klingele，2005）。

INO海底重力仪是Scintrex公司最新的海底重力仪，采用公司最负盛名的CG-5自动读数重力仪的熔凝抗静电石英传感器，将重力传感器安装在潜水器中，在海底测量精度能够达到微伽级。重力传感器放在一个抗压铝制球体内，能够在水深600m处进行重力测量。如图4-7所示，（a）为INO海底重力仪，（b）为其软件操作界面。

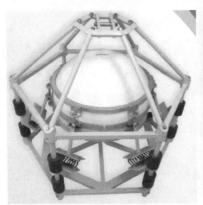

(a) INO海洋重力仪　　　　　　　　　　　(b) 软件操作界面

图4-7　INO海洋重力仪示意及软件界面示意图

INO海底重力仪的分辨率为1μGal，测量标准方差小于5μGal，具有操作简单、仪器坚固耐用、仪器轻便、自动补偿及校正和去噪等特点。仪器的参数见表4-8。

表 4-8　INO 海底重力仪主要技术指标

| 项目 | 参数 |
| --- | --- |
| 重复观测精度 | 优于 5μGal |
| 读数分辨率 | 1μGal |
| 测量范围 | 8000mGal |
| 自动倾斜补偿 | ±200 角秒 |
| 自动校正 | 潮汐、仪器倾斜、温度、零点漂移、噪声抑制过滤器、地震噪声过滤器 |
| 自动调平 | 偏离水平方向<36° |
| 自动调平精度 | 优于 50 角秒 |
| 测量深度 | 600m（1970ft） |
| 测量温度 | +1 ~ +30℃（34 ~ 86 ℉）最高温度+50℃（122 ℉） |
| 垂直深度精度 | 10cm（4in） |
| 电压 | 24V 额定直流电压<br>30 ~ 400V 电缆直流电压 |
| 尺寸 | 92cm（$H$）×86cm×86cm［36in（$H$）×34in×34in］ |
| 质量 | 80kg（176lb[①]）5kg（11lb）负浮力 |

### （9）ROVDOG 海底重力仪

坐落于加州大学圣地亚哥分校（UCSD）的地球物理与行星物理研究所（IGPP）研制的遥控安置深海重力仪（Remotely Operated Vehicle-deployed Deep-Ocean Gravimeter），简称 ROVDOG 海底重力仪。

ROVDOG 海底重力仪采用 Scintrex 公司的 CG-3M 型陆地重力仪的传感器，将其安装在微型调平系统上，利用微型处理器检测水平台并控制数据收集，另外，仪器还包括监视系统、压强计和信号调节器。整个仪器安放于防水高压密封箱内，利用柔性电缆链接到潜水器上。人员通过遥控操作器控制仪器并进行实时数据处理。

仪器的重力传感器安装在由两个互相垂直的线性驱动器控制的双常平架中，每个驱动器都有一个直流电动导螺杆，利用电位器指示导螺杆的位置。只要 ROVDOG 的传感器安置于海底，那么就会启动调平操作，首先利用低精度的测斜器并进行粗略调平，然后利用传感器自身的测斜器精确调平，精度能够达到 1 ~ 0.001 毫弧度的误差。调平系统可以在 30s 内将传感器调平，精度为±0.020mrad，并且在测量过程中，维持传感器保持垂直状态（尤其是将仪器放置在海底沉积物上）。

仪器的工作原理如图 4-8 所示，就是利用潜水器，将重力仪放置于测点上，然后仪器进行自动调平，测量测点的重力值。ROVDOG 海底重力仪的参数见表 4-9。

---

① 1lb=0.453592kg。

图 4-8　仪器工作原理

表 4-9　ROVDOG 海底重力仪主要技术指标

| 项目 | 参数 | |
|---|---|---|
| 重力传感器 | Scintrex CG-3M | |
| 序列号 | 9704391，9808423，9908435 | |
| 精度 | 0.005mGal | |
| 测程 | 7000mGal | |
| 压力传感器 | Paroscientific | |
| 型号 | 31K 和 410K | |
| 最大量程 | 1000psi 和 10 000psi | |
| 分辨率 | 0.01% | |
| 调平系统 | | |
| 精度 | ±0.020mrad（毫弧度） | |
| 调平范围 | ±10°沿各方向轴 | |
| 调平时间 | <30s | |
| 频率计数器 | | |
| 最小读数 | 1s 内 0.1µs | |
| 振荡器精度 | 0.01ppm（1ppm = $10^{-6}$） | |
| 采样频率 | 10Hz 和 1Hz | |
| 通讯 | | |
| 通讯协定 | RS-232 | |
| 传输速率 | 9600baud | |
| 格式 | ASCII | |
| 1Hz 数据的文件大小 | 188bytes/sample | |
| 最大深度 | 700m 和 4 500m | |
| 尺寸 | 700m | 4 500m |
| 直径 | 25cm | 27cm |
| 高度 | 57cm | 63cm |
| 空气中质量 | 25kg | 68kg |
| 水中质量 | 2kg | 23kg |

| 项目 | 参数 |
| --- | --- |
| 供电 | |
| 平均 | 20W |
| 峰值 | 55W |
| 备份时间 | 20min |
| 输入电压 | 18 ~ 36V 直流 |

### (10) 拖拽式海洋重力仪

海洋重力测量一般分为海面重力测量和海底重力测量，海面重力测量由于离海底的目标体较远，分辨率较低，而海底重力测量具有较大的分辨率，但是无法做到较大的覆盖度。拖拽式海洋重力测量能够兼顾覆盖度和分辨率，它是将重力传感器拴在船上，并将其拖拽移动进行动态测量。

加州大学圣迭戈分校成功研制了拖拽式海洋重力仪，它是将 LaCoste & Romberg 海洋重力仪的传感器安置在一个高压舱中，然后安装在特制的稳定平台上，该稳定平台能够在拖拽测量过程中，保持重力传感器的垂直状态。该仪器已经在圣地亚哥海槽进行测试，精度为 10mGal 级，认为该仪器在探测水平延伸长度等于或小于海深的地质构造方面具有可行性。

### 4.2.1.3 海洋重力测量的影响因素及消除办法

由于海洋重力测量的特殊性，所以海洋重力测量工作的开展较晚，主要原因是海洋重力测量不同于陆地重力测量，它必须在运动的状态下，即所谓的动基座上进行，所以海洋重力测量又会受到外部条件的干扰。这种干扰可以归纳为以下 6 个方面：

1）径向加速度对海洋重力测量的影响。主要是由于测量船的航迹为曲线所产生的径向加速度对重力观测的影响。

2）航行加速度对海洋重力测量的影响。因为在测量中，测量船航速的不均匀产生加速度对重力观测的影响。

3）周期性水平加速度对海洋重力测量的影响。由于波浪的起伏及机器的震动等因素引起的船在水平方向上的周期性振动会对重力观测产生影响。

4）周期性垂直加速度对海洋重力测量的影响。这是由于波浪的起伏及机器的震动等外界因素使船在垂直方向上的周期性振动对重力观测的影响。

5）旋转运动对海洋重力测量的影响。波浪、风力和驾驶因素会引起船绕三个正交轴转动，因而会对重力观测产生影响。这种影响有常量的和周期性的两种。

6）厄特弗斯（Eötvös）效应对海洋重力测量的影响。由于海洋重力测量仪器随测量船相对于地球在运动，这样就会改变作用在仪器上的离心力，因而对重力观测值产生影响（梁开龙等，1996）。海洋重力仪工作时，静态外部环境的变化是指不考虑船只的运动，仅考虑海洋重力仪工作时间内的温度、压力等因素变化对测量结果的影响。但这部分影响造成的误差所占比例较小，而动态外部环境的变化对观测结果的影响，是海洋重力测量的主要误差源。

刚体运动的 3 个自由度与物体的平移有关，另 3 个自由度与物体的旋转有关。测量船在实施海洋重力测量时，6 个自由度上都有可能产生运动，进而产生扰动加速度，这些扰动加速度和需要测量的重力加速度混杂在一起，给海洋重力测量带来很大的困难，并且会产生很大的观测误差。所以，海洋重力仪是在海洋动态环境下实施测量的前提，就是采取各种措施消除测量船在各个自由度的运动对重力测量的影响，尽最大努力削弱动态环境变化对海洋重力测量产生干扰这一最大的误差源。如果测量船保持匀速直线运动状态，则在平移 3 个分量中的两个水平方向不产生扰动加速度，只有在垂直方向的波动直接影响重力测量，3 个旋转分量中，主要是测量船的横摇和纵摇直接影响重力值的测定，当船的摇动而产生的垂直和水平方向的加速度相互作用在重力仪的摆杆上时，会产生交叉耦合效应，也称 CC 效应。

当测量船相对于地球转动时，地球本身也在转动。这使得作用在重力仪弹性系统上的离心力就是地球自转的惯性离心力和测量船形成的离心力的合力，当然重力仪测出的重力值并非实际重力值，这种现象称为厄特弗斯（Eötvös）效应。厄特弗斯效应对海洋重力测量的影响与上述几个方面的影响不同，上述几个附加加速度均是由海浪引起的，其影响可以通过对重力仪及其附属设备进行改进或对测量船的航向航速给以限制来减少，使其产生的误差在允许范围之内，并且测量记录中也不反映出这些扰动加速度的影响。厄特弗斯效应是无法通过改进仪器和增加附属设备来消除的，它必然会在测量记录中反映出来。对厄特弗斯效应带来的影响，只有在内业计算中加以校正。

**（1）垂直附加加速度的影响及消除办法**

测量船在航行过程中会受到波浪的影响，因此不可避免地会产生垂直方向的运动，这种运动作用在海洋重力仪的传感器上就会反映出垂直方向的附加加速度。要在重力仪测到的垂直加速度变化中，测量船垂直运动所产生的附加加速度和真正的引力场引起的加速度变化分离开来并加以消除，就必须研究波浪的特性。

海面上波浪的起伏比较复杂，不能用简单的数学模型来精确地表达其运动规律。但是，在风力不大的情况下，或是离风暴中心较远的地区，波浪的起伏还是有一定的规律的。一般地说，它们是由几种单波合成，这些单波相互干涉，形成有时起伏较大、有时起伏较小的波浪。波高主要决定于风力，也和距离海岸的远近有关。风速在 2.1nmile/h（相当于 1.1m/s 的一级风）以下时，只能产生微波。二级风（4~6nmile/h）时，则可产生明显的低波，波长较短。随着风级的增大，浪高逐渐增加，同时波长随之增加。

在小船上进行重力测量受波浪的影响很大，如果船体长、吨位大，则短波浪的影响大部分自行消失。主要影响由长波浪产生。一般安装海洋重力仪的测量船都较大，因为重力仪及其附加设备（陀螺稳定平台、控制机柜等）需要较大的空间，并且要有恒温装置，一般的小船无法安装。同时，船上的重力仪舱室必须尽量位于船的中心附近最平稳的地方。表 4-10 为苏联科学家地球物理研究所应用测斜仪及加速度计在 2 万吨级的不同部分测得的水平加速度和垂直加速度数据。

表 4-10　不同位置平加速度和垂直加速度数据

| 位置 | 水平加速度/Gal | 周期/s | 垂直加速度/Gal | 周期/s |
|---|---|---|---|---|
| 在中心附近的船舱 | 0.5 | 20 | 1 | 4 |
| 在船头部分的船舱 | 7~10 | 20~25 | 8 | 5~7 |

一般安装重力仪的测量船排水量为数千吨，航行时船体产生的水平加速度和垂直加速度比表 4-10 的数值要大得多，在平静海况下作用在重心仪上的垂直附加加速度也要达 10~20Gal，在恶劣海况下这种垂直附加加速度可高达数百伽。当海况特别恶劣，垂直附加加速度过大时，就无法进行海洋重力测量。所以，在实施海洋重力测量时的垂直附加加速度一般不会超过 250Gal，最常见的情况是遇到 3~50Gal 的垂直附加加速度。

研究发现，波浪运动所引起测量船垂直附加加速度的周期一般为 5~10s，以 6s 左右为最多，属于高频振动。这一特点在消除测量船垂直附加加速度对海洋重力仪的影响中有很大意义。正因为垂直附加加速度这种短周期变化，使得附加加速度作用在重力仪上的方向有时和重力方向一致，有时和重力方向相反，在重力仪观测到的加速度变化中可以采取一系列措施加以分离和消除。

将测量船垂直方向周期性附加加速度用下式表示

$$z = z_0 \sin\omega_z t \tag{4-12}$$

式中，$z$ 为垂直附加加速度；$z_0$ 和 $\omega_z$ 分别为垂直附加加速度的振幅和角频率。

将式（4-12）对周期取平均应为零，即

$$\bar{z} = \frac{\omega}{2\pi} \int_0^{\frac{\omega}{2\pi}} z_0 \sin\omega_z t \mathrm{d}t = 0 \tag{4-13}$$

理论上，只要在一段时间内连续进行观测并取其平均值就可以消除垂直附加加速度的影响。但实际上，在不采取其他措施的情况下单靠取平均值来消除垂直附加加速度的影响是不可能做到的，主要原因在于重力仪的读数范围有限。海洋重力仪的测程范围一般为数伽，对于全球海洋重力场变化的观测来说是足够了，但是垂直附加加速度的量级却大大超过了重力仪的测程，以致重力仪无法观测。目前解决的办法有两种，一种是采用强阻尼的办法，另一种是利用加速度计取代传统重力仪。采用增加阻尼的办法，即将重力仪弹性系统的摆杆放在黏滞性很大的液体中或是置于强磁场中，有些则利用空气阻尼器来实现。Air-Sea S Ⅱ 海空重力仪就是将其摆杆一端置于空气阻尼器中，经过这种处理后，它的摆杆对于高频的垂直附加加速度的反映不敏感，而对变化比较缓慢、频率很低的实际重力变化却非常敏感。通过这种方式，就可以消除垂直附加加速度对海洋重力仪的影响。

当采用加速度计作为重力传感器，它的动态范围很宽，当垂直运动剧烈时，不会出现饱和现象，此时，要去除载体的影响，需要精确确定载体的垂直加速度。加速度的惯用确定方法是对速度求一次差分，利用 GPS 测速大致有 3 种方法：一是基于 GPS 高精度定位结果，通过位置差分法来获取速度；二是利用 GPS 原始多普勒观测值直接计算速度；三是利用载体相位中心差分所获得多普勒观测值（导出多普勒）来计算速度。研究表明，在载体匀速运动时，位置差分和载波相位中心差分确定的速度的精度基本相同，但稍优于原始多普勒观测值确定的速度的精度。

由于 GPS 的定位误差的影响以及差分过程对高频噪声的放大，为了保证垂直附加加速度的计算精度，往往采用数字差分和 FIR（finite impulse response）低通滤波技术，实现差分运算同时滤除高频噪声，这种方法的成功实现基于两个基本假设：①在重力信号谱带的长波段内信号比噪声要强；②噪声主要集中分布在短波段并能通过低通滤波方法予以消除或减弱。

将精度要求更高时，可以利用 Kalman 等其他的滤波或估值计算技术确定载体垂直附加加速度，最后利用求得的载体垂直附加加速度对测量数据进行校正。

**（2）水平附加加速度的影响及消除办法**

如图 4-9 所示，假设重力仪平台偏离水平面某一方向（另一方向类似）的倾斜角为 $\theta$，则其在重力仪读数中引起两种误差，一是重力传感器只测得重力矢量的一部分，即

$$g_c = g \cdot \cos\theta \tag{4-14}$$

式中，$g_c$ 为测得的部分重力；$g$ 为真实重力值。另一种误差是水平加速度的垂直分量的影响，其大小为

$$g_x = a_x \cdot \sin\theta \tag{4-15}$$

式中，$g_x$ 为水平加速度引起的重力误差；$a_x$ 为重力仪的水平加速度。因此，实际测得的重力 $g_m$ 为

$$g_m = g_c + g_x \tag{4-16}$$

于是，可得水平加速度校正 $\delta a_H$ 的一般计算公式为（假设倾斜角较小）

$$\delta a_H = g - g_m = g - (g \cdot \cos\theta + a_x \cdot \sin\theta) \approx -a_x\theta + \frac{g}{2}\theta^2 \tag{4-17}$$

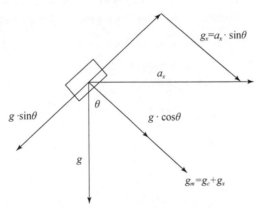

图 4-9  水平加速度校正示意图

水平加速度校正的一般计算公式，顾及了一个方向的倾斜，若公式（4-17）再考虑一个方向的倾斜，则可得水平加速度校正的计算公式为

$$\delta a_H = -a_E \cdot \alpha - a_N \cdot \beta + \frac{g}{2} \cdot (\alpha^2 + \beta^2) \tag{4-18}$$

式中，$a_E$、$a_N$ 为水平加速度的两个分量，可利用 GPS 观测数据确定；$\alpha$、$\beta$ 分别为对应 $a_E$、

$a_N$ 的倾斜角。

由于是先计算稳定平台的倾斜角，再计算水平加速度校正，故称为两步法。

**（3） 直接法水平加速度校正**

假设重力仪平台的两根水平敏感轴互相严格垂直，并令：$f_Z$ 为重力仪测得的重力；$f_X$ 为平台横轴敏感到的横向水平加速度；$f_Y$ 为平台纵轴敏感到的纵向水平加速度；$a_E$ 为由 GPS 信息导出的东向水平加速度；$a_N$ 为由 GPS 信息导出的北向水平加速度。

由于包括重力在内的所有加速度的矢量和对于两坐标系是相同的，故有

$$G^2 + a_E^2 + a_N^2 = f_Z^2 + f_X^2 + f_Y^2 \tag{4-19}$$

式中，$G$ 为重力和飞机垂直加速度之和。于是，

$$G^2 = (f_Z^2 + f_X^2 + f_Y^2 - a_E^2 - a_N^2)^{\frac{1}{2}} \tag{4-20}$$

由因水平加速度远小于重力，因此

$$G = f_Z^2 + \frac{f_X^2 + f_Y^2 - a_E^2 - a_N^2}{2f_Z} \tag{4-21}$$

所以，水平加速度校正为

$$\delta g_H = \frac{f_X^2 + f_Y^2 - a_E^2 - a_N^2}{2f_Z} \tag{4-22}$$

式中，$f_Z$ 可以近似地用 $g$ 代替。

从上述推导过程可以看出，利用式（4-22）进行计算时，不需要平台的倾斜角信息，就可直接算出水平加速度校正，故称为直接法。

直观地看，两步法与直接法的不同之处在于前者不需要水平加速度计观测值，而需要平台的倾斜角信息，后者需要水平加速度计观测值，但不需要倾斜角信息。事实上，从图 4-10 可以看出，平台敏感到的横向、纵向水平加速度 $f_X$、$f_Y$ 分别为

$$f_X = a_E\cos\alpha - g\sin\alpha \approx a_E - g\alpha \tag{4-23}$$

$$f_Y = a_N\cos\beta - g\sin\beta \approx a_N - g\beta \tag{4-24}$$

由式（4-23）和式（4-24）可得平台倾斜角为

$$\alpha = \frac{a_E - f_X}{g}, \ \beta = \frac{a_N - f_Y}{g} \tag{4-25}$$

将式（4-25）代入式（4-17）中，得

$$\delta a_H = - a_E \cdot \frac{a_E - f_X}{g} - a_N \cdot \frac{a_N - f_Y}{g} + \frac{g}{2g^2} \cdot \left[ (a_E - f_X)^2 + (a_N - f_Y)^2 \right] \tag{4-26}$$

化简得

$$\delta g_H = \frac{f_X^2 + f_Y^2 - a_E^2 - a_N^2}{2g} \tag{4-27}$$

可以看出，两种计算方法在倾斜角较小的情况下是完全等价的。

尽管两步法与直接法是等价的，但两步法的意义在于形式上它是载体水平加速度的线性组合，也就是说，如果水平加速度表现为零均值噪声，它可以毫无偏差地传播至水平加速度校正，在最后的重力估算中也不会由此产生系统偏差。对于直接法而言，情况则截然

不同。一方面，零均值噪声平方后称为正值噪声，噪声特性有了改变；另一方面，$f_X$ 或 $f_Y$ 和 $a_E$ 或 $a_N$ 的噪声特性不尽相同，故通过减法运算不能期望消去平方项中的噪声。因此，零均值噪声经过式（4-26）运算后有可能成为引起系统偏差的因素之一。

**（4）交叉耦合效应及消除办法**

交叉耦合效应（cross-coupling error，简称 CC 效应）只存在于摆杆型海洋重力仪中，如 Air-Sea S II 海空重力仪和 CHEKAN-AM 海洋重力仪。当测量船的水平和垂直加速度具有相同的运动频率时，摆杆型重力仪将产生交叉耦合效应，交叉是指垂直和水平加速度的联合影响，耦合表示这两个加速度的频率相同时才发生。交叉耦合效应是摆杆型重力传感器的基本特性，此外也源于系统刚性不足等其他因素。交叉耦合效应产生的误差可达 5mGal，在海洋重力测量中是必须要消除的。

海洋重力仪系统通常已经包括了对交叉耦合加速度作直接校正用的装置，由专用的 CC 校正模拟计算机实时计算出校正值加在观测重力值上，重力仪输出的重力已是真正的重力值，无需在数据处理中再进行处理。

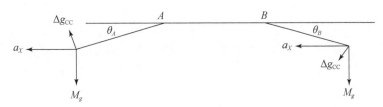

图 4-10  无交叉耦合效应结构

除上述采用 CC 校正模拟计算机计算校正值之外，从仪器结构出发，对仪器进行改进，同样可以消除 CC 效应。若将 $A$、$B$ 两台重力仪按图 4-10 中所示的方式组合，使其摆杆的方向相反进行排列，可以制成无交叉耦合误差的重力仪。其原理是，因 $A$ 和 $B$ 的特性相同，工作时所处的环境也相同，垂直加速度引起两个摆杆的旋转角是相等的。当有水平加速度作用时，两个摆杆上的力就会是一个方向使 $\theta_A$ 变大，另一个方向使 $\theta_B$ 变小，测定 $\theta_A +$ $\theta_B$ 就能消除交叉耦合误差。同样，也可以将两台重力仪摆杆的方向反相做相对排列，通过取出各重力仪输出之和也能消除 CC 误差。

目前的轴对称型海洋重力仪的检验质量仅作垂直运动而不作圆周运动，因此不受垂直加速度与水平加速度的交叉耦合效应影响，也就无需进行 CC 校正。

**（5）横摇与纵摇的影响及消除办法**

如图 4-11 所示，为一载体坐标系，其中坐标原点位于载体质心，$Y$ 轴沿载体纵轴方向指向前，$X$ 轴沿载体横轴方向指向左，$Z$ 轴沿载体竖轴向上。由图 4-11 可见，对于船体而言，横摇即以 $Y$ 轴作为旋转轴，纵摇以 $X$ 轴为旋转轴。

测量船在航行中，不可避免产生横摇与纵摇，这两种运动都会使得重力仪偏离垂直状态，对海洋重力测量产生很大的影响。众所周知，无论是何种类型的重力仪要准确地测出重力加速度的值，都必须保持仪器垂直于地球表面。对于陆地重力仪来说，这种垂直状态是通过仪器的调平来实现的。由于陆地基座的稳定性，仪器调平后基本上一直保持垂直状

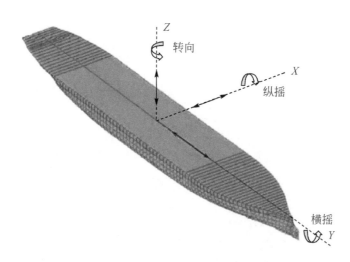

图 4-11　载体坐标系示意图

态。海洋重力仪是在测量船不断处于横摇与纵摇的状态下工作的，各个方向的摇摆使得重力仪的垂直状态受到破坏，重力仪在这种状态下根本无法进行观测。要消除横摇与纵摇对重力仪的影响，只有通过增设附属设备，使得重力仪在测量船摆动的状态下仍保持垂直，即重力仪的平衡系统。

　　过去的海洋重力仪均使用常平架使得重力仪保持垂直，即通过悬挂重力仪，使中心位于支点以下，利用重力仪本身的重力作用维持垂直状态。在无水平方向扰动加速度的情况下，常平架上的重力仪将始终保持水平，然而，测量船作业时，水平扰动加速度是无法避免的，会使得悬挂起来的重力仪类似一个具有自己固定周期的重力摆那样运动。为了消除这种影响，需要进行布朗校正和倾斜校正，由于目前的重力仪全部采用陀螺平台作为稳定系统，所以不在这里叙述如何进行上述两种校正。

　　旋转的陀螺在不受外力作用时，其旋转轴在空间总是保持着固定的方向。在不断摇动的船上为了了解垂直程度，可以利用垂直陀螺仪。陀螺稳定平台由若干个陀螺仪组成，为海洋重力仪提供一个准确的人工平台，其基本原理就是测出陀螺仪和垂直方向的偏差，并通过力矩马达将陀螺仪的轴尽量保持在垂直方向。

　　海洋重力仪的体积一般都比较大，不可能直接安装在垂直陀螺仪上，需要安装到利用自动跟踪来追踪垂直陀螺仪方向的水平稳定平台上，这种设备称为陀螺平台，是目前支承海洋重力仪的主要设备。陀螺平台的结构如图 4-12 所示。

　　陀螺平台监测垂直陀螺仪与稳定平台的相对倾斜角，然后将信息传输给分别安装在稳定平台的纵摇轴和横摇轴上的伺服马达，使之能自动跟踪垂直陀螺仪的姿态。如果跟踪的应答进行得很快，随动系统就会发生振荡，稳定平台也会随之振动。为了避免这种振动，稳定平台一般都在伺服马达的轴上安一个阻尼器。当马达的轴以隧洞系统的固有频率振动时，阻尼器里的惯性轮在惯性的作用下不产生运动；只有停止振动后，才通过阻尼器将力矩传递给马达的轴。

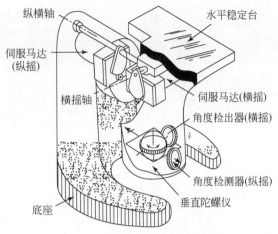

图 4-12　陀螺平台的结构示意图

目前常见的稳定平台有两轴稳定平台和三轴稳定平台。两轴稳定平台由两个正交的陀螺、两个正交的加速度计、伺服反馈系统和数控马达组成。三轴稳定平台是将惯性导航系统（inertial navigation system，INS）与 GPS 结合在一起构成的三轴惯性导航稳定平台（舒勒平台）系统。稳定平台系统由三个正交的陀螺、三个正交的加速度计、伺服反馈系统和数控马达组成，通过控制台体的旋转使陀螺和加速度计的敏感轴始终与当地的地理坐标系重合，始终保持台体在当地水平面上，式中利益传感器保持垂直。通过温度控制和利用 GPS 数据补偿等措施，相对于两轴稳定平台，这种平台能够基本消除水平加速度对重力传感器输出结构的影响。

## 4.2.2　海洋磁力测量的基本原理

### 4.2.2.1　海洋磁力测量理论基础

**（1）地磁场与磁异常**

地球周围存在的磁场称为地磁场。地面上任意点地磁场总矢量 $T$（即磁感应总强度矢量）通常可用直接坐标来描述，如图 4-13 所示，该坐标系 $x$ 轴沿地理经线，指北为正，$y$ 轴沿地理纬线，指东为正，$z$ 轴垂直向下。矢量 $T$ 在 $z$ 轴上的投影叫垂直分量，以 $Z$ 表示；$T$ 在 $xoy$ 平面上的投影叫水平分量，以矢量 $H$ 表示，$T$ 在 $x$ 轴上的投影叫北分量，以 $X$ 表示；$T$ 在 $y$ 轴上的投影叫东分量，以 $Y$ 表示。$x$ 轴与水平分量的夹角叫磁偏角，以 $D$ 表示；$T$ 与水平面的夹角叫磁倾角，以 $I$ 表示。

$T$、$H$、$X$、$Y$、$Z$、$D$、$I$ 统称地磁要素，由图 4-13 的几何关系不难得到如下关系式

$$H = T\cos D, \ X = H\cos D, \ Y = \sin D, \ Z = T\sin I = H\tan I \tag{4-28}$$

$$T^2 = H^2 + Z^2 = X^2 + Y^2 + Z^2 \tag{4-29}$$

$$\tan I = \frac{Z}{H}, \quad \tan D = \frac{Y}{X} \tag{4-30}$$

地磁场 $T$ 是各种不同成分磁场的总和，在井中磁测中，往往将地磁场看作是正常磁场和异常磁场的和，即

$$T = T_0 + T_a \tag{4-31}$$

式中，$T_0$ 为正常磁场；$T_a$ 为异常磁场，一般是指地下磁异常体产生的磁场。

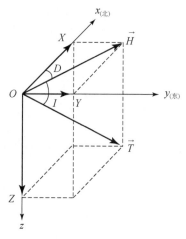

图 4-13　磁场分量示意图

### （2）岩石磁性

均匀无限磁介质受到外部磁场 $H$ 的作用，衡量物质被磁化的程度，以磁化强度 $M$ 表示，它与磁化强度之间的关系为

$$M = \kappa H \tag{4-32}$$

式中，$\kappa$ 为物质的磁化率，它表征物质收磁化的难易程度，是一个无量纲的物理量。在 SI 单位制中，磁化率的单位是 SI（$\kappa$），$H$ 和 $M$ 的单位是安培/米（A/m）。

在各向同性磁介质内部任意点上，磁化场 $H$ 在该点产生的磁感应强度（磁通密度）为

$$B = \mu H \tag{4-33}$$

若介质为真空，则有

$$B_0 = \mu_0 H \tag{4-34}$$

式中，$\mu_0$ 为真空的磁导率。令 $\mu_r = \mu/\mu_0$（相对磁导率），代入式（4-33）得

$$B = \mu_0 \mu_r H = \mu_0 H + \mu_0 (\mu_r - 1) H = \mu_0 (1 + \kappa) H = \mu_0 (H + M) \tag{4-35}$$

式中，$\kappa = \mu_r - 1$。此式表明物质磁性与外磁场的定量关系。显然，在同一外磁场 $H$ 作用下，空间为磁介质充填，与空间为真空二者相比，$B$ 增加了 $\kappa H$ 项，即介质受磁化后产生的附加场，其大小与介质的磁化率成正比。磁介质的 $\mu_r = \kappa + 1$ 是一个纯量。$\mu$ 与 $\mu_0$ 二者之间的关系为

$$\mu = \mu_0 (1 + \kappa) \tag{4-36}$$

### 4.2.2.2 海洋磁力仪

磁力测量主要是研究地磁场的相对变化值。按照海洋磁场探测仪器发展历史以及应用的物理原理,海洋磁场探测仪器可以分为以下几种(刘雁春等,2001)。

第一代海洋磁力仪:它们是应用永久磁铁与地磁场之间相互力矩作用的原理,或利用感应线圈以及辅助机械装置。如机械式海洋磁力仪。

第二代海洋磁力仪:它们是应用核磁共振的远离,利用高磁导率软磁合金,以及复杂的电子线路。如磁通门磁力仪(饱和式磁力仪)、质子旋进式磁力仪和光泵磁力仪等。

按其内部结构及工作原理,海洋磁力仪大体上可分为机械式磁力仪、电子式磁力仪(质子旋进式磁力仪、光泵磁力仪、磁通门磁力仪)。

按所测量的地磁要素来划分,有测量地磁场水平强度增量 $\Delta H$ 的水平磁力仪、有测量地磁场垂直强度增量 $\Delta Z$ 的垂直磁力仪、有测量地磁场总强度 $T$(或 $\Delta H$)的总强度磁力仪。按仪器结构来分,可以分为机械式磁力仪和电子式磁力仪。

**(1)磁通门磁力仪**

磁通门磁力仪是最早的磁场探测仪器。磁通门磁力仪主要用于地磁总场测量。它的工作原理是利用具有高磁导率的软磁铁芯在外磁场作用下产生感应电磁现象以用来测定外磁场。传感器是由两个相同的磁性金属核组成,通常为锰或铁,它们在弱磁场作用中具有非常高的磁导率。传感器的核芯缠绕着主、次线两组线圈,主线圈是激励线圈,次线圈是信号线圈。两组线圈平行,绕行方向相反。主线圈通以频率为 $f$ 的交流电,磁芯被磁化,其导磁性发生周期性饱和与非饱和的变化,从而使缠绕在磁芯上的感应线圈输出与外磁场成正比的感应信号。感应信号包含 $f$、$2f$ 及其他谐波成分,其中偶次谐波含有外磁场的信息,可以通过特定的检测电路提取出来。磁通门磁力仪的稳定性较差,但是它的探头非常简单,体积也很小,而且可以很方便地测量磁场的任意方向上的分量,又可以在零磁场空间对很弱的磁场进行测量,因此在许多场合都非常适用,如用于海洋磁测、未爆军火探测(UXO)、海底管线探测等(刘雁春等,2005)。

**(2)质子旋进式磁力仪**

质子旋进式磁力仪于20世纪50年代中期问世,在海洋等领域均得到了应用。它具有灵敏度高、准确度高的特点,可测量地磁场总强度的绝对值、梯度值。

质子旋进式磁力仪是利用氢质子在磁场中旋进的原理,以用来测量地磁场总强度 $\Delta T$ 的绝对值。在海洋磁力测量工作中目前使用的仪器为质子(核子)旋进式磁力仪。该仪器是测量地磁场总强度的仪器,是一种高精度磁力仪。

各种物质的原子都是由带正电的原子核与核外层旋转的带负电的电子组成。氢原子核是最简单的,它只有一个带正电的质子,但是它并非静止不动,而是不停地自旋,因而会产生一个自旋磁矩,称质子磁矩。含氢液体(煤油、水、酒精)中有很多质子,这些质子在没有外磁场时。会毫无规则地指向任何方向,所以它们的宏观磁矩为零。但是当含氢液体处在地磁场中,经过一段时间后,质子磁矩的方向就会趋于地磁场方向。此时,质子由于具有自旋磁矩,在地磁场的作用下,绕地磁场的方向,产生旋进,这种现象也称为质子

旋进（或核子旋进）。旋进的圆频率 $\omega$ 与地磁场 $\vec{T}$ 的绝对值 $T$ 成正比，即

$$\omega = \nu_p T \tag{4-37}$$

式中，$\nu_p$ 为质子磁旋比，经测试其数值为 $\nu_p = 26751.2 \text{rad}/$（$s \cdot Oe^①$）

$\omega = 2\pi f_p$（$f_p$ 称为旋进频率）。

经换算可得

$$T = \frac{2\pi}{\nu_p} f_p = 23.48749 f_p（伽马） \tag{4-38}$$

式（4-38）表明，在地磁场中，溶液中的氢质子以频率 $f_p$（或圆频率 $\omega$）绕 $\vec{T}$ 方向旋进。因此，地磁场 $\vec{T}$ 的测量就可转化为对频率的测量。

质子的旋进运动，表现为频率为 $f_p$ 的电扰动，在线圈中可以感应出一个相同频率的电势。但是，这时的电扰动很微弱，实际上在线圈里面观测不出这一旋进信号。

为了能够观测到质子的旋进信号，首先将电流 $I$ 通入线圈，在垂直于地磁场 $\vec{T}$ 的方向上，会产生一个远大于地磁场的强人工磁场 $\vec{H}_0$（约100Oe），迫使全部质子自旋磁矩均指向 $\vec{H}_0$ 方向。然后突然切断电源让人工磁场 $\vec{H}_0$ 消失，在这种情况下，全部氢质子在地磁场 $\vec{T}$ 的作用下同步作旋进运动，这时在线圈中就能感觉出一个可观的电动势，其值可达数个微伏。这样就可通过有关测量电路测量出旋进频率，进而确定出地磁场 $T$。

由于原子核本身的热运动和核磁矩间的相互作用将会导致质子群同步运动的破坏，因此，线圈中感应的旋进信号的强度是随时间呈指数衰减的。在均匀磁场中，其衰减常数在 $2 \sim 3s$ 内。这就要求旋进频率测量工作必须在1s之内完成。此外，当地磁场不均匀时，容器内不同地方的质子受不同强度的磁场作用，它们的旋进频率会不大相同，导致感应信号不稳定和更加迅速地衰减。一般来说，当磁场梯度大于 $5\gamma/cm$，仪器就不能可靠地工作了。

质子旋进磁力仪稳定性好，温度影响小、没有零点掉格、精度高，观测弱磁异常时不必准确定向，适于在运动状态下观测。

下面主要介绍美国 Geometrics 公司研制的 G-886 型海洋质子磁力仪和国内生产的 CHKK-1 型海洋质子磁力仪。

G-886 型是一种完备的高性能海洋磁力仪系统。它可独立使用。是美国 Geometrics 公司对 G-801、G-806、G-866 型磁力仪的改进产品。它可以在小船上进行搜索作业，也可用不同长度的电缆进行大型的地球物理调查工作。该系统既可采用直流电源，也可用交流电源，利于安装。可以使用标准便携式或台式计算机和专用记录软件来记录全部数据，对系统进行控制和指令。并且可以通过屏幕或打印机显示、打印数据。

G-886 型的动态工作范围为 17 000 ~ 95 000 伽马；绝对准确度为 ±0.5 伽马；工作温度为 -20 ~ +50℃，仪器质量为 9kg（空气中）、2.3kg（水中），技术指标见表4-11。

---

① 1Oe = 79.5775A/m，奥斯特。

表 4-11　G-886 型海洋磁力仪的主要技术指标

| 工作原理 | 质子旋进原理 |
|---|---|
| 量程 | 17 000 ~ 95 000nT |
| 准确度 | ±0.5nT |
| 工作温度 | −20 ~ 50℃ |
| 最大工作深度 | 4 000 ~ 10 000ft |

G-886 型海洋质子磁力仪对安装噪声干扰（如船电系统）较为敏感，将磁力仪水密电控箱放在船尾，安装手续极为简单。信号经放大后进行频率计数，频率计数时不受发电机、电动机、交流接地回路或船舶其他噪声的干扰。

G-886 型便于运输，电源灵活，因而可用小型随机作业船进行浅水搜索。并且该系统的配置使仪器一旦接通电源后即自动启动，按预置的采样串将磁场及辅助数据送往计算机（或用户提供的数据采集系统）。世界范围内任何地点的地磁场调节也是全自动的，无需进行任何人工调节。其他功能如输入/输出参数、计算机接口、屏幕显示或打印机打印、磁盘记录等均可由操作人员自选。可将数据调至计算机屏幕上显示。也可用点阵打印机打出。格式内容包括任何比例尺的单、双道磁场模拟显示、GPS 定位、传感器深度和高度等。

CHKK-1 型海洋质子磁力仪主要由探头、仪器主体和曲线记录三部分组成。

探头主要是由密封在煤油筒内的前置放大器、探头线圈及辅助装置（磁化继电器、配谐继电器及配谐电容）等组成。选频放大器的任务，是滤掉杂波的干扰，放大有用的旋进信号。倍频器的作用是为了提高仪器测量的精度。倍频器是由整形器、相位比较器（即相破检波器）、低通滤波器和分频器等组成。计数器是计算脉冲数目的器件，它把电子门开启时间输入的脉冲个数记录下来，并用数码管显示这个读数。数模转换器的作用是把计数器输出的数字量转换成电压量，即用模拟电压来表示地磁场 $T$ 的数值，以便用曲线记录仪器记录下来。程序控制器是保证仪器各个部分按照预定时间程序自动循环工作的控制系统，由它产生一系列的控制信号（指令），使仪器各部分在此指令下有序地进行工作。仪器的电源一共由 6 组组成。

**（3）光泵磁力仪**

20 世纪 50 年代中后期由卡斯特拉提出一种磁场谐振的光泵方法，接着许多国家开展光泵磁力仪的研究。光泵磁力仪同质子旋进磁力仪一样，它也是属于磁共振类仪器。所不同的是它利用的原理是电子的顺磁共振现象，而质子旋进磁力仪利用的是核磁共振。因为这类仪器普遍采用"光泵技术"，所以被称为光泵磁力仪或光吸收磁力仪。

光泵磁力仪所利用的元素是氦、汞、氖、氢，以及碱金属铷、铯等。按采用磁共振元素不同将光泵磁力仪分为氦磁力仪和碱金属；按采用的电路不同可分为自激式磁力仪和跟踪式磁力仪。光泵磁力仪之所以能测量磁场，是基于上述元素在特定条件下，能发生磁共振吸收现象（或叫光泵吸收），而发生这种现象时的电磁场频率和样品所在地的外磁场强度成比例。只要能准确测定这个频率，外磁场（地磁场）强度便可算得。

原子内部轨道电子与原子核之间、电子与电子之间，有着相互作用，以及电子自身的性质，使得原子具有一定的能量，称为原子的内能总能量。原子的内能是不连续的能级分布。原子能级的分布已为原子光谱学的研究实践所证实。

按照量子力学的概念，原子能级依次由主量子数 $n$、角量子数 $L$、内量子数 $J$（与 $L$ 及电子自旋量子数 $S$ 有关），以及总角量子数 $F$（与 $J$ 及核自旋量子数 $I$ 有关）来决定。

电子的绕核运动、电子自旋及原子核自旋，均具有一定的磁矩，其磁矩的大小与各自的动量矩成比例。原子磁矩是它们的矢量和。

原子磁矩在磁场的作用下，具有新的能量，此附加能量是量子化的，与其磁量子数 $mF$ 有关。$mF$ 取值为 0，±1，±2，…，±$F$。因此，原子在外磁场中，由于受到磁场的作用，同一个 $F$ 值的能级，可分裂成 $2F+1$ 个磁次能级，叫做塞曼分裂。相邻磁次能级之间的能量差与外磁场成正比，这就为测定地磁场 $T$ 提供了可能。

原子中所有电子的能量之和越小，原子越稳定；最小时原子的状态，称为基态。当电子从外界得到能量或向外界放出适当的能量时，即从一个能级跃迁到另一个能级，原子能级的变化，称为原子的跃迁。跃迁时两能级之间的能量差应满足频率条件，即

$$\Delta E_{mn} = \Delta E_m - \Delta E_n = hf \tag{4-39}$$

式中，$h$ 为普朗克常数；$f$ 为跃迁频率。

当原子受到外界满足上述频率条件的电磁波作用，则发生受激跃迁。它既可使原子由低能级跃迁至高能级，也可由高能级跃迁至低能级。在射频范围内（$f = 10^6 \sim 10^{11} \mathrm{Hz}$）以受激跃迁为主。当原子未受外界影响，从高能级向低能级的跃迁，称为自发跃迁；在光波范围（$f = 10^{13} \sim 10^{15} \mathrm{Hz}$）内，以自发跃迁为主。

能级跃迁，须遵守跃迁选择定则，即只有满足下述量子数变化条件的能级之间，才能发生跃迁，即

$$\Delta L = \pm 1, \ \Delta J = 0, \ \pm 1, \ \Delta F = \pm 1, \ \Delta m_F = 0$$
$$或 \ \Delta L = \pm 1, \ \Delta J = 0, \ \pm 1, \ \Delta F = \pm 1, \ \Delta m_F = \pm 1$$

下面主要介绍美国 Geometrics 公司研制的 G-882 型铯光泵磁力仪。

G-882 型海洋磁力仪是美国公司 Geometrics 公司研制的海洋磁力仪（图 4-14）。该型号仪器是一种先进的铯光泵磁力仪。其主要技术指标见表 4-12。

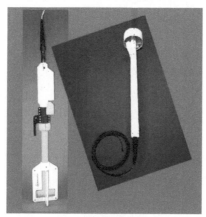

图 4-14　G-882 型海洋磁力仪

表 4-12　G-882 型海洋磁力仪主要技术指标

| 项目 | 参数 |
|---|---|
| 工作原理 | 铯光泵原理 |
| 量程 | 20 000 ~ 100 000nT |
| 测量区域 | 磁场矢量与传感器长、短轴夹角均大于 6°的地区 |
| 航向误差 | ±1nT |
| 准确度 | ±0.001nT |
| 灵敏度 | 0.01 nT |
| 绝对精度 | <3nT |
| 工作温度 | −35 ~ 50℃ |
| 高度 | 最大 9 000m |
| 最大工作深度 | 2 750m |

### （4）Overhauser 磁力仪

自 20 世纪 60 年代中期以来，法国、苏联、加拿大等国相继制成 Overhauser（欧弗豪泽）磁力仪。该仪器的探头一般有两个轴线互相垂直且垂直地磁场的线圈，绕在盛有工作物质的有机玻璃容器外面。一个是高频线圈，产生射频磁场，频率等于电子顺磁共振频率，约为几十兆赫；另一个是低频接收线圈。在工作物质中，存在着电子自旋磁矩及质子磁矩两个磁矩系统。在射频场的作用下，电子自旋磁矩极化。由于两种磁矩间的强相互作用。电子顺磁共振或电子的定向排列会导致核子的强烈极化，这种效应称为 Overhauser（欧弗豪泽）效应。因此质子磁矩沿地磁场方向磁化，可达很大数值；然后在垂直于地磁场方向上加一短促的脉冲磁场（叫作转向磁场），使质子磁矩偏离地磁场方向，质子即绕地磁场作旋进运动；测出旋进频率，即测出地磁场的量值。在 Overhauser 效应作用之下，用一个很小的探头即可得到很强的旋进信号及很高的灵敏度；探头小还可提高梯度容限。由于射频场不间断的作用，因此产生一个不衰减的连续质子旋进信号，可以有很高的采样率甚至是连续地测定地磁场。

所谓磁力仪阵列，就是按一定的几何形状，将多个磁力传感器组合形成的阵列，其中单个磁力传感器称为阵元，按阵元的空间排列方式不同，可分为线性阵、平面阵、球阵、圆柱阵、体积阵、共形阵等。磁力传感器外观形状像鱼，一般称为拖鱼，拖鱼通过拖曳电缆与船舱内的计算机控制记录系统相连。磁力仪阵列通常和侧扫声呐或多波束测深系统等辅助设备仪器对海底磁性目标进行探测。磁力仪阵列的出现大大提高了搜寻强磁性目标体的作业效率。

Marine Magnetics 公司的 SeaSPY 海洋磁力仪可应用于任何海洋环境下，从小型船到海洋调查船上均可使用。它既可应用于海洋调查，也可具有各种特殊的用途，如海洋油气勘探、海洋研究、海底考古、海底不明物调查和海洋环境调查等（图 4-15）。

SeaSPY 海洋磁力仪是全数字化的，所有测量过程均在拖鱼内完成，并被数字化，拖缆仅传输数字信号。

图 4-15　SeaSPY 磁力仪

SeaSPY 由高灵敏度全方位 Overhauser 探头、密封电子模块、泄漏探测器、拖缆、信息收发器、压力/深度传感器、水位计、甲板电缆和 Windows 下的 SeaLINK Logging 和 GPS Capability 软件等组成（表 4-13）。

**表 4-13　SeaSPY 磁力仪型海洋磁力仪主要技术指标**

| 项目 | 参数 |
| --- | --- |
| 工作原理 | Overhauser 效应 |
| 测量区域 | 全球范围，无盲区 |
| 航向误差 | 无 |
| 准确度 | 0.2nT |
| 灵敏度 | 0.01nT |
| 工作温度 | −40~60℃ |
| 最大工作深度 | 0~100m |
| 梯度范围 | 5000nT/m |

### 4.2.2.3　海洋磁力测量的影响因素及消除方法

磁测精度影响因素比较多，通常主要考虑以下 4 个方面的误差。

1）仪器记录不准确引起的误差。

2）导航定位不准确引起的测量误差。海洋磁力测量对导航定位的要求十分严格。船只航行的航迹与设计测线的左右最大偏离距离不能超过测线距的 1/10，同时，航行中还应注意随时校正航向，使航迹与设计的测线基本符合，以减少船磁校正的误差。在 1∶100 万测量中，平均每 5km 一个定位点，定位点的精度通常为 200~250km；在 1∶50 万测量中，每 2.5km 一个定位点，其定位精度通常为 100~150km。在测量中，应该把特征点，如磁场的极大值和极小值等，在定位图板上确定下来。在记录的定位点处，应注明定位点号、定位时间和测量数值。定位方法可采用无线电定位系统或 GPS 定位系统。

3）船磁影响产生的误差。

4）日变引起的误差。

当磁测精度确定后，应采取相应的技术措施尽量减少各项误差，以求最终满足总精度的要求。

# 4.3　数据处理采集技术与处理方法

## 4.3.1　海洋重力数据采集技术与处理方法

海洋重力测量应该参考《海洋重力测量规范》（GJB 890A—2008）和《海洋调查规范第 8 部分：海洋地质地球物理调查》（GB/T 12763.8—2007）设计及施工。

### 4.3.1.1　数据采集技术

**(1) 施工设计**

1）测量准确度要求如下：①海洋重力测量准确度为主，联络测线相交点的测量差值计算均方根值作为衡量依据；②小于或等于 1：50 万比例尺的重力测量，空间异常均方根误差不大于 $3×10^{-5}m/s^2$；大于 1：50 万比例尺的重力测量，空间异常均方根误差不大于 $2×10^{-5}m/s^2$。

2）测量比例尺与测网布设要求如下：①根据任务和条件确定测量比例尺，不同比例尺的测网密度见表 4-14；②主测线（剖面）垂直区域地质主要构造线方向，联络测量垂直于主测线；③相邻图幅，前后航磁或不同仪器测量的结合部要有检查测线或重复测线。

表 4-14　海洋重力测量的主要技术要求

| 调查比例尺 | 主测线间距/km（联络测线间距×主测线间距） | 导航定位要求 | 测线偏离/测线间距% | 测量准确度/（$10^{-5}m/s^2$） |
|---|---|---|---|---|
| 1：1000 万 | ≤20×（2.5~5） | DGPS 定位 | <20 | ≤3 |
| 1：50 万 | ≤10×（2.5~5） | | | ≤3 |
| 1：20 万 | ≤5×（2.5~5） | | | ≤2 |
| 1：10 万 | ≤2.5×（5） | | | ≤2 |

3）检查工作量布设要求如下：①面积调查以主测线与联络测线相交点的重复测量个数作为检查工作量；按主测线在不同比例尺图幅上每 1cm 长度 1 个测点计算，布设交点数应不少于总测点数的 5%，交点总数不得少于 30 个；②路线调查的重力测量，应根据情况

尽可能安排一些重复测线作为检查工作量。

4）基点布设：①重力测量的基点用于控制仪器零点漂移及传递绝对重力值；②重力基点应建立在沿岸港口和岛屿的固定码头上，设立牢固的标志，重力基点采用85国家重力基点联测；停靠国外码头时，则与国际重力标准网1971基点网联测（江志恒，1988）；测量船每次比对重力基点时，要测点仪器相对基点的搞成，比对重力基点的误差不得大于±0.5×10⁻⁵m/s²。

**（2）测量仪器的调试**

1）仪器的安装与调试方法如下：①仪器安装于调查船稳定中心部位机械震动影响小的舱室；②重力仪纵轴沿船的纵轴（首尾连线）方向，面板和平台调节装置面向船尾；③仪器室要防潮、恒温，室温变化范围要符合仪器要求；④静态观测试验，包括仪器开机的重复性试验；仪器静态零点漂移观测，要求每年度出海测量前连续观测7天以上，测量后连续观测3天以上，确定仪器零点漂移的线性度；⑤动态观测试验，测量前检查仪器在动态时零点漂移（$\delta_R$）的线性度；⑥仪器调试要严格按照操作规程进行。

重力仪必须在仪器零点漂移（无动态试验数据的话，则以静态试验计算）长时间稳定，月漂移量不超过 $3.0×10^{-5}$m/s²时，才能用于海上测量。

2）海洋重力仪的常数、系数测定：①仪器上测量弹簧常数（格值）的测定，一般采用一体倾斜法在室内进行，每年工作前后各测定一次，相对误差应小于0.3%。测量弹簧常数还应采取已知点法（标准点法）测定，一般每5年测定一次，相对误差要小于0.1%；测定常数时采用的两个已知点之间的重力差值，应不小于 $80×10^{-5}$m/s²。②水准器倾斜灵敏度的检验，在室内专用的倾斜平板上进行，要求每年工作前进行一次。误差要小于水准器的1/5格。③时间常数的测定，用阶跃变化和模拟线性重力变化法。在室内或船上进行，每年测定一次，误差要小于10s。④锁制零点误差的测定，在室内或船上进行，最少每月测定一次，并详细记录，作为长期考察仪器的依据之一。⑤重力仪温度系数，每年室内测定一次，误差要小于 $0.5×10^{-5}$m/（s²·℃）。⑥重力仪的线性化试验，在正弦升降机上进行，每变化一次光电灯泡时必须校准一次，在干扰加速度 $100×10^{-2}$m/s²，周期6~10s时，非线性（偏离值）应小于 $0.5×10^{-5}$m/s²。

3）海洋重力仪试验。为了能够在测量作业中，保证海洋重力仪正常工作，需要在作业前，对仪器进行调试，调试工作分为静态试验和动态试验。

海洋重力仪模拟静态试验，每年工作开始和结束时都应进行一次，是为了了解重力仪偏移规律及停止间检测测量精度的一种方法，其结果可作为测量前、后的码头相对起算时间，要求在重力仪稳定后，连续进行时间不得少于5昼夜。模拟静态试验一般与重力基点比对结合起来，以获得零点漂移数据。试验时，每10min记录一次，每30min测量一次水深或潮高，供重力仪进行高度校正。根据校正后的重力值绘出模拟静态掉格曲线，要求平滑无突变，任何一次读数与其中数的偏差不应大于1.0mGal，其中误差应满足

$$\varepsilon = \pm \sqrt{\frac{\sum V_i^2}{n-1}} \tag{4-40}$$

式中，$\varepsilon$ 不超过 $\pm 0.5 \times 10^{-5} \, \mathrm{m/s^2}$；$V_i$ 为每 30min 重力读数与 $g$ 与其回归中枢 $\bar{g}$ 之差；$n$ 为读数次数。

动态混合零点漂移测试，这项测试是在每年进行海洋工作以前，在检验仪器时必须实施，其方法是在两个或两个以上有一定重力差（一般 3~5mGal）的重力基准点间，多次进行重复观测，同时记录相对的瞬时水深值，持续观测时间不少于 24h，观测结果按下式计算

$$\varepsilon = \pm \sqrt{\frac{\sum V_i^2}{m - n}} \tag{4-41}$$

式中，$V_i$ 为第 $i$ 次观测结果与各次观测的平均值的差值；$m$ 为重复观测的次数；$n$ 为重复测点的点数。

**（3）施工**

1）航行要求：①重力测量时，要求调查船保持匀速直线航行，一条测线或测线段，航速误差在东西方向上不得大于 $\pm 0.2$kn，航向偏离在南北方向不得大于 $\pm 1°$；②调查船偏离测线要及时缓慢校正，修正速率最大不得超过每秒 $0.5°$；③到达每条测线的第一测点前 20min 对准设计测线方向，测完每条测线最末一点 5min 后方可转向；④作面积测量时，航线偏离计划测线不得大于 1/5 测线间距，大于 1:50 万比例尺重力测量，航速不得大于 15kn；⑤调查船转向或变速时，航海部门应提前通知测量值班人员。

2）测量工作前的准备工作如下：①测量工作开始前，仪器应恒温 72h 以上，测量前 1h 开动陀螺平台系统；②调查船起航前应取得重力基点的有关数据：基点高程和绝对重力值，仪器稳定后（不少于 30min）的读数、水深、仪器距当时水面的高差及水面距基点的高差，仪器距码头基点的水平距离和方位，并绘略图；③根据测区重力值变化范围，调整重力测程。

3）测量值班要求如下：①海洋重力测量记录时间标准，一般采用北京标准时间，也可采用格林尼治时间，但一个测区时间标准必须统一，不得混乱；②值班员按操作规程（或仪器说明书）操作，详细填写值班报，内容包括：测区、测线、方位、航速、航向、仪器状况、操作说明等。

4）原始记录资料包括：测线布设图、基点绝对重力值及仪器距基点和水面的高程、仪器静态、动态试验数据，模拟记录纸卷、数字记录、导航定位记录、水文资料、值班班报等。

5）原始记录资料验收的合格标准如下：①测线布设合理，能反映测区重力形态，测量准确度达到规定要求；②仪器工作状态正常，试验数据齐全，符合要求；③原始记录齐全、清楚，出现问题处理及时，并有文字说明；④一条测线上连续记录小于测线长的 5%，累计缺失小于测线长的 10%，不合格测线小于测线总数的 5%。

凡达不到合格要求的测线与记录为不合格。

海洋重力测量是在一个特定的区域范围和工作条件下进行的，因此这种测量的数据处理方法，并没有脱离我们所熟知的重力测量的数据处理的步骤和方法，它包括测量数据的预处理、测线的系统误差调整和海洋重力测量网的平差三个部分。

### 4.3.1.2 处理方法

**（1）延迟时间校正**

为了消除或减弱扰动加速度的影响，海洋重力仪的灵敏系统均采用强阻尼措施，因而产生了仪器的滞后现象。就是说，在某一瞬间所读得的重力仪观测值，不是当时测量船所在位置的重力值，而是在滞后时间前的那一瞬间的重力仪观测值。因此，在处理重力外业资料前，必须实现消除这一滞后影响，使重力仪读数正确对应于某一时刻的地理坐标和水深，每台仪器滞后时间（即使是同类型仪器）都是不一样的，因此，为了标定这一滞后时间，在使用仪器进行作业以前，必须先在实验室进行重复的测试，然后取其平均值作为该仪器的滞后时间，登记在仪器观测记录簿上，以备对观测资料进行校正时使用。

延迟时间的测定常用破坏平衡法和转向法，破坏平衡法的基本步骤：首先，在做好外业准备工作的情况下，仪器处于静平衡状态，用人工方法破坏此种平衡条件，并及时记录时间，按 $0.1s$ 间隔记录；然后，观测和记录其回复到原先平衡条件的时间，设前者为 $t_1$，后者为 $t_2$，其时间差为 $\Delta t = t_2 - t_1$，重复上述程序，即可求出仪器的滞后时间为

$$T_D = \left( \frac{\sum_{i=1}^{n} (t_{2i} - t_{1i})}{n} \right) \times 2\sqrt{2} \tag{4-42}$$

式中，$n$ 为测定该仪器的滞后时间的次数。

付永涛等根据在海上多年的作业经验，提出了利用船只机动转向法来求得重力仪在测量过程中的实际阻尼延迟时间。其基本原理为：

根据厄特弗斯校正值公式

$$\delta g_E = 7.50 V \sin A \cos \phi + 0.004 V^2 \tag{4-43}$$

式中，$V$ 为船速，kn；$A$ 为航向；$\phi$ 为纬度。

船只在航向上发生快速变化时，会产生比较大的厄特弗斯效应变化，从而引起重力仪读数快速变化。用重力仪读数发生明显变化时的时间减去厄特弗斯校正值发生明显变化时所对应的时间，即为重力仪测量过程中实际的阻尼延迟时间。这种方法经过实际应用的验证，能够有效提高海洋重力测量的精度。

**（2）潮汐校正**

在月亮和太阳的作用下，海水每天两次的周期性涨落称为海潮。海潮现象非常明显，极易察觉。19 世纪末，英国人达尔文分析了当时积累的海潮观测资料，发现接近平衡潮的月亮半月潮，实际潮高比把地球看成刚体时的理论潮小 1/3。为了解释这种现象，只能认为地球的固体表面也发生与海水类似的周期性涨落，其涨落幅度约为海水涨落幅度的 1/3。后来，就把地球整体在月亮和太阳作用下的变形称为固体潮。

固体潮会引起地球重力场的变化，称为重力固体潮。假设在外力作用下地球不发生形变，这样的地球模型称为刚体地球。固体潮在刚体地球表面上引起的重力变化称为重力固体潮的理论值。本节首先讨论月亮在地面上任一点产生的重力固体潮理论值的计算方法。

月亮在地面上 $A$ 点的重力固体潮理论值为

$$\Delta g_m(A, t) = -\left.\frac{\partial T_m}{\partial r}\right|_{r=R} \tag{4-44}$$

式中，$R$ 为地球的平均半径；$r$ 为 $A$ 点到地心的距离；$T_m$ 为月亮在 $A$ 点的起潮力位。起潮力位 $T_m$ 的表达式为

$$T_m(A) = G\frac{M}{r_m}\left[\left(\frac{r}{r_m}\right)^2 P_2(\cos Z_m) + \left(\frac{r}{r_m}\right)^3 P_3(\cos Z_m)\right] \tag{4-45}$$

式中，$Z_m$ 为月亮对 $A$ 点的地心天顶距；$r_m$ 为月心到地心的距离。将式（4-45）代入式（4-44）中，得到

$$\Delta g_m(A, t) = G\frac{MR}{r_m^3}(1 - 3\cos^2 Z_m) + \frac{3}{2}G\frac{MR^2}{r_m^4}(3\cos Z_m - 5\cos^3 Z_m) \tag{4-46}$$

英国人杜森于 1922 年引入一个常数 $D$

$$D = \frac{3}{4}G\frac{MR^2}{c_m^3} \tag{4-47}$$

式中，$D$ 称为杜森常数；$c_m$ 是地心到月心的平均距离。将这个常数 $D$ 代入式（4-47）中，即

$$\Delta g_m(A, t) = 54.993\left(\frac{c_m}{r_m}\right)^3(1 - 3\cos^2 Z_m) + 1.369\left(\frac{c_m}{r_m}\right)^4(3\cos Z_m - 5\cos^3 Z_m) \tag{4-48}$$

式中，$\Delta g_m$ 的单位为 $\mu\text{Gal}$。

同理，太阳在地面上任一点 $A$，在任意时间 $t$ 产生的重力固体潮理论值为

$$\Delta g_s(A, t) = \frac{4}{3}\frac{D_s}{R}\left(\frac{c_s}{r_s}\right)^3(1 - 3\cos^2 Z_s) \tag{4-49}$$

将 $D_s$ 和 $R$ 的值代入式（4-49），得

$$\Delta g_s(A, t) = 25.318\left(\frac{c_s}{r_s}\right)^3(1 - 3\cos^2 Z_s) \tag{4-50}$$

因此，只要求出太阳在任意时间对地面上任一点 $A$ 的天顶距 $Z_s$ 以及日心到地心的距离 $r$，即可按式（4-50）求出 $\Delta g_s(A, t)$。

这样，月亮和太阳在地面上任一点 $A$ 在 $t$ 时产生的重力固体潮理论值 $\Delta g_s(A, t)$ 为

$$\Delta g(A, t) = \Delta g_m(A, t) + \Delta g_s(A, t) \tag{4-51}$$

由于月亮离地球的距离要比太阳离地球的距离小很多，所以固体潮效应大部分来自月亮。

但是理论的潮汐值与实际的潮汐值存在偏差，一般要利用潮汐比例因子对理论潮汐值进行换算，潮汐比例因子就是某个地区重力固体潮值与理论潮汐值的比值，其值大于 1.2。潮汐校正一般直接利用软件进行，Microg-LaCoste 公司就是采用 EDCON 公司开发的软件进行潮汐校正的。

潮汐校正是预处理中最先进行的，进行重复测量时，测点重力值的变化主要是由于两方面因素造成的，一是潮汐变化，另一个是仪器性能的变化，若没有进行潮汐校正，先进行了漂移校正，那么就会将无法区分测点读数变化究竟是潮汐引起的，还是仪器漂移引

起的。

**（3）零点漂移校正**

由于海洋重力仪灵敏系统的主要部件，如主测量弹簧的老化及其他部件的逐渐衰弱而引起重力仪的真实读数的零位在不断地改变，这种现象称为仪器零点漂移，又称仪器掉格。在海上进行作业时，因为我们不可能使每条重力测线，都能在短时间内复位到重力控制网点或国家重力基准点上进行比对，因此，要求海洋重力仪的零点漂移率不能太大，其变化率最好呈线性的低值变化规律。

可以说，几乎所有的重力仪都存在零点漂移问题，这是重力仪固有的一大缺点。但是，只要其变化幅度不大，且有一定的规律性，那么就可对读数或记录进行零点漂移校正。关于零点漂移校正计算，以往通常采用两种计算方法，即图解法和解析法。考虑到图解法既费时又不便实现数据自动化处理，目前已经很少使用，故这里仅介绍解析校正法。

假设某船某航次海洋重力测量开始和结束时分别在基点 $A$ 和 $B$ 上进行了比对观测。已知基点 $A$ 的绝对重力值为 $g_A$，$B$ 点的绝对重力值为 $g_B$，两基点的绝对重力仪值之差为 $\Delta g = \Delta g_B + \Delta g_A$。重力仪在基点 $A$ 和 $B$ 上比对读数为 $g'_A$ 和 $g'_B$，其差值为 $\Delta g' = g'_B + g'_A$，比对的相应时间分别为 $t_A$ 和 $t_B$，其时间差为 $\Delta t = t_B + t_A$。则这次测量的零点漂移变化率为

$$k = \frac{\Delta g - \Delta g'}{\Delta t} \tag{4-52}$$

假设设各重力测点上的观测日期和时间与比对基点 $A$ 的日期和时间之间的时间差为 $\Delta t_i$ （$i=1$，$2$，$\cdots$，$n$），于是各种力测点的零点漂移校正值为 $k\Delta t_i$，各测点的重力值则为

$$g_i = g'_i + k\Delta t_i \tag{4-53}$$

式中，$g'_i$ 为重力仪在第 $i$ 个测点的重力读数值，mGal。

若测量开始和结束都闭合于同一个基点 $A$，则有 $g_A = g_B$，则零点漂移速率可以简化为

$$k = \frac{g'_{A2} - g'_{A1}}{t_{A2} - t_{A1}} \tag{4-54}$$

**（4）布格校正**

布格校正即自由空气（高度）校正和中间层校正的统称，自由空气校正是为了消除测点高度与基准面之间由于高度差异造成的重力值变化，我们知道正常重力值随高度的增加而减小，所以高度校正值为

$$\Delta g_h = 0.3086(1 + 0.0007\cos2\varphi)h - 7.2 \times 10^{-8}h^2 \tag{4-55}$$

式中，$\Delta g_h$ 的单位为 mGal；$h$ 为测点与总基点的高度差，m。当测区较小时，高程变化不大时地球的形状用球体近似，式（4-55）可简化为

$$\Delta g_h = 0.3086h \tag{4-56}$$

陆地重力测量的中间层校正是为了将测点与总基点之间的物质层的影响剔除，在海洋重力测量中，中间层校正则是将海水密度替换成地壳的平均密度，一般取 $2.2\text{g/cm}^3$ 或 $2.67\text{g/cm}^3$，消除海水的影响，校正公式为

$$\Delta g_\sigma = 0.0419(\sigma - \sigma_0)h \tag{4-57}$$

式中，$\Delta g_\sigma$ 的单位为 mGal；$\sigma$ 为地壳平均密度；$\sigma_0$ 为海水密度，取 $1.03\text{g/cm}^3$；$h$ 为测点离

海底的距离，在海洋重力测量中，一般为正值，m。那么布格校正的公式为

$$\Delta g_b = \Delta g_h + \Delta g_\sigma \qquad (4\text{-}58)$$

我们知道，海洋重力测量分为海面重力测量、海底重力测量和近海底拖拽重力测量，其中海面重力测量是在海平面进行的，不需要自由空气校正。后两者则是在海平面以下进行的，所以 $\Delta g_h$ 校正公式中的 $h$ 为负值。

海洋重力测量中的布格校正根据测量方式分为三种情况，如图 4-16 所示，$a$ 为海面重力测量，已知不用进行自由空气校正，只需进行中间层校正，将海水密度替换成地壳平均密度，校正公式为

$$\Delta g_b = \Delta g_\sigma = 0.0419(\sigma - \sigma_0)h \qquad (4\text{-}59)$$

$b$ 为海底重力测量，由于海水位于测点以上，此时海水对测点的引力向上，产生的加速度也向上，所以需要将海水的影响消除，另外测点不在海平面处，需要进行自由空气校正，那么布格校正公式为

$$\Delta g_b = \Delta g_h + \Delta g_\sigma = -0.3086h_b - 0.0419(\sigma - \sigma_0)h_b \qquad (4\text{-}60)$$

此处，$h_b$ 为正值，$c$ 为近海底测量，可以看出测点受测点以上海水的影响，又受测点以下海水的影响，那么校正公式为

$$\Delta g_b = \Delta g_h + \Delta g_\sigma = -0.3086h_{c1} - 0.0419(\sigma - \sigma_0)h_{c1} + 0.0419(\sigma - \sigma_0)h_{c2} \qquad (4\text{-}61)$$

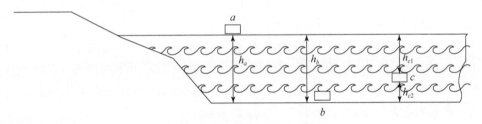

图 4-16　布格校正示意图

由上述可以看出，进行布格校正需要测量海水深度，海水的深度一般利用回声测深仪测得，原理就是根据仪器的设计声速和发射返回时间计算得到的。由于海水的物理、化学性质在各海区、各层海水中均有变化，声信号在通过这些海水时的速度也会随之改变，因此必须对所测得的水深进行声速校正。如果不做此项校正，在水深为 10 000m 的海区，布格异常可引起 25mGal 左右的误差；在水深为 3000m 的海区，布格异常可引起 3mGal 左右的误差。由此可见，水深数据的声速校正不能忽略。

深度小于 200m，可采用水文资料（实测温度及盐度）计算声速校正。具体步骤如下。

1）利用公式计算声速

$$v = 1449.2 + 4.6t - 0.055t^2 + 0.00029t^3 + (1.3 - 0.01t)(s - 35) + 0.017z \qquad (4\text{-}62)$$

式中，$t$ 为温度，℃；$s$ 为盐度，‰；$z$ 为深度，m。计算时取平均值。

$$t_n = \sum_{i}^{n} p_i t_i \Big/ \sum_{i}^{n} p_i \qquad (4\text{-}63)$$

$$s_n = \sum_{i}^{n} p_i s_i \Big/ \sum_{i}^{n} p_i \qquad (4\text{-}64)$$

2）计算深度校正值

$$\Delta z = z\left(\frac{v}{v_0} - 1\right), \quad v_0 = 1500\text{m/s}$$ (4-65)

深度大于200m，可采用《回声测深修正表（马休斯表）》查表法，亦可采用其拟合公式计算法求得声速校正。

计算步骤如下。

第一步，根据《回声测深修正表（马休斯表）》查询实测海区的海区编号。

第二步，根据海区编号查校正公式系数表，并将各系数代入下式计算声速校正值

$$\Delta z = \sum_{i=0}^{n} c_i z_i, \quad n = 2 \sim 9$$ (4-66)

式中，$c_i$ 为校正公式系数，由表可查得，$z_i$ 为测深仪实测深度，m，$\Delta z$ 为声速校正值，m。

第三步，计算校正后的水深值

$$z = \Delta z + z_i$$ (4-67)

水深测量的精度（包括仪器精度和仪器校正精度）规定如下：0～100m 为 1.0m；100～1000m 为其深度的 1%；1000～2000m 为 10.0m；2000m 以上为其深度的 0.5%。

水深大于 1000m，测深仪的测深精度不能满足上述精度要求时，应报请主管部门批准。

**（5）地形校正**

地形校正的目的是从实测重力值中消除地形的影响，是重力环境校正中比较困难的一种校正。地形对测点重力值的影响体现在两个方面，一方面是由于地形造成的测点偏离大地水准面造成的重力值变化，另一个方面就是由于地形中偏离大地水准面的那部分对重力值的影响。前者的影响可以通过自由空气校正剔除，后者的影响需要通过两个步骤来消除。第一步即进行中间层校正，将测点所在等势面（一般看作平面）与大地水准面之间的物质剔除或填充，第二步即狭义的地形校正，因为地形存在起伏，所以中间层校正存在偏差，此时需要根据实际地形消除这部分的影响。

**（6）厄特弗斯校正**

当测量船在同一条东西向的测线上测量重力时，由东向西所测得的重力值总是大于由西向东所测得的重力值，这是由于科里奥利力（科氏力）附加作用于重力仪造成的。因为重力是地球引力与地球自转所产生的离心力的合力，当测量船向东航行时，测量船的速度加在地球自转速度上使离心力增大，就出现所测重力比实际重力小，相反当测量船向西航行时，则所测重力比实际重力大。科氏力对于安装在航行船只上的重力仪所施加的影响即称为厄特弗斯效应。消除厄特弗斯效应的数学模型首先是由匈牙利学者 Eötvös 推导的，并于 1919 年用实验方法验证，所以称为厄特弗斯（Eötvös）校正。

如图 4-17 所示，设 $P$ 点的地心纬度为 $\varphi'$，大地纬度为 $\varphi$，地心向径为 $\rho$，地球自转角速度为 $\omega$，则 $P$ 点在静止时的离心力 $f$ 为

$$f = \omega^2 \rho \cos\varphi' \cos\varphi$$ (4-68)

设测量船的航向角为 $A$，船速为 $V$，则向东和向北的两个分速度为 $V_E = V\sin A$，$V_N =$

$V\cos A$。假设地球两极半径为 $M$，赤道半径为 $N$，则北向角速度分量 $\omega_N$ 的旋转半径为 $M$，东向角速度分量 $\omega_E$ 的旋转半径为 $N$

$$\omega_N = \frac{V_N}{M} \tag{4-69}$$

$$\omega_E = \frac{V_E}{N\cos\varphi} \tag{4-70}$$

北向角速度产生一个离心力 $f_N = M\left(\dfrac{V_N}{M}\right)^2 = \dfrac{V_N^2}{M}$，且直接作用于重力方向。东向角速度与地球自转角速度 $\omega$ 可直接相加成为 $\omega'$

$$\omega' = \omega + \omega_E \tag{4-71}$$

故改变后的离心力 $f'$ 为

$$
\begin{aligned}
f' &= (\omega + \omega_E)2\rho\cos\varphi'\cos\varphi + f_N \\
&= \left[\omega + \frac{V_E}{N\cos\varphi}\right]^2 \rho\cos\varphi'\cos\varphi + \frac{V_N^2}{M}
\end{aligned}
\tag{4-72}
$$

即可得厄特弗斯校正为

$$\delta g_E = f' - f = 2\omega V_E \frac{\rho\cos\varphi'\cos\varphi}{N\cos\varphi} + V_E^2 \frac{\rho\cos\varphi'\cos\varphi}{(N\cos\varphi)^2} + \frac{V_N^2}{M} \tag{4-73}$$

由图 4-17 可知，

$$\rho\cos\varphi' = N\cos\varphi \tag{4-74}$$

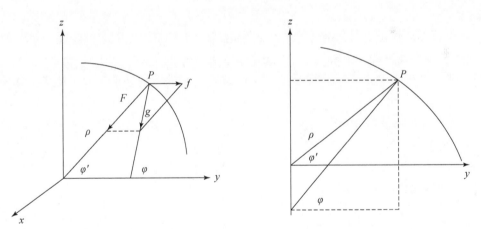

图 4-17　厄特弗斯校正示意图

因而

$$\delta g_E = 2\omega V_E\cos\varphi + \frac{V_E^2}{N} + \frac{V_N^2}{M} \tag{4-75}$$

在海洋重力测量中，一般假设地球为球体，即 $N \approx M \approx R$，并顾及 $V^2 = V_E^2 + V_N^2$，可得计算 $\delta g_E$ 的简化公式

$$\delta g_E = 2\omega V_E \cos\varphi + \frac{V^2}{R} \tag{4-76}$$

将参数 $R$ 和 $\omega$ 值代入公式中，则使用实用计算公式如下（$\delta g_E$ 的单位为 mGal）。

当船速 $V$ 以 km/h 为单位时

$$\delta g_E = 4.05 V_E \cos\varphi + 0.0012 V^2 \tag{4-77}$$

当船速 $V$ 以 kn（即节）为单位时

$$\delta g_E = 7.05 V_E \cos\varphi + 0.004 V^2 \tag{4-78}$$

如果船速小于 10kn，式（4-77）和式（4-78）中的第二项将小于 0.5mGal，因此，如精度要求低于 1mGal，该项可以略去不计。

**（7）正常场校正**

在相对重力测量中，为了消除测点与总基点不在同一地理纬度而导致的正常重力的差值，必须进行正常场校正。

### 4.3.1.3　精度评定

**（1）海洋重力测量误差来源**

1）海洋重力仪测量过程造成的误差 $\varepsilon_j$，包括仪器固有误差、外界干扰加速度引起的测量误差，温度系数校正误差、常数测定误差和仪器零点漂移校正误差，这类误差应不大于 $\pm 1 \times 10^{-5} \mathrm{m/s^2}$；

2）比对重力基点带来的误差 $\varepsilon_s$，包括基点联测误差及比对测量误差，应不大于 $\pm 0.5 \times 10^{-5} \mathrm{m/s^2}$；

3）厄特弗斯校正不完全引起的误差 $\varepsilon_e$，包括由于定位误差引起的航速、航向和地理纬度误差，应不大于 $\pm 2 \times 10^{-5} \mathrm{m/s^2}$；1:20 万比例尺调查时，应不大于 $\pm 1.5 \times 10^{-5} \mathrm{m/s^2}$；

4）正常场校正误差 $\varepsilon_r$，主要是由于定位误差引起的地理纬度误差，应不大于 $\pm 0.7 \times 10^{-5} \mathrm{m/s^2}$；

5）自由空间校正误差 $\varepsilon_l$，主要由重力仪弹性系统与平均海平面之间的高度误差引起的，应不大于 $2 \times 10^{-5} \mathrm{m/s^2}$；

6）布格校正误差 $\varepsilon_b$，主要由测深误差等引起的布格校正不完全造成的。

**（2）海洋重力测量误差计算**

1）外符合准确度计算公式

$$\varepsilon = \pm \sqrt{\frac{\sum_{i=1}^{n} \delta_i^2}{2n}} \tag{4-79}$$

式中，$\delta_i$ 为两台仪器在同一测点上的测量差值；$n$ 为比对测点数。

2）内符合准确度计算公式

$$\varepsilon = \pm \sqrt{\frac{\sum_{i=1}^{n} \delta_{i1}^2}{2n}} \tag{4-80}$$

式中，$\delta_{i1}$ 为同一台仪器在某测点上的重复测量差值；$n$ 为比对测点数。

3）经综合调差后，内符合准确度计算公式

$$\varepsilon = \pm \sqrt{\frac{\sum_{i=1}^{nm} \delta_{i2}^2}{2(n-1)(m-1)}} \quad (4\text{-}81)$$

式中，$\delta_{i2}$ 为同一台仪器在某测点上经综合调差后的重复测量差值；$n$、$m$ 分别为主测线和联络测线数。

测量误差计算中，允许舍去少数特殊交点值，但舍点率不得超过总交点数的 3%。

## 4.3.2　海洋磁力数据采集技术与处理方法

### 4.3.2.1　数据采集技术

**（1）施工设计**

与海洋水深测量相同，海洋磁测比例尺同样表示对某一测量地区磁场研究的详细程度。磁测的比例尺越大，单位面积上观测的点数越多，则对磁场的研究程度也越详细，相反则研究程度越粗略。

海洋磁测的比例尺是根据任务而定的。例如，详查则选用较大的比例尺，以 1∶10 万以上的为宜；如为普查，应该选用较小的比例尺，取 1∶20 万以下。

磁测线间的距离（间隔），一般以图上 1cm 为适。例如，1∶100 万的比例尺，测线间隔为 10km；1∶20 万的比例尺，测线间隔为 2km。

测网方向的布设，应该选取与地质构造走向线垂直的方向。其目的是不仅有利于剖面资料的对比与分析，而且也不易漏掉重要的信息，从而提高经济效益。

测网的形状一般有两种：①线距大于点距的长方形测网；②线距等于点距的正方形测网。习惯上常用线距 $m$ 与点距 $n$ 的乘积 $m \times n$ 来表示测网的密度。

一般在实际工作中，选用长方形测网或正方形测网，是由研究的地质体形状而定。当地质体具有一定走向时，采用长方形测网；当地质体无明显走向时，可采用正方形测网。

在海洋磁测工作中，因为采用了自动"连续"的观测，并且舰船航行的速度不大，一般小于 12kn，仪器两次读数间的航行距离不大，所以常不考虑测点之间的距离问题。只需要根据工作比例尺确定测线间距，而不大考虑测点点距。

**（2）测量仪器调试**

1）晶体振荡器的调试。质子旋进式磁力仪的精度主要取决于石英晶体振荡器频率的精度和稳定性。在长期工作中石英晶体振荡器有时会发生频率漂移现象，这样会直接影响测量的数据。因此，每年出海工作前，应对晶体振荡器的频率进行测定，如不满足仪器说明书中的技术要求时，应进行调试或更换石英晶体。

2）探头配谐和选频放大器配谐的调试。由于仪器电感元件和电容元件有时会损坏或者改变阻抗值，造成每档并未在原设计的频率上振荡。因此，对每一档都应测定其中心频率（包括探头配谐和选频放大器配谐）。使之满足技术指标的要求，如不满足则要重新更换元件，直到符合要求。

3）静态情况下仪器信噪比的测定。仪器的记录质量取决于信号的噪声比。信噪比越高，记录抖动度越小，记录的质量就越好。但是，在一般设备条件下测量仪器真正的信噪比是困难的。因为信号电频大，超过了放大器的线性范围，波形就会发生畸变；而噪声电平小，一般都在放大器的线性范围内，则难以测得准确值。根据经验，用真空管毫伏表测量信号电平和噪声电平，两者之比不小于50，其信号电平应大于2V。

4）仪器稳定性试验。仪器稳定性试验的目的是考查在长时间内的工作情况，如仪器有无错误读数、抖动度如何等。试验持续时间以海上最长连续工作时间为准。

**（3）海上试验工作**

当仪器在陆地上处于最佳工作状态后，就可以进行海上拖曳试验。仪器探头（灵敏元件）拖曳于船后，将受到船体磁性、海流、海浪及船推进器激起的尾流等影响。应该通过试验选择最佳条件，降低或消除这些不利的因素，以获得较理想的记录。

1）船体影响试验。测量船大都是使用强磁性材料建造的。因此船体周围会存在着船的磁场。在不同的距离和磁方位上，船体磁场对探头的磁性影响是不同的。拖曳距离越大，影响就越小。但拖曳的距离太远就需要较长的电缆，但是收放电缆是很不方便，也容易损伤或割断电缆。所以在满足精度的条件下，应尽量减少拖曳距离。

不同测量船使用的拖曳距离一定要通过试验确定。

试验方法是：首先，在测量船沿着磁子午线往返拖曳航行不增加的情况下，记录的抖动度不变，即为最佳的拖曳距离。另外，船体磁场对探头影响的大小与航向有关，所以还需要进行方位测量。

2）探头沉放深度试验。由于船只在航行中，拖曳于船后并浮在水面附近的探头会激起水面波浪。且随涌浪上下浮动，因而会增加仪器的噪声，使记录抖动度明显地增大。从而影响测量的精度。因此，探头必须在水下拖曳。根据船速的快慢，适当地在探头上予以配重，配重的金属必须是无磁性的。试验时，先轻后重，不断观测仪器的噪声和记录质量，选择最佳的沉放深度。

根据经验，使用2伽马档测量时，一般沉放深度在3m左右。

**（4）施工**

每天工作之前都必须检查仪器的工作状态。首先注意电源的连接，接通电源，用仪器上的电压表检查各组电压是否正常。当电压正常时，即可将开关开到"自校"状态，观察各灵敏度档的自校读数是否正常，同时检查曲线记录仪的工作是否正常。若满足仪器说明书的要求，则说明仪器主体部分是正常，可以进入测线工作。

1）测量步骤如下。

在测量船进入测线前半小时，就应将电源开关接通，使仪器预热，让石英晶体振荡器处于恒温的状态。

在船只进入测线前，应把仪器的探头放入水中，由电缆拖曳于船后。

将仪器"自校–测量"开关置于"测量"位置上，选择适当的测程，使质子旋进的频率在放大器的通频带内，以获得最大的旋进信号。

进入测线后，即开始进行测量，按要求进行定位，并在记录纸上标记点号、时间和磁场的数值。

在测量过程中，操作人员应该在适当的时间或在记录质量变坏的情况下，检查仪器的噪声和信号电平，随时调整记录器的零位和满偏。

测量结束后，将电缆和探头收于船上。

按测量前仪器的检查程序，将仪器重复检查一遍。

2）注意事项如下。

海上测量时，一条测线应该一次做完。若分段测量，则应尽量将连接点选在平静的磁场区。连接时，应重复测量两个定位点以上的距离。在磁异常区内，如果两个连接点的位置稍有偏移，异常值会相差较大，降低测量精度。

测量船进入测线并开始定位时，船和拖曳的探头应位于同一测线上。有时船进入了测线，而探头偏离了原来的方向，则船体的影响将会引起不可消除的误差。

3）检查线的布设及测量。

检查线也称为联络线。为了检查不同日期的测量质量，评价测量精度，需要布置纵贯全测区，并与主测线相垂直的检查线（联络线）。一般情况下，检查线的布设只要有几条平行，且均匀分布全测区的测线即可，检查线应选在磁场比较平稳的地区。与海洋水深测量及重力测量相同，检查线与主测线交点的测量差值可用来评定测量的精度。

### 4.3.2.2 处理方法

#### (1) 区域磁场校正

区域场可由国际地磁参考场（IGRA）表示，它是关于地磁场的球谐分析，包含主场系数和时变系数。地磁场磁位表示为

$$U_m = a \sum_n^N \sum_{m=0}^n (\frac{a}{r})^{n+1} (g_n^m \cos m\lambda + h_n^m d\sin m\lambda) p_n^m \cos\theta \tag{4-82}$$

式中，$a$ 为参考椭球体地球半径（6371.2km）；$g_n^m$ 和 $h_n^m$ 为校正到所需年代（如1995年）和相应模式的以 nT 为单位的球谐系数；$m$ 和 $n$ 为整数；$\lambda$ 为自格林尼治向东的地心经度；$\theta$ 为地心余纬［即 $\theta = 90° - \phi$，$\phi$ 为纬度（向北为正）］；$r$ 为离地心的径向距离；$p_n^m(\cos\theta)$ 为 $n$ 阶 $m$ 次勒让德多项式，以施密特准则正则化形式给出。

要计算海洋上任意一点的磁位和磁场分量，需要将导航系统定义的测量坐标系转换成球坐标系。

总磁场强度 $F$ 由下式求得

$$F = (X^2 + Y^2)^{1/2} \tag{4-83}$$

水平强度（$H$），磁偏角（$D$）和磁倾角（$I$）为

$$H = (X^2 + Y^2)^{1/2} \tag{4-84}$$

$$D = \tan^{-1}(Y/X) \tag{4-85}$$

$$I = \tan^{-1}(Z/H) \tag{4-86}$$

国际地磁参考场（IGRF）是针对特定年代提供的。随着可用磁测数据的增多，修改系数使得模型和全球数据之间更加一致。这就要求对依据旧正常场模型得到的异常值进行重新计算。

**（2）日变校正**

海洋地磁场不仅受长期变化的影响，而且受短期变化的影响。在海上，电磁感应会减小地磁场，但是它对地磁场的影响是变化的。导电海水的流动会影响地磁场的变化，其变化程度取决于相对地磁极的水体运动速度和方向、海底和近海岸区的导电结构和海岸线形状等因素（Parkinson and Jones，1979）。用海岸附近的陆地磁测来研究海上的日变，可能存在幅值变化较大和相位误差大的问题。

精确日变校正方法是在固定浮标上记录地区磁场值，但是很少用这种方法，不仅因为放置和回收仪器耗时，而且因为场的空间变化远远大于观测日变。在磁场水平梯度很小的地方，只要提供航向校正和船上的 GPS 定位或者高频电子定位系统，就可以以航迹交叠差推测日变曲线。一些海上观测通过在船后拖有两个相隔一定距离的传感器，开展总场水平梯度观测。由水平梯度而不是总场，可以推断出磁源体的边界、深度和其他特征，因为日变同等程度影响两个传感器，所以梯度测量不受日变的干扰。

**（3）航磁影响校正**

船体平台对传感器测得总磁场的贡献可以表示为

$$F = F_{Earth} + C_0 + C_1 \cos H_h + C_2 \cos 2H_h + S_1 \sin H_h + S_2 \sin 2H_h \tag{4-87}$$

式中，$F$ 为所测的磁场；$F_{Earth}$ 为地磁场；$H_h$ 为航向；$C_0$、$C_1$、$C_2$、$S_1$ 和 $S_2$ 为常数，它们取决于船体的磁性、局部磁场的大小和磁力仪距船尾的距离。式（4-87）中的正弦项取决于船体的对称性，当磁场对称时，该项的值很小。

近似的航向校正可以由平静磁场中的几个航向记录给出。用锚定的磁力仪来监测日变时就可以做到这一点，但是通常这是不可能的，所以一般的测量是在时间变化很小，又在每天峰值的时候进行。

### 4.3.2.3 精度评定

磁力测量的精度是利用重复观测值之差来评定的。设第一次观测值为 $T_i'(i = 1, 2, \cdots, n)$，第二次观测值为 $T_i''(i = 1, 2, \cdots, n)$，两次观测值之差为

$$d_i = T_i' - T_i'' \tag{4-88}$$

若观测没有误差，则 $d_i = 0$，但实际工作个不可避免存在误差。设 $T_i$ 为等精度观测值根据测量平差原理，则 $d_i$ 的中误差为

$$m_d = \pm \sqrt{\frac{[dd]}{n}} \tag{4-89}$$

$n$ 为每次观测值的个数。由式（4-89）可以得出

$$m_d = \pm \sqrt{2}\, m \tag{4-90}$$

所以，观测值 $T_i$ 的误差为

$$m = m_d / \sqrt{2} \tag{4-91}$$

式（4-91）即为磁力测量中评价测量质量的常用公式。

磁测的精度不同，地质效果不同。在观测强异常时，中误差可以大一些。但在观测弱异常时，则中误差要求小一些。否则异常的可探性差，甚至会把有意义的弱异常漏掉。

普查时对磁测的要求分为直接找矿和利用磁测结果填图两类。前者利用磁测直接找矿，后者着重于找出成矿地带和地质构造研究。无论哪一类，均需要解决一个问题，即用多大的磁测精度才能保证所找到的异常是可信的。没有意义的地质体（如铁矿、岩体等）引起的最小异常为 $\Delta z$，由于大于 3 倍中误差的或然率仅有 0.3%，所以观测中误差应满足

$$m \leqslant \frac{1}{3}\Delta z \tag{4-92}$$

考虑到在绘制异常图等值线时，一般规定调定最低有意义的异常要有两条等值线才认为是可信的，这样观测中误差最终应满足

$$m \leqslant \frac{1}{6}\Delta z \tag{4-93}$$

在《海洋调查规范》中规定：在进行大陆架区域地质调查中，当工作比例尺为 1 : 50 万时，要求磁测中误差小于 4 伽马；当工作比例尺为 1 : 100 万时，要求中误差小于 8 伽马。

# 4.4  应 用 实 例

## 4.4.1  海底扩张的磁条带

威尔逊利用地幔对流和海底扩张假说全面地说明了大陆漂移的设想，新形成的地壳和覆盖于其上的火山，逐渐被分为两边，往两侧移动；当一个前进的大陆遇到下降的对流体时，运动必然停止，在较轻的大陆地壳的前沿堆积起来形成山岳；同时，由于海底受到下降对流体的向下拖曳，便形成深海沟。海底条带状磁异常的发现和解释，对海底扩张是有力的支持。海底磁异常条带是 20 世纪 50 年代后期发现的，其特点是磁异常呈条带状，大致平行于洋中脊轴线延伸，正负异常相间排列并对称地分布于大洋中脊两侧，单个磁异常条带宽约数千米到数十千米，纵向上延伸数百千米以上而不受地形影响，在遇到洋底断裂带时被整体错开。这种异常称为海洋条带状磁异常，与大陆上磁异常的形态迥然不同。对于这种磁异常条带的成因，曾一度使人们困惑不解，有人认为这是洋底岩石磁性强弱不同所引起的，但这种观点不能解释磁条带分布的规律性，也与当时所获得的海底地质资料不吻合。

这种对称的、正负相间的海洋条带状磁异常，不仅出现在大西洋的洋脊上，在太平洋、印度洋、南极海的洋脊上也观测到。这种现象可从海底扩张学说和地磁极性翻转现象

得到合理的解释。

1963 年，英国学者瓦因和马修斯结合海底扩张假说与地磁场倒转现象，对海底磁异常条带作了极为成功的解释。他们认为海底磁异常条带不仅是由海底岩石磁性强弱不同所致，而是在地球磁场不断倒转的背景下海底不断新生和扩张的结果。高温的地幔物质不断沿大洋中脊轴部上涌冷凝形成新的海底，当它冷却经过居里温度时，新生的海底玄武岩层便会沿当时地磁场方向磁化。随着海底扩张，先形成的海底向两侧推移，在中脊顶继续不断地形成新的海底，如果某个时候地磁场发生转向，则这时形成的海底玄武岩层便在相反的方向上被磁化。这样，只要地磁在反复地转向，海底又不断地新生和扩张，那就必然会形成一条条正向和反向磁化相间排列、平行洋脊对称分布的磁化条带。扩张的海底就像录音磁带那样记录了地磁场转向的历史。正向磁化的海底条带由于加强了地磁场强度而形成正异常，反向磁化的海底条带由于抵消了一部分地磁场强度而形成负异常。

上述推断不仅合理地解释了海底磁异常条带的成因，而且与大陆岩石和深海沉积的古地磁研究成果相吻合。20 世纪 60 年代中期，一些学者通过将洋脊两侧的海底正、负磁异常条带与大陆岩石古地磁研究获得的地磁场转向年代表进行对比发现，海底正、负磁异常的排列，与地磁场转向年代表中的正向段和反向段完全可以一一对比，而且磁条带的宽度也与地磁场转向年代表中极向的时间长短成正比关系。与此同时，对取自海底的沉积物岩心的弱剩余磁性研究也取得了重要成果。在沉积岩芯中交替地出现正向和反向磁化段，正向、反向磁化段的厚度可以与地磁场转向年代表中正极性期和反极性期的时间长短一一对比，也可以与海底正、负磁异常条带相对比。这 3 种相互独立的磁性测量资料服从于统一的变化规律，充分证实了它们是在地磁场频繁倒转的统一背景下形成的（有人称为"三位一体"）。这不仅说明了上述海底磁条带成因的正确性，同时为海底扩张说取得了决定性的证据。

南海海盆是西太平洋大陆边缘中的一个大型边缘海盆。根据地质、地球物理特征，南海海盆又可进一步分为东部海盆、中央海盆、西北海盆和西南海盆 3 个次级海盆（图 4-18）。海盆构造上呈海底扩张的特征，3 个次级海盆均有自己的扩张中心，东部海盆是南海最大的次级海盆，其沉积地层由南、北两侧大陆边缘向中央总体逐渐减薄，基底逐渐抬升，断块构造对称分布，磁条带近东西向延伸（Taylor and Hayes，1980），扩张中心目前已被近东西向的黄岩海山链占据；西北海盆是南海最小的次级海盆，沉积地层和基底构造呈对称分布，磁条带走向，扩张中心有双峰海山等侵入、喷发（Ding et al.，2011），西南海盆呈三角形海盆，具有从东北向西南逐步扩张的构造演化特征，扩张中心总体表现为水深达 4400m 的中央裂谷槽地，两侧的磁条带、沉积地层和基底构造对称分布，呈北东向延伸，构造形式从东北向西南从海底扩张逐步转化为陆缘张裂。

图 4-19 是南海海盆的磁力异常图。从图中可以看出，南海海盆的磁力异常图具有明显的磁异常条带。从磁力异常可以看出，南海海盆从北到南可分为 3 个分区，从东到西又可分为 6 个段。南海海盆的南北分区主要以磁条带异常 C8（约 25Ma）为界，是早、晚两

图 4-18　南海海盆构造分区及磁异常条带分布（据李家彪等，2011）

期扩张的反映，东西分段主要分布在磁条带异常。C8 以来的中央区的晚期扩张区域，各段构造特征和演化阶段明显不同，之间均被或向断裂带分割，是洋脊分段性的表现（李家彪等，2011）。

南海海盆的地磁异常以条带磁异常为特征，显示其为洋盆属性。东部海盆磁条带特征最为显著，从南北两侧向扩张中心，磁条带走向有从近东西向转为北东向和北东东向的趋势。这些条带状线性异常具有短波长、高振幅、陡梯度的特点，并正负交替剧烈起伏变化。异常变化幅值一般为 -200 ~ 400nT，最大可达 700nT，局部异常较为发育，与海山出露和基底隆起有密切联系。东部海盆可以以磁条带异常 C8 为界，进一步分为 3 个亚区。南、北两个亚区代表约 25Ma 以前的早期扩张，它们内部磁条带平行排列，变化连续。一般认为南海早期扩张均为南北向扩张，然而新的磁测资料表明，东部海盆南区磁条带走向虽然是近东西向的，但北区磁条带的走向却是北东东向的，反映南区洋壳形成后，在晚期扩张过程中又发生了一定的顺时针旋转，因此南海早期扩张的方向严格来说应该是北北

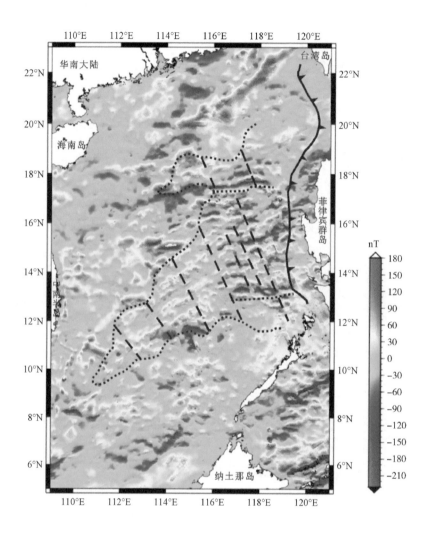

图 4-19  南海磁力异常及构造分区（黑色的线为磁异常条带）（据李家彪等，2011）

东-南南东向的。

东部海盆中央区为约25Ma以来的晚期扩张，内部磁条带呈北东向或北东东向展布，与南北两区不连续变化，尤其在该亚区的西北角部分，内部可进一步分为东西两个部分，之间被北北西向断裂分割，东侧的洋段与重力异常类似，磁条带与北东向海山和基底构造平行展布，延伸方向还与西南海盆磁条带方向一致，并一直向东俯冲到马尼拉海沟之下。西侧的洋段磁条带延伸方向逐渐从其东侧北东向转为北东东向，这种北东东向延伸的磁条带在扩张中心的北侧比南侧更为明显。东西两洋段相比来看，东部海盆西侧洋段的磁条带异常是本区最为显著的，磁条带不仅幅值稳定而且空间连续性极好。磁条带方向变化和空间接触关系也十分清晰。

西南海盆磁力异常主要以北东向的磁条带异常为特征。这些条带状异常空间上正负交替，变化幅值在-150~150nT，比东部海盆的变化幅值要小，说明两海盆具有构造动力背景的差别，西南海盆的磁条带总体连续性较好，一些靠近扩张中心的磁条带还可以全海盆追踪。西南海盆沿走向磁条带存在一系列北北西向或北西向转换平移断裂的切错，使某些区段磁条带的空间展布受到有规律的终止和平移。根据构造地球物理特征，西南海盆可进一步分为 4 个洋段，之间均为北北西向或北西向断裂分割。东侧洋段③海盆宽度最大，扩张中心虽主要被海山占据，但仍可辨认出中央裂谷的特征；向西的洋段④海盆宽度变窄，扩张中心为一条醒目的中央裂谷所代表；东侧的这两个洋段磁条带均平行于扩张中心对称分布，也与基底构造走向一致。西侧的洋段⑤和洋段⑥是西南海盆中海底扩张向陆缘张裂的过渡区域。进一步分析表明，洋段⑤和洋段⑥均有明显的中央裂谷线性异常存在，但在磁力异常上，洋段⑤虽仍存在条带磁异常但已很难识别年代，而洋段⑥已不具有条带磁异常了，说明构造机制从洋段⑤的以初始海底扩张为主，已逐步转变为洋段⑥的以陆缘张裂为主。

西北海盆被认为是东部海盆北区老洋壳向西延伸的一部分海盆，中央为双峰海山，呈北东东向展布，被认为是该海盆的扩张中心，由于海盆宽度小、磁条带识别困难，但其总体走向与海盆中央的双峰海山基本一致西北海盆的磁异常强度明显弱于其东侧的东部海盆的磁异常，中间应该存在平移断裂分割，也同样反映存在差别的扩张动力背景。

根据 Tayor 和 Hayes 的地磁条带识别，南海海盆最早的扩张年龄约为 30Ma，对应磁条带异常 C11，并主要分布在东部海盆的南北两侧。然而根据 ODP184 航次在南海北部大陆边缘深水区钻探的 1148 井的研究表明，早渐新世为深海相高速沉积（大于 60m/Ma），TOC（总有机碳）特别高，井底年代已达 33Ma，而前后并没有发生重大环境变化，从沉积间断事件来看，30Ma 也不是一个重要界面，并没有发现有重大沉积间断，说明南海海盆的扩张比传统认识的 30Ma 要早，可能在 30Ma 前就已经开始了。同时位于西北海盆扩张中心的双峰海山，与海盆其他海山岩浆活动一样，被认为是扩张期后的火山活动的产物，该海山取样获得的粗面岩经测定，两个 K-Ar 年龄分布为（28.12±0.57）Ma、（30.38±0.94）Ma，平均为 29.25Ma，也说明海盆最早的扩张年龄应大于 30Ma。本次磁条带识别表明，在磁条带异常 C11 与北部陆坡坡脚之间以及西北海盆还存在磁条带异常 C12 和 C13，进一步说明了南海海盆的扩张可能始于约 33.5Ma。

同时，晚渐新世 1148 井在南海记录到了一个重要的构造事件，即在 27～23Ma 发生的大量坍塌沉积和 4 个沉积间断面，至少失去 2Ma 的地层记录，沉积速率小于 5m/Ma，地震剖面上表现为明显的"双反射层"。该井的陆源物质来源分析表明，在 25Ma 前后（对应磁条带异常 C8～C7）发生了重要的变化，陆源物质从原来的南部来源变为北部来源。同时沉积环境也发生了巨大变化，从早期的深海相转变为后期的碳酸盐沉积相。事实上，从南海磁条带异常反映的海盆扩张来看，磁条带异常 C8～C7 确实存在重大构造变动，相对来说，磁条带异常 C11～C8 海底扩张较为连续，扩张方向和空间连续性变化较小。然而从磁条带异常 C7 开始，扩张方向和空间连续性均有较大调整，表现为磁条带异常呈北西西走向，分布仅局限在晚期扩张的西北角；磁条带异常 C6c～C5c，磁条带方向逐步从近东西向转为北东东向和北东向，反映出前期受到近南北向早期扩张基础的影响较大，后期影响减少的特点。因此从磁条带分区特征来看，25Ma 应是划分南海海盆扩张新老两个时代的重要分界，它开创了新的南海海底演化阶段。

## 4.4.2　洋陆过渡带构造反演

洋陆过渡带（continent-ocean transition zone，COT），也称洋陆转换带（朱俊江等，2012；雷超等，2013；任建业等，2015），在全球被动大陆边缘广泛分布，尤其是以伊比利亚-纽芬兰（Iberia-Newfoundland）岩浆匮乏型被动大陆边缘（也称非火山型被动大陆边缘）和格陵兰岛-挪威（SE Greenland and Norway）火山型被动大陆边缘的洋陆过渡带的研究最为典型。这些研究使人们认识到陆壳和洋壳并非是泾渭分明，截然分开的，而是通过一个转换地带逐渐过渡至彼此的区域。而且，洋陆过渡带构造及深部地球物理结构与典型的陆壳及洋壳的构造和结构大不相同，因此，洋陆过渡带是认识大陆地壳向大洋地壳转换的重要地带，也是大洋扩张初始发育时关键信息的载体。此外，需要指出的是，洋陆过渡带与深水、超深水油气勘探有着直接的关系。超深水区油气勘探主要集中分布于墨西哥湾、巴西近海、澳大利亚西北陆架、挪威中部陆架和非洲被动陆缘，这些地区也是洋陆过渡带分布的区域。所以，这种位置上的对应关系意味着洋陆过渡带对深水油气勘探具有重要的指示作用。因此，通过对南海被动大陆边缘洋陆过渡带构造及其深部地球物理特征的研究，对认识南海被动大陆边缘早期张裂过程具有重要的科学意义，并可为南海被动陆缘深水盆地油气勘探提供重要的指导（Gao et al.，2015）。

南海北邻华南大陆，东南接巴拉望海槽，西以具有大型走滑断裂的印支陆架为界，东至马尼拉海沟，构成了一个近菱形的轮廓。中生代以来南海大陆边缘构造经历了从主动到被动陆缘的转换，之后又受到东部活动陆缘构造叠加以及西北缘印度-澳大利亚板块与欧亚板块碰撞的影响，构造演化过程与构造特征十分复杂。根据其构造环境和深大断裂特征，现今南海东西南北缘的构造属性各不相同。北缘以北东东向和北西向张扭性断裂为主，构成了一个拉张环境；南缘由于新生代南沙地块与加里曼丹岛的碰撞，形成了一系列北东向的压扭性断裂，但向海盆一侧仍发育张性断裂，为北张南挤边缘；西部则主要因北西向红河走滑断裂和近南北向越东走滑断裂而形成了一个拉张与右旋扭切联合作用的边缘；东部则由于南海海盆一直向菲律宾岛弧俯冲而处于挤压环境之中。南海边缘这种独特的构造应力场环境也形成了一系列不同类型的盆地。

南海北部陆缘发育较为完整的陆架-陆坡体系，南海北部陆架十分宽广，长约为1425km，宽度最大可达310km，水深为 0～150km，地形较为平坦，坡度较小（图 4-20）。由陆架向南，地形向海倾斜加剧，水深也逐渐增加，至 3500m 构成了南海北部陆坡的范围。北部陆坡全长约 1350km，宽 143～342km。南海南部陆架最宽可达 300～400km，最窄小于 100km（沙巴外海），其水深一般小于 200m。陆架向北陡然转入深达 1500～3500m 的陆坡区，南部陆坡全长约 1000km，海底受构造运动影响强烈，地形崎岖不平。相比北部陆缘而言，南部陆缘没有发育典型的陆架-陆坡体系。南海西部陆缘受拉张和走滑作用的双重影响，块体错断强烈，地形变化复杂，总体而言，西部陆架全长 720km，宽 65～

115km，水深为0～200m，而陆坡则呈北宽南窄的状态。南海东部地形由岛弧和海沟组成，由东南向西北倾斜，岛弧外缘坡折水深约100m，至马尼拉海沟水深则可达4500m以上。

所有地震数据都进行了包括压制噪声、振幅补偿、静校正和速度分析等叠前处理，以及反褶积、带通滤波和相干滤波等叠后处理，并进行了有限差分偏移，最终获得了较高质量的地震叠加偏移剖面。

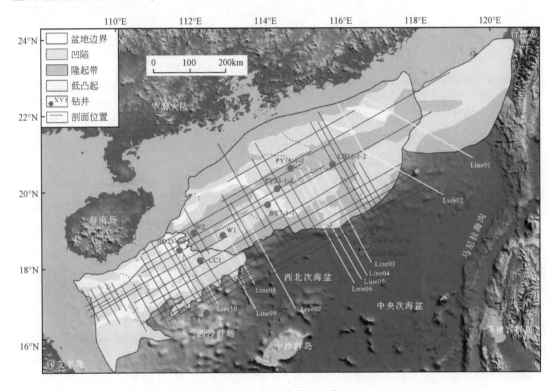

图4-20　南海北部地区地震测线位置（据Gao et al.，2015）

布格重力异常的变化与区域地质构造的分布相对应，分区明显，大致反映了地壳厚度的变化（图4-21）。南海北部布格重力异常总体上由陆架、陆坡到海盆从负低异常值向正高异常值逐渐过渡。陆架区以低负异常值为主，一般为−20～30mGal，整体上呈北东向延伸。陆架与陆坡的转变带表现出明显的重力梯度变化。而进入陆坡区之后，布格重力异常以梯度带的形式呈北东向和北东东向延伸，异常值从西北方向的10mGal向东南方向逐渐增大到220mGal，对应着莫霍面的深度发生急剧的变化，由25km减少到13km（孟令顺等，2006；张亮，2012）。从陆坡向海盆过渡的地方，也存在明显的重力异常梯度变化，而在海盆区布格重力异常值最高可超过300mGal。

自由空间重力异常一般与海底地形有着明显的对应关系（郝天珧等，2008，2011）。南海北部陆缘自由空间重力异常分带特征明显，由陆架的低、负异常至陆架坡折带附近的较高异常至陆坡区的低异常，再到海盆的正高异常，各区带总体上也呈北东向和北北东向

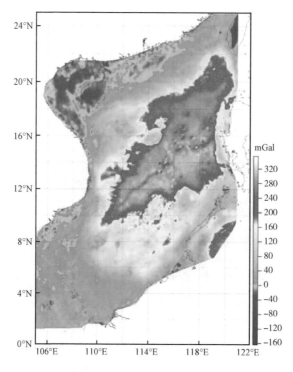

图 4-21　南海布格重力异常（据郝天珧等，2008）

（图 4-22）。整体上，陆架区自由空间重力异常值一般在 -20 ~ 10mGal，至陆架坡折处可达到 20mGal。而从陆架边缘至陆坡，重力异常由约 20mGal 的高异常值向的低异常值过渡，在凹陷内表现出低异常的特征，最低约 -40mGal（珠江口盆地白云凹陷），但在火山或海山处则出现向高异常调整的现象，之后在靠近海盆处，重力异常又由低异常向 10 ~ 20mGal 的高异常过渡。北部陆缘的东半部分（台西南盆地至东沙隆起区）重力异常值一般为 0 ~ 10mGal，但在东沙隆起区，自由空间重力异常表现出明显的高异常，最大可达 30mGal，而向西至琼东南盆地则降至负异常值，最大可达 -50mGal。

在与 Line01 剖面对应的观测重力异常曲线上，陆架区的重力异常值多位于零附近，说明陆架区基本达到了重力均衡状态。由于从 Line01 地震反射剖面上可以发现大量的岩浆活动（岩浆侵入体或火山），从而降低了地壳密度，因此在 Line01 剖面的重震联合反演初始模型中，在火山和岩浆侵入体分布范围将密度为 2.7g/cm³ 的地壳替换为密度约为 2.65g/cm³ 岩浆混染的地壳（图 4-23）。从初始拟合结果上看，反演的重力异常曲线的长波长变化与莫霍面的起伏大致呈正相关关系，但与实际观测的重力异常曲线相比，二者之间存在明显的误差（图 4-23）。前人通过研究过南海北部陆缘东段台西南盆地的 OBS-T3 剖面上发现在莫霍面之上存在 3 ~ 4km 厚的下地壳高速层，并且在过南海北部陆缘东段的多道地震反射剖面上也发现了下地壳高速层顶部的反射界面，下地壳高速层顶部反射界面与莫霍面的反射界面之间的距离也在 3 ~ 4km。类似地，在 OBS-T3 剖面西侧 OBS 2001 剖面上也可看到 0 ~ 5km 厚的下地壳高速层。据此，本书在 Line01 剖

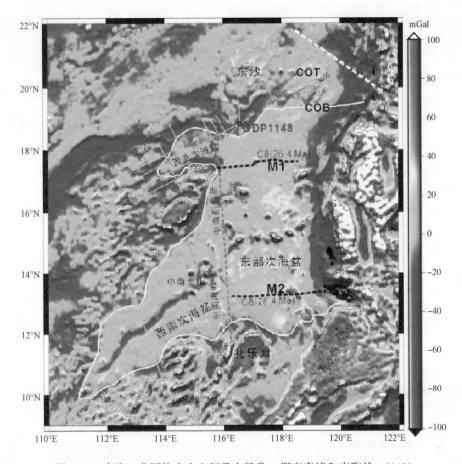

图 4-22　南海 1 分网格自由空间重力异常（据李春峰和宋陶然，2012）

面重震联合反演过程中在地壳底部赋予了一层密度为 2.97g/cm³ 的下地壳高速层，在陆坡之下厚度为 3～4km。该步骤极大地提高了反演结果与观测重力异常的拟合度，但在剖面 160～220km 处的南部拗陷中仍存在较大误差，即反演重力异常值仍低于观测重力异常值。在之后调整过程中即使是将该区域下地壳高速层厚度增加至 15km，仍然不能满足拟合的需要。此时，我们注意到该区域对应了南部拗陷的位置，然而在 Line01 地震反射剖面上的深部反射轴并没有与之对应，而是迅速从 9s 左右下降至 11.5s 左右，时深转换后的剖面深度也从 16km 迅速下降至 30km 以下，这与莫霍面与基底起伏基本呈镜像对称的关系相矛盾，于是我们将该区域的莫霍面位置进行局部抬升，最大抬升距离位于剖面上 183km 处，约 6km，最终使得反演重力异常和观测重力异常达到了较好的拟合度（图 4-23）。这意味着，Line01 地震反射剖面上 11～11.5s 的深部反射轴可能不是莫霍面的反射，而是在处理过程中未消除的干扰波。

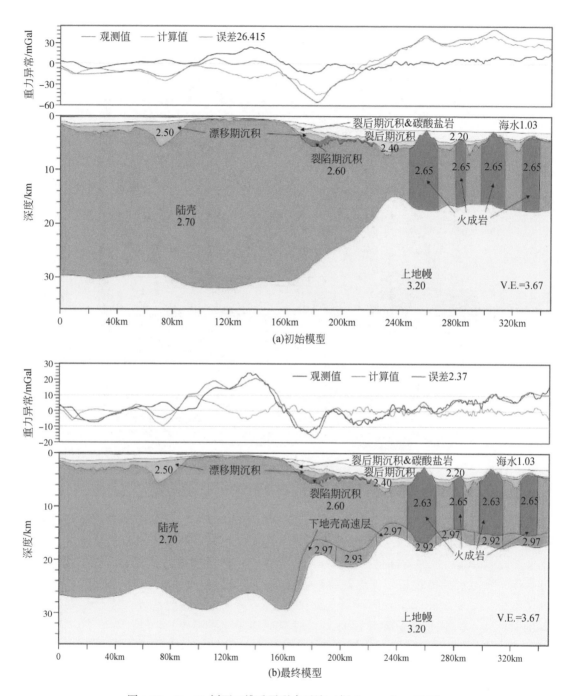

图 4-23 Line01 剖面二维重震联合反演（据 Gao et al.，2015）

Line02 剖面的重震联合反演步骤与 Line01 剖面类似（图 4-24）。但与之不同的是，Line02 地震反射剖面下陆坡位置之下可以识别出下地壳高速层的顶部反射界面，这也为 Line02 剖面重震联合反演过程中增加下地壳高速层提供了强有力的依据，因此 Line02 剖面的重震联合反演过程及结果相比于 Line01 剖面更加简单与准确。在过东沙隆起（珠江口盆地）的 OBS 2006-3 剖面上发现下地壳高速层在东沙隆起之下的厚度达到了惊人的12km，而本书的研究结果显示下地壳高速层从下陆坡之下的 4~5km 增加至东沙隆起附近的 10km 左右。

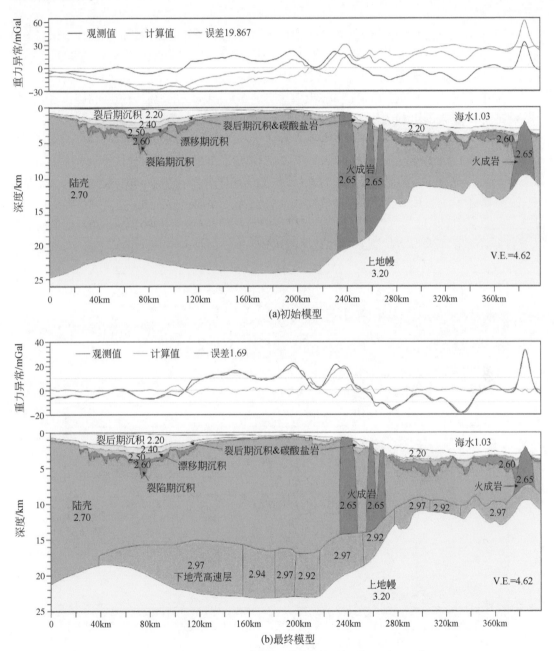

图 4-24  Line02 剖面二维重震联合反演（据 Gao et al.，2015）

总体上，根据反演和观测的重力异常拟合结果可以看出，陆架区的重力异常在零值附近起伏，说明该区域基本处于重力均衡状态，至东沙隆起区逐渐向正高异常过渡，继而又从陆架坡折的正高异常向南逐渐减小至下陆坡的低负异常。另外，在岩浆混染区则保持了低正重力异常。这种重力异常的变化说明了地壳的性质由正常陆壳逐渐过渡至严重减薄和沉降的过渡壳。

在 Line04 剖面的重震联合反演初始模型中，尽管反演的重力异常曲线的长波长变化与莫霍面的起伏呈正相关，但是与实际观测的重力异常曲线之间仍存在明显的误差 [图 4-25（a）]。随后，由于在 Line04 地震反射剖面上可以识别出下地壳高速层的顶部反射，因此本书对下地壳高速层赋予了 2.97g/cm³ 的密度值，该密度值对应了 7~7.5km/s 的地震波速度和辉长岩的岩性 [图 4-25（b）]。步骤Ⅱ极大地提高了反演重力异常与观测重力异常的拟合度，但二者之间的误差仍然远大于 3，意味着下地壳高速层的存在依然不能满足拟合要求（图 4-25）。之后，本书注意到在过南海北部陆缘中段的 OBS1993 剖面的莫霍面之下揭示出了一套厚度为 8~12km、地震波速为 8.0~8.3km/s 的地幔最上部的速度层。而在南海东北缘的重震联合反演中，一套厚约 10km 的地幔顶层也被用于最后的拟合结果中。因此，在步骤Ⅲ的拟合中，本书同样在莫霍面之下为最终拟合模型增加了一套厚约 10km、密度为 3.0~3.15g/cm³ 的地幔顶层，最终使得反演重力异常和观测重力异常达到了良好的拟合（图 4-25）。

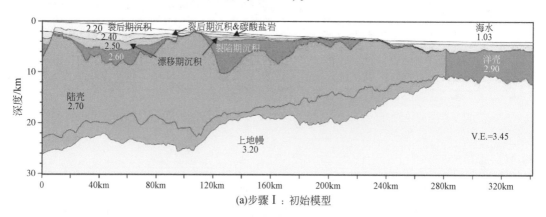

(a)步骤Ⅰ：初始模型

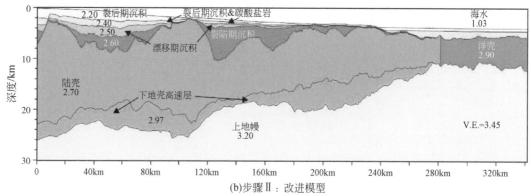

(b)步骤Ⅱ：改进模型

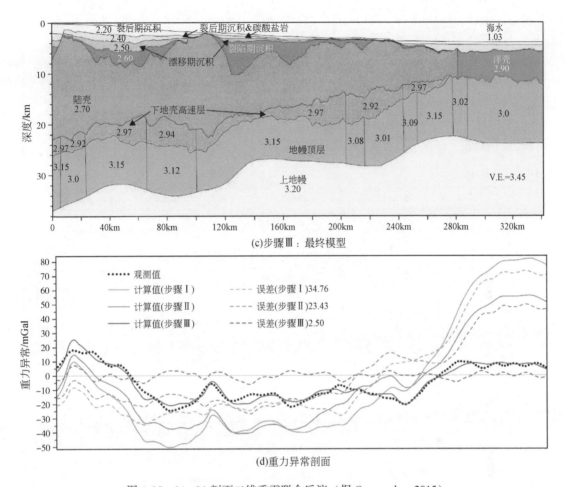

(c)步骤Ⅲ：最终模型

(d)重力异常剖面

图 4-25　Line04 剖面二维重震联合反演（据 Gao et al.，2015）

Line05 剖面的重震联合反演步骤与 Line04 剖面类似（图 4-26）。但是，由于 Line06 地震反射剖面上没有识别出下地壳高速层的顶部反射界面，因此 Line06 剖面的重震联合反演步骤与 Line04 和 Line05 剖面有所出入。本书首先在莫霍面之下增加了一套厚约 10km、密

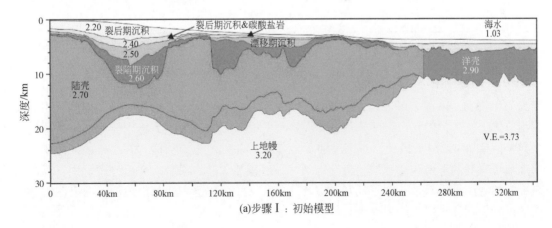

(a)步骤Ⅰ：初始模型

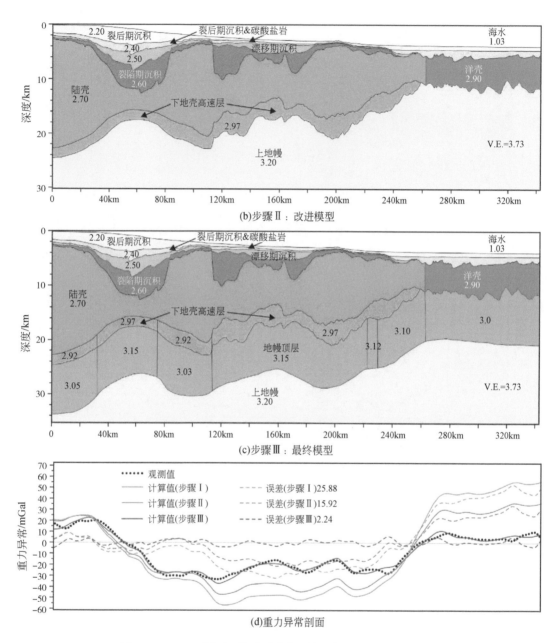

图 4-26　Line05 剖面二维重震联合反演（据 Gao et al., 2015）

度为 3.0～3.15g/cm³ 的地幔顶层（图 4-27）。尽管反演重力异常曲线已经和观测重力异常曲线总体上拟合，但在白云凹陷仍然存在较大的误差，即反演重力异常值明显小于观测重力异常值（图 4-27）。因此，本书增加了一套厚 2～4km、密度为 2.97g/cm³ 的局限于白云凹陷陆壳底部的下地壳高速层，最后得到了最终模型（图 4-27）。在最终模型中，反演重力异常和观测重力异常达到了良好的拟合（图 4-27），这也意味着沿该剖面白云凹陷地壳底部可能仍存在小规模的下地壳高速层。

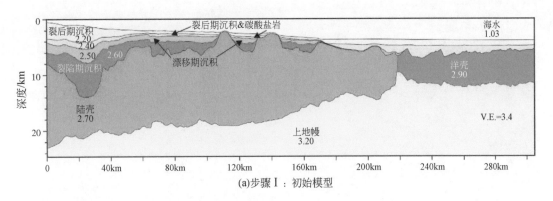

(a)步骤Ⅰ：初始模型

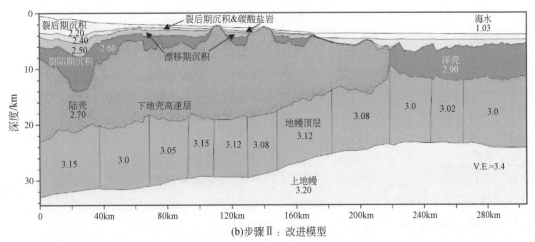

(b)步骤Ⅱ：改进模型

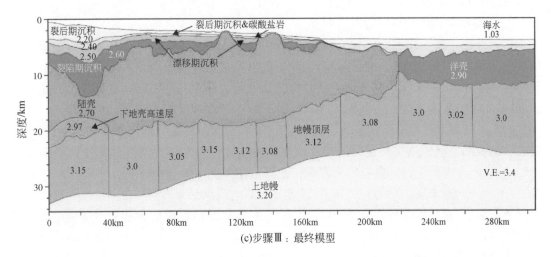

(c)步骤Ⅲ：最终模型

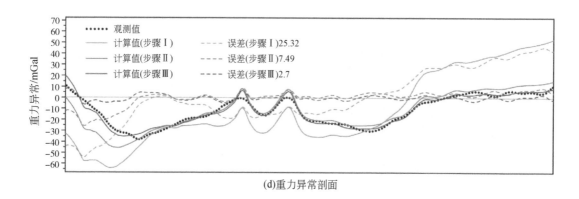

(d)重力异常剖面

图4-27　Line06剖面二维重震联合反演（据 Gao et al.，2016）

　　总体上，根据反演和观测的重力异常拟合结果可以看出，重力异常从陆架坡折的正高值向南逐渐减小至下陆坡的低负值，而后进入海盆后又逐渐升高到正高值。这种重力异常的变化刚好对应了陆壳向减薄和沉降的过渡壳以及过渡壳向正常洋壳的转变。

　　与北部陆缘东段和中段不同，在陆缘西段的地震反射剖面上并未发现下地壳高速层的顶部反射界面，因此，在北部陆缘西段进行重震联合反演的过程中，假定该区域不存在下地壳高速层。另外，由于琼东南盆地未经历海底扩张，从而只存在裂陷期和裂后期沉积，不存在类似于珠江口盆地和台西南盆地早渐新世末期至晚渐新世（$T_{60}$~$T_{70}$层位）形成的早期漂移期沉积，因此，与珠江口盆地和台西南盆地裂后期沉积的细分不同，本书将琼东南盆地的裂后期沉积作为一层，取其平均密度为 2.35g/cm$^3$。与东段类似，岩浆大规模混染区的地壳密度取值为 2.65g/cm$^3$。

　　在 Line07 剖面的重震联合反演过程中，赋予西北次海盆 2.9g/cm$^3$ 的洋壳密度，会在海盆区域导致正高反演重力异常值的出现，并在模型调整过程中一直大于观测重力异常值，而将洋壳密度调整为 2.85g/cm$^3$ 后，反演重力异常和观测重力异常达到了良好的拟合（图4-28）。在 Line07 重震联合反演结果中，莫霍面的深度在陆架至陆坡处最大，达到了22.5km，而在海盆处的深度最浅为 11km，与邻区 OBS2006-1 剖面进行简单对比，OBS2006-1 剖面上，莫霍面在陆坡的最大深度约为23km，而在海盆处的深度最浅为 10km左右，这说明反演的结果还是可信的。这也表明该剖面上在西北次海盆的边缘，密度为2.85g/cm$^3$ 的洋壳可能已非典型的正常洋壳，而是在西北次海盆海底扩张早期形成的厚度为 7~10km 的加厚洋壳。另外，Line07 剖面重震联合反演结果显示，Line07 剖面上的西沙海槽夭折裂谷地壳厚度最小仅为 3km 左右，表明夭折裂谷内的地壳极度减薄。此外，Line09 剖面的重震联合反演步骤与 Line07 类似，但是，Line09 地震反射剖面上显示出的由若干半地堑和地垒所构成的凹陷，重震联合反演结果显示该凹陷之下的地壳已是减薄的陆壳，因此该凹陷很可能是西北次海盆向西打开的过程中由于洋脊向南跃迁而形成一个夭折裂谷。

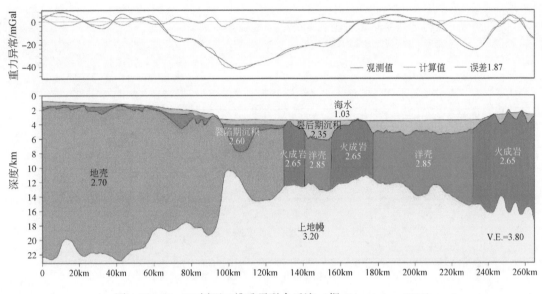

图 4-28　Line07 剖面二维重震联合反演（据 Gao et al.，2016）

　　由于 Line08 和 Line10 地震反射剖面上可以识别出较为清晰的莫霍面反射，其重震联合反演过程更为简单，仅微调了剖面上西沙隆起区之下莫霍面位置（莫霍面反射特征不清楚区域），反演重力异常和观测重力异常即达到了良好的拟合（图4-29 ~ 图4-31）。Line10剖面夭折裂谷内地壳在 55km 处最薄，仅 0.9km 左右。

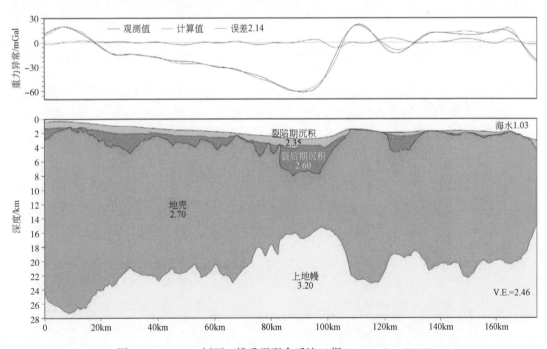

图 4-29　Line08 剖面二维重震联合反演（据 Gao et al.，2016）

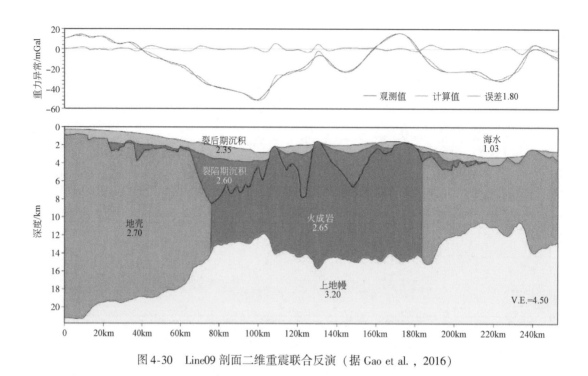

图 4-30　Line09 剖面二维重震联合反演（据 Gao et al.，2016）

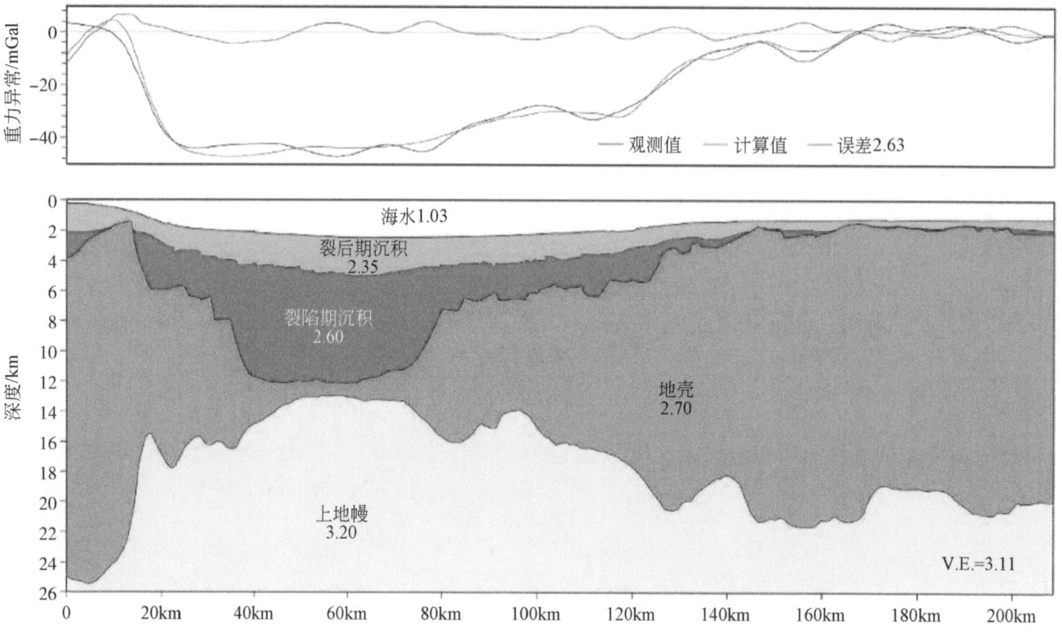

图 4-31　Line10 剖面二维重震联合反演（据 Gao et al.，2016）

　　总体上，根据反演和观测的重力异常拟合结果可以看出，重力异常从陆架区重力均衡状态（零值附近）向陆坡区的低负异常逐渐过渡。在 Line07 剖面上进入海盆后又逐渐过渡到低正异常，而在海盆与中沙隆起之间狭窄的区域内显示出低负异常。其他剖面进入西沙隆起区后则又逐渐恢复到低正异常。这种重力异常的变化与典型陆壳向减薄和沉降的过渡壳（陆壳）、过渡壳向洋壳及洋壳向过渡壳（减薄的陆壳）的逐渐转变对应。

南海北部陆缘的演化明显可分为裂陷期和拗陷期两大阶段。在裂陷期间，由于基底断块活动强烈，其伸展量和沉积速率均比较大，凹陷内的沉积速率普遍在 150m/Ma 以上；在早渐新世末期至晚渐新世期间，虽然海底扩张已经开始，但盆地内的裂陷活动仍在持续，部分构造单元内的沉积速率甚至有所增加。这种现象与前人在珠江口盆地深水区的认识一致，但本书认为裂陷期的延迟现象不局限于珠江口盆地深水区，而是发生于整个南海北部陆缘，而此时陆缘的陆架坡折也基本成型。整个北部陆缘在中新世以后进入拗陷阶段，各个构造单元也进入了较为稳定的沉积状态，只是在晚中新世期间东北部受东沙运动的影响，构造活动再次变得较为活跃。在裂陷期间，南海北部陆缘岩浆活动微弱；早中新世（23Ma）以后，岩浆活动开始增强，这与 25Ma 左右发生的洋脊向南跃迁事件相对应，北部陆缘西段裂谷内、西北次海盆、西沙隆起和中沙隆起等地区由于张裂活动和海底扩张的停止而发生强烈的岩浆活动。海底扩张停止之后，北部陆缘东段和中段陆坡区的岩浆活动在东沙运动时期比较活跃，而在东沙运动之后西沙隆起和中沙隆起的岩浆活动则较为活跃。

根据上文对南海共轭被动陆缘洋陆过渡带研究的总结，南海被动陆缘洋陆过渡带不同于伊比利亚–纽芬兰岩浆匮乏型被动陆缘和格陵兰–挪威火山型被动陆缘的洋陆过渡带，其定义为从受岩浆活动改造的明显减薄的陆壳至正常洋壳出现的区域（Gao et al.，2016）。而南海北部洋陆过渡带轮廓和性质的识别也需要依据以下几个标准：①地壳厚度和莫霍面深度由陆向海发生变化；②下陆坡分布火山和火山岩；③深部可能具有下地壳高速层；④与伸展陆壳相关的裂陷期断陷和向海倾的掀斜断块；⑤与假设的洋壳、过渡壳和陆壳相关的重磁异常的明显变化；⑥破裂不整合面向海盆一侧逐渐尖灭。

根据过北部陆缘东段地震反射剖面（Line01 和 Line02 测线）和过北部陆缘中段地震反射剖面（Line04、Line05 和 Line06 测线）的重震联合反演结果，地壳沿南东方向呈锥形减薄，在东段其厚度从陆架区的 23~26km 减小至下陆坡地区的 6~10km，意味着拉张系数 $\beta$ 的范围为 1.15~5。在中段其厚度从陆架区的 25km 左右减小至海盆附近的 5~6km，这意味着拉张系数 $\beta$ 的范围为 1.2~6。随着地壳沿南东方向的减薄，相应地，莫霍面的深度也向南东方向呈阶梯状变浅，在东段其深度由陆架之下的 24~28km 逐渐上升至下陆坡之下的 13~17km。在中段其深度由陆架之下的 25~26km 变浅至海盆之下的 10~11km（Gao et al.，2015；2016）。

过南海北部陆缘西段地震反射剖面（Line07、Line08、Line09 和 Line10 测线）的重震联合反演结果与东段和中段不同，其地壳结构的形态变化更加复杂，每个剖面的地壳结构都有各自的特征。Line07 剖面的地壳厚度从陆架至陆坡的 21km 逐渐减小至夭折裂谷内的 3km，沿海盆至中沙隆起又逐渐增加至 15km（拉张系数相应的变化 1.4—10—2）。Line07 剖面莫霍面的深度由陆架至陆坡的 22.5km，至海盆抬升至 11km，再到中沙隆起又降至 17.5km 左右。Line08 剖面地壳厚度从陆坡的 26km，递减至长昌凹陷（夭折裂谷）内的

8km，至西沙隆起又增加至18~21km（拉张系数相应的变化1.15—3.75—1.4）。其莫霍面深度相应地从陆架处的27km抬升至凹陷内的16km，至西沙隆起又降低至20~23km。Line09剖面地壳厚度，从陆架处的20km骤减至长昌凹陷（夭折裂谷）内的5km，向南东方向又逐渐增加至13km，然后进入西北次海盆西侧附近的凹陷后再次减小至7km，至西沙隆起则再次逐渐增加到11km（拉张系数相应的变化1.5—6—2.3—4.3—2.7）。相应地，Line09剖面的莫霍面深度由陆架的21km，向南东方向逐渐抬升至11~15km。Line10剖面地壳厚度从陆架至陆坡的23km，急剧减薄至凹陷内的0.9km，向西沙隆起方向又逐渐增加至17~19km（拉张系数相应的变化1.3—33.3—1.6），相应的莫霍面深度从25.5km抬升至13km，之后又降低至19—21km。

总体而言，从陆架-陆坡至海盆或凹陷（夭折裂谷），西段的地壳结构与东段和中段类似，地壳呈锥形减薄，但从海盆或夭折裂谷至中沙隆起和西沙隆起，地壳又呈近似反锥形的形态逐渐加厚。相应地，莫霍面的深度沿南东方向阶梯状变浅，越过海盆或夭折裂谷后又再次阶梯状加深。

根据Line01和Line02地震反射剖面和重震联合反演结果，陆架内的韩江凹陷、陆丰凹陷和惠州凹陷均是裂陷期断陷，但是其地壳厚度最薄多在15~23km，地壳减薄程度不大，而且反演和观测重力异常拟合结果表明这些区域基本上处于重力均衡状态。根据洋陆过渡带的评判标准，这些断陷不能归为洋陆过渡带的范围。反观同属裂陷期断陷的南部拗陷和潮汕凹陷及其以南的下陆坡地区，地壳从23~25km急剧减薄至6~10km，陆坡区域遭受了强烈的岩浆活动的改造，相应的反演和观测重力异常从陆架坡折的正高异常向南逐渐向下陆坡的低负异常过渡，并在岩浆混染区保持了低重力异常。这些特征说明南部拗陷和潮汕凹陷及其以南的下陆坡地区应归为洋陆过渡带的范围，陆缘东段洋陆过渡带向陆一侧的边界应在凹陷（拗陷）内上陆坡向下陆坡过渡的区域。

Line04~Line06测线穿过的区域囊括了陆架至海盆，从而为判断洋陆过渡带两侧的边界提供了良好的条件。根据Line04~Line06地震反射剖面和重震联合反演结果，白云凹陷是一个由掀斜断块围限的断陷，并以极度减薄的陆壳为特征，其地壳厚度从陆架的20~24km急剧减小至断陷沉积中心的5~6km。这种厚度的剧烈变化意味着白云凹陷拉张系数$\beta$在向陆一侧的陆架仅为1.3~1.5，而在断陷中心则高达5~6。所有的结果都显示出白云凹陷在裂陷期经历了强烈的拉张作用。并且，正如上文所述，在地震剖面上受大型铲式正断层围限的白云凹陷内和南部低凸起附近还可以观察到一些火成岩席。在Line06地震反射剖面上南部低凸起向海一侧深大断层附近，可以明显观察到碟状火成岩席发育以及上部受其控制的小型褶皱。此外，在位于白云凹陷内的BY7-1-1井的钻井岩芯上也发现了厚层的早中新世火成岩，包括凝灰岩、火山角砾岩和火山岩等。这些岩石的出现表明白云凹陷的OBS1993剖面显示该地区下地壳底部存在下地壳高速层。反演和观测的重力异常曲线显示在陆架和凹陷之间存在重力异常的明显变化，即从陆架的正高异常向凹陷的低负异常过渡。因此，基于以上洋陆过渡带的判断标准，南海北部陆缘洋陆过渡带在中段向陆一侧的边界位于白云凹陷陆架坡折处。

前人在深入研究亚丁湾东部被动陆缘时，认为伸展期沉积也可以作为洋陆过渡带的一个标志。他们发现伸展期沉积的出现与洋陆过渡带内基底的变形是同时的，而且伸展期沉积并不存在于海盆内。他们认为这些沉积与裂陷晚期形成的层序有着密切的关系，并被裂后期沉积覆盖。类似的沉积特征在过北部陆缘中段的剖面上也可以观察到。由 $T_g$ 和 $T_{60}$ 反射界面围限的陆缘碎屑沉积发育于变形的基底之上，并向海方向尖灭于掀斜断块带附近。因此，本书认为这些源于漂移期的陆缘碎屑沉积也可称为伸展期沉积，其尖灭的地方对应了莫霍面深度的突变、下地壳高速层的消失、地壳减薄最大处（洋壳附近）以及重力异常向海方向由低负异常向正高异常的明显过渡。因此，根据这些判断标准，本书认为南海北部陆缘洋陆过渡带向海一侧的边界不一定终止于下陆坡向海一侧的凸起上，而是越过了下陆坡向海盆方向延伸了数十千米。

Line07 地震反射剖面上的顺德凹陷也为裂陷期断陷，与 Line01 和 Line02 剖面陆架上的断陷类似，其地壳减薄程度不大，从 21km 减薄至 19km，而且反演和观测重力异常拟合结果表明顺德凹陷至南部低凸起基本上处于重力均衡状态。而从进入夭折裂谷开始，地壳厚度从上陆坡的 19km 骤减至夭折裂谷内的 3km，与之对应的是反演和观测重力异常从零值附近急剧转变为负异常值，至洋壳区又逐渐升至零值附近，低异常值向零值附近过渡的区域对应了裂陷期沉积终止的地方。这表明，此时的夭折裂谷属于洋陆过渡带的范畴，其向陆一侧的边界位于剖面上由上陆坡向下陆坡过渡的区域（剖面上 60km 位置附近），而向海一侧则以夭折裂谷南侧的埋藏火山（海山 A）为界（COB）。进入琼东南盆地，从 Line08～Line10 地震反射剖面和重震联合反演结果可以看出，长昌凹陷（夭折裂谷）作为典型裂陷期断陷，其地壳厚度最薄为 0.9～8km，拉张系数超过了 3，甚至达到极端的 30 以上。前人在研究长昌凹陷时，也发现了极薄的地壳，厚度为 2.8km，意味着拉张系数也达到了 10 以上。这表明，长昌凹陷内的地壳经历了强烈的伸展，从而极度减薄，其拉张减薄程度远大于中段珠江口盆地的白云凹陷，而且长昌凹陷也对应了低负重力异常区域。因此，根据上文的洋陆过渡带的判断标准，似乎包括长昌凹陷在内的琼东南盆地深水区大部也可以划入洋陆过渡带的范围，但是，正如南海北部陆缘洋陆过渡带的定义，洋陆过渡带是从受岩浆活动改造的明显减薄的陆壳至正常洋壳出现的区域，琼东南盆地大部分地区并没有与海盆接壤，而是需要越过地壳厚度超过 20km 的地块（西沙隆起、广乐隆起等）到达西南次海盆，这时西沙地块与西南次海盆之间的洋陆过渡带已不属于南海北部陆缘洋陆过渡带。因此，本书认为琼东南盆地大部分地区仅属于陆壳减薄区。

综上讨论，本书勾勒出了南海北部陆缘洋陆过渡带的范围（图 4-32）。南海北部陆缘洋陆过渡带向陆一侧边界位于陆架坡折或上陆坡向下陆坡转折处，向海一侧位于伸展期沉积尖灭处，呈条带状北东-南西向展布，其南北向的宽度在东段超过 200km，至西段则小于 69km。根据对地震反射剖面的具体分析，南海北部陆缘洋陆过渡带浅层构造特征在各段并不尽相同，甚至在每段都会出现差异。陆缘东段洋陆过渡带以受岩浆混染的裂陷期断陷和火山带（埋藏火山带）为特征，其范围超过 200km。陆缘中段 Line03 剖面上，洋陆过渡带的范围为 245km，以裂陷期断陷、受铲式正断层围限的宽缓的低凸起和火山或海山为特征。Line04 和 Line05 剖面上洋陆过渡带的浅层特征与 Line03 类似，发育裂陷期断陷、构造低凸起和向海倾的掀斜断块带，其范围为 240～265km。而 Line06 剖面上洋陆过渡带的浅层特征与 Line03 ~ Line5 剖面上的特征略有不同，其范围为 220km，以裂陷期断陷、受岩浆活动影响的构造低凸起、火山带和向海倾的掀斜断块带为特征。至陆缘西段，洋陆过渡带范围收窄，在 Line07 剖面上其范围仅为 69km，以裂陷期断陷为特征。一般情况下，洋陆过渡带向海一侧以围限前缘掀斜断块的向海倾的铲状正断层为界与洋壳区分，而西段 Line07 剖面上的洋陆过渡带则以火山为界与洋壳区分。在本书的地震反射剖面上，向海倾的掀斜断块带并不十分发育（Gao et al., 2015）。

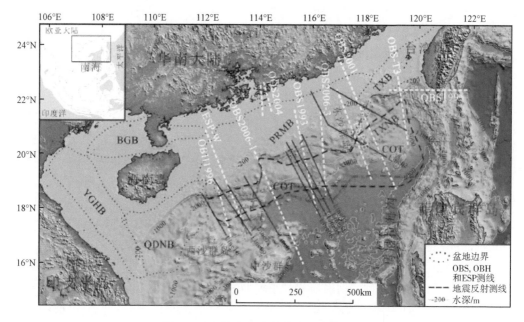

图 4-32　南海北部陆缘洋陆过渡带范围

注：红色为 Gao 等（2015）；紫色虚线为 Wang 等（2006）；黑色虚线为朱俊江等（2012）给出的范围

根据对南海北部陆缘洋陆过渡带特征的研究，相比两端元类型的岩浆匮乏型被动大陆边缘和火山型被动大陆边缘，认为南海北部陆缘是一个中间过渡的张裂模式，而且该模式更接近于岩浆匮乏型被动大陆边缘的特征。

南海北部陆缘洋陆过渡带贯穿断层极为发育，而南部陆缘洋陆过渡带铲状断层可归并于主滑脱面或莫霍面上，这种构造差异可能是由南海新生代演化过程中地壳的差异伸展造成的，而这种差异伸展的深源机制就是地幔岩石圈的破裂要早于地壳。

# 4.5　习　　题

1）什么是布格重力异常？什么是自由空气异常？海底重力测量与海面重力测量有什么区别？试解释释船测重力测量中的 CC 效应？

2）海洋重力测量的影响因素有哪些？与陆地测量的影响因素有什么区别？

3）海洋磁异常的异常场源是什么？海洋磁测的最大有效探测深度大约是多深？试解

释为什么同一地区的海上磁日变比陆地磁日变大很多。

4）海底磁异常条带形成的原因是什么？请给出南海新生代海底扩张构造演化的模式。

5）什么是洋陆过渡带？南海北部陆缘过渡带的特征有哪些？

## 参 考 文 献

管志宁. 2005. 地磁场与磁力勘探. 北京：地质出版社.

郝天珧，黄松，徐亚，等. 2008. 南海东北部及邻区深部结构的综合地球物理研究. 地球物理学报，51（6）：1785-1796.

郝天珧，徐亚，孙福利，等. 2011. 南海共轭大陆边缘构造属性的综合地球物理研究. 地球物理学报，54（12）：3008-3116.

江志恒. 1988. 论国家重力标准. 科学通报，33（15）：1171.

雷超，任建业，佟殿君. 2013. 南海北部洋陆转换带盆地发育动力学机制. 地球物理学报，56（4）：1287-1299.

李春峰，宋陶然. 2012. 南海新生代洋壳扩张与深部演化的磁异常记录. 科学通报，57（20）：1879-1895.

李家彪，丁巍伟，高金耀，等. 2011. 南海新生代海底扩张的构造演化模式：来自高分辨率地球物理数据的新认识. 地球物理学报，54（12）：3004-3015.

梁开龙，刘雁春，管铮，等. 1996. 海洋重力测量和磁力测量. 北京：测绘出版社.

刘雁春，边刚，暴景阳，等. 2005. 国内外海洋磁场探测仪器研究与进展. 海洋测绘综合性学术研讨会.

孟令顺，杜晓娟，刘万崧，等. 2006. 中国南海北部潮汕坳陷 NHC-1 测线及邻区重磁场特征与地壳结构. 吉林大学学报（地球科学版），36（5）：851-855.

任建业，庞雄，雷超，等. 2015. 被动陆缘洋陆转换带和岩石圈伸展破裂过程分析及其对南海陆缘深水盆地研究的启示. 地学前缘，22（1）：102-114.

王福民，叶宇星. 2007. S-Ⅱ型海洋重力仪介绍和使用方法. 物探装备，17（3）：210-214.

王功祥，赵强，廖开训. 2004. 浅谈当今海洋重磁调查设备的现状. 南海地质研究，（1）：75-81.

谢清陆，韦国和，李应超. 2011. S-Ⅱ型海洋重力仪的温度特性分析. 高新技术，6（5）：89.

叶宇星，冀连胜，刘天将. 2011. 海洋重磁勘探仪器简介. 物探装备，21（5）：308-312.

曾华霖等. 2005. 重力场与重力勘探. 北京：地质出版社.

张亮. 2012. 南海构造演化模式及其数值模拟. 北京：中国科学院海洋研究所博士学位论文.

朱俊江，丘学林，徐辉龙，等. 2012. 南海北部洋陆转换带地震反射特征和结构单元划分. 热带海洋学报，31（3）：28-34.

Bolotin Y V, Yurist S S. 2011. Suboptimal Smoothing Filter for the Marine Gravimeter GT-2M. Gyroscopy and Navigation, 2（3）: 152-155.

Ding W, Li M, Zhao L, et al. 2011. Cenozoic tectono-sedimentary characteristics and extension model of the Northwest Sub-basin, South China Sea. Geoscience Fortiers, 2（4）: 509-517.

Gao J, Wu S, McIntosh K, et al. 2016. Crustal structure and extension mode in the northwestern margin of the South China Sea. Geochemistry, Geophysics, Geosystems, 17（6）: 2143-2167.

Gao J, Wu S, McIntosh K, et al. 2015. The continent-ocean transition at the mid-northern margin of the South China Sea. Tectonophysics, 654: 1-19.

NabighianM N, Ander M E, Grauch V J S, et al. 2005. Historical development of the gravity method in exploration. Geophysics, 70 (6): 63-89.

Parkinson W D, Jones F W. 1979. The geomagnetic coast effect. Reviews of Geophysics, 17 (8): 1999-2015.

Sokolov A V. 2011. High Accuracy Airborne Gravity Measurements Methods and Equipment. Preprints of the 18th IFAC World Congress, 2 (3): 547-549.

Taylor B, Hayes D E. 1980. The tectonic evolution of the South China Sea basin. The Tectonic and Geologic Evolution of Southeast Asian Seas and Islands, Part I, 23: 89-104.

Verdun J H, Klingele E E. 2005. Airborne gravimetry using a strapped-down LaCoste and Romberg air/sea gravity meter system: a feasibility study. Geophysical Prospecting, 53: 91-101.

Wang T K, Chen M K, Lee C S, et al. 2006. Seismic imaging of the transitional crust across the northeastern margin of the South China Sea. Tectonophysics, 412 (3): 237-254.

Zheleznyak L K, KrasnovA A, Sokolov A V. 2010. Effect of the Inertial Accelerations on the Accuracy of the CHEKAN-AM Gravimeter. Physics of the Solid Earth, 46 (7): 580-583.

# 第 5 章 | 海洋电磁与放射性测量

海洋电磁与放射性测量是海洋地球物理勘探的重要内容，在海底科学探测、海洋油气、天然气水合物勘探、海底盐丘构造和海底金属矿产等方面的探测中具有重要的意义。在本章中，将分别介绍海洋电磁法勘探与海洋放射性测量的基本原理、方法，以及最新的应用实例。

## 5.1 海洋电磁法概述

### 5.1.1 基本概念

海洋电磁法是通过海水、海底沉积物与探测目标体之间的电导率差异来进行探测的一种地球物理方法。海洋电磁法勘探的方式如图 5-1 所示，图的左侧表明的是一种典型的海洋可控源电磁法装置形式，右侧则是海洋天然源大地电磁法的源与观测点示意图，两种方法的细节将在下一节进行详细论述。由于电磁方法本身的固有分辨率比较高，海洋电磁法是除地震方法以外的主要海底地球物理方法之一。海洋电磁法对于碳酸盐礁、海底冻土带、盐丘、火山岩体等具有良好的识别效果，同时在海底油气资源储层探测与天然气水合物资源估计中

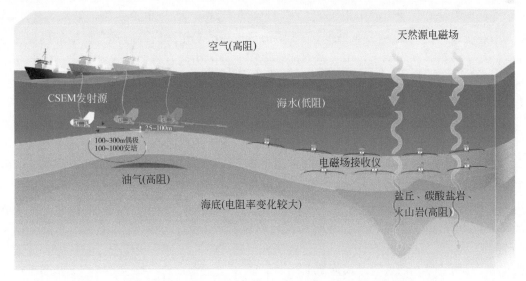

图 5-1　海洋电磁法探测系统示意图（据 Constable，2010）

也有重要的作用。

　　勘探方式都是通过电响应获得地质体信息，但海洋中的电法勘探与陆地相比有很多不同。首先，在勘探方法上，虽然在早期有关于海底自然电位与直流电法的研究，但目前被广泛使用的海洋电法勘探以电磁方法为主，即海洋大地电磁法（marine magnetotelluric，MMT）和海洋可控源电磁法（marine controlled-source electromagnetic，MCSEM 或 CSEM），这将是本章重点介绍的内容。其次，从勘探环境与目标体上来看，海洋电磁法主要针对在低电阻率海水及沉积地层中的高电阻率目标体，这与典型的陆地环境下金属矿、煤矿采空区等高电阻环境下的低阻目标体探测不同，因此被称为"上下颠倒的世界"（何继善和鲍力知，1999）。最后，海洋电磁法的装置也与陆地上的电磁方法不尽相同，特别是在MCESM 方法上，收发距离往往从很短变化到几十千米，这与陆地上传统 CSAMT 采用的长收发距、平面波假设有很大的区别。

## 5.1.2　发展历史

　　海洋电磁法的实验性工作应该可以追溯到20 世纪60 年代，地球物理学家开始考虑电磁方法在海洋环境中的应用（Novysh and Fonarev，1966；Filloux，1967），随后的很多年里，对于海洋电磁法的研究一直停留在理论研究与科学研究的阶段。70 年代，用于海洋岩石圈地幔研究的深海海底 MT 探测仪器开始使用，在随后的二三十年时间里，重点开展探测方法技术的可信度与稳定程度的研究，如数据采集技术（Nichols et al.，1988）、提高信噪比技术（Gabmle et al.，1979）、电磁响应计算技术（Egbert et al.，1986）、一维、二维甚至三维的正反演计算技术（Wannamaker et al.，2007；Constable et al.，1987；Smith and Booker，1991；Li and Kerry，2007），以及仪器改进技术（Constable et al.，1998）。

　　海洋电磁法在工业上的应用始于20 世纪90 年代中晚期（Ellingsrud et al.，2002），随着大型能源公司将目光转向海洋油气资源，海洋电磁法对于海底高阻油气储层的勘探能力开始受到了重视。在实际工作中，虽然地震勘探对圈闭构造有较好的识别效果，但对于高阻油气储层的直接探测能力却不如电磁法。同时，在海洋电磁法工作的指导下，可以大大降低钻井失败的风险（Hesthammer et al.，2010）。因为海洋电磁法独特的优势，随着海洋油气资源勘探开发的迅猛发展，大量海洋电磁仪器、数值模拟与反演算法的研发也随之展开，最终使得电磁勘探成为成熟的海洋探测方法。近十几年以来，海洋电磁法的飞速发展与其在海洋油气资源勘探中的重要作用密不可分。海洋电磁在商业和国家海洋战略领域的意义，已经使其成为了海洋勘探中不可或缺的重要勘探手段。如今，随着海洋电磁勘探技术本身不断的进步，以及其他方法的辅助，如全球定位系统（GPS）以及多波束回声探测（Seabeam）等定位与测绘方法，使得海洋电磁法已经成为一种非常实用的海底探测技术（何继善，2012）。海洋电磁法与地震勘探方法及海洋重、磁方法相结合，进行综合地球物理研究，是解决复杂海底科学与能源探测的保证。

　　我国海洋电磁法的研究虽然起步较晚，但在近些年同样受到了较大的重视，发展海洋电磁探测技术在《国家中长期科学和技术发展规划纲要（2006～2020 年)》中被明确提出。在科学研究领域，20 世纪 90 年代我国开展了 "863" 计划研究项目 "海底大地电磁探测技术"，在台湾海峡、南海和黄海等海域开展了海底大地电磁测深试验。近年来，由于 "海洋可控源电磁勘探发射关键技术研究"（"863" 项目）以及中国地质调查局 "天然气水合物资源勘查与试采工程" 等海洋 CSEM 仪器方法工作的开展，使得目前我国在海洋电磁研究领域也紧跟前沿研究的步伐。总的来说，虽然部分发达国家在海洋电磁的商业利用领域起步更早，也拥有更多的专利技术，但我国的很多高等学府及科研院所的海洋电磁研究团队，在海洋电磁法数据采集，可控源电磁法正反演和数据解释等方面已经取得了长足的进展，在国际海洋电磁研究领域也享有一定的知名度（郝天珧等，2008；杨波等，2012；殷长春等，2014；杨军等，2015；Li et al.，2013；Yan et al.，2016）。

## 5.2　海洋电磁法原理

### 5.2.1　海洋电磁勘探环境

海洋电磁探测拥有陆地电磁测量没有的优势：①海水层的存在对周围的高频电磁干扰有一定的屏蔽作用，仅在滨海地区会存在较强人为电磁干扰的信号，包括未衰减完全的人工源噪声或人文噪声等，所以海底电磁法勘探的环境是 "稳定和安静的"（何继善等，1998）；②由于海水的温度和盐度相对变化不大且均衡稳定，所以测量电极周围的环境也相对稳定，不均匀性及电噪声较小；③接地电阻比较小，可以实现较大的供电电流，同时，在大多数情况下海底可以实施阵列式、拖拽式的大面积高效率测量。

海洋电磁探测存在着几个陆地测量中所没有的难题。

1）因为海水层对高频的屏蔽作用，在一定程度上限制了海洋电磁信号的数据采集与处理。例如，高频电磁信号的衰减，对海洋 MT 高频数据记录提出了重大的挑战。受这种 "屏蔽效应" 的影响，海洋电磁探测一般被认为是很难有效开展的。

2）由于海流和海浪的影响，海洋环境下会产生感应电磁场，虽然这种感应电磁场对海洋与海水运动的研究来讲是主要的目标，但对于海洋地球物理勘探来说却是干扰源。海流产生电磁场与海水速度场以及海水深度、海流方向有关（Chave et al.，1984）。海流产生的磁场量值能达到约 100nT（Lilley et al.，2001）。在平坦、层状的海洋中行进的海波产生的电磁场由三部分构成：横向电场、横向磁场和静电场（Podney，1975）。海浪传播方向所在平面上的速度产生横向电场，沿海平面传播并逐渐消失。垂直平面内的速度分量产生横向磁场。垂直电流在海洋表面堆积的电荷形成静电场。海面上的磁场大小与海水深度方向的海水平均速度的大小成比例；场强大小随着海水深度呈指数规律衰减；磁场梯度噪声谱可以由测量波浪谱提供。磁场干扰方面，数米高的浪涌就可以产生足够干扰海洋电磁测量的磁场。Lilley（2004）观测浪涌在地磁场中的运动时，发现了一个相对背景场的缓慢变化的感应磁场。高频信号由强的海洋涌浪产生，信号强度达到了 5nT（峰-谷）。磁信号的功率谱在 13s 存在一个峰，符合该地区涌浪特征。

3）海底环境的压力、海水的流动性等对测量仪器提出的挑战。因为数据采集技术难度较大，所以在很长时间里，海洋电磁法的理论研究都是领先于实际应用的。海洋电磁的测量仪器不但要克服海底的高压力、海水腐蚀渗透等外部干扰，同时还要提供稳定的、高信噪比的电磁信号。除此之外，海底定位的能力、仪器的回收成功率等因素，也是海洋电磁数据采集工作需要面临的问题。综上，海底电磁探测的优势和挑战是并存的。

### 5.2.1.1　海洋电介质模型与海水层

海洋勘探环境下的电介质的性质与参数，是进行海洋电磁研究，特别是正演模拟，以及建立反演初始模型的重要基础与依据。在海域中，介质导电性模型可以参考 Larsen（1973）提供的多层模型，这种模型考虑地壳和上地幔物质的电导率空间分布不均匀性，海洋勘探环境下可分为以下几个层：①电离层，位于海水表面以上 100km，电导率小于 $10^{-3}$S/m，厚度约为 50km；②大气层，厚度约为 50km，几乎不导电，即电导率接近于 0 S/m；③海水层，导电率与深度可变，在海域电导率模型中设置为 5km 左右；④海底沉积物，电导率一般小于 0.5S/m，厚度约为 0.5km；⑤洋壳及地幔的上部物质，电导率一般小于 $10^{-3}$S/m；⑥导电的地幔，这一部分地幔埋深较深，随着温度的提高，电导率呈指数规律上升，当超过 400km 时可以达到 1S/m，同时在 100～200km 存在一个电导率的观测极值。值得注意的是，上述模型中没有考虑海洋地壳的各向异性，然而海洋地壳在某些地方是具有各向异性的，如在大陆板块自然延伸的大陆架，以及在大洋洋脊的位置，都存在着沿特定方向的电导率差异。

海水层是夹在周围电导率较低的背景环境下的高电导率物质层。Becker 等（1982）提供了一个海水与温度之间的线性公式，Constable 在这个公式的基础上提供了高温情况下的校正表示形式，忽略压力的影响，孔隙流体与温度公式可以参考（Constable et al.，2009）

$$\sigma_f = 2.903\ 016(0.029\ 717\ 5T + 0.000\ 155\ 51T^2 - 0.000\ 000\ 67T^3) \tag{5-1}$$

式中，$\sigma_f$ 为孔隙流体电阻率；$T$ 为海水温度，℃。

海水的电导率与很多因素有关，但主要影响因素是盐度和温度。当海水温度为 15℃时，盐度从 0.5% 增加到 4% 后，电导率从约 0.72S/m 增加到约 4.8S/m。如果海水盐度恒定为 3.5%，当海水温度从 0 ℃ 升高到 25℃ 时，电导率约从 2.9S/m 升高到 5.3S/m（Nabighian，1988）。

海水温度日变化很小，变化水深范围为 0～30m，而年变化可到达水深 350m。在水深 350m 左右处存在一恒温层。在深水处，水温变化少于 0.1℃。水温随深度增加逐渐下降，幅度为 1～2℃/km，在水深 3000～4000m 处，温度降至 1～2℃。

总的来看，海水温度变化平稳。海水的盐度与温度一样相对均匀稳定，因此，海水的电阻率也较为稳定。除了地球两极的附近海域，海水电阻率大约可以认为是 3～5S/m，而在温暖的海水表面，电导率通常会更高。

### 5.2.1.2　海洋岩石的电学性质

除了海水环境的电性相对均匀稳定以外，海洋岩石的电学性质也因为含水饱和而不均匀性大大降低。海洋岩石和沉积物,特别是海底上层的沉积物和枕状玄武岩,都浸泡在海水环境中,所以处在含水饱和的状态。对于一般非良导电性的岩石,电阻率由海水流体的电阻率、岩石孔隙度,以及孔隙形状等因素决定,服从阿尔奇(Archie,1942)定理

$$\sigma_r = \frac{\Phi^m S^n \sigma_f}{A} \tag{5-2}$$

式中,$\sigma_f$ 为孔隙流体电阻率;$\sigma_r$ 为岩石电阻率;$S$ 为含水孔隙比;$n$ 为饱和度指数;$\Phi$ 为孔隙度;$m$ 为与孔隙形态有关的胶结指数;$A$ 为常数,一般取 $0.5 \sim 2.5$。

在海底层浅部沉积,一般处于含水饱和的状态,即 $S=1$,可以取 $A=1$,$m=2$,阿尔奇公式可以简化为(Constable et al.,2009)

$$\sigma_r = \sigma_f \Phi^2 \tag{5-3}$$

从式(5-3)可以看出,在海底浅部,海底沉积物的电阻率主要与孔隙流体的电阻率以及沉积物或岩石本身的孔隙度有关。孔隙流体主要是海水,但在洋脊附近也存在一定的岩浆流体。对于更深的洋壳,可以参考表 5-1 所列出的岩石电导率模型。在海洋地壳中,随着埋深的增加、岩石年龄的增大,孔隙度变低,电导率呈现出随着孔隙度的降低而降低的趋势,因此海洋地壳的电导率主要与孔隙流体的存在相关。

表 5-1  海洋地壳的电导率模型

| 岩石或沉积物 | 电导率/(S/m) | 厚度/km | 备注 |
| --- | --- | --- | --- |
| 沉积物 | 0.75 ~ 0.2 | ≥0 | 取决于孔隙度、温度(是各向同性的) |
| 玄武岩(破碎) | 0.1 ~ 0.5 | 0.5 ~ 1.5 | 取决于孔隙度、温度(是各向同性的) |
| 玄武岩(完整) | 0.03 ~ 0.0003 | 约 5 | 取决于破裂密度与方向、温度(是各向同性的) |

资料来源:Palshin,1996。

在岩石圈深部以及地幔的电阻率分布可以参考图 5-2 所给出的实测数据,对于上地幔浅部的岩石而言,由于所处环境是干燥和致密的,电导率一般非常低,即电阻率非常高,达到了 $10^5 \Omega \cdot m$。而在地幔的深部,随着深度的增加,硅酸盐类的电阻率开始随温度的增加而在指数函数图中呈现出数量级的降低。在更深处($100 \sim 200 km$)出现了低阻层,因为岩石圈底部的部分熔融作用,这种现象在大陆地壳中同样存在。在深部的数据主要依靠被动源电磁法(大地电磁)的测量。

### 5.2.1.3  勘探目标体的电学性质

海洋中有很丰富的矿产与油气资源,相对于围岩与海水层都是高电阻的,这构成了海洋电磁勘探的物性基础。海底的油气资源一般储藏在油气储层或盐丘构造等,它们都是典型的海底低阻、多孔沉积物环境下的异常体。对于海洋可控源电磁法来说,由于采用了偶极激发,对于薄层高阻异常体的识别特别敏感,经常被用做油气勘探。而对于盐丘这种形态较厚的高阻构造体,采用平面波勘探的海洋大地电磁法来说效果更好。

除了油气资源勘查以外,海洋电磁还被用在海底冻土调查,火山岩覆盖区、海底碳酸

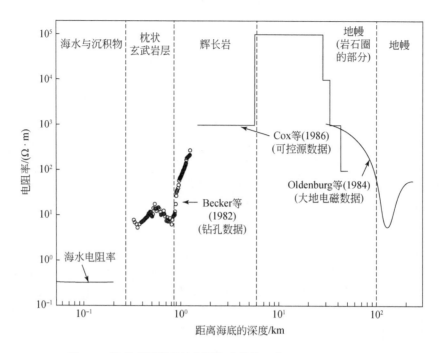

图 5-2　海底不同深度的电阻率参考值（据 Constable，1990）

盐岩地区等。

## 5.2.2　控制方程

正演是进行海洋电磁数据处理、研究和反演的基础。在本节中简单介绍电磁正演方程以及基本解。电磁场的基本方程是麦克斯韦（Maxwell）方程组，其积分形式可以表示为

$$\boldsymbol{\nabla} \times E = -\frac{\partial B}{\partial t} \tag{5-4}$$

$$\boldsymbol{\nabla} \times H = -j + \frac{\partial \boldsymbol{D}}{\partial t} \tag{5-5}$$

$$\boldsymbol{\nabla} \cdot B = 0 \tag{5-6}$$

$$\boldsymbol{\nabla} \cdot \boldsymbol{D} = q_v \tag{5-7}$$

式中，$E$ 为电场强度，V/m；$\boldsymbol{D}$ 为电位移矢量，C/m$^2$；$B$ 为磁感应强度，T；$H$ 为磁场强度，A/m；$j$ 为传导电流密度，A/m$^2$；$q_v$ 为自由电荷密度，C/m$^3$；$\boldsymbol{\nabla}$ 为哈密顿算符。

电场矢量对及磁场矢量对的关系可以由本构（constitutive）方程表示

$$B = \mu H \tag{5-8}$$

$$\boldsymbol{D} = \varepsilon E \tag{5-9}$$

式中，$\varepsilon$ 为介电常数，F/m；$\mu$ 为磁导率，H/m。这些参数与介质的成分、温度、压力等条件有关。通常在海洋勘探研究环境下，如无特别声明，一般认为它们在介质中是均匀各向同性的，磁导率一般选取真空中的磁导率 $\mu_0 = 4\pi \times 10^7 \mathrm{H/m}$。

　　对于两种地电介质的分界面上，由于电学性质的突然改变（如介电常数 $\varepsilon$ 以及磁导率 $\mu$、电导率 $\sigma$ 等），因此矢量场会发生不连续变化。因此，在解决电磁问题时应考虑其边界条件，即在边界的两侧发生的矢量场的突然变化。考虑一种常见的情况，如图 5-3（a）所示的一种介质分界面 $S$，界面两侧分别表示为 $i$ 和 $i+1$，假设表面上没有外在电流及电荷，且在表面的每一侧的物性变化很小，可视为常数，厚度为 $\Delta l$，$n_i$ 与 $n_{i+1}$ 表示一个面微元 $\Delta S$ 两侧上的法向量。在这个区域内物性的变化可以认为是迅速且连续的，如图 5-3（b）所示。在这样的条件下，麦克斯韦方程组同样适用。

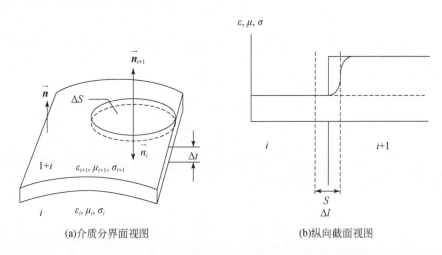

(a)介质分界面视图　　　　　　　　　　(b)纵向截面视图

图 5-3　介质边界表面 $S$ 两侧的电磁场垂直分量的边界条件（据 Zhdanov，2012）

　　考虑电磁场的垂直分量，利用麦克斯韦方程组［式（5-6）以式（5-7）］，由高斯定理，可得

$$\iint\limits_{\Sigma} B \cdot n_{\Sigma}\mathrm{d}S = \iiint\limits_{v} \nabla \cdot B\mathrm{d}V = 0 \tag{5-10}$$

$$\iint\limits_{\Sigma} D \cdot n_{\Sigma}\mathrm{d}S = \iiint\limits_{v} \nabla \cdot D\mathrm{d}V = \iiint\limits_{v} q\mathrm{d}V = Q \tag{5-11}$$

式中，$Q$ 为总电荷密度。

　　取 $\Delta l \to 0$ 的极限情况，由于面微元 $\Delta S$ 非常小，磁场在圆柱体内是近似不变的，可以写成乘积的形式，又因为 $n_i$ 与 $n_{i+1}$ 方向相反，因此可得垂直分量的边界条件为

$$B_n^{i+1} - B_n^{i} = 0 \tag{5-12}$$

$$D_n^{i+1} - D_n^{i} = \eta \tag{5-13}$$

式中，$\eta$ 为面电荷密度，$\eta = Q / \Delta S$。

　　对于水平分量，采用相同的假设，如图 5-4 所示。定义一个界面 $S$，界面两侧分别用 $i$ 和 $i+1$ 表示，$\Delta l$ 厚度范围内的电磁场的变化迅速且连续。定义 $n$ 垂直于界面 $S$，$\tau$ 平行于该界面。定义闭合路径线 $L$ 范围内的一个小平面 $P$，$n_0$ 为其正向的单位法向量。

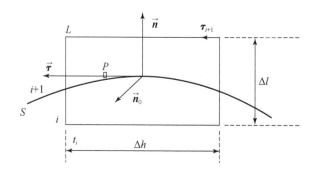

图 5-4　介质边界表面 $S$ 两侧的电磁场水平分量的边界条件（据 Zhdanov，2012）

由麦克斯韦方程组第一个方程，根据斯托克斯公式，有

$$\iint\limits_{P} c \cdot \boldsymbol{n}_{\Sigma} \mathrm{d}S = \iint\limits_{P} \boldsymbol{\nabla} \times H \cdot \boldsymbol{n}_0 \mathrm{d}S = \int_{L} H \cdot \boldsymbol{\tau}_L \mathrm{d}l \tag{5-14}$$

式中，$c$ 为总电流。

假设路径 $L$ 足够小，取 $\Delta l \rightarrow 0$ 的极限情况，由于 $E$ 与 $\partial \boldsymbol{D}/\partial t$ 都是有限的，因此对于任何一个有限的电导率 $\sigma$ 来说，式（5-14）的左项为 0。因此，对于垂直磁场强度，有

$$H_{\tau}^{i+1} - H_{\tau}^{i} = 0 \tag{5-15}$$

同理，对麦克斯韦方程组的第二个方程进行分析，可以得到

$$E_{\tau}^{i+1} - E_{\tau}^{i} = 0 \tag{5-16}$$

综上，结合本构方程，即可以得到导电介质分界面的电场、磁场水平、垂直分量的边界条件表达式。

对于海洋 MT 测深来说，由于与陆地 MT 方法原理近似，可以采用平面波假设，在频率域计算层状模型的正交电磁场的卡尼亚响应，也可以采用二维、三维场反演的方法进行数值分析。而对于 CSEM 方法，由于接收信号为非平面波，需要对电磁场的三维传播进行计算，一般可以采用积分方程法（integral equation，IE）、有限差分法（finite difference，FD）以及有限单元法（finite element，FE）等方法。在正演算法上，可以直接采用一次场算法求解总场方程，但需要在具有奇异性的场源处加密网格；也可以采用二次场算法，通过二次场的数值解与一次场解析解叠加获得总场信息，但该方法对于多个场源的问题相对较难处理。目前 CSEM 三维正反演领域仍处于较为前沿的科学技术研究问题。本书将在下面的小节中详细介绍这两种方法的基本原理。

## 5.2.3　海洋大地电磁法

20 世纪 50 年代，大地电磁法首先由 Tikhonov 与 Cagniard 提出，通过在地表测量正交的电场与磁场分量，计算大地介质的阻抗强度，从而转化计算视电阻率，得到视电阻率的结构分布。海洋大地电磁法与陆地上所采用的大地电磁法在原理上比较接近，近几十年以来作为大陆架调查、盐丘等海底高阻异常体的勘探手段被广泛应用，如图 5-1 右侧表示。

通过布设在海底的信号接收器，接收天然电磁场被动源在海底的响应，获得异常体信息。

值得注意的是，虽然同样采取频率域测深的方式，由于海水对电磁能量的衰减吸收作用，周期低于 $10^3$s 的电磁场信号在传播过程中能量被海水大量吸收、衰减，在海洋 MT 测量所使用的频段受到了限制，所以在很长时间内，传统的海洋 MT 测量中采用的周期范围都选择在 $10^3 \sim 10^5$s，从趋肤深度公式可知，这个频段内的电磁信号探测深度很深，所以一般用于探测海洋深部地幔结构（Constable et al.，1998）。在早期的海洋 MT 文献综述中，也一般认为海洋 MT 方法只对特别深的目标体的探测比较有效（Law，1983；Palshin，1996）。但随着信号采集与处理技术水平的提高，周期低于 $10^3$s 的天然电磁场信号也可以很好地被观测到，因此目前大地电磁在油气资源勘探中作为一种重要的海洋地震勘探的补充手段，在厚层的高阻盐丘结构勘探中起到重要的作用。现在海洋大地电磁法应用范围非常广泛，特别是用在一些前期勘查性质的探测，以及地震波方法并不能很好实行的地区，如进行沉积物结构填图、勘探隐伏盐丘，低速的火成岩区等。

在 MT 方法中，采用随时间变化的谐波（time-harmonic）电磁场，即随时间的谐变规律表示为 $e^{i\omega t}$，麦克斯韦方程组可以写为以下形式（Zhdanov，2012）

$$\nabla \times E = i\omega\varepsilon H \tag{5-17}$$

$$\nabla \times H = \sigma E - i\omega\varepsilon E \tag{5-18}$$

$$\nabla \cdot (\mu H) = 0 \tag{5-19}$$

$$\nabla \cdot (\varepsilon E) = q_v \tag{5-20}$$

在 $N$ 层一维层状模型中，第一层（表面层）的电场与感应磁场的比值形式可以写成（Schmucker，1970；Constable et al.，1998）

$$\frac{E}{B} = \frac{i\omega}{k_1 G_1} \tag{5-21}$$

式中，$i$ 为虚数单位；$\omega$ 为圆频率；$k_1$ 为第一层的波数，每一层的波数 $k$ 可以表示为

$$k_j = \sqrt{\omega\mu_0 i\sigma_j} = \sqrt{2\pi f\mu_0 i\sigma_j} \tag{5-22}$$

式中，$f$ 为频率；$\sigma_j$ 为 $N$ 层模型中第 $j$ 层的电导率，与电阻率呈倒数关系。

每一层的层参数 $G$ 存在递推关系，第 $N$ 层的 $G$ 被设置为 1，即 $G_N = 1$

$$G_j = \frac{k_{j+1} G_{j+1} + k_j \tanh(k_j h_j)}{k_j + k_{j+1} G_{j+1} \tanh(k_j h_j)} \tag{5-23}$$

层状介质电场与磁场的比值可以写成

$$\frac{E_{j+1}}{E_j} = \cosh(k_j h_j) - G_i \sinh(k_j h_j) \tag{5-24}$$

$$\frac{B_{j+1}}{B_j} = \frac{k_{k+1} G_{j+1}}{k_k G_j} \left[ \cosh(k_j h_j) - G_i \sinh(k_j h_j) \right] \tag{5-25}$$

则 MT 在这种表达形式下的视电阻率 $\rho_a$ 及相位 $\phi$ 可以表示为

$$\rho_a = \frac{\omega\mu_0}{|k_1 G_1|^2} \tag{5-26}$$

$$\phi = \arctan \frac{\mathrm{Im}(k_1 G_1)}{\mathrm{Re}(k_1 G_1)} \tag{5-27}$$

从不同介质环境下的衰减曲线模拟结果可以看出，一个相对高阻的海底环境对于电磁场的幅值有轻微的加强作用，如图5-5长虚线部分所示。而相反对于磁场来说，这种作用是衰减的。在一个100 Ω·m 的海底环境下，磁场的幅值降低了1~2个数量值。对于海洋大地电磁环境来说，与陆地测量环境的不同可以用以下方式表述：①在陆地环境下，不同的测量点之间由于电阻率以及接地环境的变化。电场分量的变化往往比较大，而相对来说磁场的变化则较小；海洋环境中则是相反的。②即使在一维层状环境下，大地电磁场都包含了地质结构信息，特别是磁场对于结构电阻率的变化非常敏感。

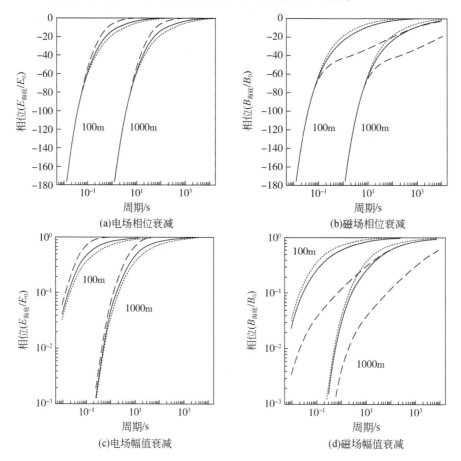

图5-5　电场与磁场分别穿过100m与1000m海水层电场相位衰减、磁场相位衰减、
电场幅值衰减、磁场幅值衰减（据 Constable et al. ，1998）

注：实线表示海底背景为100Ω·m；长虚线表示海底背景为1Ω·m；短虚线表示为简单海底–海水模型

## 5.2.4　海洋可控源电磁法

虽然对于海洋可控源电磁法的实验与测试可以追溯到 20 世纪 60 年代，但真正第一次进行 CSEM 的商业油气勘探是在 2000 年（Ellingsrud et al. ，2002）。虽然最近十年海洋可

控源电磁法的发展非常迅速，但海洋 CSEM 探测依旧处在"婴儿期"（Constable, 2010）。目前，CSEM 的观测系统有多种形式，但主要核心是以一种拖拽式（towed）的装置组合：使用拖拽船拖动磁场源或电场源移动，接收机则采用阵列式排放在海底，如图 5-1 左侧所示。同时，按照源的类型可分为四类：水平偶极法（HED）、垂直偶极法（VED）、水平偶极法（HMD）和垂直偶极法（VMD）。按照测量方式，又可以分为频率域海洋可控源电磁法（FDCSEM）与时间域海洋可控源电磁法（TDCSEM）。

海洋可控源电磁法（CSEM）采用水平电偶极子激发的低频电磁波信号，信号频率范围为几赫兹到几十赫兹，传播路径为在海水中和海底地层。海洋可控源电磁法（CSEM）采用的方式是移动式水平导线源和海底电场接收排列。为了减少水-空气界面的空气波和空中电磁噪声的污染，发射电场源放置在海底。接收装置接收到的电磁波中包含了空气波、直达波产生的电磁波、电磁反射波及折射波，如图 5-6 所示。

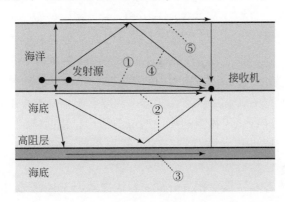

图 5-6　海洋 CSEM 电磁波传播示意图（据殷长春等，2012）
注：①直达波；②地层波；③高阻体中的导波；④空气-海水界面的反射波；⑤空气波

电磁波在海水中的传播过程以指数形式衰减，可以分为以下几个部分：直达波、地层波、高阻体中的导波、空气-海水界面的反射波以及空气波。直达波从海底发射源出发，沿着海水直接到达接收装置。地层波则是从海水穿入地层中，经过海底沉积层的传播后到达接收装置。导波则是经过了在高阻层中的传播后到达接收机，包含了高阻目标体的信息。空气波是向上传播，经过海水到达海面，并穿透海水沿着水与空气的界面传播一段时间后，又经过海水传播到接收机的电磁波。其中，电磁波在空气中的传播可以认为是不衰减的（忽略在分界面上的几何扩散），并且在空气波中不含有勘探目标体的信息，因此在浅水观测中，能量较大的空气波是一种主要的电磁干扰。

### 5.2.4.1　控制方程

如果忽略位移电流，采用谐波电磁场，以及与 5.2.3 节中相同的谐波因子，电偶极场源激发的频率域方程的微分形式可以写成

$$\nabla \times \nabla \times E + i\omega\mu_0 E = -i\omega\mu_0 J \tag{5-28}$$

对于脉冲激发电流来说，一次场在场源处有奇异性，可以采用二次场算法，控制方程

可以写成如下的形式：

$$\nabla \times \nabla \times E^s + i\omega\mu_0 E^s = -i\omega\mu_0 J^s \tag{5-29}$$

式中，$E^s$ 与 $J^s$ 分别表示二次电场与激发二次场的电流密度，而对于一次场来说，一般选取一个参考模型作为背景模型，通过解析方法计算背景一次场，总场、一次场与二次场的关系可以表示为

$$\nabla \times \nabla \times (E - E^p) + i\omega\mu_0 (\sigma E - \sigma^p E^p) = 0 \tag{5-30}$$

而对于磁场空间分布，在得到电场分布规律后，一般可以由电场分布计算得到。

考虑源的计算，可以计算单个简单电偶极子源或磁偶极子源的情况。而较为复杂的源，可以认为是这两种源的叠加与组合。对于单个电偶极子源来说，源的方程可以表示为（Løseth and Ursin，2007）

$$J_s = I(\omega) l\delta(r - r_0) \tag{5-31}$$

式中，$I$ 为源电流；$l$ 为电偶极子源的长度与方向；$r_0$ 为源的位置。

而对于单个磁偶极子源（线圈），源的方程可以表示为（Streich，2009）

$$K_s = -i\omega\mu_0 I(\omega) a\delta(r - r_0) \tag{5-32}$$

式中，$I$ 为源电流；$a$ 为磁偶极子线圈的空间分布；$r_0$ 为源的位置。

对于电磁场控制方程的解法主要有两类，一类是积分解析解，即通过积分方程法获得理论解，并对积分方程进行一定程度的简化近似与估计，从而得到电磁场的空间分布；另一类是运用差分方式，通过体元网格划分的方式求得节点的场值的数值解，如有限单元法、有限差分法、有限体积法等都属于这一类。

上述几种正演方法各有特点：积分方程法只需要对异常体区域进行剖分，也不需要附加额外的边界条件，因而对于简单模型中有若干局部异常体非常有效，但对于复杂的地形起伏与异常体形态只能通过一定的网格近似。由于正演矩阵为满矩阵，因此在异常体形态较为复杂时，求解效率相对较低（Zhdanov et al.，2006）。有限差分方法相对较为简单，求解效率较高（Newman and Alumbaugh，1995），但由于规则化网格划分，因此在复杂形体的异常体研究中只能用网格去近似。有限单元法相对较为复杂，但由于非结构化网格的优点，形成的总系数矩阵的稀疏程度与有限差分方法基本相当，也可以用矢量有限元法直接求解电磁场，也可以通过求解位的方式间接求得场的分布（Jin，2014；蔡红柱和熊彬，2015）。

### 5.2.4.2 大型稀疏矩阵求解

随着海洋 CSEM 方法的火热应用，以及计算机资源和并行计算的快速发展，近些年来海洋电磁正演的研究进展突飞猛进，从一维、二维（Li and Kerry，2007；Li et al.，2013），逐步走向三维正演（杨波等，2012；殷长春等，2014；杨军等，2015），同时海底的复杂地形与各向异性等环境因素也被考虑进了海洋 CSEM 的正演研究中。

采取差分求解方法，如有限单元法（FE）、有限差分法（FD）等将控制方程离散化后，可以得到一个正演线性系统，这个线性公式即是解决三维 CEM 正演的目标公式，表示为

$$Ae = b \qquad (5\text{-}33)$$

式中，$A$ 为一个大型的、稀疏的复矩阵，称为稀疏矩阵（sparse matrix），其中仅有少量的非零矩阵元素。图 5-7 给出了一个采用有限体积法（FV）进行求解的稀疏矩阵的结构示意图，非零矩阵元素在矩阵中表示为黑色标点。

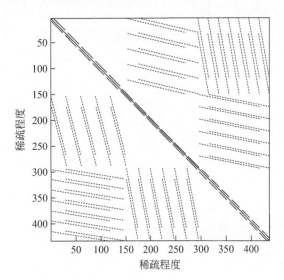

图 5-7　海洋可控源电磁法三维正演中的大型稀疏 $A$ 矩阵示意图（网格数量为 5×6×7）

（据韩波等，2015）

对于大型稀疏矩阵的求解目前常用的有两种方法，一种是迭代解法，通过 Krylov 子空间迭代技术来逐步逼近真实解。另一种方法是直接解法，这种方法精度更高，缺点是对计算机的内存计算能力与需求特别高，目前是更为常用的解法，特别是在并行计算机与计算集群（HPC clusters）上。对于求解大规模稀疏矩阵的并行求解器目前有两种，已经非常广泛地应用在了科学计算领域，一种是 MUMPS（Amestoy et al.，2006），另一种是 PARDISO（Schenk and Gärtner，2004），目前这两种求解工具，特别是 MUMPS，在国内外的海洋电磁三维正演领域已经被采用。

## 5.2.5　仪器装置

虽然大地电磁法与可控源电磁法在陆地上的使用已经较为成熟，但是将方法运用到海洋中需要解决很多工程技术问题，如深水环境下的密封与承压问题、有效电磁场信号提取、非实时监控过程中的同步与纠错等。目前，国际上海洋电磁测量装置的发展已经较为成熟。在传统的海洋大地测量中，一般采用磁通门或光纤传感器测量磁场分量，dc 耦合电场传感器来测量电场分量（Filloux，1967）。在应用技术上，主要需要实现的功能有以下几个方面。

1）测量电场与磁场分量的数据与时间序列，一般采用的是四分量（$E_x$、$E_y$、$B_x$、$B_y$）或五分量（包含 $B_z$）测量。在测量方式上必须适应水下电磁场采集工作，可以获得有效的电磁场信号。

2）长周期的数据采集与存储功能。MT 方法需要采集长时间序列的电场与磁场数据，如在典型的海洋采集环境下，采集 1000s 周期及以上的数据需要 10h 以上的记录时间，这意味着采集船往往无法随时泊船采集，因此要求仪器有长时间的数据记录能力，包括采集与供电，并有大容量存储设备与之配合。

3）水下抗干扰能力。在海洋工作环境下，除了需要采用密封压力仓提供稳定的工作环境以外，电场的测量同样是一个难题。在陆地上的电场分量测量，一般可以采用接地的电极或者电极罐，直接测量电场分量。而在海洋环境下，电极直接与海水接触，电场将会在固相与液相环境之间传递，从而产生电化学噪声。同时，由于电场强度非常微弱，需要对采集信号进行放大。Webb 等（1985）介绍了一种 Ag-AgCl 的电极工艺，将银与氯化银混合物引入电极中，利用了银的化学稳定性以及氯化银对海洋氯离子氧化环境的抵抗能力，最大限度地保证了在海洋环境下的工作能力。随之配套的海洋电场信号放大系统，也被用在了海洋 CSEM（Webb et al.，1985）以及海洋 MT 方法的电场测量中（Constable et al.，1998），保证了海洋电场测量的稳定与可信。与之相比，磁场信号的测量则简单很多，同样采用类似的感应线圈即可。

如图 5-8 所示是美国加州大学圣迭戈分校斯特里普斯海洋研究所（Scripps Institution of Oceanograpy，SIO）研发的一种四分量海底大地电磁测量仪器示意图，由测量船将仪器放入海中，随后位于仪器底部的一个重 60kg 的配重锚借助重力作用将仪器沉入海底，在完成测量工作以后，可以使用声波传递命令释放底部的配重锚，借助玻璃浮球将仪器浮出海面。电场电极长约 5m，直径约为 5cm，电极为 Ag-AgCl 材料，套管为聚丙烯材料，保护内部的线缆。数据记录系统被保护在压力仓中，避免受到海水侵入与压力破坏。

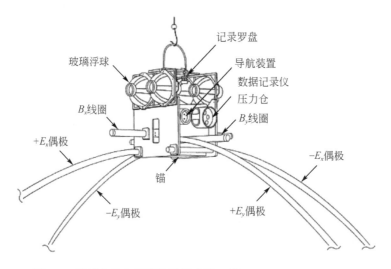

图 5-8　海洋大地电磁仪装置示意图（据 Constable et al.，1998）

数据记录仪的内部原理如图 5-9 所示。右边为数据采集部分，电场与磁场的信号通过信号放大装置进行放大，经由可以处理最多 16 道数据的数模转换（A/D）装置从模拟信号转换为数字信号，传输至电子背板。拥有一个小型图形用户界面，用户可以控制数据提取过程，可以安装两个容量最多 10GB 的硬盘。同时，数据压缩技术被应用在记录仪中，最大程度压缩了数据体积来保证存储量。外部晶体振荡器则为 24 小时的数据测量提供了误差在 1ms 内的时间精度。

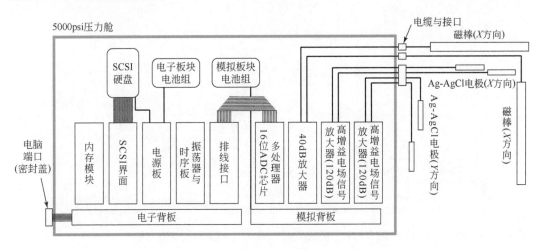

图 5-9　四分量海洋大地电磁数据记录仪原理（据 Constable et al.，1998）

在我国，对于海洋 MT 的仪器研究始于 20 世纪 90 年代，在国家"863"计划的大力支持下，成功地设计并研制了国产海洋电磁测量仪（邓明等，2003）。仪器测量六个分量，除了五个电磁分量以外，另有一道来监控海洋环境；采用了 Ag- AgCl 混合电极，配合自助研发的电场传感器，同时仪器兼顾了海洋环境下的承压密封与环境干扰，提供了稳定安全的水下工作环境。仪器于 2000 年 7 月在台湾海峡东北海域（地理坐标 25°42.33′N，122°33.79′E）完成了为期 6 天的首次测试，测试深度为 100m 左右，成功地回收了仪器并获得了有效数据（邓明等，2003；何继善，2012）。如今，我国自主研发的海洋电磁仪器技术已经达到了新的高度，并可以进行深水的实际应用（图 5-10）。2010 年 8 月，最新的国产海底电磁仪搭载着"海洋六号"科学考察船，在我国的南海进行了国内首次的电磁数据采集，实验区水深度 3700～4000m（邓明等，2013）。实验结果表明国内的海洋大地电磁仪器已经可以胜任海底实际电磁数据的采集工作。仪器的主要参数如下：

电场观测灵敏度：0.17nV/m@ 0.1～10Hz；

磁场观测灵敏度：1pT/@ 1Hz；

测量频率范围：0.0003～10Hz；

传音抑制比：>80dB；

Ag/AgCl 电极本底噪声：1nV/@ 0.1～10Hz；

最大工作水深：4000m；

方位测量精度：±1°；

倾角测量精度：0.5°；

温度测量精度：1℃。

图 5-10　正在进行深海投放试验的国产海底大地电磁仪（据邓明等，2013）

## 5.2.6　数据处理

以海洋可控源电磁法为例，数据处理工作一般有以下几个步骤。

1）方位角校正。由于接收机随重力作用下落的过程中，会受到海水扰动、海底地形起伏，以及其他因素等造成的接收机方位和角度的偏差，因此需要进行仪器方位的校正。

2）压制噪声。海洋环境下的电磁噪声来自各个方面，包括海水本身产生的电磁场以及未衰减完成的人文电磁噪声，以及上文中所提到的空气波等，都会对海洋电磁勘探有效信号的提取产生干扰作用。

3）时间序列与功率谱分析。将野外采集的二进制数据转换成预处理数据格式，并通过时间序列图对数据的品质进行分析。计算各个分量的功率谱，获得功率与频率之间的变化关系，并方便进行电磁信号的数值模拟与进一步的详细处理工作。

### 5.2.6.1　方位校正

方位的校正主要包括极化椭圆分析和旋转主轴两个部分。为了克服重力沉降投放方式所导致的采集系统方位偏差，在海洋电磁数据采集结束后，可以通过海底电磁采集站的方位记录仪获得的方位数据进行校正。在采集站回收到甲板后，可以由方位记录数据获知电磁场传感器在海底时的方位和水平状态，然后可依据坐标旋转原理，对观测数据进行方位校正和水平校正。

### 5.2.6.2 信号噪声处理和空气波压制

由于海水本身具有的"低通滤波"的作用，因此海洋环境中的主要噪声是海水的感应电磁噪声和空气波。其中，空气波对于有效信号的提取干扰最大。上文中提到，空气波是由能量激发装置发射，经由海水传播至空气–海水分界面，再从空气中返回到海水层，传播到接收装置的一种电磁波。因此在浅水环境下，由于空气波在空气中传播的部分衰减很慢，能量较强，对有效信号的干扰特别大。当收发距增大到一定的程度时，或者海水深度小于收发距时，发射波的能量会逐渐衰减，空气波在接收到的信号中就会占主导地位。压制空气波的处理技术好坏，直接影响海洋可控源电磁勘探技术的有效程度。目前，空气波压制方法主要有以下三类（殷长春等，2012）：①根据空气波在频率域和时间域的特性去除或压制空气波；②采用无空气波的测量方式；③直接对含有空气波干扰的电磁数据进行反演解释。总的来说，上述所有方法都有适用条件和局限性，很难有一种普遍适用的方法。因此压制和去除空气波，需要根据情况对不同方法进行选取和组合。

### 5.2.6.3 归一化、时间序列、谱分析与时频变换

在海洋 CSEM 探测中，水下电磁信号发射仪通过长度为几十米至几百米的中性浮力天线向水中和海底发射几百安培至上千安培的大电流低频信号。于是，对采集到的电磁信号需要进行接收天线长度和电偶极距归一化，实测信号单位为 $V/(A \cdot m^2)$。为了进行归一化处理，需要准确记录发射电流强度及其发射源偶极子长度等参数（李予国和段双敏，2014）。通过一系列的数据格式转换，把发射机、接收机及导航数据转换成一个可以解释的形式。将野外实测数据转化成电磁场各个分量与记录时间之间的关系，即电磁场分量的时间序列。通过对时间序列的监控与检验，可以直观的得到海底采集的数据品质相关信息。通过计算功率与频率的相关性，可以了解电磁场各分量的功率随着频率的变化情况以及各分量的相关性。接收端、源电流及导航数据的记录都是在时域范围内进行的，因此要在数据解释时转换到频率域中进行。当数据信号品质较差或不稳定时，需要采用慢速的傅里叶变换窗口而非快速傅里叶变换，同时为了减弱频谱的泄漏，最好采取一些减弱泄漏的算法，如进行预白化（prewhitening）处理（Reddy et al.，2009）。

通过一系列的预处理与叠加以后，可以得到电磁场振幅、相位与测量时间的关系，通过合并发射源的航道数据，即可获得电磁场收发距曲线（magnitude versus offset，MVO）和相位–收发距曲线（phase versus offset，PVO），通过这两种曲线即可以进步一解释海洋 CSEM 资料，得到海底介质电阻率的分布特征。

## 5.2.7 三维反演算法

### 5.2.7.1 大地电磁法三维反演

对于大地电磁法而言，结果一般不使用单一的电场或者磁场分量记录来表示，而是通

常采用视电阻率 $\rho$ 与相位 $\phi$ 的形式记录（为了方便公式推导，这里将视电阻率标注为 $\rho$，$\rho_a$ 在下文中表示异常视电阻率）。而这两个量都用一个与场源无关的量——波阻抗来表示。使用一组相互正交的电场与电场分量的比值来表示波阻抗。除了上文大地电磁章节介绍的表示方法外，一般波阻抗还可以表示为

$$Z = \frac{E}{H} \tag{5-34}$$

视电阻率 $\rho$ 与相位 $\phi$ 可以通过 $Z$ 进行计算

$$\rho = \frac{1}{\omega \mu_0} |Z|^2 \tag{5-35}$$

$$\phi = \tan^{-1} \frac{\mathrm{Im}(Z)}{\mathrm{Re}(Z)} \tag{5-36}$$

将电场分量与磁场分量分别写成背景场与异常场的形式，即 $E = E^a + E^b$，$H = H^a + H^b$，可以得到

$$\ln Z = \ln \left( 1 + \frac{E^a}{E^b} \right) - \ln \left( 1 + \frac{H^a}{H^b} \right) + \ln Z^b \tag{5-37}$$

式中，$Z^b$ 为背景场的波阻抗。

同时，由视电阻率表达式可得

$$\ln |Z| = \ln \left[ (\omega \mu \rho)^{\frac{1}{2}} \right] = \frac{1}{2} \ln(\omega \mu) + \frac{1}{2} \ln(\rho) \tag{5-38}$$

同样的关系对于背景场也成立。由 $\ln Z = \ln |Z| + i\phi$，将式（5-37）和式（5-38）合并可得

$$\frac{1}{2} \ln(\rho_a) + i\phi_a = \ln \left( 1 + \frac{E^a}{E^b} \right) - \ln \left( 1 + \frac{H^a}{H^b} \right) \tag{5-39}$$

式中，$\ln \rho_a = \ln \rho - \ln \rho_b$ 表示对数异常视电阻率；$\ln \phi_a = \ln \phi - \ln \phi_b$。当得知背景场信息后，这两个量可以很容易求得。

下面介绍一种采用对数表示形式下的迭代 Born 反演方法（Zhdanov，2002）。如果仅测量视电阻率的绝对值，采用级数展开并忽略高阶项（Protniaguine et al.，1999），即 $\ln(1+x) \approx x$，对于对数异常视电阻率，即可以通过电场与磁场的实部来表示

$$\ln |\rho_a| = 2\mathrm{Re} \left( \frac{E^a}{E^b} - \frac{H^a}{H^b} \right) \tag{5-40}$$

反演可以分为两个主要步骤：①对于所有频率，将对数视电阻率与层状模型的视电阻率进行拟合，剩余的部分即为对数异常视电阻率；②由于对数异常视电阻率与异常电磁场及背景电磁场存在线性关系，因此，将地下介质分为均匀的三维立方体网格，进行三维反演。为区分矩阵，对于矩阵使用有上标尖帽的字母表示形式。

引入一个数据矢量 $\boldsymbol{d}$，表示所有频率在观测点的对数异常视电阻率，写成矩阵的形式，有

$$\boldsymbol{d}^{\mathrm{MT}} = \frac{1}{2} \ln(\rho_a) + i\phi_a = (\hat{\boldsymbol{e}}^b)^{-1} e^a - (\hat{\boldsymbol{h}}^b)^{-1} e^a \tag{5-41}$$

式中，$\boldsymbol{e}^b$ 与 $\boldsymbol{h}^b$ 分别为背景电、磁场的对角矩阵：

$$\hat{e}^{b} = \text{diag}(E_{b}) = \begin{bmatrix} E^{b,1} & & \\ & \cdots & \\ & & E^{b,n} \end{bmatrix} \tag{5-42}$$

$$\hat{h}^{b} = \text{diag}(H_{b}) = \begin{bmatrix} H^{b,1} & & \\ & \cdots & \\ & & H^{b,n} \end{bmatrix} \tag{5-43}$$

在反演区域内的电磁异常场与异常电流可以建立如下关系，表示为

$$e^{a} = \hat{G}_{E}\hat{\sigma}e_{D}, \quad h^{a} = \hat{G}_{H}\hat{\sigma}e_{D} \tag{5-44}$$

式中，$G_{E}$ 与 $G_{H}$ 为校正格林算子；$\sigma e_{D}$ 为反演异常域内的电流。

引入一个电流敏感度矩阵 $\boldsymbol{F}_{j}$，表示线性关系如下

$$\hat{\boldsymbol{F}}_{j} = (\hat{e}^{b})^{-1}\hat{G}_{E} - (\hat{h}^{b})^{-1}\hat{G}_{H} \tag{5-45}$$

借助上式以及式（5-41）可以建立 $d$ 与 $\boldsymbol{F}_{j}$ 之间的关系

$$d = \hat{\boldsymbol{F}}_{j}\hat{\sigma}e_{D} \tag{5-46}$$

式中，$\sigma e_{D}$ 可以表示为

$$\hat{\sigma}e_{D} = \text{diag}(e_{D})\sigma \tag{5-47}$$

采用式（5-46）和式（5-47），可以得到海洋大地电磁的正演问题表达式如下

$$d = \hat{\boldsymbol{F}}_{j}\text{diag}(e_{D})\sigma \tag{5-48}$$

根据 Born 近似表达式，异常域内的电场 $e_{D}$ 可以表示为

$$e_{D} = (\hat{I} - \hat{G}_{D}\hat{\sigma})^{-1}e_{D}^{b} \tag{5-49}$$

因此，反演问题就变为找到符合数据 $d$ 的电阻率 $\sigma$ 分布。显然反问题是一个病态（ill-posed）问题，为得到稳定可信的解，需要采用正则化方法进行求解，求取参数泛函（parametric functional）的最小值。采用 Tikhonov 正则化方法，表示为

$$\| d - \hat{\boldsymbol{F}}_{j}\text{diag}\{[\hat{I} - \hat{G}_{D}\text{diag}(\sigma)]^{-1}e_{D}^{b}\}\sigma \|^{2} + \alpha s(\sigma) = \min \tag{5-50}$$

式中，$\alpha$ 为正则化参数；$s(\sigma)$ 为稳定子（stabilizer）。

写成双线性公式的形式，即

$$\| d - \hat{\boldsymbol{F}}_{j}\text{diag}(e_{D})\sigma \|^{2} + \alpha s(\sigma) = \min \tag{5-51}$$

$$e_{D} = (\hat{I} - \hat{G}_{D}\hat{\sigma})^{-1}e_{D}^{b} \tag{5-52}$$

式（5-52）即可采用传统的 Born 迭代反演求取异常电导率分布的解。

### 5.2.7.2  海洋可控源电磁法三维反演

海洋可控源正演中可以采用不同方法，如积分方程法、有限差分法或者有限元法等。因此在反演中，正演算子的选择依赖于正演过程使用的技术。在反演方法上来看，电磁反演是一个典型的非线性反演问题，因此可以采用非线性反演方法进行反演，如蒙特卡洛类方法。或者，通过一定的线性近似，使用诸如改进的牛顿法、梯度法等方法进行反演。虽然目前差分类的正演方法也同样常用，本书中选择介绍较为严格的正演基于积分方程

（integral equation，IE）的三维反演方法（Gribenko and Zhdanov，2007）。在反演方法中，本书选择介绍了共轭梯度算法（regularized conjugate gradient，RCG）的反演流程供读者参考。

同样地，将场源分为正常场与异常场，正常场可以由简单估计的一维模型，或者通过数据的一维反演作为参考来进行选取。由上文中介绍可知，电场与磁场的异常场公式可以写成如下形式（Zhdanov，2009）

$$E^{a}(r_{j}) = \iint_{D} \hat{G}_{E}(r_{j} \mid r) \left[ \Delta\sigma(r)E(r) \right] dv = \mathbf{G}_{E} \left[ \Delta\sigma E \right] \tag{5-53}$$

$$H^{a}(r_{j}) = \iint_{D} \hat{G}_{H}(r_{j} \mid r) \left[ \Delta\sigma(r)E(r) \right] dv = \mathbf{G}_{H} \left[ \Delta\sigma E \right] \tag{5-54}$$

式中，$\mathbf{G}_{E}(r_{j} \mid r)$ 与 $\mathbf{G}_{H}(r_{j} \mid r)$ 为无边界的电场与磁场格林张量；$D$ 为异常域；$\mathbf{G}_{E}$ 与 $\mathbf{G}_{H}$ 为对应的算子；$\sigma$ 为电导率，$\sigma(r) = \sigma^{正常场} + \Delta\sigma(r)$。

因此，对于海洋可控源电磁法的正演问题可以写成如下形式

$$d = \mathbf{A}(\Delta\sigma) \tag{5-55}$$

式中，$\mathbf{A}$ 为正演算子；$d$ 为观测电磁数据；$\Delta\sigma$ 为异常区域（或者靶区）的矢量异常电导率。

同样地，对于这样一个欠定问题，采用 Tikhnonov 正则化，反问题可以写成如下形式

$$P^{a}(\Delta\sigma) = \parallel W_{d}\mathbf{A}(\Delta\sigma) - d \parallel_{L_{2}}^{2} + \alpha s(\Delta\sigma) = \min \tag{5-56}$$

式中，$L_{2}$ 为二范数；$W_{d}$ 为数据加权矩阵。

对于一般的正则化共轭梯度方法来说，可以通过迭代算法代替矩阵的求逆运算，避免矩阵的奇异性，海洋电磁法的正则化共轭梯度反演算法迭代步骤可以写成如下形式（Zhdanov，2002）

$$r_{n} = \mathbf{A}(\Delta\sigma) - d \tag{5-57}$$

$$l_{n} = l(\Delta\sigma_{n}) = \operatorname{Re} F_{n}^{*} W_{d}^{*} W_{d} r_{n} + \alpha_{n}(W_{m}W_{m})^{2}(\Delta\sigma_{n} - \Delta\sigma_{apr}) \tag{5-58}$$

$$\beta_{n}^{\alpha_{n}} = \frac{\parallel l_{n}^{\alpha_{n}} \parallel^{2}}{\parallel l_{n-1}^{\alpha_{n-1}} \parallel^{2}}, \tilde{l}_{n}^{\alpha_{n}} = l_{n}^{\alpha_{n}} + \beta_{n}^{\alpha_{n}} \tilde{l}_{n-1}^{\alpha_{n-1}}, \tilde{l}_{0}^{\alpha_{0}} = l_{0}^{\alpha_{0}} \tag{5-59}$$

$$k_{n} = \frac{(\tilde{l}_{n}^{\alpha_{n}}, l_{n}^{\alpha_{n}})}{\parallel W_{d} F_{n} \tilde{l}_{n} \parallel^{2} + \alpha \parallel W_{m} \tilde{l}_{n}^{\alpha_{n}} \parallel^{2}}, \Delta\sigma_{n+1} = \Delta\sigma_{n} - k_{n} \tilde{l}_{n} \tag{5-60}$$

式中，$r_{n}$ 为每一步迭代的剩余（残差）矢量；$l_{n}$ 为每一步迭代的梯度方向；$\tilde{l}_{n}$ 为迭代的共轭梯度方向；$k_{n}$ 为每一次迭代算法的步长；$W_{m}$ 为模型加权矩阵，矩阵的上标"*"则表示这个矩阵的伴随矩阵；$F_{n}$ 为 Fréchet 导数矩阵；$n$ 为迭代的次数。

对于整个 MCSEM 反演过程来说，在每一次迭代中求解正演算子 $\mathbf{A}$ 的 Fréchet 导数矩阵是反演的关键，也是最为耗费时间的部分。即使采用了一些优化策略，依旧非常难以直接计算。Zhdanov 等（2000）以及 Golubev 和 Zhdanov（2005）采用近似分析（quasi-analytical，QA）的方法对计算进行了简化。Gribenko 和 Zhdanov（2007）将可变的背景场电导率（quasi-analytical variable background，QAVB）加入近似分析过程，得到一种更有效的 Fréchet 导数矩阵计算方法。

在 QAVB 分析中，电磁场公式可以写成如下形式

$$E_{\text{QAVB}}^{\text{a}}(r_j) = \iiint_D \hat{\mathbf{G}}_E(r_j \mid r) \left[ \frac{\Delta\sigma(r)}{1 - g^Q(r)} E^{\text{b}}(r) \right] dv \tag{5-61}$$

$$H_{\text{QAVB}}^{\text{a}}(r_j) = \iiint_D \hat{\mathbf{G}}_H(r_j \mid r) \left[ \frac{\Delta\sigma(r)}{1 - g^Q(r)} E^{\text{b}}(r) \right] dv \tag{5-62}$$

其中，

$$g^Q(r) = \frac{E^Q(r) \cdot E^{\text{b}*}(r)}{E^{\text{b}}(r) \cdot E^{\text{b}*}(r)} \tag{5-63}$$

式中，$E^Q$ 代表了近似 Born 估计的异常电场。表示为

$$E^Q(r) = G_E \left[ \Delta\sigma E^{\text{b}} \right] \tag{5-64}$$

通过以上形式的近似，以电场为例，Fréchet 导数矩阵可以通过以下算式求得

$$F_E(r_j \mid r) = \frac{\partial E(r_j)}{\partial \Delta\sigma_a(r)} \bigg|_{\Delta\sigma_a} \tag{5-65}$$

解式（5-65），并代入迭代过程中，可以得到第 $n$ 次迭代的 Fréchet 导数矩阵表示如下

$$F_{E,H}(r_j \mid r) = \left[ \frac{1}{1 - g^Q(r)} \hat{\mathbf{G}}_{E,H}(r_j \mid r) + \hat{K}(r_j \mid r) \right] E^{(n)}(r) \tag{5-66}$$

其中，

$$\hat{K}(r_j \mid r) = \iiint_D \frac{\Delta\sigma(r)}{1 - g^Q(r)} E^{\text{b}}(r) \hat{\mathbf{G}}_E(r_j \mid r) \cdot E^{(n)}(r) \times \left[ \frac{E^{(n)*}(r')}{E^{(n)}(r')E^{(n)*}(r')} \cdot \hat{\mathbf{G}}_E(r_j \mid r) \right]$$
$$\tag{5-67}$$

综上，可以通过计算将得到的 Fréchet 导数进行共轭梯度法的迭代反演，得到异常电导率的三维空间分布。

# 5.3　海洋放射性测量

## 5.3.1　概述

海洋放射性测量是通过伽马（γ）射线能谱仪进行能谱测量，得到海洋沉积物、岩石中的天然放射性核素或人工放射性物质的海底分布状况，从而对矿产资源与海底放射性环境进行评价的勘探方法。由于不同地区、不同年代的海底沉积物、火山岩及重金属矿物等物质中的放射性物质类型、分布特点及含量有所不同，当其他海洋勘探方法无法对地层及其年代进行甄别时，利用放射性物质的分布特点也可以提供地质填图的依据，这构成了放射性物质测量的基础。一种典型的拖拽式伽马频谱测量仪装置形式如图 5-11 所示。

海洋放射性测量的研究开始于 20 世纪 50 年代的苏联，1958 年与 1960 年，苏联核地球物理实验室（Nuclear Geophysics Laboratory）在阿塞拜疆进行了海洋油气资源的放射性探测。当时采用了 MORS-59 水下辐射计，并使用碘化钠闪烁计数器进行静态与拖拽式伽马射线测量，测量大于 1MeV 的放射性信号。这一部分研究基础即是后来摩纳哥 IAEA 海

图 5-11　典型的拖拽式 γ 频谱仪装置（"eel"）示意图（据 Jones，2001）

洋环境研究室放射性研究的前身。在随后的 20 年内，主要在北美与欧洲的许多发达国家，如英国、比利时、加拿大、德国、法国、荷兰、挪威、美国等也陆续开展了独立的研究，在亚洲，日本在同一时期开始了对于该领域的研究。对于海洋放射性的研究如同海洋电磁法研究一样，作为陆地上使用的勘探方法的一种延伸，开发可以在海洋环境下获得稳定信号的测量装置成为研究的主流。研究伊始，学者对于海洋放射性测量的研究目的主要是资源勘查，包括对铀矿、磷矿、重金属矿等矿产资源，以及油气资源的勘探。发展至今，海洋放射性测量近些年在重金属矿产资源或油气勘探方面的报道已经鲜有见到，主要的应用重心被放在了地质填图、海底沉积物运移研究、核武器测试评价、核泄漏与核废弃物状态评估及环境科学调查领域。

## 5.3.2　方法原理

自然界中的天然放射性核素主要有三个系列：U（铀）系列、Th（钍）系列，以及含量只占天然铀 0.7% 的 AcU（锕铀）系列，其中只有前两者的能量强度可以被用于实际探测。因此，在实际应用中，主要测量的自然伽马来源于钾同位素（$^{40}$K），以及铀同位素（$^{238}$U）、钍同位素（$^{232}$Th）系列的衰减产物，如铋（$^{214}$Bi）和铊（$^{208}$Tl）。含钾的矿物在火成岩和沉积岩中比较常见，很多花岗岩富含钾、钍、铀，也是较强的伽马源。含钍的独居石在部分大陆架沉积层中富集，钍和铀也存在于某些冲积矿床中。除了具有放射性的天然物质之外，还有一部分人工放射性源，包括铯同位素（$^{137}$Cs，$^{135}$Cs）、锆（$^{95}$Zr）、铌（$^{95}$Nb）、钌（$^{106}$Ru）与钴（$^{60}$Co）等，只要释放出的伽马射线能量高于 100keV，即可被很好地观测到。人工放射性核素的主要来源包括核泄漏事故、核工业排放、核武器爆炸、核潜艇活动等。

伽马射线的强度随着在介质中穿越的距离呈指数衰减，其公式如下

$$I = I_0 e^{-\mu(p)} \tag{5-68}$$

式中，$I_0$ 为起始照射量率，$C/(kg \cdot s)$；$I$ 为穿越距离 $x$ 后的强度；$\mu(p)$ 为线性吸收系数。

半衰距是能量衰减到一半时所穿越的距离，由下式给出

$$x_{0.5} = 0.693/m_\mu \rho \tag{5-69}$$

式中，$m_\mu$ 为质量吸收系数；$\rho$ 为半空间的密度。对于一种元素，$m_\mu$ 和吸收截面 $\alpha_\mu$ 有如下的关系

$$m_\mu = N_\alpha \alpha_\mu / m \tag{5-70}$$

式中，$N_\alpha$ 为阿伏伽德罗常数；$m$ 为质量数。如果半空间是由几种成分组成，则

$$m_\mu = m_{\mu 1} \alpha_{\mu 1} + m_{\mu 2} \alpha_{\mu 2} + \cdots + m_{\mu n} \alpha_{\mu n} \tag{5-71}$$

式中，$m_{\mu n}$ 为第 $n$ 种组分的质量吸收系数；$\alpha_n$ 为第 $n$ 种组分所占的质量百分比。这样伽马射线的穿透性就可通过主元素分析来估计。对于一般岩石类型，如花岗岩、泥岩，分别将其 $m_\mu$、$\rho$ 代入得到，虽然其密度和矿物组成不同，但半衰距基本一样。

典型的 150m 净空距陆地航测，对于初能为 1.76MeV 的光子接收到的能量大约是地面探测时的 40%，当用于海上测量时，探头必须距海底 175mm 才能接收到相同的能量。对于沉积层覆盖薄的放射性岩层，仅几厘米厚的盖层就足以掩盖它的放射性信号。

## 5.3.3　仪器装置

海底的放射性射线可以用闪烁计数器来测量（图 5-12）。形式最简单的闪烁计数器主要测量一定能量范围内（一般是 0.3~3.0MeV）伽马射线的总强度。大多数的仪器都包括一个分光仪，用于确定包含 $^{40}K$、$^{208}Th$、U 系列特征谱峰能量带的射线强度。能量窗一般设在 1.37~1.57MeV（K）、1.66~1.86MeV（U）和 2.41~2.81MeV（Th），这能使分散谱峰被记录时不受相邻谱峰的干扰。与每个能量窗相联系的计数器不仅可以显示为多通道条形图的模拟信号道迹，也可以进行数字化记录。为了适应不同深度的海洋环境，一般在仪器外部会封装与之相应密封舱以保证仪器在深海环境下的正常工作。

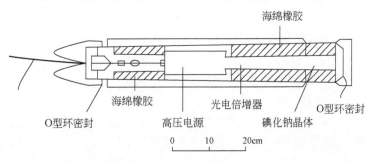

图 5-12　碘化钠闪烁计数器示意图（据 Summerhayes et al., 1970）

海底放射性测量的仪器装置标准在不同国家和机构有所不用。一套典型的拖拽式海洋放射性测量系统如图 5-13 所示，这一套系统来自于英国地质调查局（British Geological Survey，BGS）的深海拖拽式海洋放射性探测设备。由于海洋放射性物质的放射性能量衰减很快，所以探测器被放在了套管中紧贴海底进行测量。线缆通过甲板上的绞盘与控制传感系统进行控制，并将数据通过线缆传递向采集电脑，由船内实验室进行控制。船内操纵室可以通过事先预备的商用数据记录硬件与软件，借助可视化界面以及打印系统对海底工作状态进行事实的监控、成图，以及分析。同时可以通过对甲板上的绞盘系统的控制间接操纵测量仪与线缆。这套系统的最大工作深度约为 1500m。

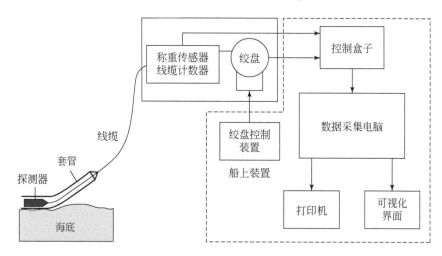

图 5-13 典型的 BGS 海洋放射性测量系统框线示意图（据 Jones，2001）

# 5.4 应用实例

## 5.4.1 东太平洋海丘北部被动地幔上涌的电磁学证据

海洋电磁法可以被应用于海底的科学探测研究，特别是海洋 MT 方法，由于趋肤效应，低频信号探测深度大，特别适合大尺度的海洋电性研究。在大洋中脊中，由于地幔上涌产生的熔融作用是新的洋壳产生的基础。2013 年，美国加州大学圣迭戈分校（UCSD）斯克里普斯海洋研究所（SIO）电磁研究团队利用海洋 MT 的方法，在太平洋板块与可可斯板块的分界地段，对东太平洋海丘（East Pacific Rise，EPR）北部地区进行了电测深，测量装置分布如图 5-14 所示。

研究得到了 160km 深度范围的电学成像结果，发现了三个重要的低阻异常：①分布于 20～90km 深度的、形态为近似对称的低电阻率异常（图 5-15），结果与被动地幔上涌的部分熔融表现出一致性。相对低阻的三角部分熔融区域与被动流模型（passive-flow model）预测相符，表明集中在洋中脊的熔融发生于多孔熔融区而不是沿着热岩石圈的浅层。②在

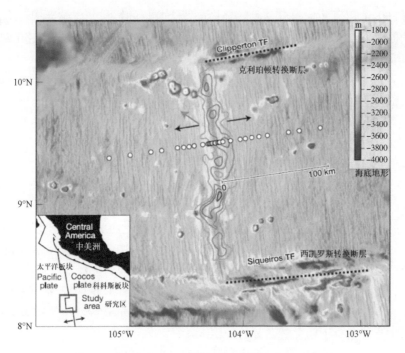

图 5-14　东太平洋海丘研究区海底地形图与 MT 观测点位置（据 Key et al.，2013）

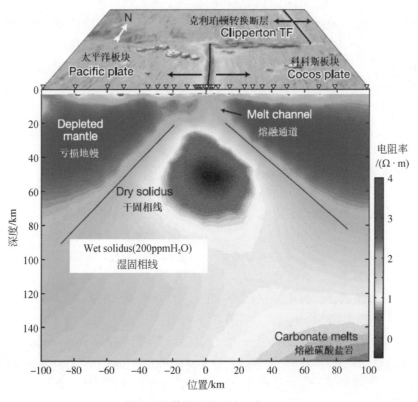

图 5-15　MT 低阻异常体位置与形态（据 Key et al.，2013）

洋中脊东部 100km 以下的低阻异常，解释为由两个临近的转换断层黏性耦合引起的非对称上涌。③分布在 10~20km 深度的低阻体解释为局部多孔管道，与地震波速的结果相一致。该结果于 2013 年发表在 *Nature* 杂志（Key et al.，2013）。

## 5.4.2 墨西哥湾 Gemini 勘探区的海洋 MT 三维反演

海洋三维 MT 也常被用作于深海环境下的油气资源的勘探。虽然 CSEM 方法对于油气建造非常敏感，特别是对高电阻的薄层响应灵敏，但是由于激发频率的频宽受到了限制，同时激发偶极子场的强烈衰减，CSEM 在大陆架上的探测深度只有数千米。而 MT 方法主要采用的是扩散的平面电磁波，所以对于高电阻的薄层并不敏感，但会受到更厚层的高阻体较为强烈的影响，如盐丘构造（Constable et al.，1998；Hoversten et al.，1998）。因此，在盐丘构造的反演中，采用 MT 反演会得到较好的效果。同时，由于频率范围更低，对于埋深较大的高阻基底建造的勘探也有很好的效果。

受限于算法设计与计算能力的瓶颈，过去对于海洋 EM 数据的反演与解释常采用的是一维或二维的计算模型。更先进的海底电磁信号接收器采集到的数据，以及新的三维研究方法可以深化及校正对于勘探研究区的认识。

墨西哥湾 Gemini 勘探区就是一个典型的例子，为了探测这个勘探区的盐丘分布，该地区分别在 1997 年、1998 年、2001 年及 2003 年布设了海底 MT 观测点，如图 5-16 所示。从 1997~2009 年的研究进展，可以看到新数据与新方法对于海洋电磁勘探精度与能力的影响。

早期对于 Gemini 地区的研究已经有部分文章发表（Key，2003；Key et al.，2006），但仍存在几个问题：①传统的二维海洋 MT 反演方法中，假设沿着电测线的法线方向上的介质地电学性质变化不大，而从该研究区 1997~2003 年采集的实际数据来看，有很多测线互相正交，并不满足这种假设。数据点与测线分布如图 5-17 所示。②由于缺乏高精度的算法，海底地形并没有被包括在反演中，导致周期在 250s 以上的数据在反演中出现问题，不能得到正确的结果，所以在反演中被舍弃。③三维反演往往耗时几天甚至几个月，精细计算与研究的时间成本太高，同时对计算机硬件资源提出了挑战。

2009 年，美国犹他大学（UU）电磁勘探与反演研究小组（CEMI）利用了一种正演算法基于新积分方程的三维反演方法，对墨西哥湾 Gemini 地区的 MT 数据进行三维反演。其中正演部分采用了改进的积分方程算法（IBC IE），从而设计了电阻率可变的背景场。与此同时，首次将海底地形直接加入背景场中，提高了反演精度。反演计算在犹他大学高性能计算中心的计算集群单元（HPC cluster）使用了 832 个处理器进行，对 160 万个网格单元进行并行化反演处理，仅用时 9h 即得到三维反演结果。在反演中使用了重加权正则化共轭梯度法（RRCG），不但压制了计算的多解性，同时大大减少了反演迭代的次数，采用了光滑稳定算子（smooth stabilizer）与聚焦稳定算子（focusing stabilizer）混合的方式，在前 50 次迭代得到光滑的反演体，并在第 51 次迭代反演中使用聚焦反演，对异常边界进行控制，从而得到了一个形态平滑但是边界清晰的低阻异常体，其中 A 测线的电磁反演–地震剖面联合解释结果如图 5-17 所示。

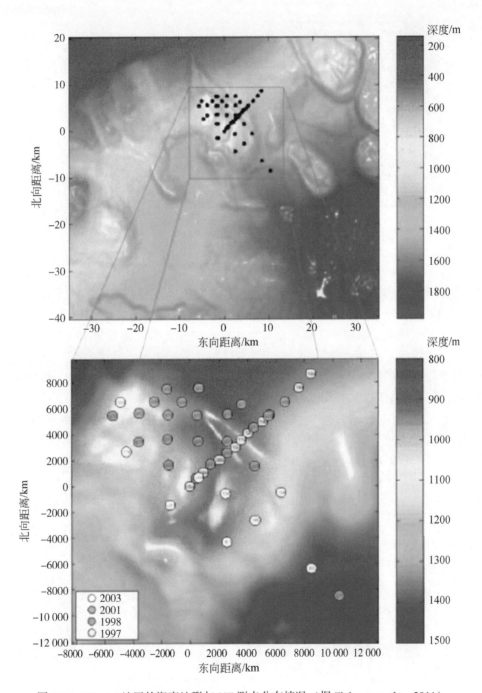

图 5-16　Gemini 地区的海底地形与 MT 测点分布情况（据 Zhdanov et al.，2011）

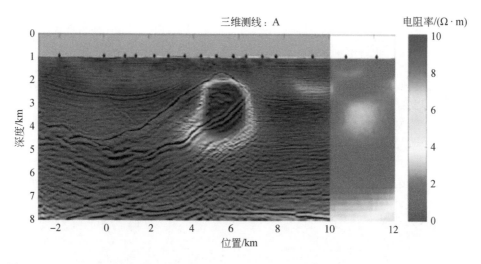

图 5-17　Gemini 地区 A 测线三维地震与三维 MT 数据反演对比图（据 Zhdanov et al.，2011）

　　显然，三维反演的应用比二维反演更能描述真实的电性分布情况。从二维反演结果与三维反演结果的比较（图 5-18）可以看出，高阻异常体的形态在三维反演中得到了更好地恢复，同时也校正了早期的二维反演结果中得到的整体形态比较靠上位置的误差结果。总的来说，三维反演更好地恢复了高电阻异常体的位置和形态，并提供了更为清晰的反演结果，除了受限于早期数据的噪声水平以及 MT 方法本身无法分辨下部薄层高阻体，三维MT 反演正确地恢复了盐丘的形态。

　　最终，使用了三维地震叠前时间偏移的结果与 MT 三维反演的结果进行综合地球物理解释，结果达到了很好的吻合，反映了 Gemini 勘探区的海底高阻盐丘的三维形态，如图 5-19 所示（Zhdanov et al.，2011）。

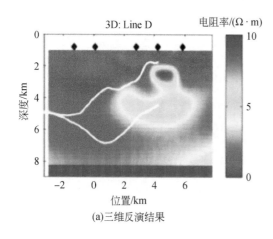

(a)三维反演结果

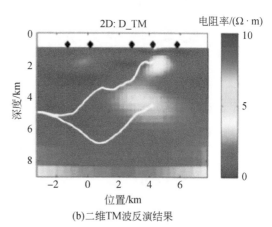

(b)二维TM波反演结果

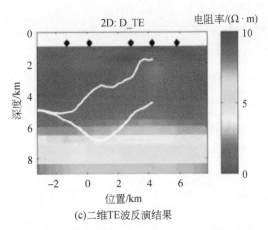

(c)二维TE波反演结果

图 5-18　测线 D 的二维 MT 反演与三维 MT 数据反演结果对比（据 Zhdanov et al.，2011）

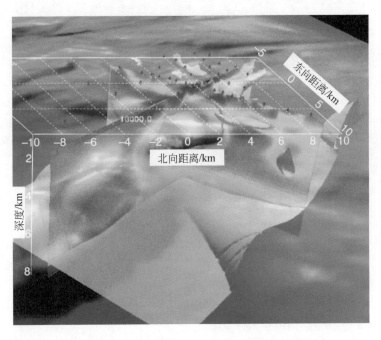

图 5-19　墨西哥湾 Gemini 地区盐丘三维地震、MT 综合解释（据 Zhdanov et al.，2000）

## 5.4.3　Haig Fras 地区的放射性地质填图

海洋放射性测量被大量用于海底的地质填图工作（Ringis et al.，1993；Thomas et al.，1983）。本节介绍英国地质调查局在英国西南部海域的地质填图工作（Jones et al.，1988）。在这个地区的沉积与岩石有着明显的放射性差异，对于不同的岩石及沉积物，锗、铀及钍的含量同样有差别，因此构成了良好的放射性填图环境。填图工作除了采用放射性测量以外，同时采用了浅层反射地震，旁侧声呐及沉积物与岩石采样工作综合进行。

如图 5-20 所示，该地区包括了泥盆纪–石炭纪的变质岩（板岩与千枚岩），同时被花岗岩侵入，与晚白垩世、中新世沉积岩与第四系沉积物形成了"内窗"（inlier）。放射性测量的最大作用在于通过不同放射性物质成分来分辨出围岩中的花岗岩侵入，同时分辨出年轻的沉积岩石与松散沉积物。在这些区域，采用旁侧声呐与地震方法都是无法分辨的。

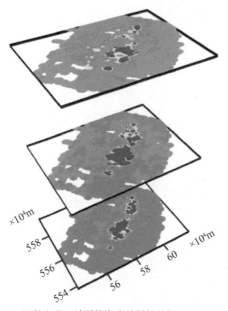

(a) Haig Fras地区的海底放射性数据　　　　　(b) 综合地质图(据放射性等资料)
（从上到下依次是钍、铀及锗）

图 5-20　Haig Fras 地区的海底背景（据 Jones，1988）

注：第三纪这种叫法现已不用，划分为古近纪、新近纪

# 5.5　习　　题

1）简述海洋电磁法勘探的主要优势。

2）低电阻的海水层分别在海洋大地电磁勘探与海洋可控源电磁勘探中产生了什么样的影响？如何消除这种影响？

3）在海洋 CSEM 正演中主要的计算方法有哪些？各有什么优缺点？

4）海洋地壳的电性各向异性主要发生在哪些地方？主要由哪些因素引起？

5）海洋放射性的物源主要有哪些？有哪些是天然源？有哪些是与人类活动有关的源？

6）海水对于海底伽马射线的测量有什么影响？如何克服这种影响？

## 参 考 文 献

蔡红柱，熊彬 . 2015. 电导率各向异性的海洋电磁三维有限单元法正演 . 地球物理学报，58（8）：

2839-2850.

邓明，魏文博，盛堰，等.2013. 深水大地电磁数据采集的若干理论要点与仪器技术. 地球物理学报，56（11）：3610-3618.

邓明，魏文博，谭捍东，等.2003. 海底大地电磁数据采集器. 地球物理学报，46（2）：217-223.

韩波，胡祥云，黄一凡，等.2015. 基于并行化直接解法的频率域可控源电磁三维正演. 地球物理学报，（8）：2812-2826.

郝天珧，吴健生，徐亚，等.2008. 综合地球物理方法在环渤海残留盆地分布研究中的应用. 石油与天然气地质，29（5）：639-647.

何继善，鲍力知，朱自强.1998. 海洋电磁法导论//寸丹集——庆贺刘光鼎院士工作50周年学术论文集. 北京：科学出版社.

何继善，鲍力知.1999. 海洋电磁法研究的现状和进展. 地球物理学进展，14（1）：7-39.

何继善.2012. 海洋电磁法原理. 北京：高等教育出版社.

李予国，段双敏.2014. 海洋可控源电磁数据预处理方法研究. 中国海洋大学学报（自然科学版），44（10）：106-112.

杨波，徐义贤，何展翔，等.2012. 考虑海底地形的三位频率域可控源电磁响应有限体积法模拟. 地球物理学报，55（4）：1390-1399.

杨军，刘颖，吴小平.2015. 海洋可控源三维非结构矢量有限元数值模拟. 地球物理学报，58（8）：2827-2838.

殷长春，贲放，刘云鹤，等.2014. 三维任意各向异性介质中可控源电磁法正演研究，57（12）：4110-4122.

殷长春，刘云鹤，翁爱华，等.2012. 海洋可控源电磁法空气波研究现状及展望. 吉林大学学报（地球科学版），42（5）：1506-1520.

Amestoy P R, Guermouche A, L'Excellent J Y, et al. 2006. Hybrid scheduling for the parallel solution of linear systems. Parallel Computing, 32（2）：136-156.

Archie G E. 1942. The electrical resistivity log as an aid in determining some reservoir characteristics. Transactions of the AIME, 146（1）：54-62.

Becker K, Herzen R P V, Francis T J G, et al. 1982. In situ electrical resistivity and bulk porosity of the oceanic crust Costa Rica Rift. Nature, 300, 594-598.

Chave A D. 1984. On the electromagnetic fields induced by internal waves. Journal of Geophysical Research, 89：10519-10528.

Constable S C, Orange A S, Hovers ten G M, et al. 1998. Marine magnetotellurics for petroleum exploration Part Ⅰ：A sea-floor equipment system. Geophysics, 63（3）：816-825.

Constable S C. 1990. Marine electromagnetic induction studies. Surveys in Geophysics, 11（2-3）：303-327.

Constable S, Key K, Lewis L. 2009. Mapping offshore sedimentary structure using electromagnetic methods and terrain effects in marine magnetotelluric data. Geophysical Journal International, 176（2）：431-442.

Constable S. 2010. Ten years of marine CSEM for hydrocarbon exploration. Geophysics, 75（5）：75A67-75A81.

Ellingsrud S, Eidesmo T, Johansen S, et al. 2002. Remote sensing of hydrocarbon layers by seabed logging（SBL）：Results from a cruise offshore Angola. The Leading Edge, 21（10）：972-982.

Filloux J. 1967. An ocean bottom, D component magnetometer. Geophysics, 32（6）：978-987.

Gamble T D, Goubau W M, Clarke J. 1979. Magnetotellurics with a remote magnetic reference. Geophysics, 44（1）：53-68.

Golubev N, Zhdanov M S. 2005. Accelerated integral equation inversion of 3-D magnetotelluric data in models with inhomogeneous background. Seg Technical Program Expanded Abstracts, 24 (1): 2668.

Gribenko A, Zhdanov M. 2007. Rigorous 3D inversion of marine CSEM data based on the integral equation method. Geophysics, 72 (2): WA73.

Hesthammer J, Stefatos A, Boulaenko M, et al. 2010. CSEM performance in light of well results. Leading Edge, 29 (1): 34.

Hoversten G, Michael, Frank Morrison H, et al. Constable. 1998. Marine magnetotellurics for petroleum exploration, Part II: Numerical analysis of subsalt resolution. Geophysics, 63. 3: 826-840.

Jin J M. 2014. The finite element method in electromagnetics. Toronto: John Wiley and Sons.

Jones D G, Miller J M, Roberts P D. 1988. A seabed radiometric survey of Haig Fras, S. Celtic Sea, UK. Proceedings of the Geologists Association, 99 (3): 193-203.

Jones D G. 2001. Development and application of marine gamma-ray measurements: A review. Journal of Environmental Radioactivity, 53 (3): 313-333.

Key K W, Constable S C, Weiss C J. 2006. Mapping 3D salt using the 2D marine magnetotelluric method: Case study from Gemini Prospect, Gulf of Mexico. Geophysics, 71 (1): B17-B27.

Key K W. 2003. Application of broadband marine magnetotelluric exploration to a 3D salt structure and a fast-spreading ridge. San Diego: University of California.

Key K, Constable S, Liu L, et al. 2013. Electrical image of passive mantle upwelling beneath the northern East Pacific Rise. Nature, 495 (7442): 499-502.

Larsen J C. 1973. An introduction to electromagnetic induction in the ocean. Physics of the Earth and Planetary Interiors, 7 (3): 389-398.

Law L K. 1983. Marine electromagnetic research. Geophysical surveys, 6 (1-2): 123-135.

Li Y, Kerry Key. 2007. 2D marine controlled source electromagnetic modeling: Part 1: An adaptive finite element algorithm. Geophysics, 72 (2): 51-62

Li Y, Luo M, Pei J. 2013. Adaptive finite element modeling of marine controlled source electromagnetic fields in Two-demensional geral anisotropic media. Journal of Ocean University of China, 12 (1): 1-5.

Lilley F E M, White A, Heinson G S. 2001. Earth's magnetic field: Ocean current contributions to vertical profiles in deep oceans. Geophysical Journal International, 147: 163-175.

Lofi J, Voelker A H L, Ducassou E, et al. 2015. Quaternary chronostratigraphic framework and sedimentary processes for the Gulf of Cadiz and Portuguese Contourite Depositional Systems derived from Natural Gamma Ray records. Marine Geology, 377: 40-57.

Løseth L O, Ursin B. 2007. Electromagnetic fields in planarly layered anisotropic media. Geophysical Journal International, 170 (1): 44-80.

Nabighian Misac N. 1988. Electromagnetic methods in applied geophysics: Theory. Society of Exploration Geophysicists.

Newman G A, Alumbaugh D L. 1995. Frequency-domain modelling of airborne electromagnetic responses using staggered finite differences. Geophysical Prospecting, 43 (8): 1021-1042.

Nichols E A, Morrison H F, Clarke J. 1988. Signals and noise in measurements of low-frequency geomagnetic fields. Journal of Geophysical Research: Solid Earth, 93 (B11): 13743-13754.

Novysh V, Fonarev G. 1966. The results of the electromagnetic study in the Arctic Ocean. Geomagnetizm i Aèronomia, 6: 406-409.

Palshin N A. 1996. Oceanic electromagnetic studies: a review. Surveys in Geophysics, 17 (4): 455-491.

Podney W, Sager R. 1979. Measurement of fluctuating magnetic gradients originating from oceanic internal waves. Science, 205: 1381-1382.

Portniaguine, Oleg, Michael S Zhdanov. 2002. 3-D magnetic inversion with data compression and image focusing. Geophysics, 67 (5): 1532-1541.

Reddy K S, Chalam S V, Jinaga B C. 2009. Efficient Power Spectrum estimation using prewhitening and post coloring technique. International Journal of Recent Trends in Engineering and Technology, 2 (5): 278-282.

Ringis J, Jones D G, Roberts P D, et al. 1993. Offshore geophysical investigations, including use of a sea bed gamma spectrometer, for heavy minerals in Imuruan Bay, NW Palawan, SW Philippines. Br. Geol. Surv. Tech. Rep. 81 (B): 215-216.

Schenk O, Gärtner K. 2004. Solving unsymmetric sparse systems of linear equations with PARDISO. Future Generation Computer Systems, 20 (3): 475-487.

Schmucker, Ulrich. 1970. Anomalies of geomagnetic variations in the southwestern United States. Bull. Scripps. Inst. Oceanogr, 13: 1-165.

Smith J T, Booker J R. 1991. Rapid inversion of two- and three- dimensional magnetotelluric data. Journal of Geophysical Research: Solid Earth, 96 (B3): 3905-3922.

Streich R. 2009. 3D finite-difference frequency-domain modeling of controlled-source electromagnetic data: Direct solution and optimization for high accuracy. Geophysics, 74 (5): F95-F105.

Summerhayes C P, Hazelhoff-Roelfzema B H, Tooms J S, et al. 1970. Phosphorite prospecting using a submersible scintillation counter. Economic Geology, 65 (6): 718-723.

Thomas B W, Clayton C G, Ranasinghe V V C, et al. 1983. Mineral exploration of the sea bed by towed sea bed spectrometers. The International Journal of Applied Radiation and Isotopes, 34 (1): 437-449.

Wannamaker P E, Stodt J A, Rijo L. 2007. A stable finite element solution for two- dimensional magnetotelluric modelling. Geophysical Journal International, 88 (1): 277-296.

Webb S C, Constable S C, Cox C S, et al. 1985. A seafloor electric field instrument. Journal of Geomagnetism and Geoelectricity, 37 (12): 1115-1129.

Yan B, Li Y, Liu Y. 2016. Adaptive finite element modeling of direct current resistivity in 2-D general anisotropic structures. Journal of Applied Geophysics, 130: 169-176.

Zhdanov M S, Endo M, Yoon D, et al. 2014. Anisotropic 3D inversion of towed-streamer electromagnetic data: Case study from the Troll West Oil Province. Interpretation, 2 (3): SH97-SH113.

Zhdanov M S, Lee S K, Yoshioka K. 2006. Integral equation method for 3D modeling of electromagnetic fields in complex structures with inhomogeneous background conductivity. Geophysics, 71 (6): G333-G345.

Zhdanov M S, Wan L, Gribenko A, et al. 2011. Large-scale 3D inversion of marine magnetotelluric data: Case study from the Gemini prospect, Gulf of Mexico. Geophysics, 76 (1): F77-F87.

Zhdanov M S. 2002. Geophysical inverse theory and regularization problems. Elsevier Science, 36 (5): A87.

Zhdanov M S. 2012. Geophysical Electromagnetic Theory and Methods. Oxford: Elsevier Ltd.

Zhdanov M, Fang S, Hursan G, et al. 2000. Quasi-analytical approximations and series in electromagnetic modeling. Geophysics, 65 (65): 1746-1757.

# 第6章 海洋地热测量

## 6.1 概　述

地球内部蕴含着巨大的热量，简称地球内热。地球内热由地球内部向地表输送主要通过3种传输方式，即传导、对流和辐射。大地热流密度（简称大地热流或热流密度）是衡量地球内热的基本物理量，它反映了地球表面单位时间内单位面积上由地球内部以传导方式传至地表，而后散发到宇宙太空中去的热量，数值上等于地温梯度（$G$）与岩石热导率（$K$）的乘积。热流的国际单位为 $W/m^2$，由于地热流比较小，通常采用 $mW/m^2$ 作为热流单位。目前测得的地表热流数据大概有几万个，平均值约为 $87mW/m^2$。其中，海洋热流平均为 $(101\pm2.2)mW/m^2$，陆地热流平均为 $(65\pm1.6)mW/m^2$。根据海洋和陆地面积计算得出，地球散失的热量大约70%是从海洋散失的。

一般把海域的大地热流简称海洋热流（marine heat flow）。海洋热流是研究海区地球动力学、海底热液活动、大陆边缘沉积盆地演化及开展油气水合物资源评价的重要基础数据。现今获取海洋热流数据主要有两个途径：一种是通过分析钻孔测温数据和测温井段内岩芯热导率数据获得，简称钻孔热流（drill-derived heat flow）；另一种是由海底地热调查设备测量海底表层沉积物的地温梯度和热导率获得，简称海底热流（seafloor heat flow）或探针热流。近年来，有利用天然气水合物稳定带底界（bottom simulating reflector，BSR）的相平衡特点获得调查区的热状态，也为海洋热流提供了一种新的来源途径。

## 6.2 海洋地热测量原理

### 6.2.1 地球内热

地球内热在全球范围主要以地表缓慢散热的形式释放热量。地球内热主要有两个来源：地球形成过程中储藏在核幔中由重力位能转化的热和壳幔放射性同位素衰变产生的热。硫化物与地下水接触发生化学反应释放出的热、月球和地球之间相互吸引摩擦而产生的摩擦热等也是地球内热的来源。

#### 6.2.1.1 地球的重力位能转化热

地球内热状态与地球的起源紧密相关。根据 Laplace-Herschel 星云假说，大约46亿年前，伴随着原始太阳热气团的冷却，一个未曾分异的均质低温"混合体"聚集了尘埃、气体、陨石等硅化物、铁镁氧化物，收缩形成原始地球。原始地球在收缩过程中，物质在重力作用下向地心集中，同时释放的重力位能转换为热能，对地球加热。地球在长期演化过程中，重力作用促使地核与地幔物质分异，形成同心球层状地幔与地核，释放重力位能，加热地球。

引力收缩导致的重力位能在地球内部产生的热能可通过公式计算。假设原始地球形成之初快速收缩到现在大小的均匀球体则其重力位能总收缩能估算为

$$W = \frac{GM^2}{r} \tag{6-1}$$

式中，$G$ 为万有引力常数；$M$ 为地球质量；$r$ 为地球半径。取 $G = 6.67 \times 10^{-11} \, \mathrm{m^3/(kg \cdot s^2)}$，$M = 5.9772 \times 10^{24} \, \mathrm{kg}$，$r = 6.4 \times 10^6 \, \mathrm{m}$，则 $W = 3.72 \times 10^{32} \, \mathrm{J}$。这些能量并未全部保存在地球内部，而是在收缩过程中向外太空散失，平均位能收缩转换热能约为 $4 \times 10^{20} \, \mathrm{J/a}$。

地核收缩重力位能估算式为

$$W = G \left( \frac{4}{3} \pi \rho \right)^2 r^5 \tag{6-2}$$

式中，$\rho$ 为地核物质平均密度；$r$ 为地核平均半径。按布伦密度–深度模型（Bullen，1970），逐层平均，得到地核平均密度为 $12.2 \mathrm{g/cm^3}$。地球半径取 3500km，则重力位总收缩能约为 $0.91 \times 10^{32} \, \mathrm{J}$。按比例扣除散失的热量，地核平均位能转换热能约为 $1 \times 10^{20} \, \mathrm{J/a}$。

受局部地质因素制约，地球内热在向地表传输过程中会在不同地区和不同深度形成地热异常区。依据地球结构及构造运动模式，可以研究和探讨地球内热活动。地球内热在某种因素（相变、电磁场、各向异性、重力场等）影响下发生扰动会导致液体外核、上地幔软流层、地壳低速层、地表岩浆活动等的形成。通过研究电磁场、应力场、重力场，可以深入了解地球内热状态。

重力位场反演是地球物理研究地球内热状态的重要方法（Petford et al.，2000；Vigneresse，2006）。地壳的岩浆作用是地球内热的一种表现形式，通过研究岩浆活动标志及相关的岩浆作用和活动规模，可以深入了解产生地热异常的地球内热状态。基性岩浆和酸性岩浆的起源不同，基性岩浆来源于地幔而酸性岩浆起源于地壳，区分岩浆形成过程中的壳源和幔源的相对贡献，并利用岩浆组成反演壳幔演化，研究地球内热产生热异常的地球动力学机制。目前重力三维反演方法被广泛应用于花岗岩体深部形状和板块深度研究，并进而计算深部地热异常热源和地球内热。通常，重力解释计算基于三种方法：直接法、间接法和反演法。直接法是早期常用的重力解释技术，利用计算异常与观测异常的比较拟合得到场源模型。间接法是 20 世纪 60~70 年代常用的位场解释技术，通过滤波、向上或向下延拓、求导数等提供场源定性或定量信息。反演法是高度依赖现代数理科学与信息科学的重力解释技术，用于判断场源的形状或密度。

### 6.2.1.2 放射性同位素衰变产生的热

在地球壳幔岩石圈物质组成中，$^{238}\mathrm{U}$、$^{235}\mathrm{U}$、$^{232}\mathrm{Th}$、$^{40}\mathrm{K}$ 等放射元素衰变时会产生热量构成

了地球内热的主要热源。地球岩石中放射性元素含量很低，通常以 1g 岩石中含量的 $10^{-6}$g 或 $10^{-9}$g 为计量单位，即 ppm(mg/kg) 或 ppb(ng/g)。放射性元素衰变时产生的热量可以通过其产热率来计算。产热率定义为单位质量（体积）的放射性物质在单位时间内产生的热量，单位为 W/kg 或 $W/m^2$。放射性元素自发衰变，一般不受温度、压力等因素的影响，并按指数规律变化。衰变反映了放射性元素的寿命，通常用半衰期来衡量放射性元素衰变的速率或放射性元素的寿命。

一般认为地核不可能含有高比例的生热元素。在地球分异演化中，放射元素铀（U）、钍（Th）、钾（K）集中于地壳及上地幔顶部。由于放射性元素被地球化学作用带到地表富集，其含量随深度减小，而地震波速随着深度增加。人们通过波速和放射性元素之间的经验公式，预测深部岩石的生热率为

$$\ln A = 9.6(\pm 5.06) - 1.81(\pm 0.68)V_p \tag{6-3}$$

式中，$A$ 为岩石生热率；$V_p$ 为纵波波速。表 6-1 给出了几种常见岩石的放射性含量和生热率。

表 6-1　几种主要岩石的放射性含量和生热率

| 岩石 | 放射性含量/($\times 10^{-6}$ g/g) | | | 元素生热率/($\times 10^{-11}$ mW/g) | | | 总生热率/($\times 10^{-8}$ mW/g) |
|---|---|---|---|---|---|---|---|
| 沉积岩 | 3.0 | 5.0 | 2 000 | 29.4 | 13.2 | 7.12 | 49.70 |
| 花岗岩 | 5.0 | 20.0 | 37 000 | 40.0 | 52.6 | 13.7 | 115.30 |
| 玄武岩 | 0.8 | 2.7 | 6 000 | 8.0 | 7.12 | 2.09 | 17.17 |
| 榴辉岩 | 0.052 | 0.22 | 500 | 0.5 | 0.59 | 0.17 | 1.26 |
| 橄榄岩 | 0.006 | 0.02 | 10 | 0.06 | 0.05 | 0.004 | 0.12 |
| 石陨石 | 0.013 | 0.04 | 850 | 0.13 | 0.10 | 0.30 | 0.53 |

Birch 最早于 1965 年由大陆地表热流探讨了上地壳的放射性热源分布问题，发现地表热流与生热率之间存在线性关系。岩石学和地球化学的研究表明，上地壳放射性热源分布模型中的指数模型最接近大陆地壳分异过程中放射性元素迁移富集规律。地幔热源可以通过地幔热流来研究和认识。如果利用地壳放射性指数模型确定了地壳内热源（放射性生热率），则可以扣除地壳热贡献，得到来自地幔的深部热源信息。对于大陆地幔，利用地壳热源分布的指数模型，可以推测出地幔的剩余热流或深部热流。但是，实际研究中，放射性元素富集层厚度难以确定，常常需要采用近似估算。设定大陆放射性元素富集层厚度为 $D = (8.5 \pm 1.5)$km，地表生热率 $A_0 = 0.4q_0/D$（$q_0$ 为地表热流）。由此计算出剩余热流，研究大陆地区地幔深部热源。对于大洋地幔，其热量传输过程不同于大陆，需要求解一个海底随远离大洋中脊而不断冷却的非稳态热演化方程，进而推断地幔的深源分布。

从全球来看，地表所观测到的散热量，大部分来自地幔，地壳放射性富集层所提供的热量不足 20%。从大洋来看，其热量来源集中于地幔，且与大陆地幔热源有本质的区别。从大陆来看，大陆地幔热流远小于大洋地幔热流，且大陆地幔热流幅度很小，所以大陆地区的热量来源主要集中于地壳表层，大陆表层的热源就是放射性热源。

由于地球内部放射性元素的赋存情况难以估计, 所以, 地球内部放射性元素总生热量的精确计算是一个极其困难的科学问题, 只能估计为 $9.5×10^{20}$ J/a。

### 6.2.1.3 地球内热的损耗

地球表面感觉到的热主要来自太阳, 但太阳热能只有很少一部分进入地球深处。与地球内热相比, 太阳热对地球内部的影响微不足道。目前地球内部的生热量与大地热流形式在地表的散热量基本达到平衡。最明显的热量散失形式是火山和温泉, 地震活动也释放部分能量。地表热流也是一种极缓慢、范围极大、热量散失最多的主要散热形式。

全球火山喷发年平均散热量约 $3.0×10^{19}$ J/a, 温泉和地热带约 $2.0×10^{18}$ J/a, 地震释放约 $7×10^{17}$ J/a, 大地热流流出约 $14.6×10^{20}$ J/a。

全球年平均生热量主要由以下几个部分组成。地球重力热能, 物质在重力作用下原始地球物质向地心集中时位能转换成的热, 约 $5×10^{20}$ J/a; 由于地球内部放射性元素赋存情况难以估计, 放射性元素总热量大约估计为 $9.5×10^{20}$ J/a; 月球与地球之间相互摩擦吸引产生的摩擦热, 估计为 $4×10^{3}$ J/a; 硫化矿物与地下水接触发生放热化学反应, 粗估为 $1×10^{3}$ J/a。

### 6.2.1.4 地球内部温度分布

到达地球表面的太阳辐射能远远大于从地球内部向上通过地壳流出来的热能。因此太阳辐射能是决定地表温度的主要因素。地表温度不仅与太阳辐射能有关, 还与大气作用有关。地表温度呈周期性变化, 这种周期性变化分为日变化和年变化。日变化的影响深度不超过2m, 年变化的影响深度为 30~40m。太阳辐射的影响深度范围称为变温层。变温层下是恒温层, 它的稳定温度相当于当地的平均温度。恒温层是一个很薄的过渡层。恒温层之下是内热层, 内热层中温度随深度而增加, 其温度分布由地球内部的热过程决定。因此地球内部的温度是了解地质、矿物岩相以及地球物理特征及其过程的基础。目前还没有通过地表测量确定地下温度分布状态的直接方法。

放射性热源的分配在构成地壳温度场特征方面起决定性作用。如果已知地面热流密度及地壳的放射源和热导率, 可以利用稳态热传导方程来描述岩石圈的温度场。由于岩石圈以下的放射源分布以及热导率知道得很少, 不能应用热传导来计算地幔的温度, 而且处于地幔之中的主要热传输方式已不是热传导, 而是热对流和热辐射, 因此若仍用热传导计算, 得出的结果是不可靠的。地幔中绝大部分处于固体状态, 把地幔中不同深度的物质熔点温度可作为地幔温度的上限。但地幔物质是由多种成分组成的, 没有单一的熔点, 所以在固相线 (多种成分全部固化的温度) 和液相线 (多种成分全部液化的温度) 之间有一个几百摄氏度的温度区间。物质的电导率随深度和温度的变化资料也可用来计算地幔温度的分布。实验室直接测量熔点的技术可用于直至 300km 的深度, 实验室的高压试验能达到 140GPa, 较深处的熔点资料可用高温、高压试验的结果外推, 但更深处的熔点必须从地震波速度或固体地球物理学的计算中获得。上地幔与下地幔的界面深度 400km 处是地震速度不连续面, 相应的温度估计为 $t = (1300±150)$℃, 可作为温度分布的一个参考点。在不同地区，上地幔的温度可能相差很大，温度的横向变化很可能是产生地质构造的一个重要因素。在地球内部深处，由于热传输非常慢，可看做是绝热状态。下地幔中的绝热温度梯度确定了地幔温度的下限。在有对流存在的区域，地幔介质的温度梯度不能小于绝热温度梯度。

地核的主要化学成分是铁，其中液体外核可能是由铁和硫（可能还有硅）组成的，固体内核可能是由铁-镍合金组成的。因为难以确定地核的密度分布和地震参数，所以很难确切地描述地核物质的特征。由于地核不是化学性质纯的物质，没有确定的熔点，只存在一个液相与固相保持平衡的熔融区。目前人们对地球内部温度的认识仍很粗浅，只有通过更好的实验室试验和改进的地球物理探测技术，才能对地球内部深处的温度分布有更正确的了解。

## 6.2.2　岩石的热传递

海底岩浆活动、海底火山、海底地震、海山形成等均与深部热活动密切相关。研究地球内部的温度和热能，以及热能传输，对研究海洋地球动力学过程具有十分重要的意义。岩石热传导理论又是大尺度地热学研究的基础，其主要包括岩石热物理参数、热传热方式和传导方程等内容。

### 6.2.2.1　岩石热物理参数

**（1）热导率**

岩石热导率是沿热传导的方向单位长度上温度降低1℃时单位时间内通过单位面积的热量，单位为 W/(m·℃)。它是表征岩石导热能力的一个重要的物理量。热导率越低，传热性能越差。岩石的导热率主要和岩石的成分特点、结构特点如孔隙度、饱和度、温度条件和压力条件等因素有关。不同岩石由于其矿物成分、结构和构造等不同，其热导率也各不相同；同一类岩石，由于岩石中矿物组成比例、结构的差异，其热导率会存在一定的变化范围。表6-2 给出了岩石或矿物在标准温压下的热导率值。

表6-2　典型岩石和矿物热导率值

| 物质 | $K/[W/(m·℃)]$ | 物质 | $K/[W/(m·℃)]$ |
| --- | --- | --- | --- |
| 花岗岩 | 1.9~3.2 (2.7) | 橄榄岩 | 3.7~5.2 |
| 花岗闪长岩 | 2.6~3.5 (3.0) | 砂岩 | 2.5~3.2 |
| 片麻岩 | 1.9~3.7 (2.0) | 页岩 | 1.3~1.8 (1.4) |
| 玄武岩 | 1.5~2.2 | 石灰岩 | 2.0~3.0 (2.5) |
| 辉绿岩 | 2.1~2.3 | 黄铁矿 | 10.5（矿石），12.1~14.8（晶体） |
| 辉长岩 | 2.0~2.3 | 磁铁矿 | 5.3 |
| 蛇纹岩 | 2.0~3.8 (2.3) | 水 | 0.59 (25) |

资料来源：Jones，1999。

通常可以在加热的条件下，测量岩石中热的传递，即温度的变化，从而获得岩石的热导率。根据热源的类型可将热导率测试方法分为稳态法（分棒法）、非稳态法（红外加热法）和准稳态法（探针法）。稳态法的特点是测量过程中需要等到样品内的温度场达到稳定状态，不再随时间变化，该方法适合高温条件下的高精度热导率测量，但仪器结构复杂，测量效率低；非稳态法或准稳态法测量过程中样品内的温度场随时间变化，测量精度低于稳态法。对于高热导率材料，稳态法和非稳态法的测量精度差异会较大，但对于热导率普遍较低的岩石样品，其差异不大。

地球各岩层物质成分不同，所处的温压状态显著差异，其热导率也各不相同。同一圈层内物质的成分、结构、构造的不均一性决定了其热导率的垂向和侧向变化。地壳浅部岩石可以是层状的沉积岩层，也可能是非层状岩石，古沉积环境的变化、沉积层埋藏过程中的压实作用、断层与褶皱、地质历史时期的岩浆侵入作用等均会导致地层岩石热导率的空间变化。而热导率的空间变化必然影响热传递的量与方向，从而影响地下温度场。

正常热传导情况下，地球内热的传递方向是由内向外的径向（垂向）热传递。热导率的垂向层状变化会引起地温梯度相应的折线状变化——高热导率层具有较低地温梯度，低热导率层具有较高地温梯度。热导率的侧向变化会导致热的侧向传递，即热量会从低热导率一侧向较高热导率一侧汇集，从而形成水平方向热的再分配。热传递的方向取决于高或低热导率接触界面的几何形态；热再分配的量则受控于界面两侧岩石热导率的差和接触面的面积。

**（2）比热容**

岩石的比热容简称比热（$C$），是一定质量的某种岩石，其温度升高（或降低）1℃时所吸收的热量。在国际单位制中，热量的主单位为 J，温度的单位是 K 或℃，因此比热的国际单位为 J/（kg·K）。常用单位还包括 J/（kg·℃）、J/（g·℃）、kJ/（kg·℃）、cal/（kg·℃）、kcal/（kg·℃）等。相对于表征岩石传导性的热导率，岩石比热则是表征岩石的吸热和放热量

$$Q = Cm\Delta T \tag{6-4}$$

式中，$Q$ 为吸收的热量；$m$ 为物体的质量；$\Delta T$ 为吸热（放热）后温度所上升（下降）值。一般情况下，热容与比热容均为温度的函数，但在温度变化范围不太大时，可近似为常量。在地热学研究中，通常只知道岩石体的体积（$V$）而不知道其质量（$m$），所以还需要知道岩石的密度（$\rho$），根据体积和密度计算地质体的质量，进而计算出地质体的热容量。

**（3）热扩散率**

岩石热扩散率又称岩石导温系数，它表示岩石在加热或冷却中，温度趋于均匀一致的能力。在热扩散率高的物质中热量扩散快，且传递距离较远，而热扩散率低的物质中热量则扩散的慢。热扩散率 $\kappa(m^2/s)$ 是热导率 $K[W/(m·K)]$ 与比热容 $C[J/(kg·℃)]$ 和密度 $\rho(kg/m^3)$ 的乘积之比

$$\kappa = W/(\rho · C) \tag{6-5}$$

岩石热扩散率对稳态热传导没有影响，但是在非稳态热传导中，如对于研究岩浆侵入

体冷却的热效应等，它是很重要的热物性参数。普通岩石的热扩散率大约 $10\text{m}^2/\text{s}$，在 300K 时，空气的热扩散率为 $0.000\,024\text{m}^2/\text{s}$。

热扩散率的测量采用非稳态法，常用激光脉冲法。仪器的测量原理是：在一个四周绝热的薄圆片试样的正面，辐射一束垂直于试样正面的均匀的激光脉冲，试样被单面加热，测出在一维热流条件下试样背面的升温曲线，计算求得热扩散率值。或者通过实测热导率、比热和密度值计算得到。

### （4）岩石生热率

自然界的岩石中存在着放射性元素，这些元素在衰变过程中会释放出热能，放射性生热是岩石圈热的主要来源之一。在地球的演化过程中，随着放射性元素的不断衰变，其丰度在逐步降低，放射性生热量随时间的增加而减少。由于不同生热元素的半衰期不同，它们之间热贡献的相对比例也会随时间发生变化。在地壳的各类岩石中，U 和 Th 组分的分布很不均匀。总体来说，岩石圈中的酸性岩富集 U 和 Th，基性岩亏损 U 和 Th。研究地壳中不同地区生热元素的赋存状态及分布规律，对于了解地壳物质对大地热流的热贡献、解释地温场分布特征、寻找隐伏的增强型地热系统、探讨岩石圈热结构等具有十分重要的意义。

单位体积岩石中的生热元素在单位时间内能产生多少热能，不同学者给出的计算方法并不完全一致（Birch，1954；Rybach，1976；Wollenberg and Smith，1987）。Rybach（1976）根据校正过的天然放射性核参数提出的计算公式为

$$A = 10^{-5}\rho(9.52C_{\text{U}} + 2.56C_{\text{Th}} + 3.48C_{\text{K}}) \tag{6-6}$$

式中，$A$ 为岩石放射性生热率或简称生热率，$\mu\text{W}/\text{m}^3$；$\rho$ 为岩石密度，$\text{kg}/\text{m}^3$；$C_{\text{U}}$、$C_{\text{Th}}$、$C_{\text{K}}$ 分别为岩石中 U 含量（ppm）、Th 含量（ppm）和 K 含量（%）。显然，生热率只与岩石密度及 U、Th、K 含量 4 个独立变量有关。

地壳深部生热率究竟如何分布，曾有学者（Turcotte and Oxburgh，1972）应用统计热力学的方法得出指数分布的结论。但是因为他们的模型过于简单和理想化，基本假设与实际情况有较大的出入，这种观点始终没有被人们接受。Allis（1979）利用岩石物性资料推测上地壳底部的生热率为 $0.7\mu\text{W}/\text{m}^3$，下地壳生热率为 $0.2\mu\text{W}/\text{m}^3$。1994 年，苏联在科拉半岛结束了有史以来最深超深钻的施工，钻井深度达到 12262m。即便如此，也仅仅是揭露了上地壳的一部分物质组成，而地质历史时期发生的挤压、剪切、推覆等构造运动促使一部分古老的地层暴露在地壳表面，这也为人们系统地研究中、下地壳的物质组成提供了一条行之有效的捷径。此外，岩浆岩中夹杂的深源包裹体也为人们了解地壳乃至地幔的物质组成打开了一个"窗口"。

## 6.2.2.2 热传递方式

地球内部热传递有三种方式：传导、对流和辐射。

热传导通常在固体中发生，通过结晶固体中的分子晶格震动而发生热交换。这种热振动可以分解出一定能量并沿温度梯度方向传播的波，叫做声子（phonon）。与声子传热机制相应的晶格热导率 $K_{\text{a}}$ 随压力的增加而增大，随温度的升高而减小；在地下表层，温

度影响大于压力影响，$K_a$ 逐渐减小；到了 $100 \sim 150$ km 的低速层附近，$K_a$ 达到极小，此后压力的影响超过温度的影响，$K_a$ 开始随深度的增加而增大。在一定温度范围内，很多硅酸盐矿物对于红外辐射是"透明的"，在这种情况下，热能如同光子一样以辐射形式传播出去。与此对应的传导机制称为辐射热导率 $K_b$。当深度小于 100km 时，$K_b$ 数值很小，超过 500km 后，$K_b$ 超过 $K_a$。在地幔中，能量还可以从已激发的原子传递给未激发的原子，热沿着温度梯度方向流动，人们把这种热传导机制称为热激发，与此对应的热导率用 $K_c$ 表示。$K_c$ 随温度的变化为指数形式。这种传导机制在地幔中作用很大，在 $200 \sim 300$km 以后，大大超过 $K_a$ 和 $K_b$ 的传热效率。上述三种传热机制是以"波"的形式传输热量，它们在不同的深度上对热传输的贡献不同。总热导率在大约 100km 深度处，由于 $K_a$ 的影响，热导率出现一个极小值，然后随深度急剧增加（Lubimora，1967）。

当物质具有一定的流动性时，它可以携带热能从高温地点移向低温地点。这是最有效、最直接的传热方式。对流对于地球内部温度分布有很大影响。在地球内部这种物质迁移现象普遍存在，如岩浆活动、地幔对流等。对流传热效率之高表现在：只要物质迁移速率每年达到百分之几厘米，传热效率就和上述热传导的量级相当。当地幔中某处积热太多而又传不出去时，将变软或产生部分熔融，并以潜热方式积蓄热量；当温度梯度提高，物质黏度降低到一定程度时，地幔便形成流动状态。热对流也是物质迁移的一种形式，其在地球深部的物质迁移中居于首要地位。

辐射是热传递的另一种形式，我们肉眼虽然看不到地球的热辐射，但是地球作为一个有温度的物体，仍然是有热辐射的。对于介质中辐射传热过程作定型解释为：任何温度下的物质既能辐射出一定频率的射线，同样也能吸收类似的射线。在热稳定状态，介质中任一体积元平均辐射的能量与平均吸收的能量相等。当介质中存在温度梯度时，相邻体积间温度高的体积元辐射的能量大，吸收的能量小；温度较低的体积元正好相反，因此产生了能量的转移，整个介质中热量从高温处向低温处传递。在上地幔中温度较高，富含橄榄岩的岩石热导率必须考虑辐射热导率的贡献。橄榄岩是上地幔的主要岩石，构成了地幔体积的 60%。因此，理解橄榄岩的地热传导对于准确模拟岩石圈的传导、热结构及上地幔对流等问题是非常重要的。

### 6.2.2.3　热传递方程

**（1）热传导方程**

假设，体积 $V$ 内有一个均匀的各向同性的热源 $A$，$S$ 为包围体积的表面，则单位时间从表面 $S$ 流出的总热量为

$$Q = \oint_S q_n \mathrm{d}S \tag{6-7}$$

式中，$q_n$ 为热流密度 $\boldsymbol{q}$ 在 $\mathrm{d}S$ 法向上的分量，由能量守恒可得到

$$\oint_S q_n \mathrm{d}S = \int_V \left( A - \rho c \frac{\partial T}{\partial t} \right) \mathrm{d}V \tag{6-8}$$

式（6-8）右边积分号内的第一项为体积 $\mathrm{d}V$ 内温度升高所吸收的热量（冷却所释放的热量）。$\rho$ 为密度，$c$ 为比热，负号表示温度 $T$ 随时间而降低。

因为 $\boldsymbol{q} = -k\,\nabla T$ 则 $\nabla \cdot \boldsymbol{q} = -k\,\nabla^2 T$，由高等数学中的高斯定理可将式（6-8）的左边写成

$$\oint_S q_n \mathrm{d}S = \int_V \nabla \cdot \boldsymbol{q}\,\mathrm{d}V = -\int_V k\,\nabla^2 T\mathrm{d}V \tag{6-9}$$

假定 $k$ 为常量，将式（6-9）代入式（6-8）后，有

$$\int_V \left(k\,\nabla^2 T + A - \rho c\frac{\partial T}{\partial t}\right)\mathrm{d}V = 0 \tag{6-10}$$

式（6-10）在地球内部任一点都成立，则被积函数必须为零，即

$$\frac{\partial T}{\partial t} = \frac{k}{\rho c}\,\boldsymbol{\nabla}^2 T + \frac{A}{\rho c} = D\,\boldsymbol{\nabla}^2 T + \frac{A}{\rho c} \tag{6-11}$$

式中，$A$ 为生热率；$D$ 为热扩散系数（thermal diffusivity）；$c$ 为比热。式（6-11）称为热传导方程。热传导方程给出了温度随时间的变化和温度随空间分布的关系。假定初始条件 $t=0$ 时的温度已知，由式（6-11）可以求得不同时间、不同地点的温度。但是地球内部的生热率分布 $A$ 和热导率 $\kappa$ 不能确切知道，而且热导率 $\kappa$ 不仅是深度函数，还和温度、压力有关，因此直接求解方程（6-11）有许多困难，但在一些简化条件下，利用热传导方程还是能讨论一些问题的。

在许多地球物理计算中，若论及的区域不大时，可以不考虑地球曲率的影响，即将地球介质看做是由平面平行组成的，且在同一平面内不存在温度梯度，这时热传导方程（6-11）可简化为

$$\frac{\partial T}{\partial t} - D\frac{\partial^2 T}{\partial z^2} = \frac{A}{\rho c} \tag{6-12}$$

式中，$z$ 为深度，$z=0$ 是地表，向下为正。

若达到热平衡状态，这时温度不随时间而变化，即 $\frac{\partial T}{\partial t}=0$，则有

$$k\,\nabla^2 T + A = 0 \tag{6-13}$$

如无热源，即 $A=0$，这就是冷却时的方程，它描述了在均匀固体半空间约束下，海底冷却过程中的温度变化。式（6-11）进一步简化为

$$\nabla^2 T = 0 \tag{6-14}$$

若给定边界条件，方程的一维解的形式为

$$\frac{\partial T}{\partial t} = \kappa\frac{\partial^2 T}{\partial z^2} \tag{6-15}$$

其解为

$$T = T_0\,\mathrm{erf}\left(\frac{z}{2\sqrt{\kappa t}}\right) \tag{6-16}$$

式中，$\mathrm{erf}(z/2\sqrt{\kappa t})$ 为误差方程。

时间 $t$ 时的地温梯度就可以根据式（6-13）对 $z$ 求微分得到，即

$$\frac{\partial T}{\partial t} = \frac{T_0}{\sqrt{\pi\kappa t}}\frac{\mathrm{e}^{-z^2}}{4\kappa t} \tag{6-17}$$

如果温度 $T$ 只随 $z$ 变化，若给出边界条件，如地表温度为 $T_0$，在地表的热流密度为

$q_0$，$A$ 为生热率，$\kappa$ 为地壳热导率，则式（6-13）的解为

$$T(z) = T_0 + \frac{q_0}{\kappa}z - \frac{1}{2}\frac{A}{\kappa}z^2 \tag{6-18}$$

### （2）热对流

这种认为海底热量传输仅仅通过热传导方式进行的假设并不经常有效，因为有些区域的热流存在很大差异，说明流体循环在热传递中扮演了十分重要的角色。大洋中脊系统中的热液喷口就是最直观的、存在热流异常的现象之一。

在传导时，如果有对流的话，热传导方程会有以下形式

$$\rho C \frac{\partial T}{\partial t} + \rho Cu \cdot \nabla T + C_w \rho_w q \cdot \nabla T = k \nabla^2 T + Q \tag{6-19}$$

式中，等号左端第二项、第三项即为对流项，表示对流传热的效应；$C_w$ 为流体比热；$\rho_w$ 为流体密度。对流传热与介质运动速度 $u$ 及密度和热容量 $C$ 都有关系，第二项表示岩石本身运动携带的热量，第三项表示岩石中孔隙流体的流动传递的热量。假设岩石中孔隙流体相对岩石本身运动的速度不太快，它们达到热平衡，孔隙流体和周围岩石骨架的温度相同。在考虑对流效应时，应当了解空间坐标和质点坐标，也叫做欧拉坐标和拉格朗日坐标。测量空间中某一个固定点的温度，变化率记作 $\partial T/\partial t$，作为坐标的称为空间坐标。测量同一质点附近的温度，变化率记作 $\mathrm{d}T/\mathrm{d}t$，这两种坐标下的温度变化率有如下关系

$$\frac{\mathrm{d}T}{\mathrm{d}t} = \frac{\partial T}{\partial t} + u\frac{\partial T}{\partial x} + \upsilon\frac{\partial T}{\partial y}\omega\frac{\partial T}{\partial z}$$
$$= \frac{\partial T}{\partial t} + V \cdot \nabla T \tag{6-20}$$

平流热传递和热传导哪个贡献更大呢？在含平流项的热传递方程中，平流项与热容量和速度有关，传导项与热扩散系数 $\kappa$ 有关。实际上可以定义一个无量纲数佩克莱数 $Pe = UL/\kappa$，当 $Pe \gg 1$，平流作用占主导；反之当 $Pe \ll 1$ 时，传导起主要作用；当 $Pe = 1$ 时，两项都有作用，不可忽略。

在地幔中存在对流并没有直接的观测证据。但是假定它存在，就能圆满地解释大陆漂移、造山运动、重力异常和地热流分布特征等许多观测现象。

地幔中某一区域的物质受热，就引起体积膨胀和密度减小。岩石圈以下温度很高，物质像炽热的钢铁那样发生流变。在这种情况下，由于热膨胀所引起的很小的量的密度减小，就足以使物质漂浮起来缓慢上升。上升速率可能是 $1cm/a$ 的量级。与此同时，其周围较重的物质下沉。这样缓慢的运动，在普通的时间尺度内是不能察觉的。但如果以地质年代的时间尺度计算，就会发现密度的这种微小变化却能引起大量的固态炽热物质进行可观的长距离运动。因此，对流是地球内部物质的一种不可忽视的重要运动形式。

设温度变化对对流物质的影响只是引起密度的变化，而正是这种密度变化对对流起本质的作用。对于这种物质，描述其热对流方程包括黏滞体的运动方程、热传导方程、不可压缩假设下的连续性方程，即

$$\begin{cases} \dfrac{\partial v}{\partial t} + v \cdot \nabla = -\dfrac{1}{\rho} \nabla P - g\alpha T + \dfrac{\eta}{\rho} \nabla^2 v \\ \nabla \cdot \rho v = 0 \\ \dfrac{\partial T}{\partial t} + v \cdot \nabla T = D \nabla^2 T + \dfrac{A}{\rho C} \end{cases} \qquad (6\text{-}21)$$

式中，$v$ 为对流速度；$P$ 为压力；$g$ 为重力；$\eta$ 为黏滞系数；$\rho$ 为密度；$D$ 为扩散系数；$A$ 为生热率；$C$ 为等压比热；$T$ 为温度；$\alpha$ 为热膨胀系数。加热作用（$D \nabla^2 T$ 为热扩散加热项；$A/\rho C$ 为内部热源生热项）产生了物质中的温度场，通过浮力项（$-g\alpha T$），该温度场可产生或影响对流运动（$v$）。而流动以后又可通过传输热量（$-v \cdot \nabla T$）改变原先的温度分布，具有这种相互作用机制的物质运动就是热对流。

如果一层液体接受来自下方的热量受热体积膨胀，周围不受热的液体将对它施加一个向上的合力，即浮力；同时，液体层受到浮力作用而上升，此时必然还会受到来自周围液体施加的与运动相反的黏滞力影响。受热液体层在浮力和黏滞力这两种反作用力的共同作用下运动，为表示这两种力量的抗衡情况，人们常引用一个无量纲的比值 $R$，可写作

$$R = \frac{g\alpha\beta\rho C_{\mathrm{p}}}{K\mu} h^4 \qquad (6\text{-}22)$$

式中，$h$ 为液体层厚度；$\alpha$ 为热膨胀系数；$\beta$ 为温度梯度；$\mu$ 为运动黏度；$g$ 为重力加速度；$K$ 为热导率；$\rho$ 为密度；$C_{\mathrm{p}}$ 为比热。

瑞利数 $R$ 是衡量物质发生对流与否的标志，当其达到临界值 $10^3$ 时，物质就会发生对流。地球内部能否发生对流，关键在于瑞利数能否达到和超过临界值的条件。对于地核，可以取 $g=5\mathrm{m/s}^2$，$\alpha=5\times10^{-5}/\mathrm{K}$，$h=3000\mathrm{km}$，$\rho=12\mathrm{g/cm}^3$，$C_{\mathrm{p}}=500\mathrm{J/(kg \cdot K)}$，$\mu=5\times10^{-7}\mathrm{m}^2/\mathrm{s}$，$K=3\mathrm{W/(m \cdot K)}$，$\beta=0.15\mathrm{K/km}$，计算可得：$R_{\text{地核}}=10^{32}\mathrm{km}$。显然，该值已远远超过临界值 $10^3$，说明地核内可以发生强烈对流，因此热对流或许是地核传热的主要形式。这种对流的存在，也为地磁场成因的发电机学说提供了依据。

对于地幔，由于上地幔和下地幔的运动黏度不同，能否发生对流，需要分别进行计算。据估计，上地幔的运动黏度 $\mu=10^{25}\mathrm{m}^2/\mathrm{s}$，计算所得瑞利数可以超过临界值，从而可以发生对流。但是，对于运动黏度为 $\mu=10^{30}\mathrm{m}^2/\mathrm{s}$ 的下地幔，经计算，其瑞利数低于临界值，因而不会发生对流。上地幔内对流的存在，为地球上部岩石圈内发生的板块构造和海底扩张提供了依据。应当指出，人们对黏滞系数的取值相差很大，导致对于热对流的分布形态的估计也有很大出入，因此，关于地幔中的对流现象是上地幔对流还是全地幔对流仍存争议。

## 6.2.3　大地热流密度

大地热流密度（terrestrial heat flow density），简称大地热流或热流（heat flow），是指地球在单位时间内通过单位面积散发到宇宙太空中的热量。早期地热学界采用 HFU 作单位，即 $\mu\mathrm{cal/(cm}^2 \cdot \mathrm{s)}$。现今国际通用热流单位为 $\mathrm{mW/m}^2$，两者关系为：1HFU = 41.868

$mW/m^2$。需要注意的是，热流所描述的是稳态热传导所传输的热量，在存在水热活动等这种非稳态或有对流参与的情况下，地球的散热量可以用包含传导和对流热量分量总和的热通量（heat flux）来表示。

大地热流是地球内部能量散失最主要的途径。它是一个综合性的热参数，比其他更基础的地热参数（如温度、地温梯度）更能确切地反映一个地区地热场的特征。热流的测定和分析是地热研究中的一项基础性工作。在理论上，它对地壳的热状态与活动性、地壳与上地幔的热结构及其与某些地球物理场的关系等理论问题的研究具有重要意义；在应用上，它是区域热状况及地壳稳定性评价、地热资源潜力与资源量评价、油气生成能力与生油过程分析等应用方面的一个基础性参数。

### 6.2.3.1 大地热流密度的测量原理

在实测热流的计算中，假设地壳中热量的传递符合一维稳态热传导的傅里叶定律，热量从高温区域流向低温区域（图 6-1），热流总量 $\Delta Q$ 与温度梯度 $\Delta T/\Delta z$、横截面积 $\Delta S$、时间 $\Delta t$ 成正比，即

$$\Delta Q = -K \frac{\Delta T}{\Delta z} \Delta S \Delta t \tag{6-23}$$

根据热流密度（$q$）定义并写成微分形式，则有

$$q = \frac{dQ}{dSdt} = -K \frac{dT}{dz} \tag{6-24}$$

式中，$dT/dz$ 为地温梯度；$K$ 为热导率。

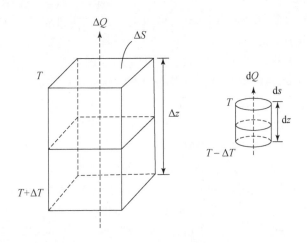

图 6-1　热流测量原理（据 Jones，1999）

显然，若已知某处地温梯度和热导率可计算出该点的热流值。对于大地热流的测定通常采用的方法是间接测量，具体归结为地温梯度和岩石热导率两个参数的测定。海洋热流的测定可以在海底钻井中测量地温和采集相应层段的岩样，然后分别测定其地温梯度和在

实验室测定岩层热导率来获得热流值。但大范围的海底热流测量主要通过海底热流探针来得到。

根据热流测量的方式或者数据质量的差异,热流数据可以分为实测热流数据和估算热流数据两类。实测数据就是指根据具有系统稳态测温数据和相应层段的岩石热导率测量值所获得的热流数据。它是分析地区热流特征的基础。实测热流数据的报道必须尽可能的同时给出测点位置、测温深度范围、地温梯度及计算深度段、岩石热导率样品数量、平均值和偏差等信息。

由于在实际研究工作中,获取一个高质量的热流值是非常困难的,有时为了分析一个构造单元的热流特征还需借助于估算热流数据。估算热流数据是指在缺乏系统测温数据或实测岩石热导率数据情况下,利用非稳态或准稳态温度测井数据、钻井过程中井底测温数据,经过分析校正获得代表性地温梯度值,然后参照对应研究区岩性热导率文献值等,估算得到的热流值。实际研究中必须注意的是,分析一个地区或盆地的区域热流分布特征时,必须以实测大地热流值为基础,估算的热流值在进行误差分析或校正后,才可以作为热流分布特征分析的参数或参考数据。

### 6.2.3.2 全球大地热流场

大地热流只能单点测量,不能像地震法、电磁法、重磁法那样进行大范围的连续测量。全球热流数据作为对其他相关学科具有重要支撑作用的地球物理基础数据,国际热流委员会强调在全球热流数据汇编和分析时,力求采用高质量的热流数据。全球大地热流的测量工作始于 20 世纪 30 年代末,早期工作进展较为缓慢,50 年代期间,全球热流数据不足 100 个。20 世纪 60 年代以后,随着全球板块构造理论的兴起和测量方法及仪器的改进,大地热流测量工作进展迅速。而后的 20~30 年里,热流测量发展更为迅猛。在刚刚发表的全球热流最新汇编中,Davies(2013)采用了 38 347 个热流数据,相比 20 年前 Pollack 等(1993)的汇编,数据量增加了 55%,数据量及区域覆盖面上提高了不少。虽然全球热流测量开展了近 80 年,积累了数万个数据,但相对地球广袤的面积而言是远远不够的,而且这些测点的分布依旧不均。

随着更多热流数据的积累,历次全球及海、陆平均热流结果也略有出入。最近三轮的汇编中都给出全球大陆平均热流为 $65mW/m^2$,然而海洋热流则存在差异。Pollack 等(1993)提出海洋热流为 $101mW/m^2$,Jaupart 等(2007)认为海洋热流为 $94mW/m^2$,Davies(2013)则给出海洋热流为 $96mW/m^2$。大洋平均热流估算值与不同作者在大洋热流数据理论模型上的参数选取不同有关。另外基于实测热流分析全球热流特征时需谨慎。一方面,实测热流数据的测点空间分布不均;另一方面,海洋热流数据,特别是年轻大洋(小于 40Ma)的热流受到地下水循环影响,实测值偏低。Davies(2013)结合地质图和当前先进的 GIS 地学综合信息集成技术获得了相对可信的全球尺度热流分布图及基本展布规律(图 6-2)。由图可见,全球热流分布存在明显横向差异,表现为大陆热流低、大洋热流高及北半球低、南半球高的基本格局。太平洋、印度洋和大西洋的洋中脊区域都显著地表现为高热流。构造活动区如印度-欧亚碰撞带、环太平洋俯冲带等也都具有相对较高的热流值。大洋板块内部热点或地幔柱所在区域热流值也较高。前寒武纪克拉通等稳定地质构造区如北美、南美、南非、东欧、塔里木等克拉通多表现为低热流。

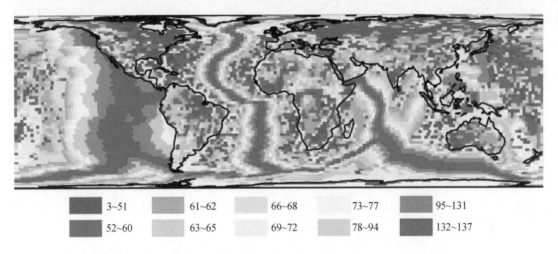

| | | | | |
|---|---|---|---|---|
| 3~51 | 61~62 | 66~68 | 73~77 | 95~131 |
| 52~60 | 63~65 | 69~72 | 78~94 | 132~137 |

图 6-2　全球热流分布特征（单位 mW/m² ）（据 Davies，2013）

　　虽然基于实测热流数据和可行的数据外推原则，目前基本弄清了全球热流分布的格局，但是我们在利用这些全球热流数据时仍需判别。首先，地下水循环引起洋中脊区热流较低的认识，也还存在一些争议。尽管已有证据表明洋中脊地区存在地下水循环活动，国际地热学界也普遍承认地下水循环对洋中脊热流的影响。但仍有少数科学家认为这一过程即便有影响但其范围有限，仅是局部过程而非普遍认为的区域过程（Hamza et al.，2008；Hamza，2013）。虽然否认该机制的想法属于少数，但这一看法引起了"观测"还是"模型"之间的争论（Hamza et al.，2008；Hofmeister and Criss，2008；Pollack and Chapman，2008）。其次，为避免地下水循环活动，全球新生代大洋的热流数据都基于热流–洋壳年龄理论模型，而非实测数据，不同研究者在使用理论模型时所采用的参数也不尽相同，这就造成了文献中大洋平均热流、全球平均热流等数据较为混乱的情况。最后，热流数据实测工作还需加强，只有构建基本的地热观测体系，才能更全面深入地揭示地球热流特征。

### 6.2.3.3　大地热流的分布规律及解释

　　大洋热流观测数据表明，洋中脊地区的热流最高，随着远离洋中脊，其热流逐渐降低，随着洋壳年龄的增加，大洋热流逐渐降低。若将全球海洋年龄分布图（图6-3）与全球热流分布图进行对比，可清晰地看到热流随洋壳年龄的变化规律：洋壳年龄越年轻，热流越高。反之亦然。大洋热流与洋壳年龄的负相关关系是板块构造理论的基本内涵之一。研究两者关系，可揭示大洋岩石圈热结构和热演化规律，从而为预测大洋热流提供理论模型。大洋地壳不同于花岗岩质的大陆地壳，主要由玄武岩构成，其生热率相对低，地壳热流贡献不大，大洋热流主要来自岩石圈冷却和底部的地幔热流。由此可见，大洋岩石圈热演化控制了大洋热流的分布特征。

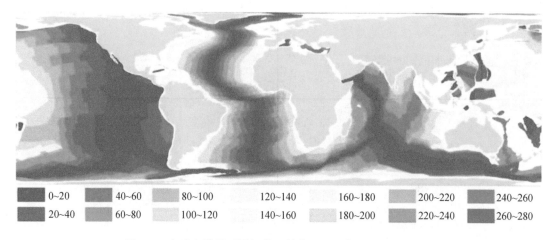

| ██ 0~20 | ██ 40~60 | ██ 80~100 | ██ 120~140 | ██ 160~180 | ██ 200~220 | ██ 240~260 |
| ██ 20~40 | ██ 60~80 | ██ 100~120 | ██ 140~160 | ██ 180~200 | ██ 220~240 | ██ 260~280 |

图 6-3　全球大洋岩石圈年龄（单位 Ma）（据 Davies，2013）

**（1）大洋热流与洋壳年龄**

学术界对大洋岩石圈热演化的理论模型整体上可以归为两类：一类是半空间冷却模型（half-space cooling model）；另一类是岩石圈板块模型（plate model）。半空间冷却模型假定岩石圈底部边界为恒温（约1300℃），随着岩石圈冷却，岩石圈厚度加厚，厚度与年龄的均方根成正比，热流则与年龄的均方根成反比。板块模型则认为岩石圈厚度不变，热流亦与洋壳年龄的均方根成反比。两模型在洋壳年龄较小时（小于50Ma）预测的结果一致。而当洋壳年龄较大时（大于50Ma），实测表明，热流趋于稳定，与板块模型预测较为一致。

前人一直不断对板块模型进行着改进，对于岩石圈厚度和地幔温度的选取也是各抒己见（Parsons and Sclater，1977；Stein and Stein，1992；Herzberg et al.，2007）。最近，Hasterok 和 Chapman（2011）在研究热流与时间演化时，考虑到全球年轻大洋热流受地下水循环影响的因素，通过滤掉受地下水循环影响的数据（沉积物厚度在400m以浅、距离海山的位置在60km以内的测点数据摒弃不用），提出板块模型能更好地刻画大洋岩石圈的热演化（图6-4）。Hasterok（2013）认为岩石圈厚度为90km、地幔温度为1350℃是最佳参数，结合全球最新的热流数据，Hasterok 给出了如下的拟合关系

$$q(t) = \begin{cases} 506.7t^{-1/2}, & t \leq 48.1\text{Ma} \\ 53+96\mathrm{e}^{-0.034\,607t}, & t > 48.1\text{Ma} \end{cases} \tag{6-25}$$

式（6-25）可以用来估算洋壳年龄已知而缺乏热流实测数据地区的热流。与大陆热流–年龄的关系相比，大洋的热流–年龄关系直观明了，这也暗示了大洋岩石圈的热演化受温度控制，且与岩石圈的物质组成无关。

图6-4（a）为原始数据（白点为实测数据，蓝点为经过沉积校正的数据，灰度为标准偏差；阴影区域表示经过一定程度地下水循环校正的热流平均值）（Sclater et al.，1980）；图6-4（b）为经过上述准则进行地下水循环滤通的全球大洋热流数据，而橙色数

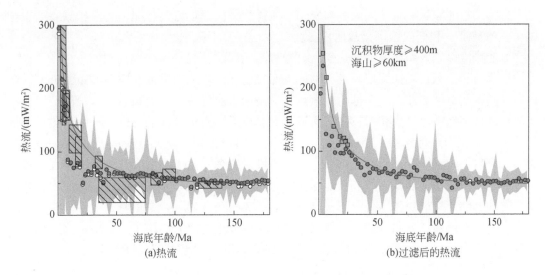

图6-4 全球大洋热流–洋壳年龄关系（据 Hasterok et al.，2011）

据代表结合具体站位信息分析的数据（如亚丁湾等）。实际上，洋壳和沉积物中地下水循环活动对大洋海底热流的影响的确很大。热流观测发现，在一些基底地形高的地方，因热水上涌（地下水排泄区），带来深部的热量，从而造成其观测热流值偏高；而在一些地形低洼区，因海水注入（补给区），温度较低的海水带走部分热量，造成实测热流偏低。此外，地下水循环活动还进一步造成年轻洋壳区热流数据的离散。一般地，随着洋壳年龄增加，即远离洋中脊区，热液循环活动逐渐停止；至（65±10）Ma 时，热流恢复到正常状态。这是因为，一方面，随着远离洋中脊区域，洋壳上的沉积物厚度增加（150~200m时），沉积物的渗透率随压实程度而降低，从而封堵了洋壳和海水之间的循环。另一方面，随着洋壳年龄增加，其逐渐冷却，洋壳本身的物性（如渗透率等）也减小，洋壳内的地下水活动也逐渐停止。其中，相对于沉积物的影响，洋壳年龄是影响年轻洋壳中热液循环多动的最主要因素。

**（2）热流与板块构造**

按照板块假说，地球上层由岩石圈和软流圈组成，变形发生在板块的边缘地区，板块内部被认为是不变形的刚体。板块在地球表面做相对运动，成为地震活动和各种构造活动的原因，地球表面消耗的机械能，大部分消耗在这些地带。大地热流作为地球热状态的表征参数，记录了地球深部热动力学过程。板块运动主导了岩石圈的变形和构造，必然会对地球热场产生影响。构造和地热的关系极为密切，通过地热分析，也可以追溯构造活动的痕迹。

一般来说，与岩浆活动有关的地热异常来源于热量在地壳底部（小于10km）的瞬态（指地质时间尺度上的瞬态）储存。全球范围内的岩浆活动能够在板块构造运动的格局内定出其位置和范围。根据板块构造理论，岩浆的上涌最有可能在板块边界一带发生。离散板块边界（扩张脊）和聚敛板块边界通常伴有较强的岩浆活动和地热活动。特别是作为离散板块边界的大洋中脊，随着海底扩张，岩石圈张裂，深部热物质上涌，形成新的洋壳，也带来了大量的深部热量。因此，与岩浆侵入体相关的地热资源可能主要沿扩张脊、聚敛边缘（消减带）和板内熔融异常地带出现。

大地热流由岩石圈放射性生热和来自岩石圈底部的基底热流构成。例如，拉张、逆冲等构造活动和沉积、剥蚀等地表过程都能改变放射性生热层的厚度及空间展布，进而影响到地壳热流的贡献。此外，深部的地幔热流受控于板块构造的活动强弱，对于深部构造活跃的地区，其地幔热流也相对较高。而稳定的克拉通因为构造活动已停止，深部热过程区域稳定，地幔热流低至 $10 \sim 15\mathrm{mW/m^2}$，因此地表热流也相对偏低（Jaupart and Mareschal，2003）。全球大地热流分布表明（图6-2），高热流区主要集中在三大洋中脊、环太平洋火山带，东非裂谷系及非洲板块和欧亚板块的碰撞拼贴带（大于 $70\mathrm{mW/m^2}$）；板块内，特别是稳定的大陆克拉通块体，热流都很低（约 $40\mathrm{mW/m^2}$）。这一良好的吻合关系表明，板块构造控制了全球热场分布，特别是控制了高热流的分布规律。板块边界部位是构造变形活动区，如火山、地震、岩浆活动和造山等构造–热事件频繁，因此高热流区多位于板块边界。

整体而言，板块构造控制了大尺度的区域热流变化及分布特征，但还有一些局部构造活动或热事件也能引起热流异常。例如，岩浆活动、热点和地幔柱等能引起板块内部热流的格局。此外，地下水也是影响热流的重要因素。地下水循环过程造成了新生代洋中脊的观测热流明显低于理论计算的热流，沉积盆地含水层的存在及地下水循环也会改变盆地的地温场分布，如前陆盆地相对较低的热流则与山前含水层的流体活动有关。

## 6.2.4 岩石圈热结构

岩石圈热结构不仅取决于从地幔所获得的热量、岩石圈中的放射性生热、热传导及地表的热散失，同时还取决于岩石圈的径向分层及横向非均匀物质的组成和物性。侠义的岩石圈壳幔热结构是指，将实测的大地热流在现有的地壳和岩石圈上地幔岩性结构和厚度配置的前提下，分解出地壳热流和地幔热流，以界定该地区的深部热属性。广义的壳幔热结构则包括作为地球内部热源的放射性生热元素的垂向分布，以及由此制约的岩石圈尺度内壳幔温度场的垂向分布。

岩石圈厚度是岩石圈动力学中的一个基本问题，不同学者对岩石圈厚度的定义不同。目前有热岩石圈厚度、地震波速岩石圈厚度、幔源捕虏体岩石圈厚度、弹性岩石圈厚度、流变岩石圈厚度、含水量岩石圈厚度和电导率岩石圈厚度等（嵇少丞等，2008）。其中热岩石圈是指具有热传导温度梯度的地球外壳（White，1988），是地球最外面的热传导层，除浅部空隙流体的对流作用不存在热对流，其下部由于长时间尺度和高温的影响而表现出对流等流动性质。

热岩石圈的概念是指位于对流软流圈之上的热传导层，热岩石圈底界有 3 种确定方法：①把某一绝热等温线当作岩石圈的底边界温度，如 1200℃、1250℃、1280℃、1300℃（Petitjean et al.，2006；Lewis et al.，2003；Mckenzie and Bickle，1988；Artemieva and Mooney，2001）；②将热传导地温线与玄武岩固相线相交的深度定义为岩石圈底界面

（Furlong and Chapman，1987），该方法多用于海洋（施小斌等，2000）和裂谷盆地，在克拉通不适用；③将热传导地温线与地幔绝热曲线相交的深度定义为岩石圈底界面（臧绍先等，2002）。

随着地震层析成像的迅速发展和岩石实验数据的积累，自20世纪90年代开始，一些学者相继采用地震波速来计算上地幔的矿物组成和温度。2000年，Goes等（2000）提出了一个较为可靠的通过地震波速来计算上地幔温度的方法，其基本原理是：矿物的弹性常数随温度和压力的变化而变化，在特定的温度、压力和矿物组成的条件下，可以通过公式计算得出全岩的弹性波速度。反之，如果知道了弹性波速度、矿物组成和压力，就能通过反演得出地壳或上地幔的温度分布。通过层析成像，人们可以得出高精度的三维波速分布，可以反演得出三维上地幔的温度分布。在此基础上，利用热岩石圈厚度的定义，可以获得岩石圈的厚度。这种方法不但利用了层析成像的高精度，而且还把瞬时状态的波速与温度联系在一起，将热岩石圈和地震岩石圈的优点相结合。通过这种方法计算得到的厚度，称为地震-热岩石圈厚度。

在众多定义的岩石圈中，热岩石圈与地震岩石圈常常用来互相对比。地震岩石圈指的是位于低速软流圈之上的高速盖层（Anderson，1995）。就全球范围而言，两者在某些地区吻合得较好，而在另一些地区的差异较大。尽管许多学者试图将两者统一起来，但比较困难。这是因为这种差异恰恰反映了地球上地幔结构的特点，蕴含着丰富的地球动力学信息。

地幔对流数值研究揭示，固体岩石圈与流体地幔之间并不是一个明显的界面，而存在着一个边界层（Jaupart and Mareschal，1999），也称为流变边界层（Sleep，2003；2006）。相对于固体岩石圈的纯传导和流体软流圈的纯对流，在流变边界层内，热传导的方式是传导和对流共存。流变边界层的存在是导致岩石圈底界出现差异的重要原因。基于模拟获得的地温梯度曲线和上地幔温度（图6-5），上地幔可分为三层：最上层为固体岩石圈，热传递为纯传导方式，也称为传导边界层。地温梯度由地表向深部逐渐衰减，至莫霍面的地温梯度降为4～5℃/km，并在固体地幔中维持不变。在固体岩石圈的下方，有一个很厚的温度过渡带（1200～1500℃），地温梯度从热边界层的顶部向底部逐渐趋于0，一般称为流变边界层，层内热传导和热对流共存。最下面一层为对流地幔层，地温梯度很小。

由于地球物理技术如地震层析成像技术只能确定流变边界层的下界，因此，地震岩石圈厚度一般要大于热岩石圈厚度。

大洋岩石圈热结构较为简单，受控于岩石圈的热年龄（这里定义为初始熔融状态的岩石圈恢复到现今热状态所需要的时间），热岩石圈底界定义为某一等温线，半空间冷却模型很好地描述出了大洋岩石圈的热演化过程。大洋岩石圈是由洋中脊处上涌的软流圈物质冷却而致，大洋岩石圈相对年轻（小于200Ma），很少因构造、变形作用而被改造，其构造、物性相对均一，流变性质表现为脆性层、强度大、整体性好（Molnar，1950）。

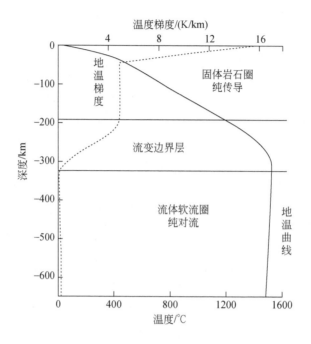

图 6-5　上地幔地温与地温梯度曲线及流变边界层（据何丽娟，2014）

# 6.3　海洋地热测量原理

　　目前主要有两种方法可以测得海底热流值：一种是通过分析在深海和大洋钻探的钻孔或石油钻井中测温数据和测温井段内岩芯热导率获得；另一种是利用海底地热调查设备测量海底表层沉积物的地温梯度和热导率获得。通过深海钻探和石油钻井得到的热流值受地表的浅层作用影响较小、可靠性较高，然而易受到作业条件限制，数量与空间分布有限，而且费用较高、工作效率较低，因此应用不太普遍。热流探针测量方法的操作相对简单，成本低廉，效率较高，而且随着技术的不断改善，精度也在逐渐提高，因此是获取海底热流的重要途径。近年来，随着天然气水合物调查的兴起，也有利用水合物稳定带底界的相平衡特点获得调查处的热状态，为海洋热流提供了一种新的来源途径。

　　海底热流调查可以回溯至 20 世纪 40 年代后期。最早的海底地温梯度测量是瑞典深海考察队队长 Petterson 于 1947 年在太平洋塔希提岛和夏威夷间的赤道附近海域实施的（Petterson，1949）。1950 年，由 Bullard、Revelle 和 Maxwell 设计的 Bullard 型热流计在太平洋成功地进行了首次海底热流测量（Revelle and Maxwell，1952；Bullard，1954）。后来经过不断改进，可以在地温梯度测量的同时，获取沉积物样品来测量热导率，继而出现了一系列改进的 Bullard 型热流计，功能更加丰富。Bullard 型热流计的结构设计为后来热流计的发展奠定了基础，此后出现的热流计多数都采用这种探针式结构。首个 Ewing 型热流计是在1957年由Ewing、Gerard和Lanseth设计的，并在1959年的西大西洋热流测量中应用成功（Gerard et al.，1962）。Ewing型热流计与Bullard型热流计之间最明显的不同在于，普遍采用了取样器，既作为插入动力装置又可以获取沉积物样品。Ewing型热流计克服了Bullard提出的测量时间过长、船体漂移、海底取样等问题，但是由于当时热导率测量的效率极低，Ewing型热流计仍然不能对热导率和地温梯度进行同时测量。缩短热导率测量时间是将热导率与地温梯度进行同步测量的前提条件，热导率原位测量技术应运而生，Lister型热流计便是基于原位测量技术的仪器。Lister型热流计在1976年由"Endeavor"号调查船在加拿大西海岸做调查时得到了首次应用（Lister，1979）。随后在许多调查中（Hyndman et al.，1979；Davis et al.，1980，1984）都使用了该种类型的热流计，并对其结构进行了部分改进。海底热流原位测量技术的实现，对海底热流探测方法的改进意义重大。

为了得到海底热流值，通常需要分别测量温度梯度和热导率，本节将主要介绍海底温度梯度及热导率的测量步骤、方法及数据结算技术。

## 6.3.1 海底热流测量步骤

海底热流测量的常规步骤分以下几步（图6-6）。

1）备航时，通常要求在恒温槽中对每个温度测量单元进行标定，以获得新的电阻-温度曲线，避免因各温度测量单元温漂引起误差。

2）仪器下放前，尤因型探针需要量好各温度测量记录单元自容式微型探针（MTL）与同一参照点的距离，并安装取样管。

3）探针入水后离底高约100m处停止下放，并停留5min左右，一是利用这段时间记录的数据对各通道（温度传感器）进行偏移校正，二是探针稳定，尽量竖直插入海底。

4）高速下放插入沉积物中。探针插入时与沉积物间摩擦生热，各通道将记录到温度快速升高现象，一般探针底部因摩擦路径较长，记录到的温升会较大些。

5）插入后需保持探针不受扰动，探针各通道将记录到因摩擦升温后温度恢复平衡的过程，但因测量时间有限，一般无法恢复平衡温度，记录到的升温取决于摩擦热大小，如果探针插入后获得的温度高于环境温度，则随后记录到的温度将逐渐降低，否则将逐渐增高逼近环境温度。

6）8~10min后，尤因型探针测量完毕，拔出并收回探针到甲板上，再次测量各MTL与参照点的距离，取出探针内取样管和卸下MTL，保存好样品并读取数据，如果是李斯特型探针，则探针通过自行判断并激发放电产生20s左右的脉冲，各通道将记录到热脉冲阶段温度突然升高及随后热衰减恢复平衡的过程，一般需要记录15~20min，然后再拔出探针，收回甲板或者收到离海底一定高度后，随调查船慢速移动到下个站位，再按步骤3~6下放测量。收回甲板后可以读取各通道数据。需强调的是，探针测量过程中需保持不受扰动。

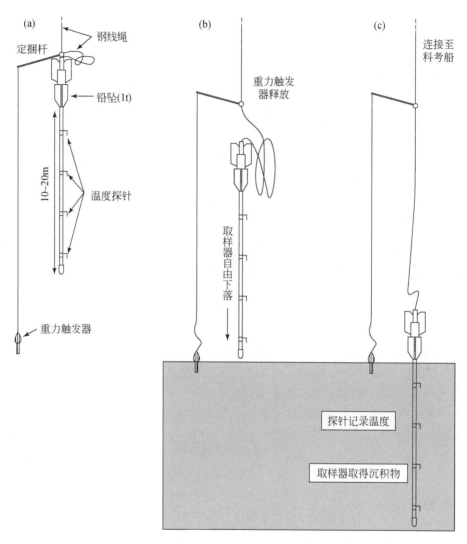

图 6-6　海底热流测量和采集海底沉积物方法

注：（a）设备向海底下放；（b）当重力触发器接触到海底时，设备自由下落；
（c）设备插入海底，探针测量温度，采样器采集海底沉积物

## 6.3.2　地温梯度的测量

现今广泛使用的海底热流调查设备有尤因型（Ewing-type）和李斯特型（Lister-type）探针。它们是在早期布拉德型探针（Bullard-probe）和早期尤因型探针（corer-outrigger）的基础上不断发展起来的。另外还出现了适用于水下机器人作业的热探针和可以消除海底温度周期变化影响的海底热流长期观测设备。探针式结构的热流计，包含数米长的中空管状探针，内部排列着一系列热敏元件。测量过程中，将热流计通过钢缆沉放入水中，在距

海底一定距离处释放钢缆使热流计在重力作用下插入沉积物中。温度趋于稳定状态后，热敏元件记录下不同深度上的温度值。通过对各深度点的环境温度进行线性拟合，可得到视地温梯度。视地温梯度还需进行探针倾斜校正。虽然探针插入前，在距离海底约100m处停留几分钟，可以保证较为垂直地插入沉积物中，但是因海流、底质强度等原因，探针插入后通常不能保证垂直，而是与垂直线有一定的偏角。因此海底地热探针上通常安装有倾角传感器，以记录探针插入后的倾角。如果探针与垂直线的夹角低于10°，对视地温梯度校正影响较小，但是如果夹角较大，则需经过探针倾斜校正，校正后即获得该站位海底浅层沉积物的平均地温梯度。倾角记录可以提供调查设备在水下姿态的变化，为分析测量失败原因提供帮助。笔者在南海西南次海盆做地热调查时，曾遇到探针插入沉积物时倾斜的情况，当时数据读取后查看角度传感器发现在未触底时角度很小，采样器竖直，触底插入沉积物后，角度陡然增大，采样器倾斜严重。但数据依旧完好记录了离底停3min，插入瞬间，插入停7min，起拔瞬间的整个过程。选取数据计算依旧可以大致估算出热流为几十毫瓦每平方米。后在此站位又测量了一次，接近竖直插入和拔出，估算热流一百多毫瓦每平方米，两次测量结果的巨大差异则证明了倾角仪的重要性。

### 6.3.2.1 布拉德型探针

布拉德型热流计的结构设计为后来热流计的发展奠定了基础，此后出现的热流计多数都采用这种探针式结构。该仪器在实际工作中遇到的问题也为其后热流计的设计提供了宝贵经验和技术。布拉德型探针结构上主要包括探针和记录系统两部分（图6-7），外形为

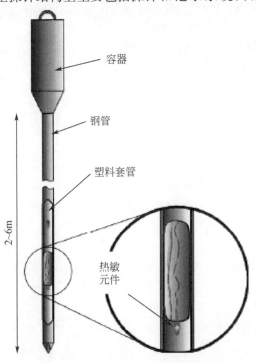

容器

钢管

塑料套管

2~6m

热敏元件

图 6-7　布拉德型热流计探针结构示意图

细长的管状，通常为 3~6m，直径为 2~4cm 的不锈钢钢管，内部排列着固定间隔的几个至几十个热敏电阻。质量为 350~1000kg。探针上部连接电子密封舱，舱内有微控制器、测量单元、数据存储单元、电池等部件。这类设备均具有数据采集、量化、处理、存储甚至发送测量数据的功能。

### 6.3.2.2 尤因型探针

早期尤因型探针是拉蒙特地学观测中心（Lamont Observatory）的 Gerard、Langseth 和 Ewing 制作的（Gerard et al.，1962）。尤因型探针是用装有温度传感器（热敏元件）的小型探针取代布拉德型探针的管状探针，并安装在带重块的钢矛上或取样管外壁上，可以实现海底表层沉积物的原位地温测量。热导率通过室内测量采集的沉积物样品获得。探针的热响应时间与其尺寸大小有关，尤因型探针的外径只有几毫米，比布拉德型探针（约 2.7cm）小很多，直径的减小大大缩短了插入沉积物后达到温度平衡所需的时间。尤因型探针在沉积物中测量时间只需约 10min，极大地提高了海底作业的安全性。为了克服连接小型探针和存储设备的水密缆在探针作业时容易损坏的问题，Pfender 和 Villinger（2002）制作了自容式微型探针。目前广州海洋地质调查局和中国科学院南海海洋研究所已经掌握了自容式微型探针的制作技术，装配有尤因型地热探针。

当利用没有热脉冲功能的传统尤因型地热探针测量时，探针在沉积物中仅需记录 8~10min 的温度数据。虽然这段时间可能还不足以使沉积物恢复到未受探针插入扰动时的温度（即平衡温度，也称环境温度），但是由于内含温度传感器的探针很细（直径约 2mm），其热平衡过程可近似为无限长线热源的热衰减过程。其平衡温度可以利用布拉德法（热阻法）外推获得（Bullard，1954）。Bullard 把探针理想化为半径为 $a$ 的无限长柱体，给出初始温度为 $T_0$ 的探针在温度为 $T_a$ 的沉积物中的热衰减公式。当记录时间足够长时，温度 $T(t)$ 与时间 $t$ 的倒数满足线性关系

$$T(t) = \frac{Q}{4\pi Kt} + T_a \qquad (6\text{-}26)$$

式中，$Q$ 为摩擦生热量，J/m；$K$ 为热导率，W/(m·K)；$T_a$ 为平衡温度，℃；$t$ 为时间，s，从有效插入时刻开始计时。依据这一关系，Pfender 和 Villinger（2002）建议利用拔出前 100s 的温度数据进行 $T(t)-1/t$ 的线性回归，外推到 $t$ 无穷大时对应的温度即为所求的平衡温度。经偏移量校正后的各 MTL 数据，经上述处理后，可以获得各 MTL 所在深度处沉积物的平衡温度。没有热脉冲功能的尤因型地热探针只能获得海底表层沉积物的地温梯度。调查热导率只能利用热导率仪在室内测量沉积物样品获得（图6-8）。

### 6.3.2.3 李斯特型探针

布拉德型探针的测温传感器是安装在一根约为 2.7cm 的探针中。但是海上作业时，这种尺寸的探针强度不足，在插入和拔出海底时容易发生弯曲。为了解决这个问题，Lister 等对此进行了改进，并逐渐发展为李斯特型地热探针。李斯特型探针呈细长的管

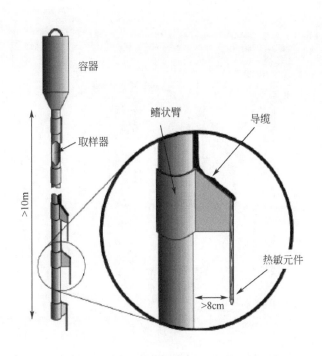

图 6-8　尤因型热流计探针结构示意图

状（直径约 1cm），内装有温度传感器。探针固定在一个直径为 5～10cm 的一头削尖的强力支架上，探针距离支架 5cm 以上（以避免受到实心柱体摩擦热的影响），形状如小提琴的琴弓，所以又称为"琴弓"型探针。探针内部结构复杂，包括点热敏元件、热敏元件组、发热线圈。点热敏元件为 3 个或 4 个，间距固定，其所测得的温度即用于计算地温梯度；热敏元件组由 9 个（Hyndman et al.，1978）或 16 个（Von Herzen et al.，1962；Lister et al.，1990）经串、并联的热敏元件组成，位于点热敏元件之间，其测量的是两个点热敏元件之间的调和平均温度，用于热导率推导。细管中的发热线圈可以实现脉冲（20s 左右的脉冲电流）加热。这样探针插入沉积物后可以获得完整的摩擦阶段（约 10min）和脉冲阶段（约 20min）的温度记录。摩擦阶段数据可以用来外推沉积物的平衡温度，而热脉冲阶段数据因为已知脉冲热量，可用来解算热导率。通过数据解算（Villinger and Davies，1987；Hartmann and Villinger，2002）可以获得原位地温梯度和原位热导率（图 6-9）。

　　在用李斯特型探针测量时要求探针在沉积物中不受扰动连续测量 25～30min，因此作业期间对海况要求特别苛刻，并要求调查船具有动力定位功能。李斯特型探针实现了原位热导率测量，不必采集热导率样品，因此在保证调查船和水下设备安全的情况下，每次下放都可以实现多次测量，大大提高了工作效率，有利于对局部区域进行详细热流调查。目前广州海洋调查局已经掌握了李斯特探针的制作技术，并在海试中成功获得了一批海底原位热流数据（李亚敏等，2010）。

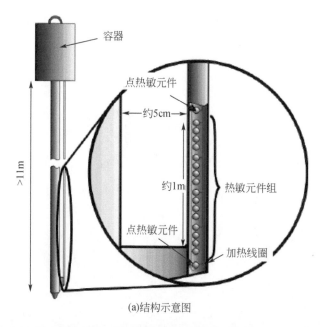

(a)结构示意图

(b)野外作业图

图6-9 李斯特型热流计探针结构示意图和野外作业图

## 6.3.2.4 其他测量设备

随着调查平台的发展和特殊环境的需要，日本研究人员研发了适用于水下机器人作业的地热探针（stand-alone heat flow meter，SAHF）（Morita et al.，2007）。借助水下机器人平台，该类型探针可以对海底特殊海域（如水热活动区）进行详细调查。SAHF 探针结构与早期布拉德型探针类似。温度传感器安置在探针细管（约1.3cm）中，只能测得海底表层沉积物的地温梯度，热导率需要在实验室测量。近年，广州海洋地质调查局徐行等也成功研发出该类型的地热探针，并随蛟龙号深潜器进行了海试。

在利用常规地热探针测量海底热流时，一般要求海底水温保持稳定。前人观测发现，水深小于1200m底水温度往往存在较大的周期性波动，这导致海底表层沉积物温度也受到周期性影响，使得同一站位不同时间测量的地温梯度出现明显变化，无法真正反映该站位的热状态，因此利用常规的海底地热探针（尤因型和李斯特型探针）在海底水温波动较大的海域很难获取可靠的海底热流（Davis et al.，2003；Hamamoto et al.，2005）。图 6-10 为 Hamamoto 等（2005）在日本 Nankai 海槽水深 2000m 左右发现的大幅度周期性变化。

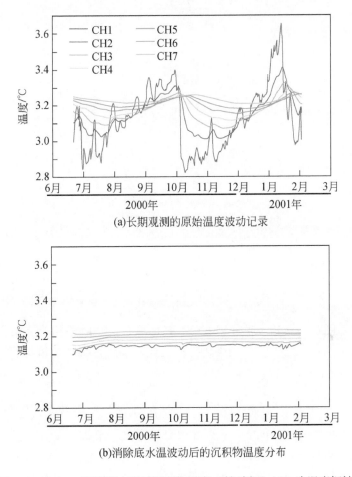

(a)长期观测的原始温度波动记录

(b)消除底水温波动后的沉积物温度分布

图 6-10　Nankai 海槽浅水海域沉积物温度-时间剖面（CH 为温度探针）

周期性的底水温度变化对海底表层温度分布的影响可以利用长期观测数据进行消除。近年来日本东京大学地震研究所研发了一套自浮式海底热流长期观测设备（pop-up long-term heat flow instrument，LT-PHF）（Hamamoto et al.，2005）以消除海底温度周期性变化对地温梯度测量产生的影响。这套设备主要由安装有记录单元、声学释放器、电源、浮球的浮体，长约 2m 的温度探针和重块组成(图 6-11)，探针内部等间距安装 6 个或 7 个温度传感器，可在海底连续观测 400 天左右。根据获得的海底表层长周期温度数据可消除底水温度周期性变化影响（Hamamoto et al.，2005）。

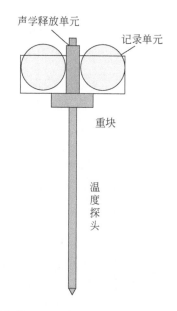

声学释放单元

记录单元

重块

温
度
探
头

图 6-11　海底热流长期观测设备结构示意图（据 Yamano et al.，2009）

底水温度变化可以分解为不同周期的傅里叶级数系列

$$T(0, t) = T_0 + \sum_i A_i \cos\left(\frac{2\pi t}{P_i} - \phi_i\right) \tag{6-27}$$

式中，$T_0$ 为平均温度；$P_i$、$A_i$、$\phi_i$ 分别为第 $i$ 项的周期、赋值和相位。假定沉积物是均一的，来自深部的热通量是常数，且是纯传导的。通过求解一维热扩散方程，受底温变化影响的沉积物温度分布为

$$T(z, t) = T_0 + Gz + \sum_i A_i \exp\left(-\sqrt{\frac{\pi}{\kappa P_i}}z\right) \cos\left(\frac{2\pi t}{P_i} - \phi_i - \sqrt{\frac{\pi}{\kappa P_i}}z\right) \tag{6-28}$$

式中，$G$ 为没有受扰动的地温梯度；$\kappa$ 为沉积物的热扩散系数。式（6-28）表示底温变化幅度以指数衰减，相位延迟与深度正相关，两者又与周期有关。周期越大，衰减速率越低，相位延迟的也越小。求解时，一般利用插入沉积物的最上方热传感器记录到温度作为底水温度的变化，提取底水温度变化的周期性参数，随后拟合各深度传感器记录到的温度变化曲线，获得校正后的各深度点的温度变化曲线，进而计算其平均地温梯度。

　　常规海底热流观测一般是将探针插入沉积物中测量，而洋中脊和海山区等往往没有足够厚度的沉积物，无法使用探针插入测量。为了调查这类海区的热通量，Johnson 等（2006，2010）设计并研制了一套类似于"地毯"的设备，借助水下机器人将其平铺于这类海区以获取地热参数（图 6-12）。但是在数据解算时，他们假设"地毯"安装好后可在短时间内达到热平衡，而实际上，"地毯"内部及其下伏介质难以在短时间内达到热平衡。因此，Johnson 等的数据解算方法将给相关地热参数带来较大误差。为此，中国科学院南海海洋研究所正在研究测温单元，组装成类似设备，试机搭载我国水下深潜器开展相关海试和数据解算原理研究。

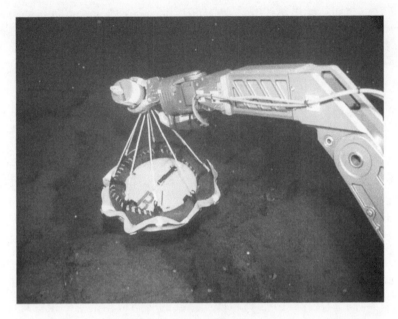

图 6-12　平铺式海底热流测量设备（据 Johnson et al. ，2010）

## 6.3.3　沉积物热导率的测量

热导率的测量可以在实验室中利用热导率仪测量（实验室条件下获得的热导率需要进行温压校正），也可以利用具有热脉冲功能的李斯特型探针或改良的尤因型地热探针进行原位测量。海底沉积物热导率与孔隙度、物质组成关系密切。热导率测量分为间接测量法和直接测量法。间接测量法，如含水量测量法，依据的是热导率与样品含水量之间的经验关系。由于沉积物成分的差异，不同地区所适用的经验关系也不同。海洋表层沉积物通常都未固结，针状探头比较容易插入，故在实验室一般采用探针法测量海底沉积物的热导率。目前使用比较广泛的探针法为单针法（Jaeger，1956；Herzen and Maxwell，1959；Goto and Matsubayashi，2008）。

### 6.3.3.1　探针法

#### （1）持续供热线源法

Herzen 和 Maxwell（1959）发明了一种被广泛使用的技术，在岩芯回收到甲板上后，很快就对热导率进行测量。单针法的探针内部安装有温度传感器（热敏电阻）和加热丝（一圈连接低压电源的电线）。温度传感器位于探针中部，用于测量所处位置的温度变化。为了应用无限长线热源衰减理论公式求解，该方法要求探针长度与半径比值（$L/a$）足够大，通常情况下，$L$ 为 70~100mm，$a$ 为 1mm。与李斯特型探针采用脉冲加热测量原位热导率方法不同，实验室热导率测量一般采用恒功率持续加热技术。测量时，将探针插入岩芯内部，当热量以恒定的速率在电线中传输时就可记录其温度值。这种连续供热的测量方法被称作单针法，也叫持续供热线源法（Continued-powered source line method），属于非稳态法，其受岩芯物质的干扰很小。根据理想状态下柱状一维热传导表达式可得，在时间为 $t$ 的时刻，探针的温度 $T$ 为

$$T=\frac{Q}{4\pi K}\left(\ln\frac{2.246\kappa t}{r^2}\right)+C_r \tag{6-29}$$

式中，$Q$ 为单位时间单位长度输入的热量；$K$ 为样品的热传导率；$\kappa$ 为样品的热扩散系数，$\kappa=K/(\rho\cdot C_p)$；$r$ 为探头半径；$C_r$ 为常数。式（6-29）中假设探针是无穷介质中的无穷线源，并且 $t>>r^2/\kappa$。大部分探针的 $r^2/\kappa$ 值约为 1；当它大于 10s 后，$\ln t-T$ 图呈线性，其斜率为 $K$ 的倒数。这种线性关系只能维持在 10min 之内，10min 以后由于探针长度的有限性和样品边界的影响，$\ln t-T$ 不再是线性关系。

**（2）脉冲探针法**

除了持续供热线源法，脉冲探针法（pulse-probe method），亦称作脉冲线源法（pulse line source method），也属于探针法的一种。李斯特型热流计便是基于这种方法，被应用于热导率原位测量。每次成功的测量都可以获得摩擦阶段和脉冲阶段的温度–时间记录（图6-13）。摩擦阶段指从探针下插到脉冲加热前的时间段，记录的是探针下插时因摩擦生热引起的温度增高及随后的热平衡过程温度随时间的变化。而脉冲阶段指从脉冲加热（10~20s）到探针拔出前的时间段，记录的是脉冲加热引起的温度增高及随后的热平衡过程的温度变化。利用这两个阶段的温度–时间记录可以计算出各通道处深度的环境温度和原位热导率，结合探针倾斜度校正，可以获得原位地温梯度和原位热流。

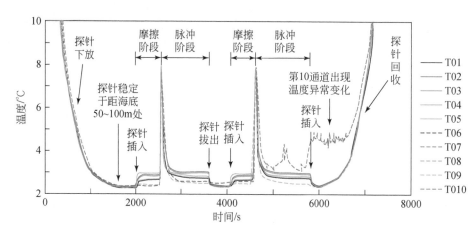

图 6-13　李斯特型热流计探针记录到的南海北部陆坡区某站位温度–时间数据（共 10 道）（据李亚敏等，2010）

由于海底热流测量的精度要求很高，而温度传感器（热敏电阻）受精度限制，各通道间仍存在微小差别，故需进行温度偏移量校正。而深水区域可以视为一个恒温槽，可以对各传感器进行细微校正。校正时，首先选择各航次水深最大的站位，去掉该站位那些数据记录质量差的通道（如图6-13第10通道），利用测量时该站位在距海底 50~100m 停留时

段内所有有效通道记录的温度数据进行平均，获得的温度作为基准温度 $T_0$，而第 $i$ 个通道（温度传感器）自身的平均温度 $T_i$，与基准温度的差作为该通道温度的偏移校正量 $\Delta T_i$，对该航次不同站位测量的温度进行偏移校正。

经过校正的各通道温度–时间记录可以用来推导温度传感器所在深度的沉积物环境温度和原位热导率。事实上，探针的热导率是有限的，探针插入沉积物时周围沉积物会发生变形或者在探针周围形成一薄层的水层，这些因素都可能导致有效加热开始时间的不确定性。而且受海上调查条件限制，探针在沉积物中只能停留很短时间，记录到的温度还不能代表环境温度，需要根据记录的温度–时间数据推导沉积物的平衡温度（环境温度），并提取沉积物热物性信息。根据 Hartmann 和 Villinger（2002）的研究，探针记录到的温度随时间变化满足无限长柱体热源的热衰减公式

$$T = \frac{8\lambda Q}{\pi^3 a^2 \kappa (\rho c)_c^2} \int_0^\infty \frac{e^{-u\frac{\kappa}{a^2}(t-t_S)}}{u\phi(u)} du + T_a$$

$$\phi(u) = \left[ uJ_0(u) - \frac{2\lambda}{\kappa(\rho c)_c} J_1(u) \right]^2 + \left[ uY_0(u) - \frac{2\lambda}{\kappa(\rho c)_c} Y_1(u) \right]^2 \tag{6-30}$$

式中，$Q$ 为探针摩擦生热或脉冲生热强度，J/m；$\lambda$ 为沉积物热导率，W/(mK)；$\kappa$ 为沉积物热扩散率，$m^2/s$；$(\rho c)_c$ 为探针体积热容，$0.25\times10^7 J/(m^3 \cdot K)$；$t_s$ 为等效起始时间，s；$T_a$ 为环境热力学温度，K；$J_n$、$Y_n$ 分别为一类和二类的 $n$ 阶 Bessel 函数；$u$ 为积分变量。利用迭代技术，通过调整一些变量，拟合实测温度–时间曲线和理论温度曲线，来获得各测量点的环境温度和热导率。具体求解过程如下：

1）摩擦阶段，迭代第一步先假定初始的 $\lambda$、$\kappa$，而 $(\rho c)_c$ 已知，求 $Q$、$T_a$、$t_s$；

2）热脉冲阶段，首先去掉摩擦残余热的影响，然后固定 $Q$、$T_a$、$(\rho c)_c$[$Q$、$(\rho c)_c$ 已知，$T_a=0$]，求 $\lambda$、$\kappa$、$t_s$；

3）如果不能拟合，就重复前面两步，重复第一步时，利用第二步获得的 $\lambda$、$\kappa$。

### 6.3.3.2　热导率温压校正

未固结的海底沉积物的导热率与含水量有关，含水量越高，沉积物导热率越低［海水导热率为 $0.6W/(m \cdot K)$］。为了防止样品水分流失或搬运过程对样品产生扰动，采集样品到甲板后要立即进行密封等处理，运回实验室后尽快完成热导率测量。

实验室测量条件与海底温压条件显然不同，因此，实验室测量得到的样品热导率还需进行温压校正。海底表层沉积物热导率的温压校正通常可采用根据 Ratcliffe（1960）研究结果建立的经验公式（Hyndman et al.，1974）

$$K_{P,T}(z) = K_{lab} \left[ 1 + \frac{z_w + \rho z}{1892\times100} + \frac{T(z) - T_{lab}}{4\times100} \right] \tag{6-31}$$

式中，$K_{P,T}(z)$ 为海底以下 $z$ 深度处原位热导率，W/(m·K)；$K_{lab}$ 为实验室测得的热导率，W/(m·K)；$z_w$ 为水深，m；$\rho$ 为沉积物平均密度，$g/cm^3$，一般取 $1.8g/cm^3$；$T(z)$ 和 $T_{lab}$ 分别为原位温度和实验室环境温度，℃。该公式适用于温度范围 $5 \sim 25$℃。由于海底表层沉积物温度一般为 3℃，与上述公式测温范围接近，热导率校正时仍沿用这个公式。

## 6.3.4 海底热流影响因素与校正

海底热流误差来源主要有两类，一类来自测量本身；另一类来自沉积剥蚀作用、孔隙流体、流体循环活动、基底和海底起伏及海底水温的周期性变化等环境因素的影响。随着测量设备、测量技术和数据解算技术的不断完善，海底热流测量本身可以达到较高的精度。但是，海底地热探针仅插入海底表层几米深度，测量结果容易受到环境因素的影响。有些环境因素虽然影响测量结果的可信度，但是可以通过地热测量来反映这些环境的特征，如海底流体活动的识别等。考虑到前文已对海底温度的周期变化进行了讨论，本节主要讨论基底、海底起伏、沉积作用和流体活动的影响。

### 6.3.4.1 热流地形校正

地形的变化会干扰等温线的分布，干扰大小取决于地形隆起的幅度。在地形起伏较大，且测温深度在地形起伏高程差的范围时，就需要进行热流地形校正。地形起伏对热流分布的影响有两个方面：一是地形突起处的总热阻大于地形低洼处的总热阻；二是地表温度随高程的变化率小于地温变化率，从而促使热流由地形凸起处向地形低洼处相对集中。

实测热流值的校正可采用数值模拟的方法，考虑到沿水平方向的散热，地形起伏会导致局部地区垂直热流值改变。因此，在沉降区垂直热流值要高于平均背景，在隆起区热流值要低于平均背景。如果平坦海底之下的沉积物，覆盖在不规则且热导率较高的基底上，那么，由于热流首先通过高的热传导率介质，在海底之下基底最浅处热流值最大。沿剖面的海底热流值可以从二维热传导方程求得。如果 $T$ 和 $k$ 分别是剖面上 $x$ 和 $z$ 点的温度和热导率，则

$$\frac{\partial k}{\partial x} \cdot \frac{\partial T}{\partial x} + \frac{\partial k}{\partial z} \cdot \frac{\partial T}{\partial z} + k\left(\frac{\partial^2 T}{\partial x^2} + \frac{\partial^2 T}{\partial z^2}\right) = 0 \tag{6-32}$$

### 6.3.4.2 沉积作用

沉积物的热披覆作用是指较冷的低热导率物质持续地以较快速率堆积在高热导率地层或者基底上，导致其地温梯度和热流值降低。相反，剥蚀作用将使地层地温梯度和热流值增大。如果盆地没有受沉积作用影响明显，早期张裂阶段，基底热流随拉张程度的增强而增大，而随后的热沉降阶段，基底热流逐渐降低。如果盆地受沉积作用影响明显，沉积物的热披覆效应导致基底热流明显低于没有接受沉积时的基底热流，而且沉积速率越大，基底热流降低得越明显。沉积作用的热披覆程度不仅与沉积速率、沉积持续时间密切相关，而且与沉积物热参数及沉积物质压实参数、孔隙流体活动等有关。为了消除沉积物的热披覆作用对海底热流测量结果的影响，前人通过建立数值模拟来校正海底热流，以期获得未受沉积物热披覆作用影响、反映实际热状态的热流。

Hutchison（1985）热流校正方法是应用最广泛的方法，他的模型是半无限空间，由具

有一定孔隙度的沉积层和下伏无孔隙的基底构成。该模型为考虑沉积作用、压实作用及压实过程中孔隙水运动的一维模型，其中，模型上表面为 $z=0$，代表海底与沉积界面，底界面为 $z=z_M$ 界面，由该模型温度分布可计算得出。实际应用时，需要提供实测区域的沉积分层与年龄结构，计算可以获得模型上表面与模型底边界热流的比值，代入实测海底热流，可以获得相应的未受扰动的热流，即校正后的热流。沉积物的热披覆作用、沉积速率大小和沉积持续时间长短有关（Hutchison，1985）。较长的沉积时间、较小的沉积速率引起的海底热流变化量与较短沉积时间和较大沉积速率相当。

在远离大陆的深海洋盆区，沉积速率一般低于 100m/Ma，沉积物的热披覆作用可以忽略。而靠近大陆的陆架陆坡区，沉积速率往往较高，需要考虑其沉积物的热披覆作用。

# 6.4 应 用 实 例

## 6.4.1 拉张盆地构造热演化

地壳或岩石圈张裂减薄，因其减薄程度不一，依次可形成沉积盆地、裂谷和大洋洋盆等重要地质单元。伸展减薄过程中有两个主要的热效应。首先，岩石圈（或地壳）伸展拉张减薄，受均衡效应影响，深部热物质上涌，从而使得地表热流增加。因此，拉张的瞬时过程首先表现为地表热流的迅速抬升。然而，当拉张作用停止后，岩石圈进入冷却衰减阶段，从而下沉增厚，渐渐恢复到拉张前的状态，热流逐渐降低，其时间尺度约为 100Ma。特别是由于前期拉张减薄，造成地壳或岩石圈的生热层厚度减薄，从而使得地表热流进一步降低，最后的地表热流还要低于拉张前的热流。当然，拉张过程形成沉积盆地后，接受了大量沉积物，其沉积物的放射性生热也会产生部分热流贡献。

地球动力学方法是基于盆地成因的地质地球物理模型，依据构造沉降史求解热流史的方法，也称为构造-热演化法。Mckenzie（1978）最早提出了一维瞬时均匀拉张模型并模拟计算了拉张盆地的热历史。此后，随着对拉张盆地研究的深入，地质、地球物理资料的积累和丰富，以及计算机和有限元模拟技术的发展，有关拉张盆地的模拟从瞬时拉张模型、有限时拉张模型发展到多期拉张模型。拉张盆地构造-热演化的定律模型在描述盆地沉降和热流演化方面取得了极大的成功，实现了构造与热的完美结合。

盆地演化的动力学模拟也称为构造热演化法。其基本原理是通过对盆地形成和发展过程中岩石圈构造（伸展减薄、均衡调整、挠曲形变等）及相应热效应的模拟（盆地定量模型），获得岩石圈的热演化（温度和热流的时空变化）。对不同成因类型的盆地，根据相应的盆地地质地球物理模型确定数学模型，在给定的初始和边界条件下，通过与实际观测的盆地构造沉降史拟合确定盆地基底热流史，进而结合盆地的埋藏史恢复盆地内地层的热历史。

弧后和大陆裂谷盆地是目前研究比较广泛且研究程度较高的盆地类型，其主要的构造热作用过程包括岩石圈的伸展减薄、地幔侵位、与热膨胀和冷却收缩及沉积负载相关的均衡调整。自 1978 年 McKenzie 提出了瞬时均匀伸展模型后，为解释盆地边缘的抬升问题，又相继出现岩石圈非均匀伸展模型（Royden and Keen，1980；Rowley and Sahagian，1986）和体现同裂谷期非绝热过程的非瞬时拉张的有限拉张速率模型（Jarvis and McKenzie，1980；Cochran，1983）。由于盆地沉降与其热效应之间有密切联系，不同构造单元不同类型的沉积盆地其地温场的演化史是不同的。利用盆地演化的地球物理模型来恢复沉积盆地的热演化历史是目前常用的方法。与古温标方法类似，盆地演化的热动力学模拟是不同学者基于各类盆地的研究而建立起来的，因此，具有不同适应范围。拉张的热动力学模拟仅适用于拉张类型的盆地，而挤压模型仅适用于构造挤压的沉积盆地。

拉张盆地的构造热演化模拟是在岩石圈的尺度通过求解瞬态热传导方程来研究盆地形成演化过程中的热历史和沉降史。Mckenzie（1978）提出的岩石圈伸展模型是目前应用最为广泛的热动力学模型，它是一种瞬时的均匀拉张模型。该模型认为：由于大陆岩石圈的快速伸张，使岩石圈变薄和软流圈被动上升，并伴随块体的断裂和沉降；该模型与Turcotte（1976）所提出的模型一样，热流值从盆地扩张初期往后逐渐降低，即由冷却引起的地壳均衡沉降，沉降量和热流值取决于伸展量。它适用于张性盆地和被动大陆边缘简单盆地的演化。

板块的温度结构可由扩散方程的一维形式表达

$$\kappa \frac{\partial^2 T}{\partial z^2} = \frac{\partial T}{\partial t} \tag{6-33}$$

如果一个由等温线 $T=T_a$ 定义的包含基底的板块被瞬时拉伸，其长度为 $x_0$ 的一部分被拉张，拉张系数为 $\beta$，使得温度 $T_a$ 以下的物质上升并保持均衡状态。没有达到热平衡的板块一直处于冷却过程直至达到它的初始厚度。较轻板块被下伏较重物质替换引起的最初凹陷为 $S_1$，随着板块的冷却，进一步发生沉降作用，$S$ 为最终凹陷。

拉张作用之后

$$T = T_a \qquad\qquad 当 \ 0 < z/h_0 < (1-1/\beta)$$
$$T = T_a \beta (1 - z/h_0) \quad 当 \ (1-1/\beta) < z/h_0 < 1 \tag{6-34}$$

边界条件：$T=0$ 时，$z=h_0$；$T=T_a$ 时，$z=0$。通过傅里叶展开，可以得到扩散方程的解

$$T = 1 - \frac{x}{h_0} + \frac{2}{\pi} \sum_{n=1}^{\infty} \frac{(-1)^{n+1}}{n} \left( \frac{\beta}{n\pi} \sin \frac{n\pi}{\beta} \right) \exp\left( -\frac{n^2 t}{\tau} \right) \sin \frac{n\pi z}{h_0} \tag{6-35}$$

其中，热时间常数为：$\tau = h_0^2 / \pi^2 \kappa$。

表面热流可以通过所求温度，乘以时间得到

$$Q(t) = -\frac{KT_0}{h_0} \left\{ 1 + 2 \sum_{n=1}^{\infty} \left( \frac{\beta}{n\pi} \sin \frac{n\pi}{\beta} \right) \exp\left( -\frac{n^2 t}{\tau} \right) \right\} \tag{6-36}$$

各种不同拉张系数 $\beta$ 值情况下，热流随时间变化（图 6-14）。

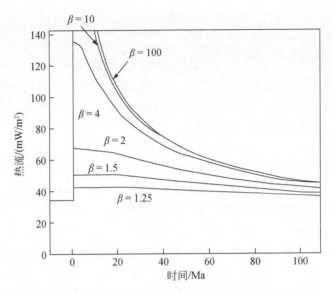

图 6-14　板块瞬时拉张后热流值的变化（据 Mckenzie，1978）

式（6-36）只适用于单期拉张盆地，但目前许多学者已经注意到我国东部的新生代盆地演化过程中，曾发生了多期，非均匀性拉张。多期拉张的结果使得盆地后期演化史受到前期未稳定温度场的严重影响，盆地热历史及现今热状态是在多期拉张的综合作用下形成的。

沉积盆地构造–热演化模拟中拉张系数是反映岩石圈拉张演化的重要参数。拉张系数 $\beta$ 一般定义为初始地壳厚度/拉张后地壳厚度。对于只经历一次拉张的盆地而言，拉张后的地壳厚度即现今地壳厚度，很容易求得 $\beta$。然而，对于经历多期拉张的古老盆地而言，如古生代的四川盆地，当时的地壳厚度很难确定，那么各期的拉张系数就很难用简单的公式求得。另外，沉积盆地由于拉张，引起岩石圈减薄和初始沉降，同时引起温度场的变化。随着时间的推移，温度场变化又引起热沉降。构造沉降和温度场是相互联系的，因此拉张系数的计算不能忽略温度场的影响，应放在构造–热演化模拟中求取。这里采用非瞬时（有限时）多期拉张模型来模拟沉积盆地构造–热演化，应用迭代法通过拟合构造沉降量来求取各期的拉张系数，并计算初始沉降量、热沉降量、地壳及岩石圈厚度、温度场分布和热流值。

该模型建立在 Lagrange 参考系下，在 $t_0 = 0$ 时刻，初始岩石圈拉张，在横向上不同地区拉张系数不同，岩石圈减薄程度不同，因均衡补偿引起的初始沉降也不同。由于岩石圈减薄，热软流圈被动上拱，引起热扰动，随着时间推移，热扰动逐渐解体，引起热沉降。在 $t = t_1$ 时刻，并没有完全恢复至热平衡状态的岩石圈再次拉张，进一步减薄。第二次拉张岩石圈的初始温度场为前一期拉张结束时 $t_1$ 时刻的温度场。温度场的变化满足二维瞬态热传导方程

$$\rho C \frac{\partial T}{\partial t} - \left( \frac{\partial^2 KT}{\partial^2 x^2} + \frac{\partial^2 KT}{\partial^2 y^2} \right) = Q \tag{6-37}$$

式中，$T$ 为温度，℃；$K$ 为热导率，W/(m·K)；$\rho$ 为密度，kg/m³；$t$ 为时间，s；$Q$ 为热源，W/m³。假定模型上下边界温度始终保持不变，分别为 0℃ 和

1330℃，侧边界为绝热边界；放射性元素生热集中在初始上地壳 10km 范围内，下地壳、地幔没有放射性热源。

对于单期拉张盆地而言，其热历史和构造沉降史可分为两个阶段：早期由于拉张，热流迅速升高，盆地快速沉降；拉张结束后，盆地逐渐冷却下沉，热流也随之缓慢下降。若将上述两阶段合称一个旋回，对多期拉张盆地而言，其演化史则由多个旋回组成。但这些旋回之间并不是各自独立的，早期旋回会对后期旋回产生重大影响。

对多期拉张盆地模拟时不能简单地重复使用多个单期模型。这是因为任何单期模型都假定其初始温度场为稳态分布，将它重复用于多期拉张盆地的热演化模拟，会造成较大的误差。假定一个盆地曾经历三次拉张，拉张系数分别为 $\beta_1 = \beta_2 = \beta_3 = 1.442$，三次拉张的时间间隔均为 10Ma。分别采用孤立模型（将盆地简单地处理为三个单期拉张，只是在几何形态上有继承性，在温度场上没有继承性，各期拉张的初始温度场均为稳态分布）和连续模型（各期拉张之间几何形态、温度场均有继承性，仅原始温度场为稳态分布，后期拉张的初始温度场为上期拉张演化结束时的温度场）来模拟其热演化过程〔图6-15（a）〕。从图6-15（a）可以看出，两种模型预测的热流史和沉降史结果相差甚远。连续模型的预测值显然要大于孤立模型。

采用非均匀拉张速率模式不同拉张速率模式与以往的瞬时拉张模型和有限时均匀拉张模型，得到的演化结果差异不大，但所预测的演化过程却大相径庭〔图6-15（b）〕。

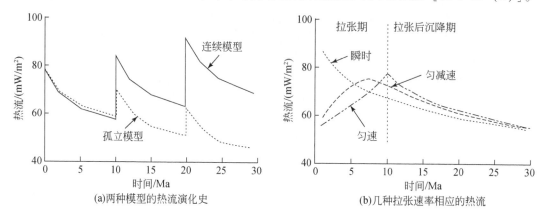

（a）两种模型的热流演化史　　　　（b）几种拉张速率相应的热流

图6-15　两种模型的热流演化史和几种拉张速率相应的热流

南海位于欧亚板块、太平洋板块和印–澳板块的交汇处，中生代以来经历了东亚边缘大规模的地块拼合、挤压和伸展–走滑，以及新生代华南大陆岩石圈的破裂、南海海盆扩张、太平洋板块和印–澳板块的俯冲、碰撞，造就了南海丰富的地质构造现象。南海陆缘新生代沉积盆地内蕴藏了丰富的石油资源，并且南海北部残留的中生代地层中发现了一些油气藏，解释了南海巨大的油气资源潜力。为了增进对南海张裂大陆边缘形成演化、海底扩张等重大科学的认识，以及深化南海大陆边缘深水区的油气勘探基础地质研究，前人（张健和汪集暘，2000；He et al.，2001；Shi et al.，2003）对南海边缘沉积盆地的构造–热演化展开了深入研究。赵长煜等（2014）采用多期有限拉张应变速率模型对南海南部若干边缘沉积盆地部分进行了构造–热演化历史模拟，分析了基底热流（受深部岩石圈构造–热演化控制的盆地基底的热流）的变化过程（图6-16）。

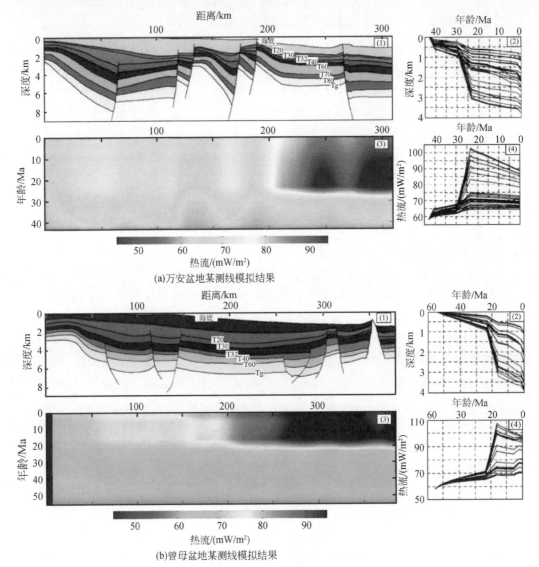

图 6-16　南海南部沉积盆地的构造—热演化历史模拟

注：（1）地质剖面；（2）构造沉积曲线；（3）基底热流变化剖面；（4）基底热流变化曲线

多期应变速率的构造–热模拟方法可以客观准确地反映盆地尺度的多期拉张时间，无需知道拉张期次及拉张持续时间等先验信息，可以很好地计算经历多期伸展的南海陆缘含油气盆地。其物理模型为：假定岩石圈拉张前，盆地基底热流值稳定、均匀分布，地表温度 $T(z=a)=0$，岩石圈底部温度 $T=T_m$（1300℃），区域的构造运动使得岩石圈与地壳以速度 $u(x)$ 水平拉伸，同时造成软流圈物质以垂向速度 $v(x,z)$ 上涌以取代原先的岩石圈，垂向速度 $v$ 从岩石底部的 $v_0$ 线性减小到地表的 0，参数见表6-3。

表6-3　模型基本参数

| 符号 | 参数 | 取值 | 单位 | 符号 | 参数 | 取值 | 单位 |
|---|---|---|---|---|---|---|---|
| $a$ | 岩石圈厚度 | $120 \sim 125$ | km | $t_c$ | 初始地壳厚度 | 35 | km |
| $G$ | 岩石圈的应变速率 | | $s^{-1}$ | $u$ | 水平速度 | | km/s |
| $v$ | 垂向速度 | | km/s | $\beta$ | 伸展因子 | | |
| $T_c$ | 岩石圈有效弹性厚度 | | km | $T$ | 温度 | | ℃ |
| $T_1$ | 岩石圈基底温度 | 1333 | ℃ | $\alpha$ | 岩石圈的热膨胀系数 | $3.28 \times 10^{-5}$ | $℃^{-1}$ |
| $\kappa$ | 岩石圈的热扩散系数 | $8.04 \times 10^{-7}$ | $m^2/s$ | $\rho_a$ | 软流圈的密度 | 3.20 | $g/cm^3$ |
| $\rho_c$ | 标准状态下地壳密度 | 2.78 | $g/cm^3$ | $\rho_m$ | 标准状态下地幔密度 | 3.35 | $g/cm^3$ |
| $\rho_w$ | 海水的密度 | 1.03 | $g/cm^3$ | $\upsilon$ | 泊松比 | 0.25 | |
| $E$ | 杨氏模量 | 70 | GPa | $g$ | 重力加速度 | 9.8 | $m/s^2$ |

## 6.4.2　地热与天然气水合物

天然气水合物是甲烷或其他低分子量的烃类气体，及一些非烃类气体（如 $CO_2$、$H_2S$）天然地封存在水分子的晶格中，而形成的一种似冰状的结晶化合物，有时也形象地称为"可燃冰"。由于天然气水合物的形成、演化和分解都与温度有着直接的关系，而与温度密切相关的热流、地温梯度、热导率等地热参数对天然气水合物的形成、演化和分布有重要的影响。天然气水合物的地热研究，不仅为地热学提供了新的发展空间，同时也丰富、促进了天然气水合物的调查和研究工作（金春爽和汪集旸，2001）。

天然气水合物稳定带（gas hydrate stability zone，GHBZ）是由地温梯度确立的深度-温度关系曲线和天然气水合物相边界曲线共同界定的水合物稳定带底界与海底之间的区域（Kvenvolden and McMenamin，1980），水合物稳定带底界与海底之间的距离即水合物稳定带的厚度。

现以海水环境甲烷水合物为例来说明海域水合物稳定带底界深度的计算方法，计算中采用 Miles（1995）提出的海水中甲烷稳定边界曲线方程：

$$P = 2.807\,402\,3 + aT + bT^2 + cT^3 + dT^4 \qquad (6\text{-}38)$$

式中，$a = 1.559\,474 \times 10^{-1}$；$b = 1.559\,474 \times 10^{-2}$；$c = -2.780\,83 \times 10^{-3}$；$d = -1.5922 \times 10^{-4}$；$P$ 为压力，MPa；$T$ 为温度，℃。

海地温度（$T_0$）和地温梯度所确定的温度-深度函数为

$$T_z = T_0 + G \qquad (6\text{-}39)$$

式中，$T_z$ 为沉积物深度 $D = z_0 + z$（海底以下深度，单位为 m）处的温度，℃；$z_0$ 为水深，m；$G$ 为地温梯度。

压力 $P$（MPa）与深度 $D$（m）的关系为

$$P = \left[ (1+C_1) D + C_2 D^2 \right] 10^2 \tag{6-40}$$

式中，$C_1 = (5.92 + 5.25 \sin^2 \mathrm{Lat}) \times 10^{-3}$，Lat 为纬度；$C_2 = 2.21 \times 10^{-6}$，将式（6-39）转化为 $z$ 的函数并代入式（6-40）得

$$P = \left[ (1+C_1) \left( z_0 + \frac{T_z - T_0}{G} \right) + C_2 \left( z_0 + \frac{T_z - T_0}{G} \right)^2 \right] \times 10^2 \tag{6-41}$$

式（6-40）是单位沉积物中静水压力与温度的关系，可以在一个算法中找到式（6-41）与式（6-38）的同解。将海底温度（$T_0$）、地温梯度（$G$）和海水深度（$z_0$）代入式（6-38）与式（6-41）联立的方程并求解，选取其中的正实数解作为 $T$ 的值。将 $T$ 代入式（6-39），求出 $z$ 值，即水合物稳定带的厚度（海底以下的深度）。

对于不同天然气成分和孔隙水盐度的水合物，只要具备了各自相边界曲线的表达方程和温度–深度方程，就可以计算各种情况下天然气水合物稳定带的厚度了。Li 等（2012）由天然气水合物稳定带底界（BSR）计算了南海北部神狐海域的热流，并分析了天然气水合物稳定带的分布（图 6-17）。

BSR 常出现在大陆边缘海底沉积物中，并认为与天然气水合物的存在有关。这些反射层一般被认为指示着天然气水合物稳定带的底界，而依据 BSR 计算的热流被称为 BSR 热流。Yamano 等（1982）首先提出了利用天然气水合物相转换的压力/温度关系及 BSR 深度计算热流的方法。自此，相关研究迅速在世界各地展开（Davies et al.，1990；Hyndman et al.，1992；Townend，1997；Kaul et al.，2000）。在 Barbados、Nankai 及 Cascadia 地区，BSR 热流被认为代表了这些区域的区域热流背景，甚至被用来校准实测的热流（Hyndman et al.，1992）。在多数情况下，BSR 热流与区域背景比较吻合，又鉴于海底热流的探针方法具有相当的难度，因此 BSR 常常被用作估算某个地区热流背景的简单近似方法。

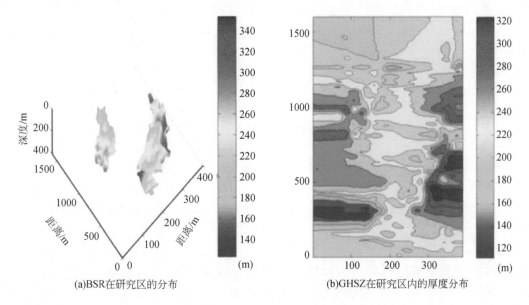

(a)BSR 在研究区的分布　　　　　　　　(b)GHSZ 在研究区内的厚度分布

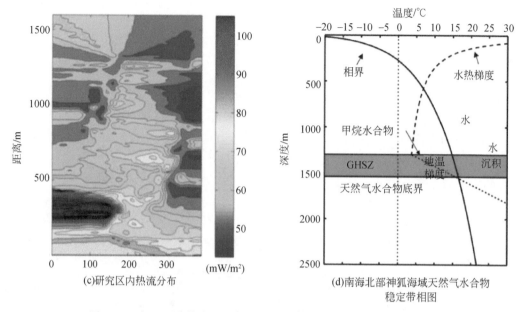

图6-17　由 BSR 计算南海北部神狐海域的热流（据 Li et al.，2012）

BSR 热流是指利用 BSR 深度计算得到的热流值。BSR 热流（$q_{BSR}$）的计算采用下面的公式（Ganguly et al.，2000）

$$q_{BSR} = K \frac{T_{BSR} - T_{sea}}{Z_{BSR}} \tag{6-42}$$

式中，$K$ 为热导率；$T_{sea}$ 为海底温度；$Z_{BSR}$ 为 BSR 所在的深度；$T_{BSR}$ 为 BSR 所在深度的温度，它可从甲烷水合物温压稳定条件的式得到（Dickens and Quinby-Hunt，1994）

$$T^{-1} = 3.79 \times 10^{-3} - 2.83 \times 10^{-4} \lg P \tag{6-43}$$

在将 BSR 深度转换为压力时，可以计算该深度的净水压力或净岩压力。其中，净水压力 $P_{hydro}$（MPa）采用下列经验公式

$$P_{hydro} = P_{atm} + \rho_{sw} g (h+z) \times 10^{-6} \tag{6-44}$$

净岩压力 $P_{lith}$（MPa）采用经验公式

$$P_{lith} = P_{atm} + g(\rho_{sw} h + \rho_{bulk} z) \times 10^{-6} \tag{6-45}$$

式（6-44）和式（6-45）中，$P_{atm}$ 为大气的压力，其值为 0.101 325 MPa；$h$、$z$ 分别为水深与 BSR 距海底的深度，m；$g$ 为重力加速度，9.8 m/s$^2$；$\rho_{sw}$ 为平均海水密度；$\rho_{bulk}$ 为沉积物的平均体密度。Hyndman 等（1992）研究认为：由于 BSR 层位较浅，不大可能存在显著的超压，因此可以应用静水压力来计算 BSR 处的温度。这里也采用净水压力计算 BSR 处的温度。

Priyanto 等（2015）利用 BSR 估算了印度尼西亚东部 Aru 地区的热流。他们针对该地区热流的估计进行了深入研究。BSR 边界受热物理性和热化学性进程的控制。假定在这种稳定的状态下，热流和地温梯度与时间无关，他们依据热导率和用双程旅行时（TWT）而不是真实垂向速度来表达的地震层速度的线性关系总结了一个特殊的公式。在建模时也将海底的温度与纬度和水深的关系考虑了进去。靠近赤道模型的海底温度被用来和当地温度一起计算[图 6-18（a）]。地震剖面解释海底双程旅行时，BSR 双程旅行时和 BSR–海底等层厚线[图 6-18（b）]是估算热流的主要参数。图 6-18（c）展示了附近钻孔测量的实际热流数据，不过多数位于岸上，热流值在 $40 \sim 100 \text{mW/m}^2$。经对比研究，估算得出的区域热流数据[图 6-18（d）]是有效的，可以表示地区热流情况。

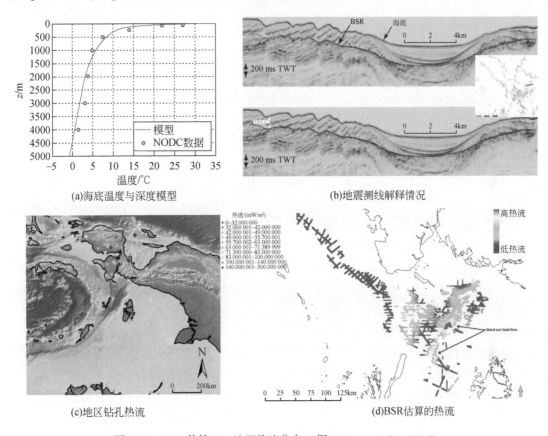

(a)海底温度与深度模型　　　　(b)地震测线解释情况

(c)地区钻孔热流　　　　(d)BSR估算的热流

图 6-18　BSR 估算 Aru 地区热流分布（据 Priyanto et al.，2015）

　　BSR 热流与实测热流的对比显示两者并不总是相同。BSR 热流与实测值之间的差异一般被解释为计算所采用的参数误差，如水合物稳定性的压力/温度关系、海底温度、热导率/深度的关系等。本节将这类误差称作参数误差。研究表明，所有这些参数所带来的误差总和不超过 30%。

　　事实上，误差还有可能来源于计算 BSR 热流的基本假定。在计算 BSR 热流时，一个最重要的假定是 BSR 指示的是天然气水合物稳定带的底界。在很多情况下，BSR 与天然气水合物稳定带的底界是吻合的。然而，BSR 可能位于水合物生成带的底界，存在于水合物稳定带的内部，比水合物稳定带底界要浅。这种情况在世界很多地区已被证实（Stoll and Bryan，1979；Dvorkin and Nur，1995）。另外，BSR 也可能出现在水合物稳定带的下面，即自由气体的顶部（Minshull et al.，1994；Holbrook et al.，1996）。Xu 和 Ruppel

(1999) 的理论模型得出了两个很重要的结论：①海底沉积物中天然气水合物实际生成带的底界与水合物稳定带的底界往往是不重合的，一般要比水合物稳定带的底界浅；②如果 BSR 标志的是自由气体顶界，那么 BSR 将出现在比水合物稳定带底界深的某个地方。因此，用于计算 BSR 热流的基本前提并不总是能够满足的，故难免造成误差（我们称作理论误差）（He et al.，2009）。

## 6.4.3　俯冲带的热流

洋壳在俯冲带地区发生向下的弯曲并深至上地幔，它如同一个倾斜的板一样以每年几厘米的速度向下俯冲。老的洋壳携带的最初在洋中脊形成时的热量已经消失殆尽，变得很凉。当它到达海沟时，板内的等温线相距甚远，温度梯度很小。因为热流与地温梯度是成正比的，因此海沟内测得的热流很小（约 $35 mW/m^2$）。当板块向下俯冲到一定深度时，板块的压力和温度随之增加。板块附近的地幔向板块输送着热量。但这个过程很慢，俯冲板块内部仍然比周围环境要凉（图 6-19）。800℃温度正常情况对应大洋板块下 70km 左右，但是在向下俯冲的板块中，这个温度对应深度超过 500km。在这个深度以上，俯冲板块更凉的部分温度不足 800～1000K。

在建立俯冲板块热构造时应考虑到，地幔的热传导不是唯一的热源。另一个重要的热源是俯冲板块与地幔接触表面的剪切变形导致的摩擦热。在俯冲带靠上的部分，剪切热将大洋岩石圈的玄武岩层熔融并且在板块顶端形成了榴辉岩层。高密度的榴辉岩导致了正的重力异常并且增加了推动板块向下的压力。通常在 400km 深处，橄榄石型矿物反生相变转变为密集的尖晶石结构。这种相变依赖于一定的温度和压力。试验结果表明这种相变在低压低温而不是高温的情况下发生。因此它发生在较浅深度的冷板块上而不是周围的地幔中。结果相变转换深度向上偏离了大约 100km。这种转换会释放热量，这种相变转换产生的潜伏热量是导致俯冲带热结构的另一种热源。这种相变转换同样导致了密度的增加，增加了板块向下俯冲的推动力。

我们对更深处（670km）相变的理解不够透彻。高温导致相变在高压下发生，因此发生的位置在俯冲板块内向下偏移了一定深度。这个相变是从周围环境吸热还是如图 6-19 中假定的模型一样向外放热还不太确定，一个吸热的相变会使密度减小并且减小板块向下俯冲的压力。

虽然其他略微不同的模型也得到了俯冲板块的温度分布，但是它们冷板块的等温线同样都有向下的偏移。热流可以通过给定的热模型计算出来。与穿过俯冲带的剖面上观测的热流值对比发现，模型无法解释在上覆板块上方观测到的高热流。俯冲洋壳和上地幔的部分熔融生成的岩浆，在上覆板块产生的火山活动是高热流值的部分原因。浅层的熔融与俯冲板块带下来的水生成玄武岩岩浆；深层的熔融与少量的水生成安山岩岩浆。当上覆板块是陆壳时，沿着大陆边缘平行于海沟会形成火山链。火山活动主要是喷发玄武岩和安山岩岩浆。这种岩浆比两个洋壳板块碰撞产生的岩浆包含更多长英矿物，这可以推测岩浆中包含了上覆陆壳板块上地幔的熔融物质。

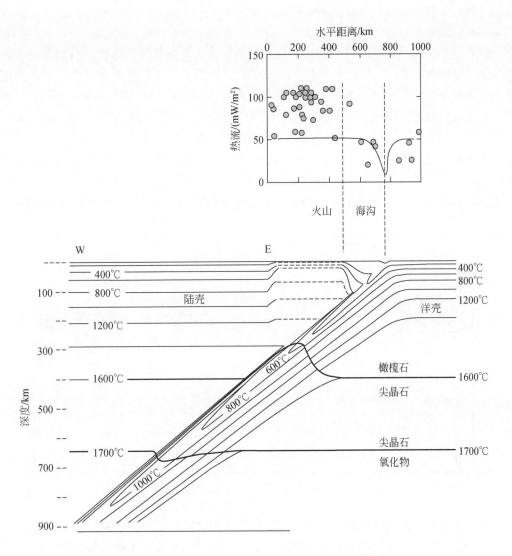

图 6-19　俯冲带地区和弧后地区的热结构与穿过日本海沟的实测热流和 Toksöz（1971）
计算的理论热流（黑色实线）的对比（据 Lowrie，2007）

当两个洋壳板块汇聚时，在上覆板块上会形成火山弧。上覆板块上的高热流值与弧后
扩张有关，因为在火山弧后面，上地幔中部分熔融产生的玄武岩浆的侵入产生新的洋壳。
这种形式的海底扩张在岛弧后面形成了边缘盆地。岩浆的侵入并不局限于一个单一的位
置，而是像扩张脊一样，只是在盆地中扩散开来。因此，海底扩张的磁条带特征消失或是
在边缘盆地中会有非常弱的特征。

近年来在主动大陆边缘弧后区的热流观测表明，构造或造山热不容忽视。全球一些俯
冲带详细的热流观测表明，这些俯冲区热流展布具有相似的规律：热流从海沟处向陆递减
（约 $40mW/m^2$），然后从岛弧处开始增加，且岛弧–弧后宽阔地带（250～900km）一直保

持较高热流（70～90mW/m²），随后进入低热流的克拉通区（约 40 mW/m²）（Currie and Hyndman，2006）。

研究表明，弧后这种区域性高热流特征一般被认为与弧后薄且热的岩石圈下面存在的小尺度浅地幔对流有关。Currie 和 Hyndman（2006）讨论了浅地幔对流的原因，认为区域热源（如俯冲带摩擦生热、变质作用放热及放射性生热等）均不足以产生实测的高温和高热流，从而需要地幔传热至地幔楔和弧后地区。虽然这种地漫流既可以由俯冲板块和地幔楔之间的拖拽驱动，也可以由热浮力驱动，但数值模拟表明，单纯由板块拖拽导致的对流效应还不足以在火山弧和弧后地区产生均一的高温，因此需要考虑热浮力影响，即在低黏度软流圈内活跃的小尺度自由对流产生了弧后地区的高温特征（图6-20）。特别是，弧后地区因为俯冲带沉积物的脱水，造成了地幔楔的黏度降低，从而极易诱发小尺度地幔对流。

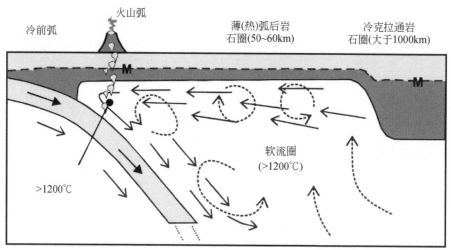

图 6-20    弧后地区热构造模型（据 Currie and Hyndman，2006）

弧后地区的这种高热状态特征对大陆边缘演化具有重要意义。Hyndman 等（2005）认为，大陆活动带之所以相对于克拉通和地台表现出长期的脆弱性，就是因为它们位于（或曾位于）弧后地区，从而继承了弧后热而柔软的特点。大陆活动带这种继承性的高热流背景为造山带广泛发育的岩浆侵入、高温地区变质和地壳流动提供了一种解释：弧后和后来的造山热足以造成下地壳与岩石圈上地幔解耦拆离，形成下地壳流。

俯冲带断层（subduction fault）又称为大型逆冲（mega thrust），能产生巨大的地震并引发大海啸，从而对俯冲带周边陆地地区造成不可估量的损失。俯冲带地震成因近年也是地震研究的热点区域，由于俯冲带的位置特殊，我们不能用特定方法进行地震成因分析，只能通过地球物理等手段对俯冲带内部进行剖析，但必然有其极限性，导致大量学者对俯冲带大地震运动成因有一定误解。

对于俯冲带，我们之前普遍的研究观点认为粗糙俯冲带断层会比光滑俯冲带断层更能产生大地震，因为粗糙俯冲带内摩擦力更大。粗糙俯冲带一般由于其较大的海山等，以蠕动运动机制（creep）为主，而光滑俯冲带断层以黏滑运动机制（stick-slip）

为主。可是俯冲带大地震不仅与俯冲带内摩擦力有关，还与瞬时错动的面积及相对应力降等有关。俯冲带地震是由于俯冲带内断层滑动造成，断层的强度大小决定了俯冲带摩擦强度的大小，而摩擦强度导致摩擦生热，俯冲带内部摩擦生热会表现为俯冲带表面的热流，也就是我们可观测到的俯冲带热流。Gao 和 Wang（2014），根据俯冲带表面观测的热流通过数值模拟的方法发现（图6-21），光滑的俯冲带比粗糙的俯冲断层更容易产生大地震。

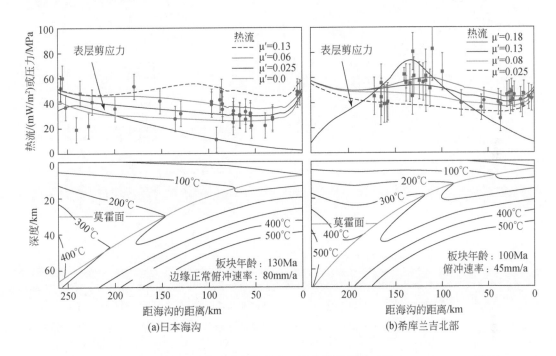

图6-21　日本海沟与希库兰吉海沟北部热散失二维有限元模型（据 Gao and Wang，2014）。

　　Gao 和 Wang（2014）对粗糙俯冲带断层和光滑俯冲带断层的运动机制进行了分析（图6-22）。从图6-22（a）中可以看出光滑俯冲带在一定时间内被锁住，在某种条件下，突然瞬间造成较大距离的滑移，这也必然造成俯冲带较大面积的滑移；而粗糙俯冲带的蠕动随时间基本表现为一条直线，基本没有造成相对较大滑移。图6-22（b）中可以发现光滑俯冲带的黏滑机制在滑动开始初期剪切应力逐渐减少或转变成滑动力，然后达到一定值继续滑动，但剪切应力不变直到被锁住，剪切应力恢复到原本状态；而蠕动机制的剪切应力在滑动过程中整体几乎不变。从图6-22（c）中可以很好的分析出：粗糙俯冲带由于具有较大海山、构造区或大量沉积物，整个俯冲带有较大的应力分布，在其俯冲过程中，一处发生断裂，造成相对较小的摩擦强度，而发生较小错动后被俯冲带其他粗糙部位卡住，从而只造成较小滑移，不会产生大地震；光滑俯冲带本身固有应力较小，表面光滑，在剪切应力减小后，可以造成大规模的滑移，从而造成大地震。

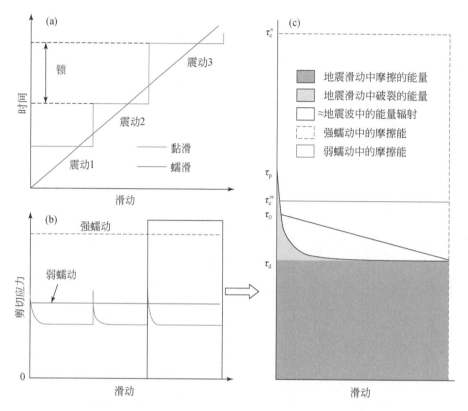

图 6-22　黏滑动断层和蠕动断层摩擦热与断层压力图（据 Gao and Wang，2014）

注：（a）位移与时间关系；（b）对应于（a）上位移的剪切应力；（c）（b）中选定区域内
黏滑动断层的地震位移能量与强和弱蠕动断层是释放的能量对比

# 6.5　习　　题

1）请给出大地热流、热导率、热应力、热应变的定义。

2）试推导热传递方程。

3）试讨论大洋盆地、大陆边缘、俯冲带的热流结构特征。

## 参 考 文 献

何丽娟，金春爽，张毅．2015．地热与天然气水合物//汪集旸，等．地热学及其应用．北京：科学出版社：445-472．

何丽娟．2014．流变边界层及其对华北克拉通热/地震岩石圈底界差异的意义．地球物理学报，57（1）：53-61．

嵇少丞，王茜，许志琴．2008．华北克拉通破坏与岩石圈减薄．地质学报，82（2）：174-193．

金春爽，汪集旸．2001．天然气水合物的地热研究进展．地球科学进展，16（4）：540-543．

李亚敏，罗贤虎，徐行，等．2010．南海北部陆坡深水区的海底原位热流测量．地球物理学报，53（9）：

2160-2170.

刘邵文, 黄少鹏. 2015. 全球热流//汪集旸, 等. 地热学及其应用. 北京: 科学出版社: 160-185.

邱楠生, 胡圣标, 何丽娟. 2015. 含油气盆地地热学//汪集旸, 等. 地热学及其应用. 北京: 科学出版社: 377-444.

施小斌, 杨小秋, 石红才, 等. 2015. 中国海域大地热流//汪集旸, 等. 地热学及其应用. 北京: 科学出版社: 123-159.

施小斌, 周蒂, 张毅祥. 2000. 南海北部陆缘岩石圈热-流变结构. 科学通报, 45 (15): 1660-1665.

徐行, 施小斌, 罗贤虎, 等. 2006. 南海西沙海槽地区的海底热流测量. 海洋地质与第四纪地质, 26 (4): 51-58.

臧绍先, 刘永刚, 宁杰远, 2002. 华北地区岩石圈热结构的研究. 地球物理学报, 45 (1): 56-66.

张健, 汪集旸. 2000. 南海北部大陆边缘深部地热特征. 科学通报, 45 (10): 1095-1100.

张健, 许鹤华. 2015. 地球内热与热传递//汪集旸, 等. 地热学及其应用. 北京: 科学出版社: 19-63.

赵长煜, 宋海斌, 杨振武, 等. 2014. 南海南部边缘沉积盆地构造-热演化史. 地球物理学报, 57 (5): 1543-1553

赵平, 何丽娟, 刘邵文, 等. 2015. 岩石圈热结构//汪集旸, 等. 地热学及其应用. 北京: 科学出版社: 186-253.

Allis R G. 1979. A heat production model for stable continental crust. Tectonophysics, 57: 151-165.

Anderson D L. 1995. Lithosphere, asthenosphere, and perisphere. Reviews of Geophysics, 33 (1): 125-149.

Artemieva I M, Mooney W D. 2001. Thermal thickness and evolution of Precambrian lithosphere: A global study. Journal of Geophysical Research Atmospheres, 106 (B8): 16387-16414.

Birch F. 1954. Heat from radioactivity//Faul H. Nuclear Geology. NewYork: John Wiley & Sons: 148-174.

Birch F. 1965. Energetics of core formation. Journal of Geophysical Research Atmospheres, 70 (24): 6217-6221.

Bullard E C. 1954. The flow of heat through the floor of the Atlantic ocean. Geophysical Journal International, 4 (s0): 282-292.

Bullen K E. 1970. Note on application of Emden's equation to planetary interiors. Monthly Notices of the Royal Astronomical Society, 149: 51-52.

Cochran J R. 1983. Effects of finite rifting times on the development of sedimentary basins. Earth & Planetary Science Letters, 66: 289-302.

Currie C A, Hyndman R D. 2006. The thermal structure of subduction zone back arcs. Journal of Geophysical Research Solid Earth, 111 (B8): 1-32.

Davies J H, Davies D R. 2010. Earth's surface heat flux. The Solid Earth, 1: 5-24.

Davies J H. 2013. Global map of solid earth surface heat flow. Geochemistry, Geophysics, Geosystems, 14 (10): 4068-4022.

Davis E E, Hyndman R D, Villinger H. 1990. Rates of fluid expulsion across the Northern Cascadia Accretionary Prism: Constraints from new heat row and multichannel seismic reflection data. Journal of Geophysical Research Atmospheres, 95: 8869-8889.

Davis E E, Lister C R B, Sclater J G. 1984. Towards determining the thermal state of old ocean lithosphere: heat-flow measurements from the Blake- Bahama outer ridge, north- western Atlantic. Geophysical Journal International, 78 (2): 507-545.

Davis E E, Lister C R B, Wade U S, et al. 1980. Detailed heat flow measurements over the Juan de Fuca Ridge System. Journal of Geophysical Research Atmospheres, 85: 299-310.

Davis E E, Wang K, Keir B, et al. 2003. Deep- ocean temperature variations and implications for errors in seafloor heat flow determinations. Journal of Geophysical Research Atmospheres, 108 (1): 327-327.

Dickens G R, Quinby-Hunt M S. 1994. Methane hydrate stability in seawater. Geophysical Research Letters, 21 (21): 2115-2118.

Dvorkin J, Nur A. 1995. Rock physics for characterization of gas hydrates. International Journal of Rock Mechanics & Mining Sciences & Geomechanics Abstracts, 1570 (3): 293-298.

Furlong K P, Chapman D S. 1987. Crustal heterogeneities and the thermal structure of the continental crust. Geophysical Research Letters, 14 (3): 314-317.

Ganguly N, Spence G D, Chapman N R, et al. 2000. Heat flow variations from bottom simulating reflectors on the Cascadia margin. Marine Geology, 164: 53-68.

Gao X, Wang K. 2014. Strength of stick-slip and creeping subduction megathrusts from heat flow observations. Science, 345 (6200): 1038-1041.

Gerard R, Langseth M G, Ewing M. 1962. Thermal gradient measurements in the water and bottom sediment of western Atlantic. Journal of Geophysical Research Atmospheres, 67: 785-803.

Goes S R, Govers R, Vacher P. 2000. Shallow mantle temperature under Europe from P and S wave tomography. Journal of Geophysical Research Solid Earth, 105 (B5): 11153-11169.

Goto S, Matsubayashi O. 2008. Inversion of needle- probe data for sediment thermal properties of the eastern flank of the Juan de Fuca Ridge. Journal of Geophysical Research Solid Earth, 113 (B8): 231-234.

Hamamoto H, Yamano M, Goto S. 2005. Heat flow measurement in shallow seas through long- term temperature monitoring. Geophysical Research Letters, 322 (21): 365-370.

Hamza V M, Cardoso R R, Neto C F P. 2008. Spherical harmonic analysis of earth's conductive heat flow. International Journal of Earth Sciences, 97: 205-226.

Hamza V M. 2013. Global heat flow without invoking 'Kelvin Paradox'. Frontiers in Geosciences, 1 (1): 11-20.

Hartmann A, Villinger H. 2002. Inversion of marine heat flow measurements by expansion of the temperature decay function. Geophysical Journal International, 148: 628-636.

Hasterok D, Chapman D S. Davis E E. 2011. Oceanic heat flow: Implications for global heat loss. Earth and Planetary Science Letters, 311 (3): 386-395.

Hasterok D. 2013. A heat flow based cooling model for tectonic plates. Earth and Planetary Science Letters, 361: 34-43.

He L, Wang J, Xu X, et al. 2009. Disparity between measured and BSR heat flow in the Xisha Trough of the South China Sea and its implications for the methane hydrate. Journal of Asian Earth Sciences, 34 (6): 771-780.

He L, Wang K, Xiong L, et al. 2001. Heat flow and thermal history of the South China Sea. Physics of the Earth & Planetary Interiors, 126 (3-4): 211-220.

Herzberg C, Asimow P D, Arndt N, et al. 2007. Temperatures in ambient mantle and plumes: Constraints from basalts, picrites and komatiites. Geochemistry, Geophysical, Geosystems, 8 (2): 1074-1086.

Herzen R V, Maxwell A E. 1959. The measurement of thermal conductivity of deep- sea sediments by a needle- probe method. Journal of Geophysical Research, 64 (10): 1557-1563.

Hideki H, Makoto Y, Shusaku G. 2005. Heat flow measurement in shallow seas through long- term temperature monitoring. Geophysical Research Letters, 32 (21): 365-370.

Hofmeister A M, Criss E E. 2008. Model or measurements? A discussion of the key issue in Chapman and Pollack's critique of Hamza et al's re- evalution of oceanic heat flux and the global power. International Journal of Earth Sciences, 97: 239-243.

Holbrook W S, Hoskins H, Wood W T, et al. 1996. Methane Hydrate and Free Gas on the Blake Ridge from Vertical Seismic Profiling. Science, 273 (5283): 1840-1843.

Hutchison I. 1985. The effects of sedimentation and compaction on oceanic heat flow. Geophysical Journal of the Royal Astronomical Society, 82 (3): 439-459.

Hyndman R D, Currie C A, Mazzotti S P. 2005. Subduction zone backarcs, mobile belts, and orogenic heat. GSA Today, 15 (2): 4-10.

Hyndman R D, Davis E E, Wright J A. 1979. The measurement of marine geothermal heat flow by a multipenetration probe digital acoustic telemetry and in- situ thermal conductivity. Marine Geophysical Research, 4 (2): 181-205.

Hyndman R D, Erickson A J, Von Herzen R P. 1974. Geothermal measurements on DSDP Leg 26. Init. Repts. DSDP, 26: 451-463.

Hyndman R D, Ericksona J, Von Herzenr P. 1974. Geothermal measurements on DSDP leg 26. Initial Reports of the Deep Sea Drilling Project, 26, Washington US Gov. Print. Off, 451-463.

Hyndman R D, Foucher J P, Yamano M, et al. 1992. Deep sea bottom- simulating- reflectors: calibration of the base of the hydrate stability field as used for heat flow estimates. Earth and Planetary Science Letters, 109 (3): 289-301.

Jaeger J C. 1956. Conduction of Heat in an Infinite Region Bounded Internally by a Circular Cylinder of a Perfect Conductor. Australian Journal of Physics, 9 (2): 167.

Jarvis G T, Mckenzie D P. 1980. Sedimentary basin formation with finite extension rates. Earth and Planetary Science Letters, 48 (1): 42-52.

Jaupart C, Labrosse S, Mareschal J C. 2007. Temperatures, heat and energy in the mantle of the earth. Treatise on Geophysics, 7: 254-303.

Jaupart C, Mareschal J C. 1999. The thermal structure and thickness of continental roots. Lithos, 48 (1): 93-114.

Jaupart C, Mareschal J C. 2003. Heat flow and thermal structure of the lithosphere. Treatise on Geophysics, 6: 218-251.

Johnson H P, Baross J A, Bjorklund T A. 2006. On sampling the upper crustal reservoir of the NE Pacific Ocean. Geofluids, 6 (3): 251-271.

Johnson H P, Tivey M A, Bjorklund T A, et al. 2010. Hydrothermal circulation within the Endeavour Segment, Juan de Fuca Ridge. Geochemistry, Geophysics, Geosystems, 11 (5): 3040-3052.

Jones E J W. 1999. Marine Geophysics. Toronto: John Wiley and Sons.

Kaul N, Rosenberger A, Villinger H. 2000. Comparison of measured and BSR- derived heat flow values, Makran accretionary prism, Pakistan. Marine Geology, 164: 37-51.

Kvenvolden K A, Mcmenamin M A. 1980. Hydrates of natural gas: A review of their geologic occurrence. Circular, 825: 1-11.

Lewis T J, Hyndman R D, Flück P. 2003. Heat flow, heat generation, and crustal temperatures in the northern Canadian Cordillera: Thermal control of tectonics. Journal of Geophysical Research, 108: 211-227.

Li L, Lei X, Zhang X, et al. 2012. Heat flow derived from BSR and its implications for gas hydrate stability zone in Shenhu Area of northern South China Sea. Marine Geophysical Researches, 33 (33): 77-87.

Lister C R B, Sclater J G, Davis E E, et al. 1990. Heat flow maintained in ocean basins of great age: Investigations in the north-equatorial West Pacific. Geophysical Journal International, 102 (3): 603-630.

Lister C R B. 1963. Geothermal gradient measurement using a deep sea corer. Geophysical Journal International, 7 (5): 571-583.

Lister C R B. 1979. The pulse-probe method of conductivity measurement. Geophysical Journal International, 57 (2): 451-461.

Lowrie W. 2007. Fundamentals of Geophysics. Cambridge: Cambridge University Press.

Lubimora E A. 1967. Theory of thermal state of the Earth's mantle//Gaskell T F. The Earth's Mantle. 231-323.

Lubimora E A. 1969. Thermal history of the earth. Geophysical Monograph Series, 13: 63-77.

Mckenzie D, Bickle M J. 1988. The volume and composition of melt generated by extension of the Lithosphere. Journal of Petrology, 21 (2): 305-318.

McKenzie D. 1978. Some remarks on the development of sedimentary basins. Earth and Planetary Science Letters, 40 (1): 25-32.

Miles P R. 1995. Potential distribution of methane hydrate beneath the European continental margins. Geophysical Research Letters, 22 (23): 3179-3182.

Minshull T A, Singh S C, Westbrook G K. 1994. Seismic velocity structure at a gas hydrate reflector, offshore western Colombia, from full waveform inversion. Journal of Geophysical Research, 99 (B3): 4715-4734.

Molnar P. 1950. Continental tectonics in the aftermath of plate tectonics. Nature, 335: 131-137.

Morita S, Goto S, Tonai S. 2007. Nankai Trough NT07-E01 Cruise Onboard Report. Yokosuka: JAMSTEC.

Parsons B, Sclater J G. 1977. An analysis of the variation of oceanic floor bathymetry and heat flow with age. Journal of Geophysical Research, 82: 803-827.

Petford N, Cruden A R, Mccaffrey K J, et al. 2000. Granite magma formation, transport and emplacement in the Earth's crust. Nature, 408 (6813): 669-673.

Petitjean S, Rabinowicz M, Grégoire M, et al. 2006. Differences between Archean and Proterozoic lithospheres: Assessment of the possible major role of thermal conductivity. Geochemistry Geophysics Geosystems, 7 (7): 319-321.

Petterson H. 1949. Exploring the bed of the ocean. Nature, 164: 468-470.

Pfender M, Villinger H. 2002. Miniaturized data loggers for deep sea sediment temperature gradient measurements. Marine Geology, 186 (3): 557-570.

Pollack H N, Chapman D S. 2008. Comments on "spherical harmonic analysis of earth's conductive heat flow" by Hamza et al. Internal Journal of Earth Sciences, 97: 227-232.

Pollack H N, Hurter S J, Johnson J R. 1993. Heat flow from the earth's interior: Analysis of the global data set. Review of Geophysics, 31 (3): 267-280.

Priyanto B, Mjøs R, Hokstad K, et al. 2015. Heatflow Estimation from BSR: An Example from the Aru region, Offshore West Papua, Eastern Indonesia// Indonesian Petroleum Association.

Ratcliffe E H. 1960. The thermal conductivities of ocean sediments. Journal of Geophysical Research, 65 (5): 1535-1541.

Revelle R, Maxwell A E. 1952. Heat flow from the floor of the eastern north Pacific ocean. Nature, 170: 199-200.

Rowley D B, Sahagian D. 1986. Depth-dependent stretching: A different approach. Geology, 14 (1): 32-35.

Royden L, Keen C E. 1980. Rifting process and thermal evolution of the continental margin of Eastern Canada determined from subsidence curves. Earth and Planetary Science Letters, 51 (2): 343-361.

Rybach L. 1976. Radioactive heat production in rocks and its relation to other petrophysical parameters. Pure and Applied Geophysics, 114: 309-318.

Sclater J G, Jaupart C, Galson D. 1980. The heat flow through oceanic and continental crust and the heat loss of the earth. Review of Geophysics, 18: 269-311.

Shi X, Qiu X, Xia K, et al. 2003. Characteristics of surface heat flow in the South China Sea. Journal of Asian Earth Sciences, 22 (3): 265-277.

Sleep N H. 2003. Survival of Archean craton lithosphere. Journal of Geophysical Research Atmospheres, 108 (B6): 211-227.

Sleep N H. 2006. Mantle plumes from top to bottom. Earth-Science Reviews, 77 (4): 231-271.

Stein C A, Stein S. 1992. A model for the global variation in oceanic depth and heat flow with lithospheric age. Nature, 359 (6391): 123-129.

Stoll R D, Bryan G M. 1979. Physical properties of sediments containing gas hydrates. Journal of Geophysical Research Atmospheres, 84 (84): 1629-1634.

Toksöz M N, Minear J W, Julian B R. 1971. Temperature field and geophysical effects of a downgoing slab. Journal of Geophysical Research Atmospheres, 76 (5): 1113-1138.

Townend J. 1997. Estimates of conductive heat flow through bottom-simulating reflectors on the Hikurangi and southwest Fiordland continental margins, New Zealand. Marine Geology, 141: 209-220.

Turcotte D L, Oxburgh E R. 1972. Statistical thermodynamic model for the distribution of crustal heat sources. Science, 176 (4038): 1021-1022.

Turcotte D L. 1976. Stress accumulation and release on the San Andreas fault. Pure and Applied Geophysics, 115 (1): 413-427.

Vigneresse J L. 2006. Granitic batholiths: from pervasive and continuous melting in the lower crust to discontinuous and spaced plutonism in the upper crust. Earth and Environmental Science Transactions of the Royal Society of Edinburgh, 97 (1): 311-324.

Villinger H, Davies E E. 1987. A new reduction algorithm for marine heat flow measurements. Journal of Geophysical Research, 92: 12846-12856.

Von Herzen R P, Lee W H K. 1969. Heat flow in oceanic regions. Geophysical Monograph Series, 13: 88-95.

Von Herzen R P, Maxwell A E, Snodgrass J M. 1962. Measurement of heat flow through the ocean floor// Symp. Temperature 4th. New York: Reinhold Publishing Cor-poration, 1: 769-777.

White R S. 1988. The Earth's crust and lithosphere. Journal of Petrology, (1): 1-10.

Wollenberg H A, Smith A R. 1987. Radiogenic heat production of crustal rocks: An assessment based on geochemical data. Geophysical Research Letters, 14: 295-298.

Xu W, Ruppel C. 1999. Predicting the occurrence, distribution, and evolution of methane gas hydrate in porous marine sediments. Journal of Geophysical Research Solid Earth, 104 (B3): 5081-5095.

Yamano M, Goto T, Bada K, et al. 2009. Studies on the thermal structure and the water distribution in the upper part of the Pacific plate subducting along the Japan Trench. KR09-16 Cruise Report. JAMSTEC.

Yamano M, Uyeda S, Aoki Y, et al. 1982. Estimates of heat flow derived from gas hydrates. Geology, 10 (7): 339-343.

# |第7章| 海洋地球物理测井

## 7.1 概　　述

海洋地球物理测井是一种广泛应用于海洋地球科学探测和海底矿产资源勘探开发的技术手段。它是利用各种地球物理原理和方法（声、光、电、磁、放射性等），使用特殊仪器，沿着钻井井筒测量岩石物性等各种地球物理场的特征，进而检测井筒及近井筒周围岩石介质的性质和分布特征，进而提供地下信息的技术，指导地质和工程技术人员解决相关学科问题，探索海底深处奥秘，寻找海底矿产资源。海洋地球物理测井在海洋石油天然气勘探开发过程中，具有突出的价值。

### 7.1.1 地球物理测井的发展历程

1927年9月5日，Conrad Schlumberger和Marcel Schlumberger在法国Pechlbrom油田一口488m深的井中，测出了世界上第一条电阻率曲线，测井技术由此诞生，被称为地球物理在"井筒中长出的新芽"。测井技术问世后，人们将电、声、核、磁等领域内的理论和技术应用于测井。地球物理测井在方法、技术、应用领域发展迅速，总体上经历了模拟–数字–数控–成像–信息测井几个重要阶段（表7-1）。

表 7-1　测井技术历程与主要井下仪器发展

| 发展阶段 | | 模拟时代<br>（1962年以前） | 数字时代<br>（1962~1976年） | 数控时代<br>（1976~1990年） | 成像时代<br>（1990年以后） | 现代 |
|---|---|---|---|---|---|---|
| 地面记录仪 | | 检流记光点<br>照相记录仪<br>单侧为主 | 数字磁带记录仪<br>部分组合<br>单向编码传输 | 计算机控制测井仪<br>多参数组合<br>双向可控数据传输<br>100kbps | 成像测井仪<br>多参数阵列组合<br>双向可控数据<br>传输500kbps | |
| 主要<br>井下<br>仪器 | 电阻<br>率 | 七侧向，三测<br>向（1951年） | 双侧向（1978年）<br>四壁地层倾角<br>（1969年） | 地层学高分辨率地层<br>倾角（1982年）<br>地层微电阻率扫描<br>（1985年） | 方位电阻率成像<br>（1992年）<br>全井眼微电阻率成<br>像（1992年） | 全井眼微电阻率成<br>像测井仪 |

续表

| 发展阶段 | | 模拟时代（1962 年以前） | 数字时代（1962~1976 年） | 数控时代（1976~1990 年） | 成像时代（1990 年以后） | 现代 |
|---|---|---|---|---|---|---|
| 主要井下仪器 | 电导率 | 感应测井（1948 年） | 双感应（1963 年） | 数字感应（1984 年） | 阵列感应成像（1991 年） | 快速平台 阵列感应/阵列侧向测井 |
| | 介电 | 深聚焦感应（1958 年） | 介电测井（1975 年） | 电磁波传播（1984 年） | 多频多探头电磁波（1995 年） | 介电扫描测井 |
| | 声速 | 连续声波（1952 年） | 补偿声波（1964 年） | 长源距声波（1978 年） | 偶极子横波成像（1990 年） | 偶极横波成像测井仪 |
| | 声幅 | 水泥胶结（1959 年） | 变密度（1968 年） | 水泥胶结评价（1981 年） 井下声波电视（1981 年） | 超声成像（1991 年） | |
| | 自然伽马 | 闪烁自然伽马（1956 年） | 自然伽马能谱（1971 年） | 补偿自然伽马能谱（1984 年） | 复杂环境自然伽马能谱（1991 年） | 元素俘获测井仪 |
| | 中子 | 中子伽马（1941 年） 单探测器中子（1950 年） | 双源距中子（1972 年） | 四探测器补偿中子（1981 年） | 加速器中子源孔隙度（1991 年） | |
| | 密度 | 地层密度（1950 年） | 补偿地层密度（1964 年） | 岩性密度（1980 年） | 岩性密度能谱测井（1994 年） | |
| | 核磁 | | | 核磁测井样机（1988 年） | 核磁共振仪（1991 年） 核磁共振成像仪（1998 年） | 核磁共振测井仪 |
| | 地层测试 | 电缆地层测试器（1955 年） | 重复式地层测试器（1972 年） | | 组件式地层测试取样器（1990 年） | 模块化动态地层测试器取芯器 |
| 主要应用 | | 单井地层评价 | 油气藏描述 | 精细油气藏描述 | 油气藏评价 | 精细油气藏评价 随钻测井与地质导向 |

20 世纪初，测井工程技术相对简单，可以记录视电阻率和自然电位，用于识别岩性，划分地层，对比层位，挑战了传统微古生物地层对比方法。20 世纪中叶，测井在油气勘探中作为储层评价手段受到推广和应用。之后测井由定性向定量化趋势发展，逐渐形成了除声波、密度、电阻率测井系列外更为广泛的测井系列，如放射性测井、自然电位测井、伽马测井、中子测井、聚焦偶极声波测井等，并且由单一曲线研究发展为多曲线综合评

价，使测井评价方法开始进入定量阶段。20 世纪 60 年代后期，由于计算机技术发展并延伸进入地球科学领域，测井数据采集方式发生了极大变革，实现了数字化和系列化，解释系统和软件也开始集成化和普及化。80 年代之后，相继发展了地层倾角、成像测井等系列，极大地提高了油气评价的效率。进入 21 世纪后，测井学科引入了多学科高科技手段，特别是信息技术，全方位地引入了测井学科，极大地拓展了测井的应用范畴。

以成像测井为代表的新一代测井技术逐渐展现出优势，并向地质构造、沉积研究、油气层快速测试、储层压裂改造、岩石力学、产能预测、固井质量全新评价等领域全面发展，优势也越来越明显。其主要特点如下。

井下仪器的传感器采用多个阵列方式排列，实现了对地层的全方位测量。数据传输方面，相比以往有极大改进，实现了高速遥测，使采集数据的能力级数倍提高。随着图像处理技术与高性能计算机的有机结合，实现了测量和处理结果对井壁二维成像和井筒三维成像，与传统的曲线式测井资料相比，更为准确、直观和方便。现代测井井下仪器模块功能实现共享，仪器性能更加可靠，工作效率极大提高。对于地下复杂的地质和井眼条件，如各类构造条件、油气藏类型（碳酸盐岩、低孔渗、薄互层等）、复杂非均质性储层、复杂的井筒条件（水平井、大位移井、超高温、高压井、小井眼、欠平衡井等）等，配套了比较齐全的测井系列和比较完善的施工工艺。现代测井技术的发展和应用，是低油气向深层、陆域向海域、隐蔽油气藏、非均质性储层（裂缝性碳酸盐岩潜山、火成岩、砂砾岩、超低渗透碎屑砂岩、页岩油气）等领域的拓展，在对复杂地质条件的识别和认识、油气储量和产量的持续保持增长、海底地质构造研究等方面起到了重要的作用。

## 7.1.2　测井的分类

一般地，测井可以按照物理性质、技术服务类型、资源评价对象、作业流程的不同进行分类。

1）按照方法原理，测井分为电阻率测井、声波测井、放射性测井等。

2）根据地质或工程需要，通常需要选择多种测井方法，构成一套综合测井系列。按照技术服务项目，一般可以分为四大测井系列。

裸眼井地层评价测井系列。顾名思义，即在钻完井后未下技术或生产套管的裸眼井内进行测井测量，以获得井中各项参数的测井。一般测井的目的是获取基本地质参数、检测和识别油气层、确定储层参数、定量描述构造和沉积现象、解释内部结构和构造等。一般地，在探井、评价井中，都要开展地层评价测井系列，测井的项目有伽马测井、电阻率测井、声波测井、密度测井等。

套管井地层评价测井系列。套管井指的是完钻井已安装技术套管或生产套管，在套管内测量，以获得测井数据。通常在探井和评价井的后期、生产井中应用较多，通常开展包括过套管声波、电阻率测井等。

生产动态测井系列。在生产井或注入井的套管内，当存在地层产出或吸入流体的情况下时，用测井资料确定生产井的产出剖面或注水井的注水剖面。一般开展的项目有温度、流量、压力测井等。

工程测井系列。指在裸眼井或套管井内，用测井资料确定井斜状态、固井质量、酸化或压裂效果、射孔和管材损伤等。

3）按照资源评价的对象分类，可以分为以下几类。

石油测井：石油测井是勘探和开采石油及天然气所用的各种测井技术总称，它在使用测井技术的产业部门中一直处于领先地位；

煤田测井：对煤田进行测井，规模仅次于石油测井。

金属矿测井：勘探开采各种金属或稀有金属使用，其中以放射性测井尤为重要。

水文工程测井：评价水资源，一般电阻率测井应用较多。

4）按照测井的作业流程分类，可以分为测井资料的采集、测井处理与解释。

测井资料的采集：主要指利用测井仪器进行数据采集的流程阶段。目前国内外比较特色和专业的测井服务公司或队伍有斯伦贝谢、阿特拉斯、哈里伯顿、中油测井等。

测井处理与解释：是指将测井数据通过软件或算法变换为地质信息的过程，并对地质现象做出合理解释，提供测井解释成果的阶段。

5）按照钻井过程或完井、中途测试的时间不同可划分常规电缆测井和随钻测井。

常规电缆测井：即通常在钻探过程中或钻后，通过电缆连接方式，利用绞盘输送井下仪器、传递动力和能量、传输信号的测井方式。一般在钻井各个阶段都可以进行，可以在套内，也可以裸眼进行。测井的主要目的是地层对比、储层评价、古井质量、套管损伤检查、生产测试等。

随钻测井（logging while drilling），即在钻井过程中，伴随钻具或钻头旋转钻进，对所钻地层进行地质和岩石物性的测量。随钻测井仪器通过短接与钻杆和钻头相连，可伴随钻井过程实时测井并提供地质信息，供地质人员及时做出钻井及施工措施，这是与常规电缆测井最大的区别。由于海上钻井费用十分昂贵，随钻测井具有实时、有效、安全的测井优势，能大幅度减少费用，降低成本，在海洋探测中应用十分广泛（刘光鼎和李庆谋，1997；张辛勤等，2006；吴婷婷等，2010；宋殿光，2014）。

地球物理测井在海洋石油和天然气勘探领域中应用越来越广泛。随着测井分辨率和信息化集成度的提高，测井在海洋油气勘探中，作为低成本、高效率的手段之一，在油藏检测、海底地质信息探测中发挥着重要的作用。主要表现为几个方面：一是随钻测井的广泛应用，在钻井的同时，利用仪表化的钻具对地层进行测量，提供岩石物理分析和油气藏评价所需要的信息，具有实时、省时、高效、安全的特点；二是电磁测井代替海底地震，如在早期探测远景区并确定商业目标区的阶段，利用优化的几何学测井，以低成本的方式提供近似三维的地球物理数据，有助于更便捷地了解海洋地质条件，以及更好地优选和提供井位参数。

## 7.2 基 本 原 理

地球物理测井技术按照物理学原理分类，可以分为电法测井技术、声波测井技术、放射性测井技术、核磁共振测井技术等测井。

# 7.2.1 电法测井

根据钻孔中岩石介质的导电性质判断岩性或其他信息，进而评价和区分的测井方法，称为电测井。一般利用的电性物理参数为电阻率，通常是用电阻率这个物理量来表示岩石的导电能力，所以根据岩石导电能力的差异，在钻孔中研究岩层性质和区分它们的方法，称为电阻率法测井。电阻率法测井的主要任务是根据电阻率曲线划分岩层的厚度、定量确定岩层的电阻率。在油井中，研究岩层的导电能力具有特殊意义，因为石油是一种电阻率极高的物质，而在天然状态下的水却是一种电阻率较低的物质。因此，在相同岩性的储集层中，含油岩层将比含水岩层的电阻率高。直到目前为止，岩层电阻率的高低仍然是判断岩层含油水性质的重要标志。但根据主动和被动接收电信号的方式，延伸为普通电阻率测井、侧向测井、感应测井、自然电位测井等技术。

## 7.2.1.1 普通电阻率测井

在物理学上，介质电阻与长度和截面有关系，电阻率是只与介质材料有关的物理常量。由此可见，测量地质体的电学性质，不宜使用电阻这一物理参量，因为电阻不仅和岩性相关，而且还和岩性的几何形状有关，在实际测量中难度太大，无法实现。但是电阻率则相对更为可行且方便测量，电阻率的量值等于单位截面积和单位长度上介质的电阻值。当长度单位用米（m），电阻单位用欧姆（$\Omega$）表示时，电阻率的单位是欧姆米（$\Omega \cdot m$）。

岩石电阻率的大小受许多因素影响，如岩石的矿物成分和分布形式、孔隙结构和孔隙度、孔隙流体性质及温度等。因此，不仅岩石间电阻率有很大差异，而且同一种岩石的电阻率也不是固定值。

岩层的导电能力大小，或岩层的电阻率，只有当电流通过时候，才能表现出来。所以在测量电阻率时，必须向岩层中通入一定的电流，然后研究由岩层导电性不同产生的电场分布的影响。研究电流场的分布，从而进一步达到区分不同岩层的目的。因此，电阻率测井线路，必然包括造成电场的供电线路和测量电场的测量线路。

图 7-1 是电阻率法测井的测量原理图。电源经 $A$、$B$ 电极向地层供电。电场在空间的分布受岩层电阻率分布控制。因此，电阻率法测井首先必须研究在一定供电电流情况下电场的分布问题，然后根据电场与电阻率的关系确定出岩层电阻率分布，再划分出不同电阻率地层。图中 $M$、$N$ 是测量电极，当岩层电阻率变化时，由供电电极 $A$ 和 $B$ 在 $M$ 和 $N$ 处造成的电场也必然变化。反过来，也就可以根据电场的变化推断出岩层电阻率的变化。放入井中的几个电极（$A$、$M$、$N$ 或 $A$、$B$、$M$）组成电极系。电极系通过电缆与电源和记录仪相连接。当电极系在钻井内移动时（通常是在提升的过程中测量），就可以记录出连续的电阻率测井曲线。

稳定电流场的基本物理量是电场 $E$、电位 $V$ 和电流密度 $j$，其所遵循的基本规律可以用拉普拉斯方程定义，即 $\nabla^2 V = 0$。这是研究稳定电流场的基本方程，拉普拉斯方程也是电场物理过程所遵循的一般规律。但是在地质体中电场的分布具有不均质性，条件更为复

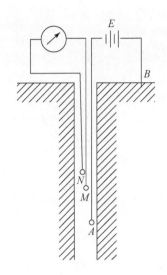

图 7-1　普通电机系电阻率法测量原理示意图

杂，限定条件更多。对于海洋环境与油气资源探测，由于海水的盐度，以及岩石储层中油、气、水等介质的影响，该过程更为复杂。

### 7.2.1.2　侧向测井

在地层比较厚、油层电阻率不太高，并且泥浆电阻率不是太低的情况下，普通电极系电阻率法测井，能够获得较好的结果。然而，有时会遇到的钻井泥浆矿化度很高（盐水泥浆）、地层电阻率很高并且很薄，因而邻层和围岩的影响很大的情况。这时泥浆的分流作用很强，大部分供电电流进不到地层中去，因此也就无法求得准确的地层电阻率。

为了评价油层的含油性和计算含油饱和度，需要精确地求得地层电阻率。因此在普通电阻率测井技术之外，发展了带聚流电极的电阻率法测井，用于接收横向测井信息，提高地质界面等信息的分辨率。侧向测井与一般电阻率法测井的主要区别就是利用屏蔽电极，并使其主电极的电流"聚焦"并水平进入地层，以克服井内液体的分流作用。由于聚流后的主电流成水平片状，电流片上下介质对测量结果的影响就大大减小。为了使主电流"聚焦"成水平片状，必须使主电极和屏蔽电极之间的电位差为零，并且，当电极系在井内移动时，能自动调整屏蔽电极的电流，使主电极"聚流"状态不受周围介质电阻率不断变化的影响。

侧向测井一般有三电极侧向测井、七电极侧向测井、微侧向测井、邻近侧向测井和微球形聚焦测井。从数学和物理学的角度看，聚流电极系电阻率法测井和普通电极系电阻法测井一样，都属于稳定电流场问题，满足相同的基本关系式。

三侧向测井的基本原理是在主供电电极两侧加上两个屏蔽电极，并向屏蔽电极供以相同极性的电流，使其电位与主电极相等，迫使主电极电流不能在井眼中上下流动，而呈水平片状进入地层，把井的分流作用和围岩影响减到最小。由于迫使电流只向侧向流动，电流的方向垂直于电极系的轴线，因此称为侧向测井。七电极侧向测井，在原理上与三电极侧向测井是一样的，只是电极系结构上略有不同。

根据三侧向电极系的结构特点，可以把三侧向分为深三侧向和浅三侧向两类三侧向电极系。深、浅三侧向电极系的结构和电流分布如图7-2所示。深、浅三侧向的测量原理基本相同。均采用恒流法测量，即在测量过程中，主电极发出的电流 $I_o$ 保持不变，同时屏蔽电极发出的电流与主电极电流的极性相同，并保证主电极与两个屏蔽电极的电位相等。测量过程中，随仪器周围介质导电性的变化，电位相等的局面将被打破，通过不断调节屏蔽电流的大小，以保证与主电极电位相等。测量的视电阻率为

$$R_a = K \frac{\Delta U}{I_o} \tag{7-1}$$

式中，$\Delta U$ 为主电极的电位值；$I_o$ 为主电流；$K$ 为电极系系数，与电极系的结构及尺寸有关。

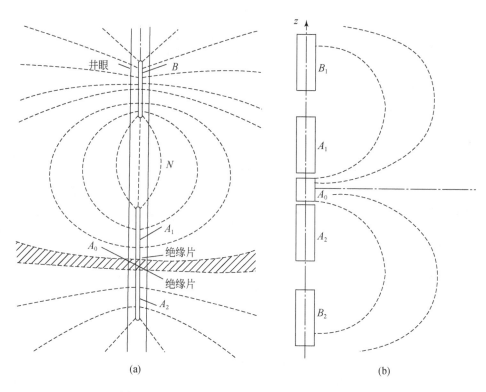

图 7-2 深（a）、浅（b）三侧向电极与电场分布

为了克服三侧向测井的不足，同时利用其优势，在此基础上提出了双侧向测井。双侧向测井电极系由9个电极组成，其结构和电场分布如图7-3所示。其中7个为环形电极，2个为柱状电极。最外侧的两个柱状电极在深侧向电极系中为屏蔽电极，在浅侧向电极系中为回路电极。对比电极 $N$ 和深侧向的回路电极 $B$ 在远处。

在整个测量过程中，主电极发出的电流 $I_o$ 不变，即恒流测量。环状和柱状屏蔽电极分别发出与主电极电流同极性的电流（$I_1$、$I_2$）。柱状屏蔽电极电位和环状屏蔽电极电位的比

值为常数，两对监督电极的电位差为零。测量时，随周围介质导电性的变化，$I_o$的分布随之改变，反映为监督电极电位的改变，因此，测量任一监督电极与对比电极的电位差，即可反映介质电阻率的变化。视电阻率为

$$R_a = K \frac{U_{M_1}}{I_o} \tag{7-2}$$

式中，$K$为电极系数。深、浅双侧向的电极系数分别为$K_d$、$K_s$，记录的视电阻率通常用 RLLd 和 RLLs 表示。

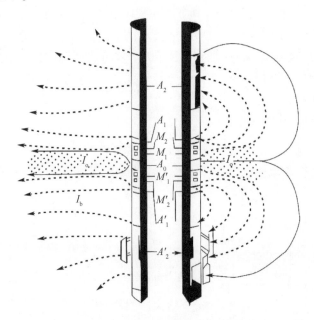

图 7-3　双侧向测井电极电路与电场分布

侧向测井时，可以深、浅侧向同时测量，分别用36Hz和230Hz的电流供电。用相应频率的选频电路进行监督和测量。侧向测井的测量范围较大，一般为 1~10 000Ω·m，其中深侧向探测深度可达2.2m，双侧向能够划分出0.6m的地层。侧向测井在高阻剖面、盐水泥浆条件下适用性较好，可以用于划分剖面，判断油（气）、水层；求取地层真电阻率；用于高阻地层裂缝识别，储层评价等。

### 7.2.1.3　感应测井

感应测井是根据电磁感应原理研究地层导电性的一种方法。一般电阻率测井仪要求井内介质必须具有一定的导电能力，因此在油基泥浆井和空气钻井内无法测量，而以电磁感应原理为基础的感应测井则可以实现电阻率的测量。在导电水基泥浆井中，感应测井也表现出一系列的优点，如对于低电阻率的地层的电阻率变化反应比较灵敏等，因此也得到了广泛的应用。

**(1) 基本原理**

与电阻率测井的电极系相似，在感应测井的井下仪器中装有线圈系，其中发射线圈 $T$ 通

以交变电流 $i_0$（通常为 20kHz），这个电流将在周围介质中造成一个交变电磁场 $H$，处在交变电磁场中的导电介质便会感应出围绕井轴的环形电流 $i_1$。在均匀各向同性介质中，环形电流的中心是和井轴一致的。该电流在井下仪器的接收线圈 $R$ 中造成二次磁场 $HR$ 并产生感应电流 $i_2$。如图 7-4（a）所示。在接收线圈中感应电流的大小和环形电流 $i_1$ 大小有关，而环形电流的强度又取决于岩石的导电性。所以，通过测量接收线圈中的感应电流或电动势，便可以了解岩层的导电性。感应测井就是根据上述电磁感应的原理来测定地层电阻率的方法。

从图 7-4（a）可以看出，在接收线圈中除了由介质中环形电流造成的感应电流 $i_2$ 之外，还有由发射线圈直接在接收线圈中造成的感应电流 $i_2'$。根据电磁感应原理，电流 $i_0$、$i_1$、$i_2$ 和 $i_2'$ 的相位关系如图 7-4（b）所示，可以看出 $i_2$ 与 $i_2'$ 之间存在 90° 的相位差，适当地设计感应测井仪的接收电路，可以把它们区分开。本节将仔细讨论一下发射线圈、地层和接收线圈之间电磁感应的过程，并导出接收信号与地层电导率之间的关系式。

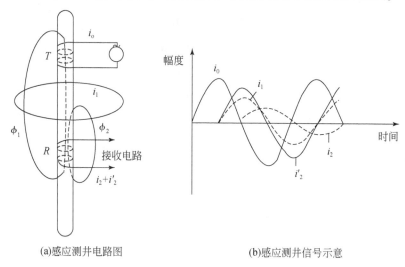

(a)感应测井电路图　　　　　　　　　(b)感应测井信号示意

图 7-4　感应测井原理示意图

**（2）应用范围**

在探针基座发射线圈上通入约 25kHz 的高频交变电流，在围岩中产生与发射极同轴的次生电流。地层涡流产生的磁场，在电极顶端的接收线圈中产生感应电流，它与岩层的电阻率成反比。发射和接收线圈之间的耦合直流可通过附加补偿或反作用线圈进行消除。磁场影响的穿透深度约为接-发线圈间间距的 75%，常规的深度为 $0.5 \sim 5m$，最大可达 1.6m。

由于次生电流受钻孔泥浆和钻孔流体扰动的影响，发展了多线圈的聚焦感应测井来测量岩层电阻率，双感应测井仪可提供自然电位（SP）和 3 个电阻率值（ILD，深部感应测井；ILM，中部感应测井；SFL，浅部球形聚焦测井）。多芯探针响应通过接-发组合来决定，其权值根据线圈数目和叠加输出前的交叉面积确定，穿透深度为 $0.5 \sim 5m$，垂直分辨率约 1.5m，测量范围一般小于 $100\ \Omega \cdot m$，通过线圈的适当组合调整参数。

感应测井在淡水泥浆、油基泥浆、中低阻剖面、划分剖面、判断油（气）、水层等领域应用广泛。

### 7.2.1.4 自然电位测井

自然电位测井（spontaneous potential logging）是在裸眼井中测量井轴上自然产生的电位变化，以研究井剖面地层性质的一种测井方法。它是世界上使用最早且简便实用的测井方法，至今仍然是砂泥岩剖面淡水泥浆裸眼井必测的项目之一。只要在井内电缆底端装一个不极化电极 M，在地面泥浆池内放入另一个电极 N，将它们与地面记录仪相连，当匀速上提 M 电极时，记录的电位差变化就是井轴上自然电位的变化（图 7-5）。电位差由地层和泥浆之间的电化学和动电学作用产生。

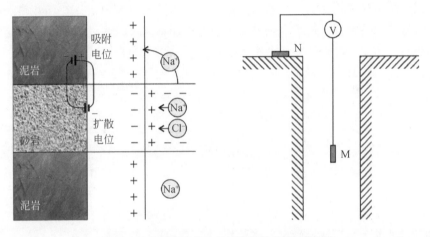

图 7-5 自然电位产生的原理图与测量示意图

自然电位曲线记录井轴上自然电位的数值变化，并不记录自然电位的实际数值，因而不在图上标出电位的真实坐标，只用正负号标出电位的高低变化。泥岩地层自然电位曲线一般较平直，称为自然电位泥岩基线，简称泥岩基线，而砂岩储集层的自然电位曲线表现为偏离泥岩基线的曲线异常。根据泥浆 $C_{mf}$ 和地层水 $C_w$ NaCl 浓度的相对大小，表现出正异常（$C_w > C_{mf}$）或负异常（$C_w < C_{mf}$）。

自然电位测井一般会受到以下因素的影响。例如，淡水层幅度变小；水淹层的幅度和基线发生变化、泥浆含有某些化学或导电物质、地面电场的干扰等。自然电位测井在判断岩性、划分渗透层、地层对比、求地层水电阻率、估算地层泥质含量、判断水淹层、沉积相研究等领域应用广泛。

### 7.2.1.5 地层倾角测井

地层倾角测井是一种测量与井相交平面的倾斜角和倾斜方位角方法。这些平面可能是地层的层面、层理面、裂缝面、侵蚀面或缝合线。因此，地层倾角测井可以广泛应用于构造变化、沉积特征，以及地层沉积间断和角度不整合等方面的研究。

地层倾角测井确定地层倾角和倾斜方位角可分为两步，第一步是确定出层面和它相对于钻孔坐标系的倾角和倾斜方位，第二步是考虑钻孔本身的倾斜求出层面相对于水平面的倾角和相对于磁北和地理北的倾斜方位角。根据不在一条直线上的三个点可以确定一个平面的道理，只要沿井壁不同侧面利用探测器同时测量三条反映地层性质变化的曲线，经过对比就可以确定出同一层面上的三个点。

实质上，地层倾角测井仪探针通常由 4 个或 6 个等距紧贴孔壁的微电阻电极组成，通过探针测量井壁表面的电阻率差异可以确定岩层单元的倾角和其内部断裂的方位角。现在使用的仪器有的能测出层面上的 3 个点，叫三臂式地层倾角仪，有的能测出层面上 4 个点，叫作四臂式地层倾角仪。

例如，当岩层面是平行的，则每一对电极上测得的电阻率差异非常小，测得的地层倾角为零。地层倾角测井仪具备一个磁通罗盘，可以测量地层倾向、井斜和井斜的方位。如果地层层面与井轴不垂直，则 4 组电极系记录点将在不同时间通过地层层面。这时在 4 条曲线上标志同一层面位置的 4 个特征点，就不在同一深度上，相互之间有"高程差"（$h_3-h_1$、$h_4-h_2$）。根据"高程差"可以计算出地层相对于井的倾斜情况（图 7-6）。

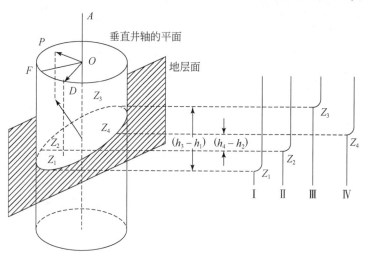

图 7-6　地层倾角测量原理图

## 7.2.2　声波测井

声波测井是利用岩石或介质的声波物理性质差异进行探测井中物性参数的测井方法。其基本原理是通过测量地层纵波传播速度来分析地层岩性、孔隙度和油气层等。声波测井仪的设计原理即声波发射器发生声波信号，接收器接收信号并记录信号接收的时间，通过分析声波传播时间可以获得有关地层岩性和孔隙度的信息。

声波速度测井于 1951 年提出。最初是想通过声波测井取得岩层速度资料，提供地震勘探进行解释。但是，通过实践经验的不断总结，发现声波速度与岩层孔隙度之间有密切的关系。在石油钻井中现在广泛采用的声波测井方法有：研究声波速度变化的声波速度测井；研究声波幅度衰减以检查固井水泥封固情况的声波幅度测井；声波变密度测井；声波全波列测井；声波成像测井等。

### 7.2.2.1 岩石的声学性质

对于声波测井来说，声源的能量较小，作用的时间较短，岩石可以被看作是弹性体。弹性波在介质中传播是质点振动的传播过程。振动传播过程中，质点的振动方向与波的传播方向一致的波，称为纵波（压缩波）。质点振动方向与波前进方向垂直的波，称为横波（剪切波）。弹性介质中声波速度可以用介质的弹性模量表示。纵波速度由下式给出

$$v_{\mathrm{p}} = \sqrt{\frac{E}{\rho} \cdot \frac{(1-\mu)}{(1+\mu)(1-2\mu)}} = \sqrt{\frac{K + \frac{4}{3}G}{\rho}} \tag{7-3}$$

式中，$E$ 为杨氏模量；$\mu$ 为泊松比；$K$ 为容积模量；$G$ 为切变模量；$\rho$ 为介质密度。

横波速度 $V_{\mathrm{s}}$ 由下式给出

$$v_{\mathrm{s}} = \sqrt{\frac{E}{\rho} \cdot \frac{1}{2(1+\mu)}} = \sqrt{\frac{G}{\rho}} \tag{7-4}$$

通过对比式（7-3）和式（7-4）可以看出纵波速度永远大于横波速度。纵波速度和横波速度的比值范围为 $1.6 \sim 2$。

在流体中泊松比 $\mu$ 始终等于 $0.5$，横波不能在液体和气体中传播，只能在固体中传播。

声波传播过程中，$u$ 为质点离开平衡位置的位移，$t_1$ 表示声波开始到达这点的时间被称为波的初至时间。经 $\Delta t$ 时间后，由于能量的损耗，振动逐渐停止。质点离开平衡位置的最大位移，如 $A_1$、$A_2$、$A_3$ 等叫做波的振幅。波能量与振幅的平方成正比。

声波在介质中传播时，由于介质产生摩擦力，声波能量将逐渐衰减，振幅减小且随传播距离按指数规律衰减，即

$$a = a_0 \mathrm{e}^{-ky} \tag{7-5}$$

式中，$a$ 为离开震源的距离为 $y$ 时的声波幅度；$a_0$ 为 $y = 0$ 时的声波幅度；$k$ 为吸收系数，与介质性质、声波频率等因素相关。

在平面波入射的情况下，介质密度 $\rho$ 与介质中声波传播速度 $V$ 的乘积 $\rho V$ 称为波阻抗。声波传播至两种波阻抗差异界面时，除了垂直入射的情况之外，都要发生波的转换。例如，在液体中传播的纵波到达液体与固体的分界面时，在界面处将产生波的反射和透射。在液体中不存在横波，只产生反射纵波。透射波则产生纵波和横波。反射波及透射波的方向和振幅与波的入射角度及两种介质的波阻抗有关。

声波到达界面时，部分能量透过界面进入第二种介质，其余能量返回第一种介质。按声强表示的反射系数 $R_{\text{反}}$ 和透射系数 $R_{\text{透}}$ 为

$$R_{\text{反}} = \frac{I_1}{I_0} = \left( \frac{Z_2 \cos\theta - Z_1 \cos\theta_2}{Z_2 \cos\theta + Z_1 \cos\theta_2} \right)^2 \tag{7-6}$$

$$R_{\text{透}} = \frac{I_2}{I_0} = \frac{4Z_1 Z_2 \cos^2\theta}{(Z_2 \cos\theta + Z_1 \cos\theta_2)^2} \tag{7-7}$$

式中，$I_0$ 为入射的声强；$I_1$ 为反射的声强；$I_2$ 为透射的声强；$\theta$ 为介质 1 到界面的入射角；$\theta_2$ 为进入介质 2 后的折射角；$Z_1$ 和 $Z_2$ 分别为第一种介质和第二种介质的波阻抗。

当垂直入射时，按声压 $P$ 表示的反射系数 $\alpha_0$ 和透射系数 $\beta_0$ 分别为

$$\alpha_0 = \frac{P_1}{P_0} = \frac{Z_2 - Z_1}{Z_2 + Z_1} \tag{7-8}$$

$$\beta_0 = \frac{P_2}{P_1} = \frac{2Z_2}{Z_1 + Z_2} \tag{7-9}$$

声压 $P$ 是指在声波传播路径上介质单位面积所受到的压力。它与声强的关系是

$$I = \frac{P^2}{Z} \tag{7-10}$$

或

$$I = P \cdot C \tag{7-11}$$

式中，$C$ 为介质质点振动速度的有效值。在式（7-10）和式（7-11）中 $I$ 和 $P$ 也都是采用有效值进行计算。从式（7-10）和式（7-11）可以看出，如果把声压比作电压，把声强（或声功率）比作电功率，把质点振动速度比作电流，把波阻抗比作电阻，则其声学物理量关系式与电学关系式完全一样。声压和波阻抗及质点振动速度也满足类似于欧姆定律形式的关系式

$$P = Z \cdot C \tag{7-12}$$

根据式（7-6）~式（7-9）可以看出，上下界面的波阻抗差别越大，能量传递也越少。

声波在波阻抗界面上发生反射时，与光遵循同样的反射定律，即反射角等于入射角。声波在波阻抗界面上发生透射时，也与光遵循相同的透射定律，即

$$\frac{\sin\alpha}{\sin\beta} = \frac{v_1}{v_2} \tag{7-13}$$

式中，$v_1$ 和 $v_2$ 分别为波在入射介质和透射介质中的速度；$\alpha$ 为入射角；$\beta$ 为透射角。

当入射角 $\alpha$ 增大时，透射角 $\beta$ 也增大。当 $v_2 > v_1$ 时，$\beta > \alpha$，所以在 $\alpha$ 增大到某一角度 $i$ 时，将出现透射角 $\beta = 90°$。此时透射波就在第二种介质中以速度 $v_2$ 沿界面滑行（图 7-2）。$i$ 称为临界角，在界面上波产生全反射

$$\sin i = \frac{v_1}{v_2} \tag{7-14}$$

在临界角产生的沿界面以 $v_2$ 速度传播的滑行波，它所经过的每一点如同一个小振源在介质中引起新的扰动，并把能量传回介质一中，称为首波。在介质 1 中沿界面离开源一定距离的接收器，将先于介质一中的直达波接收到首波的扰动。声波速度测井通常就是记录首波到达的时间。

### 7.2.2.2 声波速度测井

声波速度测井简称声速测井，通过测量地层纵波传播速度来分析地层岩性、孔隙度和油气层等。声波测井原理如图 7-7 所示，即声波发射器发射声波信号，接收器接收信号并接收时间，通过分析声波传播时间可以获得有关地层岩性和孔隙度的信息。声速测井仪包括单发双收测井仪和双发双收测井仪两种。

单发双收声速测井仪包括三个部分：声系、电子线路和隔声体。声系由一个发射换能器 T 和两个接收换能器 $R_1$、$R_2$ 组成（图 7-7）。发射器在井内产生声波，声波接收器记录首波（首先到达接收器的声波）到达时间。根据首波到达时间，确定首波的传播速度，测井时，确保首波是地层纵波。

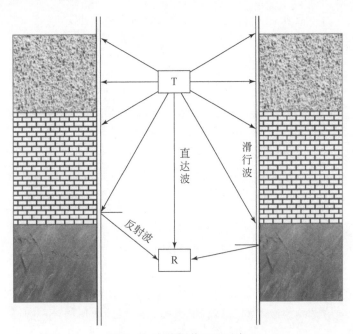

图 7-7　声波测井原理示意

单发双收声速测井仪测量原理是如果发射器在某一时刻 $t_0$ 发射声波，根据几何声学理论，声波经过泥浆、地层、泥浆传播到接收器，其原理如图 7-8 所示，到达 $R_1$ 和 $R_2$ 时刻分别为 $t_1$ 和 $t_2$。如果在两个接收器之间对着的井段井径没有明显变化且仪器居中，则时间差 $\Delta T$ 为

$$\Delta T = t_2 - t_2 = \left(\frac{TA + CR_2}{V_f} + \frac{AC}{V_p}\right) - \left(\frac{TA + BR_1}{V_f} + \frac{AB}{V_p}\right) = \frac{BC}{V_p} = \frac{l}{V_p} \tag{7-15}$$

式中，$l$ 为接收器间距；$V_p$ 为纵波传播速度。

井眼补偿声速测井仪使用双发双收测井仪，井下声系包括两个发射器和两个接收器。它们的排列方式如图 7-8 所示。其中，两个接收器之间的距离为 0.5m，$T_1$、$R_1$ 和 $R_2$、$T_2$ 之间的距离为 1m。测井时，上、下发射器交替发射声脉冲，两个接收器接收滑行波，分别得到时间差 $\Delta T_1$、$\Delta T_2$，地面仪器的计算电路对 $\Delta T_1$、$\Delta T_2$ 取平均值

$$\Delta T = (\Delta T_1 + \Delta T_2) / 2 \tag{7-16}$$

记录仪记录平均值对应的时差曲线。双发双收声速测井仪还可以补偿仪器倾斜对时差造成的影响。能在一定程度上降低深度误差。

声速测井只利用了纵波的速度信息，而声波全波列测井则记录声波的整个波列，不仅可以获得纵波速度和幅度、横波的速度和幅度信息，还可以得到波列中的其他波成分，如伪瑞利波、斯通利波等。其能为石油勘探和开发提供更多的信息，所以声波全波列测井是

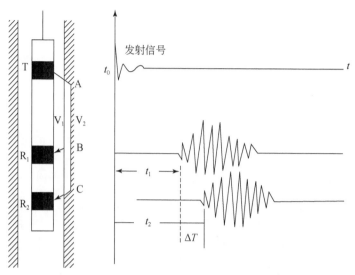

图 7-8　单发双收声波测井仪测井原理示意图

一种较好的声波测井方法。

在裸眼井中，接收器记录到的声波全波列波形图上，包括滑行纵波、滑行横波（硬地层）、伪瑞利波和斯通利波等井内声波。

声波全波列测井通常采用双发双收声系，接收器间距为 2ft，最小源距为 8ft。为了降低井眼不规则产生的影响，取不同时刻测量时间差的平均值作为地层时差。其计算方法为

$$DT = \frac{(T_{T_1} - T_{T_2}) + (T_{T_4} - T_{T_2})}{2 \times 2} \tag{7-17}$$

式中，$T_{T_1}$、$T_{T_2}$ 为位置 I 处由 $T_1$ 发射，$R_1$、$R_2$ 记录到的首波旅行时；$T_{T_2}$、$T_{T_4}$ 为位置 II 处由 $T_1$、$T_2$ 交替发射，$R_2$ 记录到的首波旅行时；DT 为源距为 8ft 的时差。

长源距声波全波列测井图，通常给出 $T_{T_1}$、$T_{T_2}$、$T_{T_3}$、$T_{T_4}$4 条首波旅行时间曲线，纵波时差 DT 曲线和按一定深度间隔采样记录的 $T_1$、$T_2$ 发射，$R_1$、$R_2$ 接收的声波全波列波形图（WF1-4）和以颜色深浅反映波幅度大小的变密度图（VDL）。还可以给出横波时差 DTS 等其他曲线（图 7-9）。

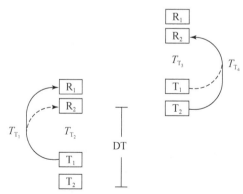

图 7-9　双发双收声波测井仪测井原理示意图

### 7.2.2.3 声波幅度测井

声波幅度测井主要用于检查水泥固井的质量。固井声波幅度测井使用单发射单接收的井下仪器（图 7-10）。从发射器发出的声波，最先到达接收器的是沿套管传播的滑行波所产生的折射波。当套管外没有水泥环或水泥环与套管胶结不好时，沿套管传播的声波衰减很小，当套管外固结水泥时，能量大部分传到水泥环，使声波幅度大大降低。固井声幅测井是测量初至波第一个波峰的幅度。在发射器发射声波脉冲一定时间后，接收器把"时间门"打开，让第一个波峰进来，然后再把这些断续测得的幅度值积分，就可以得到连续的声幅变化曲线了。

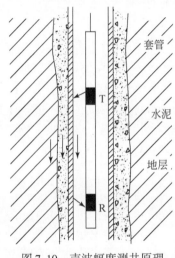

图 7-10 声波幅度测井原理

如果以没有水泥环的情况下接收的声幅作为 100%。胶结好坏可以按声幅的百分数来划分。根据实验，接收幅度低于 20%，一般认为胶结良好，接收幅度在 20%～30%（有的地方用 20%～40%），认为胶结中等；大于 30%（或 40%），认为胶结很差。

1）套管外无水泥，套管和地层之间存在空隙，大部分声能将通过套管传到接收器，而很少传递到地层中去。因此，套管波很强，地层波很弱或完全没有。在变密度测井记录上，除套管接箍处有明显人字纹曲线外，幅度和传播时间均无变化，呈反差明显的明暗条带。固井声幅测井曲线为高幅值。

2）套管与水泥胶结良好，水泥与地层声耦合良好，这时套管与水泥及地层可看成一个整体，声能将由套管传到水泥再传到地层。结果套管波很弱，地层波很强（如果地层对声波衰减不大），水泥波一般均很弱可忽略不计。

由于地层波传播时间随深度的变化而变化，在变密度图上不是直线，而呈不规则的摆动。可以较容易地和先到达的套管波及后到的泥浆波区分。固井声波幅度测井曲线为低幅值。

3）套管与水泥胶结良好，水泥与地层声耦合不好或地层对声波衰减大，声能从套管传递给水泥，水泥使声能衰减，很少传递给地层。表现出套管波很弱，地层波也很弱或没有。固井声幅曲线表现为低幅度值。

4）套管与水泥胶结不够紧密，有小的空隙，但水泥与地层声耦合良好，声能大部分留在套管中，但也有相当大的能量进入地层。表现出套管波和地层波为中等强度。套管中的声能衰减与胶结在套管四周的水泥环的百分数成正比。固井声幅曲线可能表现为弱胶结特征。

声幅测井时，为了得到准确的声幅测井结果，需要注意：

1）声幅测井仪中，源距的选择对声幅测量有较大影响，从不同源距条件声波衰减与幅度的关系式可以看出源距越小仪器分辨力越强。

2）声波衰减与水泥胶结时间有关。在注水泥后的不同时间测固井声幅，其结果受水泥固结程度影响而不同。根据我国目前生产的水泥的性质和施工技术，并经现场试验证明，在注入水泥后 20～40h 进行声幅测井效果最好。测井时间过早，所测声幅曲线幅度偏高，似未胶结显示，而测井时间过迟，所测曲线幅度偏低，似胶结良好显示。

3）声波衰减与水泥的性质（如水泥的抗压强度等）有关。固井声波幅度测井存在一个缺陷，它只能研究套管与水泥环的胶结情况，而不能反映出水泥环与地层之间的胶结情况。同固井声波幅度测井相配合，如果进行全波记录，则根据套管波、地层纵波和横波幅度可定性判断套管–水泥、水泥–地层间的胶结质量。

### 7.2.2.4　垂直地震剖面测井（VSP 测井）

VSP 测井技术（vertical seismic profile），即把震源放在井中，检波器放于地面，或者把震源放于地面，接收器放于井中开展地球物理勘探的一种技术。在垂直地震剖面中，因为检波器置于地层内部，所以不仅能接收到自下而上传播的上行纵波和上行转换波，也能接收到自上而下传播的下行纵波及下行转换波，甚至能接收到横波。这是垂直地震剖面与地面地震剖面相比最重要的一个特点。

VSP 测井技术是已成熟的一门学科，在提取地层地质参数、地层速度、地震子波等地震参数方面很有作用，与常规地震相比具有精度高的优点。目前国内大部分油气田已进入开发的中晚期，以地面勘探为主来发现油气田的市场越来越小，而井中地震在油藏精细刻画和剩余油开发中有独特优势。就国内而言，油气勘探开发面临的地质问题越来越复杂，勘探发现难度也越来越大，新增储量品质在不断降低，储量动用率也在降低。油气藏地质成果的精度已成为制约油气生产的最主要因素。油田目前广泛采用计算机数字化三维地质模型技术，利用岩芯、测井、生产数据、物探等资料进行油气综合预测和评价，这些资料中只有井中地震资料可以在深度方向上获得上下行体波，对地质目标贴近观测。油藏地球物理技术是实现老油田综合治理、深度挖潜和提高油气产量、支持油气勘探与生产获得最佳经济效益的有效途径，这就为油藏地球物理技术创造了无限的市场空间。

VSP 测井可以用于测定地震剖面中的声速、分析波场并用图像反映剖面，可用于研究近海及碳酸盐岩含油层、分析受冲蚀结构的形态、寻找暗礁、三角河道沉积层、确定地层结构或者发现断层等。在过去 50 年中，人们发现很多盐丘构造，其中有的盐丘中含有丰富的石油和天然气。然而，人们对含油盐丘构造的细节（如翼部的形态等）了解得不是很清楚，通过 VSP 特别是三分量 VSP 的工作，研究人员可以查清含油盐丘翼部的形态，将藏在这里的油气开采出来。

## 7.2.3 放射性测井

放射性测井是利用岩石组成矿物中的放射性元素含量相对值等参数进行岩性判别、储层评价的地球物理技术（黄隆基，2000）。同位素分为稳定核素和不稳定核素。不稳定核素的原子核能自发地放射某种射线，这种现象称为放射性，所以不稳定核素也叫做放射性同位素。原子核由于放射出射线而发生的转变，称为原子核衰变。因此，放射性与原子核衰变密切相关。放射性现象是由原子核的变化引起的，与核外电子状态改变的关系很小，所以元素的放射性不受其所处的物理状态和化学状态的影响。

岩石中能够放射出足够强的 $\gamma$ 射线，并为现代测井技术所探测的放射性同位素，只有 $^{40}K$、$^{238}U$ 和 $^{232}Th$。其中 $^{40}K$ 衰变后变成稳定的 $^{40}Ar$，放出单一能量（1.46MeV）的 $\gamma$ 射线，而 $^{238}U$ 和 $^{232}Th$ 分别经过复杂的衰变过程才变成稳定的 $^{206}Pb$，因此 $\gamma$ 射线能谱也比较复杂，铀系和钍系中比较突出的 $\gamma$ 射线分别为铋（1.76MeV）和铊（2.62MeV）放出的。

地壳钾、钍、铀 3 种元素的相对丰度，分别为 2.35%、$12\times10^{-6}$ 和 $3\times10^{-6}$。它们的单位重量相对 $\gamma$ 射线活度，分别为 1、1300 和 3600。沉积岩中含钾的矿物有许多种，如蒸发岩中的钾盐、钾芒硝、无水钾镁矾和钾盐镁矾等；砂岩中的长石是除石英之外出现最多的矿物，其中一组是富钾的，晶格中含钾的黏土矿物，如伊利石、云母、海绿石等，在沉积岩中也是常遇到的。

含铀和钍的矿物比较稀少。由于铀的化合物易溶于水，可以被搬运和吸附在有机质上，因而在泥岩中富集。钍不溶于水，所以常常和重矿物独居石或锆石等汇集在一起，这些矿物也称为残余物。

不同地区、不同时代、不同岩性和不同成分的岩石，其平均放射性核素含量往往有很大差别。但一般规律是，岩浆岩中放射性核素含量比沉积岩高，钍铀比大。岩浆岩中，酸性岩浆岩放射性核素含量最高，钍铀比最大，且含量随岩石酸性减弱而有规律地降低；中性岩浆岩中放射性核素含量约为酸性岩浆岩的 1/2，基性岩中的含量则为酸性岩的 1/4～1/5，超基性岩中含量最低。

沉积岩中放射性核素含量与沉积物来源、沉积条件和后生作用等密切相关。沉积岩中黏土岩类，放射性核素含量较高，这是由于黏土矿物具有较强吸附能力造成的，其中特别是蒙脱石和伊利石由于比表面积很大，对岩石的放射性贡献最大。砂岩中放射性核素含量变化较大，其与砂岩成分和黏土含量有关。纯石英砂岩的放射性核素含量很低，当砂岩中含有长石、云母和黏土矿物时，砂岩的放射性将随这些矿物含量的增多而加大。碳酸盐岩的放射性一般较低。岩盐、石膏、硬石膏等也都是低放射性的矿物。钾盐是高放射性的岩石。

变质岩类放射性核素含量，与变质前岩石的放射性核素含量，及变质过程有关，而且依据具体的地质条件不同而不同。

由于放射性元素在不同沉积物和岩石中的丰度不同，因此测量不同自然放射性，就可以探测岩性差异。井中的自然 γ 射线通量需要用闪烁计数器测量。对于裸井，约一半的放射会从 10cm 以内的井壁产生，而有套管的井放射强度则减少 30%。闪烁计数器对总放射性的感应和放射性元素（主要是 U、Th 和 $^{40}$K）的浓度、周围环境物质（包括地层和钻井液）的密度及孔径大小有关。为了保证足够的计数次数，测井速度一般不超过 200m/h。

### 7.2.3.1 自然伽马测井

自然伽马测井就是沿井身测量地层的自然放射性，并进一步研究地层性质的方法。

**（1）基本原理**

测量自然伽马射线强度的方法有两种，一种是记录每一点上接收的自然伽马射线总强度，另一种是记录每一点上不同能量段的射线强度，从而获得该点的能谱。射线在探测器中被转换成电脉冲。脉冲数目的多少，反映射线强度的大小。因此，放射性测井仪实质上是一个计数电路。因为测井是连续进行的，为了能记录出反映不同深度的放射性强度，脉冲信号必须进入一个叫做计数率器的电路，使输出信号与单位时间的脉冲数成正比，然后用记录仪记录下自然伽马测井曲线。

**（2）自然伽马测井的应用**

在石油勘探中，自然伽马测井曲线主要用来划分岩性、判断储集层、估计储集层的泥质含量和进行井间地层剖面对比。

1）判断岩性和划分渗透性岩层。自然伽马测井是根据岩石中放射性物质多少来划分钻井剖面的，而放射性物质含量与岩性之间的关系是受多种因素影响的，每种岩石的放射性并不是一个固定的数值，而是在一定范围内变化。因此，在一个地区开始进行自然伽马测井时，应该把自然伽马测井曲线和钻井剖面上的各种岩石进行对比，必要时可以在实验室测定一些岩样的放射性，找出本地区岩性和放射性强度之间的关系。利用这些关系才能指导我们根据自然伽马测井曲线划分岩性的工作。

同样，利用自然伽马测井曲线划分渗透性岩层也必须注意总结地区性的规律，因为其区分渗透性与非渗透性岩层主要是根据泥质含量的多少，所以利用这个方法必须满足一定的条件。例如，除黏土矿物之外渗透性地层中不含有其他放射性矿物，或由其他原因造成的放射性核素的富集等。

2）确定储集层的泥质含量。沉积岩层的放射性主要泥质含量有关，因此常常用自然伽马测井曲线估计泥质含量。

下列关系通常被用来一级近似地估计泥质含量

$$V'_{sh} = \frac{GR_{目的层} - GR_{纯地层}}{GR_{泥岩层} - GR_{纯地层}} \times 100\% \tag{7-18}$$

式中，$GR_{纯地层}$ 为该地区纯地层最低的放射性强度；$GR_{泥岩层}$ 为该地区放泥岩层最高的放射性；$GR_{目的层}$ 为准备求泥质含量的目的层的放射性强度。

在不同地区和不同层系地层中，岩层放射性强度和泥质含量的关系并不完全相同，在不同地区最好根据实验找出相应的关系。

应该指出，利用自然伽马测井确定泥质含量，必须满足下列条件：①不同地层中黏土矿物的放射性强度应该是相同的。②除黏土矿物之外，岩石中不含有其他放射性矿物。

实际上，地层中经常含有钾长石、云母等含放射性$^{40}K$的矿物。此外，由于地下水的活动造成铀的富集情况也经常可以见到。因此，根据放射性测井估计泥质含量只在满足上述条件下才能给出近似值，在一般情况下，给出的是上限值，即

$$V_{sh} \leqslant V'_{sh} \tag{7-19}$$

式中，$V_{sh}$为实际泥质含量。

**（3）地层对比**

利用自然伽马测井曲线进行地层对比有下列优点：在一般情况下自然伽马测井曲线读数，与岩石孔隙中的流体性质（油或水，地层水矿化度）；自然伽马测井曲线一般与泥浆性质无关；因此在自然伽马测井曲线上容易找到标准层。所以在油气水边界地带进行地层对比时，利用自然伽马测井曲线更有必要，因为在这些地方的不同井内，岩层孔隙中所含流体性质变化很大，这就使电阻率、自然电位等曲线形状发生变化而造成对比上的困难。自然伽马测井曲线就不受这些因素的干扰。在膏盐岩地区，由于视电阻率曲线和自然电位曲线显示不好，利用自然伽马测井尤其必要。

### 7.2.3.2 伽马能谱测井

自然伽马能谱测井是测量多个能级的伽马射线数量，并进一步确定出地层钾、钍、铀浓度的一种测井方法。由于岩石中某种放射性核素的多少，往往和沉积环境、物质来源、成岩作用、地下水活动和黏土数量与类型等一系列地质因素有关，因此自然伽马能谱测井大大地拓宽了自然伽马测井的应用领域。

**（1）基本原理**

自然伽马测井是记录岩石放出的自然伽马射线总强度，是由岩石中铀、钍系放射性核素和钾（$^{40}K$）所产生的伽马射线总和。放射性同位素衰变形成稳定同位素之前，需要释放出不同能量的伽马射线，从而产生相当复杂的能谱。假定地层处于长期平衡状态，那么在一个特定系列中母体与子体元素的相对比例保持不变。因此，通过观测能谱中某一部分的伽马射线数量，就可以推断出任何其他部分的伽马射线数量。通过确定特征谱线的强度，便可以推断出母体同位素的数量。

测井过程中，由于伽马射线谱中，钾、钍、铀三部分谱线的相对幅度，取决于它们的含量。因此，按特征谱把总谱分解成三部分记录，就可以得到钾、钍、铀的定量评价。测量时，仪器对着三个高能的特征谱开三个窗口，分别记录对应的谱线强度，则可以计算出铀、钍、钾的数量。

**（2）应用**

对于以寻找放射性铀矿床为目的和以寻找钾盐为目的的勘探工作而言，自然伽马能谱测井可以给出直接有效的回答，因此是非常重要的一种手段。根据自然伽马能谱测井提供的 K、Th 数据，可以判断黏土矿物的类型及数量，而黏土矿物类型和岩石中束缚水含量、

岩石电阻率，以及储层生产能力有着密切关系。

U 元素在自然界不稳定，容易受氧化还原的影响。根据 Th/U 的值，则能利用 U 元素的不稳定性判断沉积环境。有机碳含量和铀含量呈正相关。此外，钍和铀在沉积岩地层中的富集与沉积环境有密切关系。据统计，陆相沉积、氧化环境、风化层，Th/U>7；海相沉积、灰色或绿色页岩，Th/U<7；海相黑色页岩、磷酸盐岩，Th/U<2。因此，自然伽马能谱数据，对于划分岩性、分析沉积环境和评价生油岩也都具有重要价值。

### 7.2.3.3 密度测井

伽马射线源和探测器一起放入井下仪器中，在井下仪器移动过程中由探测器记录源放出的伽马射线经地层散射和吸收后，因为散射伽马射线强度与地层密度有关，所以该测井方法通常被称为密度测井（图 7-11）。

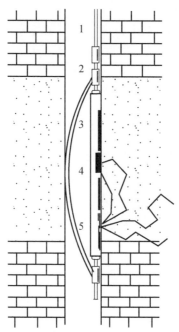

图 7-11　密度测井井下仪器测量示意图
注：1. 电缆；2. 活动接头；3. 弹簧；4. 探测器；5. γ 源

裸井周围的密度能通过伽马射线穿透井壁并测定反向散射辐射的方法测得。反向散射与周围地层中的电子密度密切相关，电子密度与地层体积密度是成比例的。$^{60}Co$（1.17MeV 和 1.33MeV）和 $^{137}Cs$（0.66MeV）都是常用的伽马射线源。部分屏蔽的盖格计数器或闪烁计数器放置在放射源的上方 400~500mm，只要有伽马射线穿过地层就能检测到。这可以用两个距放射源不同距离的探测器测到，较近的受泥衬套的影响较大，泥饼校正数据可以根据不同的伽马射线流量计算到。

伽马射线测井显示了体积密度或者孔隙度 ϕ，其关系式为

$$\phi = \frac{\rho_M - \rho_B}{\rho_M - \rho_F} \tag{7-20}$$

式中，$\rho_M$ 为岩石的基质密度；$\rho_B$ 为测井记录的体积密度；$\rho_F$ 为地层流体的密度。因为伽马射线穿透小，$\rho_F$ 接近于泥浆渗流密度（对于盐水泥浆为 $1.1 kg/m^3$），由公式计算的孔隙度受地层中石油的影响很小，但是，气体减小了流体的密度 $\rho_F$，从而导致高孔隙度的异常。密度和声波测井结合可以提供声阻抗剖面，指示沉积物中压实趋势和超压层，记录小于 0.1MeV 的伽马射线的用途很大，其强度与地层电子密度和光电吸收成反比。其中光电吸收主要是受地层基质而不是孔隙度和流体成分的影响。因地层电子密度决定于高能射线通量，所以光电截面系数就能计算出来。输出量用光电吸收截面系数 $P_e$ 划分，$P_e$ 的单位为 barns/election（$1 barn = 10^{-24} cm^2$），可用下式计算

$$P_e = \frac{U}{\rho_e} \tag{7-21}$$

式中，$U$ 为单位体积的光电吸收截面（barns/$cm^2$），取决于低能窗口计数；$\rho_e$ 为单位体积的电子密度系数（elections/$cm^2$），由高能计数计算得出。该方法可用于鉴别基质的矿物和岩性。由于重晶石对伽马射线的高吸收特性，所以该方法对于重晶石的钻井泥浆是不起作用的。

在石油勘探中，密度测井的基本用途是确定岩层的孔隙度。密度测井同其他测井相配合，对于判断岩性和划分含气储集层也有着重要作用。密度测井还常常同中子测井、声波测井等相配合，用来确定岩性。密度测井在煤田测井中也得到了广泛的应用，它是划分煤层的重要手段之一。密度测井与声波测井相配合，还可以为地震勘探提供波阻抗数据。

### 7.2.3.4 中子测井

中子测井是利用中子与物质相互作用的各种效应，来研究钻井剖面岩层性质的一组测井方法的统称。

**（1）基本原理**

进行中子测井时，把装有中子源和探测器的下井仪器由电缆放入井中。从中子源中发出的高能中子射入井内和地层中，高能中子与物质的原子核可能发生下列作用而减弱为低能中子或被原子核吸收。快中子经多次弹性散射后，能量逐渐减小，变为超热中子和热中子。热中子形成后，由高密度区向低密度区扩散，在扩散过程中，被靶核俘获，形成复核，处于激发态的复核以伽马射线的形式放出多余的能量，靶核回到基态，释放的射线叫俘获伽马射线。中子测井包括补偿中子测井和中子伽马测井。

补偿中子测井是通过测量热中子计数率，判断地层岩性和计算地层孔隙度的一种测井方法。热中子计数率取决于地层的减速能力和俘获能力，这与地层岩性和孔隙度有关。在离源足够远的不同两点处，热中子计数率之比仅与地层减速能力有关。因此，在补偿中子测井仪内，设计了源距不同的两个热中子探测器。补偿中子测井的输出为应用饱含水的石灰岩刻度的石灰岩孔隙度（图7-12）。

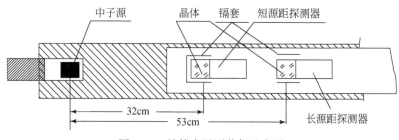

图 7-12　补偿中子测井仪示意图

测井时，快中子源产生快中子，快中子打入地层后，与地层中的各种核素产生弹性散射，能量逐渐减弱，变为超热中子和热中子。在均匀无限介质中，点状快中子源产生的热中子的分布为

$$N_t(r) = \frac{KL_d^2}{4\pi D(L_s^2 - L_d^2)}\left(\frac{e^{-rL_s}}{r} - \frac{e^{-r/L_d}}{r}\right) \tag{7-22}$$

式中，$N_t$ 为热中子计数率；$r$ 为探测器到中子源的距离（源距）；$D$ 为扩散系数；$L_s$、$L_d$ 分别为减速长度和扩散长度；$K$ 为与仪器有关的系数。

中子伽马测井井下仪由快中子源和伽马光子探测器组成。快中子源产生快中子，中子伽马测井就是记录地层靶核俘获热中子释放伽马射线的强度，以对地层作进一步的解释。

俘获伽马射线的空间分布与地层的含氢指数、地层对热中子的俘获能力有关。源距相同，淡水中的俘获伽马射线计数率低于盐水中的俘获伽马射线计数率；对于饱含淡水、孔隙度不同的地层，其计数率曲线相交于一点，将此点对应的源距称为零源距。当源距小于零源距时，地层含水孔隙度越大（含氢指数大，减速能力强），俘获伽马射线计数率越高；当源距大于零源距时，地层含水孔隙度越大（含氢指数大，减速能力强），俘获伽马射线计数率越低。测井采用的源距为正源距（大于零源距）。

**（2）应用**

探测器记录的低能中子数量，或核反应与放射性俘获放出的 γ 射线强度和能量，与地层的减速性质及吸收性质有关。因为氢是最特殊的减速物质，所以中子测井结果可以反映地层的含氢量。在含油或含水的纯地层中，孔隙被含氢的水或油充满，因此含氢量的多少将反映地层孔隙度的大小，所以中子测井是一种孔隙度测井方法。气层和油层或水层的含氢量差别非常明显，所以中子测井也是划分气层的主要方法。氯是重要的中子吸收物质，同时氯又是大多数地层水中的主要离子成分，所以中子测井在一定条件下对于划分油水层有重要作用。

### 7.2.3.5　脉冲中子测井

脉冲中子测井是中子测井的一种技术，基本原理类似，但中子源有所不同。脉冲中子源由中子管和控制中子管工作的阳极脉冲发生器、中子管气压控制线路和高压电源组成，如图 7-13 所示。中子管的外壳由玻璃或陶瓷制成，管中充氘气，压力在 $1.33 \sim 1.33 \times 10^{-3}$ Pa，氘气的压力由电流加热的钛丝（6）来维持。氘分子在金属圆筒状阳极（2）中间被振荡运动的电子碰撞而电离。电子由加热的阴极（4）发出，并被阴极与阳极之间的电场所加速。线圈（3）在圆筒状阳极中间造成约 16 000A/m 的磁场，使电子沿螺旋形轨道运动，目的是减少电子由于在中性氘分子上散射而造成的径向损失和增加电子飞行的有效长度。由变压器（8）交替地向靶极（1）供给约 100kV 的正、负高压。当靶极加上负高压时，氘离子在高压作用下奔向靶极，与靶极上的氚发生 T（d，n）He 反应，产生能量约14MeV 的中子。

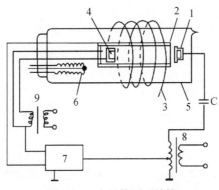

图 7-13　中子管原理结构

注：1. 靶极；2. 阳极；3. 磁场线圈；4. 阴极；5. 外壳；6. 钛丝；7. 脉冲发生器；8. 高压变压器；
9. 阴极加热变压器

在靶极加正高压时，电子被吸引到靶极，中子管变成一个"整流二极管"。此时，电容 C 上几乎充电到所加电压的幅值。所以当变压器加在靶极上的电压为负的极大值时，实际加在靶极上的电压几乎为高压幅值的两倍。中子管输出脉冲中子流的时间可以为 50 ~ 500μs。在输出频率为 400Hz，平均输出脉冲宽度为 100μs 的情况下，中子产额可以达到 $2 \times 10^7$ 中子每秒。

### 7.2.3.6　元素俘获测井（ECS）

元素俘获测井是通过测井仪器，测量地层中元素含量的技术方法。仪器由 Ambe 中子源和伽马探测器组成，测量地层的俘获伽马能谱。AmBe 中子源发射 4MHz 电子伏特的快中子，快中子与地层和井筒中的原子核发生碰撞减速为热中子，地层和井筒中的原子核俘获热中子后，释放俘获伽马射线。应用探测器俘获伽马射线，得到俘获伽马能谱。

对获得的伽马能谱进行剥谱处理，得到地层元素的产额。对其进行氧化物闭合处理，得到地层中 Si、Fe、Ca、S、Ti、Mg、Gd 等元素的质量百分比。将地层元素质量百分含量转换为地层岩性剖面。

ECS 测井可以获得地层中主要元素的质量百分比，也可以确定沉积岩地层中主要矿物的类型和含量，如黏土、碳酸盐岩、黄铁矿、硫铁矿、煤、砂岩等。通过特殊计算，也可以确定地层岩石骨架参数，包括骨架密度和骨架中子。近年来在非常规油气领域内，ECS 元素测井应用广泛，尤其是在页岩气储层评价中，可以用 ECS 测井评价含气页岩层段的矿物组成、储层脆性、空隙结构和孔隙度，进一步为工程施工提供参数依据。

ECS 测井结果辅助解释 FMI 识别。在 FMI 解释，岩石矿物的组成是基础条件。岩石中发育的裂缝性质，如高阻胶结物的组成可能是什么（硅质、碳酸盐岩、硬石膏等）、高导缝或孔洞内填充物的性质是流体或者黏土？最大洪泛面的位置等疑问非常常见，一般情况下，组合测井和 ELAN 都不能很好解决，但 ECS 测井通过矿物识别和成分含量定量化计算，能给出明确的解释。

ECS 测井可以得到形成岩石矿物的大部分元素产额，测井速度较快，测速达 600m/h，获得的元素含量信息相当于每秒钟分析一块岩芯样品。在裸眼井、套管井条件下都可以进行应用，在现场即可以获得初步的快速解释结果，因此是一种独特、方便且多功能的伽马能谱测量技术。但是 ECS 应用范围也有一定局限性，由于容易受到含有 Si、Ca、Fe、S、Ti、Gd 等元素泥浆的污染影响，一般在普通泥浆或低矿化度且不含重晶石的泥浆中应用良好。

## 7.2.4 核磁共振测井

核磁共振（nuclear magnetic resonance，NMR）指的是原子核对磁场的响应。岩石中各种元素原子核的核磁共振特性是不同的。它取决于原子核的磁旋比、同位素的天然丰度、相同磁场条件下振动信号相对幅度和包含该元素的物质赋存状态。氢在磁场中具有最大的磁旋比和最高的共振频率，是在钻孔条件下最容易研究的元素。即在与稳定磁场垂直方向上加一射频磁场，当交变磁场频率与氢核核磁共振频率相同时，处于低能位的氢核将吸收能量，转变为高能态的核，这一现象即称为核磁共振。

当射频脉冲作用停止后，磁化矢量通过自由进动向 $B_0$ 方向恢复，使原子核从高能态的非平衡状态，向低能态的平衡状态恢复。这种高能态的核不经过辐射而转变为低能态的过程叫弛豫。由于核磁测井的信号与孔隙流体中氢的含量有关，并利用弛豫时间可以了解含有氢元素的流体的性质和赋存状态，因而可以研究孔隙度、残余水饱和度和渗透率等参数。

测量体积由 9 个壳层组成（图 7-14）。测量壳体中点到仪器轴线的距离为 20cm，最内和最外的探测壳层间外径相差约 2.54 cm，壳体柱高约 60cm。静态垂直分辨率约等于测量体积的高度，大约为 60cm，标准分辨率为 180cm，高分辨率为 120cm。氢核共振频率为径向坐标的函数，自外圈到内圈，频率为 580 ~760kHz。当测速为 304.8m/h 时，等待时间为 1s 和 12s 的序列每 30.38s 采样两次，回波间隔为 0.6ms 的序列每 30.48m 采样 1 次。这样测量获得的信息非常丰富，经实时处理后可以得到 0.5ms ~2s 范围内的 $T_2$ 分布，并计算出总孔隙度、有效孔隙度、束缚水体积和渗透率的估计值。

在核磁测井数据中，包含着丰富的储层孔隙流体和孔隙结构的信息，为油气储层评价，特别是复杂油气储层评价提供许多重要依据。因此，核磁测井随着核磁测井仪器的进步，已逐渐成为综合测井的基本组成部分。

现代核磁测井观测的基本原始数据，大多数是用 CPMG 多脉冲序列自旋回波技术获得的回波串。进行核磁测井数据处理与解释时，首先是从回波串幅度的变化反演横向弛豫时

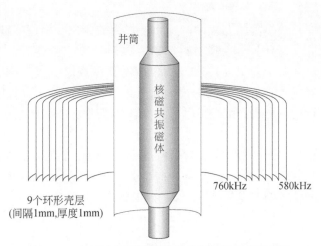

图 7-14　核磁共振测井测量原理和仪器组成示意图

间谱。谱是孔隙尺寸、孔隙度、流体性质的综合反映。根据谱的分析，可以获得孔隙度、束缚水饱度，以及渗透率的估计值。最后根据这些数据与电阻率测井，以及其他测井数据综合，对储层做出评价。

## 7.2.5　成像测井

成像测井技术，就是在井下采用传感器阵列扫描或旋转扫描测量，沿井纵向、径向大量采集地层信息，传输到井上以后通过图像处理技术得到井壁的二维图像或井眼周围某一探测深度以内的三维图像。比以往的曲线方式更精确，更直观，更方便。成像测井使测井资料的应用变得更加直观，测量结果拉近了与地层特征之间的"距离"，能更精细地描述地质特性，加强了与石油地质家合作的广度和深度。但需要注意的是，成像测井技术反映了地层电学、声学特性，与地层真实图像无关。

从技术角度与其他测井相比，成像测井具有很高的纵向、横向分辨能力（5mm），是常规测井分辨率的 100 倍。成像图具有直观的视觉功能，从井壁成像图上可对裂缝的分布特征、类型、地层的层理、砂泥薄互层的划分、储层有效厚度、沉积粒序的变化、砾石颗粒的相对大小等作出正确的分析。成像测井也是 21 世纪测井技术的重要发展方向。

### 7.2.5.1　声成像测井

声波成像测井是一种直接观察井壁情况的测井方法，它是利用反射波能量的强弱和反射波双程传播时间与反射界面的物理性质及几何形态有关的原理，评价井壁地质特征、井眼状况及套管损伤情况。超声波成像测井采用旋转式超声换能器，向井壁发射一定频率的超声波束，声波在井壁与钻井液界面被反射回来，又被换能器接收。换能器以一定速度环绕井壁，仪器也以一定速度上提，即测量点呈螺旋上升，达到纵、横向上连续的测井记录。5700 测井系列的 CBIL 每秒钟旋转 6 次，每旋转一周水平扫描 250 次，仪器每上升

0.1in 采样一次，从而达到高分辨率效果。

岩石声阻抗的变化会引起回波幅度的变化，井径的变化会引起回波传播时间的变化。将测量的反射波幅度（AMP）和传播时间（TT）经过计算机处理后，按井眼内360°方位显示成图像，就可以对整个井壁（100%）进行高分辨率成像。

声成像测井主要应用在：360°范围内的高分辨率井径测量，直观显示井眼的几何形状；识别裂缝；进行构造分析；地应力分析；检查套管腐蚀和变形情况；可在油基钻井液中成像。

声成像测井的影响因素一般有：钻井液密度，发射频率受钻井液固体颗粒影响大，最易衰减；井眼大小，每增加1in井眼直径，能量损失约38%，井眼过大会导致接受反射信号差，甚至没有；井壁结构，越光滑，反射信号越强，表面粗糙不平，声波发生漫反射，反射信号差。

### 7.2.5.2　电成像测井

20 世纪 80 年代中期，斯伦贝谢公司推出了地层微电阻率扫描成像测井仪器（FMS），揭开了电成像测井技术发展的新篇章（曾文冲等，2011）。90 年代中期，斯伦贝谢公司推出了新一代全井眼地层微电阻率扫描成像测井仪器（FMI）（图7-15），同时阿特拉斯公司的 STAR、哈里伯顿公司的 EMI 相继投入服务。

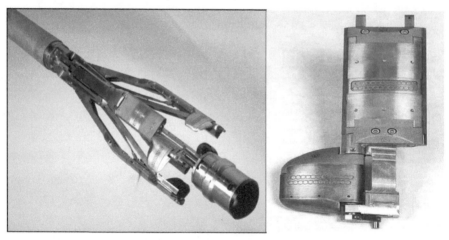

图 7-15　斯伦贝谢公司研制的 FMI 成像测井仪与微电阻阵列

基本原理：在测井中借助推靠器将极板推靠到井壁上，极板中部的阵列电极向井壁发射电流，在推靠器及极板金属构件上施加一个同向的电位迫使阵列电极电流向井壁聚焦发射。测量的阵列电极上的电流强度反映出电极正对着的地层由于岩石结构或电化学上的非均质性引起的微电阻率的变化。在测量过程中，沿井壁每0.1in进行一次采样便获得了全井段细微的电阻率变化。密集的采样数据经过一系列校正处理，如深度校正、速度校正、平衡等处理后就可以容易地形成电阻率图像，即用一种渐变的色板或灰度值刻度，将每个电极的每个采样点变成一个色元形成彩色图像。

在形成图像时，通常按黑–棕–黄–白顺序对成像测井数据进行颜色级别划分，由黑到白，分为 42 个颜色级别，代表着电阻率由低到高，因此色彩的细微变化代表着岩性和物性的变化（图 7-16）。图像沿井壁正北方向向右展开，横坐标是电极的方位，自左至右为 0°～360°。任何一个与井轴不垂直或不平行的平面与井眼相交，其交面是一个椭圆，对应在展开图上就显示为一个正弦波曲线，波谷处的方位代表着这个面的倾向，与之垂直的就是这个平面的走向，正弦波幅度除以井径就是这个平面的倾角（图 7-17）。

图 7-16　电阻率成像测井常用的级别色带

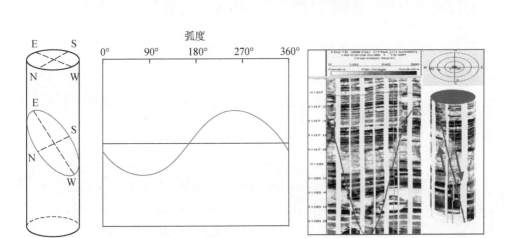

图 7-17　成像测井中构造产状恢复原理

该图像的纵向和横向（绕井壁方向）分辨率均为 0.2in（5mm），可以辨别细砾岩的粒度和形状。这是一个伪井壁图像，它可以反映井壁上细微的岩性、物性（如孔隙度）及井壁结构（如裂缝、井壁破损、井壁取芯孔等），但它的颜色与实际岩石的颜色不相干。

成像图一般分为静态平衡图像和动态加强图像，静态图像采用全井段统一配色，目的是反映全井段的相对电阻率的变化。动态加强图像采用每 0.5m 井段配一次色，其图像分辨能力很强，常用于详细的地层分析，但图像的颜色仅代表 0.5m 内的电阻率变化。

在地层中，裂缝是常见的地质特征，一般是地层和岩石在内、外力作用下形成的物理结构变化，一般分为构造裂缝和非构造裂缝。构造裂缝按照充填性质可分为高导缝和高阻缝；按照裂缝倾角可分为高角度、低角度、网状裂缝。非构造裂缝主要指缝合线、钻井诱导缝等（图 7-18）。

在成像测井中，不同裂缝的成像特征有所差别。高导缝在图像上均表现为低阻的连续深色条带，形状取决于裂缝的产状，垂直裂缝表现为竖直的深色条带、水平裂缝显示为水平的深色条带、斜交裂缝显示为深色正弦条纹。高阻缝在图像上均表现为高阻的连续浅色条带，为先期生成的裂缝被后期的方解石充填所致。缝合线是压溶作用的结果，两侧会有

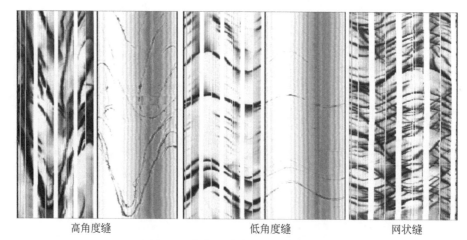

高角度缝　　　　　　低角度缝　　　　　网状缝

图 7-18　成像测井中裂缝的成像特征

近垂直于层面的细微的高导异常，当压溶作用主要来自上覆岩层压力时，缝合线基本平行于层面，当压力来自水平构造挤压作用时，缝合线基本垂直于层面。裂缝和断裂在图像上表现为断层面附近层理严重变形甚至错断，有模糊感，断层上下地层倾角或倾向渐变。

裂缝和层理的主要区别有：层理面往往是相互平行，不能交叉，而裂缝可以切割任何介质，它可以相互平行或相交；相互交叉的裂缝可以形成网状或树枝状等裂缝组合，而层界面不能；层界面常常是一组相互平行或接近平行的电导率异常，且异常宽度窄而均匀，非常有规律，但裂缝由于总是与构造运动和溶蚀相伴生，因而电导率异常一般既不平行也不规则。

诱导缝和天然裂缝的主要区别有：诱导缝是就地应力作用下即时产生的，因此与地应力有密切关系，故排列整齐，规律性强，而天然裂缝常为多期构造运动形成，又遭地下水的溶蚀和沉淀作用的改造，因而分布极不规则；天然裂缝常遭受溶蚀和褶皱的作用，故裂缝面总不太规则，且裂缝张开度不稳定，时宽时窄，边缘不光滑，而钻井诱导缝张开度稳定得多，边缘较光滑；诱导缝一般径向延伸较短，有些不能切割整个井眼，而天然裂缝在图像上显示为一条完整的正弦曲线，切割整个井眼。

黄铁矿和孔洞的主要区别有：都是高电导异常，但黄铁矿电阻率极低，与周围电阻率有很大差异，表现为突变的特点，图像上的黄铁矿斑块边缘异常清楚，多为分散状分布。而溶蚀孔洞的高电导异常与周围地层是渐变的，边缘呈侵染状，不清晰。

井眼崩落和孔洞的主要区别有：由于地应力造成的井壁崩落，形成椭圆井眼，扩径的地方容易造成仪器贴井壁效果差，在图像上形成类似溶孔的假象。区别是崩落是有方向性的，在一定井段上下有一致性，而溶孔无方向性，一般随机分布。

从图 7-19 中可以看到，包卷层理在成像图上明显有纹层扭曲成圆形、半圆形、椭圆形或不规则椭圆形特征，负载构造模式显示为高阻白色条带砂岩底面与低阻黑色特征——泥质物接触的轻微突起，呈瘤状。一般包卷层理是指示沉积环境信息，它在浊流沉积岩中较为常见。负载构造多在浊积岩中保存良好，因此具有很好的指相意义。

微电阻率扫描成像测井的技术特点主要有：在井下采用传感器阵列扫描测量，沿着井

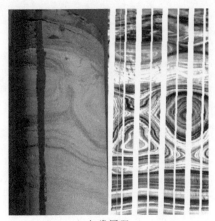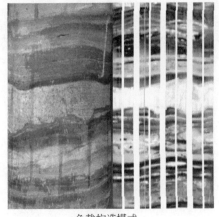

包卷层理           负载构造模式

图 7-19　典型的沉积与构造特征在岩芯和成像测井资料的对比

的纵向、周向、径向大量采集地层信息，传输到地面后通过图像处理技术得到井壁的二维图像信息，或者井眼周围某一探测深度内的三维图像，获得的测井曲线信息比以往的更精确、直观和方便。成像信息具有直观的视觉功能，从井壁成像的图形上可以对地质现象及特征作出正确的描述和分析。成像测井具有地层倾角测井的所有功能，可以提供地层倾角矢量图，确定地层、断层、裂缝的产状。能够提供裂缝的矢量计算结果，如裂缝的开口度、方向、走向、等效孔隙度等，能够提供裂缝和溶蚀孔洞的定量计算参数。在一定条件下，电成像测井可以代替钻井取芯，对目的层进行精细描述，并且具有信息丰富、录取资料时间短、耗费资金少的特点。

微电阻率扫描成像测井在解决地质目标评价方面也具有独特优势。如能够解决地质构造、沉积、岩石力学等方面的诸多问题，裂缝识别和薄互层能直观地显示。同时也能够提供地层界面的接触关系特征、碎屑的沉积方向，在精细划分地层、沉积单元和韵律变化方面有直接帮助。在裂缝位置、产状、地应力方向、溶蚀孔洞发育程度、非均质产层的有效厚度方面能够提供丰富的信息。利用浅侧向测井对图像进行标定，可将图像转化成孔隙度直方图或频谱图进行自动分析，据此可以判断出次生孔隙度的大小。

### 7.2.5.3　成像测井应用领域

成像测井技术发展越来越成熟，应用领域也有所拓展，在裂缝识别及评价、地质构造解释、沉积相和沉积环境解释、地应力分析、帮助岩芯定位和描述、高分辨率薄层分析和评价等领域内具有突出的优势。

地质构造解释：对于地层内部复杂地质条件地带，地震资料反射信号较差，地质构造信息表达并不清楚，对于构造形态刻画和成因等分析有较大多解性。而成像测井在解决这类问题时具有优势。通过地层产状的提取，可以分析复杂地层的内部构造、变化规律，为区域构造地质研究提供重要线索、证据。对于古潜山、古隆起等构造特征、结构研究可以提供直接信息。

沉积学解释：识别层理类型、砾石颗粒大小、结构、古水流方向、滑塌变形、沉积单元划分、砂体加厚方向等。在物源方向难以确定的地区，利用成像测井资料能形成一套有效的沉积体系及物源方向评价技术。综合测井、地质、地震资料，在分析物源方向、岩性组合、岩相环境在空间上的展布特征方面，成像测井能提供很好的地质信息。

裂缝评价：在成像测井技术问世之前，对于裂缝评价，主要是通过深、浅侧向电阻率数值大小及幅度差异、声波全波阵列波形特征及地层倾角测井进行裂缝检测和分析，但无法进行定量描述。成像测井能够有效识别高角度裂缝、低角度裂缝、钻井诱导缝、节理、缝合线、溶蚀缝、溶蚀孔洞、气孔等，确定裂缝产状及发育方向，划分裂缝段，进行裂缝型储层评价。

地应力方向确定：根据井眼崩落、诱导缝的方向确定主应力方向。一般来说钻井诱导缝和绝大多数井壁崩落及垮塌是现今构造应力作用的结果，因此，可以根据钻井诱导缝和井壁崩落的方位来进行现今地应力分析。对于直井，诱导缝的走向即为现今最大水平主应力的方向，井壁崩落的方位通常反映现今最小水平主应力方向。现今地应力方向的分析可以为压裂和注水等生产措施提供依据。对于直井，诱导缝走向通常平行于最大水平主应力方向，诱导缝为羽状、相互平行、呈180°对称的高角度裂缝。一般井眼崩落方位与最小水平主应力方向一致，井壁崩落为垂直长条状、呈180°对称的暗块、暗带。地层最大水平主应力方向与最小水平主应力方向垂直。

套管井质量检查：利用声波成像测井，确定套管变形位置、射孔孔眼位置，检查对管爆炸整形后的套管形状，确定套管断裂位置等信息。利用振幅成像资料，探测下限可达到1/8in，而其他探测一般为1/2in（图7-20）。

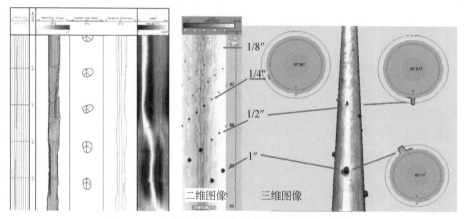

图7-20 成像测井在套管质量检查中的应用示例

确定地层产状、识别断层、不整合、褶皱。

薄层解释：薄互层测井评价一直都是难题，原因之一是现有的测井仪器纵向分辨率的组合匹配不能有效、真实地采集薄互层的物理信息量，由于技术能力的局限，薄互层的评价一直难以精细描述。成像测井则可以刻画分辨率较低的测井曲线，有效识别砂泥岩薄互层及有效厚度。

# 7.3　随钻测井

随钻测井是在复杂地质构造与测量采集技术迅速发展的背景下产生的新一代测井技术。它是随着钻具在地层中穿层钻探过程，通过声、电等信号实时提供测井仪器的地层地球物理信号，具有省时、高效、实时等优势。随钻测井的应用，最大程度上满足了降低成本、提高勘探开发效率的要求，达到了高效钻井的效果。在钻井过程中随钻测井技术、工程应用软件、地质导向人员紧密结合，能实现地质、工程双方的实时互动式工作，不仅能优化钻井（或水平井）在储层中的位置，降低钻井、地质风险，并提高钻井效率，帮助实现单井产量最大化和投资收益最大化。

## 7.3.1　随钻测量与随钻测井

一般对于随钻系统有两种称呼，分别为随钻测量（measurement while drilling，MWD）和随钻测井（logging while drilling，LWD）。

随钻测量是在钻井过程中进行井下信息的实时测量和上传的技术的简称，由井下部分（脉冲发生器、驱动电路、定向测量探管、井下控制器、电源等）和地面部分（地面传感器、地面信息处理和控制系统）组成，以钻井液作为信息传输介质。通常意义的 MWD 仪器系统，主要限于对工程参数（井斜、方位、深度和工具面等）的测量，它只是一种测量仪器，无直接导向钻进的功能（Li et al.，2001）。

随钻测井是在随钻测量的基础上发展起来的一种功能更齐全、结构更复杂的随钻测量系统，主要是在常规 MWD 基础上增加电阻率、中子、密度和声波等测量环节，用以获取测井信息。与 MWD 相比，LWD 传输的信息更多，不仅能利用泥浆脉冲方式传送数据，而且可以采用井下存储（起钻后回放）和部分信息实时上传方式处理；LWD 作为随钻测井仪器，其任务是获取测井信息，无导向、决策功能。

简而言之，随着测井技术的发展，根据功能定位和服务对象的完善，一般认为 MWD 泛指钻井时所有的井下测量，特指方位、方向、压力、脉冲发射等有关的测量，而 LWD 指的是岩石物理参数的测量。

## 7.3.2　随钻测井的仪器构成

随钻测井由井下数据测量系统、数据传输系统、地面数据采集和处理系统构成。

常用的随钻测井井下数据测量系统，主要由两大部分组成，即在钻具组合的近钻头部分，加载随钻测量仪器模块（MWD）和随钻测井仪器模块（LWD）。一般常用的 MWD 模块包含测斜、井温测量仪。常用的 LWD 模块包含伽马测井仪、电阻率测井仪等，也可以加载感应电阻率、侧向电阻率、方位、种子密度、核磁共振、声波、微地震测井等模块。随钻测井仪一般位于钻头与钻铤之间，用短接相连（图7-21）。随钻测井必须借助专用工具和仪器完成，下井数据测量仪器径向尺寸必须能够与井眼和钻具条件相符合，同时不受泥浆流动影响，也不会产生过大的泥浆压浆，还应具备一定的安全系数。仪器必须具有良好的抗高温性能，要承受冲击、旋转、振动等影响。

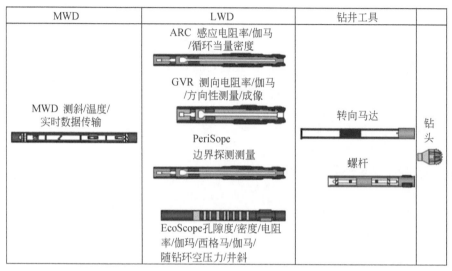

图 7-21　随钻测井钻具组合示意图

　　随钻测井的数据传输系统由井下测量仪器中装置的脉冲发射器、泥浆或钻杆等传输介质、信号存储器等部分构成。随钻测井信号传输方式有水力脉冲、电磁波等方式。水力脉冲方式主要通过钻井液在井下传输信号，不需要电缆，不受钻杆旋转的限制。数据被转化成一系列的压力脉冲，可以分为正脉冲、负脉冲、连续脉冲波等方式，按连续次序用泥浆循环开始-停止激活，脉冲器发生"0"和"1"的脉冲信号，采用二进制码和组合码传播，由泥浆传输到地面采集和处理系统进行解码。电磁波数据传输是将低频的 EM 信号从地下传输到地表，可以在井中双向上下传输，不需要泥浆介质循环，数据传输能力与泥浆脉冲方式相近。电磁传输最大的优点是不需要机械接收装置，但弱点是低频电磁波频率与地频率，从而使信号的探测和接收困难，受井深条件限制。近年来石油工业界在发展利用钻杆传输声波或地震信号，能够显著提高数据传输率，同时不需要泥浆循环，但由于信号损失较大，仍然处于研发阶段。

## 7.3.3　随钻测井技术

　　目前，随钻测井技术发展很快，已经具备几乎所有的电缆测井项目。在国外海洋探测活动中，几乎所有的裸眼测井作业均采用随钻测井技术。主要包括随钻电阻率测井、随钻核磁测井、随钻声波测井等系列。测井技术原理与电缆测井相同，但在采集、处理、解释和应用方面有较大区别。

### 7.3.3.1 随钻电测井技术

随钻电阻率测井分为高频电磁波传播电阻率测井和低频侧向电阻率测井，它们与电缆感应测井和电缆侧向测井类似。高频的随钻测井仪测量电磁波的相位和幅度，测量结果中有对垂向电阻率敏感的相移电阻率和对水平电阻率敏感的衰减电阻率，因此能探测到电阻率各向异性，更适合水平井。低频的随钻电阻率测井仪采用了圆柱聚焦技术和测量钻头处的电阻率，能最及时地了解地层的真实信息，有利于钻井施工。

高频随钻电阻率测井仪与电缆感应测井仪都发射电磁波，在地层中感应出环行涡流，用一对接收器监测地层信号，都适合在导电和非导电泥浆井眼以及低至中等电阻率地层环境中工作。但高频随钻电阻率测井仪以 2MHz 频率工作，远高于电缆感应仪 10 ~ 100kHz 的频率，而且它安装在坚固的钻铤上，能适应钻井引起的剧烈振动；而电缆式感应仪基本上安装在绝缘性能好的玻璃钢圆棒上，不能适应如此恶劣的工作条件，不适合在随钻测井环境中应用。低频随钻测井也与电缆侧向测井类似，均测量地层的聚焦电阻率，都适合在导电泥浆、高阻地层和高阻侵入的环境中工作。

随钻电阻率测井仪主要是为水平井测井而设计的，这些仪器能充分探测到地层各向异性、地层倾角及大斜度角等因素的影响，从而得到与实际地层一致的结论。随钻电阻率成像图是一种更直观、更有效的测量数据，它能覆盖 100% 的井周，能识别大的地质现象，并能进行时间推移测井，观察到泥浆侵入地层的过程。相比电缆电阻率测井，它具有及时性、准确性和全面性等优点。

随钻电阻率成像测井是一种发展趋势，高采样率获得的成像质量也更好，与电缆测井成像图媲美，能够更直观、更准确地识别微观结构和构造特征。在大斜度井、水平井中，随钻测井比电缆测井更有利，一方面是由于大斜度井身结构对电缆测井有一定影响，另一方面，随钻电阻率测井能处理各向异性对电阻率测量的影响，能识别地层边界和分析泥浆滤液对地的侵入，因此不仅能够用于地质导向中，保证钻头导向产层，也能识别被电缆测井仪漏掉的砂泥岩产层，提高储层的产量，所以它将在地层评价中发挥极大的作用。

### 7.3.3.2 随钻声测井技术

随钻声波测井的主要应用是估算地层孔隙度、随钻进行岩石力学性质评价、确定超压泥岩地层、与地震资料进行相关对比，充分发挥地震资料的作用、作为合成地震图的输入。

目前投入商业应用的随钻声波测井仪器有斯伦贝谢公司的随钻声波测井仪（ISONIC）和哈里伯顿公司的补偿长源距随钻声波测井仪（CLSS）。这两类仪器通过一些特殊的仪器设计，利用声波波形处理技术消除了钻井噪声和来自钻铤的信号影响。由于受随钻泥浆脉冲遥测技术的限制，现有的泥浆脉冲传输速率不能将声波波形传到地面，仪器只能在钻铤中用高速的数字信号处理器对声波波形进行采集、数字化和处理，在井下计算声波时差，并将剩余的声波波形存储在井下存储器中。

随钻地震也是一种随钻声波测量技术，也被称为地震导向技术。它利用钻头冲击地层作为地震震源进行地震测井，在钻井过程中获得校验炮和垂直地震剖面。随钻地震可获得地层深度与地震传播时间的实时数据，这些实时数据对于高效安全的钻井操作十分重要，尤其是钻遇到高压地层时，其重要性更为显著。随钻声波测井和随钻地震是两种相互补益的随钻测量方法，都能在钻井过程中为关键的钻井决策提供可靠的数据。

随钻声波测井技术发展需要消除钻井噪音的影响，以及声波探头的安装和声波信号处理的问题，因此发展相对缓慢。但是随钻声波测井也有技术优势，主要表现在能够提供可代替核测井孔隙度、实时监测孔隙压力提高安全系数、与地震资料结合提供地质导向的效率等。

### 7.3.3.3 随钻核测井技术

随钻自然伽马测井是较早应用于随钻测井中的一种技术，目前几乎所有的随钻测井系列中都包括自然伽马测井。对于所有的随钻自然伽马测井仪器，其测量原理及测量技术基本上类似。随钻自然伽马探测器一般采用闪烁探测器测量地层伽马射线，其响应主要与探测器的性能，测速，耐压容器的几何形状、密度和伽马射线吸收系数，采样密度，泥浆密度，井径及钻铤的厚度有关。

密度和中子测量对定量评价储层特性是相当重要的，两种测量综合利用可以准确地确定地层孔隙度、识别岩性和探测气层。由于 LWD 测量时受泥浆滤液侵入的影响比电缆测井时小，所以，密度和中子孔隙度测井对含天然气和轻烃的地层的测量更为有效。早期的随钻密度仪器测量的准确度常常低于电缆测井结果，这主要是由于电缆仪器的探头装在极板上并推靠井壁以此可消除偏离间隙的影响，而随钻仪器由于旋转而偏离井壁产生间隙，因此测量受到影响。由于随钻密度仪器不能采用极板，特别要解决钻铤和地层间泥浆间隙的影响，其影响因素包括井眼尺寸大小和形状、快速采样时间和地层/泥浆密度比等因素。中子测井的环境影响包括井眼大小、仪器间隙、泥浆比重（含氢量）、泥质含量、岩性和孔隙流体等。

## 7.3.4 随钻测井技术在地质导向中的应用

地质导向是指用近钻头岩石物理参数、工程测量参数和随钻控制手段保证实际井眼轨迹穿过储层并取得最佳位置，其根本目标是保证钻具以最佳角度进入储层或目标层，并控制井眼在目标层合理范围内。随钻测井技术在地质导向作业中，是关键的技术核心。

在海洋油气钻探作业时，实时更新的随钻测井系统作用更为明显。由于钻井作业的不确定性因素，包括新区或地质背景条件不明确的地区以及新区地质模型的不确定性；对地层倾角的判断和构造描述的不确定性（图7-22），对油气藏特征的不确定性，包括油、气、水界面的不确定，薄层含油气层的产状特征等的不确定性；以及对储层岩性和物性的不确定性，海洋工程施工存在较大难度，因此地质导向过程中，对随钻测井的需求日益依赖。

由于地层产状在地下的不可预测性，以往的几何导向容易产生较大误差。假设地层倾角1°，则在57m测量深度内，可在垂向上产生1m的误差。通常地震资料可以提供的地层

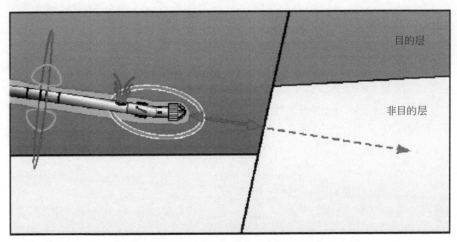

目的层

非目的层

图 7-22　应用随钻测井技术的地质导向工作示意图

倾角精度不低于 3°（甚至更高，依赖于时深关系），因此地层倾角的判断对于井眼轨迹精确穿层至关重要。该技术是指导非垂直井穿过最佳的地质目标，而不是定向穿入预先确定好的（可能不是最佳的）地质位置。MWD 提供的井斜、深度、方位信息，结合 LWD 提供的地质信息，可以判断钻头在地层中所处的位置，进而通过控制系统，对钻井轨迹做出变轨更正措施，提供中靶率或者钻遇率。因此地质导向具有时效性和目标优化的特点。

在地质导向过程中，随钻测井则能将多种测井技术综合集成，并且实现实时传输信号，协调工程和地质技术员的交互工作，从而提高作业效率。用计算机对设计的井斜角的可视化测井响应进行充分正演模拟，可提供地质导向所需的关键信息。

LWD 是获得地质导向测井数据的最经济有效的方法，在钻头处或靠近钻头处安装测井探测器，它能利用相移电阻率对产层敏感的特征识别电缆测井仪器容易漏掉的砂泥岩薄互层，并和地层密度及孔隙度资料一起，保证钻头以最佳的角度进入储层。此外，LWD 电测井仪能利用相移电阻率和衰减电阻率曲线的犄角特征使钻头留在产层内，避免钻到产层外，从而最大限度地增加泄油面积。最后，它还能利用阵列电阻率随钻仪（EWR4、ARC5）的多深度探测曲线准确计算钻头到产层上下边界的距离，使井眼平行于目标层的顶部，最终导致产量增加。

## 7.3.5　随钻测井技术的发展趋势

随钻测井技术从 20 世纪 30 年代提出到 70 年代的第一次随钻电阻率仪测井成功，到目前的发展水平，经历了从模拟到数字处理技术、从大井眼到小井眼、从单阵列到多阵列、从电阻率剖面到电阻率成像、从单一地层对比到综合地层评价等漫长而曲折的发展过程。发展到现在，有些 LWD 探头质量已经达到电缆测量一样的水平。

随着海洋探测与资源开发活动的日益加剧，更多作业活动将向海上钻井、水平井钻井及复杂地层钻井方向转移。相对于电缆测井 LWD 将因其能提高钻井效率，降低钻井成本，提供高质量数据的优势而会受到更多重视，并在海洋新环境中提供更为可靠、丰富的评价数据。LWD 未来的预期发展方向包括。

1）综合集成化。地球物理测井原理基本已经掌握，但受制于信号传输、可靠性、高温高压等问题，部分测井技术未能得到全面发展。今后随着电子信息发展，在多探头集成化平台的开发和应用方面将加大投入，且随钻测井将不断综合，向系列测井方向发展，这样的平台设计紧凑更能靠近钻头，一次下钻能提供地层评价的全部数据，并逐渐取代电缆测井。

2）小型便捷化。不仅能适用于常见的井眼尺寸，也能在其他低成本井型中适用，极大降低成本，同时不损失安全性和可靠性。

3）近钻头化。仪器仪表系统将更靠近钻头，精度更高，能为地质导向、工程决策提供更大的调整空间和时间，极大提高钻井效率和成功率。

4）可靠安全化。LWD 仪器可靠性增强，随着存储芯片和抗高温高压电子元器件的开发，石油界将能制造出更能适应钻井环境强振动、极高温度和压力的 LWD 仪器。

5）传输方式更可靠。相比常规泥浆脉冲传输方式，随着声波传输、电磁波传输技术的改进，以及技术上的难点突破，数据传输方式将更实时、传输率更快、传输量更大、误码率更低、识别率更高。

# 7.4　海洋地球物理测井现场采集和处理解释

在海洋环境测井时，平台多为丛式井或者分支井，斜度大、位移距离大，部分井型为水平井。海洋测井作业环境特殊而复杂，不但投资巨大，作业风险也大，而且具有技术高度密集、难度大的特点。一般地，海洋地球物理测井现场施工与资料获取有相对完整的工作流程。

## 7.4.1　测井仪器系统

进行测井数据采集时，测井仪器主要由井下仪器、井口装置和控制系统三大部分组成，其中井下仪器部分主要包括各类下井仪器、仪器工具串等，主体是探测器或传感器，辅助设施有电子线路、机械部件、钢材质外壳。井下仪器的主要功能是将地层的物理性质通过各类传感器转化为各种电子或脉冲信号，供技术人员接收和记录；井口装置主要包括绞车、电缆、井口设备等。由导电线芯、绝缘层和钢丝编制层组成单芯或多芯的电缆，是向井内传送下井仪器、给井下仪器供电、在井下仪器和地面仪器之间传送信号的通道。在后期为了适应不同井型或特殊井型，如大斜度井、水平井等，向井内传送下井仪器的方式逐渐发展为钻杆传输测井、随钻测井；控制系统主要包括在地面进行测量、记录、指挥和控制的仪表、仪器车组或装置等。

## 7.4.2　测井资料采集

采集测井数据的过程，是将地质信息转变为测井信息的过程。主要是根据地层中不同岩石和岩性具有的物理学性质所表现出来的不同特征，利用不同的测井仪器检测其物理学性质，并将地质信息转变为声电信号，用电缆或声波的方式将信号传输至测井记录仪器中，形成井下随深度变化的数据体，供技术人员进行下一步处理和解释。

测井时第一次测井，首要任务就是校准深度。首先是在井口对零，并确认绞车深度面板与测井深度面板相同。在下至表层套管鞋处，上提测量并将深度校至钻井报表上的套管鞋深度。出套管后，上提连续听两个电缆记号，并记录下电缆记号的深度。下放至接近井底时，上提听两个电缆记号，记下深度并与应当读到的电缆记号深度对比，差值即为电缆伸长数。如出套管后听到的电缆记号为515m，井深2000m，电缆记号每25m一个，应在1965m或1990m听到电缆记号，而实际在1968m听到记号，电缆伸长值为3m。把误差消除后，下到井底测量。

在第二次测井时，校深的方法为下过套管鞋后上提测量，以第一次测井时的自然伽马为准，重复测量至少50m。校深后套管鞋深度与钻井报表上记录深度的误差不予考虑，但当此误差超过3m时应查对原因。校准深度后方可进行测井，测井深度与钻井深度的误差为1/1000m，可以用校好的电缆深度与气全量曲线和钻时曲线对比，以钻时曲线为基础，参考气全量曲线。如井况不好时应先把电阻率和放射性系列测完后再通井，然后用电阻率系列补测井底部分。

## 7.4.3 测井资料处理

处理与解释的过程，是将测井信息（一般是声电信号）转换为地质信息的过程。测井数据处理是用计算机处理测井仪器采集的各项地质信息，一般包括测井数据预处理和测井数据地质分析两个方面。

测井数据预处理主要内容有：深度对齐（将各条测井曲线的深度校正到同一相对深度位置）、斜井曲线校正为直井曲线、测井曲线去噪及过滤（实现平滑曲线）、环境校正、数据标准化处理、确定解释模型和参数等。

测井数据分析主要是按照确定的解释模型，选用相应的测井分析程序，计算机利用测井数据计算出各种地质或工程参数，并用直观的测井成果图显示出来。

## 7.4.4 测井资料解释

测井技术是利用测量的物理参数来间接推断地层的地质特征和计算相应的地质参数，因此该过程中间接地导致了地质解释的多解性和不确定性，特别是单条测井曲线具有多解性，不能直接解释地质现象，因此需要多种方法、多条曲线综合解释。

一般应用测井资料的方法是因地制宜，即按照具体或预判断的地质情况，针对井眼条件选用一套经济适用的综合测井方法。同时采用测井过程按标准程序执行、过程质量监控、原始曲线的定性检查、预处理等多种方法保证测井数据的准确性。此外，需要根据地区研究经验，尽可能多地收集第一手的资料，选择切合实际的解释模型和参数，将测井解释结果和地区地质、邻井解释结果、测试结果综合分析。

测井综合解释可以分为三个层次：①井场解释，在测量井场完成的解释，由其结果判断是否值得下套管完井和应当注水泥固井的井段，以供及时提供现场决策和下一步工作建议。②测井服务方解释，即在测井公司等服务方的解释计算站完成的解释。它一般有良好的计算环境、完善的处理软件和分析程序、专业的技术队伍和丰富的解释经验。③应用研究，在油田研究机构、科研单位应用过程中，进一步利用更全的地质、地球物理资料（如地震、重力、磁力异常解释等）、测井和钻井资料，对单井、构造、油藏等目标进行描述、模拟和综合研究。

# 7.5 应用实例

## 7.5.1 成像测井资料在 Shatsky 海隆构造研究中的应用

### 7.5.1.1 Shatsky 海隆构造特征

Shatsky 海隆构造位于日本列岛以东大约 1500km 的太平洋板块西北部，呈北东–南西向展布，长度约 1500km，宽约 500km，面积达 $4.8 \times 10^5 km^2$，相当于日本或加利福尼亚州（图 7-23）。海隆高出周缘大洋海盆 2~3km，体积可达 $4.3 \times 10^6 km^3$。

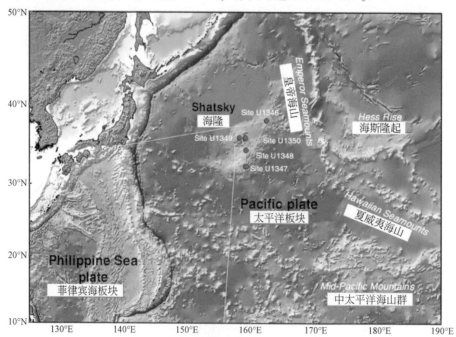

图 7-23 Shatsky 海隆构造位置图及井位（红点是 IODP 324 航次井位）

资料来源：324 航次研究报告（Expedition 324 Scientists, 2009）

Shatsky 海隆是全球大型洋底高原之一，形成于 140～100Ma（Nakanishi et al.，1999；Sager et al.，1999），也是迄今发现的唯一一个在地球磁场倒转期间形成的洋底高原。关于 Shatsky 海隆构造成因机制，一般认为它与地幔柱活动和洋脊扩张活动有关，海隆周围发育当时形成的磁异常条带，因而，使得 Shatsky 构造成为研究地幔柱动力学和洋脊扩张动力学的独特窗口。2009 年 9 月，IODP 324 航次在 Shatsky 海隆钻探了 5 口调查井，目的是研究该海隆的地球动力学成因机制（图 7-24）。

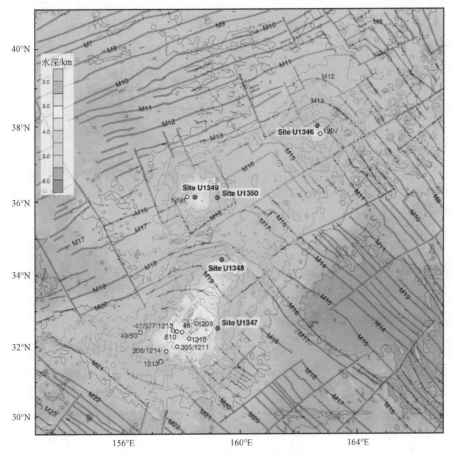

图 7-24　Shatsky 海隆磁条带及 IODP 井位

### 7.5.1.2　成像测井资料在 Shatsky 海隆研究中的应用

在 Shatsky 海隆中获取了宝贵的洋底玄武岩岩芯资料。通过对岩芯的断层识别、裂缝统计、岩脉解释、节理统计等构造要素，我们可以分析洋底地质产状，恢复古构造应力场。但是由于岩芯是非原位定向资料，在取芯过程中随着钻具旋转，岩芯的原始方位已经改变，其倾向并非反映了地层倾向，因此无法恢复地层原始产状。利用成像测井技术（FMS 测井），获取了井筒的裂缝、脉体、节理等产状，能够弥补岩芯的非定向性、无法直接观测、精度不足等缺点，在海底构造产状要素恢复方面，有非常明显的优势。

FMS 图像解释与岩芯描述有很多相似之处，内容包括沉积构造、成岩作用现象、岩相、变形构造及裂缝分析等。不同的是 FMI 为井壁描述，井壁上的诱导缝及破损反映了地应力的影响，而层理及裂缝的定向数据也是岩芯上很难得到的。当然，岩芯是地下岩层的直接采样，是最为准确的资料，将两者进行一些标定后，将使地层描述更为准确。

### 7.5.1.3　利用 FMS 图像识别 Shatsky 海隆构造及古应力场

利用 GeoFrame 测井解释软件（斯伦贝谢公司出品）加载数据，通过解释模块分别对 U1347、U1348、U1349 三口井的成像数据拾取节理、裂缝等数据，通过岩芯与 FMS 图像对比、校正，开展了产状恢复（吴婷婷等，2010；Expedition 324 Scientists，2009）。其中，U1347 井和 U1348 井位于 Tamu 地块，U1349 井位于 Ori 地块。

U1347 井中拾取的节理倾向以北东向张节理、北西向或南东向剪节理为主，说明 Tamu 地块经历了北东向伸展作用，张应力方向与 M18~M19 的磁条带方向垂直。U1348 井中识别的火成岩接触边界和脉体方位指示岩浆流动方向为南南东，垂直于相邻磁条带，指示 Tamu 地块的洋脊扩张成因机制。

U1349 井中拾取的火山岩接触面和脉体产状呈辐射状，与 U1347 井和 U1348 井中拾取的构造产状截然不同，产状没有优势方位，指示 Ori 地块可能与岩浆底部上涌作用导致的球状破裂有关，符合地幔柱成因机制，而不大可能是洋中脊扩张作用下的产物（Nakanishi et al.，1999）。

## 7.5.2　IODP 随钻测井技术的应用——以南海海槽孕震区实验为例

### 7.5.2.1　南海海槽地震发生带试验（NanTroSEIZE）研究背景

俯冲带地震是地球上最严重的地质灾害之一。在日本东部海域的南海海槽和日本海沟，数千年来一直有大地震和海啸等灾害记录。在俯冲带 5~40km 深度范围内最容易诱发地震，也是地震频发的深度域，被称为地震发生带。在较浅的深度域内，由于应力较小，通常不足以诱发大震级地震；而较深度域内，由于高温条件下岩石的塑性流变特点，也不容易诱发大震级地震。

位于日本中部近岸的南海海槽，就是一个典型的俯冲带，东南部的菲律宾海板块不断向欧亚板块汇聚，同时形成增生楔，该俯冲带也是世界上最活跃的俯冲带之一，著名的东海大地震具有每百年的旋回，是未来最可能发生大地震的区域。南海海槽地震发生带实验（Nankai Trough Seismogenic Zone Experiment，NanTroSEIZE）依托综合大洋钻探计划（Integrated Ocean Drilling Program，IODP），通过地震发生带钻探，获取地震、岩芯、测井资料，在海床下面（地震发生带）内安置传感器，近距离观测该地震的形成和发展，进而评价南海海槽俯冲带内的地质条件和应力场，认识俯冲带地震发生发展的机理，以及断层如何滑动并将滑动能传播到海底形成海啸（图 7-25）（Tobin et al.，2006a，b）。

图 7-25 中星号指示近期发生的两次大地震的震中位置，黑色框线的区域是三维地震勘探区域，红色圆点是南海海槽孕震区实验项目的钻井井位，PHS 为菲律宾海板块；EP

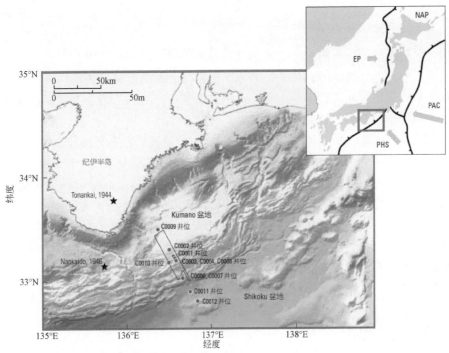

图 7-25 南海海槽地震发生带试验项目位置 (Tobin and Kinoshita, 2006b)

为欧亚板块；PAC 为太平洋板块；NAP 为北美洲板块，灰色箭头表明板块汇聚向量。

NanTroSEIZE 计划从 2007 年 9 月开始启动，由日本、美国、欧盟、中国、韩国等国家共同自助，利用"地球号"海洋船进行钻探，共分为三个阶段：第一阶段，2007 年 9 月 21 日～11 月 16 日，选定 6 个钻探地点进行钻探和采样，绘制该地区地质概况，提供钻探地质信息；第二阶段，2007 年 11 月 17 日～12 月 19 日，在 314 航次选择 6000m 深的俯冲板片位置钻探 C00001 号深井，进入孕震区和俯冲洋壳，并安装观测系统（图 7-26）；第三阶段，2010 年开始执行，钻探 C0002 井，深度达海底以下 7000m，进行沉积学、岩芯物理性质、地球化学、微体古生物学、测井和构造地质学等方面的考察。

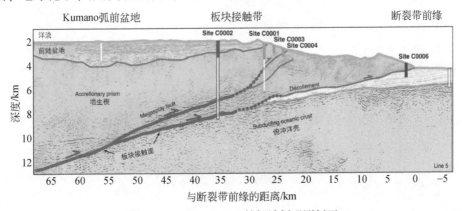

图 7-26 NanTroSEIZE 钻探计划观测剖面

### 7.5.2.2 NanTroSEIZE 中测井资料的目的和类型

板块汇聚边缘的俯冲带内，对于增生楔发育的位置、断裂构造界面的识别和确定、地震反射界面和地层岩性界面的对比、断裂系统的岩性、裂缝产状、物理性质、应力状态等内容，难以获得高质量或高精度的资料。在钻井过程中，地层压力、井底温度等数据，也是安全钻井的基础。

在 NanTroSEIZE 计划中，测井是最基本的技术方法。尤其在海洋深部地质环境中，测井在高温等井筒条件下，提供了高精度的地质和地球物理信息，为钻井安全、地质评价、高效工作提供了便利。一般测井方式有 MWD 和 LWD（logging and measurement while drilling）两种。

一般在 ODP 中，需要在海底井下测井的项目包括井径测井、井温测井、自然伽马、声波和密度测井、电阻率和电阻率成像测井、声波（P 波）测井、磁异常和磁化率测井、VSP 测井等。通过以上测井系列，获取较高精度的地层岩性、井下温度和压力条件、裂缝和构造特征、岩石孔隙和密度、地震反射界面标定、井筒成像等各项数据。

### 7.5.2.3 NanTroSEIZE 中测井资料的解释和应用

**（1）地应力分布状态**

在俯冲带地震发生带、增生楔、上盘逆冲断层等不同构造位置内，应力条件各不相同。通过自然伽马、声波时差、密度、视电阻率测井等信息推断地震发生带的岩石层特征，通过井筒电阻率成像测井获取裂缝、地层产状、节理产状等资料，结合井筒井壁崩落，评价井筒的地应力状态（图 7-27）。

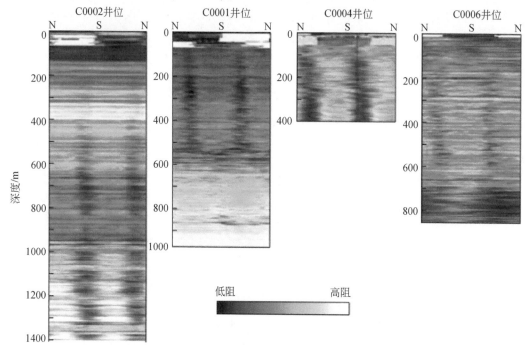

图 7-27  根据井壁崩落和电阻率成像资料识别井口地应力状态

根据井壁崩落方向推测最大水平压应力方向（图7-28），$\sigma_{Hmax}$，（红线）。第一阶段在
C0001、C0002、C0004 和 C0006 井位采集了 LWD 电阻率成像资料。第二阶段在 C009 井和
C0010 井位采集了电缆 FMI 成像资料。在 C002 井位，红线和蓝线分别代表弧前盆地内和
下伏增生棱柱沉积层内的最大水平压应力方向，$\sigma_{Hmax}$。增生楔内和断层附近的浅井位上，
$\sigma_{Hmax}$ 呈北西–南东走向，大致与板块汇聚向量方向平行。在弧前盆地外缘的 C002 井位上，
$\sigma_{Hmax}$ 呈北东–南西走向，与边缘法线方向一致。白色箭头表明菲律宾海板块和欧亚板块上
日本板块之间的板块汇聚速度建议范围。

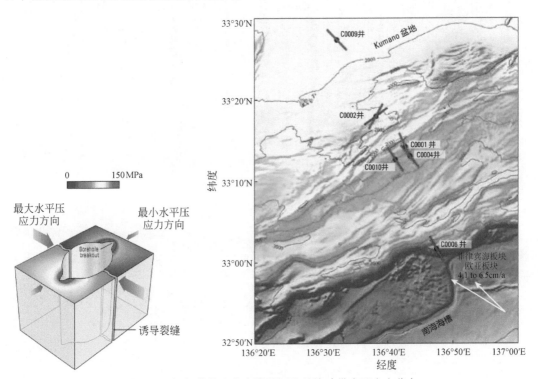

图 7-28　根据单井地应力测试评价的俯冲带内地应力分布

### （2）增生楔岩性界面与地震反射界面识别与对比

在 NanTroSEIZ 实施过程中，测井工程师部署了 VSI 多功能地震成像仪，提升电缆地震
作业能力。勘探内容包括垂直地震剖面（VSP），地面变井源激发（Walkaway VSP），采用井
中接收的井筒勘探技术，直线 VSP（测线长 55km）和径向 VSP（半径 3.5km）。采用斯伦贝
谢公司井下地震工具，结合采集软件，以及震源控制和导航系统，完成了资料采集。
JAMSTEC 科研人员在 Kairei 科考船上部署了高达 128 000cm³ 的特大震源气枪阵列。采集的地
震资料将有助于分析弧前盆地的地震波速度，识别深度在 10~12km 的 VSP 井眼以下区域内
板块边界的地震属性。

研究人员用零偏 VSP 资料验证或调整了三维地震反射体的深度。同时，解释人员用岩
屑和岩芯信息，以及 LWD、MWD 和电缆测井资料，确定岩性单位，并与 2006 年采集的
Kumano 盆地三维地震反射资料建立了关联关系。一般来说，测井曲线分辨率在 0.125cm，

而岩屑的分辨率在10m（33ft）左右。利用岩屑、岩芯，结合测井曲线，可以获得可靠度极高的地层信息及地质界面（图7-29）。

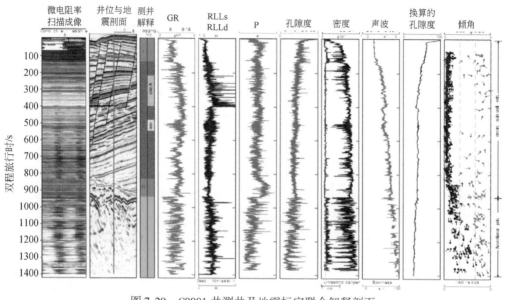

图7-29　C0001井测井及地震标定联合解释剖面

**（3）其他测井信息**

在 NanTroSEIZE 中，测井工程师用 MDT 仪器测量了孔隙压力、渗透率和地层应力。他们开展了探针测试，测量了地层孔隙压力和流体流动性；也进行了双封隔器测试，包括通过压降试验测量地层水力特征，通过几次水力压力试验确定最小主应力分布特征（IODP Expedition 324 Scientific Party，2010）。NanTroSEIZE 科研人员希望今后进行的试验能深入到增生棱柱和大断层区附近，以便更好地了解地下应力状态和俯冲带断层力学特征。

## 7.5.3　成像测井资料在古潜山构造研究中的应用

X井位于渤海湾盆地—古潜山构造，从过井地震剖面解释资料来看，该潜山内部地震相位反射杂乱，地层层序不清楚，断层和断点位置及断层性质难以确定。对该井常规测井结束后，用自然伽马曲线对比发现，地层有三段重复现象，但没有明显的地层倒转现象，预示着该构造内部构造复杂（图7-30）。

通过成像测井，对井旁构造、裂缝、地层产状等信息进行提取和解释，对地层对称重复的井段进行地层倾角组合模式分析，认为该构造整体为一倒"S"形，由倒转背斜和向斜组成，又被同期形成的断层复杂化（图7-31）。

该构造"S"形的上半部分（倒转背斜），凤山组、崮山组和张夏组近似对称重复，对称轴部在张夏组内部的2280m附近，在2170～2363m可见挤压造成的高电阻率且诱导裂缝十分发育。轴部地层较陡，在轴部附近发育扭滑逆断层，使张夏组地层部分重复。同时可见上翼由于断层而缺失长山组地层，下翼由于断层而缺失冶里组—亮甲山组地层。

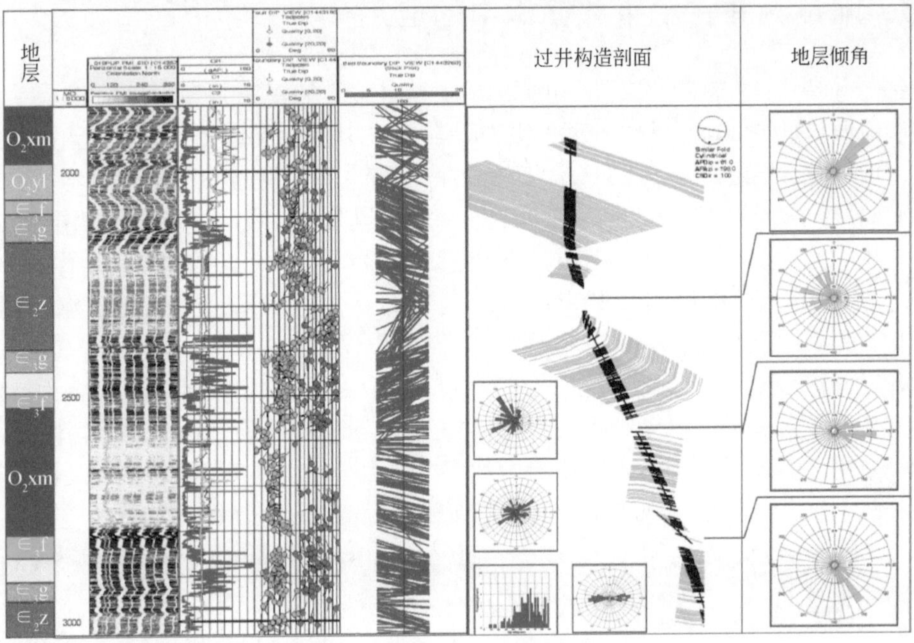

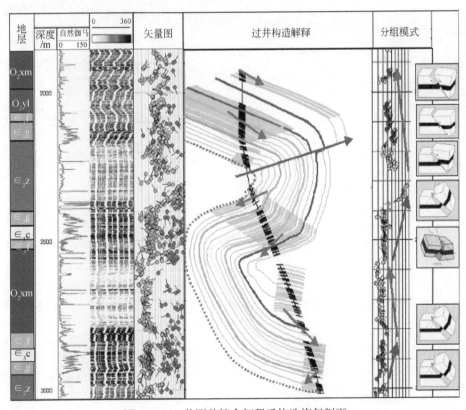

图 7-30　X 井地层及地层产状综合剖面

图 7-31　X 井测井综合解释后构造恢复剖面

### 7.5.4 随钻测井在水平井钻探中的应用

随钻测井是钻具携带测井仪器，共同组成工具串，且在钻井过程中时时提供钻头空间位置、地层地质信息等资料。随钻测井可以完成实时的井眼轨迹精确控制，确保水平井眼一直处于地质设计的目标层位，一般在海洋石油勘探和生产中应用较多，如以高钻遇率穿过油气层、致密储层、薄互层等。由于海洋中油气勘探受高风险、高成本、高难度等制约，钻探多以多分支井、大斜度井、水平井等为主，现今随钻测井在海洋油气勘探中越来越普遍，在降低成本、提高钻遇率、提高产量、评价试油和试气层段、水平井分段压裂和射孔位置优选等方面，扮演者非常重要的角色。

X井在井深4551.25m识别出厚度约0.55m的薄层含油层，上部岩性组合为低渗透性粉砂岩和致密泥岩盖层，厚度约为1m，底部岩性为粉砂质泥岩。钻井地质目的是需要水平井以高钻遇率穿越该0.55m厚的薄层含油层。但由于地层倾角变化，局部地区发育小型向斜褶皱构造，导致原设计轨迹与真实钻遇地层深度相差较大（图7-32）。

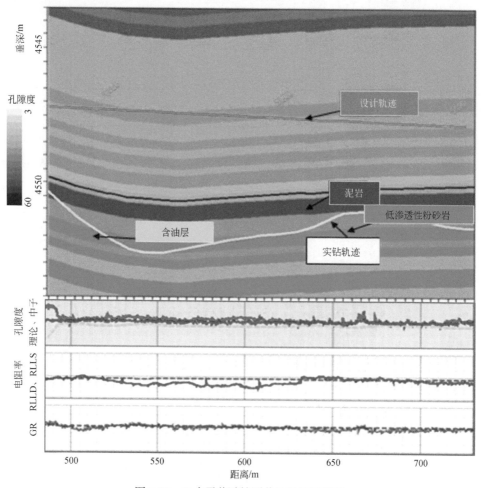

图 7-32 X 水平井随钻测井地质解释模型

通过随钻测井携带的自然伽马和电阻率测井曲线分析发现，钻头在4700m位置钻遇含油层，伽马测井中GR值降低，同时电阻率呈现下降趋势。钻遇该薄层含油层后，轨迹进行了实时调整，增大增斜率，轨迹开始向上倾方向钻进，至大约4800m电阻率增高，岩性发生变化，轨迹钻穿含油层并向上部地层穿越，在4850m左右钻遇地层伽马值显著增高，泥质含量增高，判断钻遇上部泥岩层，轨迹开始降斜措施，增大降斜率，并于4900m左右重新进入含油层。

根据随钻测井成果，不仅可以快速实时获取岩性和地层信息，也可以通过综合评价识别储层，获得最优化的测试位置。从随钻测井携带的方位测井曲线，可以看出水平井轨迹呈现"S"形，并非原始设计的"水平"井。如通过按照原始设计的水平井轨迹，则该井位于含油层上部3.5~8m的位置，不会钻遇含油层，通过随钻测量信息实时调整轨迹，水平井钻遇油层，并最大程度穿越含油层。

随钻测井系列信息，对岩性、含油气性、储层物性、岩石脆性矿物（判断可压裂性）等地质项目进行综合评价分析（图7-33）。分析结果表明该水平井在油层中共穿越4次，长度约占水平段的40%，是主要的产能贡献层段，其余55%的水平井段钻遇低渗透泥质粉砂岩层，局部5%井段穿出储层，可能没有产能。

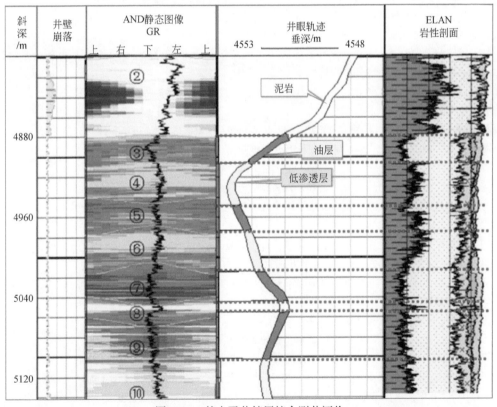

图7-33 某水平井储层综合测井评价

# 7.6 习　　题

1）请简要叙述声波测井、电磁测井、放射性测井、成像测井的基本原理以及各种测井方法的应用适应性。

2）如果海底发育底侵盐丘，请设计适当的测井方法探测盐丘的范围、形态、产状等基本地质信息。

3）如何利用随钻测井进行水平井地质导向？

4）科学钻探（IODP）中常用的随钻测井技术有哪些？如何利用这些资料开展天然气水合物饱和度研究？

## 参 考 文 献

蔡希源，运华云，李宝同，等．2009．现代测井技术应用及典型实例．北京：中国石化出版社．

曹嘉猷，刘士安，高敏，等．2002．测井资料综合解释．北京：石油工业出版社．

车卓吾．1995．测井资料分析手册．北京：石油工业出版社．

戴家才，王向公，郭海敏．2006．测井方法原理与资料解释．北京：石油工业出版社．

洪有密．2004．测井原理与综合解释．东营：石油大学出版社．

黄隆基．2000．核测井原理．东营：石油大学出版社．

李斌凯，马海州，谭红兵．2007．测井技术的应用及其在科学钻探研究中的意义．地球物理学进展，22（5）：1493-1501．

李永祥，鄢全树，赵西西，等．2013．剥蚀型汇聚板块边缘大地震成因机理研究：来自国际综合大洋钻探344航次的报告．地球科学进展，28（6）：728-736．

刘光鼎，李庆谋．1997．大洋钻探（ODP）与测井地质研究．地球物理学进展，12（3）：1-8．

刘乃震，王忠，刘策．2015．随钻电磁波传播方位电阻率仪地质导向关键技术．地球物理学报，58（5）：1767-1775．

潘宝芝．2015．钻井地球物理勘探．长春：吉林大学出版社．

宋殿光．2014．随钻电磁波测井仪的数值模拟及地质导向应用研究．北京：中国地质大学（北京）博士学位论文．

唐晓明，郑传汉．2004．定量测井声学．北京：石油工业出版社．

尉中良．2005．地球物理测井．北京：地质出版社．

吴婷婷，李三忠，庞洁红，等．2010．IODP324航次FMS成像测井资料处理及其在Shatsky海隆构造研究中的应用．地球科学进展，25（7）：753-765．

曾文冲．1997．斯仑贝谢公司新一代测井技术（论文集）．山东：胜利油田论文集．

张守谦．1997．成像测井技术及应用．北京：石油工业出版社．

张辛勤，王敬农，郭彦军．2006．随钻测井进展与发展趋势．测井技术，3（1）：10-15

中国石油天然气集团公司测井重点实验室．2004．测井新技术培训教材．北京：石油工业出版社．

Blackman D K, Ildefonse B, John B E, et al. 2004a. Oceanic core complex formation, Atlantis Massif—oceanic core complex formation, Atlantis Massif, Mid-Atlantic Ridge: Drilling into the footwall and hanging wall of a tectonic exposure of deep, young oceanic lithosphere to study deformation, alteration, and melt generation. IODP Sci. Prosp. , 304/305. doi: 10.2204/iodp. sp. 304305. 2004.

Blackman D K, Karson J A, Kelley D S, et al. 2004b. Geology of the Atlantis Massif（MAR 30°N）: implications for the evolution of an ultramafic oceanic core complex. Marine Geophysical Research, 23（5）: 443-469.

Expedition 304/305 Scientists. 2006a. Methods//Blackman D K, Ildefonse B, John B E, et al and the Expedition 304/305 Scientists. Proc. IODP, 304/305: College Station TX（Integrated Ocean Drilling Program Management International, Inc.）. doi: 10. 2204/iodp. proc. 304305. 102. 2006.

Expedition 304/305 Scientists. 2006b. Expedition 304/305 summary//Blackman D K, Ildefonse B, John B E, Ohara Y, et al and the Expedition 304/305 Scientists, Proc. IODP, 304/305: College Station TX（Integrated Ocean Drilling Program Management International, Inc.）. doi: 10. 2204/iodp. proc. 304305. 101. 2006.

Expedition 314 Scientists. 2009. Expedition 314 Site C0001//Kinoshita M, Tobin H, Ashi J, et al and the Expedition 314/315/316 Scientists, Proc. IODP, 314/315/316. Washington, DC（Integrated Ocean Drilling Program Management International, Inc.）, doi: 10. 2204/iodp. proc. 314315316. 123. 2009.

Expedition 324 Scientists. 2009. Testing plume and plate models of ocean plateau formation at Shatsky Rise, northwest Pacific Ocean. IODP Prel. Rept. , 324. doi: 10. 2204/iodp. pr. 324. 2009.

Goldberg D S, Myers G, Iturrino G, et al. 2004. Logging- while- coring—First tests of a new technology for scientific drilling. Petrophysics, 5（4）: 328-334.

IODP Expedition 324 Scientific Party. 2010. Preliminary Reports of the Integrated Ocean Drilling Project//Sager W, Sano T, Geldmacher J. U. S. Washington DC: Government Printing Office.

ISciMP Downhole Measurements Working Group, Bucker C, Gulick S, Lovell M, et al. 2002, IODP Standard for Downhole Measurements（Final Draft）. http: //iodp. org/doc_ download/107- downholewg. ［2015-12-01］.

Li Q, Bornemann T, Rasmus J, et al. 2001. Real-time LWD imaging: Techniques and application. SPWLA 42th Annual Logging Symposium, Paper WW 2001.

Nakanishi M, Sager W W, Klaus A. 1999. Magnetic lineations within Shatsky Rise, northwest Pacific Ocean: Implications for hot spottriple junction interation and oceanic plateau formation. Geophysical Research, 104（104）: 7539-7556.

Sager W W, Kim J, Klaus A, et al. 1999. Bathymetry of Shatsky Rise, northwest Pacific Ocean: Implications for ocean plate development at a triple junction. Geophysical Research, 104（4）: 7556-7576.

Tobin H J, Kinoshita M. 2006a. Investigations of seismogenesis at the Nankai Trough, Japan. IODP Sci. Prosp. , NanTroSEIZE Stage 1. doi: 10. 2204/iodp. sp. nantroseize1. 2006.

Tobin H J, Kinoshita M. 2006b. NanTroSEIZE: the IODP Nankai Trough Seismogenic Zone Experiment. Scientific Drilling, 2: 23-27.

Tobin H J, Kinoshita M, Juichiro Ashi, et al. 2009. NanTroSEIZE Stage 1 Expeditions 314, 315, and 316: First Drilling Program of the Nankai Trough Seismogenic Zone Experiment. Science Reports. Washington, DC（Integrated Ocean Drilling Program Management International, Inc.）, doi: 10. 2204/iodp. sd. 8. 01. 2009.

# 第 8 章　　海底资源地球物理探测

## 8.1　海底资源概况

占地球表面近 2/3 的海水覆盖下的海底蕴含着丰富的能源和矿产资源，海底资的开发源具有十分诱人的前景。越来越多的国家正在加快对海底资源的探测，国际海底资源探测的竞争也越来越激烈。由于海洋地球物理强大的探测能力，使其成为海底资源探测最有效的手段。目前，人类正在利用或即将利用的海底资源主要有：海洋油气、天然气水合物、海底多金属结核、海底热液硫化物和深海稀土等。

### 8.1.1　海洋油气

油气（hydrocarbon）是生物死亡以后，随沉积物堆积下来，埋藏有机质在地热的作用下，经过一定时间，形成干酪根，干酪根裂解成液态烃生成石油。天然气的来源相对更加广泛，既有干酪根进一步裂解转化成气态烃，形成裂解气，也可以由新形成的沉积物有机质在生物化学作用下生成生物成因气。无论油气怎么生成，但要形成可开采的油气藏，油气必须运移至有效储层，并保存下来。这就要求烃源岩、储层以及盖层在时空关系上有效组合，形成完好的石油系统（petroleum system）。海洋环境下，在大陆架、陆坡和陆隆等区域沉积了较厚的沉积层。由构造和海平面控制的沉积层序，既可以形成富含有机质的烃源岩，又可以形成孔隙或裂隙发育的储层。这就为油气的成藏提供了有效的石油地质条件，因此，海洋陆架、陆坡和沉积物堆积的陆隆区域都是油气勘探的重点靶区。

海洋油气资源潜力巨大，勘探前景良好。据统计，海洋石油资源占全球石油资源总量的 34%，累计获得探明储量 400 亿 t，探明率在 30% 左右，尚处于勘探早期阶段（潘继平等，2006）。根据美国地质调查局（USGS）的评估，世界（不含美国）海洋待发现石油资源量（含凝析油）548 亿 t，待发现天然气资源量 78.5 万亿 $m^3$，分别占世界待发现油气资源量的 47% 和 46%。另据 IHS 统计，2008 ~ 2012 年，全球（不包括北美）共发现油气可采储量 200 亿 t 油当量，其中海上油气发现量为 145 亿 t，是同期陆上发现量的 2.6 倍。2000 年以来全球两个最大的油气发现均来自海洋：一个是位于里海的卡沙甘（Kashagan）油田（哈萨克斯坦），可采储量高达 70 亿 ~ 90 亿桶；另一个是巴西深海 Tupi 油田，预计可采储量高达 50 亿 ~ 80 亿桶。

在过去的几十年里，深水（500 ~ 2000m）、超深水（> 2000m）的油气勘探和开发得到巨大的发展，现已成为石油工业上年度预算的主要部分。全球深水油气勘探和开发的大部分活动主要集中在墨西哥湾北部、巴西和西非 3 个地区。但从全球来看，深水油气勘探还是个未成熟勘探新区，尚有许多深水沉积盆地仅进行过少量勘探。虽然深水油气储量增长很快，但是，目前深水油气探明储量只占不到世界总油气储量的 5%。这些深水资源基本上以油为主，主要分布在非欧佩克国家。因此，深水油气是世界未来油气的重要组成部分。深水天然气勘探尤其不成熟，反映了当今基础设施、技术手段和经济的局限性，但将来注定要成为主要勘探焦点。

深水油气是世界上油气勘探快速发展的领域，但我国对海洋油气资源的勘探，起步较晚（吴时国和袁圣强，2005）。近十几年来，油气勘探工作逐步向海洋进军，并取得了一系列的重大发现。2014 年我国自主设计研制的"海洋石油 981"在南海北部深水区陵水 17-2-1 井测试获得高产油气流（李志传，2015），将海洋油气勘探推向新的高点。根据国土资源部最近油气资源评价结果，中国边缘海盆地中 73% 的石油有待探明，主要集中在渤海海域、珠江口盆地珠 I 拗陷、珠江口盆地珠 III 凹陷和北部湾盆地涠西南凹陷 4 个地区，57% 的天然气有待探明，其主要集中在莺歌海盆地、琼东南盆地崖南凹陷、珠江口盆地白云凹陷、东海盆地西湖凹陷 4 个地方（朱伟林等，2012）。总体看来，南海海域的油气勘探程度相对较低，潜力巨大，有望发现更多的大型油气田，由于南海含有丰富的油气资源，因此也被称为"第二个波斯湾"。

深水油气的地球物理探测主要是指应用地球物理方法和技术对深水含油气系统其进行识别、评价，查明油气藏储层的分布规律，寻找与油气储层有关的砂体、裂缝、裂隙与断层，并对含油气性进行初步检测。其中储层勘探是当今地质与地球物理研究热点，主要分为对油气储层的岩性、物性探测以及对油气流体本身的探测。前者主要依据沉积层的地质特征，对其进行地球物理识别和综合分析，后者则主要以地球物理信号对烃类赋存状态的响应为基础，对含油气性进行评价。比如近几年火热开展的可控源电磁法在油气勘探中的应用，就是利用含油气储层与含水储层之间的电阻率差异，来直接识别和追踪分析海底油气资源的分布范围（沈金松和陈小宏，2009）。

## 8.1.2　天然气水合物

天然气水合物（gas hydrate），简称水合物，又称"可燃冰"，是由水和天然气在高压低温环境条件下形成的冰态、结晶状笼形化合物（Paull and Dillon，2001）。高压和低温是水合物形成的必要条件，而且两者可以相互补偿。因此，水合物通常分布在一定水深（通常 >300m）的海底或高纬度地区的永久冻土带。一般而言，天然气水合物主要分布在海底 10~300m 范围内的浅层沉积物中，从赤道到极地海域都有富集（图 8-1）。从目前钻遇水合物的海区来看，主要集中在 3 个构造位置：①被动大陆边缘，如墨西哥湾盆地；②活动大陆边缘弧前盆地和增生楔构造，如日本南海海槽；③边缘海盆地，如南中国海北部陆坡白云凹陷。从目前研究的岩芯样品分析，水合物主要以 4 种形式赋存：①以球粒状散布于细粒沉积物或沉积岩中；②以脉状形式填充在沉积岩裂缝中；③以固体形式占据粗粒沉积物或沉积岩的粒间空隙；④直接以块状水合物形式出现在海底，并伴随着少量的沉积物（Lee and Collett，2009；Boswell and Collettm，2011）。

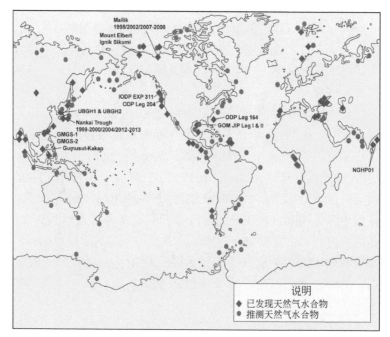

图 8-1　天然气水合物分布 (Collett, 2009)

近年来，我国在水合物勘探中，获得了重要发现。2013 年下半年，国土资源部中国地质调查局、广州海洋地质调查局在南海东北部陆坡水深 664～1420m 范围内钻探 13 个站位，取芯获得了大量的、多种类型的水合物样品（图 8-2），其中甲烷气体含量超过 99%（张光学等，2014）。这次南海获取的水合物实物样品证明南海北部水合物含量丰富，具有很高的勘探潜力。

图 8-2　南海北部水合物样品自然产状（据张光学等，2014）

注：（a）、（b）为块状；（c）～（e）为层状；（f）为瘤状；（g）为脉状；（h）为分散状

天然气水合物是重要的能源矿产，也被称为有望替代煤、石油之后的"第三代能源"。因此，对天然气水合物的探测一直是研究热点。目前地球上已探明的天然气水合物所含的有机碳相当于全球已知煤、石油和天然气储量的两倍（Paull and Dillon，2001）。海洋天然气水合物资源量十分巨大，通常是陆地冻土带的 100 倍以上（Paull and Dillon，2001）。而且天然气水合物被认为是一种巨大的高效清洁能源。天然气水合物像常规天然气一样，完全燃烧后只剩下二氧化碳和水，几乎不留下任何污染，是一种绿色能源。但水合物分解产生的甲烷气是一种温室效应气体（MacDonald，1990），而且水合物开发技术复杂，易于引发地质灾害。水合物引发自然灾害主要表现为水合物分解导致海底滑坡、深海浊流以及海啸等自然灾害，这会对海底工程建设以及海底电缆造成毁灭性破坏（吴时国等，2011，2015a；Bounriak et al.，2000）。反过来，海底滑塌也会导致水合物快速分解，从而向大气释放大量的温室气体（Nisbet and Piper，1998）。

目前识别天然气水合物的研究方法有多种，主要是地球物理、地球化学以及岩石学方法，其中地球物理学方法是识别水合物的首选方法，尤其是地震方法应用最为广泛。21世纪，天然气水合物的海洋地球物理探测具有广阔的发展前景，以下几个方面是未来发展的重点：①深水区三维地震与海底多分量地震会进一步发展，从而揭示天然气水合物的三维分布；②成像测井技术与随钻测井技术会获得深入应用；③近几年兴起的可控源电磁探测技术对水合物的高分辨率识别，以后会获得更广泛的应用；④多种地球物理资料的综合应用以及与地质、地球化学资料的综合研究。

## 8.1.3　多金属结核

大洋多金属结核（polymetallic nodule），又称锰结核，是一种富含铁（Fe）、锰（Mn）、镍（Ni）、钴（Co）等有用金属元素的洋底自生沉积矿物集合体，通常分布在 3500 ~ 6000m 水深的海底表层，底部一般埋在沉积物中（图 8-3）。结核呈椭球形或不规则状，直径一般在 5 ~ 10cm，大小如土豆，表面多光滑，偶有粗糙。大洋多金属结核储量巨大，据科学家估算，地球海底的多金属结核储量约为 3 万亿 t（丁忠军和王昌诚，2015）。深海多金属结核被称为"21 世纪矿产"。多金属结核的经济价值与其在大洋底部的丰度相关，一般要求丰度超过 $10kg/m^2$ 才有开采价值。随着陆地矿产资源的日益枯竭，多金属结核作为一种潜在的战略资源，逐渐吸引了全世界人们的目光（朱峰和于宗泽，2015）。

多金属结核是在构造相对稳定、海水深度在碳酸盐补偿深度线（CCD）以下、底层水强烈活动以及低沉积速率的环境下形成的。结核的生长是极为缓慢的地质过程，数百万年才增长 1cm 左右。结核的长期保存，一般满足两个必要条件：一是不被沉积物埋藏，二是始终处于成矿反应场中。如果多金属结核被埋藏在沉积物中，就会发生元素的扩散，使结核溶解，这就导致了在古老的深海相地层中没有埋藏的多金属结核（杜灵通和吕新彪，2003）。

在地理分布上，所有海洋，甚至大湖中，都发现有结核。据统计，世界大洋中约有 15% 的海底被金属结核所覆盖，其中太平洋分布最广，约有 2300 万 $km^2$，印度洋约有 1500 万 $km^2$，大西洋分布最少，约有 850 万 $km^2$（杜灵通和吕新彪，2003）。不过，具有

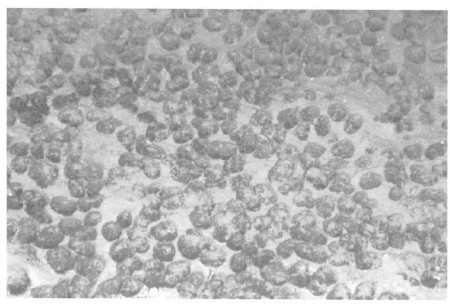

图 8-3 "蛟龙号"拍摄到的海底多金属结核

经济价值的结核区分布有限。工业勘探者选定了 3 个地区：东北太平洋克拉里昂-克利珀顿断裂区、东南太平洋秘鲁海盆和北印度洋中心。

## 8.1.4 海底热液硫化物矿床

海底热液硫化物矿床（seafloor hydrothermal sulfide）是一种海洋矿产，一般位于 2000～3000m 水深的大洋中脊区或弧后盆地中央裂谷带，主要由 Cu、Fe、Zn 和 Pb 的硫化物组成，有时伴有 Au、Ag、Co 等多种有益稀有元素（李琰和王志超，2010）。海底热液系统是洋壳、地幔以及海水进行物质能量交换的中枢，热液活动导致的水岩作用，可形成两大类沉积体：以金属硫化物、硫酸盐或者碳酸盐为主的近喷口热液沉积体和远离喷口的富含金属（Fe、Mn 等）的沉积物。前者主要表现为各种各样的烟囱体和热液丘，后者则表现为低温弥散流、热液羽状流或熄灭的硫化物烟囱体的风化垮塌体。其中，富含硫化物的高温热液活动区，也称为"黑烟囱"，因热液喷出时形似"黑烟"而得名。迄今，全球大洋底部已发现的热液异常点有 565 处，其中赋存金属硫化物的热液场有 349 处，其中正在活动的热液场有 237 处（李军等，2014）。

热液烟囱体的形成分为两个阶段：第一阶段，偏酸性富含金属、硫化物以及 Ca 的热液流体以每秒数米的速度与周围偏碱性的贫金属、硫酸盐以及富 Ca 的较冷（2℃）海水混合时，硬石膏（$CaSO_4$）和细粒的 Fe、Zn 以及 Cu-Fe 金属硫化物就会沉淀（Tivey，1998；李军等，2014）。围绕喷口附近产生的环状硬石膏沉淀将会阻滞热液与海水的直接混合，并且为其他矿物的沉淀提供基底；进入第二阶段后，在环状硬石膏形成通道内，黄铜矿（$CuFeS_2$）开始沉淀，热液流体与海水通过新形成的且疏松多孔的烟囱体壁进行扩散或对流。这些过程导致了硫化物和硫酸盐达到饱和，并在烟囱体壁的孔隙中沉淀下来，使烟囱体壁渗透性降低。在烟囱体通道继续保持畅通的条件下，大部分流体会通过其顶部进入海水，形成规模较大的热液羽流并导致大量矿物沉淀（图8-4）。

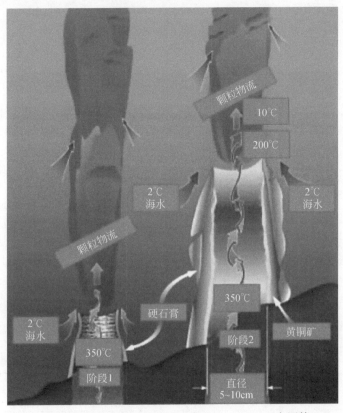

图8-4　典型的热液烟囱体生长模式（据 Tivey, 1998；李军等, 2014）

热液矿床是一种很有开发前景的大洋矿产资源。首先，热液矿床分布范围广，热液储量大，矿物质含量高，含有多种金属矿产；其次，相对于超水深下的锰结核，热液矿床开采技术难度小，由于矿床分布相对集中，因此开采效率也相对较高；此外，热液矿床的自然生长速度比锰结核快100万倍，再生速率快。因此，海底热液矿床被科学家称为"未来的战略性金属"。

海洋热液矿床的地球物理探测主要是利用多波束测深技术对海底热液喷口的微地貌进行精细解释和分析。了解热液喷口精细的地貌特征是进行后续热液调查、岩石取样、生物定点观测和采样研究的前提。近年来，中国科学院海洋研究所"科学号"考察船在冲绳海槽、西太平洋进行了多次综合调查，并利用多波束测深系统绘制精细海底地貌，并成功寻找到多个热液喷口。而且利用 ROV "发现号"在海底热液区获得一系列的影像观测资料和原位样品数据。

海洋资源地球物理探测发展迅速，本书的工作仅是沧海一粟，本书以研究工作为主，兼顾海洋资源勘探新进展，论述地球物理探测的重要一面。

# 8.2 深水油气地球物理探测

## 8.2.1 深水油气储层地球物理识别技术

### 8.2.1.1 地震相分析

地震相（seismic phase）一词来源于沉积相，是由沉积环境（陆相或海相）所形成的地震波反射特征（Sheriff，1982），是指地震反射参数所限定的三维空间的地震反射特征，是特定的沉积相或地质体在地震上的响应（唐武等，2012）。地震相中的地震参数（如反射结构、振幅、连续性、频率和层速度）与相邻单元不同，它代表产生其反射的沉积物的岩性组合、层理和沉积特征。因此，地震相也可以理解为地下地质体的一个综合反映。

地震相分析就是利用地震参数特征的差别划分不同的地震相，常用的地震判别参数有地震反射结构、振幅、频率、边界关系、层速度、同相轴的连续性以及规则程度等。地震相分析技术通常运用人工神经网络分析技术、视频分析方法、分层技术等，对地震属性和反映的地质特征进行分析解释，最终得到与地震相对应的沉积相。随着计算机等相关技术的进步，可以实现更加复杂的地震相分析。地震相分析包括对地震资料的识别和沉积环境的理解，二者互为因果，缺一不可。表8-1给出了基本地震相与沉积相的对应关系。

表8-1 地震相与沉积向对应关系

| 地震相 | 沉积相 |
| --- | --- |
| 楔状反射地震相 | 近岸水下扇、扇三角洲 |
| 杂乱反射地震相 | 近岸水下扇、块体搬运沉积体 |
| 前积反射地震相 | 三角洲 |
| 丘状反射地震相 | 湖底扇、生物礁、生物丘、火山泥岩体 |
| 中低频、中强振幅席状反射地震相 | 深湖-半深湖相、深海漂积体 |
| 中频、中差振幅亚平行反射地震相 | 滨浅湖 |
| 空白反射或弱反射地震相 | 河流相或三角洲平原亚相 |

### 8.2.1.2 三维数据体切片技术

三维地震数据体具有较好的可视化效果，数据体切片就是将地震反射特征在平面上呈现出来的一种解释技术，它可以反映出地质体在平面上展布特征，属于一种平面可视化技术（surface visualization）。地震切片可以直接显示沉积体系的古地形和古地貌，在油气勘探中具有巨大的应用价值。根据地震数据体的类型，切片可以分为振幅体切片、相干体切片等。振幅体切片是指沿着某一特定的界面（地震走时或地质界面）拾取振幅值，拾取值通过显示参数（包括颜色、光线、透明度等）在平面上呈现的一种成像技术。相干体则是通过计算局部地震波形的相似性而得到的地震数据体。一般认为地震波形的相似性与地质体的局部特征的相似性一一对应，若相干值低，则代表地质体局部变化大；若相干值高，则代表地质体局部变化小。总体而言，相干体切片对地质体突变边缘分辨能力强，尤其是对断层、水道以及火山侵入体边缘的识别；振幅数据体切片计算较为简单，能较好地识别平面上特殊的地质体，比如水道沉积体、侵蚀区等。图 8-5 给出了相干体切片和振幅体切片识别出的水道沉积体系。

图 8-5　地震数据体切片（马本俊等，2016）

注：（a）沿海底以下 4ms 界面的地震振幅体切片；（b）沿 SB 5.5 界面的地震振幅体切片；（c）沿海底以下 4ms
　　界面的地震相干体切片；（d）沿 SB 5.5 界面的地震相干切片

曾洪流等学者在 1998 年第一次提出"地震沉积学"的概念（Zeng et al., 1998）。2000 年左右，国内一些学者开始关注并应用地震沉积学解决油气勘探问题，并在陆相盆地油气勘探中取得一定成果。2004 年，曾洪流及其同事指出地震沉积学是用地震资料研究沉积岩和沉积作用的一门学科，在当前条件下体现为地震岩性学和地震地貌学的综合（Zeng and Hentz, 2004；曾洪流，2011）。近年来，地震沉积学有着严格的定义：通过对地震岩性学（岩性、厚度、物性和流体等性质）、地震地貌学（古沉积地貌、古侵蚀地貌、地貌单元相互关系和演变及其他岩类形态）的综合分析，研究岩性、沉积成因、沉积体系和盆地充填历史的学科（曾洪流，2011）。

地震沉积学的两项关键技术：90°相位转变和地层切片。0°相位地震资料与单一的反射界面具有很好的对应关系，90°相位地震资料则与岩层对应关系良好，进行90°相位转换可以更为直接地利用地震剖面进行岩性分析（Zeng and Backus，2005a，b）。该技术多数人认为其经济实用是一项关键技术，但也有研究者认为90°相位转换不能作为地震沉积学关键技术，可作为其相关技术（魏嘉等，2008），其理由是90°相位转换的目的就是将代表地质界面的属性体转为与岩性对应的属性体，而在波阻抗等属性其本身代表界面信息，对其转换后其意义不明确，没有科学的含义。实际上振幅数据体是三维地震资料的主体，90°相位转换应用并不受限，加之其独特的优势本应作为地震沉积学的关键技术。地层切片技术不同以往的地震属性体的切片，其关键是利用三维地震资料准确地建立地质年代模型。首先区分时间切片、沿层切片和地层切片的含义，如图8-6所示。时间切片一般要求地层席状展布且平卧；岩层切片一般只要求地层席状展布，厚度均匀；地层切片则适用几乎所有地层条件（曾洪流，2011）。地层切片是地震沉积学研究的基本手段之一，其制作过程大体分为三步。

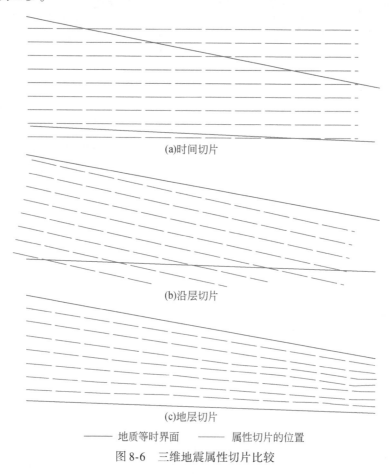

(a)时间切片

(b)沿层切片

(c)地层切片

—— 地质等时界面　　—— 属性切片的位置

图8-6　三维地震属性切片比较

1）典型层位追踪。选取与地质等时界面相当或平行的参考地震同相轴，进行区域性地质界面的拾取和追踪，构成年代地层的几何框架模型（Zeng et al.，2001；魏嘉等，2008），这一过程需要对地震界面代表地质时代严格约束，一般可以利用有限的钻孔资料进行约束。

2）建立地层年代模型。使用线性内插函数做内插，建立一个地层时代模型来近似表示真实的地层时代构造。该模型中原来的地震走时转变为地质年代。因此，在地层时代模型中所有的地质等时界面都是水平的，所有的时代切片对应的地质年代面总是上面的新于下面的（Zeng et al.，2001；魏嘉等，2008）。

3）进行地层切片。从正常的三维地震数据体中提取年代地层模型中每个等时切片对应的振幅值生成地震属性的地层切片体（Zeng et al.，2001）。

将 90°相位转换后的地震数据体建立地层切片体，对应地质时代的切片就很清晰地揭示出当时的沉积岩性分布，结合其他地质资料便可还原当时的沉积环境进而建立沉积相，若能建立地震沉积相，在缺乏钻井的工区，便可在有限的井资料约束下，根据地震资料划分沉积演化过程。如图 8-7 中所示，（a）~（e）是年代依次变老的地层切片，根据振幅强弱，结合 GR 测井曲线变识别出三角洲沉积相，并对亚相精确划分，可以看出地震沉积学方法的强大。

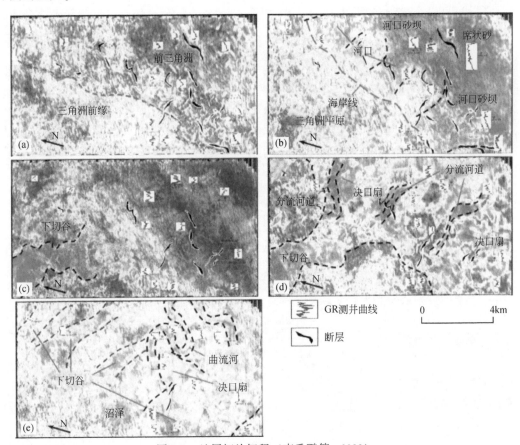

图 8-7　地层切片解释（李秀鹏等，2008）

### 8.2.1.3　地震属性分析技术

"地震属性"（seismic attributes）研究始于 20 世纪 60 年代，是从地震数据体中提取的地震参数，从中获得有关地层岩性或物性的地质信息（王开燕等，2013）。目前，地震属性技术已广泛应用于地震构造解释、地层分析、油藏特征描述以及油藏动态检测等各个领域（张延玲等，2006）。地震属性有很多种，从运动学和动力学角度可以分为振幅、波形、衰减、相关、频率、相位、能量、比率 8 种类型，其中振幅类和波形属性应用最为成熟和广泛。例如，前面提到的相干体，就是一种地震属性体，它提取的是局部地震波形的相似值属性。

储层参数主要包括储层的岩性、物性和流体性质。地震储层预测主要研究地震反射波的振幅、频率、相位、速度等信息，其中速度信息最为关键。储层岩性、物性及其流体性质，都会引起速度响应变化，而振幅、频率等则是速度变化的具体表现形式。利用地震属性进行储层预测就是通过上述参数的研究来达到预测储层性质及其变化规律的目的。

地震属性体结合切片技术，可以很好地研究地质体的形态展布和时空演化。层间属性计算是指沉积界面之间的地层反射属性值，计算方法就是选取两个反射界面之间的时窗或一个反射界面向上（向下）延拓作为计算时窗，并将计算值在一定的参考界面上呈现出来，该技术可以用于特殊沉积体的识别和刻画。如图 8-8 所示，利用地震波形属性分类技术和相干切片识别出水道、堤岸、越岸沉积、决口扇、滑塌体和碎屑流等沉积类型。

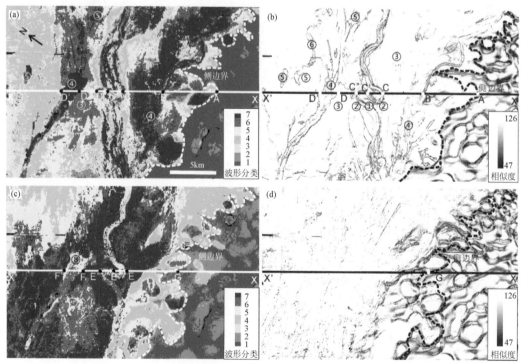

图 8-8　对重力流沉积体系的波形分类（左）和相干地层切片（右）（王大伟等，2015）

#### 8.2.1.4  三维可视化技术

三维可视化技术（3D visualization）始于 20 世纪 80 年代后期，是一门集计算机数据处理和图像显示的综合性前缘技术（姜素华等，2004）。主要包括三维数据体的可视化和层位解释成果可视化两部分，可以实现三维立体显示、立体旋转、光源处理、平面显示及交互调整等功能。基于数据体的可视化依赖于透明度的调整和显示，数据体可以是振幅数据体、相干体或者由振幅数据体计算的其他数据体；基于层位的可视化主要通过颜色及光照角度调节来实现可视化效果，前提是要完成层位的追踪。但是在目前三维地震资料实际解释工作中，单纯应用三维可视化软件虽然可以进行地震资料解释，但还不能达到非常理想的效果，还需要常规三维地震解释方法结合起来，效果才较为理想。目前，较为流行的三维可视化软件有 Paradiagn 公司的 VoxelGeo 软件、GeoQuestSMT 软件，以及 Schlumberger 公司的 Petrel 软件、Geoviz 软件等。图 8-9 是利用 Geoviz 软件实现的海底滑塌地貌的三维可视化。

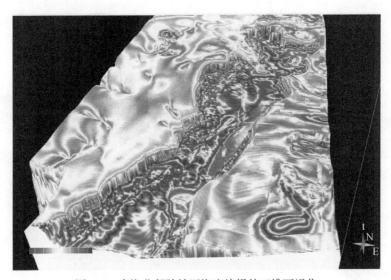

图 8-9  南海北部陆坡区海底垮塌的三维可视化

#### 8.2.1.5  地震多属性融合成像技术

常规地震属性彩色显示技术是通过某种变换将属性数值映射成彩色图像，一次显示一种属性（成荣红等，2013）。但对于多个地震属性，这种单个属性逐一彩色显示方法并不能很好地反映整体趋势与突出区域性异常。此外，地震属性与储层岩性、流体性质、储层参数之间关系复杂，使用单一属性分析储层往往会导致多解性。因此，多属性融合成像技术发展起来，并成功有效提高了储层预测精度（李婷婷等，2015）。地震属性融合方法主要包括基于数学方法提出的属性融合技术，如聚类分析和多元线性回归融合技术；有的基于颜色空间的多属性融合技术，如 RGB 融合；有的根植于神经学等学科，根据人脑模拟出的神经网络融合法等（李婷婷等，2015）。最为常用的融合方法就是 RGB 地震属性融合，该技术主要利用三基色原理，大多数颜色都可以通过红、绿、蓝三种颜色按照不同的比例产生，将其分配为三个 0 ~ 255 强度值，这样 RGB 图像就可以产生 24 位（256×256×256）色。然后通过定义一个映射函数对红、绿、蓝三色进行比例变换，最终形成融合图像中每一点对应某一颜色值。该映射函数就是对多个地震属性的加权平均。该技术在识别小型构造单元上具有一定优势，如小型断层或裂隙、水下河道等。

实际上，地震多属性融合成像技术是近几年刚刚兴起的地震成像手段，是将不同的地震属性通过一定的数学运算融合在一起，是融合多种属性对储层的影响，达到提高识别能力的目的。这种方法在储层预测中的优势在于，能够将多种属性识别手段集中在一起。图8-10 为单一属性成像与多属性融合成像效果对比，可以看出多属性融合成像对识别储层更为精确清晰。

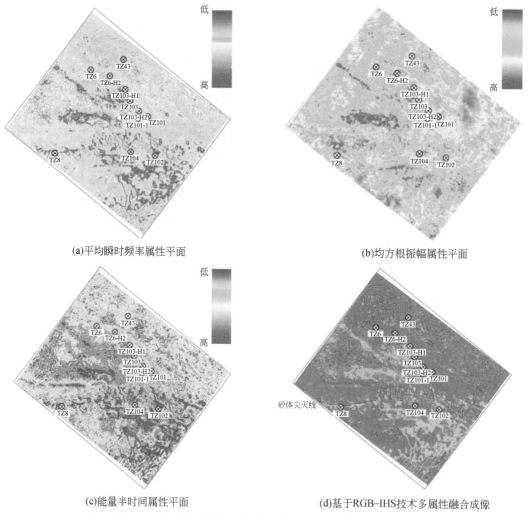

(a)平均瞬时频率属性平面　　　　　　　　(b)均方根振幅属性平面

(c)能量半时间属性平面　　　　　　　　(d)基于RGB-IHS技术多属性融合成像

图 8-10　单一地震属性成像与多属性融合成像效果对比（据成荣红等，2013）

### 8.2.1.6 海洋电磁探测 CSEM

利用天然场源进行探测的方法，叫做大地电磁测深法（magneto telluric，MT）；利用人工场源的，则称为可控源电磁法（controlled source electromagnetic，CSEM）。在油气直接检测中发挥关键作用的海洋可控源电磁探测始于 20 世纪 70 年代，通过测量海底以下电磁强度来确定海底的电导率，进而判断所探测的海底地层是否是含有高电阻率的油气层。海洋可控源电磁探测技术，分为时间域电磁法和频率域电磁法，尤其是频率域电磁法精度优于地震勘探技术，这是因为可控源电磁探测不仅能够识别海底高电阻率的油气层，还能够圈定含油气层的边界，而地震探测却只能够识别油气圈闭。此外，该方法还可以在地震方法效果不明显的场合（如碳酸盐岩地区）发挥着独特的优势，可控源电磁探测已成为石油勘探中钻前必选的评价手段之一（陈凯等，2015）。因此，有人认为可控源电磁探测技术是自三维反射地震出现以来最为重要的地球物理勘探技术（Constable and Srnka，2007）。

所谓可控源电磁探测就是通过可以认为控制的人工场源来测量电磁场，由此得到的数据来计算视电阻率和视深度，进而探测海底以下地层电性分布特征。发送信号的频率、强度或者波形都可以通过对场源的控制来人为设定，这样就可以目标性较为明确地设定探测距离和深度。接收装置，通过接收的信号进行数据分析，接收信号包括直达波、空气波、反射波和折射波。直达波就是经过海水和海底表层沉积物，到达接收装置的波；空气波就是经过海水到达海水空气交界面，然后再经过海水，最终到达接收装置的波；反射波和折射波是经过海底地层到达探测体，然后再到达海底被接收的波。一般的，海水电导率为 0.3S/m，饱含水的海底地层电导率为 1S/m，而含油气的地层，电导率急剧减小，可以达到含水地层的几十分之一或者几百分之一（马海舲，2013）。

海洋可控源电磁探测不仅可以应用于油气储层勘探阶段，而且还可以应用在油气开发后期阶段的储层检测。油气运移和开采过程中储层电阻率会发生变化，利用可控源电测探测技术可以对储层电导率进行动态检测（曾方禄，2014）。该方法虽然还未应用于大量实际油气开发工作，但是具有潜在的优势。相比于之前三维地震动态检测，可控源电磁探测分辨率高，检测灵敏，而且经济成本较低。

## 8.2.2 深水油气储层地球物理识别

### 8.2.2.1 深水水道沉积体系

陆坡峡谷是陆源物质向深海搬运的重要通道，其下部常发育粗粒的深水扇沉积，是深水油气和天然气水合物富集的有利区域（吴时国和秦蕴珊，2009）。深水海底水道广泛地发育在陆坡和陆隆区域，是深水区砂体发育的重要沉积单元，同时具有很高的油气储层价值（Normark，1978）。此外深水水道作为输送陆源碎屑沉积物到深海盆地的重要通道，对沉积物起到约束和分类作用（吴时国等，2015a；Ma et al.，2015）。以南海北部珠江口盆地陆坡水道沉积体系为例，海底水道在地震剖面上表现为"U"形或"V"形，水道底界通常与围岩反射呈削截关系，水道内部或表现为高振幅、高连续的平行反射［图8-11（a）］；或表现为低振幅、低连续性、杂乱反射［图8-11（b）］；有时也表现为高振幅、不连续的杂乱反射［图8-11（c）］。

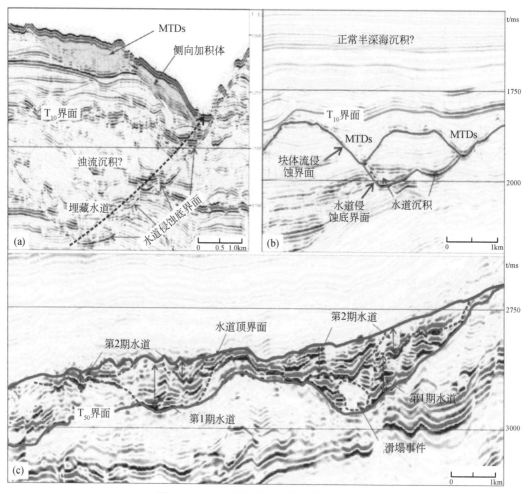

图 8-11 白云凹陷深水水道地震剖面特征

注：（a）、（b）晚新生代水道沉积；（c）早中新世珠江组水道沉积

国内外对深水水道的研究主要以现代及更新世以来的深水水道为主，主要原因就是更古老的水道沉积会在后期的构造运动中受到破坏，从而古水道不易识别（李丽等，2012）。实践证明，利用三维地震综合解释技术可以比较系统地识别、分析水道沉积体系的分布规律和演化过程李丽等（2012）。

1）三维可视化技术锁定沉积体空间位置，通过综合处理和透视技术以通俗方式显示复杂的数据，通过隐藏（透明化处理）一定范围低振幅，突出高振幅范围，从而显示出高振幅响应的沉积体，如水道沉积体系可视化显示，如图8-12 所示。

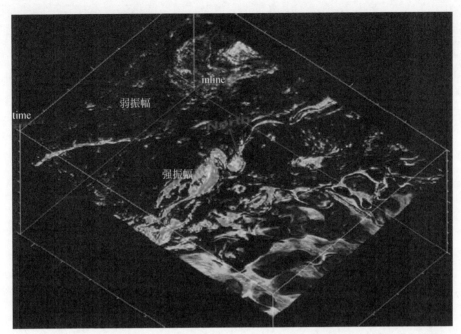

图 8-12　三维可视化技术显示出水道分布范围（据李丽等，2012）

2）相干技术制作沿层相干切片，反映海底水道平面几何形态。沿层相干切片，可以完整地反映海底水道的平面几何形态，可以进行定量的地震地貌学计算，如对水道的长度、宽度和蛇曲程度进行分析。

3）在关键部位切十字剖面，反映水道的剖面几何形态。通过剖面分析，可以研究水道的下切侵蚀和充填特征，进而划分水道演化期次，帮助恢复水道演化历史。

4）均方根振幅、波形分类等技术定性分析水道发育区的砂泥岩平面分布。这一过程可以有效寻找水道砂体，明确优势储层的位置。

5）自下而上逐层沿层切片技术，分析水道的时空演化。不同时期水道发育的位置、演化形态可能不同，利用切片技术恢复这一演化过程，再结合区域地质背景分析其演变的控制因素。

南海北部陆坡自中新世以来就发育水道沉积，也是油气勘探的重要目标。本节以珠江口盆地白云凹陷水道沉积体系为例，说明海洋地球物理测在深水水道沉积体系中的应用。

**（1）地质背景**

珠江口盆地是南海北部陆缘的准被动大陆边缘盆地，由北向南依次发育北部断阶带、北部拗陷带（珠Ⅰ拗陷和珠Ⅲ拗陷）、中央隆起带、南部拗陷带以及南部隆起带 5 个二级构造单元。其中白云凹陷是珠江口盆地最大的深水凹陷，整体走向近东西向，水深为 200～3000m（图 8-13）。在白云凹陷陆坡区域发育着一系列的深水水道（图 8-13）。新生代以来，白云凹陷沉积了巨厚沉积物，最厚超过 11km。在深水水道体系的北西方向为珠江三角洲，是水道沉积的主要物源区域；在水道体系的北东方向为东沙隆起区域，其在中中新世的构造活动对白云凹陷沉积造成一定影响（Pang et al.，2007）。珠江口盆地新生代以后经历了三次主要构造事件：①南海事件（30Ma），是南海破裂不整合形成的时间，从此以后南海进入扩张期；②白云运动（23.8Ma），导致了陆架坡折由白云凹陷南部跳跃到北部，从此白云凹陷进入到深水陆坡沉积阶段；③东沙运动（10.5Ma），引发了东沙区域及临近区域的火山活动，并激活了部分断裂活动（Lüdmann and Wong，1999；Lüdmann et al.，2001；Pang et al.，2009；Wu et al.，2014a）。

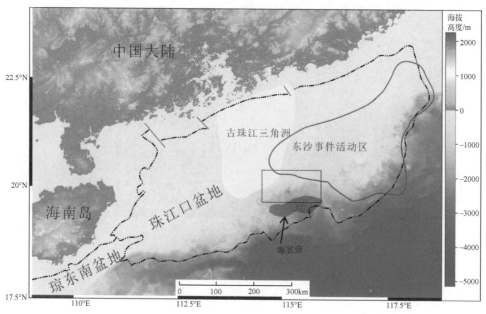

图 8-13　珠江口盆地位置及其水道沉积背景

### （2）沉积特征

1）现代海底水道地形地貌。在白云凹陷所在陆架坡折以下，发育着复杂的海底峡谷水道体系。根据三维地震海底解释及海底波束地形地貌综合解释，可以在现今海底识别出至少 24 条峡谷水道，但具有整体演化规律的水道为中部 20 条规模较大的水道（C1～C20）（图 8-14）。水道之间近于平行，由北向南汇入珠江大峡谷。在珠江大峡谷内发育着大型白云海底滑塌体系，并与水道体系之间形成了滑塌断层（Wang et al.，2014）。在该区域，陆坡坡度在 2°～3°，水道发育的水深范围处于 250～2500m。水道平均长度为 20～40km，宽 3～5km，深 100～350m，水道间距平均在 5～13km。世界上典型的峡谷水道同一时间只有一条支流水道，表现出典型的"点源式"沉积物供应方式（Kolla et al.，2007）。而白云凹陷峡谷水道体系同一时期发育一系列彼此平行并置的峡谷水道，表现出"线源式"沉积物供给方式，说明该峡谷水道体系具有特殊的成因机制和演化过程。

研究表明峡谷水道未侵蚀进入陆架时，说明峡谷水道还处于未成熟阶段（Ho-Shing et al.，2009）。反之，侵蚀进入陆架的海底峡谷水道因接受陆架较多的沉积物的供给，反过来加强其向陆方向的溯源侵蚀，进而使海底峡谷水道下切程度增强而逐渐达到成熟阶段。该区域的现代海底峡谷水道，全部发育在陆架坡折带以下，水道头部并未与陆架水下河道

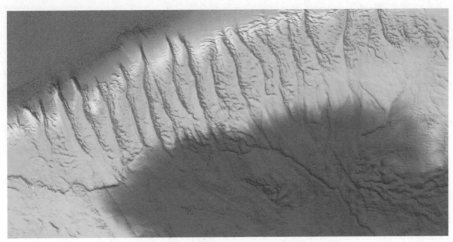

图 8-14　白云凹陷陆坡现代峡谷水道海底地貌

相连，而且水道横切剖面，呈"V"形，水道还未被沉积物充填，这些特征都说明水道处于不成熟的水道侵蚀阶段（图 8-15）。此外，这种长期处于"饥饿"状态的峡谷地貌，也说明了陆架沉积物供给的不足。若有充分的沉积物供给，峡谷地貌就会被沉积物逐渐充填和埋藏。

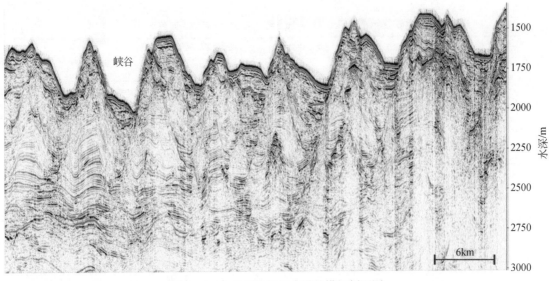

图 8-15　白云凹陷峡谷水道的横切剖面图

2）水道沉积微相地震相响应。根据水道体系地震反射特征，可以识别出一系列地震反射界面（表 8-2），包括第四纪与上新世界面（$T_1$）、上中新世与上新世界面（$T_2$）、中中新世与上中新世界面（$T_3$）、下中新世与中中新世界面（$T_4$）（图 8-15）。峡谷水道发育于 $T_4$ 之后，一直持续至现今海底。

表8-2  白云凹陷北部陆坡地层划分表（据吴时国等，2014）

| 地层时代 | | 符号 | 年龄/Ma | 地震反射界面 |
|---|---|---|---|---|
| 第四纪 | | Q | | $T_1$ |
| 上新世 | | $N_2$ | 1.8 | $T_2$ |
| 中新世 | 上中新世 | N | 5.5 | $T_3$ |
| | 中中新世 | N | 10.5 | $T_4$ |
| | 下中新世 | N | 16.5 | |

依据地震相特征参数（外部形态、内部结构、振幅、连续性）和地震反射终止类型，将深水峡谷水道沉积体系的地震相对应的沉积类型分为10类，包括底部侵蚀界面（basal erosive surface，BES）、谷道沉积（talweg deposit，TD）、侧向加积体（lataral migration packages，LMP）、块体搬运沉积体系（mass transport deposits，MTD）、外堤坝-漫溢沉积（outer-levee overbank deposits，O-LOD）、内堤岸沉积（inner levee deposits，ILD）、水道边缘沉积（channel margin deposits）、披覆沉积（drape deposits，DD）、水道朵页体过渡带（channel-lobe zone，CLZ）和朵页体/席状砂沉积（lobe/sheet sandstone deposits，L/SSD）（Weimer et al.，2006）。各地震结构单元的具体特征见表8-3。研究区深水峡谷水道主要可以识别出5类地震相，对应的沉积类型分别为底部侵蚀界面、谷道充填沉积、侧向迁移体、块体搬运沉积体系和披覆沉积（图8-16）。

表8-3  深水峡谷水道沉积体系各地震结构单元的特征（据吴时国等，2014）

| 地震结构单元 | 外部形态 | 内部结构 | 振幅 | 连续性 | 反射终止类型 |
|---|---|---|---|---|---|
| 底部侵蚀面 | 上凹 | N/A | 高 | 高 | 侵蚀 |
| 谷道沉积 | 透镜状 | 平行 | 高 | 高 | 上超 |
| 侧向迁移体 | 充填状 | 斜交或S形 | 低 | 中等 | 下超 |
| MTD | 非规则状 | 杂乱 | 变化 | 低 | 侵蚀 |
| 外堤岸-漫溢沉积 | 席状 | 平行/亚平行 | 低-中 | 中-高 | 侵蚀 |
| 内堤岸沉积 | 丘状 | 杂乱/亚平行 | 中-高 | 中-高 | 下超 |
| 水道边缘沉积 | 席状 | 亚平行 | 低-中等 | 低-中等 | 侵蚀 |
| 披覆沉积 | 席状披盖 | 平行 | 高 | 高 | 侵蚀 |
| 水道-朵页体过渡带 | 帚状 | 波状 | 变化 | 低 | 侵蚀 |
| 朵页体/席状砂沉积 | 席状/丘状 | 平行 | 高 | 高 | 上超 |

3）水道单向迁移及其演化过程。根据地震反射特征，可以看出水道具有明显的单向迁移的特征，所有的峡谷水道随着时间推移，逐渐向北东方向迁移（图8-17）。Gong等（2013）根据三维地震资料分析，认为白云凹陷的峡谷水道至少从中中新世开始，就表现出了单向迁移的特征。对于单条水道，可以识别出一系列的底部侵蚀界面，每一侵蚀界面代表一次水道侵蚀事件，新的侵蚀界面总是叠置于上一次事件的北东方向，整体表现出向北东向单向迁移。但并不是每一个水道都能持续演化，现代海底水道有的是从原来的埋藏水

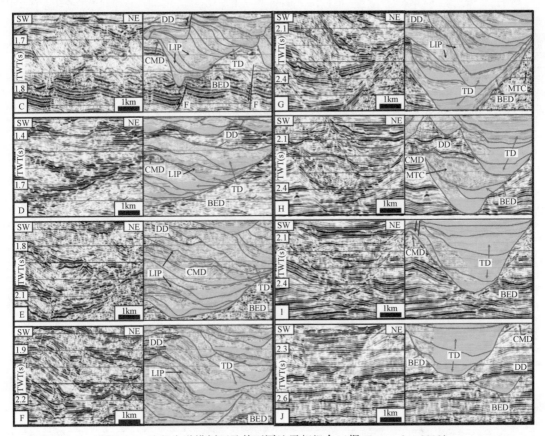

图 8-16　峡谷水道横剖面及其不同地震相组合（据 Zhu et al. , 2010）

道继承发育而来，但也有个别水道是在海底新生。这也表现出水道的演化并不是在原来水道基础上简单的重复。迁移水道还有一个明显的特征，就是迁移方向与底流方向一致，迁移方向一侧的水道侧壁总是陡于对侧。这是因为底流改造沉积物沉积过程，使得沉积物在底流方向向相反一侧加积，侧向加积体导致了水道的迁移，表现出水道侧壁陡缓的区别。

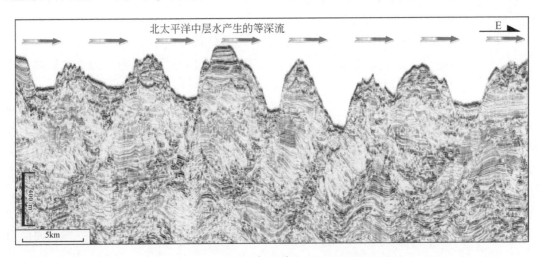

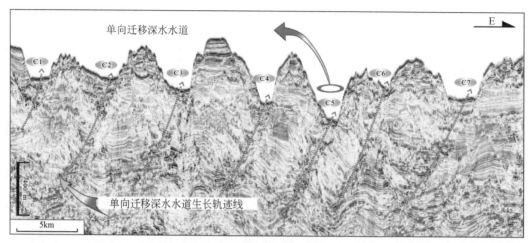

图 8-17　峡谷水道横剖面及其单向迁移特征（据 Gong et al.，2016）

依据峡谷水道的地震相响应、分布特征及所发育的地层年代，将其分为四个演化期次（表 8-4，图 8-18）。

表 8-4　峡谷水道地震反射特征及其期次划分

| 水道演化期次 | 时期/Ma | 地震反射结构 | | 内部地震同相轴 | 规模 |
| --- | --- | --- | --- | --- | --- |
| | | 连续性 | 振幅 | | |
| 第一期 | 13.8～12.5 | 差 | 变化 | 模糊 | 小 |
| 第二期 | 12.5～10.5 | 高 | 高 | 清晰 | 小-中等 |
| 第三期 | 10.5～5.5 | 中等 | 变化 | 模糊-中等 | 小-大 |
| 第四期 | 5.5～0 | 高 | 高 | 清晰 | 中等 |

第一期：发育时期为 13.8～12.5Ma，峡谷水道局限于白云凹陷中部，单条水道规模较小，水道间较大，是水道开始发育的雏形；峡谷水道内部地震反射不清晰，同相轴模糊，地震振幅较弱，只有底部侵蚀界面反射较强。

第二期：发育时间为 12.5～10.5Ma，峡谷水道的分布范围相对之前开始向两侧扩展，单条峡谷水道规模变大，表现出峡谷水道进一步增强发育的趋势；水道内部充填反射同相轴清晰连续，振幅较高，底部侵蚀界面明显。

第三期：发育时间为 10.5～5.5Ma，峡谷水道体系空间发育，无论是单条峡谷水道的规模还是整体分布范围，都是最为发育的时期；峡谷水道的范围几乎覆盖了整个白云凹陷，而且在峡谷水道体系的东侧（靠近东沙隆起），形成了许多小型的水道（冲沟），这也表现出峡谷水道体系向两侧极度扩展的趋势；水道内部地震反射相对较弱，同相轴模糊，但可以识别出底部侵蚀界面。

第四期：发育时间为 5.5～0Ma，这一时期的峡谷水道一直发育演化至今，海底的 20 余条峡谷水道就属于这一期次。奇怪的是，这一期次的峡谷水道没有继续上一期次向体系

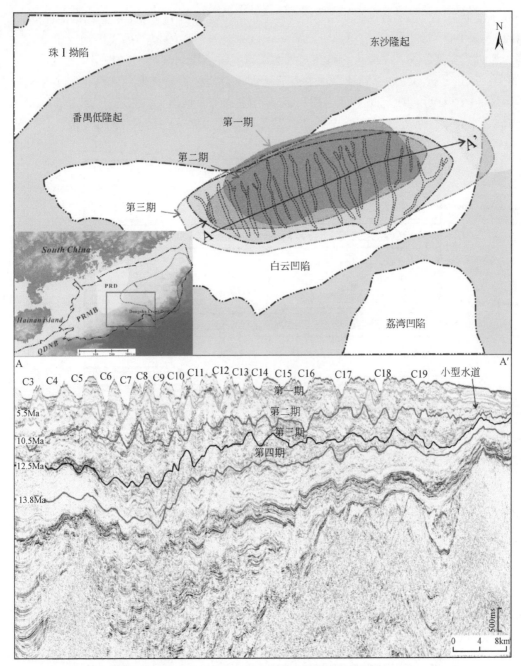

图 8-18 峡谷水道体系平面分布范围及地震反射横剖面（据 Ma et al., 2015）

外扩张的趋势, 甚至在靠近东沙隆起的区域, 峡谷水道终止发育, 被深水陆坡沉积所埋藏; 对于单条水道而言, 水道规模也略有缩小; 水道内部反射较强, 同相轴清晰连续, 振幅强。

海底峡谷水道的形成大多数是由于浊流侵蚀形成 (Abreu et al., 2003; Deptuck et al.,

2007；Kane et al.，2007；Di Celma，2011；Gong et al.，2011；Saller and Dharmasamadhi，2012）。研究区域的深水水道整体上具有单向迁移特征，具有复杂的成因演化机制，结合国内为研究实例分析，一般认为研究区深水水道是重力流与底流交互作用的结果。Zhu 等（2010）通过分析南海北部陆坡深水水道的地震反射特征，对其形成和演化给出了地质模型解释（图 8-19）：在低海平面时期，沉积物输送向海推进，陆坡区在一定的触发机制（地震、水合物分解等因素）作用下，引发沉积物重力流（浊流），浊流侵蚀海底形成水

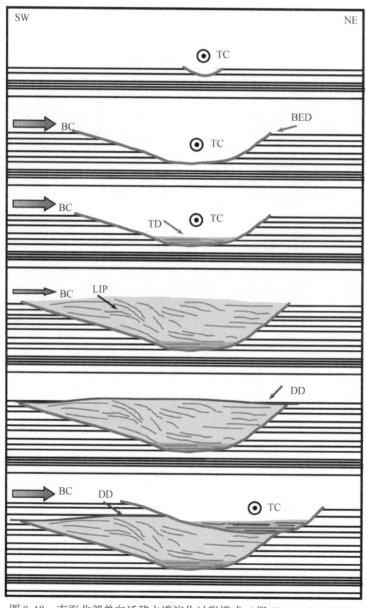

图 8-19　南海北部单向迁移水道演化过程模式（据 Zhu et al.，2010）

道侵蚀负地形；随着海平面上升，沉积物到达陆坡区减少，浊流发育的强度和频率也相应降低，但是海底底流强度加强，水道侵蚀作用减弱，水道内沉积开始充填水道；在充填的过程中，由于底流变强，对海底沉积具有一定的改造作用，导致水道内沉积物向底流流向方向加积，形成侧向加积体，从而造成水道向底流前进方向迁移；在高海平面时期，浊流在陆坡区更为弱化，沉积以正常深海泥质沉积为主，从而逐渐将之前水道充填和埋藏；随着海平面再次下降，之前的过程重复发生，这样就形成了不同期次并表现为单向迁移的深水水道。

### 8.2.2.2 碳酸盐岩台地和生物礁

碳酸盐岩储层是一类非常重要的油气储集层，世界油气储量的 50% 左右赋存于碳酸盐岩储层之中，产量已达全球总产量的 60% 以上（范嘉松，2005）。碳酸盐岩台地原指具有平坦地形、较浅水深有利于碳酸盐岩沉积的水下广阔平台，现指所有浅水碳酸盐岩沉积环境（不考虑地形是否平坦），包括潮坪、生物礁、浅滩、局限台地和开阔台地等。有的直接与陆地相连，发育在缺少陆源碎屑注入外陆架区域，形成陆架台地，如澳大利亚西北外陆架碳酸盐岩台地（Puga-Bernabéu et al.，2011）；也可以发育在远离陆源物质输入的深水区水下孤立高地，形成孤立碳酸盐岩台地，如巴哈马滩、马尔代夫等碳酸盐台地（Mulder et al.，2012a；Betzler et al.，2013）。横切碳酸盐岩台地可以识别出不同沉积环境和沉积相带，主要包括台地边缘、台地斜坡和台地内部沉积。相带类型多样、变化大，是重要的油气储层。

生物礁是指由造礁生物营造的碳酸盐岩，具有抗浪格架、凸镜状或丘状的外部形态，并突出与四周同期沉积物。生物礁油气藏储层具有丰度大、产能高的特点，因此一直是勘探家重点探索的目标。生物礁油气藏地位非常重要，其储量占全球油气探明储量的比例很大，目前发现的可采储量亿吨以上的大型生物礁油气田主要分布在墨西哥、加拿大、美国、伊拉克和利比亚等国家，另外，东南亚地区是世界三大碳酸盐岩和生物礁发育区之一，很多国家的油气产量中生物礁油气藏占有相当大的比例。因此，全球生物礁油气资源的潜力巨大，勘探前景良好，是今后世界油气勘探开发的重要领域。

对于碳酸盐岩台地的识别主要依据其特有的地球物理特征，一般遵循如下工作流程：

1）首先对研究区大量地震剖面进行井震联合分析和精细解释，这主要借助地震解释软件，如 Geoframe 等。

2）根据解释结果，选取关键区域典型地震资料，进行叠后多属性地震联合反演，如基于遗传算法的波阻抗反演，利用得到的波阻抗剖面识别碳酸盐台地的界面。

3）以层序地层学与地震沉积学为指导，应用地震剖面、地震速度资料对岩石物性特征进行研究。层序地层学原理在不整合面的识别以及区域资料对比方面发挥重要作用，进而建立区域地层格架，以少数钻井资料对大面积区域沉积特征进行约束。此外，地震沉积学方法，如地层切片，划分沉积亚相，甚至沉积微相；还可以恢复古地貌特征，如台地斜坡水道的识别。

4）在之前研究的基础上，优选出局部地震资料进行特殊处理，如高分辨率时频分析、储层岩石物性的反演，对碳酸盐岩储层的各项物性进行评价和分析。

**（1）碳酸盐岩台地地震反射响应**

地震反射反映了地层的波阻抗之间的相关性，因此识别碳酸盐岩就是分析碳酸盐岩波阻抗与其他岩石之间的差异。一般而言，碳酸盐岩相对于碎屑砂泥岩，具有较高的波阻抗，在地震剖面上主要表现为顶界面强反射，内部由于碳酸盐岩的较大非均质性而显示出断续杂乱反射。碳酸盐台地顶界面同相轴连续性、光滑度较差，有的可见因溶蚀坍塌而造成的陷落，反映了侵蚀作用和不稳定的碳酸盐岩生长环境（图8-20）。南海北部碳酸盐台地，如西沙、流花等碳酸盐台地均发育在前古近纪的古隆起之上，台地底界面反射能量较弱，地震反射特征表现丘状反射、强振幅、中频、中连和杂乱地震相（吴时国等，2009b）。碳酸盐岩台地由斜坡脚进入半深水陆坡区，产生碳酸盐岩侧向上与碎屑岩的相变，其地震响应特征呈现出明显的由碳酸盐岩区的强振幅到进入碎屑岩区的中等–弱振幅的渐变特征（图8-21）。

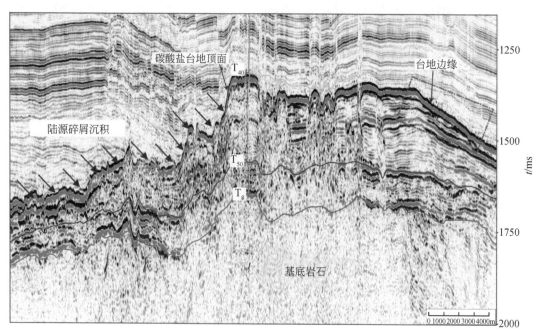

图8-20  流花碳酸盐台地地震剖面

碳酸盐岩台地的边界有两种类型：一种断层控制碳酸盐岩台地的边界；另一种是明显的岩性边界，没有断层控制碳酸盐台地的边界，在适合碳酸盐岩沉积的范围内沉积碳酸盐岩，之后由于海平面变化，在台地外侧形成碎屑岩沉积。在断层、陡崖或台缘斜坡（陡坡和缓坡）处，多见地层不整合接触现象，台地边缘陡坡大断层造成大量的上超现象。碳酸盐台地的缓坡处，在研究区的特征主要是冲沟特征明显，海水沿着水道进出台地，在台地边缘形成与台地缓坡下降方向一致的水道，随着台地范围的变化，水道的范围发生向陆或者向海的变化，形成多期水道的垂向叠加。

**（2）生物礁地震反射响应**

一般而言，生物礁相碳酸盐岩在地震剖面上主要表现为顶、底强振幅反射，内部反射断

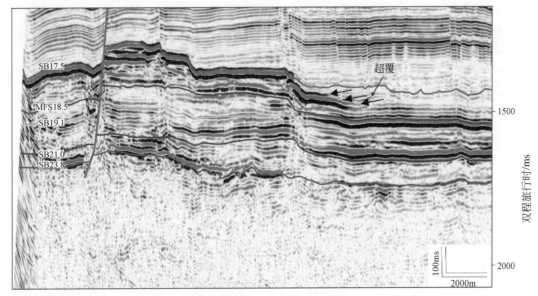

图 8-21　流花碳酸盐岩台地斜坡过渡沉积的地震反射响应

续、杂乱或空白，呈丘状、宝塔状、低起伏及桌状等反射外形，同时顶部具有披覆构造（Wu et al.，2009；马玉波等，2009；Wu et al.，2014b）。针对西沙海域内发育的生物礁，从外形、顶界、底界、内部及其上覆反射特征 5 个方面对其地震响应特征进行了分析总结（图 8-22）。

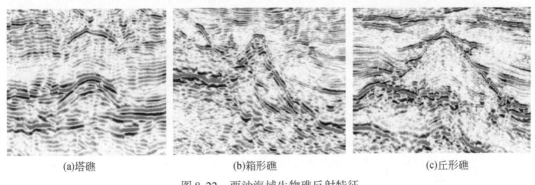

(a)塔礁　　　　　　　　　　(b)箱形礁　　　　　　　　　　(c)丘形礁

图 8-22　西沙海域生物礁反射特征

1）生物礁外形反射特征：生物礁是造礁生物原地生长，且生长速度快于围岩沉积速度的碳酸盐岩建隆，具有坚固的抗浪格架，因此在地震剖面上，生物礁有明显的隆起加厚特征。由于礁体的规模和类型不同，总体轮廓以丘形、箱形、低丘–透镜状为主。

2）生物礁顶界反射特征：研究区内生物礁有藻礁和珊瑚礁，岩性主要为藻格架灰岩及珊瑚介壳灰岩；礁顶界反射为正极性强振幅；若碳酸盐台地较厚，早期发育的生物礁被后期的滩相或台坪相灰岩覆盖，由于上覆围岩的屏蔽作用以及岩性本身物性相差小，反射能量会降低，顶界反射则表现为中–弱振幅。

3）生物礁底界反射特征：礁底界反射相对较弱，弱连续，低振幅，负相位，除后期火山影响外较易识别礁底界反射；同时，由于生物礁速度常大于围岩，底界面反射轴易形成上拉现象。

4）生物礁内部反射特征：生物礁内部反射特征常归纳为杂乱-空白或平行的弱反射，但区内兼具多种类型生物礁，相应地具有多种内部反射结构。

5）生物礁上覆反射特征：生物礁由于生长速度快于围岩的沉积速度，其生长期属局部高地，具有明显的建隆构造，因而后期的补偿沉积在生物礁的外围多形成明显的上超现象；物源的持续供给使沉积物没过礁顶，形成披覆现象。

但构造运动剧烈、地质特征极为复杂的地区，这些识别方法则过于单一，当储层在形态上不易分辨，如成熟度较低、凸起不明显的扁平状生物礁储层；或者易于和其他地质体混淆，如流花碳酸盐岩台地在中新世末构造热事件——东沙运动造成的研究区大范围岩浆活动，剖面上往往会将岩浆底辟或火山锥错误解释为生物礁。故而对于生物礁的识别还需要其他地球物理手段。

**（3）生物礁的测井识别**

由于生物礁生长在高能、清洁、透光性好的浅海环境，因此，生物礁发育地陆源物质少，泥质含量极低，在自然伽马曲线上表现为低值。由于生物礁碳酸盐岩发育层位的速度较砂泥岩大，所以声波时差（DT）显示生物礁体为呈齿状低值。一般而言，生物礁体积密度测井曲线值较高，测井体积密度值达到 $2 \sim 3g/cm^3$。

珠江口盆地东沙隆起之上发育大量的生物礁，已经被钻井证实并在流花生物礁中发现大型油气田。该油田的含油层是新近系中新统珠江组礁灰岩，地震剖面上表现为顶部强振幅，内部强弱相间的反射，且横向上连续性较差。根据 LH11-1-1 A 井岩性和测井曲线，可将油层从上到下划分多个岩性段，其中致密段的平均孔隙度为 10% ～ 20%，层速度 3800 ～ 5300m/s，而高孔隙层的平均孔隙度为 20% ～ 36%，层速度 3200 ～ 3500m/s。灰岩顶部为珠江组海相泥岩，是良好的区域性盖层，层速度为 2500m/s。在地震合成记录上，致密层的顶界面反射对应于连续的强波峰，而高孔隙层则反射振幅相对较弱，连续性差。在测井曲线上，生物礁表现为高阻抗特征，其波阻抗值均接近于 10 000 （m/s） · （g/cm³）（图8-23），主要原因是生物礁岩性主要为灰岩。在振幅包络属性剖面上，生物礁表现为非连续性（图8-24）。

**（4）生物礁时频分析**

碳酸盐岩岩体地震剖面中包含了其原始沉积环境、岩相、成岩作用和含油气远景等诸多信息，通过对反射地震资料的属性分析，有可能用于解释碳酸盐岩的地震相和包括生物礁在内的各类储层的识别。通过时频属性对研究区的生物礁碳酸盐岩储层进行尝试性刻画，可以获得有关储层形态、物性方面的新认识。

利用 ST （Stockwel 变换）和 HHT （Hilbert-Huang 变换）分别进行时频分析，HHT 对比 ST 能够更精细、准确地刻画地震信号的能量或者频带随时间（深度）变化的情况。ST 的时频谱得到的频带明显过宽，加窗的时频变换方法，可能会引入不必要的谐波成分，导致频带变宽，故其绝对值并不可靠，但可以清晰地看出高频衰减和带宽变窄的趋势。相比之下，HHT 更为准确地给出了信号的实际频带和变化趋势，可信度较高。

图8-25 （a）、图8-25 （b）为非礁体区，信号频带随着深度增加，频带变窄，出现一定的衰减，可认为是正常地层吸收造成的；而图8-25 （c）、图8-25 （d）则经过可能的生

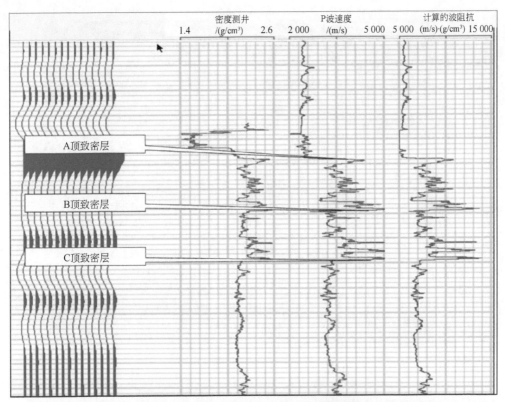

图 8-23　流花生物礁测井曲线及振幅标定

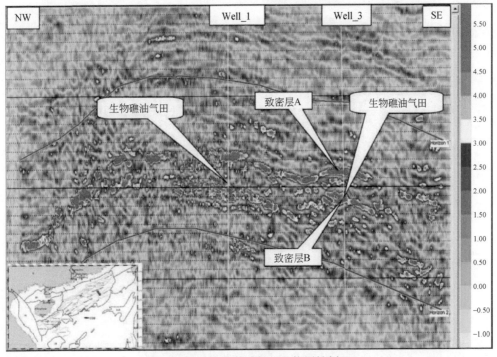

图 8-24　流花生物礁振幅包络属性剖面

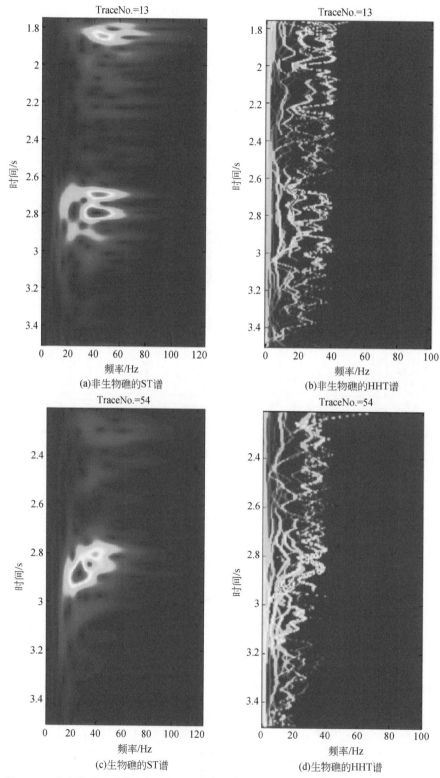

图 8-25 非生物礁地震信号与疑似生物礁碳酸盐岩台地区地震信号的 ST 谱与 HHT 谱

物礁礁体，HHT 显示信号频带宽度大致从 3s 前的 0～42Hz 衰减到之后的 0～30Hz。与前两张图相比，出现了异常的衰减，可能预示多孔储层的存在。但随后丘状反射下部出现空白区并带有微弱杂乱反射，可能的原因包括：碳酸盐岩本身的高速性和固深度的进一步加大造成信号分辨率迅速降低；碳酸盐岩的成岩作用，如滨浅海沉积成岩、渗流带和潜流带中天然水及地下水成岩作用还有埋藏后的成岩作用。这些成岩作用使储层遭受了不同程度的淋滤、溶蚀、机械压实和白云岩化等改造，造成横向严重的不均一性。

选取一条过疑似生物礁测线，求取了剖面的瞬时频率并利用 HHT 进行谱分解得到分频剖面（图 8-26）。识别出一处孤立碳酸盐岩建造，具有典型的丘状反射特征，内部空白及杂乱弱反射。受分辨率所限，瞬时频率剖面上除了可以看出该处频带范围（0～45Hz 以内），和 HHT 获得时频谱带宽相比，观察不到太多细节。

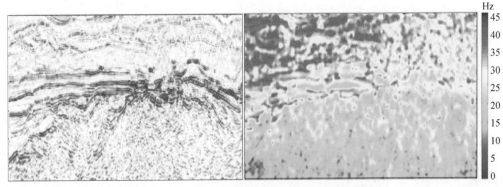

图 8-26　过生物礁原始地震剖面及其瞬时频率剖面

分频剖面中（图 8-27），疑似礁核部位，存在一定异常衰减现象，礁核下方可见不太明显的"低频阴影"；另外可以发现的是该处远离台地的沉积物成层性很差，由于距离陆源尚远，推测仍为碳酸盐岩碎屑沉积，但成岩作用程度较大，抑或为处于高能沉积环境中的碎屑岩沉积。仅在 50Hz 剖面上看出层状构造，具有一定的薄层响应，但缺少速度资料，具体厚度难以估算。

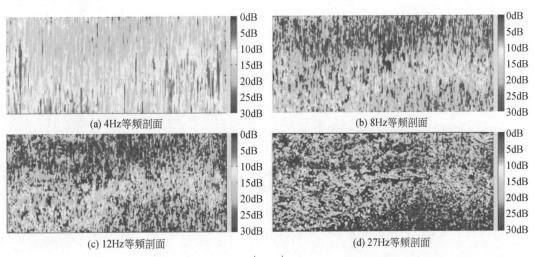

(a) 4Hz等频剖面　　　　　　　　(b) 8Hz等频剖面

(c) 12Hz等频剖面　　　　　　　　(d) 27Hz等频剖面

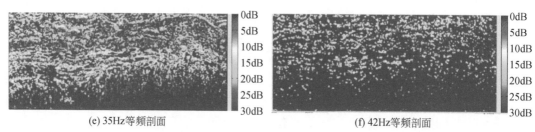

(e) 35Hz等频剖面　　　　　　　　　　　　　　　　(f) 42Hz等频剖面

图 8-27　过生物礁地震测线（4Hz、8Hz、12Hz、27Hz、35Hz、42Hz）分频剖面

### 8.2.2.3　异地碳酸盐岩沉积体系

**（1）异地碳酸盐岩**

异地碳酸盐岩也称为再沉积碳酸盐岩（resedimented carbonates），主要指原地沉积的碳酸盐岩在一定条件下经过一定距离搬运到异地沉积下来的二次沉积碳酸盐岩（牛新生和王成善，2010）。异地碳酸盐岩主要包括异地碳酸盐岩块体沉积、碳酸盐岩重力流和碳酸盐岩风暴岩沉积。

异地碳酸盐岩块体或是由岩崩和岩屑崩塌形成的台前碳酸盐岩垮塌块体沉积，或由碳酸盐岩斜坡发生海底滑坡、滑塌形成的异地碳酸盐岩块体搬运沉积。高分辨率地震技术、海底声呐扫描技术，可以识别出碳酸盐岩台地边缘产生的滑坡断崖和块体流沉积（Mulder et al.，2012a，b）。图 8-28 为流花碳酸盐岩台地，在台地边缘识别出碳酸盐岩垮塌体，地震反射表现出杂乱反射，但反射振幅强。

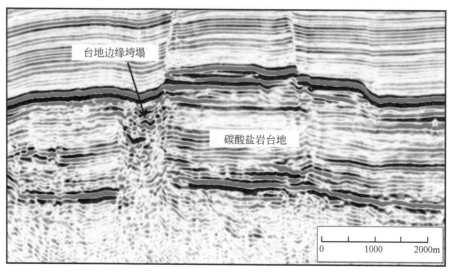

图 8-28　流花碳酸盐台地边缘垮塌沉积体

碳酸盐岩重力流是指在碳酸盐岩沉积的背景下，在重力作用驱动下，浅水沉积物沿着海底顺坡搬运到深水区域，形成的重力流沉积（赵澄林，2001）。碳酸盐岩重力流在不同的斜坡背景下，可以形成两种不同的沉积特征。一种是在较陡的碳酸盐岩斜坡背景下，碳

酸盐岩重力流主要以线源式的供给方式向斜坡输送物质，形成围绕台地的群体沉积（牛新生和王成善，2010），可以形成围绕台地形成一系列彼此平行展布的峡谷（图 8-29）；另一种是在较缓的斜坡背景下，碳酸盐岩重力流可以长距离搬运，形成远离碳酸盐岩台地的碳酸盐岩水道–海底扇沉积。碳酸盐岩水道在古代沉积记录中较为常见，在现今的碳酸盐岩沉积背景下，碳酸盐岩水道较为少见。Mulder 等（2014）利用海底多波束测深和地震测线首次识别出现代碳酸盐岩斜坡海底水道–朵页体沉积（图 8-30）。实际上，碳酸盐岩水道与碎屑岩水道的地震响应区别不大，主要区分在于沉积背景，也可以利用钻井岩芯数据加以约束区分。

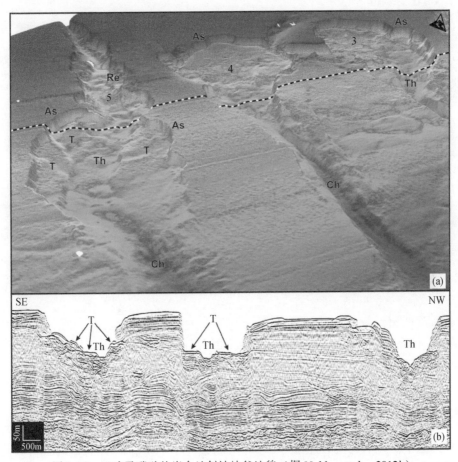

图 8-29　巴哈马碳酸盐岩台地斜坡峡谷地貌（据 Mulder et al.，2012b）

　　碳酸盐风暴岩是碳酸盐岩沉积背景下，由风暴作用影响海水进而影响海底沉积物引发的一种特殊事件性沉积（百万备等，2011），主要发生在浪基面和风暴浪基面之间，但风暴沉积物却被搬运到风暴浪基面以下的水深区域发生再沉积。碳酸盐风暴沉积物有时会被搬运至陆源碎屑岩沉积背景下，并与碎屑岩一起沉积，形成混合沉积岩。混合沉积是指外来陆源碎屑与内源化学沉淀的碳酸盐岩在沉积盆地中共同沉积或者垂向交互沉积（Mount，1984；Dolan，1989；Tcherepanov et al.，2010）。它是处于陆源碎屑岩相与内源碳酸盐岩相

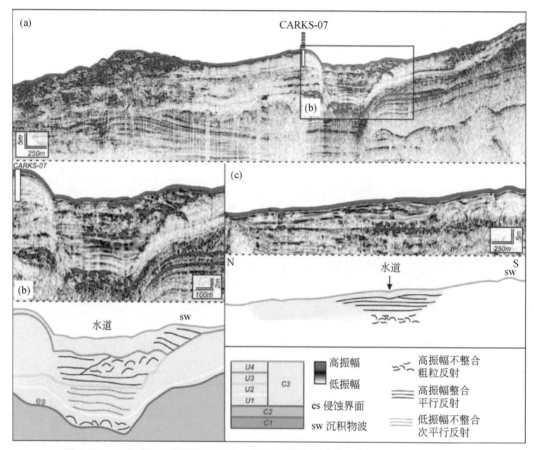

图 8-30　巴哈马地区现代海底碳酸盐岩水道的地震响应（据 Mulder et al. , 2014）

之间的过渡沉积相，通常表现为同一时间不同沉积的横向渐变或者同一地点不同时期的沉积交互转换（Francis et al. , 2007）。一般认为混合沉积物包括"混积岩"和"混积层系"（董桂玉等，2007）：前者是指陆源碎屑岩与碳酸盐岩以不同比例（任一组分大于 10%）混合，共同沉积（沙庆安，2004）；后者则表现为或是纯粹的陆源碎屑岩、碳酸盐岩或混积岩等岩相之间交替互层，或是以某种岩相为主的环境中出现另外岩相的夹层（郭福生等，2003）。碳酸盐岩和陆源碎屑物质的共存，使地层的原始孔隙性和渗透性较差，但是混合沉积的基本岩石学特征却有利于成岩作用的进行，导致裂缝和溶蚀作用的产生，进而促使优质储层的形成（王莹，2012）。在地震剖面上规模较大的混积岩系有一定的地震响应特征：高频、强振幅反射，同相轴连续性好。

　　之前对于碳酸盐岩储层的寻找重点是生物礁，忽略了异地沉积碳酸盐岩储层价值，尤其是对碳酸盐岩水道的认识，由于研究资料少，相对不足。故而碳酸盐岩水道的储层价值和油气意义评价相对薄弱。在深水油气勘探中，利用地球物理资料在寻找生物礁储层之外，还应加重对台地边缘异地碳酸盐岩储层的寻找。

**（2）台缘丘状反射体**

生物礁具有丘形反射体，但是根据反射形态、振幅等特征将其解释为生物礁（滩），并不一定是准确的。地震剖面上的丘形反射有很多成因，除生物礁外，还常见火山丘、泥底辟、沉积物波等，许多洋盆中也有不同成因丘的报道，如西澳大利亚 Canning 盆地晚泥盆世法门组的泥丘、大西洋东北 Rockall 海槽里发育的碳酸盐岩泥丘、澳大利亚海湾晚更新世苔藓生物礁丘、摩洛哥西北部泥火山省的碳酸盐岩泥丘、挪威–丹麦盆地发育的中中新统灰泥丘等。莺歌海盆地和珠江口盆地中新统同样存在被钻井证实了的火山丘、泥底辟，还有一些浅层反射属于第四纪的等深流沉积。关于西沙碳酸盐岩台地北部斜坡上丘形反射体，根据地震反射特征之前一直被认为是生物礁，但是后来钻井显示为泥质沉积，这次失败的储层预测表明，丘形反射具有复杂成因机制。在此，本节详细阐述西沙碳酸盐岩台地北部斜坡丘形沉积体的成因，以区分与生物礁的差别。

1）地震发射特征。西沙碳酸盐岩台地北部边缘丘形沉积体表现为外部呈丘形反射，顶部为强振幅反射，丘与丘之间连续性低，总体呈席状丘形，与马尔代夫碳酸盐岩台地斜坡周缘丘形沉积特征相似，但丘体呈垂直加积特征，且沉积厚度比后者大。在缺少钻井资料条件下，地震相特征是刻画和诠释丘形沉积体的最重要依据，通过平行陆坡走向（北东）和垂直陆坡走向（南东）的地震剖面来分析丘形反射体的地震相特征。

平行陆坡走向（北东）的丘形沉积体，顶部宽缓，丘与丘之间较连续。单个丘体宽度达到 2km（图 8-31）。丘顶表现为连续的强反射特征，内部为亚平行–杂乱反射，底部为平行反射，是底流对地层的侵蚀作用造成的。波谷从中中新世开始发育一直持续至现今，并且波谷有北东–南西的迁移方向，显示古流体的流动方向。垂直陆坡走向（南东）的丘形沉积体丘顶明显变窄，丘体左右不对称。地震相特征上丘体顶部中连续，强反射，内部为亚平行弱反射，底部平行反射。单个丘体高度为几十米到几百米，宽度为 1~3m（图 8-32）。

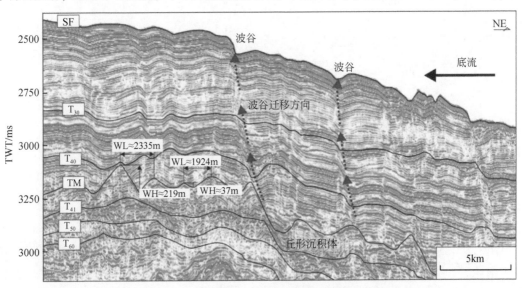

图 8-31　琼东南盆地中中新统丘形沉积反射特征

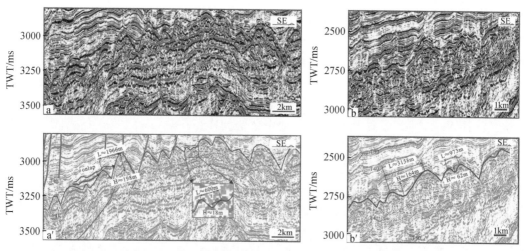

图 8-32　西沙碳酸盐岩台地北斜坡中中新统丘形沉积反射特征（据 Tian et al.，2015）

2）岩石物理特征。典型地震剖面的反演结果显示该地区丘形沉积体的声波阻抗（图 8-33）与北礁凹陷及过 LH11-1 的典型剖面有很大不同。本研究区内的丘形沉积体表现为弱振幅带，内部反射连续、较均一，主要分布在地势低洼地区，如断层的下降盘或凹陷内。通过反演得到的波阻抗绝对值在 $6\times10^6$ kg/（$m^2\cdot s$）左右，邻近的 BD23-1-1 井致密灰岩的波阻抗基本都大于 $10\times10^6$ kg/（$m^2\cdot s$），而 LH11-1 生物礁油田的波阻抗基本都是在 $8\times10^6\sim10\times10^6$ kg/（$m^2\cdot s$），主要原因是生物礁含有大量的灰岩，北礁地区典型生物礁波阻抗值为 $8\times10^6\sim9\times10^6$ kg/（$m^2\cdot s$），与 LH11-1 的相近，而研究区的丘形沉积体波阻抗值远远小于礁灰岩的波阻抗，说明沉积物中灰岩含量少，主体不是生物礁。

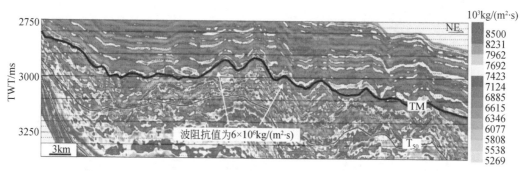

图 8-33　西沙碳酸盐岩台地北部斜坡中中新统丘形沉积体的波阻抗反演

3）平面分布特征。丘形沉积体脊部延长线在平面上构成"井"字排列，一列呈北东-南西向大致与西沙碳酸盐岩台地斜坡走向平行，另一列呈北西-南东向展布，垂直于西沙碳酸盐岩台地斜坡（图 8-34）。在丘形体北部，沿斜坡向下为中央峡谷水道。底流是沿海底斜坡走向水平流动的温盐循环流体，南海北部深水陆坡区已证实了底流沉积的存在

（邵磊等，2007）。南海水体据深度不同可分为 4 层，分别为 0～300m 的表层水、300～1000m 的中层水、1000～2500m 的深层水上层和大于 2500m 的深层水下层。研究区的中中新世丘形沉积体位于水深大于 1000m 处，据此可以推断研究区的丘形沉积体是西沙碳酸盐岩台地斜坡由冲沟（gully）输送至深水盆地的沉积物被后期的南海深层底流重新改造而成。

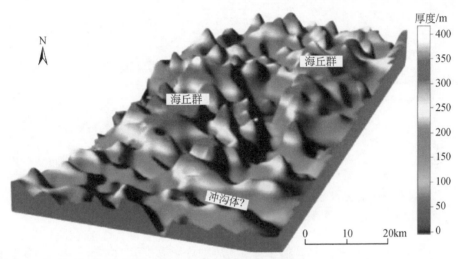

图 8-34　丘形体平面分布特征

4）物质组成。早在 1979 年，Stow 和 Lovell 就根据沉积物质组成，将底流沉积分为泥质漂积体和砂质漂积体。泥质漂积体一般具有生物扰动迹象，层理不清晰，含有丰富的生物碎屑并且常常被限制在不规则地层内。这些特征能在结构和成分上将其与之互层的浊流沉积区分开，泥质漂积体含有较高的钙质含量和有机碳成分。砂质漂积体一般存在于薄的、具有生物扰动的不规则滞留沉积层内，有时候也是浊流沉积顶层砂岩被重新改造后的结果。在后者的情况下，砂质漂积体主要表现为纯净、分选好、具有平行或交错层理，但是不会有明显的离岸趋势或垂向加积层序，粒度变化趋势反映底流流向。

琼东南盆地深水区的 LS33-1-1 井钻遇了研究区丘形沉积体边缘，揭示中中新世地层岩性为半深海相泥岩和含钙泥岩。研究区内 YL19-1-1 钻井钻遇丘形沉积体内部，该钻井揭示丘形体的岩性为半深海泥岩和含粉砂泥岩（图8-35），表明研究区未受北部陆源物质的影响，两口井都揭示丘形沉积体的含钙量较低，按照 Stow 的划分原则，此沉积物应属于砂质漂积体范畴。

丘形沉积体北部的琼东南中央水道中中新世一直处于欠补偿状态，因此北部物源流经此处时，会进入水道自西向东流向西沙海槽而不会为丘形沉积体提供物源输入。底流沉积体周围被长昌凹陷、松南-宝岛凹陷、乐东-陵水凹陷及华光凹陷包围，使得陆源碎屑物质无法进入该区，因此主要沉积环境为半深海相。南部为中中新世大面积的碳酸盐岩台地，充足的物源为该地区提供大量碳酸盐岩碎屑，但波阻抗反演及钻井揭示其碳酸盐岩含量不

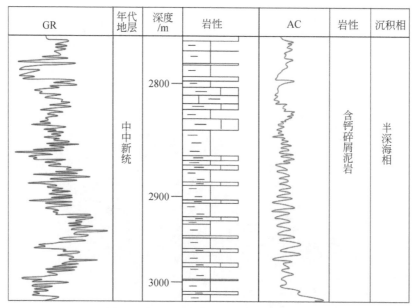

图 8-35　YL19-1-1 井中中新世地层岩性

高，这是碳酸盐岩碎屑顺坡流动在低洼处沉积后经过底流改造的原因。以上事实证明，丘形沉积体的物源不是单一来源，根据其所处的沉积环境及构造位置，推测其物质成分为半深海沉积与异地碳酸盐岩的混合沉积。

5）成因机制分析。丘形沉积体成因有多种，如生物礁成因、底流成因和浊流成因等。前文中提及该丘形体的波阻抗值明显小于生物礁的波阻抗，生物礁的发育受古地貌影响较大，最好是在碳酸盐岩台地或上斜坡等构造高部位，这种环境水温适宜，适合生物礁的生长。研究区内的丘形体位于西沙海域中中新世碳酸盐岩台地斜坡以下的低洼地区，显然不是生物礁成因。

前人研究证实中央峡谷水道在中中新世时一直处于"饥饿状态"（王振峰，2012），即峡谷一直未被填平，峡谷水道纵剖面显示"U"型形态，两侧无溢出沉积体。若丘形沉积体为水道浊流成因，则与其相邻的水道必须有堤岸溢出（王振峰，2012）。这样看来，丘形沉积体的形成与中央峡谷水道是没有联系的。

西沙碳酸盐岩台地斜坡边缘由于重力作用，碳酸盐岩碎屑向台地周缘运移，对斜坡产生侵蚀，形成一系列相互平行的冲沟（gully）。沉积物前期由于斜坡不稳而产生同沉积变形形成平行斜坡的挤压脊，后期由于受到螺旋式前进的底流作用影响，前者的两侧变得不对称，正是受到两种机制的相互作用，才产生了"井"字排列的丘形沉积体（图 8-36）。

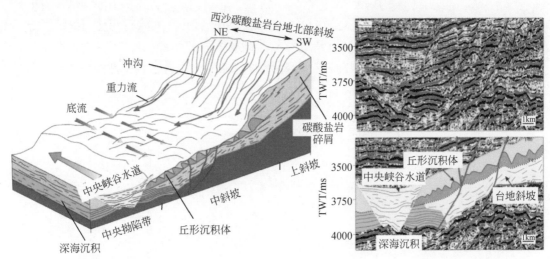

图 8-36　西沙碳酸盐岩台地北部斜坡丘形沉积体沉积模式（据 Tian et al.，2015）

# 8.3　天然气水合物地球物理探测

## 8.3.1　天然气水合物系统

天然气水合物是在低温高压条件下由水分子和气体分子（甲烷、硫化氢、二氧化碳等）形成的似冰状固态化合物。在自然界中，水合物一般分布在陆上冻土带和水深超过300m 的海底。随着高分辨率二维/三维地震成像资料和随钻测井、电缆测井等探测工作的开展，人们在海洋天然气水合物的形成、富集和分布规律等方面取得了重要进展，提出了天然气水合物系统（gas hydrate system）的概念（Boswell，2007）。天然气水合物系统成藏要素包括：水合物形成的温压条件，气源条件、适合水合物生成的沉积储层、流体运移、成藏时间、成藏模式。

### 8.3.1.1　天然气水合物形成的温压条件

在自然条件下水合物可以稳定分布的范围称为水合物稳定带，根据水合物相稳定曲线和沉积物中的地温梯度曲线可以计算水合物稳定带厚度（图 8-37）。由图 8-37 来看，地温梯度、海底温度、水深等因素共同决定了水合物稳定带的厚度。地温梯度越小，海底温度越低，水深越大，水合物稳定带厚度越大，反之越小。但这几种因素对水合物稳定带厚度的影响程度却不同，水深影响较小，地温梯度影响较大，海底温度影响最大。因此地温梯度、海底温度、水深等参数的精确度直接决定了水合物稳定带厚度计算的精度。

Miles（1995）根据前人的研究结果提出了天然气水合物稳定存在的温度–压力四阶方程

$$P = 2.807\ 402\ 3 + a \times t + b \times t^2 + c \times t^3 + d \times t^4 \tag{8-1}$$

式中，$a = 1.559\ 474 \times 10^{-1}$；$b = 4.8275 \times 10^{-2}$；$c = -2.780\ 83 \times 10^{-3}$；$d = 1.5922 \times 10^{-4}$；压力 $P$ 单位为MPa；温度 $t$ 单位为℃。该方程与甲烷-海水体系的实验数据很好地吻合。Sloan（1998）编写了 CSMHYD 程序，考虑多种因素影响下天然气水合物相平衡曲线和稳定带厚度的变化。

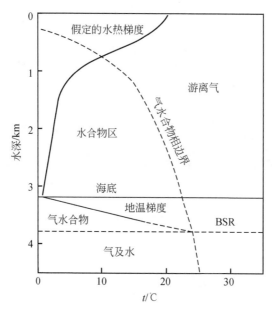

图 8-37　天然气水合物稳定带（据 Max, 1990, 修改）

对水合物稳定带的大部分研究认为孔隙压力梯度是静水状态下的（9.795kPa/m，0.433psi/ft）[①]（Collett，2002）。孔隙压力梯度比静水梯度大会产生大的孔隙压力，形成更厚的天然气水合物稳定带。孔隙压力梯度比静水梯度小就会形成较薄的天然气水合物稳定带。

不同气体组分的加入也会影响水合物的相平衡曲线。当天然气水合物中含有重烃（乙烷、丙烷）时，天然气水合物的相平衡曲线相对于纯甲烷曲线会向右偏移，也就是说天然气水合物能够在较高的温度和较低的压力下存在，甲烷含量越少，曲线偏移越明显（王淑红等，2005）。

此外溶解的盐可以明显降低水的冰点。例如，阿拉斯加北坡冰覆盖冻土层不是位于0℃等温线上而是处于一个更低的温度上（Collett，1993）。这种冰点的降低导致未结冰孔隙水中盐的出现。溶解的盐，如氯化钠，进入到水合物系统后，也可以降低水合物形成的温度。在天然气水合物形成过程中孔隙水中，盐与气的接触将以 0.06℃ 每千单位盐的比例降低结晶温度（Holder et al.，1987）。

---

① 1 psi = 0.155cm⁻²。

#### 8.3.1.2 天然气水合物形成的气源条件

气源是天然气水合物形成的关键因素。目前水合物的钻探结果证实，形成水合物的气源主要来自微生物成因和热解成因两种类型。

微生物成因气是由微生物分解有机质产生的。产生微生物气主要有两种途径：二氧化碳还原和发酵作用。发酵是现代环境气体产生的途径，二氧化碳还原是形成古代气体聚集最主要的方式。需要还原产生甲烷的二氧化碳主要来自于氧化作用和原地有机质热分解。这样，需要大量的有机质来形成微生物成因的甲烷。美国地质调查局1995年评估水合物资源时假设了一个较低的转化率50%（Collette，1995），水合物形成的最小有机碳含量为0.5%。由于大部分沉积层中有机碳含量相对较低，仅靠水合物稳定带内微生物成因气制约着富集的水合物藏的形成。Paull等（1994）指出海洋沉积层序中的气体循环和深部气源向上运移对形成高富集的天然气水合物成藏非常重要。一旦水合物稳定带形成，微生物气体可以由稳定带底部和相同深度上持续产生的循环天然气气体聚集得到。

热解甲烷在有机质发生热解变化时产生。在早期的热成熟阶段，热解甲烷跟其他的烃类以及非烃类气体伴生，常常与原油联系在一起。在最高的热成熟阶段，甲烷通过干酪根、沥青和原油中的碳键断裂形成。在热成熟阶段中随着温度升高，不同的烃类在各自最佳的温度窗内形成。甲烷最佳形成温度为150℃（Tissot and Welte，1984）。如上所述，世界上大部分的天然气水合物来自微生物成因气。大部分发表的水合物评估都集中于微生物气源。但是，在对北阿拉斯加（Hutchinson et al.，2008）和加拿大（Dallimore et al.，2005）的研究中，学者们重新提出了在高富集天然气水合物藏形成时热解气源的重要性。大部分水合物研究领域中热解气源的作用是受到重视的。

#### 8.3.1.3 水合物的储层

通过对天然气水合物钻探获得样品研究表明原地天然气水合物的物理性质存在很大的差异。水合物主要有以下四种形态存在于沉积物中：①粗粒沉积物的孔隙空间；②呈球状分散在细粒沉积物；③充填在裂隙中；④块状的固态水合物。大部分的野外勘探表明高富集的水合物主要受裂隙或粗粒的沉积物控制，水合物填充在裂隙中或者分散在富砂岩储层的孔隙中（Collett，1993；Dallimore et al.，2005；Collett et al.，2008）。四种不同类型的天然气水合物其资源量呈金字塔形分布（图8-38）（Boswell and Collett，2006；Boswell，2007），表明了不同类型的水合物的资源量相对大小和可供发开的潜力。最有前景最容易开发的能源位于金字塔顶部，技术上最有挑战性的能源位于底部。图8-38中给出了目前掌握的四种不同类型的水合物：①砂岩为主的储层；②泥质为主的裂隙储层；③暴露在海底的水合物；④低浓度分散在低渗透率的泥质沉积物中。

极地地区砂岩储层的天然气水合物资源位于金字塔顶部，为高饱和度的水合物（高达80%），是接近商业开发的天然气水合物资源。Collette等（2008）对阿拉斯加北坡天然气水合物资源的评估表明，大约2.42万亿 $m^3$ 技术上可开采的天然气资源储存在渗透性砂岩中。

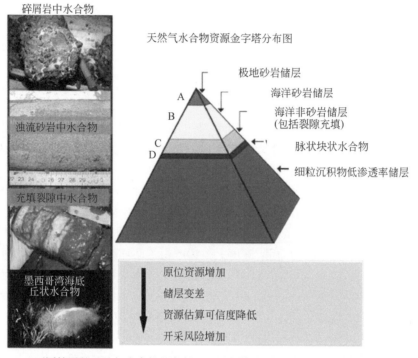

图 8-38　不同储层的天然气水合物的资源量呈金字塔分布（据 Boswell and Collett，2006）

　　海洋环境砂岩储层中的天然气水合物仅次于极地砂岩储层，具有良好的资源前景，水合物饱和度为中等到高浓度的水合物矿藏。美国能源矿产研究所（Frye，2008）认为墨西哥湾地区砂岩储层中的天然气水合物矿藏含有大约 190 万亿 m³ 的天然气。而且，研究表明在天然气水合物稳定带内浅层沉积物中储层质量好的砂岩水合物资源量大于以前评价的资源量。

　　在砂岩储层为主的水合物下面是大量分布在细粒泥质沉积物中的水合物，而填充在裂隙系统中的水合物是这类水合物矿藏中最有前景的资源。与未固结和低渗透率泥岩相比，砂岩系统中颗粒支撑的储层骨架具有较高的渗透率和较大孔隙度，砂岩储层是未来进行气体开采的远景区，主要是由于砂层更有效地传递压力和温度到水合物层，且释放的气体能够方便地聚集在井内。泥岩或泥岩裂隙中富集的甲烷水合物的开采会遇到更多的问题。将来需要在现代生产基础之上的技术进步来开采裂隙为主的天然气水合物矿藏。

### 8.3.1.4　流体运移

　　高浓度水合物含有大量热成因和生物成因气体，大多数情况下，水合物稳定带内产生的生物成因气体并不能满足水合物聚集需要的气体含量。由于水合物埋藏浅，地层温度不足以产生热成因气体。大陆边缘深水区富含丰富油气资源，构造运动导致油气储层受到破坏，大量的气体向上渗漏到水合物稳定带，从深部运移的气体是水合物成藏系统中的一个关键条件，为水合物形成提供充足气源。

甲烷及形成水合物的其他气体组成主要通过 3 种方式运移：扩散，溶解于水中与水一起运移，气体相在浮力作用下运移。扩散方式运移气体速率非常慢，在大多数情况下扩散运移的气体不能形成高浓度水合物。溶解气或者气体相水合物通过对流方式运移的气体是水合物形成的一种重要的水合物气源。对流运移的气体与水合物生成之间的关系主要包括两种模型，一种模型是水（包括甲烷的溶解液体相和其他气体）被运移到水合物稳定带，上升的流体遇到降低甲烷溶解度，甲烷气体析出生成水合物。大量野外和实验室观测表明只有当孔隙水中溶解甲烷气体超过溶解度才能形成水合物。在海洋系统中，在甲烷渗漏不活跃地区，在海底不能生成水合物。另一种模型是甲烷气体以气泡相（或气体相）方式向上运移到水合物稳定带，水合物在气泡和孔隙水界面处结晶生长。两种模式均需要水/气体相（气泡）沿可渗透路径的运移，气体相运移模型比溶于水的运移模式需要相对强的流体运移通道。沉积物中孔隙水流和气泡相气体运移通过聚集流体沿着断裂系统或者可渗透的孔隙介质进行运移。因此如果缺乏有效的运移通道，就不能形成大量水合物。

### 8.3.1.5 天然气水合物成藏时间

在常规油气系统中，烃类聚集的形成和保存需要的关键地质事件（烃类的产生、运移和聚集等）通常是一个很重要的控制因素。跟常规油气系统类似，在天然气水合物油气系统中，这种性质的评估建立在了解圈闭的形成时间和估计天然气的形成时间、微生物成因或者热解成因气源定位的基础之上。因为天然气水合物成藏通常与水合物中气体来源密切相关且天然气水合物可以形成自己的圈闭，时间似乎不是控制大部分天然气水合物聚集成藏的重要控制因素。

### 8.3.1.6 天然气水合物成藏模式

在天然气水合物成藏系统中，水合物稳定带中的大部分气体是从下部对流运移过来的。目前主要存在两种水合物模型（Collett et al.，2009）。第一种水合物形成模式中，气体运移主要以溶解气形式随流体从下部运移进入水合物稳定带，当甲烷浓度大于水中甲烷的溶解度时，甲烷从向上运移的水中析出，在合适的沉积层孔隙中形成水合物。在无裂隙呈均匀分布的细粒沉积物中，向上对流甲烷气体形成的天然气水合物分为三个过程（图 8-39）。在水和甲烷通量均非常低的系统中,水合物稳定带底部只能形成局部低饱和度的水合物藏［图 8-39（a）］。在相对较高的气水通量下［与图 8-39（a）相比］，很快在水合物稳定带上部形成了较厚的水合物层，上覆在游离气上［图 8-39（b）］。在持续的流体运移和沉积下，水合物系统发生变化。水合物稳定带以相同的深度向海底方向移动。向上移动的天然气水合物稳定带底部的水合物分解，分解的天然气向上运移进入新的水合物稳定带重新形成水合物［图 8-39（c）］。例如，在布莱克海台地区，气体循环沿着向上移动的水合物稳定边界在稳定带底部上方的沉积地层中产生了一个相对高浓度的水合物成藏（Paull et al.，1994）。但是强渗透性的路径，如断层，明显地改变了图 8-39 中水合物成藏状态。

水合物形成的第二种模式中，气体从下部向上运移，但气体作为一种独立的气泡相。天

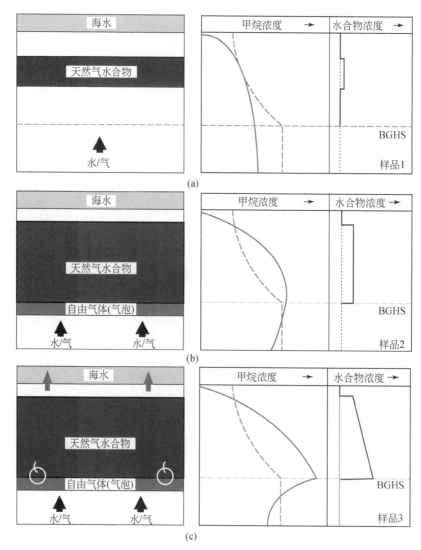

图 8-39  水合物成藏过程（Collett et al.，2009）

注：（a）和（b）为均匀沉积物中水合物成藏模式图，溶解甲烷气体囱下部运移至水合物
稳定带，与甲烷溶解度曲线（绿线）相交，当甲烷浓度（红线）大于甲烷溶解度，甲
烷从向上运移的水中析出形成水合物；（c）随着沉积和上移稳定带内水合物的分解导
致甲烷气体循环，在水合物稳定带上部形成高浓度水合物

然气水合物成藏系统中假设沉积层以低渗透性的泥岩层为主（图8-40）。该模式同样包括三
个过程，但是都需要次生的渗透性通道进行游离气相（气泡等）的运移，如断层系统 [图8-
40（a）] 或者高渗透砂岩的地层 [图8-40（b）]。在大部分情况下运移路径是裂隙系统或者
砂岩层，可以作为孔隙渗透性储层，能够生成高浓度水合物。图 8-40（c）给出了砂岩和裂
隙储层同时出现的水合物成藏模式。在这种情况下，裂隙系统作为气体运移通道。图 8-40 模
式中成藏强调的是只有游离气相（或气泡相）气体的运移，表明沿着相同增强的运移通道进
入上覆水合物稳定带中的富含甲烷的水，当甲烷析出时也可以形成高浓度的水合物。

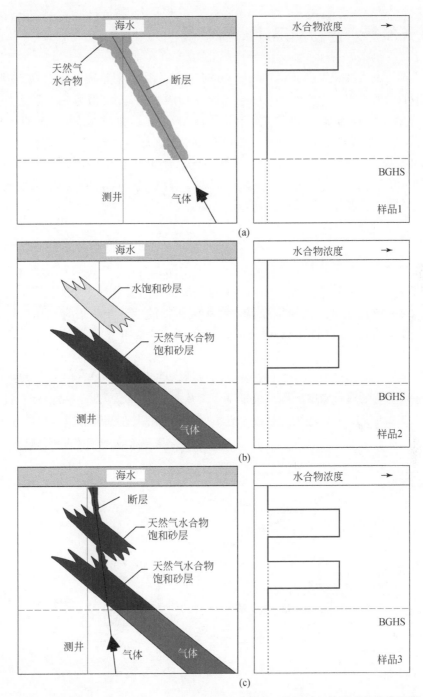

图 8-40　独立气泡相（或溶解气）沿高渗透率运移通道运移甲烷气体形成的水合物模式图

（Collett et al.，2009）

注：（a）断层作为运移通道和水合物生成空间的成藏模式；（b）砂岩地层作为运移通道和水合物生成空间的成
藏模式；（c）裂隙和砂岩共同出现的水合物成藏模式。BGHS 为水合物稳定带底界

## 8.3.2 天然气水合物储层地球物理识别

地球物理技术无疑是水合物识别最核心的技术。利用反射地震技术，在 20 世纪 70 年代就发现了似海底反射（BSR）（Shipley et al.，1979），自此，似海底反射成为识别水合物最重要的标志（宋海斌，2002；张光学等，2003）。后来又发展了 AVO、AVA 技术（Andreassen et al.，1997；Ecker et al.，1998；Song，2003）。随着海底勘探技术的进一步发展，高频 OBS 技术、海底电磁法勘探等陆续用于水合物的探测。随着水合物钻探的实现，常规油气测井应用到水合物勘探中，应用电阻率、声波、成像等测井技术识别出各种类型的水合物，并实现了水合物饱和度的高精度评价。

### 8.3.2.1 似海底反射

似海底反射是海域天然气水合物最重要的识别标志之一，具有与海底大体平行、与海底反射波极性相反、强振幅的特点。BSR 上覆地层含有的天然气水合物声波速度高，而下伏地层可能含有游离气则声波速度较低。海底沉积物的地温变化很大（压力变化不大），海底的起伏变化将造成沉积物中等温面的起伏变化，故 BSR 大致与海底地形平行。由于天然气水合物的形成可能导致 BSR 至海底间的沉积层固结而呈均质，内部波阻抗差减小，因而，BSR 至海底间出现空白带/弱振幅带的特征。许多地区水合物 BSR 表现十分明显，然而，也有一些地区因为构造沉积十分复杂，以及弱 BSR 等因素，不易识别。神狐海域由于大量峡谷的出现，BSR 表现较为杂乱不连续（图 8-41）。在韩国郁陵盆地的浊流–半深海沉积层中，发现了大量的"气囱"反射结构，被认为是水合物的形成造成地层纵波速度增

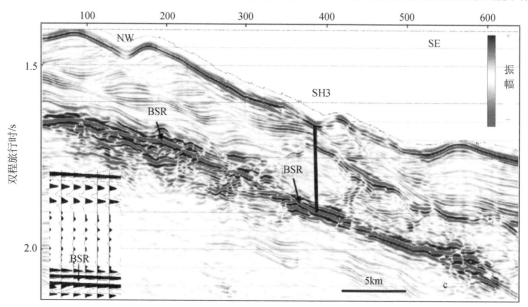

图 8-41　南海北部神狐海域地震剖面的 BSRs

加，而形成的上拱反射特征（图8-42）。"气囱"现象在水合物地区相对普遍，韩国钻探证明在水合物稳定带内的"气囱"指示相对高富集水合物的存在，在 UBGH2-3 井烟囱内发现的水合物饱和度高达70%。从 LWD 测井看，含水合物层电阻率较高，达上千欧姆米，含水合物层的纵波速度也出现明显增加。

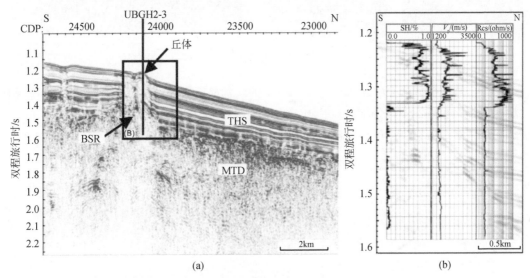

图 8-42　韩国郁凌盆地地震测线和气烟囱内发现脉状水合物（Yoo，2013）

BSR 是水合物稳定带底界的反射，而不是由地层构造引起的。BSR 有时与沉积层理斜交，但是如果和沉积界面平行，同样性质的平行海底沉积层反射，还有多次波和与海底平行地层的反射波，都在视觉上与天然气水合物产生的 BSR 相似，造成 BSR 在地震剖面上识别比较困难。振幅空白带内存在亮点，这是水合物后期形成并充填于地层的特征。BSR非常接近理论计算的水合物稳定带的底界面。因此，BSR 指示天然气水合物可能存在，但是不能说明水合物的厚度和饱和度。

BSR 也会有假象，需要更多的地质地球物理信息来验证。地层侵蚀（或沉积）或矿物相变会形成 BSR 假象，也称伪 BSR（图8-43）。伪 BSR 代表地层侵蚀（或沉积）前的岩性边界。伪 BSR 作为水合物区顶界的反射有两个特征：①伪BSR 和 BSR 之间的地层同其上覆地层相比反射弱；②与同样埋藏深度的地层相比纵波速度高。当然，矿物相变，也会产生伪 BSR，硅藻类沉积中的蛋白石 A 到蛋白石 CT 的成岩变化也能产生与海底起伏平行的反射，也切穿了海底沉积层，类似 BSR，但是具有正极性的特点，这是 BSR 解释中的一个误区。

BSR 作为水合物稳定区域的底界通常较容易识别出来，但却很难识别出水合物层的顶界和 BSR 之下游离气层的底界。推测原因是：BSR 之上沉积物内的水合物浓度向上逐渐降低，BSR 之下游离气层仅局限于薄层，地震难以分辨。BSR 的确定不能单纯用目测方式决定。要经过振幅保真、相位校正及正反演处理等手段之后才能确定。BSR 横向往往不连续，振幅的强弱和下伏游离气层的厚度有很大关系。在水合物沉积层内，随着水合物含量

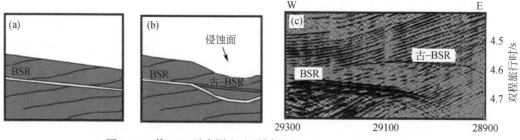

图 8-43　伪 BSR 示意图和地震剖面（Hornbach et al.，2003）

的增加，会导致振幅的衰减增加。水合物浓度的增加使得岩石的弹性模量增大，弹性模量的增加引起岩石弹性不均匀增加。孔隙流体的交叉流动会产生地震波的衰减。弹性不均匀增加同时会增加散射引起的地震能量的衰减。从图 8-44 可以看出随着水合物浓度的增加，能量耗损（$1/Q$）增加。

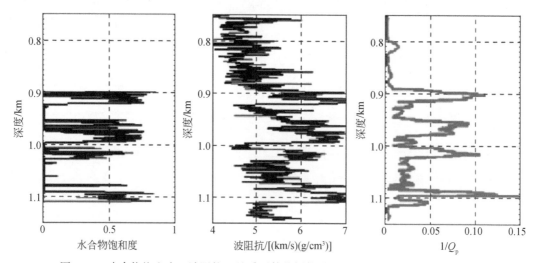

图 8-44　水合物饱和度、波阻抗、品质因数的倒数对比（Dvorkin and Uden，2004）

　　块状水合物存在明显的强振幅异常较高的波阻抗，但由于块状水合物的厚度可能小于现有的地震分辨率时，受地震波调谐作用的影响，剖面上难以看到正常的 BSR 反射。但由于块状水合物集合体地层的高速度和 BSR 之下由游离气引起的低速度造成了明显的上部速度上拉，下部速度下拉现象。二者垂向叠置称为"VAMPS"现象。当块状水合物的厚度较小，其高速度造成的地震波形上隆并不明显，由游离气层的低速度引起的地震波形的下拗是明显的，且有限的上隆直接覆盖在多层下拗之上，所以"VAMPS"现象仍然显著。在不变形背景中的一般平缓起伏的沉积物的地震剖面上，BSR 难以"拾取"，但"VAMPS"却可以识别确定是否存在天然气水合物。

　　南海北部陆坡是大陆边缘板块活动相对较弱的地区，具有适合水合物成藏的地质构造特征，是水合物勘探的重要靶区（吴时国等，2008）。神狐海区发育海底峡谷，2007 年中国地质调查局在该海区 SH2、SH3 和 SH7 三个钻孔获得水合物实物样品（吴时国等，

2009a；吴能友等，2009）。水合物样品位于水深 1200m 的峡谷脊部。在获得水合物样品的井位存在明显的似海底反射层（BSR）。峡谷侵蚀作用影响天然气水合物成藏，侵蚀过程改变地层压力或者侵蚀形成的垮塌都会改变水合物的赋存状态，从而改变水合物成藏模式。例如，在西非毛里塔尼亚海岸的海底峡谷，峡谷形成时的侵蚀、峡谷侧壁的滑塌等影响了该峡谷附近天然气水合物稳定带底界。南海北部神狐地区发育一系列迁移峡谷，峡谷在迁移过程中也会改变地层温压条件，对水合物稳定带底界造成影响。王真真等（2014）就对峡谷迁移对水合物成藏的影响效应进行了深入研究，下面进行详细叙述。

**（1）BSR 分布特征**

似海底反射波通常被认为与水合物密切相关，主要出现在下陆坡沉积物碎屑流和浊流发育区，邻近海陆过渡带，也是活动断裂构造密集发育和快速沉积作用（重力流沉积作用）地区（吴时国等，2004）。神狐区域峡谷长度约为 50km，脊部较为宽缓，BSR 较为发育。根据地震反射特征识别出 BSR，并根据 BSR 发育位置和特征差异，将其分为 3 种类型，即 I 型、II 型和 III 型 BSR（表 8-5）。不同类型 BSR 的分布位置具有一定的规律性，地震反射的特征也有明显不同。

I 型 BSR，主要分布在峡谷脊部和沉积侧翼，该位置沉积速率高，侵蚀速率低，成藏环境稳定，其特征最为典型。主要表现为单轴连续强反射，近似平行海底，与海底反射极性反转，BSR 上方出现振幅空白反射 [图 8-45（a）、（b）]。说明该位置的水合物饱和度较高。

II 型 BSR，主要分布在峡谷侵蚀侧翼，地震反射主要表现为多轴强反射，近似平行海底，极性反转，连续性较好，振幅强 [图 8-45（c）]。这可能因为峡谷侵蚀较强，沉积作用弱，导致水合物分解，形成游离气。

III 型 BSR 分布在脊部边缘 III 型 BSR 剖面上呈现出不连续的亮点反射 [图 8-45（d）]，可能说明水合物饱和度较低。

**表 8-5　BSR 分类及其地震反射特征**

| BSR 类型 | 地震反射特征 | 区域分布特征 |
| --- | --- | --- |
| I 型 BSR | 单轴、穿层、平行海底、强振幅、极性反转、连续性好 | 峡谷脊部和沉积侧翼 |
| II 型 BSR | 多轴、穿层、平行海底、强振幅、极性反转、连续性较好 | 侧蚀侧翼 |
| III 型 BSR | 多轴或单轴、强振幅、极性反转、不连续 | 脊部边缘 |

**（2）迁移峡谷沉积特征**

根据地震相特征差异，峡谷的充填可分为峡谷侵蚀基底、谷底滞留沉积、谷内滑塌及侧向倾斜沉积层 4 个单元。峡谷侵蚀基底为一强振幅反射面，切割两侧地层，基底之上可见沉积上超（图 8-46）。滞留沉积振幅强，频率低，连续性好，主要为浊流形成初期沉积，代表了粒度较粗的沉积物。谷内滑塌即 MTD，地震相特征为弱振幅或透明反射，或为杂乱反射，主要是峡谷壁滑塌形成（图 8-46）。侧向倾斜地层振幅较弱，主要为细粒沉积，分布在峡谷沉积侧翼，特征为发散状（图 8-42），向谷内倾斜，主要受底流控制形成（表 8-6）。脊部沉积主要是底流搬运外陆架及陆坡泥质沉积物形成脊部加积地层，有的脊部沉积层形成向陆坡方向迁移的沉积物波。峡谷充填受浊流的控制，具有旋回性，每一个充填旋回都以侵蚀基底为界，表现为强振幅、连续性好的反射界面（图 8-46）。

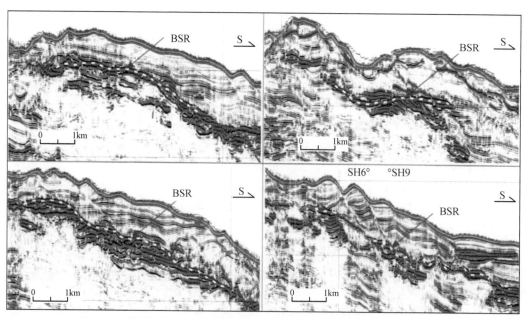

图 8-45　神狐区域峡谷位置的不同 BSR 典型剖面（据王真真等，2014）

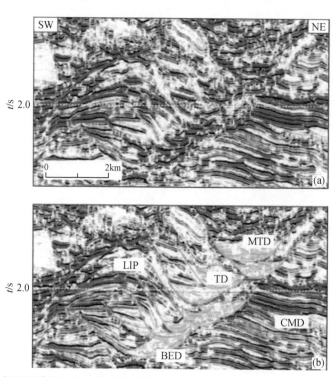

图 8-46　峡谷内部沉积单元与叠加模式地震剖面（a）及其地震相解释（b）（据王真真等，2014）
注：蓝色曲线为峡谷侵蚀基底（BED），黄色曲线为谷内倾斜沉积（LIP），黄色阴影为谷底滞留沉积
（TD）和谷内块体搬运沉积（MTD），绿色曲线为脊部加积地层（CMD）

表 8-6　迁移峡谷地震相划分及其反射特征

| 地震相 | 振幅 | 频率 | 连续性 | 外部形态 |
|---|---|---|---|---|
| 峡谷侵蚀基底 | 强 | 低 | 好 | 下凹 |
| 谷底滞留沉积 | 强 | 低 | 好 | 丘状 |
| 滑塌沉积 | 弱 | 低 | 低 | 杂乱 |
| 侧向倾斜地层 | 较强 | 较低 | 好 | 发散装 |
| 脊部加积地层 | 较弱 | 高 | 好 | 席状 |

**（3）峡谷迁移对天然气水合物成藏的影响**

迁移峡谷侧翼具有不同沉积特征，在底流作用下，在一侧产生侧向加积体，另一侧表现为强烈侧向侵蚀，这两种不同侧翼为侵蚀侧翼和加积侧翼。峡谷的沉积与迁移可以使天然气水合物处于动态成藏。由于峡谷下切侵蚀具有地层冷却作用，造成温压条件变化，这必然影响天然气水合物稳定带基底的变化（Davies et al., 2012）。峡谷侧向迁移造成脊部两侧不同的侵蚀和沉积速率，峡谷加积侧翼侧向沉积较强，因此稳定带基底在两侧也表现出不同的变化。峡谷侵蚀侧翼侵蚀速率高，地层变薄，热流增加，BSR 变浅，而加积侧翼沉积速率高，地层变厚，BSR 变深，因此造成峡谷区域脊部 BSR 形态与海底形态呈现不平行状（图 8-47）。随着峡谷演化，迁移不断发生，侵蚀侧翼 BSR 将向下移动，加积侧翼将向上移动，逐步调整到新 BSR 的位置。在这一过程中，侵蚀侧翼水合物稳定性将会受到破坏，可能会分解出一定的游离气。

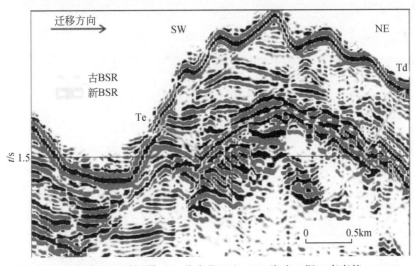

图 8-47　峡谷脊部不同侧翼 BSR 分布位置和 BSR 移动（据王真真等，2014）
注：Te 为侵蚀翼稳定带厚度；Td 为沉积翼稳定带厚度

图 8-48 为海底峡谷下切侵蚀和侧向迁移对天然气水合物稳定带底界变化的影响模式图。理论上，峡谷侵蚀形成前，天然气水合物稳定带底界平行于海底［图 8-48（a）］。随着峡谷的侵蚀下切作用，地层压力减小，天然气水合物稳定带底界随之下移，表现出与峡谷相似的形态。峡谷侵蚀造成水合物发生部分分解，并形成游离气，下凹形的稳定带底界对两侧的游

离气形成侧向阻挡，并在峡谷两侧形成亮点反射和 BSR［图8-48（b）］。在底流的持续作用下，峡谷发育过程中发生明显的迁移，峡谷两侧沉积–侵蚀环境就会发生明显差异。峡谷侵蚀侧翼一侧，地层变薄，而且快速侵蚀很可能破坏深水区埋深较浅的 BSR，造成天然气水合物分解释放甲烷气体，并形成侧壁滑塌沉积［图8-48（c）］，而峡谷沉积侧翼一侧，地层变厚。足够长的时间后，峡谷中 BSR 将逐渐向新的温压条件确定的稳定带底界移动，即峡谷沉积侧翼 BSR 向上移动，侵蚀侧翼 BSR 向下移动［图8-48（d）］。整个过程中，天然气水合物稳定带底界与峡谷的侵蚀–沉积–迁移过程存在动态调整的关系。

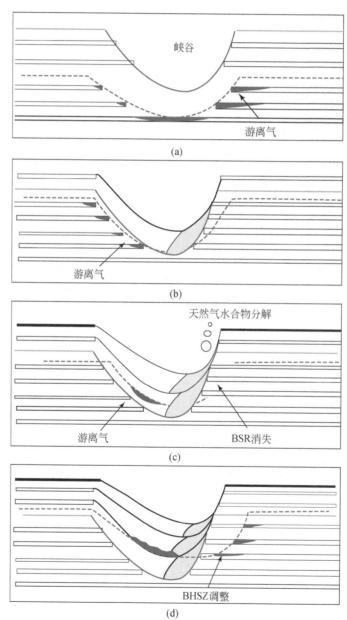

图 8-48　天然气水合物稳定带底界随着峡谷迁移变化模式（据王真真等，2014）

### 8.3.2.2 地球物理属性识别技术

**(1) 天然气水合物岩石物理研究**

含天然气水合物的岩石物理模型是地震研究的基础。基于简单模型（如孔隙度降低模型、时间平均方程、时间平均 Wood 加权方程等）和复杂模型（弹性模量模型、等效介质理论模型等）研究含天然气水合物沉积岩石弹性参数与水合物饱和度，含游离气岩石弹性参数与游离气饱和度的关系，计算不同模型振幅随入射角的变化，对于估计天然气水合物的浓度，进而确定天然气水合物资源量十分重要。

**(2) 地震正演模拟**

地震正演模拟包括数值模拟和实验室物理模拟。数值模拟正演可以结合反演结果校正模型来进行正反演交替迭代进行。物理模拟多数是用来验证数值模拟结果是否能够体现地震波传播的物理过程。通过正演得到的地震响应分析，研究天然气水合物沉积层和含游离气沉积层的厚度、孔隙度、饱和度、流体性质及组合结构的变化与地震反射特征、结构的关系。正演模拟与实际地震资料相结合会对天然气水合物资源评价产生重要的作用。

**(3) 水合物的地震资料处理**

由于水合物沉积层相对于油气储层而言埋藏较浅，地震波传播距离短，振幅、频率损耗少，有利于高分辨率采集、处理技术的实施。结合海域天然气水合物的地震反射机理，重点进行地震资料的叠前去噪（多次波、鬼波和气泡效应压制）、能量衰减分析和补偿、地表一致性振幅恢复、地表一致性静校正、地表一致性相位校正、高精度速度分析、保持振幅反褶积、保持振幅叠加和叠前偏移处理（含 DMO）等高分辨率处理方法，得到高品质的地震资料。

**(4) AVO 识别技术**

AVO 技术是利用地层的纵、横波特性，以及由此形成的地震反射振幅与偏移距及随入射角（AVA）的变化关系来判断地层物性和岩石的一项地震勘探技术。它是根据 Zoeppritz 方程的简化式进行的。该近似表达式反映了反射系数 $R$ 随着入射角的变化关系。AVO 分析与反演技术在天然气水合物的研究中被广泛应用，几乎所有的水合物研究区都进行了以真假 BSR 的识别为目的的 AVO 研究。

AVO 正演分析技术，设计不同的水合物赋存状况的地质模型，在此基础上根据反射层不同的弹性参数（如纵波速度、横波速度、密度、泊松比）模型，正演计算单个反射层的 AVO 响应特征，然后与拾取的实际 AVO 响应进行对比分析，探讨 BSR 成因，最后分析是否存在游离气并反演计算游离气厚度、水合物厚度和水合物饱和度。由于游离气饱和度为 2% 的沉积物与 100% 的沉积物的泊松比差别极小，因此 AVO 分析通常无法估算游离气的饱和度。此外由于沉积物水合物、游离气饱和度与其弹性参数关系的研究没有定论，因此理论的 AVO 特征也在争论之中，而 AVO 不仅与下层的弹性参数有关，还与上层的弹性参数有关，还可能受薄层（包括上、下层都可能是薄层）的影响，因此分析对比相当复杂，也可能是多解的。

AVO 反演技术在天然气水合物中得到广泛使用。由于水合物沉积层与其上覆、下伏沉积层明显的纵横波速度、纵横波波阻抗和泊松比特征的差异，由 AVO 信息可以反演得到纵横波速度、纵波波阻抗和横波波阻抗、泊松比等剖面（图 8-49）。

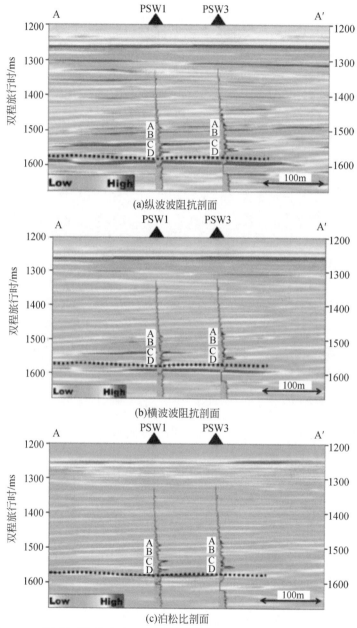

图 8-49 反演得到的纵波波阻抗、横波波阻抗和泊松比剖面（Hato，2012）

AVO 处理在获取角道集成果的基础上，一般还要获取反映近似于零炮检距的反射纵波的 P 波剖面，反映反射振幅随入射角的变化率以及变化趋势的梯度剖面 G 剖面，反映地层横波变化的拟横波剖面，反映水合物异常的亮点剖面和反映泊松比变化的泊松比差值剖面，这些剖面统称为 AVO 属性剖面。

利用 AVO 技术进行水合物定量研究必须在 AVO 反演提取属性剖面的基础上，先验性地给出一个纵横波速度比，由此可以求出横波速度。最后可用 AVO 的截距和横波数据求出纵波和横波的阻抗值，根据这两种阻抗值求出泊松比。高分辨率的纵波速度、横波速度和泊松比反演并结合岩石物性分析结果和模型 AVO 正演结果进行 BSR 识别水合物、含游离气沉积层储层预测、物性参数的定量预测。

### （5）波阻抗反演

相对于饱和海水沉积层和含游离气沉积层，水合物沉积层具有高波阻抗值，波阻抗由低向高变化的拐点处为水合物层的上界面，波阻抗由高向低变化的拐点处为水合物沉积层的下界面。

利用测井信息的纵向高分辨性和地震资料的横向连续性，对地震剖面进行宽带约束反演处理得到波阻抗剖面。能够反映水合物在横向和垂向的分布。

### （6）弹性波波阻抗反演

利用纵波反射数据（角依赖）进行弹性波波阻抗反演可以估算弹性参数，已被有效用于岩石特性分析和解释中。当子波随偏移距变化时，弹性波波阻抗反演优于 AVO 反演。图 8-50（a）是时间偏移共角度孔径数据体，入射角度孔径由上而下分别是 $0° \sim 8°$、$8° \sim 16°$、$16° \sim 24°$、$24° \sim 32°$，图 8-50（b）是弹性波波阻抗反演的结果。主要特征是两组由水合物和游离气层交互产生的高低阻抗层（H1，L1，H2，L2）。从 L1 和 H2 可以明显地看出随着入射角的变化弹性波波阻抗的变化。利用弹性波波阻抗和纵波波阻抗结果（入射角约为 $0°$），可以得到横波波阻抗结果。由横波波阻抗和纵波波阻抗数据可以得到纵横波的速度比、泊松比和拉梅参数项等弹性参数，继而预测天然气水合物和游离气的浓度和分布。

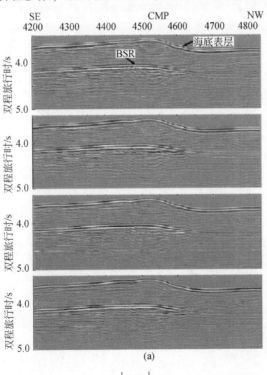

(a)

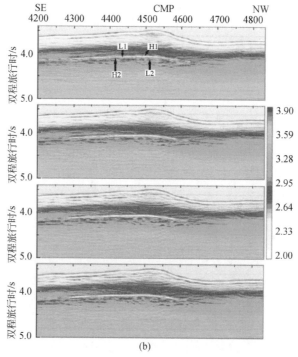

图 8-50　时间偏移角（孔径）道集弹性波波阻抗反演结果

### （7）全波形反演

纯天然气水合物的密度（0.9g/cm³）和海水的密度相近，产生 BSR 的波阻抗差主要是由水合物和自由气之间的速度差异造成的。速度分析是地震研究天然气水合物的关键。全波形反演是反演求取速度的重要方法。在地震资料振幅保真、高分辨率处理的基础上，进行高分辨率速度反演处理以获取速度剖面，在此剖面上利用水合物沉积层与其上下围岩（层）的速度差异进行水合物的识别（图 8-51）。全波形反演是为了求取水合物沉积层速度的精细结构，主要是使实际的地震记录波形与计算合成的地震记录波形之间的方差为最小目标函数进行求解来完成的。

目前被广泛应用的全波形反演方法是在频率–波数域进行的，它包含了旅行时反演（层析成像）与振幅波形反演、全局反演与局部优化反演等反演内容，它在多次搜索后用局部优化方法求解长波长（低频背景）纵波速度模型的基础上（旅行时反演），进行多轮多次的迭代，求取短波长（高频）速度结构（全波形反演），因此利用该方法可以求取水合物沉积层及其上覆沉积层、含游离气层的速度精细结构，识别天然气水合物的存在。旅行时反演非线性程度较高，应用了全局搜索方法，而振幅波形反演非线性程度较低（准线性），应用局部搜索方法。

### （8）VSP 技术

利用 VSP 技术可以得到纵波速度和横波速度的垂向分布。也能刻画水合物分布的横向变化。由图 8-52 可以明显看出 VSP 处理数据有很好的横向连续性。

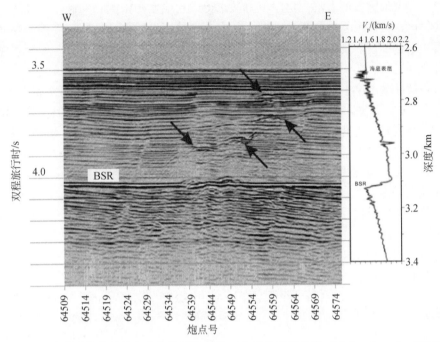

图 8-51　波形反演得到的水合物稳定带内和 BSR 处的速度异常（Holbrook et al.，2002）

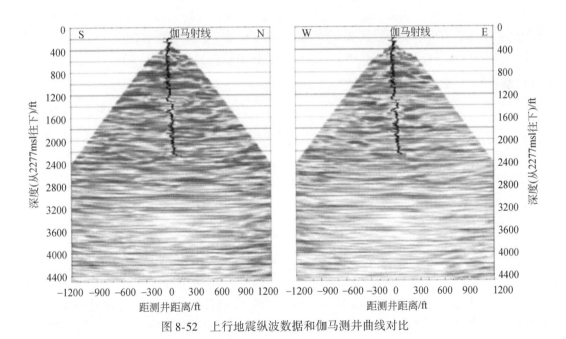

图 8-52　上行地震纵波数据和伽马测井曲线对比

### 8.3.2.3　测井地球物理特征

地球物理测井技术在水合物识别中十分重要，具有准确度高的特点。电阻率测井是估算水合物饱和度最直接的方法。电阻率方法求得的孔隙度同密度测井和中子孔隙度测井分析孔隙度相比，更接近岩芯分析孔隙度。从电阻率估算出的水合物饱和度值与从氯离子异常估算出的水合物饱和度值类似，但用电阻率估算的饱和度总体上更高。原因可能是由于取样过程中水进入岩芯引起低的氯离子浓度。核磁共振测井装置可以提供与岩性无关的孔隙度测量并估计渗透率。这些数据可以改善测定天然气水合物饱和度的定量技术。另外，在天然气水合物性质调查方面也起着重要的作用。碳氧比能谱技术，碳氧比能谱测井也叫中子伽马能谱测井，它能提供岩石矿物中大多数的元素信息，从而建立详细的矿物模型。碳氧比能谱测井提供了一种定量评价地层中含天然气水合物饱和度的方法。利用斯伦贝谢公司制造的储层饱和度测井仪（RST）可以测量水合物层的饱和度。

**（1）气测异常**

在含水合物岩层钻井过程中，洗涤液和钻头工作时放出的热量可以分解井壁的水合物，形成气体异常，并在泥浆含气录井和气测井中有明显显示。

**（2）电阻率增高**

孔隙被水合物充填后的岩层导电率降低，即电阻值升高，在视电阻率测井曲线上，水合物沉积层的顶部呈"台阶状"突变增大。运用电阻率可以确定沉积物的孔隙度和沉积物中天然气水合物的含量。

**（3）低自然电位**

与含游离气层相比，含水合物层存在较低（较负）自然电位异常，且长电位与短电位分离。其原因可能是，钻探引起的水合物分解除了造成水合物分布层段井径的扩大外，还使得该井段泥浆离子浓度降低，从而导致泥浆活度降低，进而使水合物上下岩层的高活度地层水向该井段扩散（氯离子扩散速度>钠离子扩散速度），最终使水合物赋存井段泥浆负电荷数增多而呈现负的电位异常。

**（4）密度降低**

与含水或含游离气沉积层相比，含水合物沉积层的密度降低，声波速率增大，同时还具有较高的纵横速度比，水合物底界面存在速度负异常。

**（5）声波时差降低**

天然气水合物沉积层的声波时差与声波的传播速度成反比，沉积物纵波速度的增大，会导致声波时差的减小。

**（6）中子孔隙度增大**

与含水或含游离气沉积层相比，含水合物层处的中子孔隙度略有增大。因为中子测井值反映的是地层中的氢含量，对于砂质沉积物而言，则大体反映了流体充满的孔隙度。当水合物形成时，一方面要从邻近地层中汲取大量淡水；另一方面单位体积水合物中有20%的水为固态甲烷所取代，引起单位体积沉积物内的含氢量大大增加。即使考虑到水合物形成造成的沉积物密度降低还会适当减少沉积物的含氢量，但最终结果也是单位体积内沉积物的含氢量增加，从而导致中子孔隙度增加。这与含游离气层位中子孔隙度明显降低恰好相反。

**（7）介电常数差异**

由于冰和天然气水合物的介电常数有显著差异，在273K条件下，冰的介电常数是

94，而天然气水合物的介电常数为 58，所以介电测井可能成为在永冻层识别天然气水合物的一种可行方法。

**（8）自然伽马变化**

砂岩储层的天然气水合物赋存层段的自然伽马曲线表现为箱状降低的谷值。沉积层自然伽马能谱的强弱与对放射性元素有强烈吸附作用的黏土含量有关。水合物在形成时不但要从上下地层中吸取大量的水分子，还要吸收大量来自下伏沉积物的烃类气体，由此导致单位体积沉积物内的黏土含量相对减少，使水合物赋存层段的自然伽马曲线降低。但是在细粒沉积物中，由于水合物饱和度并不高，因此，含水合物层的伽马并没有发生明显变化。

**（9）地层微电阻率扫描**

采用地层微电阻率扫描技术可得到井壁高分辨率的电阻率特征图像，从而得出岩层中反映天然气水合物性质和结构的信息。对于井壁上垂向和侧向细微的变化，都能反映出来，因而可探测到非常细微的地质异常特征，如宽度只有几微米到几十微米的裂缝。可用来进行详细的沉积和构造解释。

### 8.3.2.4 海洋电磁探测技术

海洋电磁探测是利用海底岩石介质的电磁感应信息，对海底的矿产资源分布进行电性推断的一种技术。近几十年来，海洋可控源电磁探测（CSEM）一直被应用于石油部门寻找深海油气资源，直到最近几年才开始应用于天然气水合物勘探（柴祎和曾宪军，2014）。受控于天然气水合物的成分组成，天然气水合物是高阻绝缘体。因此，可以利用海底瞬变偶极-偶极系统测得天然气水合物层位的电阻率异常数据，这些数据用来判断水合物产状和资源量计算。电磁探测方法用于探测海底甲烷水合物的基本原理在于甲烷水合物与海底沉积物的电学性质差异。与声波的变化相比，电阻率的变化似乎对水合物的存在更敏感。例如，在普拉德霍湾（Prudhoe Bay）含有水合物的区域内，测井曲线上声波速度增加了30%，而电阻率却增加了30倍。对于一些埋藏较浅的天然气水合物资源，需要电磁探测的中高频段，一般在 0.1~20Hz，在这区间选择若干个频点，向海下的目标区域进行拖曳式电磁发射，达到电磁扫描的效果（盛堰等，2012）。目前关于利用大地电磁或可控源电磁研究水合物的实例较少，是今后水合物研究的重要方向。

CSEM 探测天然气水合物的工作方式为：利用船体拖拽着一个能产生交变电磁场的发射器，大概控制在海底之上 100m，在发射器后面连接一个 100~200m 长的双极天线，该天线持续地发射接收交变电磁场信号。同时，沿测量剖面在海底放置数个大地电磁记录仪以记录大地电磁日变资料，以供之后数据处理时校正。该方法的探测深度可达 3000m，完全可以满足海域天然气水合物的调查需要。

海底天然气水合物储层和低阻沉积围岩之间显著的电阻率差异，产生明显的电磁异常，根据这种电磁异常不仅可以探测水合物分布，而且还可以通过建立不同孔隙度和水合物饱和度一维正演模型，对水合物饱和度进行评价（蔡骕和李予国，2016）。

### 8.3.3　天然气水合物储层资源评价

近年来，海洋天然气水合物的资源评价方法和估算的资源量发生了巨大变化。从最初利用体积法进行评价至现在利用油气成藏评价方法，估算的全球天然气水合物资源量相差了几个数量级。天然气水合物能够作为将来的新型能源并不在于巨大的资源量，而是由于水合物的富集、成藏在将来能够进行开发。

#### 8.3.3.1　天然气水合物饱和度估算

水合物的饱和度是资源量估算和开发可行性评价中的一个关键参数。估算饱和度的方法有很多种，不同勘探地区勘探程度不同，估算方法也不尽不同。在有钻井资料的地区，利用电缆测井（随钻测井）获得声波速度、电阻率计算饱和度；取芯层位，利用孔隙水中氯离子异常、盐度异常也能够计算饱和度。利用测井资料仅反映井孔附近的饱和度，不能够反映含水合物储层饱和度的空间变化。以测井资料为约束，利用地震反演方法获得含水合物层的声波速度，基于不同模型能够估算含水合物储层的饱和度。水合物钻探表明，含水合物地层具有高声波阻抗、高纵波速度、高电阻率和略微降低密度，且孔隙水的氯离子浓度和盐度降低，与饱和水地层相比，各种异常与水合物饱和度成正比（Pearson et al.，1983；Ecker et al.，1998；Wang et al.，2010）。下面简单介绍几种经常用到的估算方法。

**（1）电阻率法**

水合物和冰是电绝缘体，与不含水合物饱和水地层相比，含天然气水合物的地层具有高电阻率异常，假设该异常完全由于水合物出现引起，则该电阻率异常与水合物饱和度成正比。利用阿尔奇公式估算水合物饱和度要满足：①测井测量的电阻率是地层水电阻率和沉积物电阻率的函数，水合物为孔隙空间的绝缘体；②沉积物是亲水的，如海洋沉积物。

阿尔奇公式于1942年提出，之后成功地运用于烃类资源量评估中。阿尔奇方程表示为

$$\frac{R_0}{R_w} = \frac{a}{\phi^m} \tag{8-2}$$

$$\frac{R_t}{R_0} = \frac{1}{S_w^n} \tag{8-3}$$

式（8-2）给出了100%饱和水的地层电阻率的表达式。其中，$R_w$为地层共生水电阻率；$a$ 和 $m$ 为阿尔奇常数；$\phi$ 为地层孔隙度；$m$ 为水合物胶结指数。阿尔奇常数 $a$ 和 $m$ 是经验常数，一般是通过岩石导电性实验获得该常数，但是假设沉积层的孔隙空间被水饱和，测量电阻率为完全被水饱和地层的电阻率，利用交会图也能够获得该常数。式（8-3）表征了部分饱和水地层电阻率与完全饱和水地层电阻率的关系。其中，$n$ 为饱和度指数。

高电阻率异常指示地层含有水合物，假定该电阻率异常完全由于水合物出现引起，而且孔隙空间仅由水合物和水组成，利用均匀介质中电阻率异常估算水合物饱和度为

$$S_h = 1 - S_w \tag{8-4}$$

式中，$n$ 为饱和度指数。

**（2）声波速度法**

目前主要有三类模型被用来研究速度与水合物饱和度之间的关系：胶结模型、孔隙充填模型和承载模型。胶结模型中，水合物与沉积物颗粒接触或包裹着颗粒，即使在低水合物饱和度下，速度明显增加。有效介质理论（effective media theory）和修改的 Biot-Gassmann 理论（MBGL）（Lee and Collett, 1999）都基于孔隙充填模型研究速度与水合物的饱和度关系，尽管模型讨论了水合物作为骨架的一部分，改变骨架的弹性模量，但是其理论基础是孔隙充填模型。三相 Biot-type 方程（TPBE）假设地层由沉积物、水合物和孔隙流体三相组成来计算水合物稳定带内弹性波速度。最近实验研究表明，在水合物饱和度达到孔隙空间的 25%~40% 时，水合物在孔隙中存在必须从孔隙充填模式转换成承载模式（Yun et al., 2005, 2007），因此，自然界中孔隙中生存的水合物利用承载模型更合适。Lee 等（Lee and Waite, 2008）基于渗流理论把水合物作为一个独立相，利用简化的 TPBE 研究速度与水合物饱和度之间的关系，在孔隙充填模型中速度随水合物饱和度单调增加，而胶结模型中，速度随水合物饱和度迅速增加。但是 TPBE 基于 Biot 理论，假设孔隙水不受沉积物颗粒束缚，因此，能够用于砂岩沉积物中出现的地层。沉积物中泥质含量增加，孔隙水受沉积物颗粒束缚与泥质含量有关，在富含泥质沉积物中，TPBE 的假设不成立。王秀娟等（2006）基于 Biot-Geertsma-smith 方程，给出了双相介质中含水合物地层速度模型（TPBGE），通过流体相与固体相之间的耦合情况考虑弹性波传播中的能量耗散。

以上所述岩石物理模型假设水合物在地层孔隙中均匀分布。压力取芯表明细粒沉积物中水合物具有两种明显不同的产出形态，一种是孔隙充填，另一种是颗粒驱替。充填在孔隙空间的水合物替代了沉积物颗粒孔隙间的流体，而生成在裂隙内的水合物并不占据孔隙体积，而是迫使颗粒张开形成层状、脉状和球状的水合物（Lee and Collett, 2009）。裂隙充填型水合物与孔隙充填型水合物不同，含水合物层的裂隙倾角一般较陡，由于受构造应力作用，裂隙分布与断层主应力有关，具有定向特性，类似于裂隙介质而具有各向异性。沿裂隙分布的水合物是仅次于极地和海洋砂岩储层的分布类型（Boswell and Collett, 2006），印度海域是裂隙充填型水合物较为典型的一个区域。2006 年印度国家天然气水合物计划（NGHP01）在印度 Krishna-Godavari 盆地 NGHP01-10 井的泥质沉积物中钻探到高饱和度水合物，压力取芯和 X 射线成像显示水合物呈固态结核状或脉状分布在高角度的裂隙中（Cook and Goldberg, 2008）。

不同学者提出了多种理论和半经验模型，利用速度、电阻率测井资料来估算均匀各向同性的孔隙充填型水合物的饱和度。但是，当利用随钻电阻率测井基于阿尔奇方程计算的 NGHP01-10A 井水合物饱和度占孔隙空间的 80%，而利用压力取芯计算的水合物饱和度占孔隙空间的 20% 左右，两种不同方法计算结果相差较大。细粒沉积物中水合物呈脉状充填在裂隙中，裂隙倾角与区域构造应力有关，这种定向裂隙导致含水合物层出现各向异性（Cook and Goldberg, 2008）。利用孔隙充填型假设水合物呈均匀分布的各向同性速度模型计算水合物饱和度时产生较大误差，与压力取芯计算结果差异较大（Lee and Collett,

2009)。学者关于定向排列裂隙导致的各向异性进行了大量研究，提出了多种各向异性模型，如层状介质模型、裂隙嵌于孔隙介质中模型（Hudson，1981；Thomsen，1986）、周期性薄互层与扩容模型（Yang and Zhang，2002）等。不同模型具有不同假设条件，基于这些模型都可以利用速度来研究裂隙充填型水合物的饱和度。但在实际应用中，裂隙方向是一个影响估算水合物饱和度精度的关键因素。假设裂隙中完全充填水合物，裂隙充填型水合物储层可以利用两种端元的层状介质模型来研究，一个是裂隙端元，充填水合物；另一个端元是各向同性的饱和水沉积物（图 8-53）。

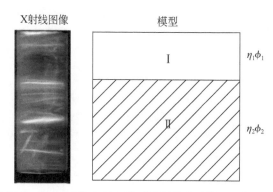

图 8-53　含水合物层的 X 射线成像和两个端元的层状介质模型（据 Lee and Collett，2009）

在裂隙充填型水合物层，测井测量的速度与裂隙倾角和水合物饱和度有关，在不同裂隙倾角时，相同水合物含量时纵横波速度不同。图 8-54 中给出了在水平裂隙和垂直裂隙，纵波速度和横波速度随水合物体积百分比含量的变化。当水合物体积百分比（$V_h$）为 0 时，表明模型中不存在裂隙充填型水合物，计算的速度为饱和水孔隙介质的速度；当 $V_h=1$ 时，表明模型中全部为裂隙充填型水合物，计算的速度为纯水合物的速度。图 8-54 表明随着水合物体积百分比的增大，纵波速度和横波速度都随着水合物体积百分比的增加而增大。在一定的水合物体积百分比下，裂隙倾角越大，各向异性介质模型中的纵波速度和横波速度越大。

**（3）孔隙水氯离子浓度**

天然气水合物沉积物岩芯在地面条件下，水合物温压环境发生变化，水合物将分解产生大量的淡水，因此，从含水合物样品中提取的孔隙水将比原位水要淡。盐度降低与水合物饱和度成正比。常用氯离子浓度降低来定量计算水合物饱和度。

利用岩芯孔隙水氯离子淡化程度来估算水合物的饱和度首先需要建立水合物分解前的原地孔隙水氯离子浓度剖面，从而制约由水合物分解所造成的稀释。假定岩芯孔隙水氯离子剖面上小于原地孔隙水氯离子剖面的部分都代表了水合物分解的影响，则水合物饱和度可以通过氯离子异常获得

$$S = \frac{1}{\rho_h}\left(1 - \frac{Cl_{pw}}{Cl_{sw}}\right) \qquad (8-5)$$

式中，$\rho_h$ 为纯天然气水合物密度；$Cl_{pw}$ 为孔隙水中实测的氯离子浓度；$Cl_{sw}$ 为正常孔隙水中氯离子的浓度，可以通过拟合稳定带顶底的氯离子含量趋势而求得。

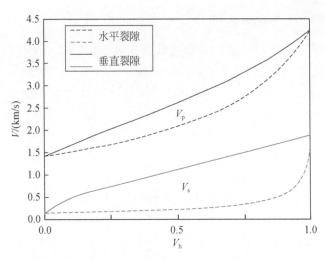

图 8-54　不同裂隙倾角下纵横波速度随天然气水合物体积百分比的变化（据王吉亮等，2013）

原地孔隙水氯离子浓度剖面主要通过两种方法获取。

1）假定原地氯离子浓度和海水相似，该方法计算的饱和度偏高。如 Yuan 等对 ODP533 站位的估计就采用了当地海水氯离子浓度作为原地孔隙水氯离子浓度，计算出水合物的平均饱和度至少为 8%，明显高于该地区使用其他方法获得的结果。

2）利用一个低阶多项式拟合水合物稳定带上下的氯离子含量趋势来得到一个背景浓度，把它作为原地孔隙水中氯离子的浓度。如 Pall 等对 ODP164 航次 997 站位和 Lu 等对 994D、995B 和 997B 钻孔的估算采用的就是三阶多项式拟合出的背景浓度，得出的饱和度分别为 4.8% 和 3% ~8%，两者具有相似性。

实际上，水合物稳定带的孔隙水是一个开放系统，易受对流、扩散作用以及冰期-间冰期海水盐度波动等的影响而造成根本性改变，因此使用海水氯离子浓度和拟合出的"背景浓度"并不严格代表实际情况。为此 Egeberg 等利用孔隙水化学数据组对 ODP164 航次 997 站位进行了分析，并开发出一个耦合氯离子-水合物模型来纳入这些因素对孔隙水氯离子浓度的影响，从理论上模拟出原地氯离子浓度剖面。模拟结果显示，997 站位所在的 Blake 海脊地区原地孔隙水氯离子浓度主要受到了水合物稳定带底部低盐度的孔隙水向上对流和最后一次冰期结束后盐度减小了的底层水的影响。该方法模拟结果显示 997 站位具有很低的水合物浓度，在水合物稳定带平均占孔隙空间的 2.3%。但如果将代表水合物层或结核的孤立的低氯离子浓度峰值包含在总水合物数量中，得到平均 3.8% 的饱和度，仍与使用其他方法和 Paull 等获得的结果具有可比性。虽然 Egeberg 等的耦合氯离子-水合物模型能从理论上更为准确地推算出原地孔隙水的氯离子浓度，但由于其较强的针对性（主要为 997 站位）和复杂的过程使它的推广受到了限制。实际应用中更多的是直接采用当地海水氯离子浓度值或拟合出的"背景"浓度来近似原地孔隙水的氯离子浓度。

### 8.3.3.2 天然气水合物资源评价

最近几十年，人们对全球天然气水合物的资源量评价结果发生了巨大变化。Makogon于1966年第一个发表了有关天然气水合物资源量估算的文章，尽管第一个水合物样品是在1974年获得。在过去的30年中，有20多个全球水合物资源评价结果，从Trofimuk等（1973）到最近Milkov等（2003）。Kvenvolden（1999）分析一系列全球估算并建议全球水合物含有甲烷资源量为$21 \times 10^{15} m^3$（约10 000Gt）。因此，是全球碳循环和能源资源的一个重要组成部分（Kvenvolden，1999；Collett，2002）。在过去30年估算的天然气水合物资源量从20世纪70年代到80年代初期的$10^{17} \sim 10^{18} m^3$，到80年代晚期至90年代的$10^{16} m^3$，90年代至现今为$10^{14} \sim 10^{15} m^3$。全球天然气水合物资源估算量的降低表明人们对海洋天然气水合物分布和含量的认识增加。天然气水合物被认为是将来能源资源不是因为体积巨大，而是因为单个水合物就含有巨大的资源量，将来可能进行能源开采（Milkov，2004）。

在理想条件下，水合物中的天然气量主要取决于以下5个条件：面积、厚度、有效孔隙度、水合指数、水合物饱和度，采用以下公式

$$Q = A \times Z \times \psi \times H \times G \tag{8-6}$$

式中，$Q$为甲烷资源量；$A$为水合物分布面积；$Z$为水合物稳定带平均厚度；$\psi$为沉积物平均有效孔隙度；$H$为孔隙中水合物饱和度；$G$为产气因子（即单位体积天然气水合物包含的标准温-压条件下的气体）。

Trofimuk等（1975）通过计算陆架、陆坡和深海平原三部分，并计算全球天然气水合物资源量，采用以下公式

$$Q = A \times R = (A \times R) \text{ shelf} + (A \times R) \text{ slope} + (A \times R) \text{ abyssal plane} \tag{8-7}$$

式中，$Q$为甲烷资源量；$R$为水合物资源密度，为标准状态下含水合物层每平方米含有的气体体积。

Kvenvolden等（1988）假设天然气水合物只能由原位产生的甲烷形成，认为沉积物中总有机碳在甲烷生成作用初期应该含有2%，在水合物稳定带，孔隙度为50%，生成饱和度为10%的水合物的有机碳含量（TOC）为1%。因此，认为沉积物中TOC大于1%的区域达$10 \times 10^6 km^2$，假设水合物稳定带的平均厚度为500m，估算的全球天然气水合物资源量为$40 \times 10^{15} m^3$。Gornitz和Fung（1994）认为在天然气水合物的形成过程中有两个不同的模型，即原位生物成因模型和流体运移成因模型。在原位生物成因模型中天然气水合物形成于TOC大于0.5%的沉积物中，运用上式估算的全球天然气水合物资源量为$26.4 \times 10^{15} \sim 139.1 \times 10^{15} m^3$。在流体运移成因模型中，水合物只形成于流体运移活跃的沉积物，假设水合物饱和度从水合物稳定带底部为50%到稳定带顶部为0%呈线性降低，全球水合物中甲烷气体资源量为$114.5 \times 10^{15} m^3$。

Ginsburg和Soloviev（1995）考虑了两种类型天然气水合物聚集，即海底与烃类渗漏有关和深埋或与海底渗漏没有直接关系的水合物。假设与水合物有关的渗漏占陆坡的0.01%（即$4 \times 10^4 km^2$），假设渗漏位置的水合物资源密度与里海泥火山处相同，估算的与海底渗漏有关的水合物资源量为$6 \times 10^{13} m^3$。深埋的天然气水合物利用DSDP（深海钻探计划）

570 航次的实测数据，估算的全球天然气水合物资源量为 $1 \times 10^{15} m^3$。Holbrook 等（1996）运用 ODP（大洋钻探计划）164 航次在美国东部海域布莱克海岭所采集的地震波速等数据认为 Kvenvolden（1988）得出的数值太大，Holbrook 等的估计值为 $6.8 \times 10^{15} m^3$。Soloviev（2002）运用了更多的主要来于 DSDP/ODP 的数据，认为水合物只能存在于沉积层厚度超过 2km 的区域，在全球有 $35.7 \times 10^6 km^2$，估算的全球天然气水合物资源量为 $1.8 \times 10^{14} m^3$，认为该数据可能是最小估算。Milkov 等（2003）运用 ODP204 航次在水合物脊采集到的压力孔样品及部分 ODP164 航次在布莱克海台的数据，全球水合物稳定带范围为 $7 \times 10^6 km^2$，仅有 30% 大陆边缘含有天然气水合物，估算的全球水合物资源量为 $3 \times 10^{15} \sim 5 \times 10^{15} m^3$。

从 1970 年至今，人们对全球天然气水合物资源量估算逐渐减小，从最初估算到最近估算结果相差了千倍乃至万倍，从估算的资源量数据域发表文章年代呈负相关表明随着人们对海洋天然气水合物认识的增加，估算的结果在降低。但是，估算的水合物资源不会持续降低，在水合物资源量估算中的一些参数选择，人们利用了 ODP、IODP 等大量实际资料进行约束。此外，全球估算的天然气水合物资源并不包括与构造有关的天然气水合物成藏，如断层和泥火山为海底提供高通量的甲烷气体，该区域富含丰富的天然气水合物（Hovland et al.，1997）。如俄勒冈岸外南水合物脊，水合物平均饱和度为 11%，平均产气量为 $13.5m^3/m^3$，局部区域饱和度达 43%，产气量大于 $50m^3/m^3$。Milkov 和 Sassen（2003b）评价了墨西哥湾几个构造控制的水合物成藏，认为其资源量为 $4.7 \times 10^8 \sim 1.3 \times 10^{11} m^3$。最新钻探在印度海域、美国墨西哥湾、韩国东海海域的细粒沉积物裂隙中发现了大量的天然气水合物，水合物饱和度为中等饱和度，仅次于砂岩储层水合物。该裂隙充填的天然气水合物资源在水合物资源评价中，人们低估了该类型水合物的资源量。

# 8.4 海底多金属结核地球物理探测

## 8.4.1 海底多金属结核的声学探测技术

利用声波探测技术调查海底多金属结核是一项传统方法，基本原理分为两类：一类是基于声波对海底及以下地层的反射，探测水深、海底地形与海底沉积地层的特征；另一类是基于声波对海底多金属结核的散射，探测海底结核的分布，统计覆盖率等矿区质量评价参数（华祖根等，1993；丁忠军和王昌诚，2013）。

华祖根等（1993）总结了多金属结核调查中的声学技术，具体方法主要有测深、侧扫声呐、地层（地震声学）剖面探测与多频声学探测等，广义地讲，还包括多道反射地震和折射地震。

### 8.4.1.1 多波束测深

海底地形地貌探测是大洋多技术结核勘探的重要调查项目之一，主要是通过水深测量来达到了解海底地形地貌的目的。多波束测深就是海底地形地貌测量的一种重要手段。现代多波束测深系统是计算机技术、导航定位技术和数字化传感器技术等多种高新技术的高度集成，是一种全新的高精度全覆盖式测深系统，在海洋测绘领域得到了广泛应用（刘尧芬，2008）。多波束测深系统测量无论对矿区资源评价、成矿环境研究，还是开采方法合理性分析都具有重要意义。要完成多金属结核矿区的高精度海底拼图，尤其是满足未来采矿的需要，多波束测深是较为经济有效的手段。具体测深工作原理见第2章。此外，通过接收海底反射率和多波束背散射强度的分析，还能对海底底质进行简单分类，进而评估结核富集程度方面的信息。

散射强度是指海底介质对声波反射和散射能力的一种反应，与声波的入射角、海底粗糙程度及沉积物的声学参数（密度、声速、衰减系数等）有关。沉积物的声学参数可以通过对散射强度反演得到，从而对沉积物底质类型进行区分，据此可以统计海底多金属结核的分布和丰度。

海底散射强度表达式为

$$BS = BS_b + 10 \lg A \qquad (8-8)$$

式中，$A$ 为波束照射区面积，可以通过脉冲宽度（$\tau$）、发射波束宽度（$\theta_t$）、接收波束宽度（$\theta_r$）以及波束入射角（$\theta$）求出。当入射角位于中央波束附近（$\theta \approx 0°$）时，$A = \theta_t \theta_r R^2$；当入射角为其他值时

$$A = \frac{1}{2\sin\theta} c\tau\theta_t R \qquad (8-9)$$

式中，$c$ 为声速；$BS_b$ 为海底的固有散射强度，通常情况依赖于波束的入射角，当 $\theta \approx 0°$ 时，$BS_b$ 通常近似为一常数（$BS_n$）；当 $0° < \theta < 25°$ 时，海底固有散射强度随入射角线性变化，且变化较大；当 $\theta \geqslant 25°$ 时，海底固有散射强度不但取决于波束的入射角，还依赖于海底底质类型特征，其变化服从 Lambert 定律 $BS_b = BS_0 + 10 \lg \cos^2\theta$，$BS_0$ 为斜入射时海底底质背散射强度。综上所述

$$BS = BS_0 + 10 \lg \cos^2\theta + 10 \lg\left(\frac{c\tau\theta_t R}{2\sin\theta}\right), \quad \theta \geqslant 25° \qquad (8-10)$$

因此，对多波束背散射数据 BS 进行 Lambert 法则校正（消除 $10\lg\cos2\theta$ 项）、波束照射区面积校正（消除 $10\lg A$ 项），即可获得仅反映海底底质特征的纯量 $BS_0$（金绍华等，2011）。据此，对散射强度数据进行地形校正和中央波束强反射信号处理分析，即可通过计算获得纯粹反映海底底质特征的背散射强度信息；通过对多个扇区、多条测线的背散射强度数据按照一定原则拼接，形成海底声呐影像图，即可为海底底质类型划分提供基础数据（朱峰和于宗泽，2015）。

### 8.4.1.2 旁侧声呐

旁侧声呐是通过侧方发射声波来探知水体、海面、海底（包括浅层地层）声学结构和介质性质的一种声波探测技术，对海底多金属结核的探测可以通过反向散射回声成像来探测海底表面特征及多金属结核分布特征。大洋中的侧扫声呐在探测海底地形地貌的同时，根据扫描图像信号的强度还能定性地分析多金属结核在海底的密集程度。深拖侧扫声呐工

作频率高，采集的地形地貌分辨率也高，能用来详细观察矿区海底地形、微地貌和障碍物的分布，直观地反映海底多金属结核的覆盖率和分布状况。尤其是对于埋藏型结核矿区，声波可以透过几厘米的沉积物到达结核形成散射图像。具体工作原理见第 2 章。

### 8.4.1.3　地震声学剖面探测

地震声学剖面探测通过地震波在海底下地层的反射特征来探测地层结构、沉积物特征以及地质构造、火山岩浆活动等，直接和间接地提供大洋多金属结核矿床地质、结核分布特征、开采条件等方面的重要信息。根据工作频段、分辨率高低与穿透地层深浅，大洋多金属结核调查中的地震学剖面探测可以分成浅地层剖面探测和反射地震剖面探测两类。

### 8.4.1.4　多频声学探测

多频声学探测是大洋多金属结核调查的重要手段，通过接收 3 种或多种不同频率的声波（一般为 3.5kHz、12kHz 和 30kHz 或 24kHz），以综合声压值与底质采样数据的统计值来估算海底多金属结核丰度。主要依据是大洋海底多金属结核对声波具有散射作用，在声学上具有"高通滤波器"特性；没有海底结核的海底频谱比较平，其声学响应不受频率影响，而有结核的海底声学响应受频率影响，实际上海底每一个多金属结核都是一个散射体，海底结核的声学响应是由很多单独结核的响应组合而成（张国祯，1998）。

## 8.4.2　海底多金属结核覆盖率探测

多金属结核覆盖率是指区域内多金属结核所占面积与区域总面积的比值，是评价矿区质量的重要指标参数，也是多金属结核勘探工作的主要内容之一。现有的覆盖率统计多以无缆抓斗、声学探测和深拖海底照相等方法获得。总体而言，声学探测方法估算多金属结核覆盖率可以比较全面地统计大区域矿区，但精度相对较低；海底照相直观且信息量大，更利于高精度的统计覆盖率，但也存在适用的矿区范围相对较小。丁忠军和王昌诚（2015）利用基于形态学重建算法统计海底多金属结核覆盖率，对于多金属结核丰富统计精度高，本节以丁忠军和王昌诚（2015）的研究成果为例来介绍如何利用海底照相的方法统计海底多金属核覆盖率。

### 8.4.2.1　网格计数法

网格计数法是一种很早就应用于各行业用来确定目标区域所占面积百分比的统计方法，过程简单易于操作。主要是利用打印的素材照片，然后对照片划线确立网格图，通过人工计取目标区域所占格数，然后比上总网格数来计算百分比。具体过程是，目标区域边缘采用四舍五入，即大于半个网格按一个网格计算，小于半个的不计数。该方法精度与网格的密集程度有关，但要高精度地计数需要更大的工作量，导致效率变低，因此该方法主要适用于粗略的估计。此外，划线部分工作可以借助 MATLAB 等软件添加，这样可以节省一定时间。图 8-55 为研究区一副海底多金属结核照片，图中显示为密集、均匀分布的多金属结核，并采用网格计数方法对其进行覆盖率的计算。

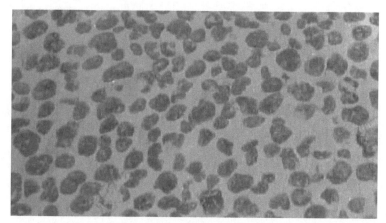

图 8-55　多金属结核（据丁忠军和王昌诚，2015）

### 8.4.2.2　二值化法

二值化是一种数字图像预处理方法，它是一种常用的图像分割手段，即将灰度图像的 256 个亮度等级通过设置适当的阈值使图像上的各像素点灰度为 255 或 0，二值化处理后图像呈现黑白效果，目标区域与背景分离。然而，图像二值化的处理效果很大程度上取决于阈值的设置，阈值设置偏大或偏小将直接影响到多金属结核覆盖率的统计结果。因此，需对灰度图像进行灰度分布统计，即直方图分析，灰度直方图能够直观地反映各灰度阶上图像像素出现的频率。根据图 8-56 的灰度直方图分析可知，该图像像素的灰度分布较为集中，呈现出两个较大的波峰，由此可知灰度级偏低的区域表示多金属结核，灰度级较高的区域表示海底背景，二值化图像阈值存在于直方图的波谷处，本节以灰度值 114 为阈值对图 8-55 进行二值化处理，结果如图 8-57 所示。

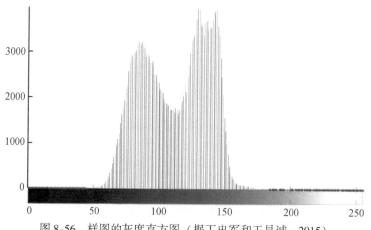

图 8-56　样图的灰度直方图（据丁忠军和王昌诚，2015）

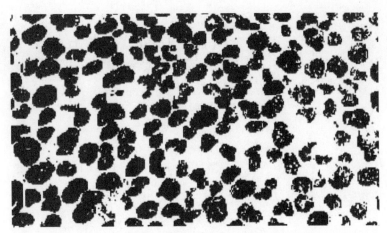

图 8-57　经二值化处理的图像（据丁忠军和王昌诚，2015）

经二值化处理后，多金属结核区域与图像背景分开，体现了二值化良好的分割效果，然后统计图像中黑白像素的数目，进而得到多金属结核的覆盖率。二值化图像处理法的统计结果比较令人满意，但如果每次计算覆盖率都要通过直方图分析来取得阈值，明显不适用于试验样本规模较大的情况，自动化程度低，而且观察图 8-57 发现，黑色多金属结核区域内有很多白斑，这是由于在海底环境中，多金属结核表面部分被海底泥沙覆盖，而泥沙的灰度级与海底背景相同，导致部分多金属结核区域被当做海底背景进行了分割。

### 8.4.2.3　形态学重建法

该方法主要是为了弥补二值化图像处理方法的不足，具体统计流程如下。

1）读取多金属结核图像，将彩色图像灰度化；

2）对灰度图像进行二值化前的分割阈值提取；

3）图像二值化处理；

4）二值图像再取反；

5）形态学重建填充；

6）二值图像再取反；

7）统计目标区域像素比例，得到覆盖率。

其中，二值化阈值自动提取算法利用最大类间方差法找到图像的合适阈值，最大类间方差法，简称 OTSU，是一种自适应阈值提取方法，其思想是利用图像的灰度特性，将待处理图像分为目标与背景两部分，两者的类间方差越大，说明目标与背景差别越大，差别越小则表明目标区域与背景存在错分，利用最大类间方差法能够比人为设置阈值得到效果更好的二值化图像。基于形态学重建填充的算法，是依据掩膜图像的特征对标记图像的反复膨胀操作，直到标记图像的像素值不再变化为止。若 $F$ 为标记图像，$G$ 为模板图像，且 $F \subseteq G$；则大小为 1 的标记图像关于模板的测地膨胀 $D_G^{(1)}(F)$ 的定义为

$$D_G^{(1)}(F) = (F \otimes B) \cap G \qquad (8-11)$$

$F$ 关于 $G$ 的大小为 $n$ 的测地膨胀 $D_G^{(n)}(F)$ 的定义是

$$D_{\mathrm{G}}^{(n)}\ (F) = D_{\mathrm{G}}^{(1)}\ (D_{\mathrm{G}}^{(n-1)}\ (F)) \tag{8-12}$$

式中，$D_{\mathrm{G}}^{(0)}\ (F) = F$。这是一个递推公式，集合求交每一步都执行。

来自标记图像 $F$ 对模板图像 $G$ 的膨胀形态学重建表示为 $R_{\mathrm{G}}^{D}\ (F)$，它被定义为 $F$ 关于 $G$ 的测地膨胀，反复迭代直至到稳定状态，即

$$R_{\mathrm{G}}^{D}\ (F) = D_{\mathrm{G}}^{(K)}\ (F) \tag{8-13}$$

迭代 $K$ 次，直到

$$D_{\mathrm{G}}^{(K)}\ (F) = D_{\mathrm{G}}^{(K+1)}\ (F) \tag{8-14}$$

多金属结核区域的填充是一种孔洞填充，基于形态学重建的孔洞填充可以概述为：令 $I\ (x,\ y)$ 表示一副二值图像，$F$ 为标记图像，除了在该图像的边界位置 $1-I$ 外，其他位置皆为 0，即

$$F\ (x,\ y) = \begin{cases} 1-I\ (x,\ y), & (x,\ y)\ 在\ I\ 的边界上 \\ 0, & 其他 \end{cases} \tag{8-15}$$

则 $H = R\left[{}_{I^c}^{D}\ (F)\right]^c$ 是一幅等于 1 且所有孔洞被填充的图像。

图 8-58 所示为多金属结核覆盖率形态学重建的处理结果，与图 8-57 进行对比，能够明显地发现，多数黑色目标区域上的白色空洞被填充，海底泥沙覆盖导致的多金属结核覆盖率统计误差被降到最低。

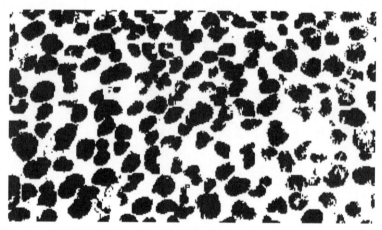

图 8-58　形态学重建处理后的二值化处理图像（据丁忠军和王昌诚，2015）

## 8.4.3　海底多金属结核的电磁探测展望

高精度的电磁方法在油气勘探、水合物探测和海底金属管线探测方面都表现出巨大的探测价值。电磁探测技术正逐渐向深海资源探测拓展，如对海底多金属结核的电磁探测。多金属结核是海底表层低阻层，对电磁响应的影响效应将是实现对其探测的主要依据。CSEM 的优势在于将人工场源可以放在海底表面，避免高频成分被海水屏蔽，提高对海底浅层地质单元的探测精度。

在国外，海洋可控源电磁装备研制和探测方法已较为成熟，正反演研究成果较多，而我国海洋可控源电磁探测技术的研究相对滞后。但这些年国内关于可控源探测系统（包括激发装置、接收系统及检测系统）的研究，正在如火如荼地开展（高通，2014；胡勇，2014；李鲲鹏，2014；王华龙，2014；辛凯，2014；陈凯等，2015；史志富，2015）。根据不同探测目标，电磁设备被安装在不同水深，不仅要保证其正常工作，还要在探测完成后，能够将设备安全回收。在探测过程中，海洋可控源甲板监控系统，是海洋可控源电磁探测系统的关键环节之一，它能控制海洋电磁系统的同步、系统参数设置、发射机工作状态监控和数据存储（王华龙，2014）。

目前关于海洋电磁探测技术对多金属结核的勘探还未见报道，但随着电磁探测设备的逐渐完善，相信今后高精度的电磁探测技术将会在海底多金属结核的探测中发挥重要的作用。

## 8.5 习　　题

1）试叙述海底资源的类型。其成藏或成矿的模式及其对地球物理探测的影响是什么？

2）常见的深水油气储层的地球物理识别技术有哪些？基本原理是什么？请思考这些地球物理技术的优缺点。

3）深水水道和淹没生物礁是重要的油气成藏场所，如何利用地球物理手段寻找它们？

4）天然气水合物的成藏条件有哪些？海底水合物储层的地球物理特征有哪些？

5）水合物分解往往造成海底地质灾害，如海底垮塌、海底滑坡等，请思考未来水合物开发中需要监测哪些地球物理参数来预防海底灾害的发生。

6）试叙述海底多金属结核的地球物理探测技术及其基本原理。海底多金属结核地球物理探测的最大障碍是什么？

7）请思考海底资源探测前景与当前地球物理探测技术手段的矛盾以及未来新的地球物理探测技术有哪些。

### 参 考 文 献

白万备，李建厚，孙长彦，等. 2011. 碳酸盐风暴沉积研究现状与进展. 河南理工大学学报（自然科学版），30（4）：426-432.

包更生，申屠海港，金翔龙，等. 2000. 深拖系统光学图像多金属结核粒径和丰度的计算. 海洋学报：中文版，22（5）：65-72.

蔡骥，李予国. 2016. 时间域可控源电磁法探测海底天然气水合物可行性分析. 海洋地质与第四纪地质，（1）：159-163.

柴祎，曾宪军. 2014. 海洋油气资源地球物理勘探方法概述. 气象水文海洋仪器，9（3）：112-116.

陈凯，魏文博，邓明，等. 2015. 海底可控源电磁接收机的电场低噪声观测技术. 地球物理学进展，（4）：1864-1869.

成荣红，杨斌，黄科，等. 2013. 地震多属性融合成像技术在储层预测中的应用. 天然气技术与经济，（4）：29-32.

丁忠军, 王昌诚. 2015. 基于形态学重建算法的海底多金属结核覆盖率统计研究. 海洋技术学报, 2: 106-110.

董桂玉, 陈洪德, 何幼斌, 等. 2007. 陆源碎屑与碳酸盐混合沉积研究中的几点思考. 地球科学进展, 22 (9): 931-939.

杜灵通, 吕新彪. 2003. 大洋多金属结核研究概况. 地质与资源, 12 (3): 185-187.

范嘉松. 2005. 世界碳酸盐岩油气田的储层特征及其成藏的主要控制因素. 地学前缘, 12 (3): 23-30.

高通. 2014. 海洋可控源电磁发射系统辅助单元的软硬件研制. 北京: 中国地质大学 (北京) 硕士学位论文.

郭福生, 严兆彬, 杜杨松. 2003. 混合沉积, 混积岩和混积层系的讨论. 地学前缘, 10 (3): 312-314.

胡勇. 2014. 海洋 CSEM 接收系统中传感器的研究与设计. 成都: 成都理工大学硕士学位论文.

华祖根, 潘国富, 钱鑫炎. 1993. 声学技术在大洋多金属结核调查中的应用现状和展望. 海洋技术学报, 4: 13-19.

姜素华, 庄博, 刘玉琴, 等. 2004. 三维可视化技术在地震资料解释中的应用. 中国海洋大学学报 (自然科学版), 34 (1): 147-152.

金绍华, 翟京生, 刘雁春, 等. 2011. Simrad EM 多波束声呐系统回波强度数据的分析与应用. 海洋技术学报, 30 (1): 48-51.

李军, 孙治雷, 黄威, 等. 2014. 现代海底热液过程及成矿. 地球科学——中国地质大学学报, 39 (3): 312-324.

李鲲鹏. 2014. 海洋可控源电磁勘探系统中的信标系统研制. 青岛: 中国海洋大学硕士学位论文.

李丽, 吕福亮, 范国章, 等. 2012. 海洋深水水道地震综合解释技术研究——以南海北部陆坡区更新统深水水道为例. 地球物理学进展, 27 (3): 1020-1025.

李婷婷, 王钊, 马世忠, 等. 2015. 地震属性融合方法综述. 地球物理学进展, 2015 (1): 378-385.

李秀鹏, 曾洪流, 查明, 等. 2008. 地震沉积学在识别三角洲沉积体系中的应用. 成都理工大学学报 (自然科学版), 35 (6): 625-629.

李琰, 王志超. 2010. 海底热液硫化物矿床研究进展综述. 科技资讯, 25: 59-60.

李志传. 2015. "海洋石油 981" 发现大气田南海深水勘探开发取得历史性突破. 国际石油经济, 1: 24-25.

刘尧芬. 2009. 多波束测深信息处理技术研究. 南京: 南京航空航天大学硕士学位论文.

吕彩丽, 吴时国, 袁圣强. 2010. 深水水道沉积体系及地震识别特征研究. 海洋科学集刊, 50 (1) 40-49.

马本俊, 吴时国, 曾驿, 等. 2016. 三维地震综合解释技术在南海北部陆坡深水水道沉积体系中的应用. 海洋地质与第四纪地质, 26 (4): 163-171.

马海舲. 2013. 海洋可控源电磁勘探的数据处理与解释. 成都: 成都理工大学硕士学位论文.

马玉波, 吴时国, 许建龙, 等. 2009. 琼东南盆地南部深水凹陷生物礁及碳酸盐台地发育模式. 天然气地球科学, 20 (1): 120-124.

牛新生, 王成善. 2010. 异地碳酸盐岩块体与碳酸盐岩重力流沉积研究及展望. 古地理学报, 12 (1): 17-30.

潘继平, 张大伟, 岳来群, 等. 2006. 全球海洋油气勘探开发状况与发展趋势. 国土资源情报, 15 (11): 1-4.

沙庆安. 2004. 混合沉积和混积岩的讨论. 古地理学报, 3 (3): 63-66.

邵磊, 李学杰, 耿建华, 等. 2007. 南海北部深水底流沉积作用. 中国科学 D 辑: 地球科学, 37 (6): 771-777.

沈金松, 陈小宏. 2009. 海洋油气勘探中可控源电磁探测法 (CSEM) 的发展与启示. 石油地球物理勘探, 44 (1): 119-127.

盛堰, 邓明, 魏文博, 等. 2012. 海洋电磁探测技术发展现状及探测天然气水合物的可行性. 工程地球物理学报, 9 (2): 127-133.

史志富. 2015. 海洋可控源电磁发射机的研究与实现. 北京: 北京工业大学硕士学位论文.

宋海斌, 江为为, 张文生, 等. 2002. 天然气水合物的海洋地球物理研究进展. 地球物理学进展, 17 (2): 224-229.

唐武, 王英民, 黄志超, 等. 2012. 琼东南盆地南部深水区中新统层序地层地震相与沉积演化特征. 海相油气地质, 17 (2): 20-25.

王大伟, 吴时国, 王英民, 等. 2015. 琼东南盆地深水重力流沉积旋回. 科学通报, 10: 933-943.

王华龙. 2014. 基于 OpenGL 的海洋电磁法探测系统运动监测软件的开发与实现. 长春: 吉林大学硕士学位论文.

王吉亮, 王秀娟, 钱进, 等. 2013. 裂隙充填型天然气水合物的各向异性分析及饱和度估算——以印度东海岸 NGHP01-10D 井为例. 地球物理学报, 56 (4): 1312-1320.

王开燕, 徐清彦, 张桂芳, 等. 2013. 地震属性分析技术综述. 地球物理学进展, (2): 815-823.

王淑红, 宋海斌, 颜文, 等. 2005. 南海南部天然气水合物稳定带厚度及资源量估算. 天然气工业, 25 (8): 24-27.

王秀娟, 吴时国, 刘学伟. 2006. 天然气水合物和游离气饱和度估算的影响因素. 地球物理学报, 49 (2): 504-511.

王莹. 2012. 珠江口盆地白云凹陷荔湾井区珠海组混合沉积成因模式及其油气勘探前景. 北京: 中国科学院研究生院硕士学位论文.

王振峰. 2012. 深水重要油气储层——琼东南盆地中央峡谷体系. 沉积学报, 30 (4): 646-653.

魏嘉, 朱文斌, 朱海龙, 等. 2008. 地震沉积学——地震解释的新思路及沉积研究的新工具. 勘探地球物理进展, 31 (2): 95-101.

吴能友, 杨胜雄, 王宏斌, 等. 2009. 南海北部陆坡神狐海域天然气水合物成藏的流体运移体系. 地球物理学报, 52 (6): 1641-1650.

吴时国, 董冬冬, 杨胜雄, 等. 2009a. 南海北部陆坡细粒沉积物天然气水合物系统的形成模式初探. 地球物理学报, 52 (7): 1849-1857.

吴时国, 袁圣强, 董冬冬, 等. 2009b. 南海北部深水区中新世生物礁发育特征. 海洋与湖沼, 40 (2): 117-121.

吴时国, 秦蕴珊. 2009. 南海北部陆坡深水沉积体系研究. 沉积学报, 27 (5): 992-930.

吴时国, 秦志亮, 王大伟, 等. 2011. 南海北部陆坡块体搬运沉积体系的地震响应与成因机制. 地球物理学报, 54 (12): 3184-3195.

吴时国, 王大伟, 姚根顺. 2015a. 南海深水沉积与储层地球物理识别. 北京: 科学出版社.

吴时国, 王秀娟, 陈端新, 等. 2015b. 天然气水合物地质概论. 北京: 科学出版社.

吴时国, 姚根顺, 董冬冬, 等. 2008. 南海北部陆坡大型气田区天然气水合物的成藏地质构造特征. 石油学报, 29 (3): 324-328.

吴时国, 袁圣强. 2005. 世界深水油气勘探进展与我国南海深水油气前景. 天然气地球科学, 16 (6): 693-699.

吴时国, 张光学, 郭常升, 等. 2004. 东沙海区天然气水合物形成及分布的地质因素. 石油学报, 25 (4): 7-12.

辛凯. 2014. 海洋可控源电磁勘探系统中方位/CTD 记录仪的研制. 青岛：中国海洋大学硕士学位论文.

许东禹，吴必豪. 2014. 海底天然气水合物的识别标志和探测技术. 海洋石油，(4)：1-7.

曾方禄. 2014. 基于海洋 MCSEM 监测的海底油气后期开发的可行性. 东北石油大学学报，38（1）：31-36.

曾洪流. 2011. 地震沉积学在中国_回顾和展望. 沉积学报，29（3）：417-426.

张光学，黄永样，陈邦彦. 2003. 海域天然气水合物地震学. 北京：海洋出版社.

张光学，梁金强，陆敬安，等. 2014. 南海东北部陆坡天然气水合物藏特征. 天然气工业，34（11）：1-10.

张国祯. 1998. 大洋多金属结核勘探技术与评价方法// 寸丹集——庆贺刘光鼎院士工作50周年学术论文集. 北京：科学出版社.

张延玲，杨长春，贾曙光. 2006. 地震属性技术的研究和应用. 地球物理学进展，20（4）：1129-1133.

赵澄林. 2001. 沉积岩石学. 北京：石油工业出版社.

朱峰，于宗泽. 2015. EM122 多波束测深系统在大洋多金属结核资源调查中的应用. 海洋地质前沿，31（9）：66-70.

朱伟林，米立军，高阳东，等. 2013. 大油气田的发现推动中国海域油气勘探迈向新高峰——2012 年中国海域勘探工作回顾. 中国海上油气，1：6-12.

朱伟林，钟锴，李友川，等. 2012. 南海北部深水区油气成藏与勘探. 科学通报，20：1833-1841.

Abreu V, Sullivan M, Pirmez C, et al. 2003. Lateral accretion packages（LAPs）: an important reservoir element in deep water sinuous Channels. Marine and Petroleum Geology. 20：631-648.

Betzler C, Lüdmann T, Hübscher C, et al. 2013. Current and sea-level signals in periplatform ooze（Neogene, Maldives, Indian Ocean）. Sedimentary Geology, 290（4）：126-137.

Boswell R. 2007. Resource potential of methane hydrate coming into focus. Journal of Petroleum Science & Engineering, 56（1）：9-13.

Boswell R, Collett T. 2006. The gas hydrates resource pyramid. Department of Energy- National Energy Technology Laboratory, Fire in the Ice. Methane Hydrate Newsletter, Fall：1-4.

Bouriak S, Vanneste M, Saoutkine A. 2000. Inferred gas hydrates and clay diapirs near the Storegga Slide on the southern edge of the Voring Plateau, offshore Norway. Marine Geology, 163（1）：125-148.

Collett T S. 2008. Assessment of Gas Hydrate Resources on the North Slope, Alaska. American Geophysical Union.

Collett T S. 1993. Natural gas hydrates of the Prudhoe Bay and Kuparuk River area, north slope, Alaska. AAPG Bulletin, 77（5）：793-812.

Collett T S. 1995. Gas hydrate resources of the United States. National assessment of United States oil and gas resources on CD-ROM：US Geological Survey Digital Data Series, 30（1）.

Collett, T S. 2002. Energy resource potential of natural gas hydrates. AAPG Bullet, 86：1971-1992.

Collett T S, Johnson A H, Knapp C C, et al. 2009. Natural gas hydrate review Browse Collections, 89：146-219.

Collett T S, Boswell R. 2012. Resource and hazard implications of gas hydrates in the Northern Gulf of Mexico： Results of the 2009 Joint Industry Project Leg II Drilling Expedition. Marine & Petroleum Geology, 34（1）：1-3.

Constable S, Srnka L J. 2007. An induction to marine Controlled source electro-magnetic methods for hydrocarbon exploration. Geophysics, 72（2）：3-12.

Cook A E, Goldberg D. 2008. Extent of gas hydrate filled fracture planes：Implications for in situ methanogenesis and resource potential. Geophysical Research Letters, 35（15）：596-598.

Dallimore S R, Collett T S, Taylor A E, et al. 2005. Scientific results from the Mallik 2002 gas hydrate production research well program, Mackenzie Delta, northwest territories, Canada: Preface. Bulletin of the Geological Survey of Canada, 585.

Davies R J, Thatcher K E, Mathias S A, et al. 2012. Deepwater canyons: An escape route for methane sealed by methane hydrate. Earth and Planetary Science Letters, 323-324 (2): 72-78.

Deptuck M E, Sylvester Z, Pirmez C, et al. 2007. Migration-aggradation history and 3-D seismic geomorphology of submarine Channels in the Pleistocene Benin-major Channel, western Niger Delta slope. Marine and Petroleum Geology, 24: 406-433.

Di Celma C. 2011. Sedimentology, architecture, and depositional evolution of a coarse-grained submarine Channel fill from the Gelasian (early Pleistocene) of the Peri-Adriatic basin, Offida, central Italy. Sedimentary Geology, 238: 233-253.

Dolan J F. 1989. Eustatic and tectonic controls on deposition of hybrid siliciclastic/carbonate basinal cycles: discussion with examples. AAPG Bulletin, 73 (10): 1233-1246.

Dvorkin J, Uden R. 2004. Seismic wave attenuation in a methane hydrate reservoir. The Leading Edge, 23 (8): 730-732.

Ecker C, Dvorkin J, Nur A. 1998. Sediments with gas hydrate structure from seismic AVO. Geophysics, 63 (5): 1959-1669.

Eshelby J D. 1957. The determination of the elastic field of an ellipsoidal inclusion, and related problems//Proceedings of the Royal Society of London A: Mathematical, Physical and Engineering Sciences. The Royal Society, 241 (1226): 376-396.

Finsburg G D, Soloviwv V A. 1995. Submarine gas hydrate estimation: Theoretical and empirical approaches. Proceedings of Offshore Technology Conference, Houston, TX, 1: 513-518.

Francis J M, Dunbar G B, Dickens G R, et al. 2007. Siliciclastic sediment across the North Queensland Margin (Australia): A Holocene perspective on reciprocal versus coeval deposition in tropical mixed siliciclastic-carbonate systems. Journal of Sedimentary Research, 77 (7): 572-586.

Frye M. 2008. Preliminary evaluation of in-place gas hydrate resources: Gulf of Mexico outer continental shelf: Minerals Management Service Report 2008-004. Gas Hydrate Assessment.

Ghosh R, Sain K, Ojha M. 2010. Effective medium modeling of gas hydrate-filled fractures using the sonic log in the Krishna-Godavari basin, offshore eastern India. Journal of Geophysical Research: Solid Earth (1978-2012), 115 (B6): 3659-3667.

Gong C, Wang Y, Steel R J, et al. 2016. Flow processes and sedimentation in unidirectionally migrating deep-water channels: from a three-dimensional seismic perspective. Sedimentology, 63 (3): 645-661.

Gong C, Wang Y, Zhu W, et al. 2011. The Central Submarine Channel in the Qiongdongnan Basin, northwestern South China Sea: Architecture, sequence stratigraphy, and depositional processes. Marine and Petroleum Geology, 28: 1690-1702.

Gong C, Wang Y, Zhu W, et al. 2013. Upper Miocene to Quaternary unidirectionally migrating deep-water Channels in the Pearl River Mouth Basin, northern South China Sea. AAPG Bulletin, 97: 285-308.

Gornitz V, Fung I. 1994. Potetial distribution of methane hydrate s in the world's oceans. Global Biogeochemical Cycles, 8: 335-347.

Hato M. 2012. Detection of methane-hydrate-bearing zones using seismic attributes analysis. Leading Edge, 25 (5): 607-609.

Holbrook W S, Gorman A R, Hornbach M, et al. 2002. Seismic detection of marine methane hydrate. Leading Edge, 21 (7): 686-689.

Holbrook W S, Hoskins H, Wood W T, et al. 1996. Methane hydrate and free gas on the Blake Ridge from vertical seismic profiling. Sciences, 273: 1840-1843.

Holder G D, Malone R D, Lawson W F, et al. 1987. Effects of Gas Composition and Geothermal Properties on the Thickness and Depth of Natural-Gas-Hydrate Zones. Journal of Petroleum Technology, 39 (9): 1147-1152.

Hornbach M J, Holbrook W S, Gorman A R, et al. 2003. Direct seismic detection of methane hydrate on the Blake Ridge. Geophysics, 68 (1): 92-100.

Ho-Shing E, Chang. 2009. Links among Slope Morphology, Canyon Types and Tectonics on Passive and Active Margins in the Northernmost South China Sea. Diabetes Care, 37 (1): 77-84.

Hovland M, Gallagher J W, Clennel M B, et al. 1997. Gas hydrate and free gas volumes in marine sediments: Example from the Niger Delta Front. Marine and Petroleum Geology, 14: 245-255.

Hudson J A. 1981. Wave speeds and attenuation of elastic waves in material containing cracks. Geophysical Journal International, 64 (1): 133-150.

Hunter R B, Collett T S, Boswell R, et al. 2011. Mount Elbert Gas Hydrate Stratigraphic Test Well, Alaska North Slope: Overview of scientific and technical program. Marine and Petroleum Geology, 28 (2): 295-310.

Hutchinson D R, Shelander D, Dai J, et al. 2008. Site selection for DOE/JIP gas hydrate drilling in the northern Gulf of Mexico.

Kane I A, Kneller B C, Dykstra M, et al. 2007. Anatomy of a submarine Channel-levee: An example from Upper Cretaceous slope sediments, Rosario Formation, Baja California, Mexico. Marine and Petroleum Geology, 24: 540-563.

Kolla V, Posamentier H W, Wood L J, 2007. Deep- water and fluvial sinuous channels—Characteristics, similarities and dissimilarities, and modes of formation. Marine and Petroleum Geology, 24: 388-405.

Krason J, Finley P. 1988. Evaluation of the geological relationships to gas hydrate formation and stability. Progress report, June 16 September 30.

Kvenvolden K A. 1988. Methane hydrate: A major reservoir of carbon in the shallow geosphere? Chemical Geology, 71: 41-51.

Kvenvolden K A. 1994. Laboratory simulation of hydrothermal petroleum formation from sediment in Escanaba Trough, offshore from northern California. Organic Geochemistry, 22 (6): 935-945.

Kvenvolden K A, 1999. Potential effects of gas hydrate on human welfare. Proceedings of National Academy of Science, 96: 3420-3426.

Kvenvolden K A, Claypool G E. 1988. Gas hydrates in oceanic sediment. US Geological Survey.

Kvenvolden K A, Ginsburg G D, Soloviev V A. 1993. Worldwide distribution of subaquatic gas hydrates. Geo-Marine Letters, 13 (1): 32-40.

Lüdmann T, Wong H K, 1999. Neotectonic regime at the passive continental margin of northern South China Sea. Tectonophysics, 311: 113-138.

Lüdmann T, Wong H, Wang P, 2001. Plio-Quaternary sedimentation processes and neo-tectonics of the northern continental margin of the South China Sea. Marrine Geology, 172: 331-358.

Lee M W, Waite W F. 2008. Estimating pore-space gas hydrate saturations from well log acoustic date. Geochemistry Geophysics Geosystems, 9 (7): 3562-3585.

Lee M W, Collett T S. 2009. Gas hydrate saturations estimated from fractured reservoir at Site NGHP-01-10,

Krishna-Godavari Basin, India. Journal of Geophysical Research Solid Earth, 114 (B7): 261-281.

Lu S. 2004. Elastic impedance inversion of multichannel seismic data from unconsolidated sediments containing gas hydrate and free gas. Geophysics, 69 (1): 164-179.

Ma B, Wu S, Sun Q, et al. 2015. The late Cenozoic deep-water channel system in the Baiyun Sag, Pearl River Mouth Basin: Development and tectonic effects. Deep Sea Research Part II Topical Studies in Oceanography, 122: 226-239.

MacDonald G J. 1990. Role of methane clathrates in past and future climates. Climatic Change, 16 (3): 247-281.

Makogon Y F. 1981. Perspectives of development of gas hydrate accumulations. Gasovaya Promyshlennost, 3: 16-18.

Max M D. 1990. Gas Hydrate and Acoustically Laminated Sediments: Potential Environmental Cause of Anomalously Low Acoustic Bottom Loss in Deep-Ocean Sediments. Naval Research Laboratory Report 9235 (avaiable through DTEC), 68 pp.

Mcguire D, Runyon S, Williams T, et al. 1999. Gas hydrate exploration with 3D VSP technology, North Slope, Alaska. Seg Technical Program Expanded Abstracts, 23 (1): 2489.

Miles P R. 1995. Potential distribution of methane hydrate beneath the Europe continental margins. Geophysical Research Letters, 22 (23): 3179-3182.

Milkov A V. 2004. Global estimates of hydrate-bound gas in marine sediments: how much is really out there? Earth-Science Reviews, 66: 183-197.

Milkov A V, Claypol G E, Lee Y J, et al. 2003. In situ methane concentrations at Hydrate Ridge offshore Oregon: New constraints on the global gas hydrate invernory from an active margin. Geology, 31: 833-836.

Milkov A V, Sassen R. 2003a. Two-dimensional modeling of gas hydrate decomposition in the northwestern Gulf of Mexico: Significance to global change assessment. Global and Planetary Change, 36: 31-46.

Milkov A V, Sassen R. 2003b. Preliminary assessment of resources and sconomic potential of individual gas hydrate accumulations in the Gulf of Mexico continental slope. Marien and Petroleum Geology, 20: 111-128.

Mount J F. 1984. Mixing of siliciclastic and carbonate sediments in shallow shelf environments. Geology, 12 (7): 432-435.

Mulder T, Ducassou E, Eberli G P, et al. 2012a. New insights into the morphology and sedimentary processes along the western slope of Great Bahama Bank. Geology, 40 (7): 603-606.

Mulder T, Ducassou E, Gillet H, et al. 2012b. Canyon morphology on a modern carbonate slope of the Bahamas: Evidence of regional tectonic tilting. Geology, 40 (9): 771-774.

Mulder T, Ducassou E, Gillet H, et al. 2014. First Discovery of Channel-Levee Complexes In A Modern Deep-Water Carbonate Slope Environment. Journal of Sedimentary Research, 84 (11): 1139-1146.

Nisbet E G, Piper D J W. 1998. Giant submarine landslides. Nature, 392 (6674): 329-330.

Normark W R, 1978. Fan valleys, channels, and depositional lobes on modern submarine fans: characters for recognition of sandy turbidite environments. AAPG Bulletin, 62 (6): 912-931.

Pang X, Chen C, Peng D, et al. 2007. Sequence Stratigraphy of Deep-water fan system of Pearl River, South China Sea. Earth Science Frontiers, 14 (1): 220-229.

Pang X, Chen C, Zhu M, et al. 2009. Baiyun movement: A significant tectonic event on Oligocene Miocene boundary in the northern South China Sea and its regional implications. Journal of Earth Science, 20: 49-56.

Paull C K, Dillon W P. 2001. Natural gas hydrates: occurrence, distribution, and detection. Handbook of

Hydrocarbon & Lipid Microbiology, 1 (522): 413-434.

Paull C K, Iii W U, Borowski W S. 1994. Sources of Biogenic Methane to Form Marine Gas Hydrates In Situ, Production or Upward Migration? Annals of the New York Academy of Sciences, 715 (1): 392-409.

Puga-Bernabéu Á, Webster J M, Beaman R J, et al. 2011. Morphology and controls on the evolution of a mixed carbonate-siliciclastic submarine canyon system, Great Barrier Reef margin, north-eastern Australia. Marine Geology, 289 (1-4): 100-116.

Saller A, Dharmasamadhi I N W. 2012. Controls on the development of valleys, Channels, and unconfined Channel-levee complexes on the Pleistocene Slope of East Kalimantan, Indonesia. Marine and Petroleum Geology, 29: 15-34.

Schroot B M, Klaver G T, Schüttenhelm R T E. 2005. Surface and subsurface expressions of gas seepage to the seabed—examples from the Southern North Sea. Marine & Petroleum Geology, 22 (4): 499-515.

Shankar U, Sinha B, Thakur N K, et al. 2005. Amplitude-versus-offset modeling of the bottom simulating reflection associated with submarine gas hydrates. Marine Geophysical Researches, 26 (1): 29-35.

Sheriff R E. 1982. Structural interpretation of seismic data. AAPG.

Shipley T H, Houston M H, Buffler R T, et al. 1979. Seismic Evidence for Widespread Possible Gas Hydrate Horizons on Continental Slopes and Rises. AAPG Bulletin, 63 (12): 2204-2213.

Sloan E D. 1998. Cathrate Hydrates of Natural Gas (second edition). New York: Marvel Dekker.

Sloan E D. 1998. Gas Hydrates: Review of Physical/Chemical Properties. Energy & Fuels, 12 (2): 191-196.

Soloviev V A. 2002. Global estimation of gas content in submarine gas hydrate accumulations. Russian Geology and Geophysics, 43: 609-624.

Song H. 2003. Full Waveform Inversion of Gas Hydraterelated Bottom Simulating Reflectors. Chinese Journal of Geophysics, 46 (1): 44-52.

Tcherepanov E N, Droxler A W, Lapointe P, et al. 2010. Siliciclastic influx and burial of the Cenozoic carbonate system in the Gulf of Papua. Marine and Petroleum Geology, 27 (2): 533-554.

Thomsen L. 1986. Weak elastic anisotropy. Geophysics, 51 (10): 1954-1966.

Tian J, Wu S, Lv F, et al. 2015. Middle Miocene mound-shaped sediment packages on the slope of the Xisha carbonate platforms, South China Sea: Combined result of gravity flow and bottom current. Deep Sea Research Part II Topical Studies in Oceanography, 122: 172-184.

Tissot B P, Welte D H. 1984. Petroleum formation and occurrence// Petroleum formation and occurrence. New York: Springer-Verlag: 643-644.

Tivey M K. 1998. How to build a black smoker chimney. Oceanus, 41 (2): 22-26.

Trofimuk A A, Cherskiy N V, Tsarev V P. 1973. Accumulation of natural gases in zones of hydrate formation in the hydrosphere. Doklady Akademii Nauk SSSR, 212: 931-934.

Trofimuk A A, Cherskiy N V, Tsarev V P. 1975. The reserves of biogenic methane in the ocean. Doklady Akademii Nauk SSSR, 225: 936-939.

Two-dimensional modeling of gas hydrate decomposition in the northwestern Gulf of Mexico: Significance to global change assessment. Global and Planetary Change, 36: 31-46.

Wang L, Wu S G, Li Q P, et al. 2014. Architecture and development of a multi-stage Baiyun submarine slide complex in the Pearl River Canyon, northern South China Sea. Geo-Marine Letters, 34 (4): 327-343.

Wang X J, Hutchinson D R, Wu S G, et al. 2010. Gas hydrate saturations estimated from silt and silty-clay sediments at site SH2, Shenhu area, South China Sea. Journal of Geophysical Research-Solid Earth, 116:

1-18.

Weimer P, Slatt R M, Bouroullec R. 2006. Introduction to the petroleum geology of deepwater settings. GSW Books.

White J E. 1965. Seismic wave-radiation, transmission, and attenuation. New York: McGraw-Hill.

Wu S, Gao J, Zhao S, et al. 2014a. Post-rift uplift and focused fluid flow in the passive margin of northern South China Sea. Tectonophysics, 615-616: 27-39.

Wu S, Yang Z, Wang D, et al. 2014b. Architecture, development and geological control of the Xisha carbonate platforms, northwestern South China Sea. Marine Geology, 350 (2): 71-83.

Wu S G, Yuan S Q, Zhang G, et al. 2009. Seismic characteristics of a reef carbonate reservoir and implications for hydrocarbon exploration in deepwater of the Qiongdongnan Basin, northern South China Sea. Marine and Petroleum Geology, 26: 817-823.

Wyrtki K. 1961. Physical oceanography of the Southeast Asian waters. Scripps Institution of Oceanography.

Yang D, Zhang Z. 2002. Poroelastic wave equation including the Biot/squirt mechanism and the solid/fluid coupling anisotropy. Wave Motion, 35 (3): 223-245.

Yoo D G. 2013. Occurrence and seismic characteristics of gas hydrate in the Ulleung Basin, East Sea offshore Korea. Marine and Petroleum Geology, 47: 236-247.

Zeng H, Ambrose W A, Villalta E. 2001. Seismic sedimentology and regional depositional systems in Mioceno Norte, Lake Maracaibo, Venezuela. The Leading Edge, 20 (11): 1260-1269.

Zeng H, Backus M M. 2005a. Interpretive advantages of 90-phase wavelets: Part 1—Modeling. Geophysics, 70 (3): C7-C15.

Zeng H, Backus M M. 2005b. Interpretive advantages of 90°-phase wavelets: Part 2—Seismic applications. Geophysics, 70 (3): 17-24.

Zeng H, Backus M M, Barrow K T, et al. 1998. Stratal slicing, part I: realistic 3-D seismic model. Geophysics, 63 (2): 502-513.

Zeng H, Hentz T F. 2004. High-frequency sequence stratigraphy from seismic sedimentology: Applied to Miocene, Vermilion Block 50, Tiger Shoal area, offshore Louisiana. AAPG Bulletin, 88 (2): 153-174.

Zhu M, Graham S, Pang X, et al. 2010. Characteristics of migrating submarine Channels from the middle Miocene to present: Implications for paleoceanographic circulation, northern South China Sea. Marine and Petroleum Geology, 27: 307-319.